高等学校电子信息类专业系列教材

自动控制原理

Automatic Control Principle

伍锡如　编著

西安电子科技大学出版社

内容简介

本书全面介绍了经典控制理论与现代控制理论的基本原理和典型分析方法。本书从基本概念和分析入手，结合实际，以控制系统建模、系统分析、系统综合为基础，分析时域、根轨迹和频域上系统"快、准、稳"的特性，以直观的物理概念、多方式的教学手段，解释系统参数与性能之间的内在联系，详细介绍了根据控制指标进行系统分析和参数整定、完成控制系统的优化设计的方法。全书共9章，内容包括绪论、控制系统的数学模型、线性系统的时域分析、线性系统的根轨迹法、线性系统的频域分析法、控制系统的校正、线性离散控制系统分析、非线性控制系统分析、线性系统的状态空间分析与综合。

本书可作为普通高校自动化类、电气类、电子信息类、仪器类、机械类、人工智能等专业的本科生教材，也可作为自动化领域工程技术人员的参考用书。

★ 为了配合教学和自学，本书配有在线课程资源，包括讲课视频、PPT、习题等资源，可供读者使用，资源提取地址为(https://www.icourse163.org/spoc/course/GLIET-1464795170。

图书在版编目(CIP)数据

自动控制原理 / 伍锡如编著. —西安：西安电子科技大学出版社，2022.4
ISBN 978-7-5606-6400-2

Ⅰ.①自… Ⅱ.①伍… Ⅲ.①自动控制理论 Ⅳ.①TP13

中国版本图书馆CIP数据核字(2022)第044564号

策划编辑 李惠萍
责任编辑 杨 薇
出版发行 西安电子科技大学出版社(西安市太白南路2号)
电　　话 (029)88202421 88201467　　邮　　编 710071
网　　址 www.xduph.com　　电子邮箱 xdupfxb001@163.com
经　　销 新华书店
印刷单位 陕西日报社
版　　次 2022年4月第1版 2021年4月第1次印刷
开　　本 787毫米×1092毫米 1/16 印 张 22
字　　数 522千字
印　　数 1～2000册
定　　价 52.00元
ISBN 978-7-5606-6400-2/TP
XDUP 6702001-1
* * * 如有印装问题可调换 * * *

前　　言

随着信息技术、电子技术和计算机技术的高速发展，自动控制技术也得到了空前的飞速发展，逐渐渗透到人类生活的各个领域。目前，自动控制技术已经广泛应用于工业、农业、制造业、化工、冶金、军事、交通、航空航天、电力系统等领域，极大地提高了社会劳动生产率，改善了人们的劳动环境，提高了人民的生活水平。“工业 4.0”概念和“中国制造2025”规划中，都明确提出自动控制技术将进一步向智能化、高精化、远程化和综合化方向发展。自动控制将成为优质高产、节能降耗、快速应变、整体优化的关键技术。

“自动控制原理”课程介绍自动控制系统的基本原理和基本要求，自动控制系统的动态建模及常用分析和设计方法。该课程具有一般方法论的特点，从基本概念和分析入手，结合实际，以控制系统建模、系统分析、系统综合为基本，分析时域、根轨迹和频域上系统“快、准、稳”的特性；以直观的物理概念、多方式的教学手段，解释系统参数与性能之间的内在联系，根据控制指标进行系统分析和参数整定，完成控制系统的优化设计。该课程是解决实际复杂系统工程问题的理论基础，也是研究系统的建立、分析与设计的核心课程。

本书在编写中力求做到内容简洁而经典，深入浅出，较为系统地介绍自动控制系统的基本概念、控制理论基础、控制系统的分析与综合方法，尽量避免抽象的理论分析和公式推导，以帮助读者理解和掌握自动控制原理知识。

本书是作者根据自己多年授课及选用教材的经验，考虑目前自动化专业国家级一流本科专业人才培养方案和一流课程建设需求而编写的。全书立足自动控制的基础理论与概念，注重知识的完整性与系统性，既全面介绍了经典控制理论与现代控制理论的理论基础与基本原理，同时又突出体现了经典控制理论与现代控制理论的发展演变以及它们的融会贯通，旨在使读者从科学方法论的高度上掌握系统与连贯的知识，提高分析问题与解决问题的能力，从而可以从更全面、更客观的视角认识世界。

本书共 9 章，前 8 章着重介绍经典控制理论及其应用，第 9 章介绍现代控制理论的相关知识。在编写过程中，作者参考了许多优秀的文献资料，在此特向这些参考文献的作者表示诚挚的谢意！

本书可作为普通高校自动化类、电气类、电子信息类、仪器类、机械类、人工智能等相关专业的本科生教材，也可作为自动控制相关教学、科研人员的参考书。

由于编者水平有限，书中疏漏和不妥之处在所难免，恳请广大读者不吝指正。

伍锡如

2021 年 12 月

作 者 简 介

伍锡如　教授，博士生导师，桂林电子科技大学电子工程与自动化学院副院长。2012年毕业于湖南大学电气与信息工程学院，获控制科学与工程专业博士学位。长期从事智能机器人、复杂网络、深度学习等方面的相关研究工作。近年来主持国家自然科学基金项目2项，主持省部级以及横向科研项目10余项；发表SCI/EI检索论文50余篇，出版专著1部、教材两部，获得发明专利20余项；曾获广西科技进步三等奖、广西教学成果二等奖、校级优质课堂一等奖和青年教师教学竞赛二等奖等奖项；多次对青年教师进行业务能力提升指导，是国家级一流本科专业建设点自动化专业的负责人、广西壮族自治区区级精品课程“自动控制原理”教学团队负责人。兼任教育部高等学校自动化类专业教学指导委员会协作委员、中国自动化学会委员、中国人工智能学会会员、中国人工智能学会智能空天系统专业委员会委员、广西自动化学会副理事长、广西本科高校电气工程及自动化类教学指导委员会委员等社会职务。

目　　录

第 1 章　绪　　论

1.1　自动控制发展简介

自动控制理论是在人类征服自然的生产实践活动中孕育、产生并随着社会生产和科学技术的进步而不断发展、完善起来的。早在古代社会，劳动人民就凭借生产实践中积累的丰富经验和对反馈概念的直观认识，发明了许多闪烁着控制理论智慧火花的杰作。例如，在我国西汉时期发明的自动计时漏壶和指南车，是按照扰动原理构成的开环自动调节系统；北宋时代苏颂和韩公廉利用天衡装置制造的水运仪象台，就是一个按负反馈原理构成的闭环非线性自动控制系统；古罗马人根据反馈原理构建了抽水马桶中的水位控制装置；1765 年俄国人普尔佐诺夫(Polzunov)发明了蒸汽锅炉水位调节器；等等。

自动化控制技术的应用开始于欧洲的工业革命时期。1788 年，英国人瓦特发明了蒸汽机，并应用反馈原理发明了离心式调速器——当负载或供给蒸汽量发生变化时，离心式调速器能够自动调节进气阀的开度，从而控制蒸汽机的转速，解决了蒸汽机的速度控制问题。后来人们曾经试图改善调速器的准确性，却常常导致系统产生振荡，这些问题促使科学家们从理论上进行探索研究。

1868 年，英国物理学家麦克斯韦(Maxwell)通过对调速系统线性常微分方程的建立和分析，解释了瓦特调速器速度控制系统中出现的不稳定问题，开辟了用数学方法研究控制系统的途径。此后，英国数学家劳斯(Routh)和德国数学家赫尔维茨(Hurwitz)分别在 1877 年和 1895 年独立地建立了直接根据代数方程的系数判别系统稳定性的准则，奠定了经典控制理论中时域分析法的基础。1892 年，俄国数学家李雅普诺夫(Lyapunov)创立的稳定性理论被引入到控制系统中，至今仍是分析系统稳定性的重要方法。

进入 20 世纪，电子电路高速发展，对自动控制理论提出了新的要求。1932 年，美国物理学家奈奎斯特(Nyquist)研究了长距离电话线信号传输中出现的失真问题，运用复变函数理论建立了以频率特性为基础的稳定性判据，奠定了频率响应法的基础。随后，伯德(Bode)和尼柯尔斯(Nichols)在 20 世纪 30 年代末和 40 年代初进一步将频率响应法加以发展，形成了经典控制理论的频域分析法，为工程技术人员提供了一个设计反馈控制系统的有效工具。第二次世界大战期间，反馈控制方法被广泛用于设计研制飞机自动驾驶仪、火炮定位系统、雷达天线控制系统以及其他军用系统。这些系统的复杂性和对快速跟踪、精确控制的高性能追求，迫切要求拓展已有的控制技术，所以促使了许多新的见解和方法的产生，也促进了对非线性系统、采样系统以及随机控制系统的研究。

自动控制作为一门独立的科学理论，一般认为是以美国数学家维纳(Wiener)1948 年出版的专著《控制论——关于在动物和机器中控制和通信的科学》为标志形成的。从此，控制理论的发展可以分为经典控制理论、现代控制理论和智能控制。

1.1.1 经典控制理论

1932年，美国物理学家奈奎斯特运用复变函数理论的方法建立了根据频率响应判断反馈系统稳定性的准则，这种方法比当时流行的基于微分方程的分析方法有更好的实用性，也更便于设计反馈控制系统，奈奎斯特的工作奠定了频率响应法的基础。随后，伯德等在20世纪30年代末和40年代初进一步将频率响应法加以发展形成了经典控制理论。

1948年，美国科学家埃文斯(Evans)提出了根轨迹分析法，用于研究系统参数对反馈控制系统的稳定性和运动特性的影响，并于1950年将其进一步应用于反馈控制系统的设计，构成了经典控制理论的根轨迹法。

20世纪40年代末和50年代初，频率响应法和根轨迹法被广泛用于研究采样控制系统和简单的非线性控制系统，这标志着经典控制理论已经成熟。经典控制理论在理论上和应用上所获得的广泛成功，促使人们试图把这些原理推广到生物控制机理、神经系统、经济及社会生活等复杂系统。

1.1.2 现代控制理论

现代控制理论是以状态变量概念为基础，利用现代数学方法和计算机来分析、综合复杂控制系统的新理论，适用于多输入、多输出、时变的、非线性的系统。相较于经典控制理论，现代控制理论的研究对象要广泛得多。原则上讲，它既可以是单变量的、线性的、定常的、连续的，也可以是多变量的、非线性的、时变的、离散的。现代控制理论本质上是时域分析法，是建立在状态空间基础上的分析方法，它不用传递函数，而是以状态向量方程作为基本工具，从而大大简化了数学表达方法。现代控制理论从理论上解决了系统的能控性、能观测性、稳定性以及许多复杂系统的控制问题。

现代控制理论是在20世纪50年代中期迅速兴起的空间技术的推动下、基于经典控制理论的基础上发展起来的。由于航空航天技术的推动和计算机技术的飞速发展，特别是空间技术的发展，迫切要求解决更复杂的多变量系统、非线性系统的最优控制问题，例如火箭和宇航器的导航、跟踪和着陆过程中的高精度、低消耗控制，到达目标的控制时间最小，把宇宙火箭和人造卫星用最少燃料或最短时间准确地发射到预定轨道等控制问题，这类控制问题十分复杂，采用经典控制理论难以解决。科学技术的发展不仅需要迅速地发展控制理论，而且也给现代控制理论的发展准备了两个重要的条件——现代数学和数字计算机。现代数学，例如泛函分析、现代代数等，为现代控制理论提供了多种多样的分析工具；数字计算机为现代控制理论发展提供了应用的平台，促使控制理论由经典控制理论向现代控制理论转变。

现代控制理论形成的主要标志是贝尔曼的动态规划法、庞特里亚金的极大值原理和卡尔曼的滤波理论。

1892年，俄国数学家李雅普诺夫(Lyapunov)创立的稳定性理论被引入到控制系统中。

1954年，美国学者贝尔曼(Bellman)创立了动态规划法，并在1956年将其应用于控制过程，广泛用于各类最优控制问题。

1956年，苏联科学家庞特里亚金(Pontryagin)提出极大值原理，解决了空间技术中出现的复杂控制问题，并开拓了控制理论中最优控制这一新的领域。庞特里亚金等人提出的极大值原理和由贝尔曼提出的最优控制的动态规划法，后来被称为现代控制理论的发展起点和基础。

1959年，美籍匈牙利数学家卡尔曼(Kalman)等人提出了著名的卡尔曼滤波器，在随机控制系统的分析与控制中得到广泛应用，并在控制系统的研究中成功地应用了状态空间法；他还提出了系统的能控性和能观测性问题，奠定了现代控制理论的基础。

1960年，卡尔曼和布什(Bush)建立了卡尔曼-布什滤波理论，有效地考虑了控制问题中所存在的随机噪声的影响，将控制理论的研究范围扩大，涵盖了更为复杂的控制问题。贝尔曼、卡尔曼等人把状态空间法系统地引入控制理论中，对揭示和认识控制系统的许多重要特性具有关键的作用。到20世纪60年代初，以状态空间法、极大值原理、动态规划法、卡尔曼-布什滤波理论为基础的分析和设计控制系统的新的原理和方法已经确立，这标志着现代控制理论的形成。

罗森布洛克、麦克法兰和欧文斯研究了用于计算机辅助控制系统设计的现代频域法理论，将经典控制理论传递函数的概念推广到多变量系统，并探讨了传递函数矩阵与状态方程之间的等价转换关系，为进一步建立统一的线性系统理论奠定了基础。

20世纪70年代瑞典控制理论学者奥斯特隆姆(Asttrom)和法国控制理论学者朗道(Landau)在自适应控制理论和应用方面做出了巨大贡献。同时，系统辨识、最优控制、离散时间系统和自适应控制的发展大大丰富了现代控制理论。

1.1.3 智能控制

智能控制是使机器依据人的思维方式和处理问题的技巧，解决那些目前需要人的智能才能解决的复杂的控制问题。被控对象的复杂性体现为模型的不确定性、高度非线性、分布式的传感器和执行器、动态突变、多时间标度、复杂的信息模式、庞大的数据量以及严格的特性指标等。而环境的复杂性则表现为环境变化的不确定性和难以辨识性。智能控制的方法包括模糊控制、神经网络控制、专家控制等。

模糊逻辑控制简称模糊控制，是以模糊集合论、模糊语言变量和模糊逻辑推理为基础的一种计算机数字控制技术。1965年，美国的扎德(Zadeh)创立了模糊集合论；1973年他给出了模糊逻辑控制的定义和相关的定理。1974年，英国的曼达尼(Mamdani)首次根据模糊控制语句组成模糊控制器，并将它应用于锅炉和蒸汽机的控制，获得了实验的成功，这一开拓性的工作标志着模糊控制论的诞生。模糊控制既有系统化的理论，又有大量的实际应用背景。

1986年莱特尔默(Lattlmer)等人开发的混合专家系统控制器是一个实验性的基于知识的实时控制的专家系统，用于故障诊断、工业设计和过程控制，是解决工业控制难题的一种新方法，是实现工业过程控制的重要技术。

神经网络控制，即基于神经网络进行自动控制，简称神经控制，是指在控制系统中采用神经网络这一工具对难以精确描述的复杂非线性对象进行建模。1994年在国际自控杂志《Automatica(自动化)》中这一概念被首次使用，它是智能控制的一个新的分支，为解决复杂的非线性、不确定、不确知系统的控制问题开辟了新途径。神经网络控制是神经网络理论与控制理论相结合的产物，是发展中的学科。它汇集了数学、生物学、神经生理学、脑科学、遗传学、人工智能、计算机科学、自动控制等学科的理论、技术、方法及研究成果。

在控制领域，将具有学习能力的控制系统称为学习控制系统，属于智能控制系统。神经网络控制是有学习能力的，属于学习控制，是智能控制的一个分支。

近年来，随着智能控制方法和技术的发展，智能控制迅速走向各种专业领域，应用于各类复杂被控对象的控制问题，如工业过程控制系统、机器人系统、现代生产制造系统、交通控制系统等。

1.2　自动控制的基本概念

自动控制是指在没有人直接参与的情况下，利用自动控制装置(简称控制器)使整个生产过程或工作机械(称为被控对象)自动地按预先规定的规律运行，或使它的某些物理量(称为被控量)按预定的要求产生变化。

事实上，任何技术设备、工作机械或生产过程都必须按要求运行。例如，要使发电机正常供电，其输出的电压和频率就必须保持恒定，尽量不受负荷变化的干扰；要使数控机床加工出高精度的工件，就必须保证其工作台或刀架的进给量准确地按照程序指令的设定值变化；要使烘烤炉提供优质的产品，就必须严格地控制炉温；要使火炮自动跟踪并命中飞行目标，炮身就必须按照指挥仪的命令而做方位角和俯仰角的变动。所有这一切都是以高水平的自动控制技术为前提的。

1.2.1　人工控制与自动控制

自动控制系统的种类很多，被控制的物理量各种各样，如温度、压力、流量、电压、转速和位移等。组成各种控制系统的元部件有很大的差异，但是从控制的角度看，系统的基本结构都是类似的，一般都是通过机械、电气、液压等方法来代替人工控制。

为了了解自动控制系统的结构，我们首先来分析一下图 1-1 所示的水池液面人工控制系统。图中 F_1 为放水阀、F_2 为进水阀，控制要求的液面理想高度等于 h_0。当人参与控制时，就要不断地将实际液面的高度与理想的液面高度作比较，根据比较的结果，决定进水阀 F_2 的开度是要增大还是减小，以达到维持液面高度不变的目的。图 1-2 为该系统控制的框图。由图可知，人在参与控制中起了以下三方面的作用：

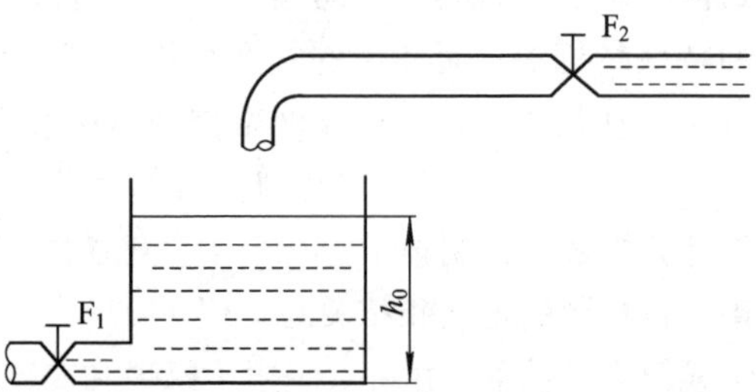

图 1-1　水池液面人工控制系统

(1) 测量实际液面的高度 h_1——用眼睛。

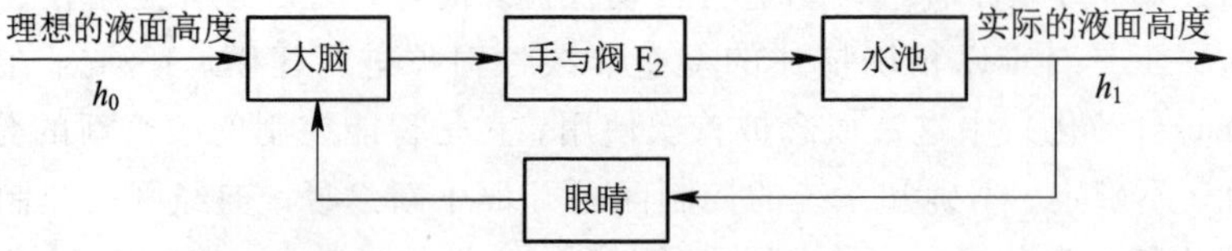

图 1-2　液面人工控制系统的框图

(2) 将测得实际液面的高度 h_1 与理想的液面高度 h_0 做比较——用大脑。

(3) 根据比较的结果，即按照偏差的正负来决定控制的动作——用手。

如果用自动控制去代替人工控制，那么在自动控制系统中必须具有上述三种职能机构，即测量机构、比较机构和执行机构。显然，使用人工控制既不能保证系统所需的控制精度，也不能减轻劳动强度。如果将图 1-1 改为图 1-3 所示的自动控制系统，就可以实现不论放水阀 F_1 输出的流量如何变化，系统总能自动地维持其液面高度在允许的偏(误)差范围之内。假设水池液面的高度因 F_1 阀开度的增大而稍有降低，则系统立即产生一个与降落液面高度成比例的误差电压 u，该电压经功率放大器放大后供电给进水阀的拖动电动机，使阀 F_2 的开度也相应地增大，从而使水池的液面恢复到所期望的高度。

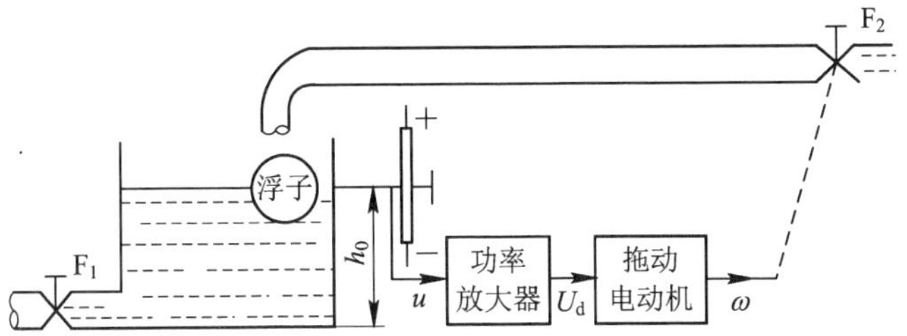

图 1-3　液面自动控制系统

1.2.2　控制系统框图

为了使控制系统的表示简单明了，控制工程中常常采用方框表示系统中的各个组成部件，每个方框中填入它所表示部件的名称或其功能函数的表达式，不必画出系统的具体结构。根据信号在系统中的传递方向，用有向线段依次把它们连接起来，就可以得到整个系统的框图。

系统的框图由四个基本单元组成：

(1) 信号线。信号线如图 1-4(a)所示。它用带箭头的有向线段表示，箭头表示信号的传递方向，r 表示相应的信号。

(2) 方框。方框如图 1-4(b)所示。输入信号 r 置于方框的左侧，右侧为其输出信号 c，方框中填入部件的名称。

(3) 比较点。比较点如图 1-4(c)所示。它表示两个或两个以上的信号在该处进行加或减的运算，“＋”表示信号相加，“－”表示信号相减。“＋”可以省略不标，“－”必须标明。

(4) 引出点。引出点如图 1-4(d)所示。它表示信号的引出位置。

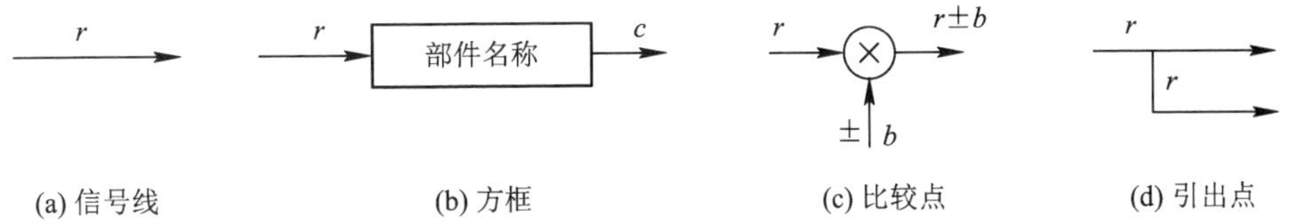

图 1-4　系统框图的基本组成单元

据此，可把图 1-3 所示液面自动控制系统的原理图改用图 1-5 所示的框图来表示。显然，后者的表示方式不仅比前者简单，而且信号在系统中的传递也更为清晰。因此在以后的讨论中，控制系统一般均以框图的形式表示。

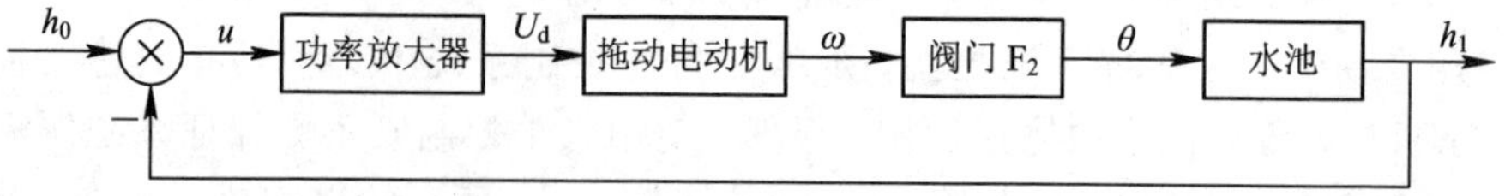

图 1-5　液面自动控制系统的框图

1.2.3　开环控制与闭环控制

为达到某一目的，由相互制约的各个部分按一定规律组成的、具有一定功能的整体，称为系统。它一般由控制装置(控制器)和被控对象组成。

自动控制系统有两种最基本的形式，即开环控制和闭环控制。

1. 开环控制系统

开环控制的特点是，在控制器与被控对象之间，只有正向的作用而没有反向的联系，即系统的输出量对控制量没有影响。开环控制系统的示意框图如图 1-6 所示。

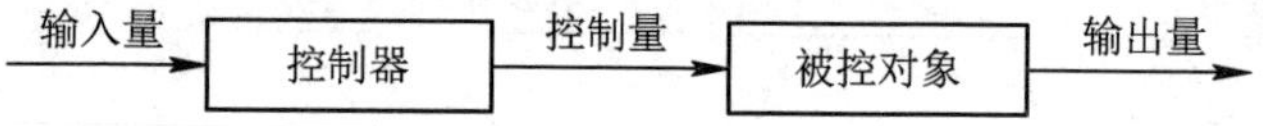

图 1-6　开环控制系统

在开环控制系统中，对于每一个参考输入量，都有一个与之相对应的工作状态和输出量。其控制精度取决于元器件的精度和特性调整的精度。当系统存在扰动时，开环控制系统很难完成既定的控制任务，它只适用于系统扰动不大，并且对控制精度要求不高的系统。

2. 闭环控制系统

闭环控制的特点是，在控制器与被控对象之间，不仅存在着正向作用，而且存在反馈作用，即系统的输出量对控制量有直接影响。闭环控制系统的示意框图如图 1-7 所示。

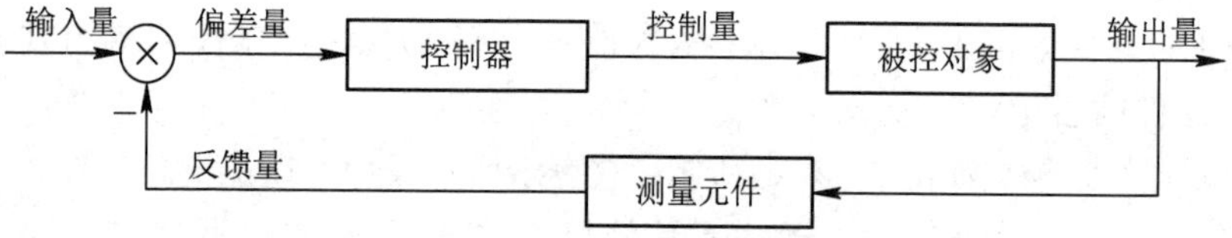

图 1-7　闭环控制系统

将检测出来的输出量送回到系统的输入端，并与输入量进行比较的过程称为反馈。若反馈量与输入量相减，称为负反馈；反之，若相加，则称为正反馈。输入量与反馈量之差，称为偏差量。偏差量作用于控制器上，控制器对偏差量进行某种运算，产生一个控制作用，使系统的输出量趋向于给定的数值。

闭环控制的实质就是利用反馈的作用来减小系统的误差，因此闭环控制又称为反馈控制。反馈控制是一种基本的控制规律，它具有自动修正被控量偏离给定值的作用，因而可以抑制各种干扰的影响，达到自动控制的目的。自动控制的基本原理实质上就是反馈控制原理。

1.2.4 反馈控制与前馈控制

1. 反馈控制

反馈控制(feedback control)原理是自动控制系统设计的基本原理之一。所谓反馈，就是将被控输出量反向传递到系统的输入端并与给定输入信号进行比较，根据所得的偏差信号来实现对被控量的控制，并在有不可预知的扰动的情况下，使得输出量与给定量(也称参考输入量)之间的偏差尽可能小。由于在这种控制系统中，信号的流程构成一个闭环，所以也称为闭环控制。前面介绍的液面自动控制系统就是一个典型的闭环控制系统。

闭环控制对扰动有较好的抑制作用。图1-8所示的是一台发电机向负载供电的供电系统示意图。通过调节励磁电流可以改变发电机的电势E_r，达到控制发电机端电压U的目的。由于负载的变化，端电压U常常会波动，因为

$$U = E_r - IR - L\frac{dI}{dt}$$

其中R和L分别为发电机电阻和电感。为了减小U的波动，可采用图1-9所示的闭环控制。在这一系统中，端电压的给定值通过U_0来设定，当端电压$U>U_0$时，$\Delta U>0$，驱动执行电机朝某一方向转动，增大可变电阻R_f的值，使I_f减小，从而减小E_r，达到减小U的目的。当$U<U_0$时，$\Delta U<0$，驱动电机反向旋转，减小R_f，使I_f增大，从而增大E_r，达到增大U的目的。只有当$U=U_0$时，电机停转。可见，这样的一个自动控制系统可以很好抑制因负载变化而引起的端电压的变化。

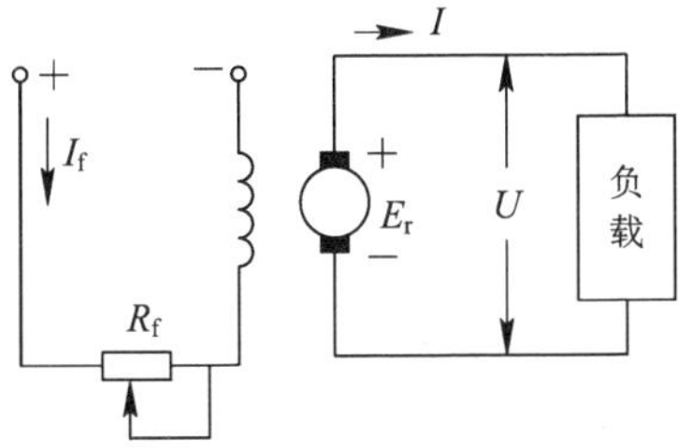

图1-8　供电系统

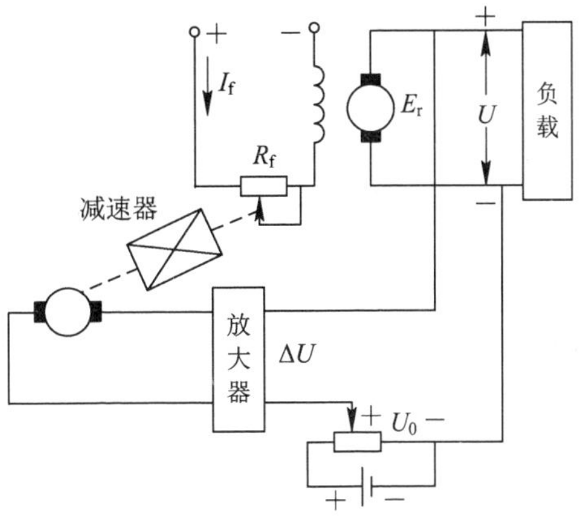

图1-9　供电系统的闭环控制

2. 前馈控制

对于某些可以预知或可以测量的扰动，反馈控制并不是唯一的选择。为了克服扰动的影响，可以将预知或测得的扰动折算到系统输入端，对控制量的大小进行修正，这种控制方法称为补偿控制。补偿控制通常比反馈控制简单、经济。补偿控制没有在系统中形成信号流程的闭合回路，所以也称作前馈控制(feed forward control)，它是一种开环控制。图1-10给出了前馈控制的系统框图。

在图1-8所示的供电系统中，如果对端电压的扰动来自负载电流的变化，则可以在负

载回路中加测量电阻 R_m，其两端的电压降的变化反映了负载电流 I 的变化（参见图 1-11），将 U_m 通过适当的放大后串联到励磁回路中。当负载电流突然增大时，已知端电压 U 会减小，由于在励磁回路中 U_m 的增大会使励磁电流 I_f 增大，所以发电机电势 E_r 增大，从而使 U 回升，达到控制 U 的目的。

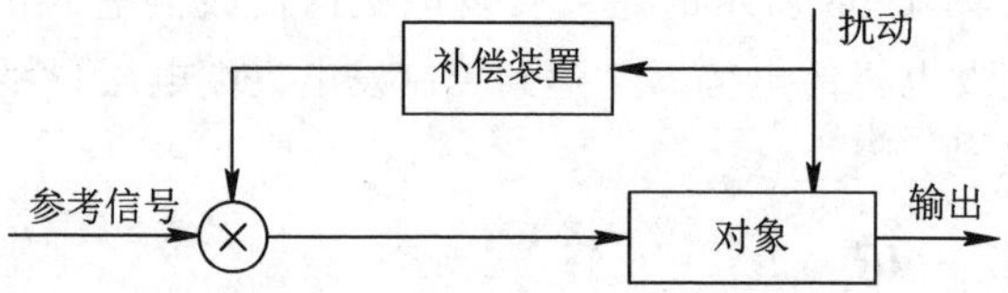

图 1-10　前馈控制系统框图

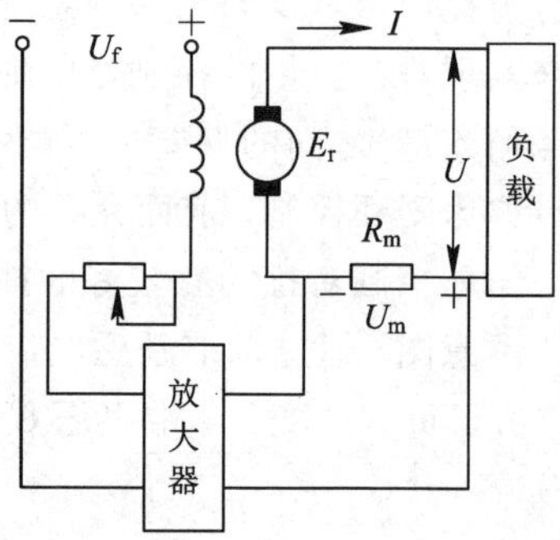

图 1-11　供电系统的前馈控制

前馈控制的局限在于它通常只能抵消一种扰动的作用，而对于其他扰动，不仅无法抵消反倒可能会增大这种扰动。例如，在图 1-11 所示的系统中，发电机转速的波动也是一种扰动，当转速 ω 下降时，E_r 下降，U 也下降，负载电流 I 也下降，前面采用的前馈则使得 U 进一步下降，与期望的结果正好相反。因此，在实际系统中常常采用前馈控制与反馈控制相结合的办法，这种控制方案被称为复合控制。

1.3　自动控制系统的组成

1.3.1　自动控制系统的基本组成部分

自动控制系统根据被控对象和具体用途的不同，可以有各种不同的结构形式。但是，从工作原理来看，自动控制系统通常是由一些具有不同职能的基本元部件所组成的。图 1-12 是一个典型自动控制系统的结构框图，简称方块图。图中的每一个方块都代表一个具有特定功能的元件。可见，一个完善的自动控制系统通常是由测量反馈元件、比较元件、放大元件、校正元件、执行元件以及控制对象等基本环节所组成的。通常，还把图中除控制对象之外的所有元件合在一起，称为控制器。

图 1-12 所示的各元件的职能如下：

测量反馈元件：用以测量被控量并将其转换成与输入量同一物理量后，再反馈到输入端以做比较。

比较元件：用来比较输入信号与反馈信号，并产生反映两者差值的偏差信号。

放大元件：将微弱的信号作线性放大。

校正元件：按某种函数规律变换控制信号，以利于改善系统的动态品质或静态性能。

执行元件：根据偏差信号的性质执行相应的控制作用，以便使被控量按期望值变化。

控制对象：又称被控对象或受控对象，通常是指生产过程中需要进行控制的工作机械

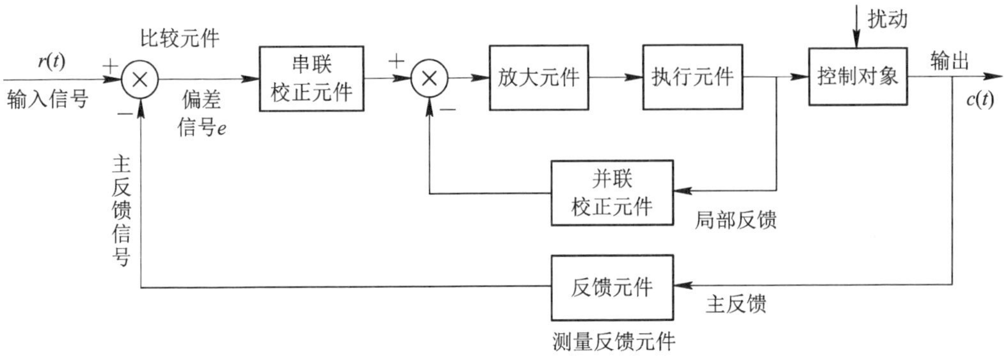

图 1-12 典型自动控制系统的方块图

或生产过程，被控对象中需要被控制的物理量称为被控量。

1.3.2 自动控制系统中常用的名词术语

系统：自动控制系统中的“系统”一词是指将被控对象和自动控制装置按一定方式连结起来的，以完成某种自动控制任务的有机整体。

输入信号：系统的输入信号是指参考输入，又称给定量或给定值，它是控制着输出量变化规律的指令信号。

输出信号：系统的输出信号是指被控对象中要求按一定规律变化的物理量，又称被控量，它与输入量之间保持一定的函数关系。

反馈信号：由系统(或元件)输出端取出并反向送回系统(或元件)输入端的信号称为反馈信号。反馈有主反馈和局部反馈之分。

偏差信号：偏差信号也简称为偏差，是指参考输入与主反馈信号之差。

误差信号：误差信号也简称为误差，是指系统输出量的实际值与期望值之差。在单位反馈的情况下，误差值也就是偏差值，二者是相等的。

扰动信号：扰动信号简称为扰动或干扰，它与控制作用相反，是一种不希望出现的、影响系统输出的不利因素。扰动信号既可来自系统内部，又可来自系统外部，前者称为内部扰动，后者称为外部扰动。

1.4 自动控制系统的类型

1.4.1 按信号流向划分

1. 开环控制系统

开环控制系统中信号流动是由输入端到输出端单向流动的。

2. 闭环控制系统

若控制系统中的信号除从输入端到输出端外，还有输出端到输入端的反馈信号，则构成闭环控制系统，也称反馈控制系统。

1.4.2 按系统输入信号划分

1. 恒值调节系统(自动调节系统)

这种系统的特征是输入量为恒值，通常称为系统的给定值。控制系统的任务是尽量排除各种干扰因素的影响，使输出量维持在给定值(期望值)。如工业过程中恒温、恒压、恒速等控制系统。

2. 随动系统(跟踪系统)

这类系统的控制输入量是一个事先无法确定的、任意变化的量，要求系统的输出量能迅速平稳地复现或跟踪输入信号的变化。如雷达天线的自动跟踪系统和高射炮自动瞄准系统就是典型的随动系统。

3. 程序控制系统

这类系统的控制输入信号不是常数值，而是事先确定的运动规律，将这种运动规律编成程序装在输入装置中，即控制输入信号是事先确定的程序信号，控制的目的是使被控对象的被控量按照要求的程序动作。如数控车床系统就是常见的程序控制系统。

1.4.3 线性系统和非线性系统

1. 线性系统

线性系统是指组成系统的元器件的特性均为线性的，可用一个或一组线性微分方程来描述系统输入和输出之间的关系。线性系统的主要特征是满足叠加原理，即具有齐次性和叠加性。

2. 非线性系统

在系统中只要有一个元器件的特性不能用线性微分方程描述其输入和输出的关系，则称该系统为非线性系统。非线性系统还没有一种完整、成熟、统一的分析法。通常对于非线性程度不很严重的系统，或对系统做近似分析时，均可用线性系统理论和方法来处理。

1.4.4 定常系统和时变系统

1. 定常系统

如果描述系统特性的微分方程中各项系数都是与时间无关的常数，则称该系统为定常系统。该类系统只要输入信号的形式不变，在不同时间输入下的输出响应形式是相同的。

2. 时变系统

只要描述系统特性的微分方程中有一项系数是时间的函数，则此系统称为时变系统。

1.4.5 连续系统和离散系统

1. 连续系统

系统中所有元件的信号都是随时间连续变化的，信号的大小均是可任意取值的模拟量，这类系统称为连续系统。

2. 离散系统

离散系统是指系统中有一处或数处的信号是脉冲序列或数码。若系统中采用了采样开关，将连续信号转变为离散的脉冲形式的信号，则此类系统称为采样控制系统或脉冲控制系统。若系统中采用了数字计算机或数字控制器，其离散信号是以数码形式传递的，则此类系统称为数字控制系统。

1.5 自动控制系统的分析

控制系统工具箱(control system toolbox)主要处理以传递函数为主要特征的经典控制和以状态空间描述为主要特征的现代控制中的主要问题，它对控制系统，尤其是 LTI 线性时不变系统的建模、分析和设计提供了一个完整的解决方案。控制系统的工具箱的主要功能如下：

1. 系统建模

控制系统工具箱能够建立连续或离散系统的状态空间表达式、传递函数、零极点增益模型，并可实现任意两者之间的转换；可通过串联、并联、反馈连接及更一般的框图连接建立复杂系统的模型；可通过多种方式实现连续时间系统的离散化、离散时间系统的连续化及多重采样。

2. 系统分析

控制系统工具箱的系统分析既支持连续和离散系统，也适用于 SISO 和 MIMO 系统。在时域分析方面，可对系统的单位脉冲响应、单位阶跃响应、零输入响应及更一般的任意输入响应进行仿真。在频域分析方面，可对系统的 Bode 图、Nichols 图、Nyquist 图进行计算和绘制。另外，该工具箱还提供了一个框图式操作界面工具——LTI 观测器，支持对 10 种不同类型的系统进行响应分析，大大简化了系统分析和图形绘制过程。

3. 系统设计

控制系统工具箱可计算系统的各种特性，如可控和可观 Gramain 矩阵、传递零极点、Lyapunov 方程、稳定裕度、阻尼系数以及根轨迹的增益选择等；支持系统的可控、可观标准型实现，最小实现，均衡实现，降价实现以及输入延时的 Pade 设计；可对系统进行极点配置、观测器设计以及 LQ 和 LQG 最优控制等。该工具箱还提供了另一个框图式操作界面工具——SISO 系统设计工具，可用于单输入—单输出反馈控制系统的补偿器校正设计。

1.6 自动控制系统性能的基本要求

为了实现自动控制的基本任务，需要对系统在控制过程中表现出来的行为提出要求。对控制系统的基本要求通常是通过系统对特定输入信号的响应来满足，常用单位阶跃信号作用下的过渡过程及稳态过程的一些特征值来表示。

对自动控制系统的研究(包括分析、综合)是从动态、静态两方面特性进行分析的。控制系统的性能可以用动态特性来衡量，根据动态特性在不同阶段的特点，在工程上常用稳、快、准三个特性来评价自动控制的总体精度。

稳定性是系统正常工作的首要条件。被控制信号跟踪已变化的外作用信号，从一种状态到另一种状态，如最终能达到期望值，则认为该系统是稳定的。

快速性是衡量动态过程进行的快慢的指标。对控制系统而言，仅满足稳定性的要求是不够的，还要对其过渡过程的形式和快慢有所要求，过渡过程越短，说明系统的快速性越好。

准确性是系统正常工作时对精度的要求。系统动态过程结束后，被控量与给定值的偏差称为稳态误差，它是衡量系统稳态精度的指标。精度以稳态误差表示，表征实际输出 $c(t)$ 与期望值之差是否进入允许误差区 Δ（误差带）。以输入阶跃信号为例，单位阶跃响应的过渡过程如图 1-13 所示。

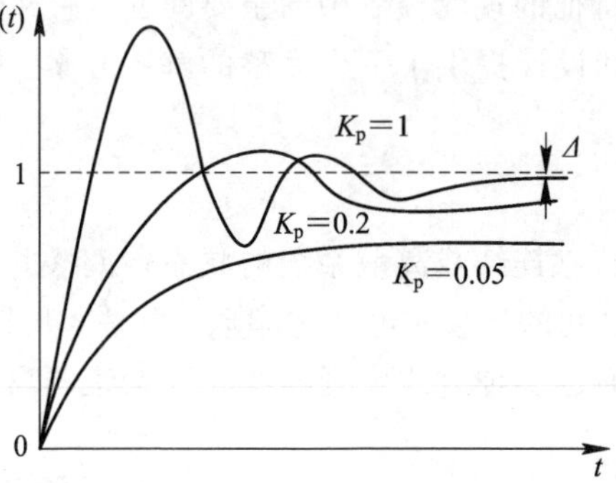

图 1-13　单位阶跃响应的过渡过程

习　题

1-1　什么叫反馈？为什么闭环控制系统常采用负反馈？试举例说明之。

1-2　试比较开环控制系统与闭环控制系统的优缺点。

1-3　精确的光信号源可以将功率输出精度控制在 1%以内。激光器由输入电流控制并产生输出功率，作用在激光器上的输入电流由一个微处理器控制，微处理器将期望的功率值与传感器测得的激光器的输出功率值做比较。这个闭环控制系统的框图如图 1-14 所示。试指明该系统的输出变量、输入变量、被测变量和控制变量。

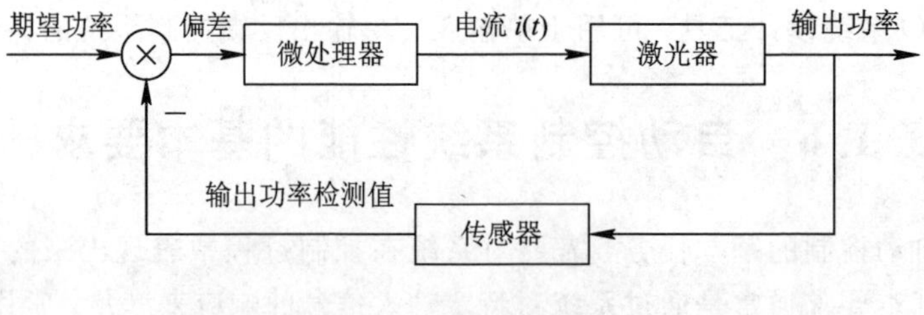

图 1-14　信号光源的部分框图

1-4　画出由驾驶员驾驶汽车时的汽车速度控制系统的框图。如果采用目前很多车辆上已安装的速度保持控制系统（只要按下按钮，车辆就会自动地保持一个设定的速度，由此司机驾车时就可以以限定的速度或较为经济的速度行驶，而不需要经常查看速度表，也不需要长时间控制油门，也称自动巡航），试画出汽车速度保持控制系统的反馈控制系统框图。

1-5　许多汽车都安装有控制温度的空调系统。使用空调系统时，司机可以在控制板上设置预期的车内温度。请画出该空调系统的框图，并指明该系统各部分的功能。

1-6　根据图1-15所示的电动机速度控制系统工作原理图，完成：

(1) 将a、b与c、d用线连接成负反馈状态；

(2) 画出系统方块图。

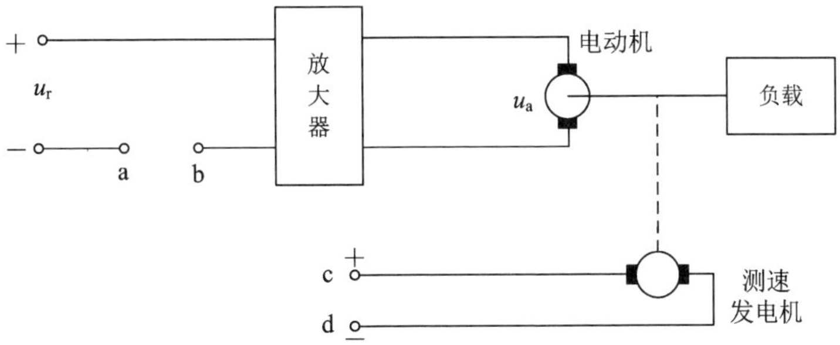

图1-15　电动机速度控制系统工作原理图

1-7　请描述人体调整痛觉、体温等感觉时的生物反馈过程。生物反馈是人能够自觉而且成功地调整脉搏、疼痛反应和体温等感觉的一种机能。

1-8　图1-16是水槽液位控制系统的两种不同控制方案。

(1) 分别画出两个控制系统的方块图；

(2) 分别指出两个控制系统的被控对象、被控变量和操纵(或称控制)变量；

(3) 结合这两个系统的方块图，说明方块图中的信号流与工艺流程中的物料流。

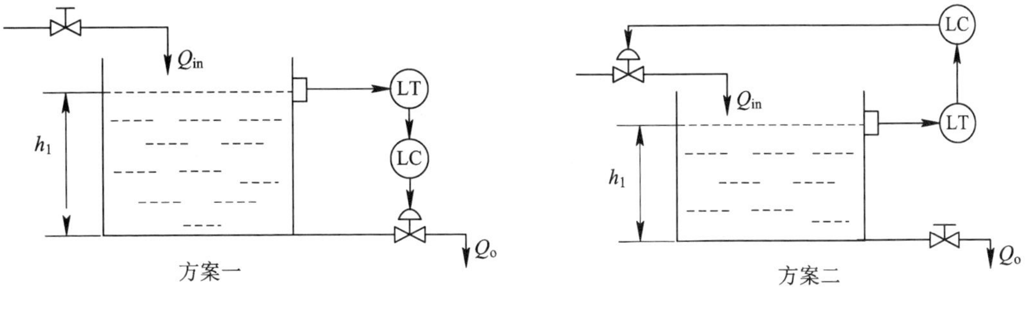

图1-16　水槽的液位控制

1-9　在石油化工生产过程中，常常利用液态丙烯气化吸收裂解气体的热量，使裂解气体的温度下降到规定的数值。图1-17是一个简化的丙烯冷却器温度控制系统。被冷却的物料是乙烯裂解气，其温度要求控制在(15±1.5)℃。如果温度太高，冷却后的气体会包含过多的水分，对生产造成有害影响；如果温度太低，乙烯裂解气会产生结晶析出，堵塞管道。

(1) 该系统的被控对象、被控变量、操纵变量各是什么？设定值是多少？

(2) 画出该系统的方块图。

(3) 系统可能的扰动有哪些？

(4) 该系统是属于定值还是随动控制系统？为什么？

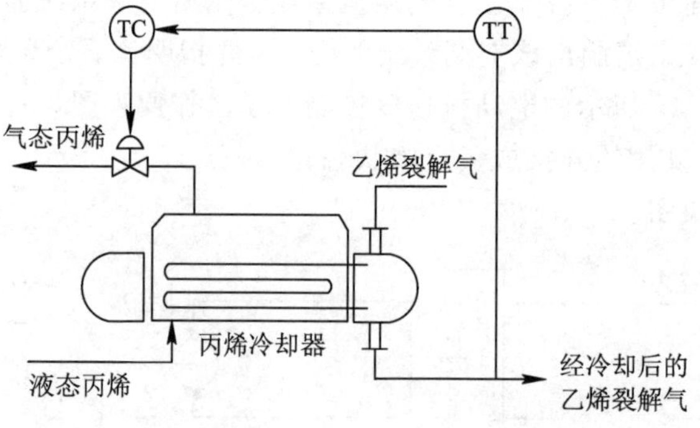

图 1-17　丙烯冷却器温度控制系统示意图

1-10　图 1-18 为水温控制系统示意图。冷水在热交换器中由通入管道的蒸汽加热，从而得到具有一定温度的热水。冷水流量变化用流量计测量。试绘制系统方块图，并说明为了使热水温度维持在期望值，系统是如何工作的，系统的被控对象和控制装置各是什么。

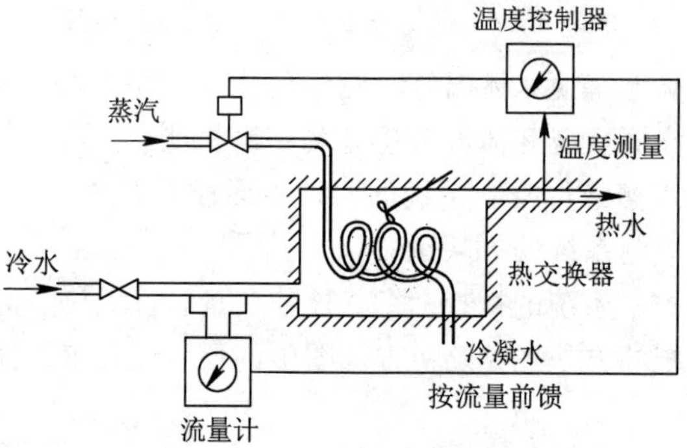

图 1-18　水温控制系统示意图

1-11　反馈系统不一定都是负反馈的。以物价持续上涨为标志的通货膨胀就是一个正反馈系统。该正反馈系统如图 1-19 所示。它将反馈信号与输入信号相加，并将合成的信号作为过程的输入信号。这是一个以价格、工资描述通货膨胀的简单模型。增加其他的反馈回路，比如立法控制或税率控制，可以使该系统稳定。如果工人工资有所增加，经过一段时间的延迟后，将导致物价有所上升。请问在什么条件下，通过修改或延缓分配生活费用可以使物价稳定？国家的物价政策与工资是怎么影响这个反馈系统的？

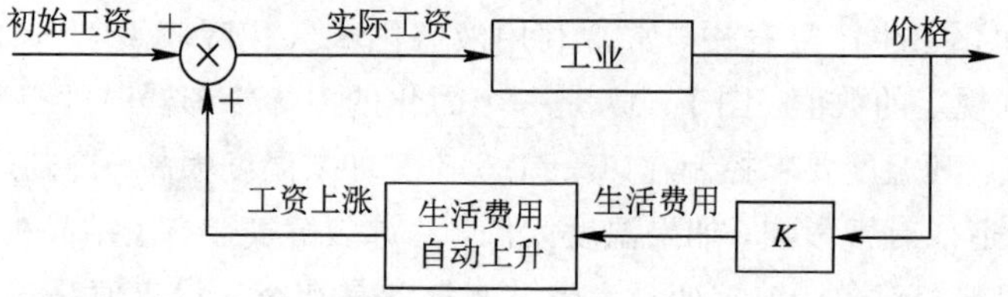

图 1-19　正反馈系统框图

1-12 下列各式是描述系统的数学方程，$c(t)$为输出量，$r(t)$为输入量，试判断哪些是线性定常或时变系统，哪些是非线性系统。

(1) $c(t)=5+r^2(t)+t\dfrac{d^2r(t)}{dt^2}$；

(2) $\dfrac{d^3c(t)}{dt^3}+3\dfrac{d^2c(t)}{dt^2}+6\dfrac{dc(t)}{dt}+8c(t)=r(t)$；

(3) $t\dfrac{dc(t)}{dt}+c(t)=r(t)+3\dfrac{dr(t)}{dt}$；

(4) $c(t)=r(t)\cos\omega t+5$；

(5) $c(t)=3r(t)+6\dfrac{dr(t)}{dt}+5\int_{-\infty}^{t}r(t)dt$；

(6) $c(t)=r^2(t)$；

(7) $c(t)=\begin{cases}0, & t<6\\ r(t) & t\geqslant 6\end{cases}$。

第 2 章　控制系统的数学模型

2.1　自动控制系统的微分方程

在控制系统的分析和设计中，首先要建立系统的数学模型。所谓数学模型，就是描述系统输入、输出变量以及内部各变量之间关系的数学表达式。系统的数学模型可有多种表达形式。比如，时域中常用的数学模型有微分方程、差分方程和状态方程；复数域中有传递函数、结构图；频域中有频域特性等。在静态条件(即变量各阶导数为零)下，描述变量之间关系的代数方程叫静态数学模型；而描述变量各阶导数之间关系的微分方程叫做动态数学模型。如果已知输入量及变量的初始条件，对微分方程求解，就可以得到系统输出量的表达式，并由此可对系统进行性能分析。控制系统的运动状态和动态性能通常可由微分方程式描述，而微分方程式就是系统的一种数学模型，因此，建立控制系统的微分方程是分析和设计控制系统的首要工作。

建立系统(或元件)微分方程式的一般步骤如下：

(1) 在条件许可下可适当简化，忽略一些次要因素。

(2) 根据物理或化学定律，列出元件的原始方程式。这里所说的物理或化学定律，不外乎牛顿第二定律、能量守恒定律、物质守恒定律、基尔霍夫定律等。

(3) 列出原始方程式中中间变量与其他因素的关系式。这种关系式可以是数学方程式，或是曲线图。它们在大多数场合是非线性的。若条件许可，应进行线性化处理。否则按非线性对待，问题就相当复杂。

(4) 将上述关系式代入原始方程式，消去中间变量，得元件的输入输出关系方程式。若在步骤(3)不能进行线性化，则输入输出关系方程式将是复杂的非线性方程式。

(5) 同理，求出其他元件的方程式。

(6) 从所有元件的方程式中消去中间变量，最后得系统的输入输出微分方程式。

2.1.1　微分方程式的建立

下面举几个例子说明微分方程式的建立。

1. 弹簧-质量-阻尼器系统

在控制系统中，经常会遇到机械运动部件，它们的运动通常分为平移和旋转。列写机械运动部件的微分方程式时，直接或间接应用的是牛顿定律。

图 2-1 表示一个弹簧-质量-阻尼器系统。当外力 $f(t)$作用时，系统产生位移 $y(t)$，要求写出系统在外力 $f(t)$作用下的运动方程式。在此，$f(t)$是系统的输入，$y(t)$是系统的输

出。列出运动方程式的步骤如下。

(1) 设运动部件质量用 M 表示，按集中参数处理。

(2) 列出原始方程式。根据牛顿第二定律，有

$$f(t)-f_1(t)-f_2(t)=M\frac{d^2y}{dt^2} \tag{2-1}$$

式中，$f_1(t)$为阻尼器阻力；$f_2(t)$为弹簧力。

(3) $f_1(t)$和 $f_2(t)$为中间变量，找出它们与其他因素的关系。由于阻尼器是一种产生黏性摩擦或阻尼的装置，活塞杆和缸体发生相对运动时，其阻力与运动方向相反，与运动速度成正比，故有

$$f_1(t)=B\frac{dy(t)}{dt} \tag{2-2}$$

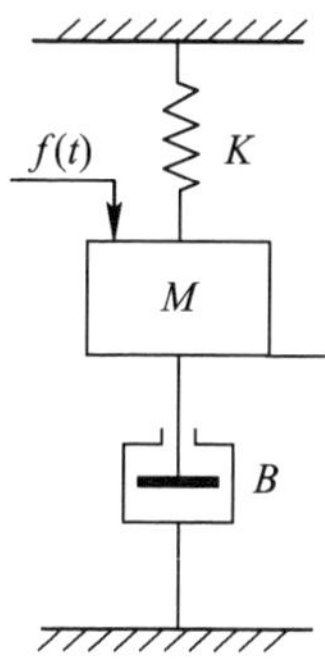

图 2-1 弹簧-质量-阻尼器系统

式中，B 为阻尼系数。

设弹簧为线性弹簧，则有

$$f_2(t)=Ky(t) \tag{2-3}$$

式中，K 为弹性系数。

(4) 将式(2-2)和式(2-3)代入式(2-1)，经整理后得到系统的微分方程式

$$M\frac{d^2y(t)}{dt^2}+B\frac{dy(t)}{dt}+Ky(t)=f(t) \tag{2-4}$$

式中，M、B、K 均为常数，故上式为线性定常二阶微分方程式，此机械位移系统为线性定常系统。

式(2-4)还可写成

$$\frac{Md^2y(t)}{Kdt^2}+\frac{Bdy(t)}{dt}+Ky(t)=f(t)$$

令

$$T_B=\frac{B}{K},\ T_M^2=\frac{M}{K}$$

则有

$$T_M^2\frac{d^2y(t)}{dt^2}+T_B\frac{dy(t)}{dt}+y(t)=\frac{1}{K}f(t) \tag{2-5}$$

所以 T_B和 T_M是图 2-1 所示系统的时间常数。称 $1/K$ 为该系统的传递系数，它的意义是：在静止时，系统的输出与输入之比[系统静止时，它的输出不随 t 变化，$\frac{dy(t)}{dt}$，$\frac{d^2y(t)}{dt^2}$，…，$\frac{d^ny(t)}{dt^n}$均为零]。

一般列写微分方程式时，输出量及其各阶导数项列写在方程式左端，输入项列写在右端。由于一般物理系统均有质量、惯性或储能元件，左端的导数阶次总比右端的高。在本例中，有质量 M，又有吸收能量的阻尼器 B，系统有两个时间常数，故左端导数项最高阶次为 2 阶。

2. *RLC* 电路

设在图 2-2 所示 RLC 电路中，R、L、C 均为常值，$u_r(t)$为输入电压，$u_c(t)$为输出电

压，输出端开路(或负载阻抗很大，可以忽略)。要求列出 $u_c(t)$ 与 $u_r(t)$ 的关系方程式。

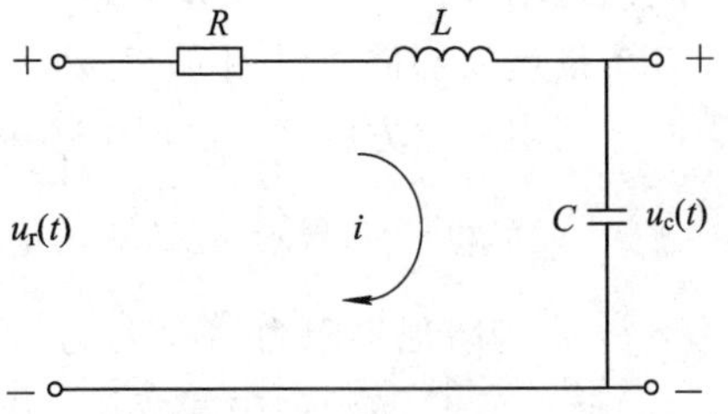

图 2-2　RLC 电路

列写过程如下：

(1) 根据基尔霍夫定律可写出原始方程式

$$L\frac{\mathrm{d}i}{\mathrm{d}t}+Ri+\frac{1}{C}\int i\mathrm{d}t=u_r(t) \tag{2-6}$$

(2) 式中 i 是中间变量，它与输出 $u_c(t)$ 有如下关系：

$$u_c(t)=\frac{1}{C}\int i\mathrm{d}t \tag{2-7}$$

(3) 消去式(2-6)、式(2-7)的中间变量 i 后，便得输入输出微分方程式

$$LC\frac{\mathrm{d}^2u_c(t)}{\mathrm{d}t^2}+RC\frac{\mathrm{d}u_c(t)}{\mathrm{d}t}+u_c(t)=u_r(t) \tag{2-8}$$

或

$$T_1T_2\frac{\mathrm{d}^2u_c(t)}{\mathrm{d}t^2}+T_2\frac{\mathrm{d}u_c(t)}{\mathrm{d}t}+u_c(t)=u_r(t) \tag{2-9}$$

式中，$T_1=L/R$，$T_2=RC$ 为该电路的两个时间常数。当 t 的单位为 s 时，它们的单位也为 s。图 2-2 电路的传递系数为 1。

式(2-7)或式(2-8)也是线性定常系统二阶微分方程式，由于电路中有两个储能元件 L 和 C，故式中左端导数项最高阶次为 2。

比较式(2-4)和式(2-7)可知，当两个方程式的系数相同时，从动态性能角度来看，两个系统是相同的。这就有可能利用电气系统来模拟机械系统，进行试验研究。而且从系统理论来说，就有可能撇开系统的具体物理属性，进行普遍意义的研究。

3. 直流电动机

直流电动机经常应用在输出功率较大的控制系统中，它有独立的励磁磁场，改变励磁或电枢电压均可进行控制。

1) 电枢控制的直流电动机

图 2-3 表示磁场固定不变(励磁电流 I_f 为常数)，用电枢电压来控制的直流电动机。设它的控制输入为电枢电压 u_a，它的输出轴角位移 θ(用在位置随动系统时)或角速度 ω(用在转速控制系统时)为输出，负载转矩 M_L 变化为主要扰动。现欲求输入与输出关系微分方程式。

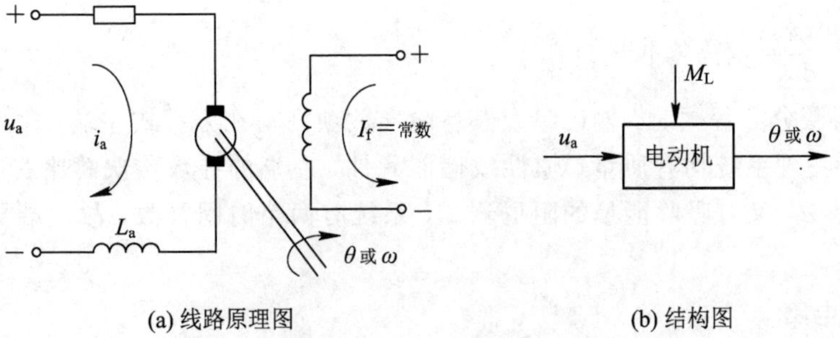

图 2-3　电枢电压控制的直流电动机

列出微分方程式的步骤如下：

(1) 考虑一般电机补偿是良好的，在反应速度不是很快的场合，可以不计电枢反应、涡流效应和磁滞影响；当 I_f 为常值时，磁场不变，并认为电机绕组温度在瞬变过程中是不变的。如此假设在工程上是允许的。

(2) 列写原始方程式。首先根据基尔霍夫定律写出电枢回路方程式如下：

$$L_a \frac{di_a}{dt} + R_a i + K_e \omega = u_a \tag{2-10}$$

式中：L_a——电枢回路总电感，H；

R_a——电枢回路总电阻，Ω；

K_e——电势系数，V/(rad · s^{-1})；

ω——电动机角速度，rad/s，$\omega = \frac{d\theta}{dt}$；

u_a——电枢电压，V；

i_a——电枢电流，A。

又根据刚体旋转定律，可写出运动方程式

$$J \frac{d\omega}{dt} + M_L = M_d \tag{2-11}$$

式中：J——转动部分转动惯量，kg · m^2(折算到电动机轴上)；

M_L——电动机轴上负载转矩，N · m；

M_d——电动机转矩，N · m。

(3) M_d 和 i_a 是中间变量。由于电动机转矩与电枢电流和气隙磁通的乘积成正比，现在磁通恒定，所以有

$$M_d = K_m i_a \tag{2-12}$$

式中：K_m——电动机转矩系数，N · m/A。

(4) 将式(2－11)代入式(2－10)，并与式(2－9)联立求解，整理后得

$$\frac{L_a J}{K_e K_m}\frac{d^2\omega}{dt^2} + \frac{R_a J}{K_e K_m}\frac{d\omega}{dt} + \omega = \frac{1}{K_e}u_a - \frac{R_a}{K_e K_m}M_L - \frac{L_a}{K_e K_m}\frac{dM_L}{dt}$$

或

$$T_a T_m \frac{d^2\omega}{dt^2} + T_m \frac{d\omega}{dt} + \omega = \frac{1}{K_e}u_a - \frac{T_m}{J}M_L - \frac{T_a T_m dM_L}{dt} \tag{2-13}$$

式中：T_m——机电时间常数，s，$T_m = \frac{R_a J}{K_e K_m}$；

T_a——电动机电枢回路时间常数，s，一般要比 T_m 小，$T_a = \frac{L_a}{R_a}$。

式(2－13)就是电枢电压控制的直流电动机微分方程式。其输入为电枢电压 u_a，输出为角速度 ω，而负载转矩 M_L 是另一种输入，即扰动输入。M_L 变化会使 ω 随之变化，对电动机的正常工作产生影响。所以式(2－12)明确表达了电动机输出角速度与电枢电压和扰动之间的关系。

若输出为电动机的转角 θ，则按式(2－12)有

$$T_a T_m \frac{d^3\theta}{dt^3} + T_m \frac{d^2\theta}{dt^2} + \frac{d\theta}{dt} = \frac{1}{K_e}u_a - \frac{T_m}{J}M_L - \frac{T_a T_m}{J}\frac{dM_L}{dt} \tag{2-14}$$

式(2－14)是一个三阶线性定常微分方程。

2）磁场控制的直流电动机

图 2-4 所示系统主要用于恒定功率负载或电枢电流能保持恒定的场合，或者用在自动整定转速系统中。现设电枢电流 I_A 为常数，气隙磁通 $\Phi(t)=K_f i_f(t)$，其中 K_f 为常数，即铁芯不饱和，工作在线性段。

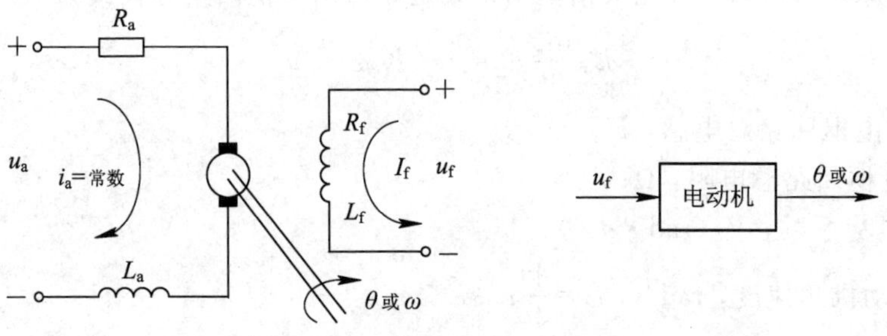

(a) 线路原理图 (b) 结构图

图 2-4 磁场控制的直流电动机

建立输入输出关系方程式的步骤如下：

(1) 假设铁芯不饱和，则励磁回路电感 L_f 为常值。其他简化与电枢控制时相同。

(2) 励磁回路方程式为

$$u_f = R_f i_f + \frac{d\varphi}{dt} \tag{2-15}$$

式中：u_f——励磁电压，V；

i_f——励磁电流，A；

R_f——励磁回路电阻，Ω；

φ——励磁绕组磁链，Wb。

设电动机转矩 M_d 是用来克服系统的惯性和负载的阻尼摩擦的，因此有

$$J\frac{d\omega}{dt} + B\omega = M_d \tag{2-16}$$

式中：J——转动部分转动惯量；

B——阻尼摩擦系数。

(3) 中间变量有 φ，M_d。根据(1)中简化和 I_a 为常值的假设有

$$\varphi = L_f i_f \tag{2-17}$$

$$M_d = K_m\varphi = K_m K_f i_f = K_i i_f \tag{2-18}$$

式中：K_m、K_f 为常数，$K_i = K_m K_f$。

(4) 将式(2-17)和式(2-18)分别代入式(2-15)和式(2-16)，消去中间变量，可得磁场控制的直流电动机的方程式

$$\frac{L_f}{R_f}\frac{d^2\omega}{dt^2} + \left(\frac{L_f}{R_f} + \frac{J}{B}\right)\frac{d\omega}{dt} + \omega = \frac{K_i}{R_f B}u_f \tag{2-19}$$

或

$$T_f T_m \frac{d^2\omega}{dt^2} + (T_f + T_m)\frac{d\omega}{dt} + \omega = K_d u_f \tag{2-20}$$

式中：T_f——励磁回路时间常数，$T_f = \dfrac{L_f}{R_f}$；

T_m——惯性和阻尼摩擦时间常数，$T_m=\dfrac{J}{B}$；

K_d——电动机传递系数，$K_d=\dfrac{K_i}{R_f B}$。

由式(2－20)可知，磁场控制的直流电动机方程式，在假定条件下对 ω 仍为二阶线性方程式。实际上，φ 是 i_f 的非线性函数，如图 2－5 所示，由式(2－15)、式(2－16)和式(2－18)得到的电动机方程式，将是很复杂的非线性方程式，求解相当困难。

若研究电动机在某一工作点附近的动态性能，应用上述的线性化方法得到的线性化方程式，可准确地代替非线性方程式，也可以用线性理论来进行分析。

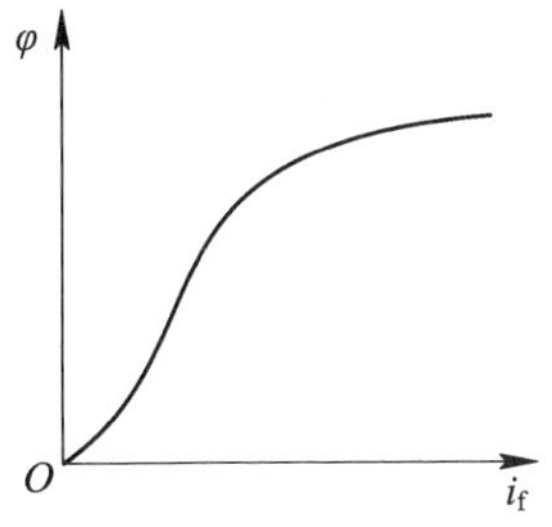

图 2－5　励磁绕组的 $\varphi(i_f)$ 曲线

4. 电动机转速控制系统

图 2－6 是一个反馈控制系统。要建立反馈系统的方程式，应先画系统的结构图，明确各元件的作用关系，如图 2－7 所示。然后写出各元件的微分方程式，消去中间变量，就可得到所求的输入输出关系方程式。对图 2－6 所示系统，其输出为角速度 ω，参考输入为 u_r，扰动输入为负载转矩 M_L。系统的方程式具体列写如下。

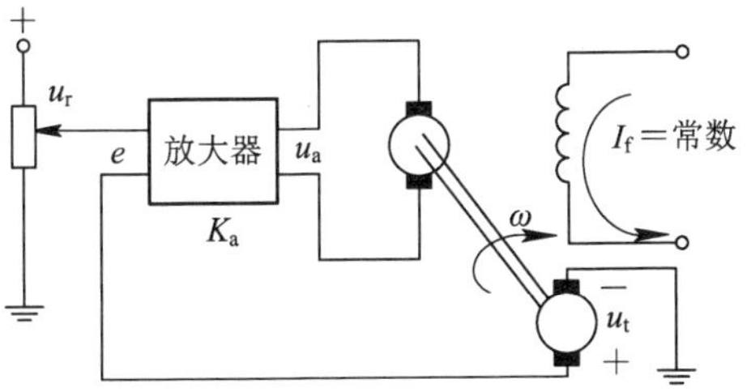

图 2－6　电动机转速控制系统

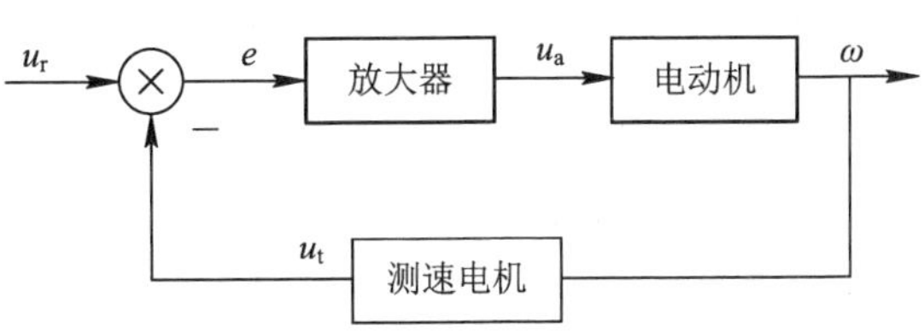

图 2－7　系统的结构图

(1) 列各元件方程式。电动机方程式为式(2－12)，即

$$T_a T_m \frac{d^2\omega}{dt^2}+T_m\frac{d\omega}{dt}+\omega=\frac{1}{K_e}u_a-\frac{T_m}{J}M_L-\frac{T_a T_m}{J}\frac{dM_L}{dt} \tag{2-21}$$

设放大器没有惯性，输出与输入成正比，即

$$u_a=K_a\omega \tag{2-22}$$

测速发电机输出为 u_t，输入为 ω，故有

$$u_t=K_t\omega \tag{2-23}$$

式中：K_t 为测速反馈系数。

e 是参考输入 u_r 和反馈电压 u_t 之差，即

$$e=u_r-u_t \tag{2-24}$$

(2) 消去中间变量。从式(2－21)、式(2－22)、式(2－23)和式(2－24)中消去中间变量 u_a、e、u_t，最后得到系统的微分方程式

$$T_a T_m \frac{d^2\omega}{dt^2}+T_m\frac{d\omega}{dt}+(1+K)\omega=\frac{K_a}{K_e}u_r-\frac{T_m}{J}M_L-\frac{T_a T_m}{J}\frac{dM_L}{dt} \tag{2-25}$$

式中：$K=\dfrac{K_a K_t}{K_e}$为各元件传递系数的乘积，称为系统的开环放大系数。

若把所建立的系统微分方程式与式(2-13)比较，可以看出，假如 K 足够大，由于应用了反馈，扰动 M_L 对转速的影响大大降低$\left(为原来的\dfrac{1}{1+K}\right)$，所以控制精度提高了。

5. 热力系统

图 2-8 表示一个热水供应系统，为了保证一定的热水温度，由电热器提供热流量 φ_i(W)。在本系统中，输入量为 φ_i，输出量为 θ_o。假定环境温度为 θ_i，进水温度也是 θ_i，并且水箱中各处温度相同(即用集中参数代替分布参数)，这样简化后系统方程式可列写如下。

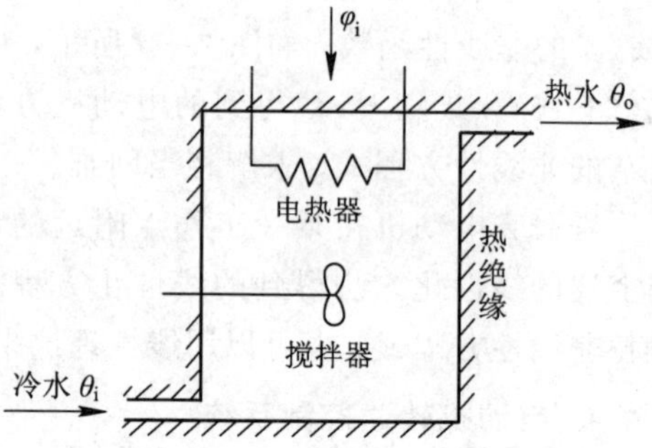

图 2-8　热力系统

(1) 按能量守恒定律可写出热流量平衡方程：

$$\varphi_i=\varphi_t+\varphi_o-\varphi_c+\varphi_s \tag{2-26}$$

式中：φ_t——供给水箱中水的热流量，W；

φ_o——出水带走的热流量，W；

φ_c——进水带入的热流量，W；

φ_s——通过热绝缘耗散的热流量，W。

(2) 找出中间变量与其他因素关系：

$$\varphi_t=C\frac{d\theta_o}{dt} \tag{2-27}$$

式中：C——水箱中水的热容，J/℃；

θ_o——水箱中水的温度，℃。

$$\varphi_o=Qc_p\theta_o,\ \varphi_c c_p\theta_i \tag{2-28}$$

式中：Q——出水流量，kg/s；

c_p——水的比热容，J/(kg·℃)。

$$\varphi_s=\frac{\theta_o-\theta_i}{R} \tag{2-29}$$

式中：R——由水箱内壁通过热绝缘扩散到周围环境的等效热值，℃/W。

(3) 以上各式代入热平衡方程，便得系统的微分方程式：

$$C\frac{d\theta_o}{dt}+\left(Qc_p+\frac{1}{R}\right)\theta_o=\varphi_i+\left(Qc_p+\frac{1}{R}\right)\theta_i \tag{2-30}$$

或

$$T\frac{d\theta_o}{dt}+(Qc_pR+1)\theta_o=R\varphi_i+(Qc_pR+1)\theta_i$$

式中：$T=RC$ 为热时间常数，s。

这是一个一阶非线性微分方程式。影响热水温度 θ_o 的扰动有出水流量 Q 和进水温度 θ_i。当出水流量 Q 一定，环境温度和进水温度 θ_i 也为常值时，可令

$$\theta=\theta_o-\theta_i \tag{2-31}$$

θ 为温升，系统输出为温升时的微分方程式为

$$T\frac{\mathrm{d}\theta}{\mathrm{d}t}+(Qc_{\mathrm{p}}R+1)\theta=R\varphi_{\mathrm{i}} \tag{2-32}$$

式(2-32)为一阶线性定常微分方程。

6. 流体过程

图 2-9 中流入流量为 Q_{i}，流出流量 Q_{o}，它们受相应的阀门控制。设该系统的输入量为 Q_{i}，输出量为液面高度 H，则它们之间的微分方程式可列写如下。

(1) 流体是不可压缩的，根据物质守恒定律，可得

$$S\mathrm{d}H=(Q_{\mathrm{i}}-Q_{\mathrm{o}})\mathrm{d}t \tag{2-33}$$

或

$$\frac{\mathrm{d}H}{\mathrm{d}t}=\frac{Q_{\mathrm{i}}-Q_{\mathrm{o}}}{S}$$

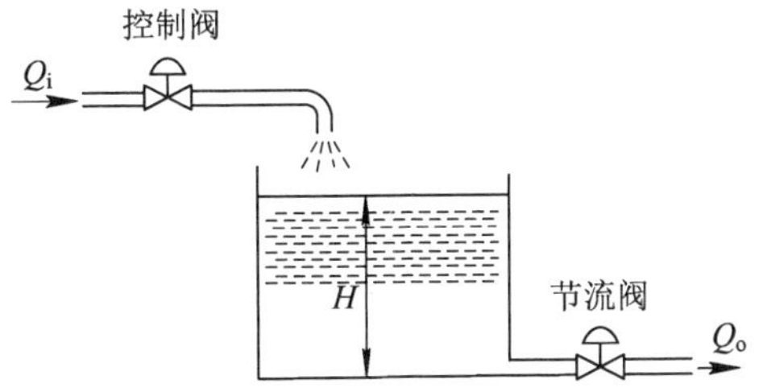

图 2-9　流体过程

式中：S——液罐截面积，m^2；

H——液面高度，m；

Q_{i}、Q_{o}——流入、流出流量，m^3/s。

(2) 求出中间变量 Q_{o} 与其他变量的关系。由于通过节流阀的流体是紊流，按流量公式可得

$$Q_{\mathrm{o}}=\alpha\sqrt{H} \tag{2-34}$$

式中：α 为节流阀的流量系数($\mathrm{m}^{2.5}/\mathrm{s}$)，当液体变化不大时，可近似认为 Q_{o} 只与节流阀的开度有关，现在设节流阀开度保持一定，则 α 为常数。

(3) 消去中间变量 Q_{o}，就得输入输出关系式如下：

$$\frac{\mathrm{d}H}{\mathrm{d}t}+\frac{\alpha}{S}\sqrt{H}=\frac{1}{S}Q_{\mathrm{i}} \tag{2-35}$$

它是一阶非线性微分方程式。

从上述两个例子得到的非线性方程说明很多过程控制中控制对象具有非线性特性。

以上阐明了如何建立一个系统微分方程式的过程。对于任何线性定常系统，假如它的输出为 c，输入为 r，则系统方程式的一般形式如下：

$$a_n\frac{\mathrm{d}^nc}{\mathrm{d}t^n}+a_{n-1}\frac{\mathrm{d}^{n-1}c}{\mathrm{d}t^{n-1}}+\cdots+a_1\frac{\mathrm{d}c}{\mathrm{d}t}+a_0c=b_m\frac{\mathrm{d}^mr}{\mathrm{d}t^m}+b_{m-1}\frac{\mathrm{d}^{m-1}r}{\mathrm{d}t^{m-1}}+\cdots+b_1\frac{\mathrm{d}r}{\mathrm{d}t}+b_0r \tag{2-36}$$

式中：$a_i(i=0,1,\cdots,n)$，$b_i(i=0,1,\cdots,m)$为常数。对于实际系统来说，$n\geqslant m$。

2.1.2　非线性元件微分方程的线性化

严格来说，在构成控制系统的各类元件的输入量与输出量间都存在不同程度的非线性特性。因此，在研究控制系统的运动过程时会遇到求解非线性微分方程问题。高阶非线性微分方程在数学上尚不可能求得一般解但如果对非线性微分方程做某些近似或缩小研究问题的范围，则对构成控制系统的大多数元件来说，其输入输出变量间的关系可近似认为是线性的，其特性可用线性微分方程描述。在工程上，将非线性微分方程在一定的条件下转

化为线性微分方程的处理方法，称为非线性微分方程的线性化。采用线性化的方法，可以在一定条件下将线性系统的理论和方法用于非线性系统，从而使问题简化。在建立系统数学模型的过程中，小偏差线性化方法是一种常见的、比较有效的方法。

一般地，对于非线性不太严重的系统，可以在一定的工作范围内进行线性化处理。工程上常用的方法是将非线性函数在平衡点附近展开成泰勒级数，再去掉高次项以得到线性函数。

现以直流发电机为例，说明非线性方程的线性化方法：直流发电机的输出电势与磁通量成正比。在一定范围内与励磁电流成正比，但随着励磁电流增加至某个范围后，磁路出现饱和。磁通就不随励磁电流作线性变化，因而发电机的电势与励磁电流之间不再存在线性关系，而是呈现一种连续变化的非线性函数关系。

若以变量 x 表示励磁电流，变量 y 表示发电机的输出电势，则两者之间可用具有连续变化的非线性函数表示为

$$y = f(x) \tag{2-37}$$

其特性曲线如图 2-10 所示。

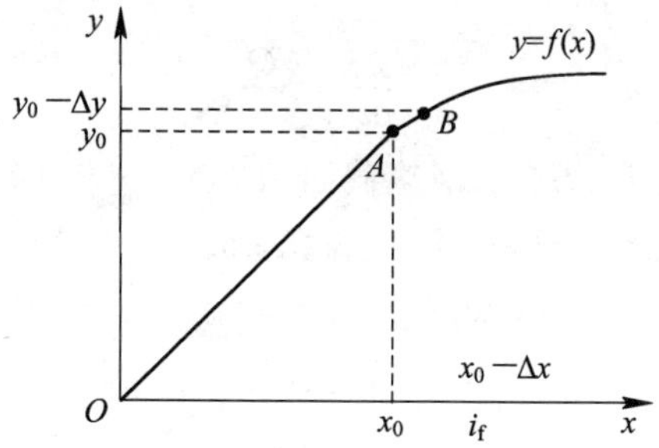

图 2-10 直流发电机的空载特性曲线

设发电机原运行于某个平衡点(称为静态工作点)，如图 2-10 中 A 点，此时，$x=x_0$，$y=y_0$，且 $y_0=f(x_0)$。当 x 值变化 Δx，即 $x=x_0+\Delta x$ 时，则 $y=y_0+\Delta y$，如图中 B 点。由于函数 $y=f(x)$ 在 (x_0, y_0) 点连续可微，故可将函数在 (x_0, y_0) 点展开成泰勒级数，即

$$y = f(x) = f(x_0) + \left.\frac{\mathrm{d}y}{\mathrm{d}x}\right|_{x=x_0}(x-x_0) + \frac{1}{2!}\left.\frac{\mathrm{d}^2 y}{\mathrm{d}x^2}\right|_{x=x_0}(x-x_0)^2 + \cdots \tag{2-38}$$

将 $y_0=fx_0$ 代入，并将其移到左边，则有

$$y - y_0 = \left.\frac{\mathrm{d}y}{\mathrm{d}x}\right|_{x=x_0}(x-x_0) + \frac{1}{2!}\left.\frac{\mathrm{d}^2 y}{\mathrm{d}x^2}\right|_{x=x_0}(x-x_0)^2 + \cdots \tag{2-39}$$

等式右边是 $(x-x_0)$ 的升幂级数。当变化量 $(x-x_0)$ 很小时，则可将 $(x-x_0)$ 的高次项略去，于是有

$$y - y_0 = \left.\frac{\mathrm{d}y}{\mathrm{d}x}\right|_{x=x_0}(x-x_0) \tag{2-40}$$

再用增量 Δy、Δx 表示，则式(2-40)变成

$$\Delta y = K\Delta x \tag{2-41}$$

其中比例系数 $K=\left.\frac{\mathrm{d}y}{\mathrm{d}x}\right|_{x=x_0}$，$K$ 是一个常数，其几何意义是曲线 $y=f(x)$ 在 A 点上的切线斜率。

显然，经上述处理后所得到的式(2-41)已经是线性方程了。

对于具有两个自变量的非线性函数

$$y = f(x_1, x_2) \tag{2-42}$$

也可以在静态工作点 $y_0=f(x_{10}, x_{20})$ 附近展开成泰勒级数，进行线性化处理。即

$$y=f(x_{10},\ x_{20})+\left[\frac{\partial f}{\partial x_1}\bigg|_{x_1=x_{10}}(x_1-x_{10})+\frac{\partial f}{\partial x_2}\bigg|_{x_2=x_{20}}(x_2-x_{20})\right]+\cdots$$

忽略高阶项，得

$$y=f(x_{10},\ x_{20})+\left[\frac{\partial f}{\partial x_1}\bigg|_{x_1=x_{10}}(x_1-x_{10})+\frac{\partial f}{\partial x_2}\bigg|_{x_2=x_{20}}(x_2-x_{20})\right] \tag{2-43}$$

如用增量 Δy，Δx 表示，则有：$x_1=x_{10}+\Delta x_1$，$x_2=x_{20}+\Delta x_2$。同理 $y=y_0+\Delta y$。则式(2－43)可写成

$$\Delta y=K_1\Delta x_1+K_2\Delta x_2 \tag{2-44}$$

式中：$K_1=\frac{\partial f}{\partial x_1}\bigg|_{x_1=x_{10}}$，$K_2=\frac{\partial f}{\partial x_2}\bigg|_{x_2=x_{20}}$ 是在静态工作点处求导而得的常数，其大小与非线性函数以及静态工作点有关。式(2－43)是非线性函数式(2－44)的线性化表示。

上述的线性化方法称为小偏差法，它是基于这样一种假设：在系统控制过程中，输入量和输出量只是在静态工作点附近作微小变化，致使$(x-x_0)$之值很小，其高次项就更小，可忽略不计。这个假设是符合控制系统的实际工作情况的。因为对闭环系统而言，一有偏差就产生控制作用，以减小或消除偏差，所以各变量只能在平衡点附近作微小的变动。

研究非线性方程的线性化时，必须注意到：

(1) 小偏差方法只适用于不太严重的非线性系统，其非线性函数是可以利用泰勒级数展开的。

(2) 实际运行情况是在某个平衡点(即静态工作点)附近，且变量只能在小范围内变化。

(3) 静态工作点不同，K 值亦异，线性化的结果使方程的参数有所不同。

2.2　控制系统的复数域数学模型

2.2.1　拉普拉斯变换

拉普拉斯变换(后文简称拉氏变换)是一种积分变换，它可将时间域内的微分方程变换成复数域内的代数方程，并在变换时引入了初始条件，可以方便地求解线性定常系统的微分方程；同时，拉普拉斯变换也是建立系统复域的数学模型——传递函数的数学基础。

1. 拉氏变换的定义

若将实变量 t 的函数 $f(t)$乘以指数函数 e^{-st}(其中 $s=\sigma+j\omega$，是一个复变数)，再在 0 到 ∞之间对 t 进行积分，得到一个新的函数 $F(s)$，则 $F(s)$称为 $f(t)$的拉氏变换式，也可用$\mathscr{L}[f(t)]$表示，即

$$F(s)=\mathscr{L}[f(t)]=\int_0^\infty f(t)e^{-st}dt \tag{2-45}$$

式(2－29)称为拉氏变换的定义式。其条件是，式中等号右边的积分存在(收敛)。由于 $\int_0^\infty f(t)e^{-st}dt$ 是一个定积分，t 将在新函数中消失。因此，$F(s)$只取决于 s，它是复数 s 的函数。拉氏变换将原来的实变量函数 $f(t)$转化为复变量函数 $F(s)$。拉氏变换是一种单值变换。$F(t)$和 $F(s)$之间具有一一对应的关系，通常称 $f(t)$为原函数，$F(s)$称为 $f(t)$的象

函数。

2. 拉氏变换的定理

常用的拉氏变换定理罗列如下：

1）线性性质

设 $F_1(s)=\mathscr{L}[f_1(t)]$，$F_2(s)=\mathscr{L}[f_2(t)]$，$a$，$b$ 为常数，则有

$$\mathscr{L}[af_1(t)+bf_2(t)]=a\mathscr{L}[f_1(t)]+b\mathscr{L}[f_2(t)]=aF_1(s)+bF_2(s) \tag{2-46}$$

2）微分定理

设 $F(s)=\mathscr{L}[f(t)]$，则有

$$\mathscr{L}\left[\frac{\mathrm{d}f(t)}{\mathrm{d}t}\right]=sF(s)-f(0) \tag{2-47}$$

式中，$f(0)$是函数 $f(t)$在 $t=0$ 时的值。

3）积分定理

设 $F(s)=\mathscr{L}[f(t)]$，则有

$$\mathscr{L}\left[\int f(t)\mathrm{d}t\right]=\frac{1}{s}F(s)+\frac{1}{s}f^{(-1)}(0) \tag{2-48}$$

式中，$f^{(-1)}(0)$是 $\int f(t)\mathrm{d}t$ 在 $t=0$ 时的值。

4）初值定理

若函数 $f(t)$及其一阶导数都是可拉氏变换的，则函数 $f(t)$的初值为

$$f(0_+)=\lim_{t\to 0_+}f(t)=\lim_{s\to\infty}sF(s) \tag{2-49}$$

即原函数 $f(t)$在自变量趋于零(从正向趋于零)时的极限值，取决于其象函数 $F(s)$在自变量趋于无穷大时的极限值。

5）中值定理

若函数 $f(t)$及其一阶导数都是可拉氏变换的，则函数 $f(t)$的终值为

$$\lim_{t\to\infty}f(t)=\lim_{s\to 0}sF(s) \tag{2-50}$$

即原函数 $f(t)$在自变量趋于无穷大时的极限值，取决于其象函数 $F(s)$在自变量趋于零时的极限值。

6）位移定理

设 $F(s)=\mathscr{L}[f(t)]$，则有

$$\mathscr{L}[f(t-\tau_0)]=\mathrm{e}^{-\tau_0 s}F(s) \tag{2-51}$$

$$\mathscr{L}[\mathrm{e}^{-\alpha t}f(t)]=F(s-\alpha) \tag{2-52}$$

它们分别表示实域中的位移定理和复域中的位移定理。

7）相似定理

设 $F(s)=\mathscr{L}[f(t)]$，则有

$$\mathscr{L}\left[f\left(\frac{t}{a}\right)\right]=aF(as) \tag{2-53}$$

式中，a 为实数。

式(2-53)表示，原函数 $f(t)$自变量 t 的比例尺改变时(图 2-11)，其象函数 $F(s)$具有类似的形式。

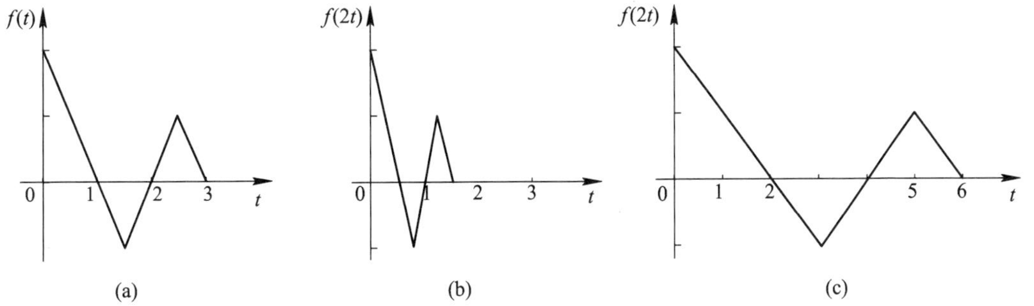

图 2-11　函数 $f(t)$，$f(2t)$，$f(t/2)$特性

8）卷积定理

设 $F_1(s)=\mathscr{L}[f_1(t)]$，$F_2(s)=\mathscr{L}[f_2(t)]$，则有

$$F_1(s)\,F_2(s)=\mathscr{L}\left[\int_0^t f_1(t-\tau)f_2(\tau)\mathrm{d}\tau\right] \tag{2-54}$$

式中，$\int_0^t f_1(t-\tau)f_2(\tau)\mathrm{d}\tau$ 为 $f_1(t)$ 和 $f_2(t)$ 的卷积，可写为 $f_1(t)*f_2(t)$。因此，式(2-54)表示，两个原函数的卷积等于它们象函数的乘积。

3. 拉氏变换举例

例 2-1　求单位阶跃函数 $1(t)$的象函数。

解　单位阶跃函数 $1(t)$定义为

$$1(t)=\begin{cases}0, & t<0\\ 1, & t\geqslant 0\end{cases} \tag{2-55}$$

$$F(s)=\mathscr{L}[1(t)]=\int_0^\infty 1\times \mathrm{e}^{-st}\mathrm{d}t=-\frac{1}{s}\mathrm{e}^{-st}\Big|_0^\infty=\frac{1}{s} \tag{2-56}$$

在自动控制系统中，单位阶跃函数相当于一个突加作用信号，相当于一个开关的闭合（或断开）。

例 2-2　求单位脉冲函数 $\delta(t)$的象函数。

解　设函数

$$\delta t=\begin{cases}0, & t<0\\ \dfrac{1}{\varepsilon}, & 0<t<\varepsilon\\ 0, & t>\varepsilon\end{cases} \tag{2-57}$$

$$\int_0^\infty \delta(t)\mathrm{d}t=\int_0^\varepsilon \delta_\varepsilon(t)=\frac{1}{\varepsilon}t\Big|_0^\varepsilon=1 \tag{2-58}$$

在自动控制系统中，单位阶跃函数相当于一个瞬时的扰动信号。

例 2-3　求指数函数 $f(t)=\mathrm{e}^{at}$（$a\geqslant 0$，$a=$常数）的拉氏变换。

解　根据拉氏变换的定义，得

$$\mathscr{L}[\mathrm{e}^{at}]=\int_0^{+\infty}\mathrm{e}^{at}\,\mathrm{e}^{-st}\mathrm{d}t=\int_0^{+\infty}\mathrm{e}^{-(s-a)t}\mathrm{d}t \tag{2-59}$$

此积分在 $s>a$ 时收敛，有

$$\int_0^{+\infty} e^{-(s-a)t} dt = \frac{1}{s-a} \tag{2-60}$$

所以

$$\mathscr{L}[e^{at}] = \frac{1}{s-a}(s-a) \tag{2-61}$$

表 2-1 列出常用函数的拉氏变换，可供查询。

表 2-1　常用函数拉氏变换对照表

序号	拉氏变换 $E(s)$	时间函数 $e(t)$	Z 变换 $E(z)$
1	e^{-nsT}	$\delta(t-nT)$	z^{-n}
2	1	$\delta(t)$	1
3	$\frac{1}{s}$	$1(t)$	$\frac{z}{z-1}$
4	$\frac{1}{s^2}$	t	$\frac{Tz}{(z-1)^2}$
5	$\frac{1}{s^3}$	$\frac{t^2}{2!}$	$\frac{T^2 z(z+1)}{2(z-1)^3}$
6	$\frac{1}{s^4}$	$\frac{t^3}{3!}$	$\frac{T^3 z(z^2+4z+1)}{6(z-1)^4}$
7	$\frac{1}{s-\left(\frac{1}{T}\right)\ln a}$	$a^{\frac{t}{T}}$	$\frac{z}{z-a}$
8	$\frac{1}{s+a}$	e^{-at}	$\frac{z}{z-e^{-aT}}$
9	$\frac{1}{(s+a)^2}$	te^{-at}	$\frac{Tze^{-aT}}{(z-e^{-aT})^2}$
10	$\frac{1}{(s+a)^3}$	$\frac{1}{2}t^2 e^{-at}$	$\frac{T^2 ze^{-aT}}{2(z-e^{-aT})^2}+\frac{T^2 ze^{-2aT}}{(z-e^{-aT})^3}$
11	$\frac{a}{s(s+a)}$	$1-e^{-at}$	$\frac{(1-e^{-aT})z}{(z-1)(z-e^{-aT})}$
12	$\frac{a}{s^2(s+a)}$	$t-\frac{1}{a}(1-e^{-aT})$	$\frac{Tz}{(z-1)^2}-\frac{(1-e^{-aT})z}{a(z-1)(z-e^{-aT})}$
13	$\frac{1}{(s+a)(s+b)(s+c)}$	$\frac{e^{-at}}{(b-a)(b-c)}+\frac{e^{-bt}}{(a-b)(c-b)}+\frac{e^{-ct}}{(a-c)(b-c)}$	$\frac{z}{(b-a)(c-a)(z-e^{-aT})}+\frac{z}{(a-b)(c-b)(z-e^{-bT})}+\frac{z}{(a-c)(b-c)(z-e^{-cT})}$

续表

序号	拉氏变换 $E(s)$	时间函数 $e(t)$	Z 变换 $E(z)$
14	$\dfrac{s+d}{(s+a)(s+b)(s+c)}$	$\dfrac{(d-a)}{(b-a)(c-a)}e^{-at}+\dfrac{(d-b)}{(a-b)(c-b)}e^{-bt}+\dfrac{(d-c)}{(a-c)(b-c)}e^{-ct}$	$\dfrac{(d-a)z}{(b-a)(c-a)(z-e^{-aT})}+\dfrac{(d-b)z}{(a-b)(c-b)(z-e^{-bT})}+\dfrac{(d-c)z}{(a-c)(b-c)(z-e^{-cT})}$
15	$\dfrac{abc}{s(s+a)(s+b)(s+c)}$	$1-\dfrac{bc}{(b-a)(c-a)}e^{-at}-\dfrac{ca}{(a-b)(c-b)}e^{-bt}-\dfrac{ab}{(a-c)(b-c)}e^{-ct}$	$\dfrac{z}{z-1}-\dfrac{bcz}{(b-a)(c-a)(z-e^{-aT})}-\dfrac{caz}{(c-b)(a-b)(z-e^{-bT})}-\dfrac{abz}{(a-c)(b-c)(z-e^{-cT})}$
16	$\dfrac{\omega}{s^2+\omega^2}$	$\sin\omega t$	$\dfrac{z\sin\omega T}{z^2-2z\cos\omega T+1}$
17	$\dfrac{s}{s^2+\omega^2}$	$\cos\omega t$	$\dfrac{z(z-\cos\omega T)}{z^2-2z\cos\omega T+1}$
18	$\dfrac{\omega}{s^2-\omega^2}$	$\sinh\omega t$	$\dfrac{z\sinh\omega T}{z^2-2z\cosh\omega T+1}$
19	$\dfrac{s}{s^2-\omega^2}$	$\cosh\omega t$	$\dfrac{z(z-\cosh\omega T)}{z^2-2z\cosh\omega T+1}$
20	$\dfrac{\omega^2}{s(s^2+\omega^2)}$	$1-\cos\omega t$	$\dfrac{z}{z-1}-\dfrac{z(z-\cos\omega T)}{z^2-2z\cos\omega T+1}$
21	$\dfrac{\omega}{(s+a)^2+\omega^2}$	$e^{-at}\sin\omega t$	$\dfrac{ze^{-aT}\sin\omega T}{z^2-2ze^{-aT}\cos\omega T+e^{-2aT}}$
22	$\dfrac{s+a}{(s+a)^2+\omega^2}$	$e^{-at}\cos\omega t$	$\dfrac{z^2-ze^{-aT}\cos\omega T}{z^2-2ze^{-aT}\cos\omega T+e^{-2aT}}$
23	$\dfrac{h-a}{(s+a)(s+b)}$	$e^{-at}-e^{-bt}$	$\dfrac{z}{z-e^{-aT}}-\dfrac{z}{z-e^{-bT}}$
24	$\dfrac{a^2b^2}{s^2(s+a)(s+b)}$	$abt-(a+b)-\dfrac{b^2}{a-b}e^{-at}+\dfrac{a^2}{a-b}e^{-bt}$	$\dfrac{abTz}{(z-1)^2}-\dfrac{(a-b)z}{z-1}-\dfrac{b^2z}{(a-b)(z-e^{-aT})}+\dfrac{a^2z}{(a-b)(z-e^{-bT})}$

4. 拉普拉斯反变换

拉普拉斯反变换是指由象函数 $F(s)$ 求原函数 $f(t)$。即

$$f(t)=\mathscr{L}^{-1}[F(t)]=\frac{1}{2\pi \mathrm{j}}\int_{\sigma-\mathrm{j}\omega}^{\sigma+\mathrm{j}\omega}F(t)\mathrm{e}^{st}\,\mathrm{d}t \tag{2-62}$$

对于简单的象函数，可直接应用拉氏变换对照表2-1，查出相应的原函数。工程实践中，求复杂象函数的原函数时，通常先用部分分式展开法将复杂函数展成简单函数的和，再应用拉氏变换对照表。

一般，象函数$F(s)$是复变数s的有理代数分式，即$F(s)$可表示为如下两个s的多项式比的形式：

$$F(s)=\frac{B(s)}{A(s)}=\frac{b_0s^m+b_1s^{m-1}+\cdots+b_{m-1}s+b_m}{s^n+a_1s^{n-1}+\cdots+a_{n-1}s+a_n} \tag{2-63}$$

式中，系数a_1，a_2，…，a_n，b_0，b_1，…，b_m都是实常数；m，n是正整数，通常$m<n$。为了将$F(s)$写为部分分式形式，首先把$F(s)$的分母因式分解，则有

$$F(s)=\frac{B(s)}{A(s)}=\frac{b_0s^m+b_1s^{m-1}+\cdots+b_{m-1}s+b_m}{(s-s_1)(s-s_2)\cdots(s-s_n)} \tag{2-64}$$

式中，s_1，s_2，…，s_n是$A(s)=0$的根，称为$F(s)$的极点。按照这些根的性质，分以下两种情况研究。

1) $A(s)=0$无重根

这时，$F(s)$可展开为n个简单的部分分式之和，每个部分分式都以$A(s)$的一个因式作为其分母，即

$$F(s)=\frac{c_1}{s-s_1}+\frac{c_2}{s-s_2}+\cdots+\frac{c_i}{s-s_i}+\cdots+\frac{c_n}{s-s_n}=\sum_{i=1}^{n}\frac{c_i}{s-s_i} \tag{2-65}$$

式中，c_i为待定常数，称为$F(s)$在极点s_i处的留数，可按下式计算：

$$c_i=\lim_{s\to s_i}(s-s_i)F(s) \tag{2-66}$$

或

$$c_i=\left.\frac{B(s)}{\dot{A}(s)}\right|_{s=s_i} \tag{2-67}$$

式中，$\dot{A}(s)$为$A(s)$对s求一阶导数。

根据拉氏变换的线性性质，从式(2-65)可求得原函数

$$f(t)=\mathscr{L}^{-1}[F(s)]=\mathscr{L}^{-1}\left[\sum_{i=1}^{n}\frac{c_i}{s-s_i}\right]=\sum_{i=1}^{n}c_i\mathrm{e}^{s_it} \tag{2-68}$$

上述表明，有理代数分式函数的拉氏反变换，可表示为若干指数项之和。

2) $A(s)=0$有重根

设$A(s)=0$有r个重根S_1，则$F(s)$可写为

$$\begin{aligned}F(s)&=\frac{B(s)}{(s-s_1)^r(s-s_{r+1})\cdots(s-s_n)}\\&=\frac{c_r}{(s-s_1)^r}+\frac{c_{r-1}}{(s-s_2)^{r-1}}+\cdots+\frac{c_1}{s-s_1}+\frac{c_{r+1}}{s-s_{r+1}}+\cdots+\frac{c_n}{s-s_n}\end{aligned} \tag{2-69}$$

式中，s_1为$F(s)$的重极点，s_{r+1}，…，s_n为$F(s)$的$(n-r)$个非重极点。c_r，c_{r-1}，…，c_1，c_{r+1}，…，c_n为待定常数，其中，c_{r+1}，…，c_n按式(2-66)或式(2-67)计算，但c_r，c_{r-1}，…，c_1应按下式计算：

$$c_r=\lim_{s\to s_1}(s-s_1)^rF(s)$$

$$c_{r-1}=\lim_{s\to s_1}\frac{\mathrm{d}}{\mathrm{d}s}[(s-s_1)^rF(s)]$$

$$\vdots$$

$$c_{r-k}=\frac{1}{k!}\lim_{s\to s_1}\frac{\mathrm{d}^{(k)}}{\mathrm{d}s^k}[(s-s_1)^rF(s)]$$

$$\vdots$$

$$c_1=\frac{1}{(r-1)!}\lim_{s\to s_1}\frac{\mathrm{d}^{(r-1)}}{\mathrm{d}s^{r-1}}[(s-s_1)^rF(s)]$$

因此，原函数 $f(t)$ 为

$$\begin{aligned}f(t)&=\mathscr{L}^{-1}[F(s)]\\&=\mathscr{L}^{-1}\left[\frac{c_r}{(s-s_1)^r}+\frac{c_{r-1}}{(s-s_2)^{r-1}}+\cdots+\frac{c_1}{s-s_1}+\frac{c_{r+1}}{s-s_{r+1}}+\cdots+\frac{c_n}{s-s_n}\right]\\&=\left[\frac{c_r}{(r-1)!}t^{r-1}+\frac{c_{r-1}}{(r-2)!}t^{r-2}+\cdots+c_1t+c_1\right]e^{s_1t}+\sum_{i=r+1}^{n}c_ie^{s_it}\end{aligned}\qquad(2-70)$$

例 2-4　$X(s)=\dfrac{s+2}{s^2+4s+3}$，求原函数 $x(t)$。

解

$$s^2+4s+3=(s+3)(s+1)$$

$$X(s)=\frac{s+2}{s^2+4s+3}=\frac{c_1}{s+3}+\frac{c_2}{s+1}$$

$$c_1=\lim_{s\to-3}(s+3)X(s)=\lim_{s\to-3}\frac{s+2}{s+1}=\frac{1}{2}$$

$$c_2=\lim_{s\to-1}(s+1)X(s)=\lim_{s\to-1}\frac{s+2}{s+3}=\frac{1}{2}$$

$$\therefore x(t)=\frac{1}{2}(e^{-3t}+e^{-t})$$

例 2-5　求 $X(s)=\dfrac{s-3}{s^2+2s+2}$ 的原函数 $x(t)$。

解

$$s^2+2s+2=(s+1)^2+1=(s+1+j)(s+1-j)$$

$$X(s)=\frac{s-3}{(s+1+j)(s+1-j)}=\frac{c_1}{s+1+j}+\frac{c_2}{s+1-j}$$

$$c_1=\lim_{s\to-1-j}(s+1+j)X(s)=\frac{-4-j}{-2j}$$

$$c_2=\lim_{s\to-1+j}(s+1+j)X(s)=\frac{-4-j}{2j}$$

$$\begin{aligned}x(t)=\mathscr{L}^{-1}[X(s)]&=-\frac{4-j}{2j}e^{(-1-j)t}+\frac{-4+j}{2j}e^{(-1+j)t}\\&=e^{-t}[\cos t-4\sin t]\end{aligned}$$

例 2-6　求 $X(s)=\dfrac{s+2}{s(s+1)^2(s+3)}$ 的原函数 $x(t)$。

解

$$X(s)=\frac{c_1}{(s+1)^2}+\frac{c_2}{s+1}+\frac{c_3}{s}+\frac{c_4}{s+3}$$

$$c_4=\lim_{s\to-3}(s+3)X(s)=\frac{1}{12}$$

$$c_3=\lim_{s\to 0}sX(s)=\frac{2}{3}$$

$$c_1=\lim_{s\to -1}(s+1)^2X(s)=-\frac{1}{2}$$

$$c_2=\lim_{s\to -1}\frac{\mathrm{d}}{\mathrm{d}s}[(s+1)^2X(s)]=-\frac{3}{4}$$

$$\therefore x(t)=-\frac{1}{2}\mathrm{e}^{-t}\left(t+\frac{3}{2}\right)+\frac{2}{3}+\frac{1}{12}\mathrm{e}^{-3t}$$

2.2.2　线性定常微分方程的求解

建立控制系统数学模型的目的之一是用数学方法定量研究控制系统的工作特性。当系统微分方程列写出来后，只要给定输入量和初始条件，便可对微分方程求解，并由此了解系统输出量随时间变化的特性。线性定常微分方程的求解方法有经典法和拉氏变换法两种，也可借助电子计算机求解。本小结只研究用拉氏变换法求解微分方程的方法，同时分析微分方程解的组成，如图 2-12，为今后引出传递函数概念奠定基础。

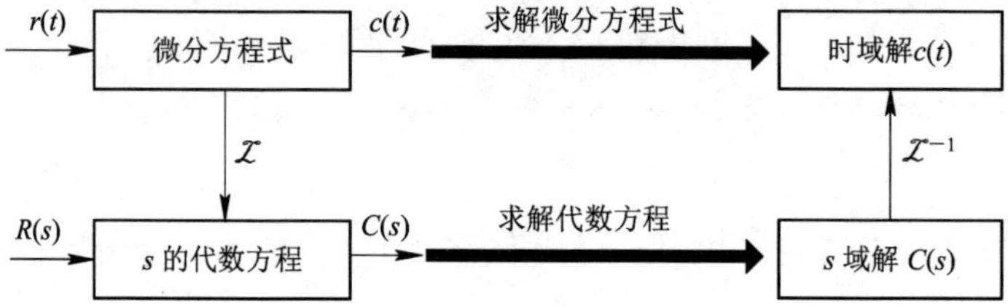

图 2-12　微分方程的求解

用微分方程求解，需确定积分常数，阶次高时麻烦；当参数或结构变化时，需重新列方程求解，不利于分析系统参数变化对性能的影响。

用拉氏变换求解微分方程的一般步骤如下：

(1) 对微分方程两边进行拉氏变换；

(2) 求解代数方程，得到微分方程在 s 域的解；

(3) 求 s 域解的拉氏反变换，即得微分方程的解。

例 2-7　图 2-13 是由电阻 R、电感 L 和电容 C 组成的无源网络，试列写以 $u_i(t)$ 为输入量，以 $u_o(t)$ 为输出量的网络微分方程。

解　设回路电流为 $i(t)$，由基尔霍夫定律可写出回路方程为

$$L\,\frac{\mathrm{d}i(t)}{\mathrm{d}t}+\frac{1}{C}\int i(t)\,\mathrm{d}t+Ri(t)=u_i(t)$$

$$u_o(t)=\frac{1}{C}\int i(t)\,\mathrm{d}t$$

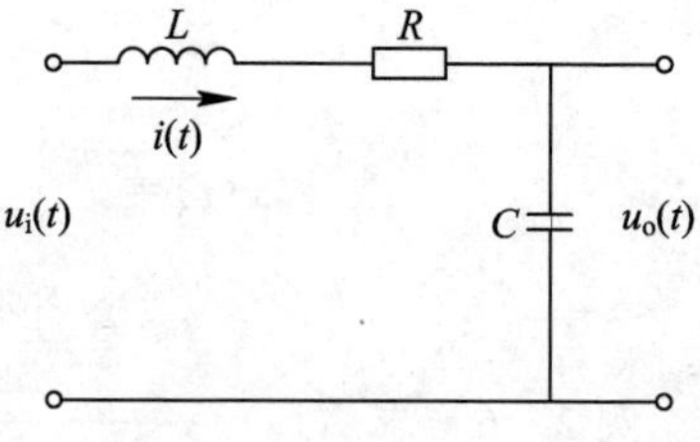

图 2-13　RLC 无源网络

消去中间变量 $i(t)$，便得到描述网络输入输出关系的微分方程为

$$LC\,\frac{\mathrm{d}^2u_o(t)}{\mathrm{d}t^2}+RC\,\frac{\mathrm{d}u_o(t)}{\mathrm{d}t}+u_o(t)=u_i(t)$$

显然，这是一个二阶线性微分方程，也就是图 2-13 所示的无源网络的时域数学模型。

例 2-8　在例 2-7 中，若已知 $L=1\mathrm{H}$，$C=1\mathrm{F}$，$R=1\ \Omega$，且电容的初始电压 $u_o(0)=0.1\ \mathrm{V}$，初始电流 $i(0)=0.1\ \mathrm{A}$，电源电压 $u_i(t)=1\ \mathrm{V}$。试求电路突然接通电源时，电容电压 $u_o(t)$的变化规律。

解　在例 2-7 中已求得网络微分方程为

$$LC\frac{\mathrm{d}^2u_o(t)}{\mathrm{d}t^2}+RC\frac{\mathrm{d}u_o(t)}{\mathrm{d}t}+u_o(t)=u_i(t) \tag{2-71}$$

令 $U_i(s)=\mathscr{L}[u_i(t)]$，$U_o(s)=\mathscr{L}[u_o(t)]$，且

$$\mathscr{L}\left[\frac{\mathrm{d}u_o(t)}{\mathrm{d}t}\right]=sU_o(s)-u_o(0)$$

$$\mathscr{L}\left[\frac{\mathrm{d}^2u_o(t)}{\mathrm{d}t^2}\right]=s^2U_o(s)-su_o(0)-u_o'(0)$$

式中，$u_o'(0)$是 $\mathrm{d}u_o(t)/\mathrm{d}t$ 在 $t=0$ 时的值，即

$$\left.\frac{\mathrm{d}u_o(t)}{\mathrm{d}t}\right|_{t=0}=\left.\frac{1}{C}i(t)\right|_{t=0}=\frac{1}{C}i(0)$$

现在对式(2-71)中各项分别求拉氏变换并代入已知数据，经整理后有

$$U_o(s)=\frac{U_i(s)}{s^2+s+1}+\frac{0.1s+0.2}{s^2+s+1} \tag{2-72}$$

由于电路是突然接通电源的，故 $u_i(t)$可视为阶跃输入量，即 $u_i(t)=1(t)$，或 $U_i(s)=\mathscr{L}[u_i(t)]=1/s$。对式(2-72)的 $U_o(s)$求拉氏反变换，便得到式(2-71)网络微分方程的解 $u_o(t)$，即

$$\begin{aligned}u_o(t)&=\mathscr{L}^{-1}[U_o(s)]=\mathscr{L}^{-1}\left[\frac{1}{s(s^2+s+1)}+\frac{0.1s+0.2}{s^2+s+1}\right]\\&=1+1.15\mathrm{e}^{-0.5t}\sin(0.866t-120^\circ)+0.2\mathrm{e}^{-0.5t}\sin(0.866t+30^\circ)\end{aligned} \tag{2-73}$$

在式(2-73)中，前两项是由网络输入电压产生的输出分量，与初始条件无关，故称为零初始条件响应；后一项则是由初始条件产生的输出分量，与输入电压无关，故称为零输入响应，它们统称为网路的单位阶跃响应。如果输入电压是单位脉冲量 $\delta(t)$，相当于电路突然接通电源又立即断开的情况，此时 $U_i(s)=\mathscr{L}[\delta(t)]=1$，网络的输出则称为单位脉冲响应，即为

$$\begin{aligned}u_o(t)&=\mathscr{L}^{-1}\left[\frac{1}{s(s^2+s+1)}+\frac{0.1s+0.2}{s^2+s+1}\right]\\&=1.15\mathrm{e}^{-0.5t}\sin0.866t+0.2\mathrm{e}^{-0.5t}\sin(0.866t+30^\circ)\end{aligned}$$

利用拉氏变换的初值定理和终值定理，可以直接从式(2-72)中了解网路中电压 $u_o(t)$的初始值和终值。当 $u_i(t)=1(t)$时，u_o 的初始值为

$$\begin{aligned}u_o(\infty)&=\lim_{t\to0}u_o(t)=\lim_{s\to\infty}s\cdot U_o(s)\\&=\lim_{s\to\infty}s\left[\frac{1}{s(s^2+s+1)}+\frac{0.1s+0.2}{s^2+s+1}\right]=0.1(\mathrm{V})\end{aligned} \tag{2-74}$$

$u_o(t)$的终值为

$$\begin{aligned}u_o(\infty)&=\lim_{t\to\infty}u_o(t)=\lim_{s\to0}s\cdot U_o(s)\\&=\lim_{s\to0}s\left[\frac{1}{s(s^2+s+1)}+\frac{0.1s+0.2}{s^2+s+1}\right]=0.1(\mathrm{V})\end{aligned} \tag{2-75}$$

其结果与从式(2-74)中求得的数值一致。

于是，用拉氏变换法求解线性定常微分方程的过程可归纳如下：

(1) 考虑初始条件，对微分方程中的每一项分别进行拉氏变换，将微分方程转换为变量 s 的代数方程。

(2) 由代数方程求出输出量拉氏变换函数的表达式。

(3) 对输出量拉氏变换函数求反变换，得到输出量的时域表达式，即为所求微分方程的解。

用拉氏变换求解的优点如下：

(1) 可将复杂的微分方程变换成简单的代数方程；

(2) 求得的解是完整的，初始条件已包含在拉氏变换中，不用另行确定积分常数；

(3) 若所有的初值为 0，拉氏变换式可直接用 s 代替 $\frac{\mathrm{d}}{\mathrm{d}t}$，$s^2$ 代替 $\frac{\mathrm{d}^2}{\mathrm{d}t^2}$ 得到。

当然，阶次高时，求拉氏反变换也不太容易，幸运的是，往往并不需要求出解，可用图解法预测系统的性能，可用相关性质得到解的特征和初值、终值等，满足工程需要。

2.2.3 传递函数的基本概念

1. 传递函数的定义

传递函数的定义为：线性系统在初始条件为零的情况下，系统输出量的拉氏变换与输入量的拉氏变换之比，一般用 $G(s)$ 或 $\phi(s)$ 表示，即

$$G(s)=\frac{\mathscr{L}[c(t)]}{\mathscr{L}[r(t)]}=\frac{C(s)}{R(s)} \tag{2-76}$$

其中：$c(t)$ 是系统的输出量，$r(t)$ 是系统的输入量，$C(s)$ 和 $R(s)$ 分别为 $c(t)$ 和 $r(t)$ 对应的拉氏变换。

传递函数是与系统的高阶微分方程数学模型紧密相关的一种数学模型。设线性系统微分方程的一般形式为

$$\begin{aligned}&a_0\frac{\mathrm{d}^n c(t)}{\mathrm{d}t^n}+a_1\frac{\mathrm{d}^{n-1}c(t)}{\mathrm{d}t^{n-1}}+\cdots+a_{n-1}\frac{\mathrm{d}c(t)}{\mathrm{d}t}+a_n c(t)\\&=b_0\frac{\mathrm{d}^m r(t)}{\mathrm{d}t^m}+b_1\frac{\mathrm{d}^{m-1}r(t)}{\mathrm{d}t^{m-1}}+\cdots+b_{m-1}\frac{\mathrm{d}r(t)}{\mathrm{d}t}+b_m r(t)\end{aligned} \tag{2-77}$$

其中：$c(t)$ 是系统的输出量，$r(t)$ 是系统的输入量。

根据传递函数的定义，在初始条件为零的情况下，对式(2-77)两边分别取拉氏变换，则有：

$$C(s)[a_0 s^n+a_1 s^{n-1}+\cdots+a_n]=R(s)[b_0 s^{m-1}+b_1 s^{m-1}+\cdots+b_m] \tag{2-78}$$

即线性系统的传递函数一般形式为

$$G(s)=\frac{C(s)}{R(s)}=\frac{b_0 s^{m-1}+b_1 s^{m-1}+\cdots+b_m}{a_0 s^n+a_1 s^{n-1}+\cdots+a_n} \tag{2-79}$$

2. 传递函数的性质

传递函数具有如下一些重要性质：

(1) 传递函数是初始条件为零的系统的动态特性而且只适用于线性定常系统。

(2) 传递函数完全由系统的结构及其参数决定，所表示的是系统把输入量转换成输出

量这一过程的传递关系，它只和系统本身的结构和特征参数有关，而与外作用信号无关。

(3) 传递函数是复变量 s 的有理真分式函数，具有复变量函数的所有性质，分子多项式的阶次 m 小于或等于分母多项式的阶次 n，且所有系数均为实数，当分母多项式的阶次为 n 时，称为 n 阶系统。

(4) 不同的元件或系统可能有相同的传递函数，故其动态特性也相同。

(5) 传递函数 $G(s)$ 的拉氏反变换是脉冲响应 $g(t)$。

(6) 传递函数与时域的数学模型一一对应，传递函数分子多项式系数及分母多项式系数分别与相应的微分方程两端的多项式系数相对应，故在零初始条件下，将微分的算符 $\mathrm{d}/\mathrm{d}t$ 用复变量 s 置换便得到传递函数，反之，亦然。

3. 传递函数的零点和极点

线性系统传递函数的一般形式中的分子多项式和分母多项式经因式分解后，又可以表示为如下形式

$$G(s)=\frac{C(s)}{R(s)}=\frac{K_g(s-z_1)(s-z_2)\cdots(s-z_m)}{s^N(s-p_1)(s-p_2)\cdots(s-p_{n-N})} \tag{2-80}$$

其中：z_1，…，z_m，p_1，…，p_{n-N} 分别表示系统或传递函数的零点和极点，它们可以是实数也可以是共轭复数，K_g 称为传递函数的传递系数或增益或放大系数。

若在 S 平面坐标系中将零点用符号“○”表示，而将极点用符号“×”表示，这样的表示方法称为零极点图(零点和极点在 S 平面坐标系的分布图)。

2.2.4　传递函数的求取

从前面传递函数的定义可以看出，求系统或环节的微分方程式，只要把微分方程式中各阶导数用相应阶次的变量 s 置换就可以很容易地求得系统或环节的传递函数。对于简单的系统或环节，传递函数的求法分如下几步：

(1) 写出系统或元、部件的微分方程；

(2) 假设全部初始条件为零，求微分方程的拉氏变换；

(3) 求输出量与输入量拉氏变换之比，即求得系统的传递函数。

对于复杂的系统，可以将其分解为各局部环节，求得局部环节的传递函数，利用本章所介绍的结构图变换的方法来求取整个复杂系统的传递函数。当然，根据不同的系统或环节，如对于电路元件系统，还可以采用电路分析中所提及的复阻抗法来求取系统的传递函数，此外，有时候还采用实验的方法来获取系统或环节的传递函数。下面举例说明采取定义的方法来求取简单的系统或环节的传递函数的方法。

例 2-9　列写图 2-14 所示的 RLC 电路模型的传递函数。

解　选择 $u_i(t)$ 为输入量，$u_o(t)$ 为输出量时电路的微分方程为

$$LC\frac{\mathrm{d}u_o^2(t)}{\mathrm{d}t^2}+RC\frac{\mathrm{d}u_o(t)}{\mathrm{d}t}+u_o(t)=u_i(t)$$

在零初始条件下，取上式的拉氏变换，得：

$$LCs^2U_o(s)+RCsU_o(s)+U_o(s)=U_i(s)$$

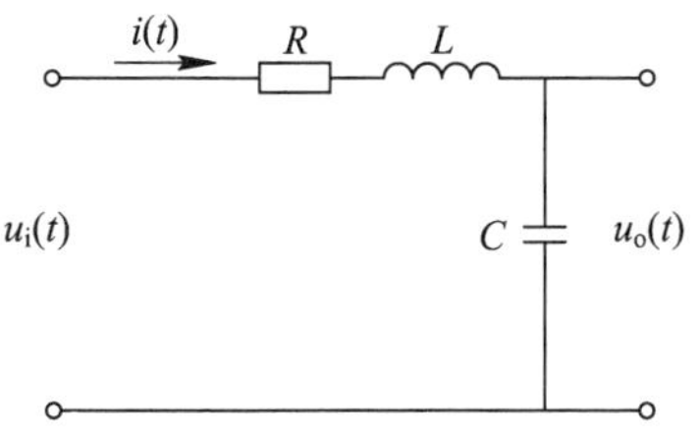

图 2-14　RLC 电路模型

求输出量与输入量拉氏变换之比，即得系统的传递函数为

$$G(s)=\frac{U_o(s)}{U_i(s)}=\frac{1}{LCs^2+RCs+1}$$

例 2-10 求如图 2-15 所示的机械平移系统的传递函数。设外作用力 $F(t)$为输入变量，位移为 $x(t)$输出变量。

解 根据力学原理，有

弹簧弹力：$F_1=kx$，其中 k 为弹性系数，x 为位移。

质量作用力：$F_2=ma=m\frac{d^2x}{dt^2}$，其中 m 为质量，a 为加速度。

阻尼器阻力：$F_3=fv=f\frac{dx}{dt}$，其中 f 为粘性摩擦系数，v 为移动速度。

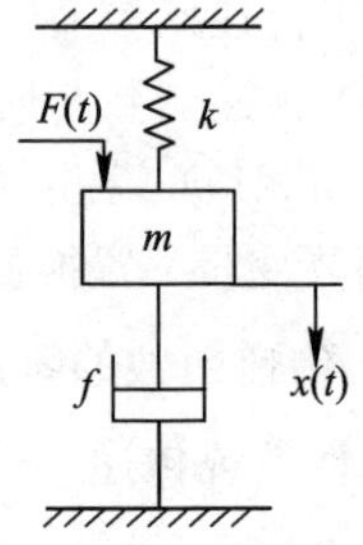

图 2-15 机械平移系统

在外力 F 作用下，克服弹簧恢复力，阻尼器阻力使质量块 m 发生位移 x，并有加速度$\frac{d^2x}{dt^2}$产生，根据牛顿第二定律 $ma=\sum F$，得

$$ma=F-F_1-F_3$$

即

$$F=kx+f\frac{dx}{dt}+m\frac{d^2x}{dt^2}$$

在若初始条件为零时对上式两端取拉氏变换，得

$$F(s)=kX(s)+fsX(s)+ms^2X(s)$$

求输出量的拉氏变换 $X(s)$与输入量的拉氏变换 $F(s)$之比，即得系统的传递函数为

$$G(s)=\frac{X(s)}{F(s)}=\frac{1}{ms^2+fs+k}$$

从例 2-9 和例 2-10 可看出它们的传递函数具有相同的形式，通常把这两个系统叫做相似系统。相似系统这一概念，在实践中很有用，如果一种系统可能比另一种系统更容易通过实验来处理，可以通过构造和研究一个与机械系统相似的模拟系统，来代替对机械系统的研究。一般来说，电路系统容易通过实验进行研究，用模拟机或用数字计算机来模拟机械系统或其他物理系统比较方便。

2.2.5 典型环节的传递函数

实际控制系统是由若干元件按一定方式组合而成，在研究控制系统的运动特性时，首先需要研究组成系统元件的运动特性。描述元件运动特性的基本单元为环节，环节是指具有相同形式传递函数的元部件的集合。如：比较环节、放大环节、惯性环节、积分环节、微分环节、振荡环节等。控制系统也可说是由若干环节按一定方式组合而成。下面来讨论一些典型环节的传递函数。

1. 比例(放大)环节

比例(放大)环节又称为无惯性环节，只有比例环节的系统称为零阶系统，如电位器、

减速器、电子放大器等都属于比例(放大)环节。

比例(放大)环节的微分方程为

$$c(t) = Kr(t)$$

其中，K 称为比例常数，放大系数或增益，为一常数。

比例(放大)环节的传递函数为

$$G(s) = \frac{C(s)}{R(s)} = K$$

比例(放大)环节的结构图如图 2-16 所示。

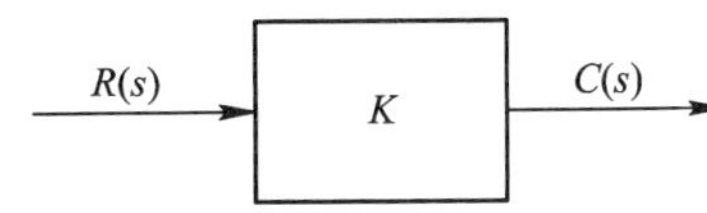

图 2-16　比例(放大)环节的结构图

2. 惯性环节

惯性环节一般由一个储能元件和一个耗能元件组成，如 RC 电路、RL 电路、电枢控制直流伺服电动机等都属于惯性环节。

惯性环节的微分方程为

$$T\frac{\mathrm{d}c(t)}{\mathrm{d}t} + c(t) = r(t)$$

其中，T 为时间常数。

惯性环节的传递函数为

$$G(s) = \frac{C(s)}{R(s)} = \frac{1}{1+Ts}$$

惯性环节的结构图如图 2-17 所示。

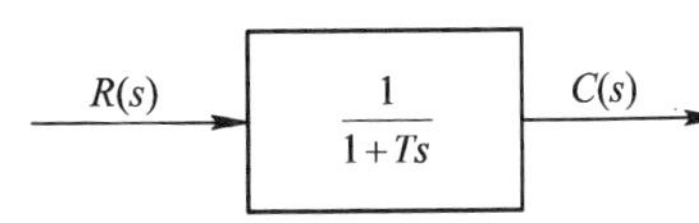

图 2-17　惯性环节的结构图

3. 积分环节

积分环节就是输出量为输入量的积分，如电子积分调节器、电动机角速度和角度间的传递函数等属于积分惯性环节。

积分环节的微分方程为

$$T\frac{\mathrm{d}c(t)}{\mathrm{d}t} = r(t)$$

其中，T 为积分时间常数。

积分环节的传递函数为

$$G(s) = \frac{C(s)}{R(s)} = \frac{1}{Ts}$$

积分环节的结构图如图 2-18 所示。

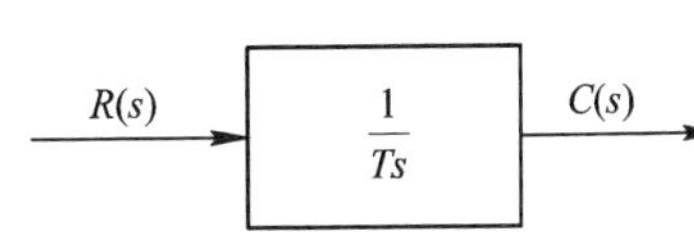

图 2-18　积分环节的结构图

4. 理想微分环节

如测速发电机中以转角为输入、电枢电压为输出的传递函数就属于理想微分环节。

理想微分环节的微分方程为

$$c(t) = T\frac{\mathrm{d}r(t)}{\mathrm{d}t}$$

其中，T 称为微分时间常数。

理想微分环节的传递函数为

$$G(s) = \frac{C(s)}{R(s)} = Ts$$

理想微分环节的结构图如图 2-19 所示。

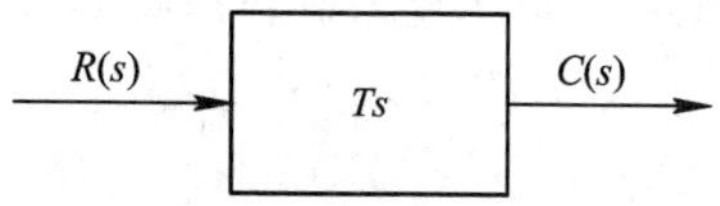

图 2-19　理想微分环节的结构图

5. 一阶微分环节

一阶微分环节又称为比例微分环节，如 RC 微分电路就属于一阶微分环节。

一阶微分环节的微分方程为

$$c(t) = \tau \frac{\mathrm{d}r(t)}{\mathrm{d}t} + r(t)$$

其中，τ 称为微分时间常数。

传递函数为

$$G(s) = \frac{C(s)}{R(s)} = 1 + \tau s$$

一阶微分环节的结构图如图 2-20 所示。

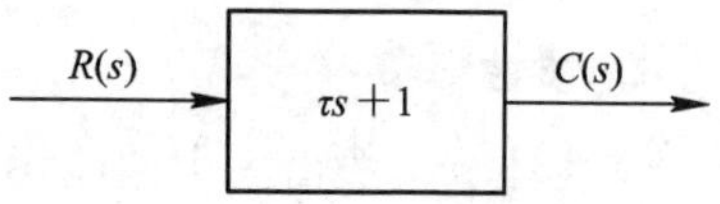

图 2-20　一阶微分环节的结构图

6. 振荡环节

振荡环节中包含两个储能元件，当输入量发生变化时，两个储能元件的能量相互交换，如 RLC 电路、电动机位置随动系统等属于振荡环节。

振荡环节的微分方程为

$$T^2 \frac{\mathrm{d}^2 c(t)}{\mathrm{d}t^2} + 2\xi T \frac{\mathrm{d}c(t)}{\mathrm{d}t} + c(t) = r(t)$$

其中 ξ 为阻尼系数，T 称为时间常数。

传递函数为

$$G(s) = \frac{C(s)}{R(s)} = \frac{1}{T^2 s^2 + 2T\xi s + 1}$$

当 $0<\xi<1$ 时，传递函数可以写成

$$G(s) = \frac{C(s)}{R(s)} = \frac{\omega_n^2}{S^2 + 2\xi\omega_n S + \omega_n^2}$$

其中，$\omega_n = \frac{1}{T}$，无阻尼振荡角频率。

振荡环节的结构图如图 2-21 所示。

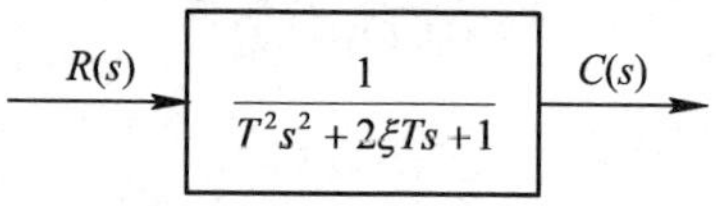

图 2-21　振荡环节的结构图

7. 二阶微分环节

二阶微分环节的微分方程为

$$c(t) = T^2 \frac{\mathrm{d}^2 r(t)}{\mathrm{d}t^2} + 2\xi T \frac{\mathrm{d}r(t)}{\mathrm{d}t} + r(t)$$

其中，ξ 为阻尼系数，T 称为时间常数。

二阶微分环节的传递函数为

$$G(s) = \frac{C(s)}{R(s)} = T^2 s^2 + 2T\xi s + 1$$

二阶微分环节的结构图如图 2-22 所示。

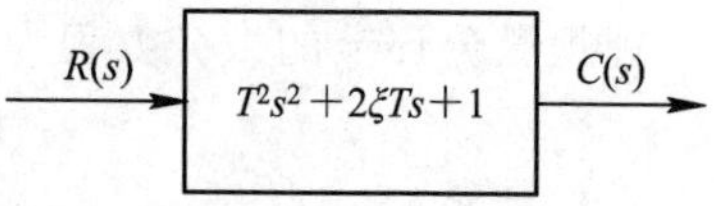

图 2-22　二阶微分环节的结构图

8. 延迟环节

延迟环节是指输出不失真地复现输入量的变化，但有恒定的时间延迟的环节。

延迟环节的数学表达式为

$$c(t)=r(t-\tau)$$

其中，τ 为时间常数。

$$传递函数为\ G(s)=\frac{C(s)}{R(s)}=e^{-\tau s}$$

由于延迟环节的时间常数 τ 很小，常把 $e^{-\tau s}$ 展开成泰勒级数，并略去高次次项，即

$$G(s)=\frac{C(s)}{R(s)}=e^{-\tau s}$$
$$=\frac{1}{1-\tau s+\frac{\tau^2}{2!}s^2-\frac{\tau^3}{3!}s^3+\cdots}=\frac{1}{1-\tau s}$$

显然，可以近似视为一阶惯性环节。

延迟环节的结构图如图 2-23 所示。

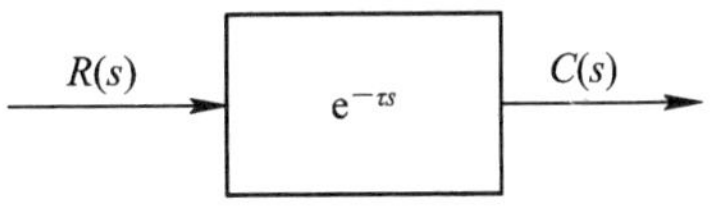

图 2-23　延迟环节的结构图

2.2.6　典型连接传递函数的运算

1. 串联环节传递函数的运算

在控制系统中，几个环节按照信号传递的方向连接在一起，并且各个环节没有负载效应和返回影响时，如图 2-24(a)所示，在这两个方框图中，$G_1(s)$的输出量为 $G_2(s)$的输入量，则 $G_1(s)$与 $G_2(s)$称为串联连接。

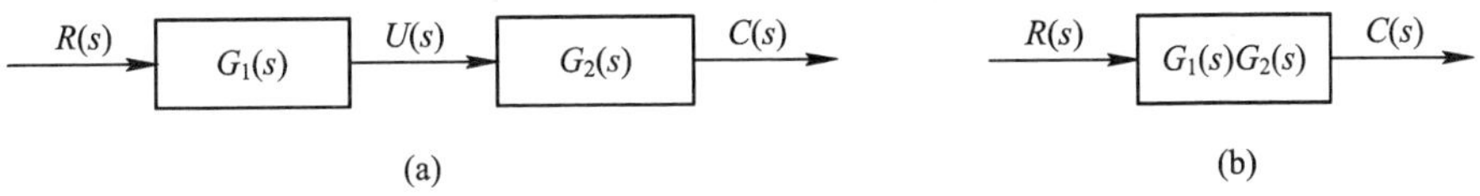

图 2-24　串联环节传递函数的运算

根据图 2-24(a)，可以得到

$$U(s)=R(s)G_1(s)$$
$$C(s)=U(s)G_2(s)$$

则

$$C(s)=R(s)G_1(s)G_2(s)$$

根据传递函数的定义可以得到

$$G(s)=\frac{C(s)}{R(s)}=G_1(s)G_2(s) \tag{2-81}$$

这就是 $G_1(s)$与 $G_2(s)$串联连接的等效传递函数，可以用图 2-24(b)表示。

由此可见，两个方框串联连接的等效方框，等于各个方框传递函数之乘积，如果有 n 个环节相串联，则等效传递函数为各环节传递函数的乘积，这个性质称为传递函数的相乘性，可表示为

$$G(s)=G_1(s)G_2(s)\cdots G_n(s)=\prod_{i=1}^{n}G_i(s) \tag{2-82}$$

2. 并联环节传递函数的运算

传递函数分别为 $G_1(s)$和 $G_2(s)$的两个方框，如果同一输入量输入到各环节，转换成相

同物理量的信号再相加(减)，成为输出量，则 $G_1(s)$与 $G_2(s)$称为并联连接，如图 2-25(a)所示。

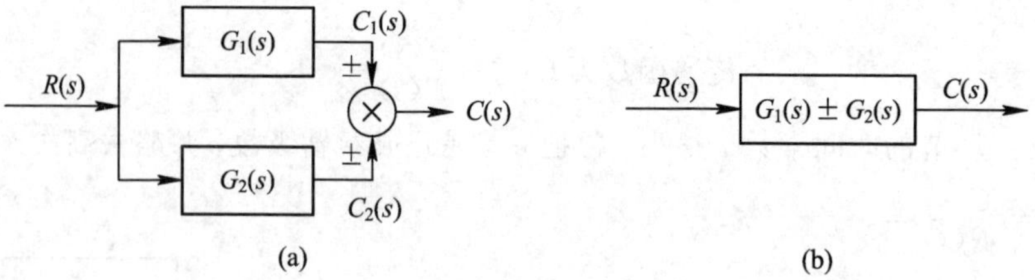

图 2-25 并联环节传递函数的运算

根据图 2-25(a)，可以得到

$$C_1(s)=R(s)G_1(s)$$
$$C_2(s)=R(s)G_2(s)$$
$$C(s)=C_1(s)\pm C_2(s)$$

则

$$C(s)=R(s)[G_1(s)\pm G_2(s)] \tag{2-83}$$

根据传递函数的定义可以得到并联环节的等效传递函数为

$$G(s)=\frac{C(s)}{R(s)}=G_1(s)\pm G_2(s) \tag{2-84}$$

这就是 $G_1(s)$与 $G_2(s)$并联连接的等效传递函数，可以用图 2-25(b)表示。

当有 n 个环节并联时，等效传递函数则为各环节的传递函数代数和，这个性质称为传递函数的相加性，可表示为

$$G(s)=G_1(s)\pm G_2(s)\pm\cdots\pm G_n(s)=\sum_{i=1}^{n}G_i(s) \tag{2-85}$$

3. 反馈连接传递函数的运算

若传递函数分别为 $G(s)$和 $H(s)$的两个方框，将系统或环节的输出量返回到输入端，并与原输入量比较后作为输入信号，这种连接称为反馈联接，“+”号代表正反馈，表示输入信号与反馈信号相加，“-”号代表负反馈，表示输入信号与反馈信号相减，若 $H(s)=1$，则称为单位反馈系统，如图 2-26(a)所示。

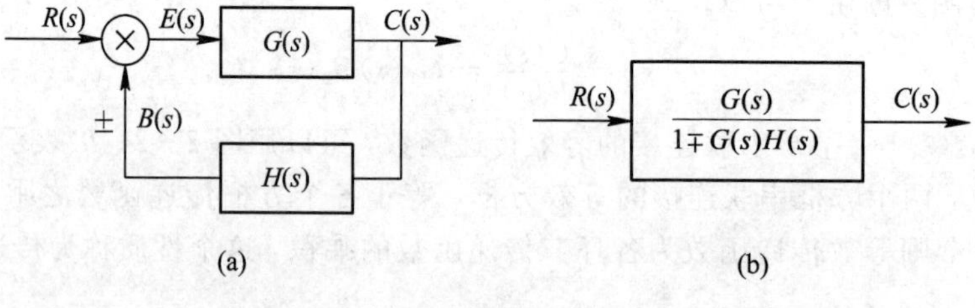

图 2-26 反馈连接传递函数的运算

下面我们推导一下它的等效传递函数。由图 2-26(a)可以得到

$$B(s)=C(s)H(s)$$

$$E(s) = R(s) \pm B(s)$$

$$C(s) = G(s)E(s) = [R(s) \pm B(s)]G(s)$$

合并以上两式，并消去中间变量 $B(s)$、$E(s)$可以得到

$$C(s) = [R(s) \pm H(s)C(s)]G(s) \tag{2-86}$$

于是反馈连接的等效传递函数为

$$\Phi(s) = \frac{G(s)}{1 \mp G(s)H(s)} \tag{2-87}$$

式(2-87)亦称为闭环传递函数，这就是 $G(s)$与 $H(s)$反馈连接的等效传递函数，可以用图 2-26(b)表示。

当系统为负反馈时：

$$\Phi(s) = \frac{G(s)}{1 + G(s)H(s)} \tag{2-88}$$

当系统为正反馈时：

$$\Phi(s) = \frac{G(s)}{1 - G(s)H(s)} \tag{2-89}$$

反馈连接是重要的连接方式之一，一切闭环系统都可以转换成这一等效的连接方式。对于一个闭环反馈回路，按照控制信号的传递方向，可将闭环回路分成两个通道：正向通道和反馈通道。正向通道传递正向控制信号，通道中的传递函数称为正向传递函数 $G(s)$；反向通道是把输出信号反馈到输入端，它的传递函数称为反馈通道的传递函数 $H(s)$。

2.2.7　控制系统的传递函数

控制系统结构图的一般形式如图 2-27 所示，其中，$R(s)$为给定输入信号的传递函数，$N(s)$为干扰信号的传递函数，$H(s)$为反馈通路的传递函数，当 $H(s)=1$ 时则该系统称为单位负反馈系统，在不考虑 $N(s)$，即 $N(s)=0$ 时，前向通道传递函数为 $G(s)=G_1(s)G_2(s)$。下面我们介绍控制系统传递函数的一些基本概念及控制系统传递函数的求法。

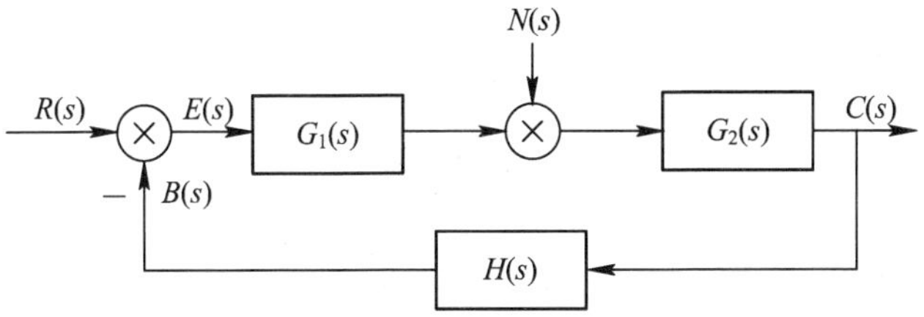

图 2-27　控制系统结构图的一般形式

1. 控制系统的开环传递函数

控制系统开环传递函数的定义是当 $N(s)=0$ 时，系统反馈信号的拉氏变换 $B(s)$与系统偏差信号的拉氏变换 $E(s)$之比，即 $\Phi_k(s)=\dfrac{B(s)}{E(s)}$。按上述定义求取系统开环传递函数时，可以设想断开反馈通道，使系统变成开环状态，如图 2-28 所示。

根据图 2-28，由传递函数的相乘性，有

$$B(s) = E(s)G_1(s)G_2(s)H(s) \tag{2-90}$$

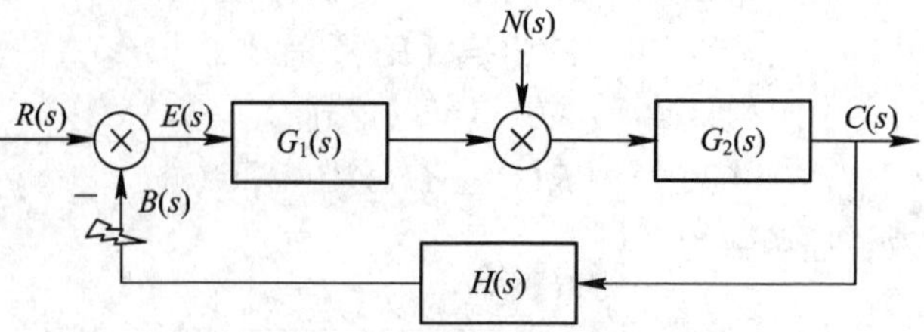

图 2-28　控制系统开环状态结构图

据开环传递函数的定义，有

$$\Phi_k(s)=\frac{B(s)}{E(s)}=G_1(s)G_2(s)H(s)=G(s)H(s) \tag{2-91}$$

即开环传递函数等于前向通道的传递函数与反馈通道传递函数的乘积。

2. 控制系统的闭环传递函数

控制系统的闭环传递函数是指在初始条件为零时，系统的输出量的拉氏变换与输入量的拉氏变换之比，记为 $\Phi(s)$。在图 2-27 所示的系统中，有两个输入量同时作用于系统，一个是给定输入量 $R(s)$，另外一个是干扰输入量 $N(s)$，对于线性系统来说，两个输入量同时作用下的控制系统等效于单个输入量单独作用于系统，下面我们分析两个输入量单独作用下的系统的闭环传递函数。

1）给定输入作用下的闭环传递函

在不考虑干扰信号 $N(s)$，即 $N(s)=0$ 时，则系统的输出量的拉氏变换 $C(s)$ 与输入量的拉氏变换 $R(s)$ 之比，称为系统在给定输入信号作用下的闭环传递函数，记为 $\Phi_R(s)$，即 $\Phi_R(s)=\dfrac{C(s)}{R(s)}$。

在不考虑干扰信号 $N(s)$ 时，系统的结构图如图 2-29 所示。

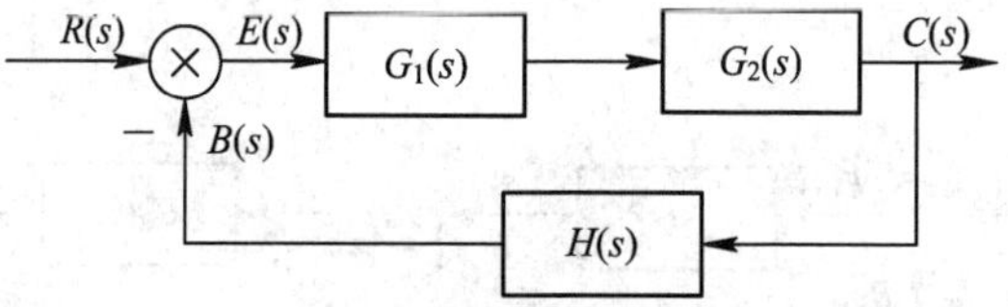

图 2-29　给定输入作用下系统的结构图

这是典型的反馈系统，容易得到：

$$\Phi_R(s)=\frac{C(s)}{R(s)}=\frac{G_1(s)G_2(s)}{1+G_1(s)G_2(s)H(s)} \tag{2-92}$$

即

$$\Phi_R(s)=\frac{G(s)}{1+\Phi_k(s)}=\frac{\text{前向通路传递函数}}{1+\text{开环传递函数}}$$

对于单位反馈系统，有

$$\Phi_R(s)=\frac{G(s)}{1+G(s)} \tag{2-93}$$

系统的输出为

$$C(s) = \frac{G_1(s)G_2(s)}{1+G_1(s)G_2(s)H(s)} \cdot R(s) \tag{2-94}$$

2）干扰输入作用下的闭环传递函数

在不考虑给定输入信号 $R(s)$，即 $R(s)=0$ 时，则系统的输出量的拉氏变换 $C(s)$与输入量的拉氏变换 $N(s)$之比，称为系统在干扰输入信号作用下的闭环传递函数，记为 $\Phi_N(s)$，即 $\Phi_N(s)=\dfrac{C(s)}{N(s)}$。

在不考虑给定输入信号 $R(s)$时，系统的结构图如图 2-30 所示。

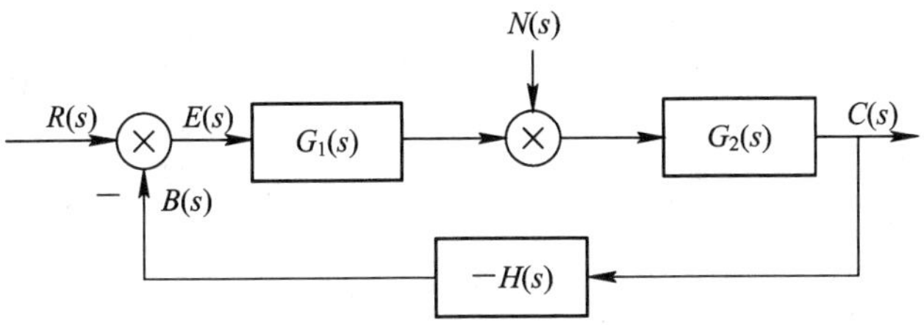

图 2-30　干扰输入作用下系统的结构图

稍微转换一下结构图就可以得到：

$$\Phi_N(s) = \frac{C(s)}{N(s)} = \frac{G_2(s)}{1+G_1(s)G_2(s)H(s)} \tag{2-95}$$

系统的输出为

$$C(s) = \frac{G_2(s)}{1+G_1(s)G_2(s)H(s)} \cdot N(s) \tag{2-96}$$

若 $R(s)\neq 0$、$N(s)\neq 0$ 时，即给定输入信号和干扰输入信号同时作用于系统时，可分别求得 $R(s)$、$N(s)$单独作用的闭环传递函数，再应用叠加原理，可求得两个信号同时作用下的总的输出，系统的输出为

$$\begin{aligned}\sum C(s) &= \Phi_R(s)R(s) + \Phi_N(s)N(s) \\ &= \frac{G_1(s)G_2(s)}{1+G_1(s)G_2(s)H(s)} \cdot R(s) + \frac{G_2(s)}{1+G_1(s)G_2(s)H(s)} \cdot n(s)\end{aligned}$$

3. 闭环系统的误差传递函数

闭环系统的误差传递函数指的是闭环系统在输入信号和扰动作用时，以误差信号 $E(s)$作为输出时的传递函数，记为 $\Phi_e(s)$。

1）给定输入作用下的闭环误差传递函数

给定输入作用下的闭环误差传递函数定义为：在 $N(s)=0$ 时，误差信号 $E(s)$的拉氏变换与输入信号的拉氏变换 $R(s)$之比，记为 $\Phi_{(eR)}(s)$，即

$$\Phi_{eR}(s) = \frac{E(s)}{R(s)} \tag{2-97}$$

在图 2-28 中，令 $N(s)=0$，$G(s)=G_1(s)G_2(s)$，则由图 2-28 得

$$E(s) = R(s) - B(s) \tag{2-98}$$

$$B(s)=E(s)G(s)H(s) \tag{2-99}$$

将式(2-37)代入式(2-36)，得

$$E(s)=R(s)-E(s)G(s)H(s) \tag{2-100}$$

整理得

$$\Phi_{eR}(s)=\frac{E(s)}{R(s)}=\frac{1}{1+G(s)H(s)} \tag{2-101}$$

即

$$\Phi_{eR}(s)=\frac{1}{1+\text{开环环节传递函数}}$$

若为单位反馈，则

$$\Phi_{eR}(s)=\frac{E(s)}{R(s)}=\frac{1}{1+G(s)} \tag{2-102}$$

此时有

$$\Phi_{R}(s)=\frac{G(s)}{1+R(s)}=1-\Phi_{eR}(s) \tag{2-103}$$

2）干扰输入作用下的闭环误差传递函数

干扰输入作用下的闭环误差传递函数定义为：在 $R(s)=0$ 时，误差信号 $E(s)$的拉氏变换与输入信号的拉氏变换 $N(s)$之比，记为 $\Phi_{eN}(s)$，即

$$\Phi_{eN}(s)=\frac{E(s)}{N(s)} \tag{2-104}$$

由图 2-30，得

$$C(s)=\frac{G_2(s)}{1+G_1(s)G_2(s)H(s)}\cdot N(s) \tag{2-105}$$

$$E(s)=-H(s)C(s) \tag{2-106}$$

将式(2-38)代入式(2-39)，整理得

$$\Phi_{eN}(s)=\frac{E(s)}{N(s)}=-\frac{G_2(s)H(s)}{1+G_1(s)G_2(s)H(s)} \tag{2-107}$$

即

$$\Phi_{eN}(s)=\frac{E(s)}{N(s)}=-\frac{G_2(s)H(s)}{1+G(s)H(s)} \tag{2-108}$$

若 $R(s)\neq 0$，$N(s)\neq 0$ 时，则

$$\sum E(s)=\Phi_{eR}(s)+\Phi_{eN}(s)=\frac{1}{1+G(s)H(s)}R(s)-\frac{G_2(s)H(s)}{1+G(s)H(s)} \tag{2-109}$$

对负反馈闭环系统的讨论可总结出共同规律如下：闭环传递函数 $\Phi_R(s)$、$\Phi_N(s)$、$\Phi_{eR}(s)$和$\Phi_{eN}(s)$，其分子等于所求的对应闭环传递函数的输入信号到输出信号所经过的传递函数的乘积，并赋以符号，其分母等于 1 加上开环传递函数。

2.3　控制系统的动态结构图

系统的结构图实质上是系统原理图与数学方程两者的结合。其主要特性如下：

(1) 系统结构图是反映系统动态特性的一种数学模型，它可以清楚地展示原理图上各变量间的信息传递关系以及元部件的数学模型。

(2) 系统结构图只能用来描述加减乘除运算，所以它可以描述一组代数方程。用系统结构图来描述系统动态特性时，需要先将微分方程通过拉氏变换变成代数方程后，才可以用系统结构图表示。

(3) 系统结构图可将复杂原理图的绘制简化为数量不多的框图的绘制，既可直观地了解每个元部件对系统性能的影响，又能通过对某一类系统结构图的研究而了解具有同类结构图的各种系统的特性，从而简化了研究工作。

2.3.1 系统结构图的组成和绘制

1. 系统结构图的组成

控制系统的结构图是由一些对信号进行单向运算的方框和一些信号流向线组成，它包含 4 种基本单元：信号线、引出点、比较点、方框。这部分内容第 1 章中详细讲述过，这里不再赘述。

2. 系统结构图的绘制

绘制系统结构图的一般步骤如下：

(1) 写出系统中每一个部件的运动方程。在列写每一个部件的运动方程时，必须要考虑相互连接部件间的负载效应。

(2) 根据部件的运动方程式，写出相应的传递函数。一个部件用一个方框单元表示，在方框中填入相应的传递函数。方框单元图中箭头表示信号的流向，流入为其输入量，流出为其输出量。输出量等于输入量乘以传递函数。

(3) 根据信号的流向，将各方框单元依次连接起来，并把系统的输入量置于系统结构图的最左端，输出量置于最右端。

例 2-11　图 2-31 为系统初值为零的 *RLC* 电路系统。试绘制输入为 $u_1(t)$，输出为 $u_2(t)$的系统结构图。

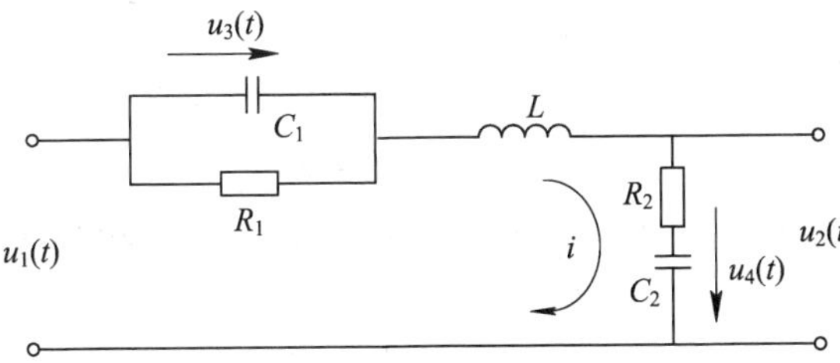

图 2-31　*RLC* 电路

解　(1) 由基尔霍夫电压、电流定律得电路系统的微分方程组为

$$u_1 = u_3 + L\frac{\mathrm{d}i}{\mathrm{d}t} + R_2 i + u_4$$

$$i = C_1\frac{\mathrm{d}u_3}{\mathrm{d}t} + \frac{u_3}{R_1}$$

$$u_4 = \frac{1}{C_2}\int i\mathrm{d}t$$

$$u_2 = R_2 i + u_4$$

(2) 零初始条件下，对方程组进行拉氏变换得

$$U_1(s) = U_3(s) + LsI(s) + R_2 I(s) + U_4(s)$$

$$I(s) = \left(C_1 s + \frac{1}{R_1}\right)U_3(s)$$

$$U_4(s) = \frac{1}{C_1 s}I(s)$$

$$U_2(s) = R_2 I(s) + U_4(s)$$

(3) 整理后得

$$I(s) = \frac{1}{R_2 + Ls}[U_1(s) - U_3(s) - U_4(s)]$$

$$U_3(s) = \frac{R}{1 + C_1 R_1 s}\cdot I(s)$$

$$U_4(s) = \frac{1}{C_2 s}\cdot I(s)$$

$$U_2(s) = R_2 I(s) U_4(s)$$

(4) 根据以上式子分别画出各个元部件的框图，如图 2-32 所示。

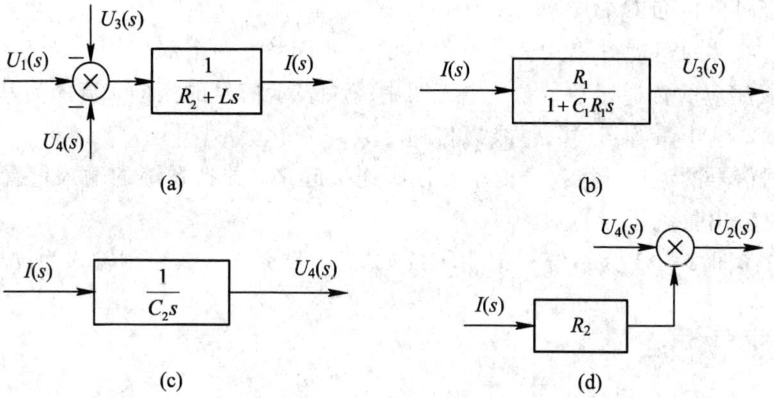

图 2-32　元部件结构图

(5) 按照各变量间的关系将各元部件结构图连接起来，得到系统结构图，如图 2-33 所示。

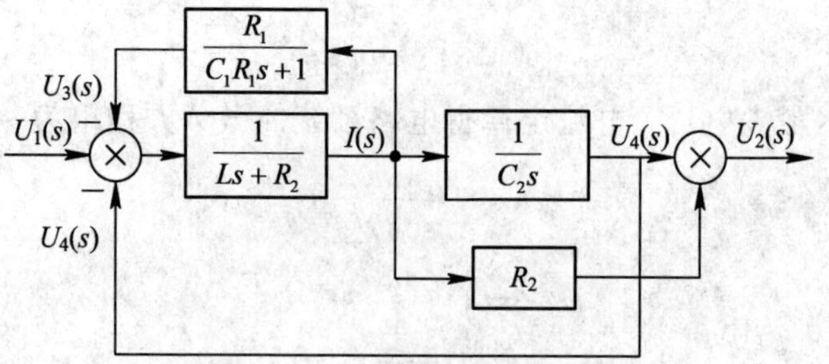

图 2-33　电路系统结构图

2.3.2 系统结构图的等效变换和简化

通过结构图的简化可以方便地求出系统的传递函数。结构图简化应遵循的原则是：

(1) 变换前与变换后前向通道中传递函数的乘积必须保持不变。

(2) 变换前与变换后回路中传递函数的乘积必须保持不变。

在控制工程中，复杂系统的框图主要由相应环节的方框经过串联、并联和反馈 3 种基本方式连接而成。掌握这 3 种基本方式的等效法对简化系统结构图和求取传递函数都是十分有益的。

1. 串联环节的简化

传递函数分别为 $G_1(s)$和 $G_2(s)$的两个方框，若 $G_1(s)$的输出量作为 $G_2(s)$的输入量，则 $G_1(s)$与 $G_2(s)$称为串联连接，如图 2-34 所示。

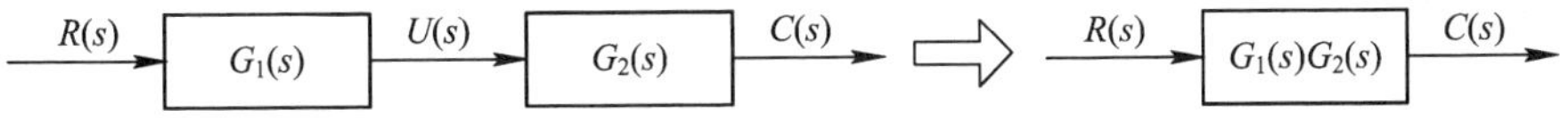

图 2-34 串联连接

由图 2-34 可以写出

$$U(s) = G_1(s)R(s)$$
$$C(s) = G_2(s)U(s)$$

消去 $U(s)$，则有

$$C(s) = G_1(s)G_2(s)R(s) = G(s)R(s)$$

由此可知，两个方框串联连接的等效方框的传递函数为各自方框传递函数的乘积。n 个串联方框的情况以此类推。

2. 并联环节的简化

传递函数分别为 $G_1(s)$和 $G_2(s)$的两个方框，如果它们有相同的输入量，而总输出量等于两个方框输出量的代数和，则 $G_1(s)$和 $G_2(s)$称为并联连接，如图 2-35 所示。

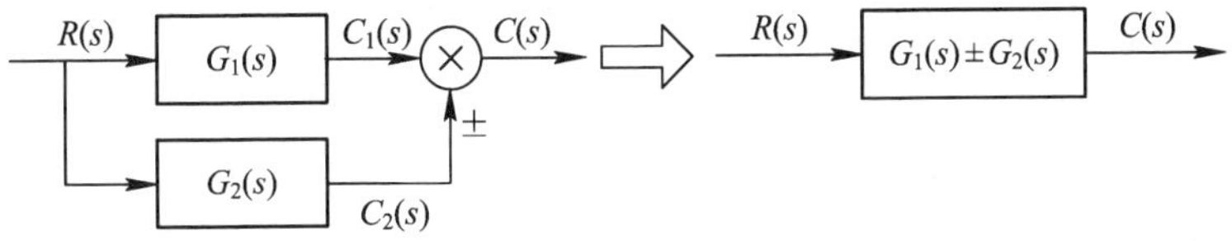

图 2-35 并联连接

由图 2-35 可以写出

$$C_1(s) = G_1(s)R(s)$$
$$C_2(s) = G_2(s)R(s)$$
$$\begin{aligned} C(s) &= C_1(s) \pm C_2(s) = G_1(s)R(s) \pm G_2(s)R(s) \\ &= [G_1(s) \pm G_2(s)]R(s) = G(s)R(s) \end{aligned}$$

由此可知，两个方框并联连接的等效方框的传递函数等于各自方框传递函数的代数和。

n 个并联方框的情况以此类推。

3. 反馈环节的简化

若传递函数分别为 $G(s)$和 $H(s)$的两个方框，将系统或环节的输出信号反馈到输入端，并与原输入信号进行比较后再作为输入信号，则 $G(s)$和 $H(s)$称为反馈连接，如图 2－36 所示。

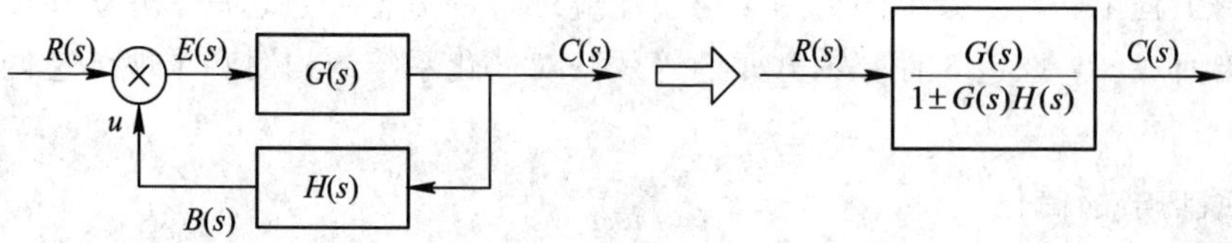

图 2－36　反馈连接

由图 2－36 可以写出

$$C(s)=G(s)E(s)$$
$$B(s)=H(s)C(s)$$
$$E(s)=R(s)\mp B(s)$$

消去 $E(s)$和 $B(s)$可得

$$C(s)=G(s)[R(s)\mp H(s)C(s)]$$
$$[1\pm G(s)H(s)]C(s)=G(s)R(s)$$

整理，得

$$\frac{C(s)}{R(s)}=\frac{G(s)}{1\pm G(s)H(s)} \tag{2-110}$$

将反馈框图等效简化为一个方框，方框中的传递函数应为上式。其闭环传递函数为

$$\Phi(s)=\frac{G(s)}{1\pm G(s)H(s)} \tag{2-111}$$

反馈信号与给定输入信号符号相反时为负反馈，即 $E(s)=R(s)-B(s)$；否则为正反馈，即 $E(s)=R(s)+B(s)$。在式(2－111)中，分母中的加号对应于负反馈，减号对应于正反馈。

4. 比较点和引出点的移动

对于一般的系统框图，上述 3 种基本连接形式常常出现交叉的现象，此时只能将信号比较点或信号引出点作适当的移动，以消除交叉。

引出点前移：前移时应在引出通道上增加一个传递函数为 $G(s)$的环节。

引起点后移：后移时应在引出通道上增加一个传递函数为 $1/G(s)$的环节。

比较点前移：前移时应在移动相加信号的通道上增加一个传递函数为 $1/G(s)$的环节。

比较点后移：后移时应在移动相加信号的通道上增加一个传递函数为 $G(s)$的环节。

5. 复杂系统结构图的简化

对一个复杂系统的系统结构图进行简化时，原则上应从内回路到外回路逐步化简，具体步骤如下：

(1) 首先对独立的串联、并联、反馈连接进行简化。

(2) 利用等效变换的基本原则，消除回路间的交叉连接。

(3) 重复(1)(2)步直到系统结构图简化为一个方框或由两个方框组成的负反馈连接。

表 2-2 列出了系统结构图等效变换的基本规则。

表 2-2　系统结构图等效变换基本规则

原框图	等效框图	说明
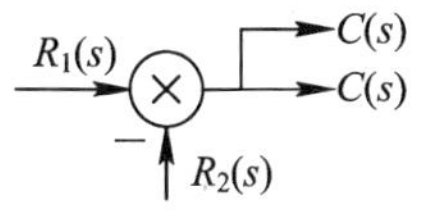	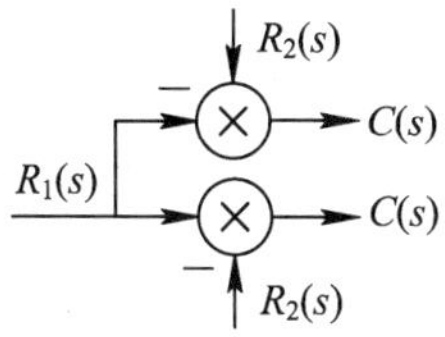	交换比较点和引出点 $C(s)=R_1(s)-R$ (一般不用)
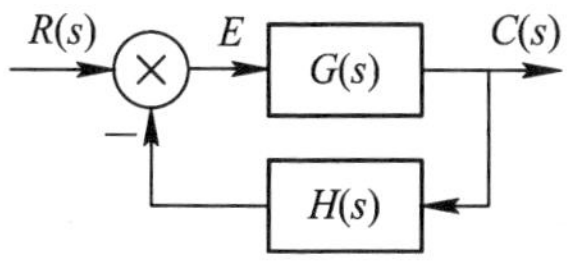	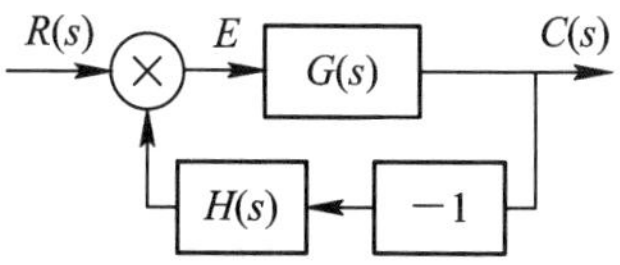	负号在支路上移动 $E(s)=R(s)-H(s)C(s)$ $=R(s)+H(s)\times(-1)C(s)$

例 2-12　简化图 2-37 所示的多回路系统结构图，并求系统的传递函数 $G(s)$。

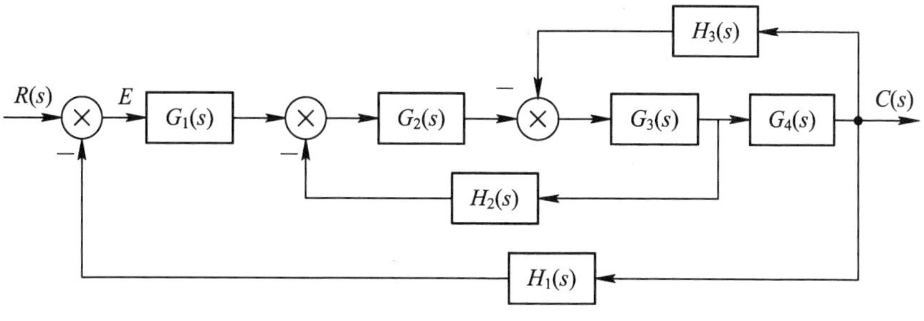

图 2-37　多回路系统结构图

解　第一步是将比较点向后移动，再交换比较点的位置，即将图 2-37 简化为图 2-38(a)。

第二步对图 2-38(a)中 G_2、G_3、H_2 组成的回路进行串联和反馈变换，进而化简为图 2-38(b)。

第三步对图 2-38(b)的内回路再进行串联和反馈变换，只剩下一个主反馈回路，如图 2-38(c)。

最后，变换为一个方框，如图 2-38(d)所示。

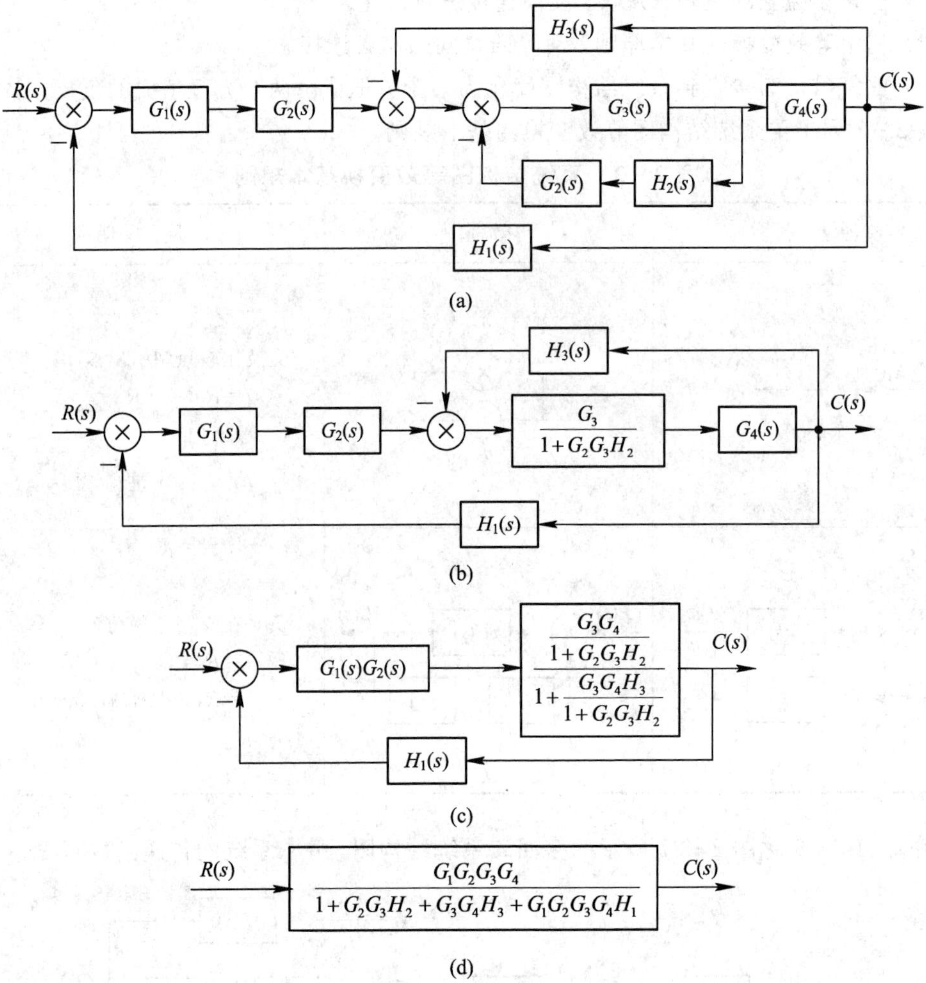

图 2-38 多回路系统结构图的变换

2.4 信号流图和梅森增益公式

信号流图是表示线性代数方程组的示意图。采用信号流图可以直接对代数方程组求解。在控制工程中，信号流图和结构图一样，可用以表示系统的结构和变量传递过程中的数学关系。所以，信号流图也是控制系统的一种用图形表示的数学模型。由于它的符号简单，便于绘制，而且可以通过梅森公式(不必经过图形的简化)直接求得系统的传递函数，因而特别适用于结构复杂的系统的分析。

2.4.1 信号流图采用的一些符号及术语

1. 符号

信号流图采用的基本图形符号有三种，即节点、支路和传输。

(1) 节点：用符号“○”表示。节点代表系统中的一个变量(信号)。

(2) 支路：用符号“→”表示。支路是连接两个节点的定向线段，其中箭头表示信号的传送方向。

(3) 传输：用标在支路旁边的传递函数 G 表示支路传输，G 亦称支路增益。支路传输定量地表明变量从支路一端沿箭头方向传送到另一端的函数关系。

(a) 单元结构图　(b) 信号流图

图 2-39　单元结构图和信号流图

图 2-39 所示为单元结构图和单元信号流图之间的对应关系。可见两种图形表示法是极为相似的。两者均具有 $Y=GX$ 的函数关系。

利用上述的三种基本图形符号，可根据图 2-40 所示的结构图画出相应的信号流图，其结果如图 2-41 所示。

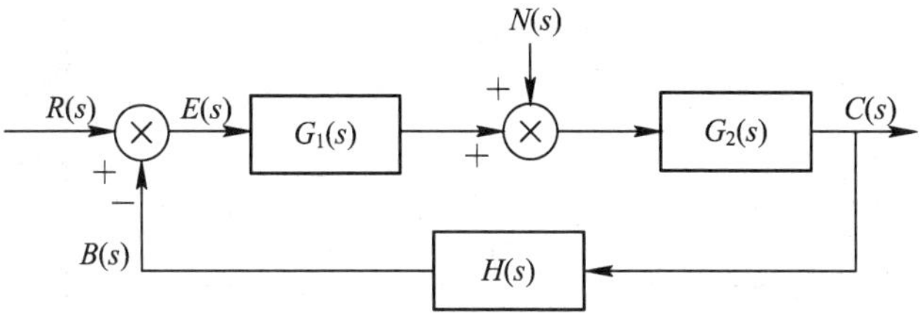

图 2-40　反馈控制系统的典型结构

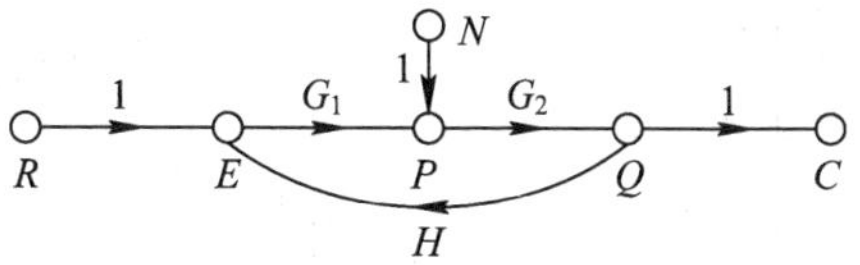

图 2-41　反馈系统的典型信号流图

2. 信号流图的有关术语

(1) 源节点：只有输出支路而无输入支路的节点称为源节点或输入节点，图 2-41 中的 R 节点、N 节点均为源节点。

(2) 阱节点：只有输入支路而无输出支路的节点称为阱节点或输出节点，图 2-41 中的节点 C 就属于阱节点。

(3) 混合节点：既有输入支路又有输出支路的节点称为混合节点，如图 2-41 中的 E、P、Q 就是混合节点。

(4) 通路：沿着支路箭头的方向顺序穿过各相连支路的路径称为通路，如图 2-41 中的 $REPQC$、NPG_2QC、PG_2QHE 等。

(5) 前向通路：从源节点开始并且终止于阱节点，与其他节点相交不多于一次的通路称为前向通路，如图 2-41 中的 $REPQC$、NPG_2QC。

(6) 回路：如果通路的起点和终点是同一节点，并且与其他任何节点相交不多于一次的闭合路径称为回路，如图 2-41 中的 $EPQHE$。

(7) 回路传输(增益)：回路中各支路传输(增益)的乘积，称为回路的传输(增益)。

(8) 前向通路传输(增益)：前向通路中各支路传输(增益)的乘积称为前向通路的传输(增益)。

(9) 不接触回路：信号流图中，没有任何共同节点的回路，称为不接触回路或互不接触回路。

2.4.2 信号流图的等效变换法则

系统的信号流图也可以像结构图那样进行等效化简，最终获得只有从输入节点至输出节点的一条支路，从而得出系统的总传输。信号流图的等效变换法则与结构图的等效变换法则极相似，如表 2-3 所示。表中前 3 项容易理解，以下仅介绍第 4 项和第 5 项，即回路的消除问题。

表 2-3 信号流图的等效变换

等效变换	原流图	等效变换后流图
1. 串联支路合并	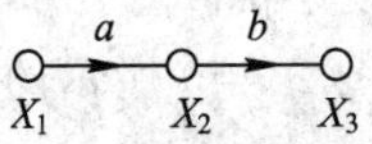	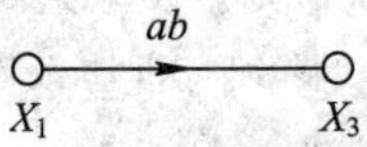
2. 并联支路合并	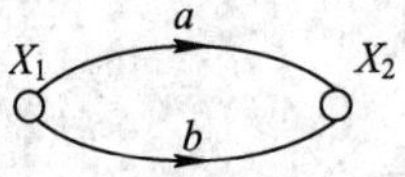	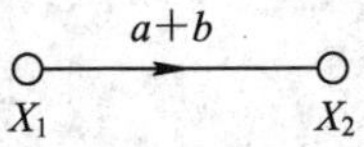
3. 混合节点的消除	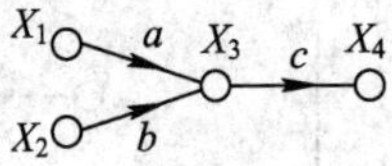	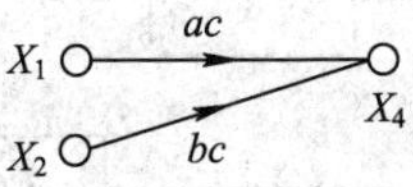
	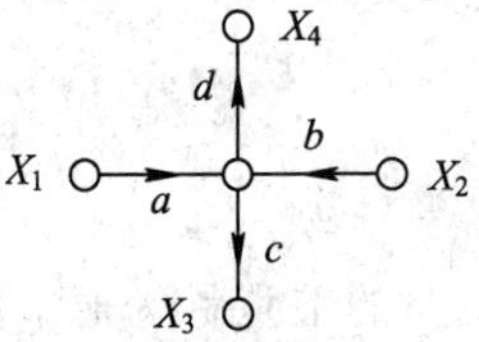	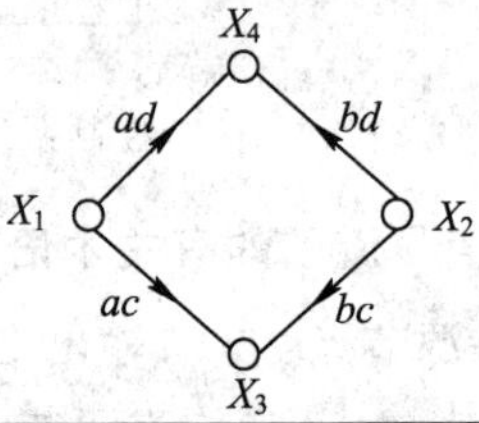
4. 回路的消除	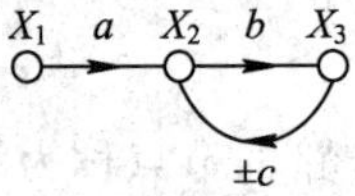	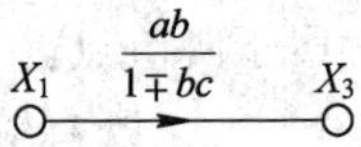
5. 自回路的消除	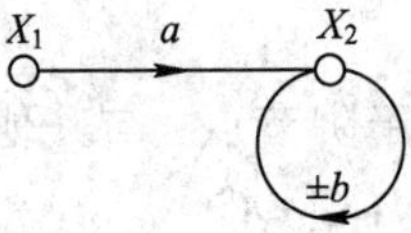	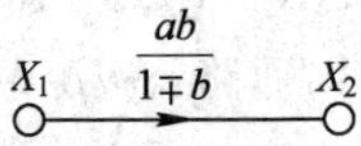

设某信号流图如图 2-42(a)所示，其中通过 X_2、X_3 两节点有一个回路，X_2 为混合节点。

为了消除 X_2 节点，可利用消除混合节点的等效变换，即

$$X_3 = bX_2 = b(aX_1 + cX_3) = abX_1 + bcX_3$$

如图 2-42(b)所示，这时出现有只通过一个节点或只包括一条支路的回路，称为自回路。

将上式的 X_3 项合并，整理后得

$$X_3 = \frac{ab}{1-bc}X_1 \tag{2-112}$$

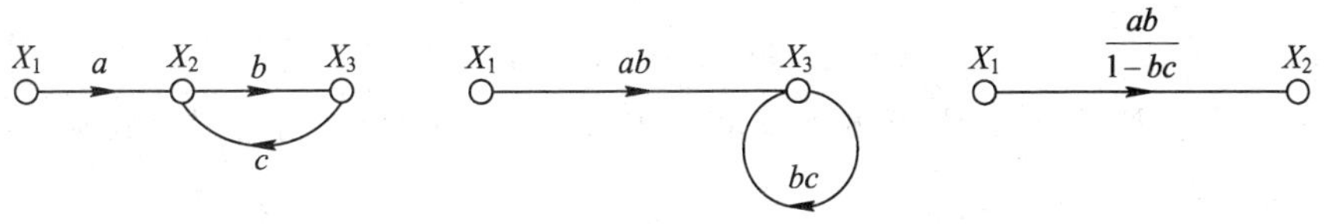

(a) 带回路的信号流图　(b) 回路消除过程　(c) 回路消除结果

图 2－42　回路的消除

于是就可得到最简单的等效流图，如图 2－42(c)所示。显然，回路及自回路都已被消除。

一般地，在绘出控制系统的信号流图后，可利用信号流图等效变换规则将其简化，从而得到从输入节点到输出节点的总传输，即控制系统的传递函数。

2.4.3　梅森公式及其应用举例

对于一些结构复杂的系统，采用化简结构图或化简信号流图的方法固然可以求得系统的传递函数，但毕竟是一件较麻烦的事。如果应用梅森(Mason)公式，则可以不作任何结构变换，只要通过对信号流图或动态结构图的观察和分析，就能直接写出系统的传递函数。

计算任意输入节点和输出节点之间传递函数 $G(s)$ 的梅森增益公式为

$$G(s)=\frac{1}{\Delta}\cdot\sum_{k=1}^{n}P_k\Delta_k \tag{2-113}$$

式中：Δ——特征式，其计算公式为

$$\Delta=1-\sum L_a+\sum L_bL_c-\sum L_dL_eL_f+\cdots \tag{3-114}$$

n——从输入节点到输出节点间前向通路的条数；

P_k——从输入节点到输出节点间第七条前向通路的总增益；

$\sum L_a$—— 所有不同回路的回路增益之和；

$\sum L_bL_c$—— 所有两两互不接触回路的回路增益乘积之和；

$\sum L_dL_eL_f$—— 所有不接触回路中，每次取其中三个回路增益的乘积之和；

Δ_k —— 前向通路的余子式，即把与该通路相接触的回路增益置为 0 后，特征式 Δ 所余下的部分。

例 2－13　试用信号流图法求图 2－43 所示系统的传递函数 $C(s)/R(s)$。

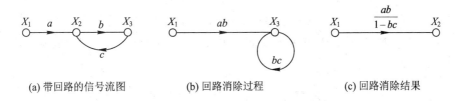

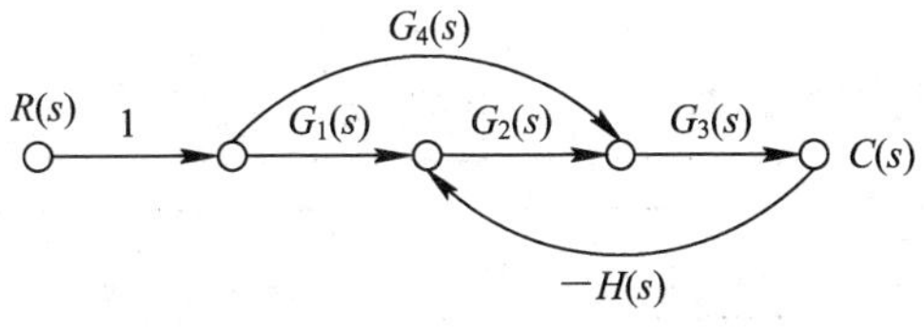

图 2－43　与图 2－44 对应的信号流图

解　与图 2－43 对应的信号流图如图 2－44 所示。可见，系统共有两条前向通路，其增益分别为 $P_1=G_1G_2G_3$、$P_2=G_4G_3$；回路只有一个，其增益为 $L_1=-G_2G_3H$。系统的特

征式为

$$\Delta = 1 - (L_1) = 1 + G_2 G_3 H$$

因回路与前向通路 P_1、P_2 接触，故余子式 $\Delta_1 = 1$，$\Delta_2 = 1$。用梅森公式求得系统的传递函数为

$$G(s) = \frac{C(s)}{R(s)} = \frac{1}{\Delta}(P_1\Delta_1 + P_2\Delta_2) = \frac{G_1 G_2 G_3 + G_3 G_4}{1 + G_2 G_3 H} \tag{2-115}$$

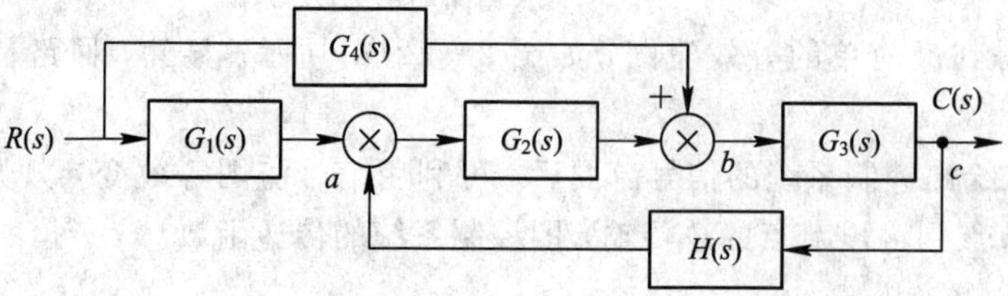

图 2-44　具有交叉反馈的系统结构

例 2-14　用梅森增益公式证明图 2-45 的计算结果。

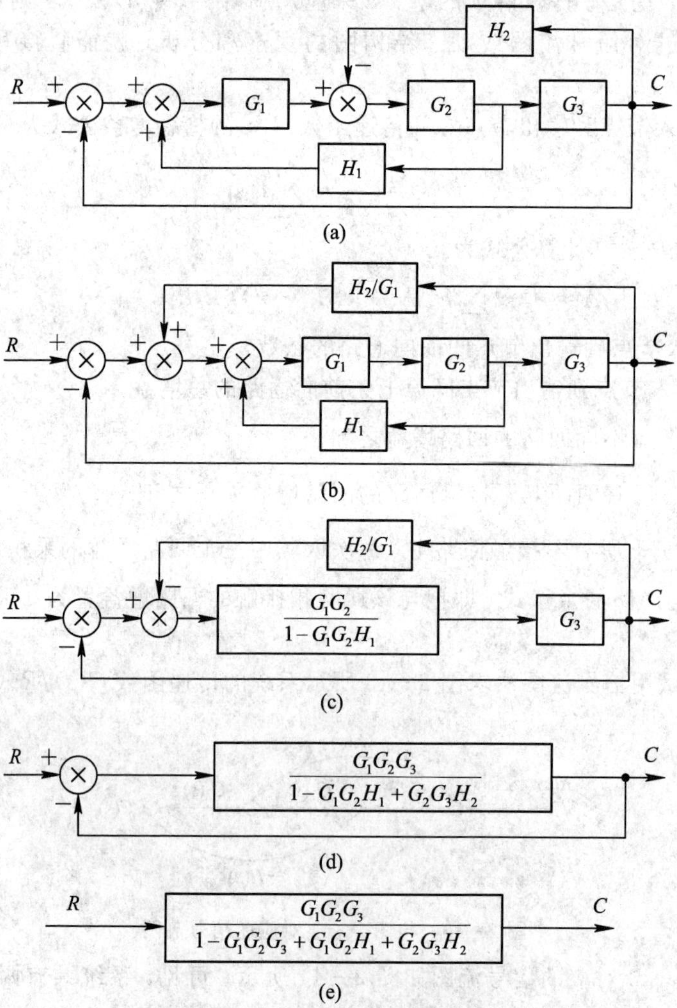

图 2-45　多环系统方框图的等效

解　图 2 - 45 对应的信号流图如图 2 - 46 所示，可见全系统只有一条前向通路，其增益为 $P_1=G_1G_2G_3$。反馈回路共有三个，其回路增益分别为：$L_1=-G_1G_2G_3$，$L_2=G_1G_2H_1$，$L_3=-G_2G_3H_2$。

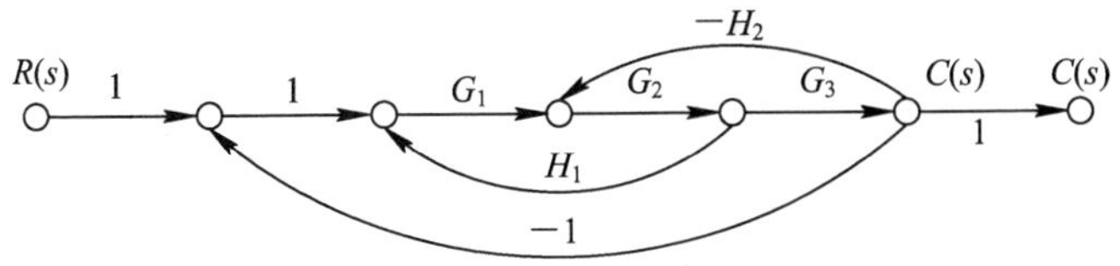

图 2 - 46　与图 2 - 45 对应的信号流图

由于三个回路互相接触，故特征式为

$$\Delta = 1-(L_1+L_2+L_3)$$

$$\Delta = 1-(-G_1G_2G_3+G_1G_2H_1-G_2G_3H_2) = 1+G_1G_2G_3-G_1G_2H_1+G_2G_3H_2$$

因三个回路均与前向通路接触，故求余子式时 L_1、L_2、L_3 取 0，故有 $\Delta_1=1$。

根据梅森增益公式，有

$$G(s)=\frac{C(s)}{R(s)}=\frac{1}{\Delta}P_1\Delta_1=\frac{G_1G_2G_3}{1+G_1G_2G_3-G_1G_2H_1+G_2G_3H_2}$$

例 2 - 15　试求图 2 - 47 所示系统的传递函数 $C(s)/R(s)$。

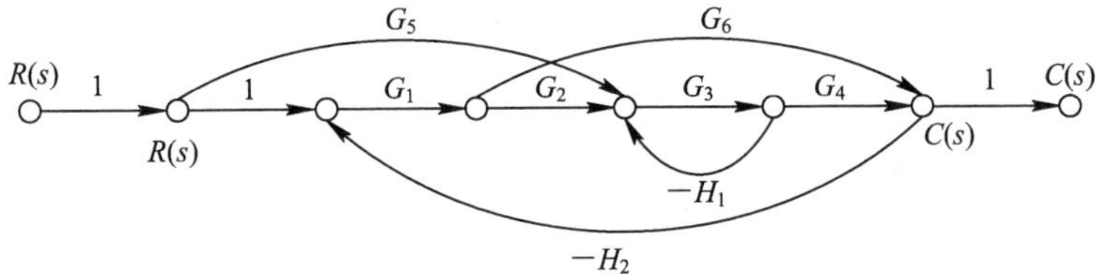

图 2 - 47　复杂系统的信号流图

解　本系统有三条前向通路，其增益分别为：$P_1=G_1G_2G_3G_4$、$P_2=G_5G_3G_4$、$P_3=G_1G_6$。反馈回路有三个，其回路增益分别为：$L_1=-G_1G_2G_3G_4H_2$、$L_2=-G_1G_6H_2$ 和 $L_3=-G_3H_1$。

其中只有 L_2 和 L_3 两个回路互不接触，故特征式为

$$\Delta = 1-(L_1+L_2+L_3)+(L_2L_3) = 1+G_1G_2G_3G_4H_2+G_1G_6H+G_3H_1+G_1G_3G_6H_1H_2$$

由于各回路均与前向通路 P_1、P_2 接触，故余子式 $\Delta_1=\Delta_2=1$。但前向通路 P_3 只与回路 L_1 不接触，所以余子式 $\Delta_3=1-(L_3)=1+G_3H_1$。用梅森公式求得系统的传递函数为

$$\frac{C(s)}{R(s)}=\frac{1}{\Delta}(P_1\Delta_1+P_2\Delta_2+P_3\Delta_3)$$

$$=\frac{G_1G_2G_3G_4+G_3G_4G_5+G_1G_6(1+G_3H_1)}{1+G_1G_2G_3G_4H_2+G_1G_6H_2+G_3H_1+G_1G_3G_6H_1H_2}$$

习　　题

2 - 1　试证明图 2 - 48(a)所示电气网络与图 2 - 48(b)所示的机械系统具有相同的微

分方程。

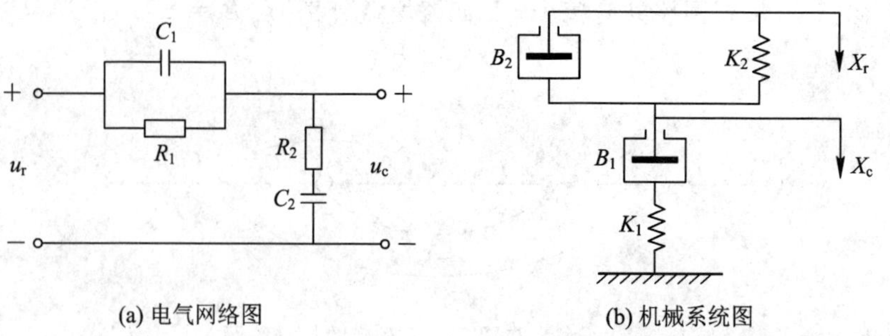

(a) 电气网络图 (b) 机械系统图

图 2-48 系统网络图

2-2 试分别写出图 2-49 中各有源网络的微分方程。

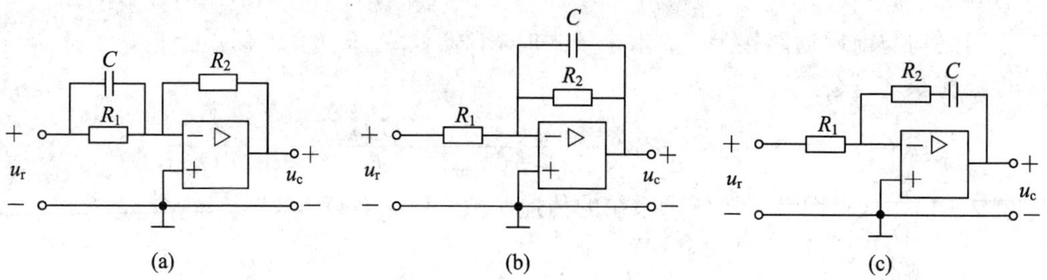

图 2-49 电气网络图

2-3 某弹簧的力-位移特性曲线如图 2-50 所示。在仅存在小扰动的情况下，当工作点 $x_0=-1.2$、0、2.5 时，分别试求弹簧在工作点附近的弹性系数。

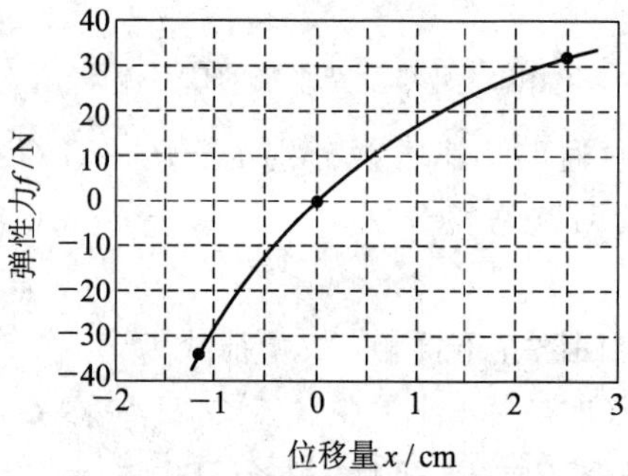

图 2-50 力-位移特性曲线图

2-4 图 2-51 是一个转速控制系统，其中电压 U 为输入量，负载转速 ω 为输出量。试写出该系统输入输出间的微分方程和传递函数。

2-5 系统的微分方程组如下：

$$x_1(t)=r(t)-c(t),\ x_2(t)=\tau\frac{\mathrm{d}x_1(t)}{\mathrm{d}t}+K_1x_1(t)$$

$$x_3(t)=K_2x_2(t),\ x_4(t)=x_3(t)-x_5(t)-K_5c(t)$$

$$\frac{\mathrm{d}x_5(t)}{\mathrm{d}t}=K_3x_4(t),\ K_4x_5(t)=T\frac{\mathrm{d}c(t)}{\mathrm{d}t}+c(t)$$

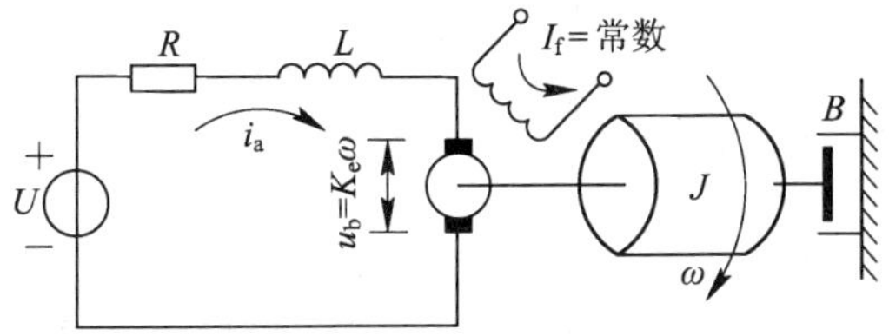

图 2-51　转速控制系统图

式中，τ、K_1、K_2、K_3、K_4、K_5、T 均为常数。试建立系统 $r(t)$对 $c(t)$的结构图，并求系统传递函数 $C(s)/R(s)$。

2-6　图 2-52 是一个模拟调节器的电路示意图。

(1) 写出输入 u_r 与输出 u_c 之间的微分方程；

(2) 建立该调节器的结构图；

(3) 求传递函数 $U_C(s)/U_R(s)$。

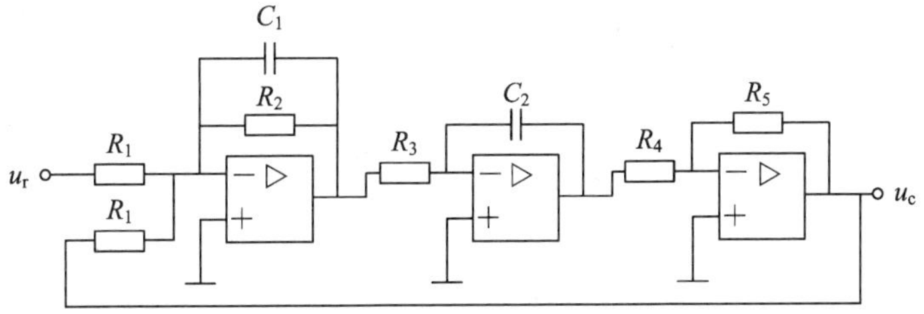

图 2-52　模拟调节器电路示意图

2-7　某机械系统如图 2-53 所示。质量为 m、半径为 R 的均质圆筒与弹簧和阻尼器相连(通过轴心)，假定圆筒在倾角为 α 的斜面上滚动(无滑动)，求出其运动方程。

2-8　图 2-54 是一种地震仪的原理图。地震仪的壳体固定在地基上，重锤 M 由弹簧 K 支撑。当地基上下震动时，壳体随之震动，但是由于惯性作用，重锤的运动幅度很小，这样它与壳体之间的相对运动幅度就近似等于地震的幅度，而由指针指示出来。活塞 B 提供的阻尼力正比于运动的速度，以便地震停止后指针能及时停止震动。

(1) 写出以指针位移 y 为输出量的微分方程；

(2) 核对方程的量纲。

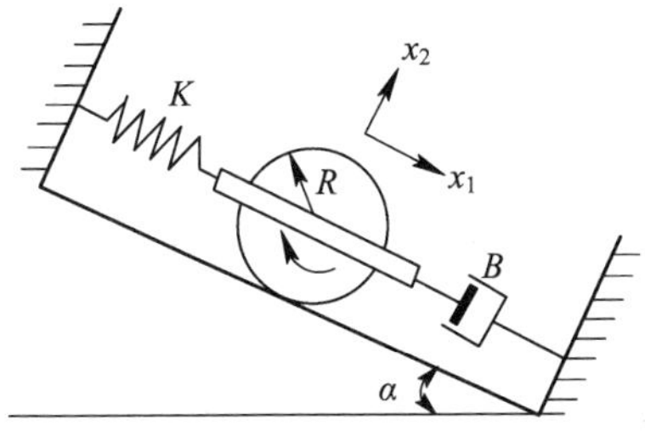

图 2-53　机械系统图

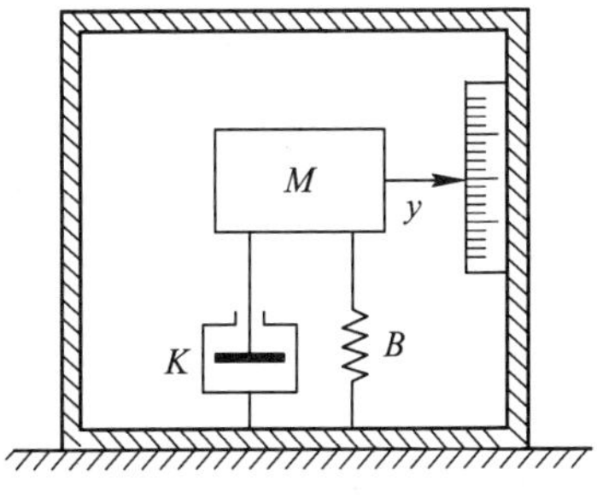

图 2-54　地震仪原理图

2-9　试简化图 2-55 中各系统结构图，并求传递函数 $C(s)/R(s)$。

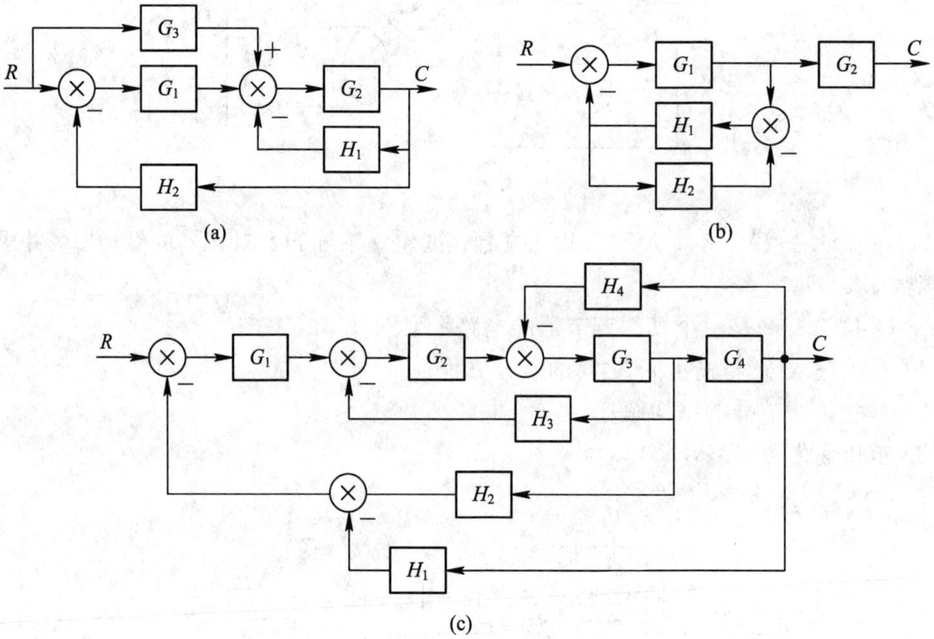

图 2-55　系统结构图

2-10　试用梅森公式求解习题 2-9 所示系统的传递函数 $C(s)/R(s)$。

2-11　系统的结构如图 2-56 所示。

(1) 求传递函数 $C_1(s)/R_1(s)$，$C_2(s)/R_1(s)$，$C_1(s)/R_2(s)$，$C_2(s)/R_2(s)$；

(2) 求传递函数阵 $G(s)$，$C(s)=G(s)R(s)$，其中 $C(s)=\begin{bmatrix}C_1(s)\\C_2(s)\end{bmatrix}$，$R(s)=\begin{bmatrix}R_1(s)\\R_2(s)\end{bmatrix}$。

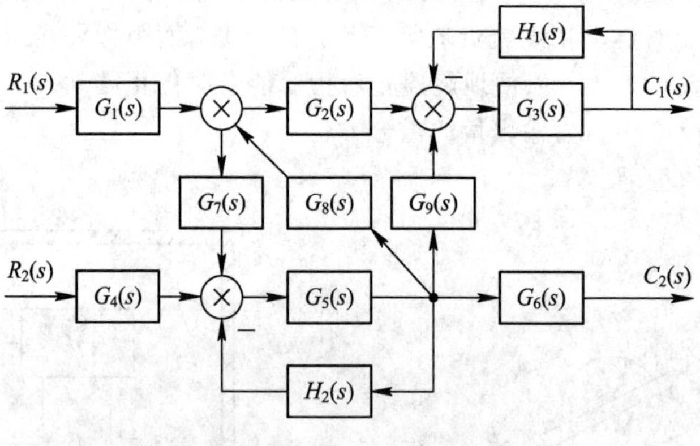

图 2-56　系统结构图

2-12　试求图 2-57 所示结构图的传递函数 $C(s)/R(s)$。

2-13　已知系统结构如图 2-58 所示，试将其转换成信号流图，并求出 $C(s)/R(s)$。

2-14　系统的信号流图如图 2-59 所示，试求 $C(s)/R(s)$。

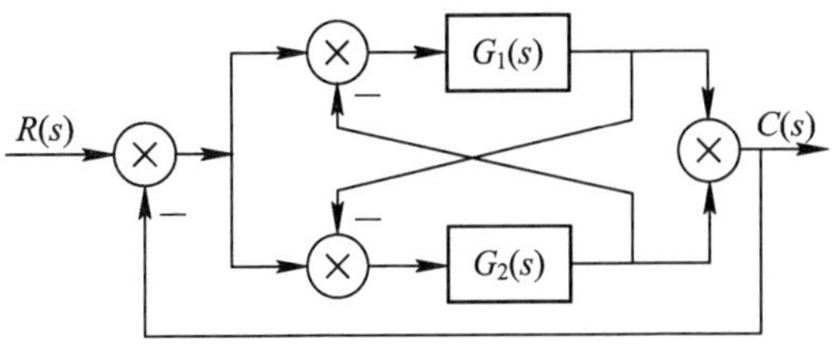

图 2-57　系统结构图

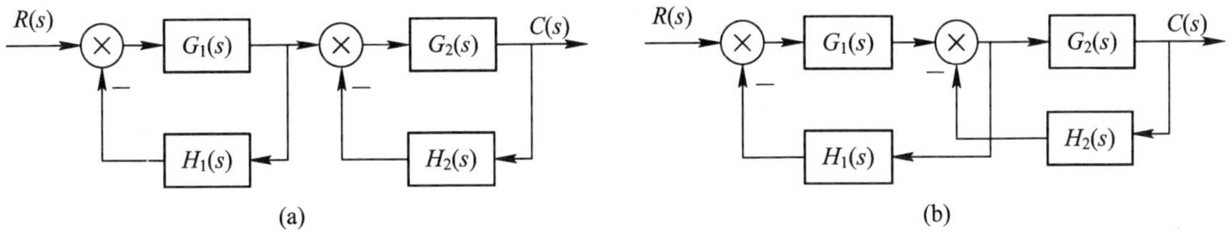

图 2-58　系统结构图

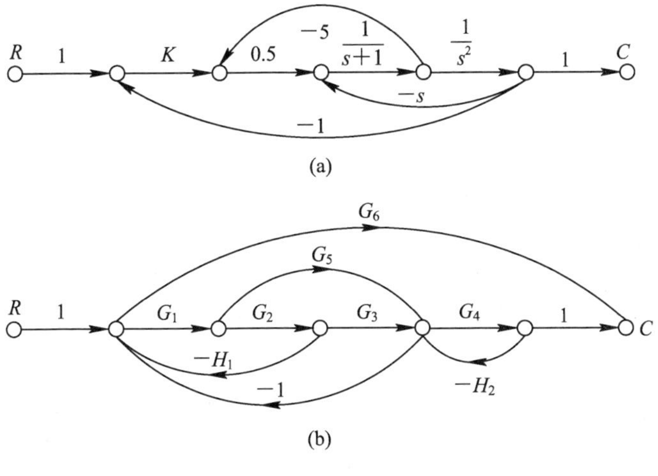

图 2-59　系统信号流图

2-15　某系统的信号流图如图 2-60 所示，试计算传递函数 $C_2(s)/R_1(s)$。若进一步希望实现 $C_2(s)$与 $R_1(s)$解耦，即 $C_2(s)/R_1(s)=0$，试根据 $G_i(s)$选择合适的 $G_5(s)$。

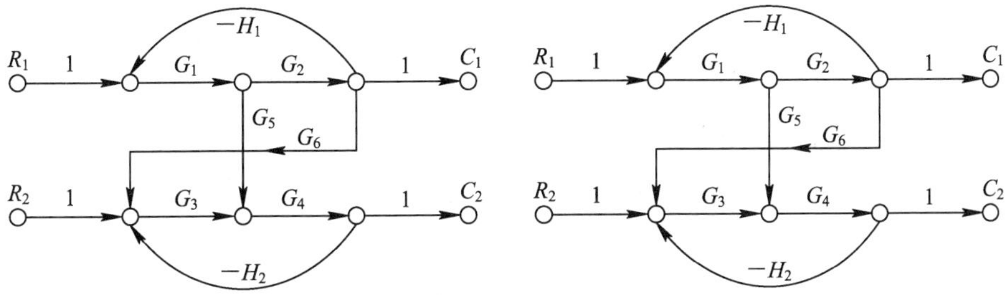

图 2-60　系统信号流图

2-16　已知系统结构图如图 2-61 所示。

(1) 求传递函数 $C(s)/R(s)$ 和 $C(s)/N(s)$；

(2) 若要消除干扰对输出的影响，即 $C(s)/N(s)=0$，求 $G_0(s)$ 的值。

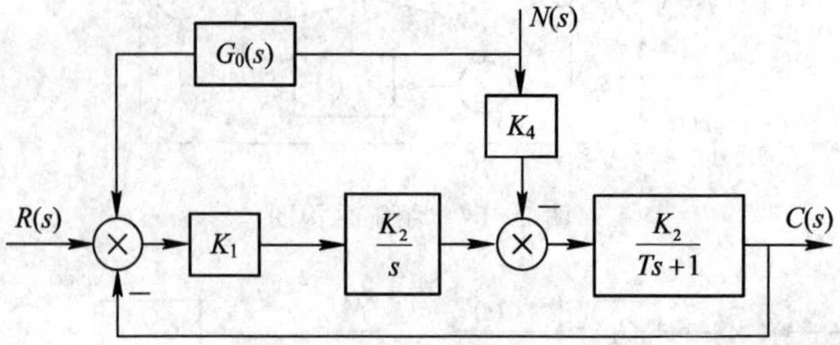

图 2-61　系统结构图

第 3 章　线性系统的时域分析

3.1　输入信号和时域性能指标

3.1.1　典型输入信号

控制系统性能的评价分为动态性能指标和稳态性能指标两类，为了求解系统的时间响应，必须了解输入信号的解析表达式。实际系统的输入信号是非常复杂的，具有随机性而无法预先确定。因此在进行系统分析时，常采用一些典型信号来考察系统的运动，这并不失一般性。所谓典型信号，是根据系统常遇到的输入信号形式，在数学描述上加以理想化的一些基本输入函数。

1. 单位脉冲信号

单位脉冲信号的数学表达式为

$$\delta(t)=\begin{cases}\infty, & t=0\\ 0, & t\neq 0\end{cases} \tag{3-1}$$

其复数域(即拉氏变换)表达式为

$$\mathscr{L}[\delta(t)]=1 \tag{3-2}$$

式(3-2)为理想脉冲信号的数学描述。在实际系统中，脉冲信号的幅值不可能无穷大，因此，对于力学系统，以冲量形式来表现，对于电学系统，有饱和现象出现。单位脉冲信号用于考察系统在脉冲扰动后的复位运动。系统在脉冲扰动瞬间之后，对系统的作用就变为零，但是瞬间加至系统的能量使得系统以何种方式运动是考察的目的。

2. 单位阶跃信号

单位阶跃信号的数学表达式为

$$f(t)=\begin{cases}1, & t\geqslant 0\\ 0, & t<0\end{cases} \tag{3-3}$$

其复数域表达式为

$$\mathscr{L}[1(t)]=\frac{1}{s} \tag{3-4}$$

3. 单位斜坡信号

单位斜坡信号的数学表达式为

$$f(t)=\begin{cases}t, & t\geqslant 0\\ 0, & t<0\end{cases} \tag{3-5}$$

其复数域表达式为

$$\mathscr{L}[t \cdot 1(t)] = \frac{1}{s^2} \tag{3-6}$$

4. 单位匀加速信号

单位匀加速信号又称为单位加速度信号，数学表达式为

$$f(t) = \begin{cases} \frac{1}{2}t^2, & t \geqslant 0 \\ 0, & t < 0 \end{cases} \tag{3-7}$$

其复数域表达式为

$$\mathscr{L}\left[\frac{1}{2}t^2 \cdot 1(t)\right] = \frac{1}{s^3} \tag{3-8}$$

5. 单位正弦信号

单位正弦信号的数学表达式为

$$f(t) = \sin(\omega t) \tag{3-9}$$

其复数域表达式为

$$\mathscr{L}[\sin(\omega t)] = \frac{\omega}{s^2 + \omega^2} \tag{3-10}$$

实际应用时究竟采用哪种典型输入信号，取决于系统常见的工作状态。在所有可能的输入信号中，通常选取最不利的信号作为系统的典型输入信号。例如在考察系统的调节能力时，可选用脉冲信号；如果考察系统对于定值信号的保持能力，就要选用阶跃信号来进行系统分析。地面雷达跟踪空中的机动目标时，无论是俯仰角的变化还是方位角的变化，都可以近似为等速率变化规律，采用斜坡信号比较恰当。但是在考察船舶自动驾驶系统，或者战车炮塔在车体行进中的自稳系统的能力时，就不能采用斜坡信号了，由于海浪起伏特性与地面颠簸信号接近于正弦信号，故可采用正弦信号，或者至少采用匀加速信号来考察系统的二阶跟踪能力才是合理的。同一系统中，不同形式的输入信号所对应的输出响应是不同的，对线性控制系统而言，它们所表征的系统性能是一致的。通常以单位阶跃函数作为典型输入作用，则可在一个统一的基础上对各种控制系统的特性进行比较和研究。通过分析发现，上述主要信号之间是相互关联的。

3.1.2 时域性能指标

时域性能指标是在分析某个控制系统的时候，评价系统性能好坏的标准。通常情况下，系统的响应过程分为动态过程和稳态过程，其对应的性能指标分别为动态性能指标和稳态性能指标。

动态过程又称过渡过程或瞬态过程，指系统在典型输入信号作用下，系统输出量从初始状态到最终状态的响应过程；稳态过程指系统在典型的输入信号作用下，当时间 t 趋于无穷时，系统输出量的表现形式。稳态过程又称稳态响应，表征系统输出量最终复现输入量的程度，提供系统有关稳态误差的信息。

描述系统在单位阶跃函数作用下，动态过程随时间 t 的变化状态的指标，称为动态性能指标。为什么要以单位阶跃函数作为输入，很重要的一点是：若系统在阶跃输入下其动

态性能能满足要求，那么系统在其他形式的函数作用下，其动态性能也能满足要求。稳态性能指标主要以稳态误差进行描述，通常情况下在阶跃信号、斜坡信号或加速度信号作用下进行考察或计算。如图 3-1 所示为单位阶跃响应 $y(t)$，其动态性能指标通常描述如下：

延迟时间 t_d：阶跃响应第一次达到终值的 50%所需的时间。

上升时间 t_r：阶跃响应从终值的 10%上升到终值的 90%所需的时间，对于有振荡的系统，也可以定义为从零第一次上升到终值所需要的时间。

峰值时间 t_p：阶跃响应越过终值达到第一个峰值所需的时间。

调节时间 t_s：阶跃响应到达并保持在终值 5% 误差带内所需的最短时间。

超调量 $\sigma_p\%$：峰值超出终值的百分比。$\sigma_P(\%)=\dfrac{y(t_p)-y(\infty)}{y(\infty)}\times 100\%$。

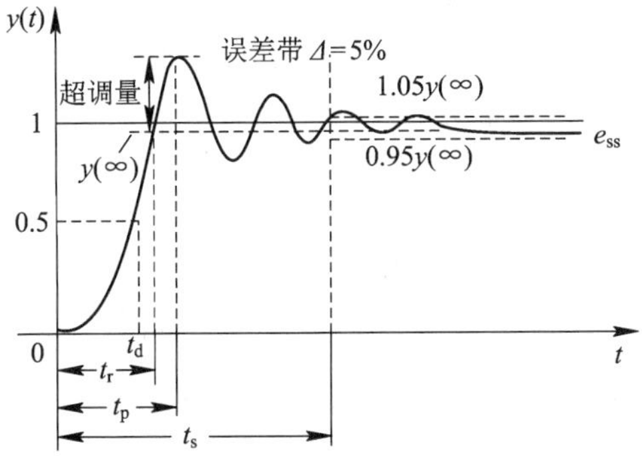

图 3-1　单位阶跃响应

对控制系统的基本要求，可以概括为三个字：稳、准、快。

稳(基本要求)：稳是指系统受脉冲扰动后能回到原来的平衡位置，跟踪输入信号时不振荡或发散。

快(动态要求)：快是指过渡过程要平稳，迅速。

准(稳态要求)：准是指稳态输出与理想输出间误差要小。

3.1.3　动态性能与稳定性能

控制系统在输入信号的作用下，其输出量中包含瞬态分量和稳态分量两个分量。对于稳定的系统，瞬态分量随时间的推移而逐渐消失，稳态分量则从输入信号加入的瞬时起就始终存在。

1. 动态过程与动态性能指标

动态过程又称过渡过程或瞬态过程，是指系统在典型输入信号作用下，系统输出量从初始状态到最终状态的响应过程。由于实际控制系统具有惯性、摩擦以及其他一些原因，系统输出量不可能完全复现输入量的变化。根据系统结构和参数选择情况，动态过程表现为衰减、发散或等幅振荡形式。

显然，一个可以实际运行的控制系统，其动态过程必须是衰减的，换句话说，系统必须是稳定的。动态过程除提供系统稳定性的信息外，还可以提供响应速度及阻尼情况等动态性能。

通常，在阶跃函数作用下，测定或计算系统的动态性能。一般认为，阶跃输入对系统来说是最严峻的工作状态。如果系统在阶跃函数作用下的动态性能满足要求，那么，系统在其他形式的函数作用下，其动态性能也是令人满意的。

描述稳定的系统在单位阶跃函数作用下，动态过程随时间 t 的变化状况的指标，称为动态性能指标。

为了便于分析和比较，假定系统在单位阶跃输入信号作用前处于静止状态，而且输出量及其各阶导数均等于零。对于大多数控制系统来说，这种假设是符合实际情况的。典型控制系统的单位阶跃响应如图 3-2 所示，其动态性能指标通常如下：

对于非振荡衰减系统，由于按上述定义的上升时间将趋向无穷，因此将响应曲线从终值的 10%上升到最终值的 90%所需的时间定义为上升时间，如图 3-2(b)所示。上升时间是系统响应速度的一种度量，上升时间越短，响应速度越快。

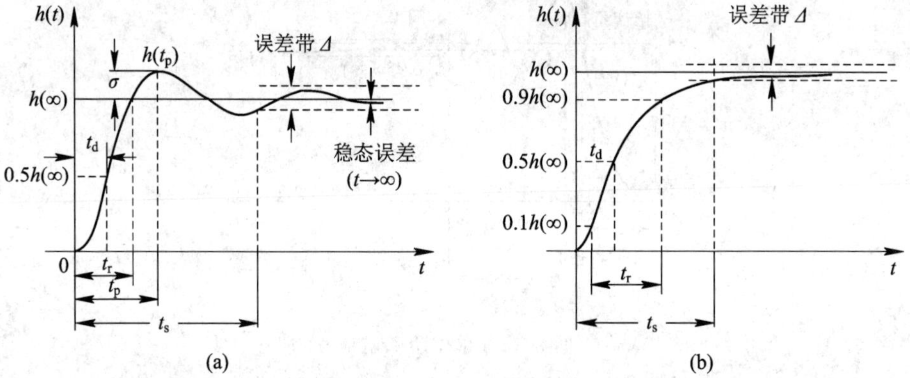

图 3-2　典型控制系统的单位阶跃响应

响应曲线与其初始状态的最大偏离量 $h(t_p)$ 与终值 $h(\infty)$ 的差与终值 $h(\infty)$ 比的百分数称为超调量 σ，即

$$\sigma=\frac{h(t_p)-h(\infty)}{h(\infty)}\times 100\% \tag{3-11}$$

若 $h(t_p)<h(\infty)$，则响应无超调。

上述五个动态性能指标，基本上可以体现系统动态过程的特征。在实际应用中，常用的动态性能指标多为上升时间 t_r、调节时间 t_s 和超调量 σ。通常，用 t_r 或 t_p 评价系统的动态响应的快速性；用 σ 评价系统的阻尼特性，即动态响应的平稳性；而 ts 可同时反映系统的动态响应速度和阻尼特性。在时域分析中，除了简单的一阶、二阶系统外，要精确确定这些动态性能指标的解析表达式是很困难的，需借助控制系统仿真分析软件来确定各动态性能指标的精确数值。

2. 稳态过程与稳态性能指标

稳态过程指系统在典型输入信号作用下，当时间 t 趋于无穷时，系统输出量的表现方式。稳态过程又称稳态响应，表征系统输出量最终复现输入量的程度，提供系统有关稳态误差的信息。

稳态误差是描述系统稳态性能的一种性能指标，通常在阶跃函数、斜坡函数或加速度函数作用下进行测定或计算。若时间趋于无穷时，系统的输出量不等于输入量或输入量的确定函数，则系统存在稳态误差。稳态误差是系统控制精度(准确性)或抗扰动能力的一种度量。

3. 基于传递函数的时域响应求解

1) 零初始状态响应

若已知系统的传递函数为 $G(s)$，系统的输入为 $r(t)$，如果系统的初始状态为零，可按下列步骤求解输出时间响应：

(1) 取输入 $r(t)$的拉普拉斯变换，得 $R(s)=\mathscr{L}[r(t)]$；

(2) 根据传递函数定义有 $C(s)=R(s)G(s)$；

(3) 对 $C(s)$进行部分分式展开，取 $C(s)$的拉普拉斯反变换，得 $c(t)=\mathscr{L}^{-1}[R(s)G(s)]$。

2) 非零初始状态响应

按以上步骤求得的输出响应是系统的零状态响应。如要考虑非零初始状态下的响应(即全响应)，可按下列步骤进行：

(1) 将传递函数变换成相应的高阶微分方程。

(2) 取高阶微分方程的拉普拉斯变换，并考虑初始条件不为零。

(3) 从由变换得到的关于 s 的代数方程，求解输出响应的拉普拉斯变换 $C(s)$。

(4) 对 $C(s)$进行部分分式展开，然后取拉普拉斯反变换，最后得到 $c(t)$。

例 3-1　已知系统传递函数为

$$G(s)=\frac{s+6}{s^2+4s+3} \tag{3-12}$$

输入为单位阶跃函数，初始条件分别为

(1) $c(0)=\dot{c}(0)=0$；

(2) $c(0)=-1$，$\dot{c}=2$。

求系统的输出响应。

解　首先考虑第一种情况，$c(0)=\dot{c}(0)=0$，初始条件为零可直接利用传递函数求解。由于 $r(t)=1(t)$，因此 $R(s)=\dfrac{1}{s}$，而

$$C(s)=R(s)G(s)=\frac{s+6}{s(s^2+4s+3)}$$

对 $C(s)$进行部分分式分解，得

$$C(s)=\frac{2}{s}+\frac{-2.5}{s+1}+\frac{0.5}{s+3}$$

取拉普拉斯反变换，得

$$c(t)=2-2.5e^{-t}+0.5e^{-3t}\ (t\geqslant 0)$$

第二种情况下系统初始条件不为零，先将 $G(s)$变换为微分方程，由

$$(s^2+4s+3)C(s)=(s+6)R(s)$$

得

$$\ddot{c}(t)+4\dot{c}+3c(t)=\dot{r}(t)+6r(t)$$

取其拉普拉斯变换，得

$$s^2C(s) - sc(0) - \ddot{c}(0) + 4sC(s) - 4c(0) + 3C(s) = sR(s) + 6R(s)$$

代入初始条件 $c(0)=-1$，得

$$C(s) = \frac{s+6}{s^2+4s+3}R(s) - \frac{s+2}{s^2+4s+3}$$

取拉普拉斯反变换，得

$$c(t) = 2 - 3\mathrm{e}^{-t} (t \geqslant 0)$$

3.2　一阶系统的时域分析

可以用一阶微分方程描述的系统，称为一阶系统。在工程实践中，一阶系统不乏其例。有些高阶系统的特性，常可用一阶系统的特性来近似表征。

3.2.1　一阶系统的数学模型

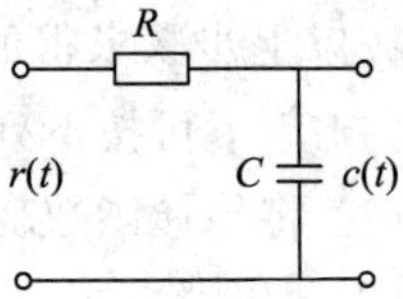

图 3-3　RC 电路

图 3-3 所示的 RC 电路是一种一阶系统，其运动方程为

$$T\frac{\mathrm{d}c(t)}{\mathrm{d}t} + c(t) = r(t) \qquad (3-13)$$

式中，$c(t)$为电路输出电压；$r(t)$为电路输入电压；$T=RC$ 为时间常数。当该电路的初始条件为零时，其传递函数为

$$\Phi(s) = \frac{C(s)}{R(s)} = \frac{1}{Ts+1} \qquad (3-14)$$

可以证明，室温调节系统、水位调节系统的传递函数形式与式(3-14)完全相同，仅时间常数含义有所区别。因此，式(3-14)称为一阶系统的数学模型。在以下的分析和计算中，均假定系统初始条件为零。

3.2.2　一阶系统的单位阶跃响应

当输入信号为单位阶跃函数 $r(t)=1(t)$时，由式(3-14)可得一阶系统的单位阶跃响应为

$$h(t) = 1 - \mathrm{e}^{-t/T},\ t \geqslant 0 \qquad (3-15)$$

由此可见，一阶系统的单位阶跃响应是一条初始值为零，以指数规律上升到稳态值的曲线，如图 3-4 所示。

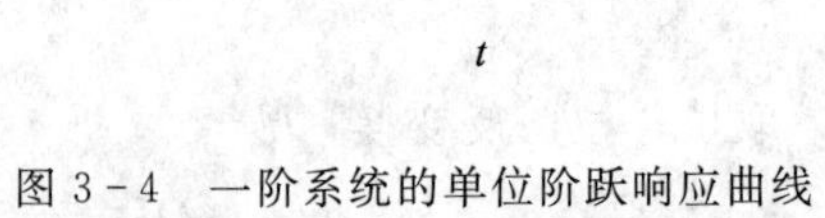

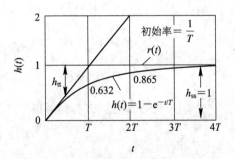

图 3-4　一阶系统的单位阶跃响应曲线

图 3-4 表明，一阶系统的单位阶跃响应为非周期响应。可以用时间常数 T 度量系统响应在各个时刻上的数值。例如当 $t=T$、$2T$、$3T$、$4T$ 时，系统的单位阶跃响应分别等于其稳态值的63.2%、86.5%、95%、98.2%。根据这一特点可以用实验的方法测定一阶系统的时间常数，或判定所测系统是否为一阶系统。响应曲线斜率的初始值为 $1/T$，并随时间的推移而下降，初始时刻即 $t=0$ 时，系统运动有最大的变化率 $1/T$。初始斜率特性也是常用的确定一阶系统时间常数的方法之一。

$$\left.\frac{\mathrm{d}h(t)}{\mathrm{d}t}\right|_{t=0}=\frac{1}{T},\ \left.\frac{\mathrm{d}h(t)}{\mathrm{d}t}\right|_{t=T}=0.368\frac{1}{T},\ \left.\frac{\mathrm{d}h(t)}{\mathrm{d}t}\right|_{t\to\infty}=0$$

使单位阶跃响应达到期望的输入值的时间是无穷大，即 $h(\infty)=1$。

根据动态性能指标的定义，一阶系统的动态性能指标为

$$T_{\mathrm{d}}=0.69T,\ t_{\mathrm{r}}=2.2T,\ t_{\mathrm{s}}=3T(\Delta=5\%)\ 或\ t_{\mathrm{s}}=4T(\Delta=2\%) \tag{3-16}$$

显然峰值时间 t_{p}，超调量(%)都不存在。时间常数 T 反映了系统的惯性，所以一阶系统的惯性越小，其响应过程越快；反之，惯性越大，响应越慢。

3.2.3　一阶系统的单位脉冲响应

当输入信号 $r(t)=\delta(t)$时，系统的响应称为单位脉冲响应。由于单位脉冲函数的拉氏变换为 1，所以，系统单位脉冲响应的拉氏变换与系统的闭环传递函数相同，即

$$C(s)=\Phi(s)R(s)\mid_{R(s)=1}=\frac{1}{Ts+1} \tag{3-17}$$

系统的单位脉冲响应为

$$c(t)=\zeta^{-1}\left[\frac{1}{Ts+1}\right]=\frac{1}{T}\mathrm{e}^{-t/T},\ t\geqslant 0 \tag{3-18}$$

如果令 $t=T$、$2T$、$3T$ 和 $4T$ 时，可绘出一阶系统的单位脉冲响应曲线，见图 3-5。由图可见，一阶系统的脉冲响应为一单调下降的指数曲线，当 $t\to\infty$时，响应的幅值衰减为零。若定义该指数曲线衰减到其初始值的 5%所需的时间为脉冲响应调节时间，则仍有$t_{\mathrm{s}}=3T$。系统的惯性越小，其响应过程的快速性越好。所以说，阶跃响应和脉冲响应所描述的动态性能是相同的，通常使用阶跃响应的动态指标描述系统的动态性能。

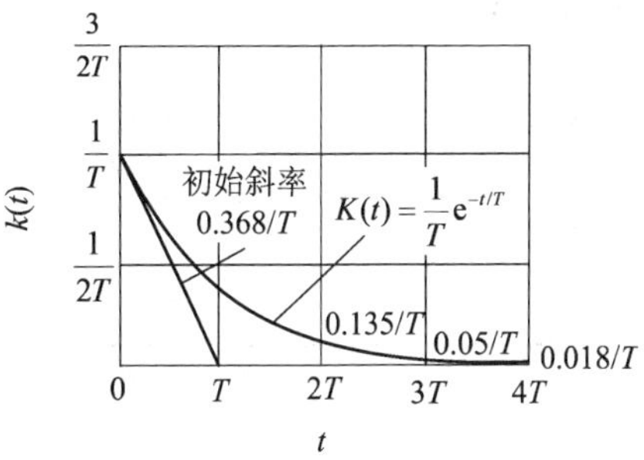

图 3-5　一阶系统单位脉冲响应曲线

在初始条件为零的情况下，一阶系统的闭环传递函数与脉冲响应函数之间包含着单位相同的动态过程信息。这一特点同样适用于其他各阶线性定常系统，因此，工程中常以单位脉冲输入信号作用于系统，根据被测定系统的单位脉冲响应，可以求得被测系统的闭环传递函数。鉴于工程上无法得到理想单位脉冲函数，因此常用具有一定脉宽 b 和有限幅度的矩形脉动函数来代替。为了得到近似度较高的脉冲响应函数，要求实际脉动函数的宽度 b 远远小于系统的时间常数 T，一般规定 $b<0.1T$。

3.2.4　一阶系统的单位斜坡响应

当输入信号为单位斜坡函数时，由式(3-14)可得一阶系统的单位斜坡响应为

$$c(t)=(t-T)+T\mathrm{e}^{-t/T},\ t\geqslant 0 \tag{3-19}$$

式中，$(t-T)$为稳态分量：$T\mathrm{e}^{-t/T}$为瞬态分量。

式(3-14)表明一阶系统的单位斜坡响应的稳态分量，是一个与输入斜坡函数斜率相同但时间滞后 T 的斜坡函数。因此，响应在位置上存在稳态跟踪误差，其值正好等于时间常数 T；一阶系统单位斜坡响应的瞬态分量为衰减的非周期函数。

单位斜坡响应曲线如图3-6所示。

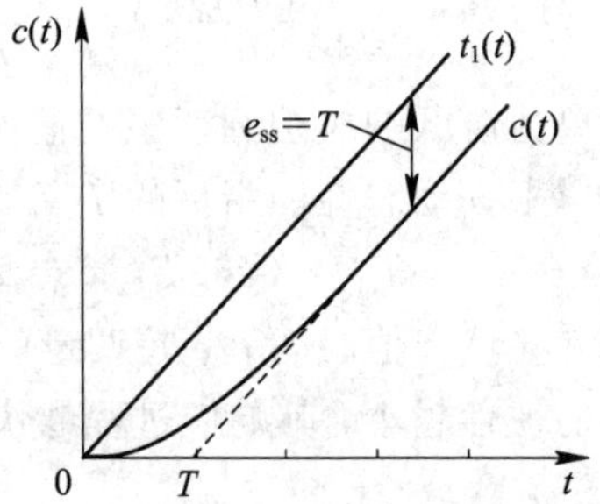

图3-6 一阶系统单位斜坡响应

一阶系统对上述三种典型输入信号的响应归纳于表3-1。由表可以看出：

(1) 一阶系统只有一个特征参数，即时间常数 T。在一定的输入信号作用下，其响应由其时间常数唯一确定。

(2) 脉冲函数和斜坡函数分别是阶跃函数对时间的一阶微分和积分，而系统的单位脉冲响应和单位斜坡响应分别是系统单位阶跃响应对时间的一阶微分和积分。这个等价对应关系表明：系统对输入信号导数的响应，等于系统对该输入信号响应的导数；或者系统对输入信号积分的响应，等于系统对该输入信号响应的积分，而积分常数由零初始条件确定。这是线性定常系统的一个重要特性，适用于任意阶线性定常系统，但不适用线性时变系统和非线性系统。因此，研究线性定常系统的时间响应，不必对每种输入信号形式进行测定和计算，往往只取其中一种典型形式进行研究。

表3-1 一阶系统对典型输入信号的输出响应

输入信号	输出响应	输入信号	输出响应
$\delta(t)$	$\frac{1}{T}e^{-t/T}$, $t\geqslant 0$	t	$t-T+Te^{-t/T}$, $t\geqslant 0$
$1(t)$	$1-e^{-t/T}$, $t\geqslant 0$	$\frac{1}{2}t^2$	$\frac{1}{2}t^2-Tt+T^2(1-e^{-t/T})$, $t\geqslant 0$

3.3 二阶系统的时域分析

运动方程为二阶微分方程的控制系统，称为二阶系统。在控制工程中，二阶系统的应用非常广泛，例如汽车悬架系统、RLC 电路及电动机的模型均可用二阶系统来表示。而且，许多高阶系统特性在一定条件下，可以用二阶系统来近似表征。因此，着重研究二阶系统的分析和计算，具有较大的实际意义。

3.3.1 二阶系统的数学模型

二阶系统的运动方程可由如下标准形式的线性二阶微分方程描述：

$$T^2\frac{d^2c(t)}{dt^2}+2\xi T\frac{dc(t)}{dt}+c(t)=r(t) \tag{3-20}$$

其传递函数为

$$\Phi(s)=\frac{C(s)}{R(s)}=\frac{1}{T^2s^2+2\xi Ts+1} \tag{3-21}$$

式中，T 称作二阶系统的时间常数，单位为s；ξ 为二阶系统的阻尼比或相对阻尼系数。

引入参数 $\omega_n=1/T$，则可得到二阶系统的另一种标准形式：

$$\Phi(s) = \frac{C(s)}{R(s)} = \frac{\omega_n^2}{s^2 + 2\xi\omega_n S + \omega_n^2} \tag{3-22}$$

式中，ω_n 为二阶系统的自然频率或无阻尼振荡频率，单位为 rad/s。由式(3－21)或式(3－22)可以看到，可用两个特征参数来描述二阶系统模型，即时间常数和阻尼比(T, ξ)或自然频率和阻尼比(ω_n，ξ)。

令式(3－22)的分母为零，得到二阶系统的特征方程为

$$s^2 + 2\xi\omega_n s + \omega_n^2 \tag{3-23}$$

其两个特征根(极点)为

$$s_{1,2} = -\xi\omega_n + \omega_n\sqrt{\xi^2 - 1} \tag{3-24}$$

当阻尼比 取不同值时，二阶系统特征根的性质不同，或者说特征根在 s 平面上有不同的分布规律，分别叙述如下：

(1) $\xi<0$，系统具有两个正实部的特征根，位于 S 平面的右半平面；

(2) $\xi=0$，系统具有两个等值虚部的特征根，位于 S 平面的虚轴上；

(3) $0<\xi<1$，系统具有一对负实部的共轭复数特征根，位于 S 平面的左半平面；

(4) $\xi=1$，系统具有两个等值负实部的特征根，位于 S 平面的负实轴上；

(5) $1<\xi$，系统具有两个不等负实部的特征根，位于 S 平面的负实轴上。

上述根的分布规律如图 3－7 所示。

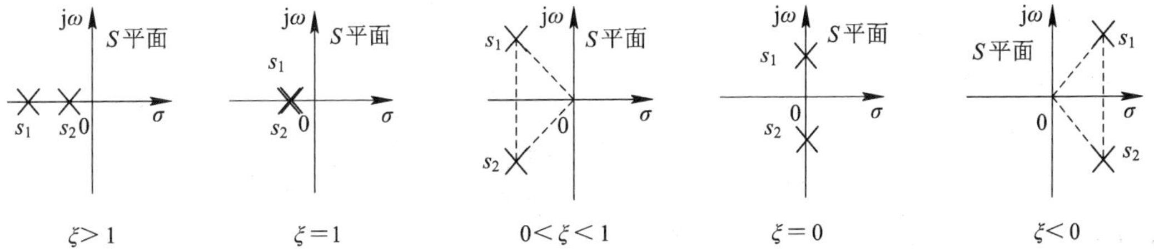

图 3－7　阻尼比不同时二阶系统特征根的分布

显然，二阶系统特征根的分布位置取决于 ξ 和 ω 两个参数，而特征根的性质只取决于 ξ 的取值。在实际控制工程中，二阶系统一般工作在阻尼比 $0<\xi<1$ 的状态下。图 3－8 表示了此时二阶系统各特征参数与特征根位置之间的关系。图中，σ 是衰减系数，它是极点到虚轴之间的距离；ω_d 是阻尼振动频率，它是极点到实轴之间的距离；自然频率 ω_n 是极点

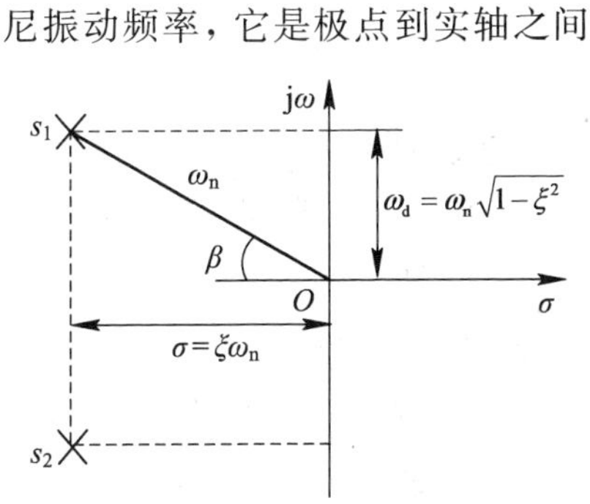

图 3－8　$0<\xi<1$ 时特征根与特征参数的关系

到坐标原点之间的距离；ω_n 与负实轴夹角的余弦为阻尼比，即 $\xi=\cos\beta$。下面将根据式(3-22)这一数学模型，研究二阶系统的时间响应及动态性能指标的计算方法。

3.3.2　二阶系统的单位阶跃响应

在单位阶跃函数作用下，式(3-22)输出量的拉氏变换为

$$C(s)=\Phi(s)R(s)=\frac{\omega_n^2}{s^2+2\xi\omega_n s+\omega_n^2}\times\frac{1}{s}=\frac{\omega_n^2}{s(s-s_1)(s-s_2)} \tag{3-25}$$

式中，s_1 和 s_2 是系统的两个特征根。

对上式两端取拉氏反变换，可以求出系统的单位阶跃响应表达式。当阻尼比在不同范围取值时，二阶系统特征根在 S 平面上的位置不同，二阶系统的时间响应有着不同的运动规律。下面分别加以讨论。

1. 欠阻尼响应

当 $0<\xi<1$ 时，系统的响应称为欠阻尼响应。此时，系统的特征根为一对具有负实部的共轭复根，即

$$s_{1,2}=-\xi\omega_n\pm j\omega_n\sqrt{1-\xi^2}$$

令 $\sigma=\xi\omega_n$，$\omega_d=\omega_n\sqrt{1-\xi^2}$，则有

$$s_{1,2}=-\sigma\pm j\omega_d$$

这时式(3-25)可写为

$$\begin{aligned}C(s)&=\frac{\omega_n^2}{s(s+\xi\omega_n+j\omega_d)(s+\xi\omega_n-j\omega_d)}\\&=\frac{1}{s}-\frac{s+\xi\omega_n}{s(s+\xi\omega_n)^2+\omega_d^2)}\frac{\xi\omega_n}{s(s+\xi\omega_n)^2+\omega_d^2)}\end{aligned}$$

对上式取拉氏反变换，求得单位阶跃响应为

$$\begin{aligned}h(t)&=1-e^{-\xi\omega_n t}\left[\cos\omega_d t+\frac{\xi}{\sqrt{1-\xi^2}}\sin\omega_d t\right]\\&=1-\frac{1}{\sqrt{1-\xi^2}}e^{-\xi\omega_n t}\left(\sqrt{1-\xi^2}\cos\omega_d t+\xi\sin\omega_d t\right)\\&=1-\frac{1}{\sqrt{1-\xi^2}}e^{-\xi\omega_n t}\sin(\omega_d t+\beta),\ t\geqslant 0\end{aligned} \tag{3-26}$$

式中，$\beta=\arctan(\sqrt{1-\xi^2}/\xi)$，或者 $\beta=\arccos\xi$。

式(3-26)表明，欠阻尼二阶系统的单位阶跃响应由稳态分量和瞬态分量两部分组成：稳态分量为 l，表明式(3-22)系统在单位阶跃函数作用下不存在稳态误差；瞬态分量为阻尼正弦振荡项，振荡频率为 ω_d，故 ω_d 称为阻尼振动频率。由于瞬态分量衰减的快慢程度取决于包络线 $1+e^{-\xi\omega_n t}/\sqrt{1-\xi^2}$ 收敛的速度，当 ξ 一定时，包络线的收敛速度又取决于指数函数 $e^{-\xi\omega_n t}$的幂，所以 $\sigma=-\xi\omega_n$ 称为超调量。在欠阻尼响应曲线中，阻尼比越小，超调量就越大，上升时间越短，通常取 $\xi=0.4\sim0.8$ 为宜，此时超调量适中。图 3-9 为具有相同自然频率、不同阻尼比时二阶系统的单位阶跃响应曲线；若二阶系统具有相同的 ξ 和不同的 ω_n，则振荡幅值相同但响应速度不同，ω_n 越大，响应速度越快，如图 3-10 所示。

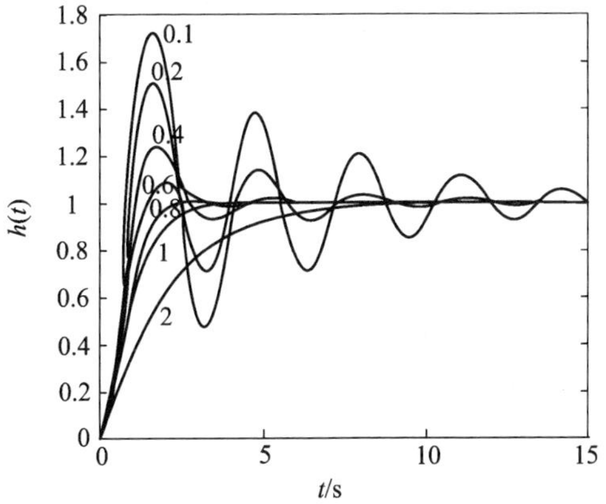

图 3 - 9　不同阻尼比的二阶系统单位阶跃响应曲线

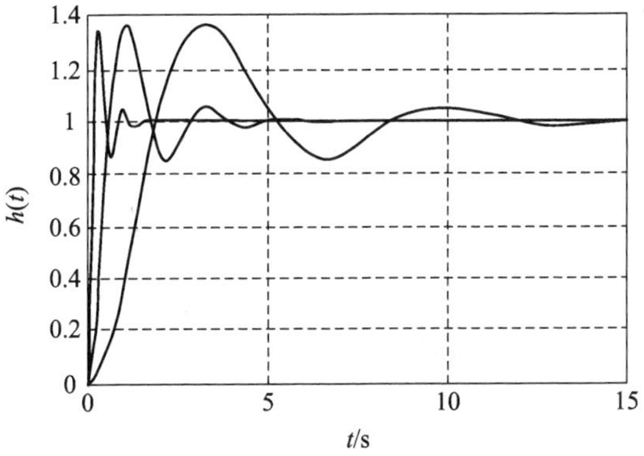

图 3 - 10　不同自然频率下的单位阶跃响应曲线

2. 无阻尼响应

若阻尼比 $\xi=0$，系统的响应称为无阻尼响应。系统的两个特征根为一对纯虚根，即

$$s_{1,2}=\pm \mathrm{j}\omega_n$$

则二阶系统的单位阶跃响应为

$$h(t)=1-\cos\omega_n t,\ t\geqslant 0 \tag{3-27}$$

这是一条平均值为 1 的余弦形式的等幅振荡，其振荡频率为 ω_n，故称为无阻尼振荡频率。由于 ω 是由系统本身参数确定的，故 ω_n 常称为自然频率。

应当指出，实际的控制系统通常都有一定的阻尼比，因此不可能通过实验方法测得 ，而只能测得 ω_d，因 $\omega_d=\omega_n\sqrt{1-\xi^2}$，其值总是小于自然频率 ω_n。只有当 $\xi=0$ 时，才有 $\omega_d=\omega_n$。

3. 临界阻尼响应

当阻尼比 $\xi=1$ 时，系统两个特征根为一对等值的实根，即 $s_{1,2}=-\omega_n$，系统对阶跃信号的响应称为临界阻尼响应。二阶系统的单位阶跃响应为

$$h(t)=1-\mathrm{e}^{-\omega_n t}(1+\omega_n t),\ t\geqslant 0 \tag{3-28}$$

上式表明，当 $\xi=1$ 时，二阶系统的单位阶跃响应是稳态值为 1 的无超调、单调上升过程，这点可通过响应对时间的导数大于零来证明，响应过程是单调的。

4. 过阻尼响应

当阻尼比 $\xi>1$ 时，系统的响应是过阻尼的。系统的两个特征根为一对不等的负实根，即

$$s_{1,2}=-\xi\omega_n\pm\omega_n\sqrt{\xi^2-1}$$

令

$$T_1=\frac{1}{\xi\omega_n-\omega_n\sqrt{\xi^2-1}},\ T_2=\frac{1}{\xi\omega_n+\omega_n\sqrt{\xi^2-1}}$$

则过阻尼二阶系统输出量的拉氏变换为

$$C(s)=\frac{1}{s(s+1/T_1)(s+1/T_2)}$$

式中，T_1 和 T_2 称为过阻尼二阶系统的时间常数，且有 $T_1>T_2$。对上式取拉氏反变换，得

$$h(t)=1+\frac{e^{-t/T_1}}{T_2/T_1-1}+\frac{e^{-t/T_2}}{T_1/T_2-1},\ t\geqslant 0 \tag{3-29}$$

上式表明，响应特征包含两个单调衰减的指数项，其代数和绝不会超过稳态值 1，因而过阻尼二阶系统的单位阶跃响应是非振荡的，故称为过阻尼响应。

以上四种情况的单位阶跃响应曲线如图 3-11 所示，其横坐标为无因次时间 $\omega_n t$。由图可见：在过阻尼和临界阻尼响应曲线中，临界阻尼响应具有最短的上升时间，响应速度最快。在控制工程中，常见的阶跃响应为欠阻尼响应、临界阻尼响应和过阻尼响应。

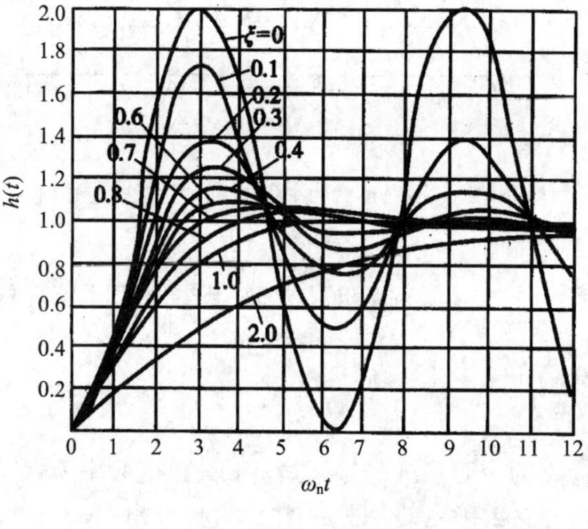

图 3-11 不稳定系统的阶跃响应

5. 不稳定响应

当阻尼比 $\xi<0$ 时，两个特征根位于 S 平面的右半部，它们无论是实根还是共轭复根，此时的单位阶跃响应都是发散的，即随着时间的推移，响应值趋于无穷大。此时，系统不能正常工作，或者说系统不稳定。图 3-12 为一当 $1<\xi<0$ 时的单位阶跃响应曲线。由于此时特征根为共轭复根，所以响应为振荡发散形式。该结论也可通过式(3-26)得到。

二阶系统的脉冲响应和斜坡响应的讨论，其方法与一阶系统类似，在此不再赘述。

由于欠阻尼二阶系统与过阻尼二阶系统具有不同形式的响应曲线，因此它们的动态性

能指标的估算方法也不尽相同，下面将分别加以讨论。

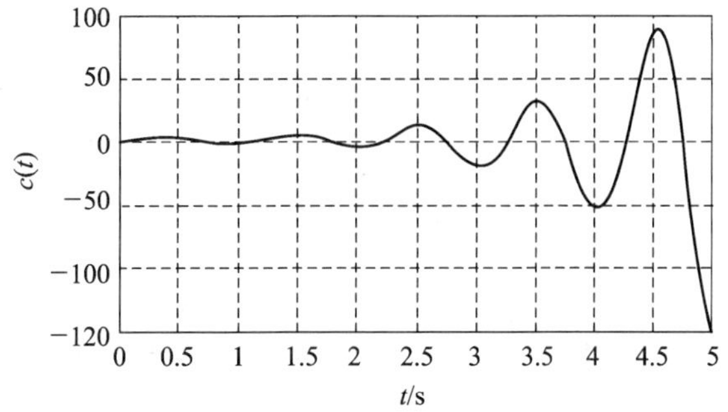

图 3－12　不稳定系统的阶跃响应

3.3.3　二阶系统动态性能指标计算

1. 欠阻尼二阶系统动态性能指标计算

下面推导无零点欠阻尼二阶系统的动态性能指标的计算公式。

1) 上升时间 t_r 的计算

根据定义，当 $t=t_r$ 时，$h(t_r)=1$。结合式(3－26)，有

$$\frac{1}{1-\sqrt{\xi^2-1}}e^{-\xi\omega_d t_r}\sin(\omega_d t_r+\beta)=0$$

由于 $e^{-\xi\omega_d t_r}\neq 0$，所以有

$$\sin(\omega_n t_r+\beta)=0$$

$$\omega_d t_r+\beta=k\pi$$

取 $k=1$，上升时间为

$$t_r=\frac{\pi-\beta}{\omega_d}=\frac{\pi-\arccos\xi}{\omega_d\sqrt{1-\xi^2}} \tag{3-30}$$

2) 峰值时间 t_p 的计算

峰值时间 t_p 是从阶跃作用于系统开始到响应达到第一个峰值的时间。所以，将式(3－26)对时间求导，并令其为零，求得

$$\frac{\omega_n e^{-\xi\omega_n t_p}}{\sqrt{1-\xi^2}}\left[\xi\sin(\omega_d t_p+\beta)-\sqrt{1-\xi^2}\cos(\omega_d t_p+\beta)\right]=0$$

经整理，得

$$\tan(\omega_d t_p+\beta)=\frac{\sqrt{1-\xi^2}}{\xi}$$

由于 $\tan\beta=\frac{\sqrt{1-\xi^2}}{\xi}$，根据正切函数的周期性，则 $\omega_d t_p=0$，π，2π，3π，…，根据峰值时间的定义，应取 $\omega_d t_p=\pi$，所以峰值时间 t_p 为

$$t_p=\frac{\pi}{\omega_d}=\frac{\pi}{\omega_n\sqrt{1-\xi^2}} \tag{3-31}$$

上式可以看出，峰值时间为阻尼周期的一半，它与阻尼振荡频率成反比。当阻尼比一

定时，自然频率越大，峰值时间越小；当自然频率一定时，阻尼比越小，峰值时间越小。它是体现系统响应速度的一个指标。

3）超调量（%）的计算

根据超调量的定义，先求出响应的最大值，将峰值时间代入式(3-26)中，可得

$$h(t_p)=1-\frac{1}{\sqrt{1-\xi^2}}e^{-\pi\xi/\sqrt{1-\xi^2}}\sin(\pi+\beta)$$

由于 $\sin(\pi+\beta)=-\sqrt{1-\xi^2}$，故 $h(t_p)=1+e^{-\pi\xi/\sqrt{1-\xi^2}}$。按照超调量定义式，并考虑 $h(\infty)=1$，最后可得超调量的计算公式为

$$\sigma(\%)=e^{\frac{-\pi\xi}{\sqrt{1-\xi^2}}}\times100\% \qquad (3-32)$$

上式表明超调量 $\sigma(\%)$ 仅是阻尼比 ξ 的函数，与自然频率 ω_n 无关。超调量与阻尼比的函数曲线如图 3-13 所示。由图可见，阻尼比越大，超调量越小，反之亦然。一般情况下，为了获得一定的响应速度，系统的阻尼比 ξ 取 0.4～0.8 间，对应的超调量 $\sigma(\%)$ 介于 1.5%～25.4%。

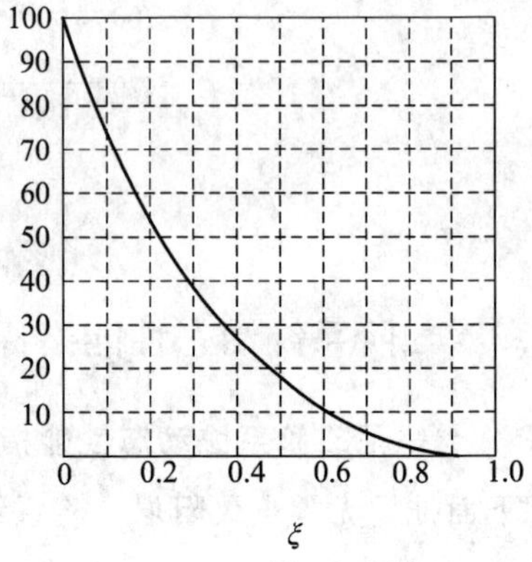

图 3-13　欠阻尼二阶系统 ξ 与 σ 的关系曲线

4）调节时间 t_s 的计算

欠阻尼二阶系统单位阶跃响应为阻尼振荡形式，它总是包含在指数曲线 $1\pm e^{-\xi\omega_n\sqrt{1-\xi^2}t}$ 内，对称于 $h(\infty)=1$。我们将这一对指数曲线称为二阶系统单位阶跃响应曲线的包络线，如图 3-14 所示。为了计算方便，往往采用包络线代替实际响应来估算调节时间，所得结果略为保守。

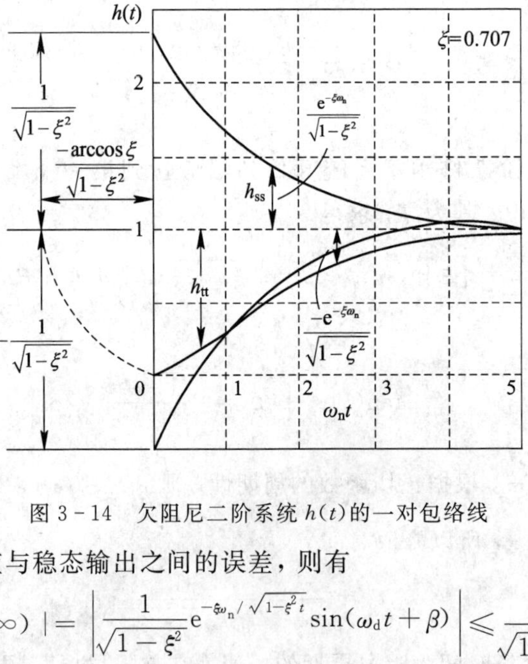

图 3-14　欠阻尼二阶系统 $h(t)$ 的一对包络线

令 Δ 代表实际响应与稳态输出之间的误差，则有

$$\Delta=|h(t)-h(\infty)|=\left|\frac{1}{\sqrt{1-\xi^2}}e^{-\xi\omega_n/\sqrt{1-\xi^2}t}\sin(\omega_d t+\beta)\right|\leqslant\frac{1}{\sqrt{1-\xi^2}}e^{-\xi\omega_n/\sqrt{1-\xi^2}t}$$

整理后，得

$$t_s = \frac{1}{\xi\omega_n}\ln\left(\frac{1}{\Delta\sqrt{1-\xi^2}}\right)$$

一般 $\xi \leqslant 0.8$，假定 $\xi = 0.8$，代入上式，可求得调节时间 t_s 的估算公式为

$$t_s = \begin{cases} \dfrac{3.5}{\xi\omega_n}, & \Delta = 5\% \\ \dfrac{4.4}{\xi\omega_n}, & \Delta = 2\% \end{cases} \tag{3-33}$$

上式表明，调节时间与极点的实部成反比。极点距虚轴越远，调节时间越短。在系统设计中，阻尼比的大小主要由超调量要求来确定，所以调节时间主要由系统的自然频率决定。

2. 欠阻尼二阶系统动态性能、系统特征参数及极点分布之间的关系

图 3-15 表示了欠阻尼二阶系统特征根与特征参数之间的关系，根据式(3-32)和式(3-33)，可以进一步讨论系统动态特性与系统特征参数及系统特征根分布的规律。

由于系统的超调量 $\sigma(\%)$ 是由阻尼比 ξ 唯一确定的，根据图 3-15，具有相同 ξ 的极点位于从原点出发和负实轴夹角为 β 的射线上，所以该射线也称为等超调量线。要超调量 $\sigma(\%)$ 小，即极点要在等超调量线与负实轴所形成的区域中选择。由式(3-33)可知，调节时间与系统极点的实部值($\xi\omega_n$)成反比，$\xi\omega_n$ 大，则对应的调节时间小，具有相同 $\xi\omega_n$ 的极点位于 $s=-\xi\omega_n$ 的垂直线上，该直线也称为等调节时间线，如图 3-15 所示。如果要求系统的动态性能同时满足超调量和调节时间小于某个指标的要求，就需要在两条线所确定阴影的交集中选择。

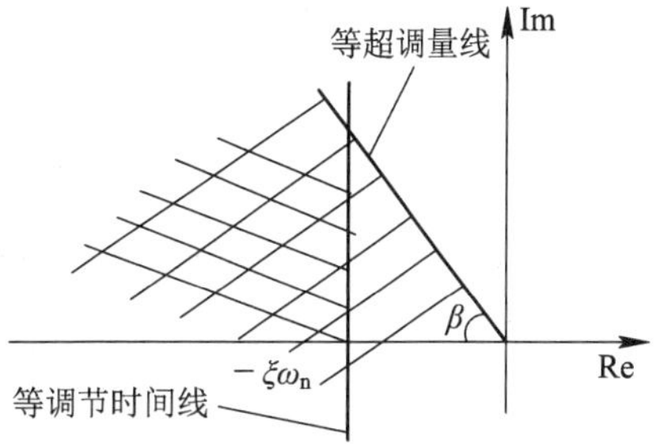

图 3-15　性能指标与极点的关系

一般实际系统中，时间常数 T 是参数，不能随意改变，而开环增益 K 是各环节总的传递系数，可以方便地调节。K 增加时，系统的响应速度会加快，但超调量会增加。

3. 过阻尼二阶系统的动态过程分析

由于过阻尼系统响应缓慢，故通常不希望采用过阻尼系统。但在某些情况下，如低增益、大惯性的温度控制系统中，需要采用过阻尼系统；此外，在有些不允许时间响应出现超调，而又希望响应速度较快的情况下，例如在指示仪表系统和记录仪表系统中，需要采用过阻尼系统。特别是有些高阶系统的时间响应往往可用过阻尼二阶系统的时间响应来近似，因此，研究二阶过阻尼的动态分析，具有较大的实际意义。

当阻尼比 $\xi>1$，且初始条件为零时，二阶系统的单位阶跃响应如式(3-29)所示。显然，动态性能指标中只有延迟时间、上升时间和调节时间才有意义。式(3-29)是一个超越方程，无法根据性能指标的定义来求解。目前工程上采用的是查表法，即解出不同 值下的无因次时间，绘制成曲线以供查询。实际中应用较多的是调节时间，故下面只讨论调节时间的计算。

3.3.4 改善二阶系统性能的常用方法

从前面典型二阶系统响应特性的分析可知，通过调整二阶系统的两个特征参数阻尼比和自然频率，可以改善系统的动态性能。对于实际系统来说，一方面这两个特征参数的调整不是独立的，增大开环增益可以提高响应速度，同时减小阻尼比，从而增大系统的超调量。另一方面，在系统设计中既需要满足动态性能指标的要求，还要兼顾稳态性能。由于典型二阶系统中一般只有一个参数可以调节，难以同时兼顾响应的快速性和运动的平稳性，因此必须研究其他形式的控制方式，以改善二阶系统的性能。

在改善二阶系统性能的方法中，常用的有比例-微分控制。

设比例-微分控制的二阶系统如图 3-16 所示，其中，T_d 为微分时间常数。由图 3-16 可见，控制信号 $u(t)$为

$$u(t)=e(t)+T_d\frac{\mathrm{d}e(t)}{\mathrm{d}t} \tag{3-34}$$

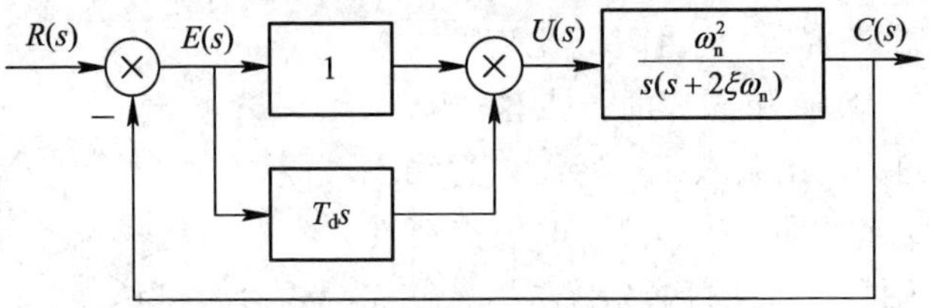

图 3-16　比例-微分控制系统

由上式可以看到，系统的输出同时受误差及其误差变化率的双重作用。比例-微分控制可在出现位置误差之前，提前产生修正作用，从而达到改善系统性能的目的。所以比例-微分控制又称为超前控制。

图 3-16 的开环传递函数为

$$G(s)=\frac{(T_d+1)\omega_n^2}{s(s+2\xi\omega_n)}=\frac{K(T_d s+1)}{s(s/2\xi\omega_n+1)} \tag{3-35}$$

式中，$K=\omega_n/2\xi$，称为开环增益。

闭环传递函数为

$$\Phi(s)=\frac{\omega_n^2(T_d s+1)}{s^2+2(\xi+T_d\omega_n/2)\omega_n s+\omega_n^2}=\frac{\omega_n^2}{2}\left(\frac{s+z}{s^2+2\xi_d\omega_n s+\omega_n^2}\right) \tag{3-36}$$

式中

$$\xi_d=\xi+\frac{T_d\omega_n}{2},\ z=\frac{1}{T_d} \tag{3-37}$$

由式(3-36)和式(3-37)可知，比例-微分控制不改变系统的自然频率，但可增大系统的阻尼比(因 T_d 为正的实数)。由于增加了一个参数选择的自由度，所以，适当选择 T_d 的数值，可以使系统既有良好的稳态性能，又具有满意的动态性能：这种方法在工业上又称为 PD 控制。由于 PD 控制给系统增加了一个闭环零点，故比例-微分控制的系统称为有零点的二阶系统，而比例控制的二阶系统称为无零点的二阶系统。

3.4　高阶系统的时域分析

在控制理论中，运动过程用三阶或三阶以上的微分方程描述的系统，称为高阶系统。由于高阶微分方程求解的复杂性，高阶系统准确的时域分析是比较困难的。工程上常采用闭环主导极点的概念对高阶系统进行近似分析，从而得到高阶系统动态性能指标的估算公式。高阶系统的精确时间响应及其性能指标的定量计算，可借助 MATLAB 等计算机仿真工具实现。

3.4.1　高阶系统的阶跃响应

为了定性地分析高阶系统的动态性能，首先研究其单位阶跃响应。不失一般性，研究图 3－17 所示的基本结构形式的控制系统。其闭环传递函数为

$$\Phi = \frac{C(s)}{R(s)} = \frac{G(s)}{1 + G(s)H(s)} \qquad (3-38)$$

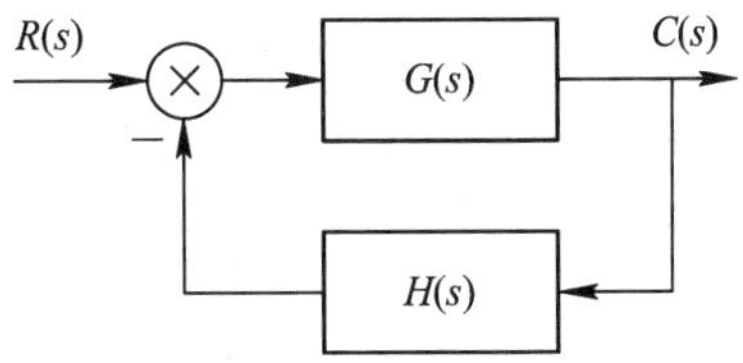

图 3－17　闭环控制系统

$G(s)$、$H(s)$是复变量 s 的有理分式，故上式可表示为

$$\Phi(s) = \frac{M(s)}{D(s)} = \frac{b_0 s^m + b_1 s^{m-1} + \cdots + b_{m-1} s + b_m}{a_0 s^n + a_1 s^{n-1} + \cdots + a_{n-1} s + a_n} \qquad (3-39)$$

其中，$n \geqslant m$，a_1、b_1 为实数。为了便于求出高阶系统的单位阶跃响应，将式(3－39)的分子多项式和分母多项式进行因式分解。因此，式(3－39)必定可以表示为如下因式的乘积形式：

$$\Phi(s) = \frac{M(s)}{D(s)} = \frac{K\prod_{i=1}^{m}(s - z_i)}{\prod_{j=1}^{n}(s - s_j)} \qquad (3-40)$$

式中，$K = b_0/a_0$ 为 $M(s)=0$ 的根，称为闭环的零点；s_j 为 $D(s)=0$ 的根，称为闭环的极点。由于 $M(s)$和 $D(s)$均为实系数多项式，故 s_j、z_i 只可能是实数或共轭复数。不失一般性，设所有的闭环极点都不相同。因此当输入为单位阶跃函数时，输出量的拉氏变换式为

$$C(s) = R(s)\Phi(s) = \frac{K\prod_{i=1}^{m}(s - z_i)}{\prod_{j=1}^{q}(s - s_j)\prod_{k=1}^{r}(s^2 + 2\xi\omega_k s + \omega_k^2)} \cdot \frac{1}{s}$$

式中，q 为实极点的个数；r 为共轭复数极点的个数，$q + 2r = n$，将上式展开为部分分式，并设 $0 < \xi_k < 1$，可得

$$C(s) = \frac{A_0}{s} + \sum_{j=1}^{q}\frac{A_j}{s - s_j} + \sum_{k=1}^{r}\frac{B_k s + C_k}{2\xi_k\omega_k s + \omega_k^2} \qquad (3-41)$$

式中，A_0、A_j 是 $C(s)$在输入极点和实极点处的留数；B_k 和 C_k 是与 $C(s)$在闭环复数极点处的留数有关的常系数。其中 A_0 值为

$$A_0 = \lim_{s\to 0} C(s) = \frac{b_m}{a_n} \qquad (3-42)$$

将式(3－40)进行拉氏反变换，并设初始条件为零，可得高阶系统的单位阶跃响应为

$$h(t)=A_0+\sum_{j=1}^{q}A_j e^{s_j t}+\sum_{k=1}^{r}B_k e^{-\xi_k\omega_k t}\cos(\omega_k\sqrt{1-\xi_k^2}t t)+$$

$$\sum_{k=1}^{r}\frac{C_k-B_k\xi_k\omega_k}{\omega_k\sqrt{1-\xi_k^2}}e^{-\xi_k\omega_k t}\sin(\omega_k\sqrt{1-\xi_k^2}t),\ t\geqslant 0 \tag{3-43}$$

式(3-43)表明，高阶系统的时间响应，是由若干个一阶系统和二阶系统的时间响应函数项组成。如果高阶系统所有的闭环极点都具有负的实部，即所有闭环极点都位于 S 左半平面，那么随着时间 t 的增长，式(3-43)的指数项和阻尼振荡项均趋于零，高阶系统是稳定的，其稳态输出量为 A_0。

显然对于稳定的高阶系统，闭环极点负实部的绝对值越大，其对应的响应分量衰减得越迅速；反之，则越缓慢。系统时间响应的函数类型虽然取决于闭环极点的性质和大小，但时间响应的形状却与闭环零点有关，因为闭环零点影响相应留数的大小和符号，影响着时间响应的函数类型在时间响应中的比例大小，从而影响着响应曲线的形状。

3.4.2　高阶系统的闭环主导极点和动态性能分析

对于稳定的高阶系统，其闭环极点和零点在 S 左半平面的分布各式各样，但就距虚轴的距离来说有远近之别。如果在所有的闭环极点中，距虚轴最近的极点周围没有闭环的零点，而其他闭环极点又远离虚轴，那么距虚轴最近的闭环极点所对应的响应分量，随时间的推移衰减缓慢，在系统的时间响应过程中起主导作用，这样的闭环极点就称为闭环主导极点。闭环主导极点可以是实数极点，也可以是复数极点或它们的组合。除闭环主导极点外，其他闭环极点由于其对应的响应分量随时间的推移迅速衰减，对系统的时间响应过程影响很小，因而称为非主导极点。

在控制工程中，通常要求控制系统既有较快的响应速度，又有一定的阻尼特性，因此通常通过调整高阶系统的增益使系统具有一对闭环共轭复数主导极点。这时可以用二阶系统的动态性能指标来估算高阶系统的动态性能，要转化成时间常数型的标准形式后，再将相应的零极点去除掉。实际上，高阶系统毕竟不是二阶系统，因此在用二阶系统性能进行估计时，还需要考虑其他非主导极点和零点对动态性能的影响。

(1) 闭环零点的影响。闭环零点对系统动态性能的影响有：减小峰值时间，使系统响应速度加快，超调量增大。这表明闭环零点会减小系统的阻尼，并且这种作用将随闭环零点接近虚轴而加强。因此，配置闭环零点时，要折中考虑闭环零点对系统响应速度的影响。

(2) 闭环非主导极点的影响。闭环非主导极点对系统动态性能的影响有：增大峰值时间，使系统响应速度变慢，超调量减小。这表明非主导极点会增大系统的阻尼，并且这种作用将随极点接近虚轴而加强。

在设计高阶系统中，一般以共轭复数形式的闭环主导极点为目标设计控制系统，并应用二阶系统的分析方法对所设计的系统性能进行估算，对系统进行动态性能的计算与验证。

3.5　线性系统的稳定性分析

3.5.1　稳定性的概念

稳定性的概念可以通过图 3-18 所示的方法加以说明。考虑置于水平面上的圆锥体，其底部朝下时，若将它稍微倾斜，外作用力撤消后，经过若干次摆动，它仍会返回到原来状态。而当圆锥体尖部朝下放置时，由于只有一点能使圆锥体保持平衡，所以在受到任何极微小的扰动后，它就会倾倒，如果没有外力作用，就再也不能回到原来的状态了。

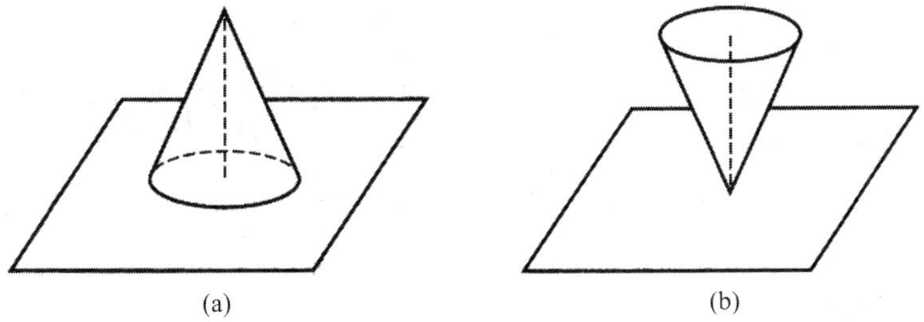

图 3-18　圆锥体的稳定性

根据上述讨论，可以将系统的稳定性定义为，系统在受到外作用力后，偏离了正常工作点，而当外作用力消失后，系统能够返回到原来的工作点，则称系统是稳定的。

系统的响应由稳态响应和瞬态响应两部分组成。输入量只影响稳态响应项，而系统本身的结构和参数，决定系统的瞬态响应项。瞬态响应项不外乎表现为衰减、临界振荡和发散这三种情况之一，它是决定系统稳定性的关键。由于输入量只影响到稳态响应项，并且两者具有相同的特性，即如果输入量 $r(t)$ 是有界的

$$|r(t)| < \infty, \quad t \geqslant 0$$

则稳态响应项也必定是有界的。这说明对于系统稳定性的讨论可以归结为，系统在任何一个有界输入的作用下，其输出是否有界的问题。

一个稳定的系统定义为，在有界输入的作用下，其输出响应也是有界的。这叫做有界输入有界输出稳定，又简称为 BIBO 稳定。

线性闭环系统的稳定性可以根据闭环极点在 S 平面内的位置予以确定。假如单输入单输出线性系统由下述的微分方程式来描述，即

$$a_n c^{(n)} + a_{n-1} c^{(n-1)} + \cdots + a_1 c^{(1)} + a_0 c = b_m r^{(m)} + b_{m-1} r^{(m-1)} + \cdots + b_1 r^{(1)} + b_0 r \tag{3-44}$$

则系统的稳定性由上式左端决定，或者说系统稳定性可按齐次微分方程式

$$a_n c^{(n)} + a_{n-1} c^{(n-1)} + \cdots + a_1 c^{(1)} + a_0 c = 0 \tag{3-45}$$

来分析。这时，在任何初始条件下，若满足

$$\lim_{t\to\infty} c(t) = \lim_{t\to\infty} c^{(1)}(t) = \cdots = \lim_{t\to\infty} c^{(n-1)}(t) = 0 \tag{3-46}$$

则系统(3-44)是稳定的。

为了决定系统的稳定性，可求出式(3-45)的解。由数学分析知道，式(3-45)的特征方程式为

$$a_n s^n + a_{n-1} s^{n-1} + \cdots + a_1 s + a_0 = 0 \tag{3-47}$$

设上式有 k 个实根 $-p_i(i=1, 2, \cdots, k)$，r 对共轭复数根 $(-\sigma_i \pm j\omega i)(i=1, 2, \cdots, r)$，$k+2r=n$，则齐次方程式(3-45)解的一般式为

$$c(t) = \sum_{i=1}^{k} C_i e^{-p_i t} + \sum_{i=1}^{r} e^{-\sigma_i t}(A_i \cos\omega_i t + B_i \sin\omega_i t) \tag{3-48}$$

式中，系数 A_i、B_i 和 C_i 由初始条件决定。

从式(3-48)可知如下几点：

(1) 若 $-p_i<0$，$-\sigma_i<0$(即极点都具有负实部)，则式(3-46)成立，系统最终能恢复至平衡状态，所以系统是稳定的。但由于存在复数根的 $\omega_i \neq 0$，系统的运动是衰减振荡的；若 $\omega_i=0$，则系统的输出按指数曲线衰减。

(2) 若 $-p_i$ 或 $-\sigma_i$ 中有一个或一个以上是正数，则式(3-46)不满足。当 $t\to\infty$ 时，$c(t)$ 将发散，系统是不稳定的。

(3) 只要 $-p_i$ 中有一个为零，或 $-\sigma_i$ 中有一个为零(即有一对虚根)，则式(3-46)不满足。当 $t\to\infty$ 时，系统输出或者为一个常值，或者为等幅振荡，不能恢复原平衡状态，这时系统处于稳定的临界状态。

总结上述，可以得出如下结论：线性系统稳定的充分必要条件是它的所有特征根均为负实数，或具有负的实数部分。

由于系统特征方程式的根在根平面上是一个点，所以上述结论又可以这样说：线性系统稳定的充分必要条件是它的所有特征根，均在根平面的左半部分(见图 3-19)。

又由于系统特征方程式的根就是系统的极点，所以系统稳定的充分必要条件就是所有极点均位于 S 平面的左半部分。

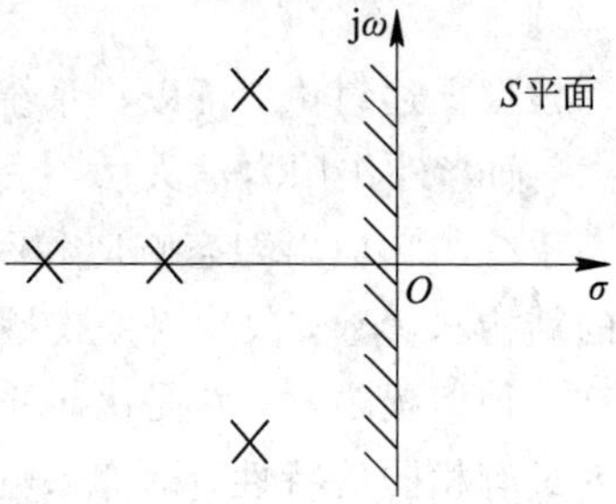

图 3-19　根平面

表 3-2 列举了几个简单系统稳定性的例子。需要指出的是，对于线性定常系统，由于系统特征方程根是由特征方程的结构(即方程的阶数)和系数决定的，因此系统的稳定性与输入信号和初始条件无关，仅由系统的结构和参数决定。

表 3-2　系统特征根、极点、稳定性分布表

系统特征方程及其特征根	极点分布	单位阶跃响应	稳定性
$s^2+2\xi\omega_n+\omega_n^2=0$ $s_{1,2}=-\xi\omega_n \pm j\omega_n\sqrt{1-\xi^2}$ $(0<\xi<1)$	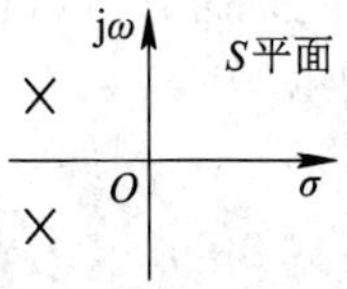	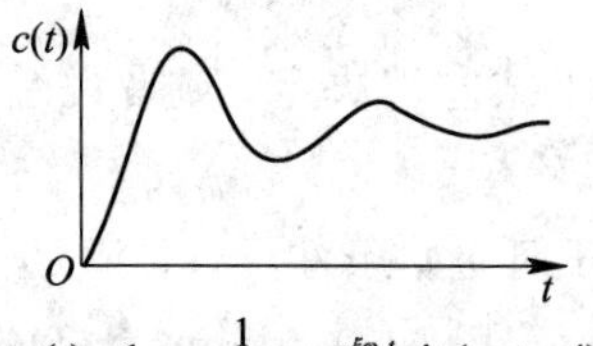 $c(t)=1-\frac{1}{\sqrt{1-\xi^2}}e^{-\xi\omega_n t}\sin(\omega_n t+\phi)$	稳定
$s^2+\omega_n^2=0$ $s_{1,2}=\pm j\omega_n\ (\xi=0)$	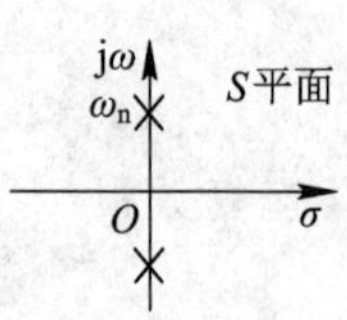	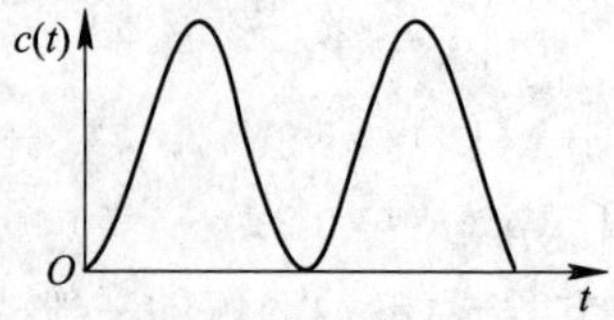 $c(t)=1-\cos\omega_n t$	临界 (不稳定)

续表

系统特征方程及其特征根	极点分布	单位阶跃响应	稳定性
$s^2+2\xi\omega_n+\omega_n^2=0$ $s_{1,2}=-\xi\omega_n\pm j\omega_n\sqrt{1-\xi^2}$ $(0>\xi>-1)$	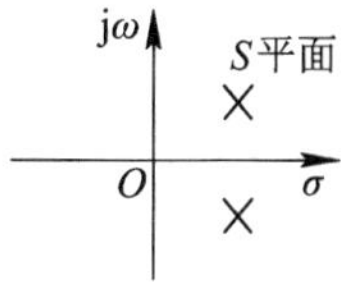	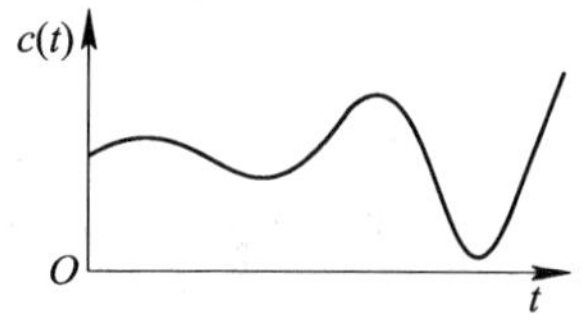 $c(t)=1-\dfrac{1}{\sqrt{1-\xi^2}}e^{-\xi\omega_n t}\sin(\omega_n t+\phi)$	不稳定
$Ts+1=0$ $s=-\dfrac{1}{T}$	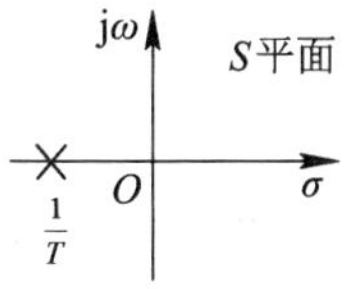	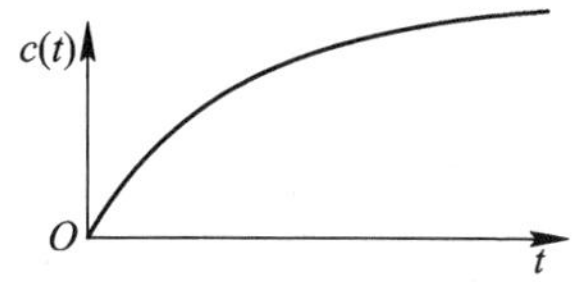 $c(t)=1-e^{-t/T}$	稳定
$Ts-1=0$ $s=\dfrac{1}{T}$	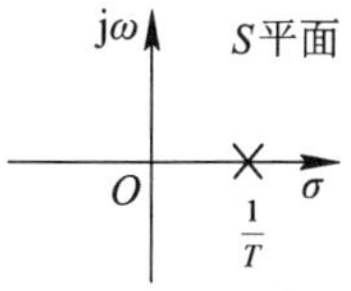	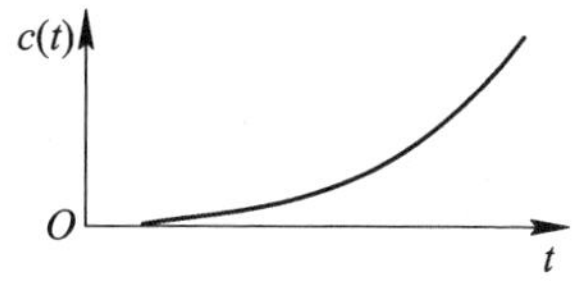 $c(t)=-1+e^{-t/T}$ $c(t)=-1+e^{t/T}$	不稳定

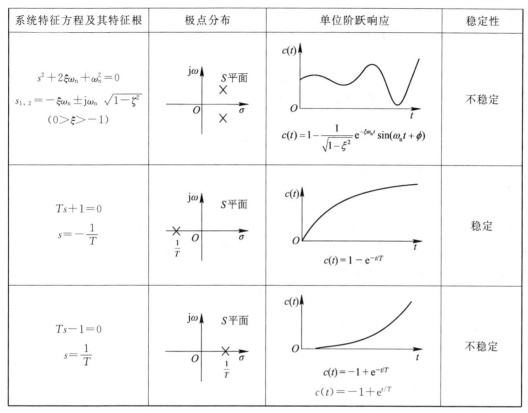

如果系统中每个部分都可以用线性定常系统微分方程描述，那么，当系统是稳定的，它在大偏差情况下也是稳定的。如果系统中有的元件或装置是非线性的，但经线性化处理后可用线性化方程来描述，则当系统是稳定时，只能说这个系统在小偏差情况下是稳定的，而在大偏差时不能保证系统仍是稳定的。

以上提出的判断系统稳定性的条件是根据系统特征方程根，假如特征方程根能求得，系统稳定性自然就可判定。要解四次或更高次的特征方程式，是相当麻烦的，往往需要求助于数字计算机。因此提出了在不解特征方程式的情况下，求解特征方程根在 S 平面上分布的方法。

3.5.2 线性系统稳定的充要条件

设某线性系统传递函数为 $G(s)=\dfrac{1}{Ts+1}$，在单位阶跃信号 $\left(R(s)=\dfrac{1}{s}\right)$ 作用下，其输出 $C(s)$ 为

$$C(s)=R(s)\cdot G(s)=\frac{1}{s(Ts+1)}=\frac{1}{s}-\frac{1}{s+1/T} \tag{3-49}$$

其时域响应 $c(t)$ 为

$$c(t)=\underbrace{1}_{\text{稳态分量}}\quad\underbrace{-e^{-t/T}}_{\text{暂态分量}}\quad t\geqslant 0 \tag{3-50}$$

由此可见，线性系统的时域响应可分为两部分：稳态分量和暂态分量。其中稳态分量和输入有关，而暂态分量与系统的结构、参数和初始条件有关，是系统齐次方程的解，由系统特征方程决定，即线性系统的稳定性仅取决于系统自身的固有特性，而与外界条件无关。

一般来说，线性系统的稳定性表现为其时域响应暂态分量的收敛性。如果线性系统的时域响应暂态分量是收敛的，则此系统就被认为是稳定的。线性系统时域响应暂态分量可由其理想单位脉冲响应来表示。

设线性系统在初始条件为零时，在理想单位脉冲 $\delta(t)$ 作用下的系统输出增量为脉冲响应 $c(t)$。即在扰动信号作用下，输出信号偏离原平衡工作点的增量。若 $t\to\infty$ 时，脉冲响应为

$$\lim_{t\to\infty}(t) = 0$$

即输出增量收敛于原平衡工作点，则线性系统是稳定的。设闭环传递函数如式(3-51)所示，且设 $s_i(i=1, 2, 3, \cdots, n)$ 为特征方程 $D(s)=0$ 的根，而且彼此不等。由于 $\delta(t)$ 的拉普拉斯变换为 1，系统输出增量的拉普拉斯变换为

$$C(s) = \frac{M(s)}{D(s)} \cdot \mathscr{L}(\delta(t)) = \sum_{i=1}^{n} \frac{A_i}{s - s_i} \tag{3-51}$$

对式(3-51)进行拉普拉斯反变换可得

$$c(t) = \sum_{i=1}^{n} A_i e^{s_i t} \quad t \geqslant 0 \tag{3-52}$$

若 s_i 为实数，则 $\lim\limits_{t\to\infty} A_i e^{s_i t}=0$ 成立的充要条件是 $s_i<0$，如图 3-20 所示。

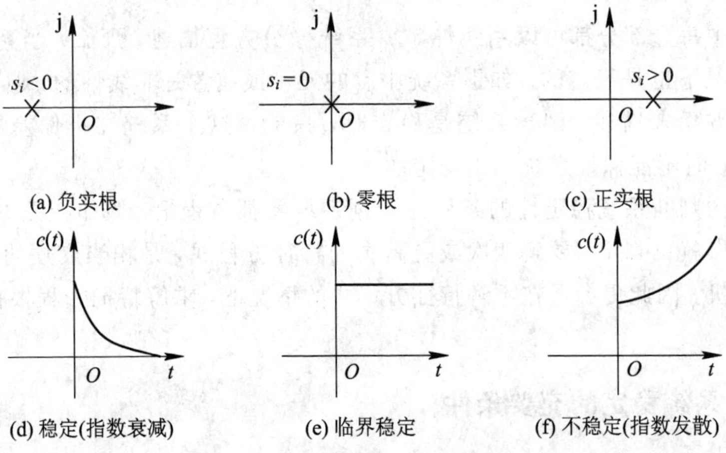

图 3-20　特征根为实根情况下的稳定性

若 s_i 为复数，则令 $s_{i,j}=\sigma\pm j\omega$，相应项可写成 $(A_i e^{\sigma t} e^{j\omega t} + A_j e^{\sigma t} e^{-j\omega t})$。由于 $|e^{\pm j\omega t}|=1$，$|A_i|$ 和 $|A_j|$ 为常数，因此，$\lim\limits_{t\to\infty}(A_i e^{\sigma t} e^{j\omega t} + A_j e^{\sigma t} e^{-j\omega t})$ 成立的充要条件是 $\sigma<0$，如图 3-21 所示。

线性系统稳定的充分必要条件是：闭环系统特征方程的所有根均具有负实部；或者说，闭环传递函数的极点均位于 S 左半平面。这一结论对于 $D(s)=0$ 具有重根的情况也成

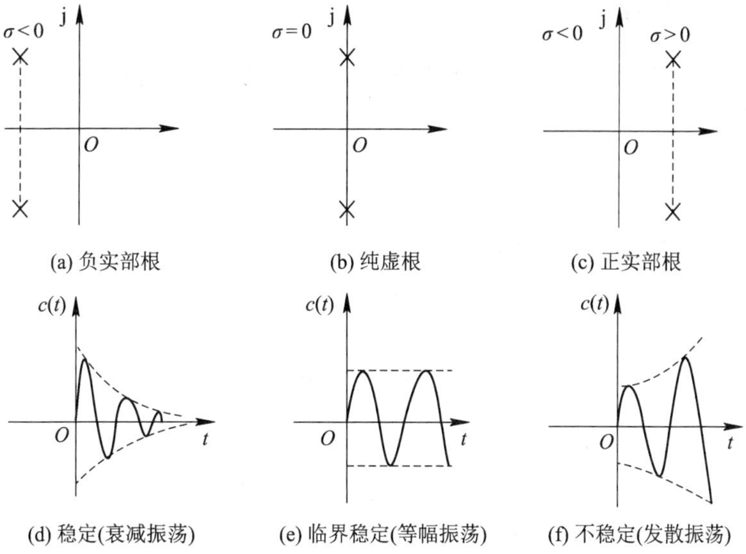

图 3-21　特征根为共轭复根情况下的稳定性

立。显然，线性系统的稳定性与闭环传递函数的零点无关。

若有一个闭环传递函数的极点落在 S 右半平面，则线性系统不稳定。若闭环传递函数的极点落在虚轴上，此时系统为临界稳定。

应该指出，由于所研究的系统实质上都是线性化的系统，在建立系统线性化模型的过程中略去了许多次要因素，同时系统的参数又处于不断地微小变化之中，所以临界稳定现象实际上是观察不到的。对于稳定的线性系统而言，当输入信号为有界函数时，由于响应过程中的动态分量随时间推移最终衰减至零，故系统输出必为有界函数；对于不稳定的线性系统而言，在有界输入信号作用下，系统的输出信号将随时间的推移而发散，但也不意味会无限增大，实际控制系统的输出量只能增大到一定的程度，此后，或者受到机械制动装置的限制，或者使系统遭到破坏，或者其运动形态进入非线性工作状态，产生大幅度的等幅振荡。

一般情况下，确定系统稳定性的方法如下：

(1) 直接对线性系统特征方程求解。根据稳定的充分必要条件判别线性系统的稳定性，需要求出系统的全部特征根。对于高阶系统，求根的工作量很大，因此，希望使用一种间接判断线性系统特征根是否全部严格位于 S 左半平面的代替方法。

(2) 劳斯稳定判据。劳斯于 1877 年提出了判断线性系统稳定性的代数判据，称为劳斯稳定判据。这种判据以线性系统特征方程的系数为依据，是一种通过判断线性系统特征根所在区域的间接判稳方法，3.5.3 节将详细介绍。

(3) 根轨迹法。根轨迹是一种图解方法，使用十分方便。它是一种根据线性系统开环传递函数零点和极点确定闭环传递函数极点(即线性系统特征根)的方法，由此可以判断线性系统的稳定性。

(4) 奈奎斯特稳定判据。奈奎斯特稳定判据是根据线性系统开环传递函数的频域特性，即奈奎斯特图(或伯德图)进行稳定性判断的方法，也是一种图解方法。

3.5.3 劳斯稳定判据

这是1877年由劳斯(Routh)提出的代数判据。具体步骤如下：

(1) 若系统特征方程式如下：

$$a_n s^n + a_{n-1} s^{n-1} + \cdots + a_1 s + a_0 = 0$$

设 $a_n>0$，各项系数均为正数。

(2) 按特征方程的系数列写劳斯表：

$$\begin{array}{lllll}
s^n & a_n & a_{n-2} & a_{n-4} & \cdots \\
s^{n-1} & a_{n-1} & a_{n-3} & a_{n-5} & \cdots \\
s^{n-2} & b_1 & b_2 & b_3 & \cdots \\
s^{n-3} & c_1 & c_2 & c_3 & \cdots \\
s^{n-4} & d_1 & d_2 & d_3 & \cdots \\
\vdots & \vdots & \vdots & \vdots & \vdots \\
s^1 & f_1 & & & \\
s^0 & g_1 & & &
\end{array}$$

表中

$$b_1 = \frac{1}{a_{n-1}}\begin{vmatrix} a_n & a_{n-2} \\ a_{n-1} & a_{n-3} \end{vmatrix}$$

$$b_2 = \frac{1}{a_{n-1}}\begin{vmatrix} a_n & a_{n-4} \\ a_{n-1} & a_{n-5} \end{vmatrix}$$

$$b_3 = \frac{1}{a_{n-1}}\begin{vmatrix} a_n & a_{n-6} \\ a_{n-1} & a_{n-7} \end{vmatrix}$$

直至其余 bi 项均为零。

$$c_1 = \frac{1}{b_1}\begin{vmatrix} a_{n-1} & a_{n-3} \\ b_1 & b_2 \end{vmatrix}$$

$$c_2 = \frac{1}{b_1}\begin{vmatrix} a_{n-1} & a_{n-5} \\ b_1 & b_3 \end{vmatrix}$$

$$c_3 = \frac{1}{b_1}\begin{vmatrix} a_{n-1} & a_{n-7} \\ b_1 & b_4 \end{vmatrix}$$

按此规律一直计算到 $n-1$ 行为止。在计算过程中，为了简化数值运算，可将某一行中的各系数均乘一个正数，不会影响稳定性结论。

(3) 考察阵列表第一列元素的符号。

假若劳斯表中第一列所有元素均为正数，则该系统是稳定的，即特征方程所有的根均位于S平面的左半平面。假若第一列元数有负数，则第一列元素的符号的变化次数等于系统在S平面右半平面上的根的个数。

例3-2　系统特征方程为

$$s^4 + 6s^3 + 12s^2 + 11s + 6 = 0$$

试用劳斯判据判别系统的稳定性。

解　从系统特征方程看出，它的所有系数均为正实数，满足系统稳定的必要条件。列写劳斯表如下：

$$\begin{array}{llll} s^4 & 1 & 12 & 6 \\ s^3 & 6 & 11 & 0 \\ s^2 & 61/6 & 6 & \\ s^1 & 455/61 & 0 & \\ s^0 & 6 & & \end{array}$$

第一列系数均为正实数，故系统稳定。事实上，从因式分解可将特征方程写为

$$(s+2)(s+3)(s^2+s+1)=0$$

其根为-2，-3，$-\frac{1}{2}\pm j\frac{\sqrt{2}}{2}$，均具有负实部，所以系统稳定。

例 3-3　系统特征方程为 $s^4+2s^3+3s^2+4s+5=0$，试用劳斯判据判别系统的稳定性。

解　从系统特征方程看出，它的所有系数均为正实数，满足系统稳定的必要条件。列写劳斯表如下：

$$\begin{array}{llll} s^4 & 1 & 3 & 5 \\ s^3 & 2 & 4 & 0 \\ s^2 & 1 & 5 & \\ s^1 & -6 & 0 & \\ s^0 & 5 & & \end{array}$$

第一列系数有两次变号（$+1$ 到 -6，-6 到 $+5$），故系统不稳定，且有两个正实部的根。

例 3-4　已知系统特征方程式为 $s^5+3s^4+2s^3+s^2+5s+6=0$，试用劳斯判据判别系统的稳定性。

解　列写劳斯表如下：

$$\begin{array}{llll} s^5 & 1 & 2 & 5 \\ s^4 & 3 & 1 & 6 \\ s^3 & 5 & 9 & \text{(各系数均已乘 3)} \\ s^2 & -11 & 15 & \text{(各系数均已乘 5/2)} \\ s^1 & 174 & & \text{(各系数均已乘 11)} \\ s^0 & 15 & & \end{array}$$

劳斯表第一列有负数，所以系统是不稳定的。由于第一列元素的符号改变了两次（$5\rightarrow-11\rightarrow174$），所以，系统不稳定，且有两个具有正实部的根。

在劳斯表的计算过程中有如下两种特殊情况需要注意：

(1) 劳斯表中某行的第一列的元素为零，其余各列系数不为零（或没有其余项），或不全为零。对此情况，可做两种处理：第一种方法，可用一个很小的正数 ε 来代替这个零，从而使劳斯表可以继续运算下去（否则下一行将出现∞）；第二种方法，可用因子$(s+a)$乘以原特征方程，其中 a 可为任意正整数，再对新的特征方程应用劳斯判据。若第一列存在零

元素(其他元素为正)，则说明系统特征方程有一对虚根，系统处于临界状态；如果第一列元素存在符号变化，则说明系统不稳定，不稳定根的个数由符号变化次数决定。

(2) 若劳斯表中某一行(设为第 k 行)的所有系数均为零，则说明在根平面内存在一些大小相等并且关于原点对称的根。在这种情况下可做如下处理：

① 利用第 $k-1$ 行的系数构成辅助多项式，它的次数总是偶数的；

② 求辅助多项式对 s 的导数，用其系数代替第 k 行；

③ 继续计算劳斯表；

④ 令辅助多项式等于零即可求得关于原点对称的根。

例 3-5 设系统特征方程为 $s^3+2s^2+s+2=0$，试用劳斯判据判别系统的稳定性。

解 劳斯表为

$$\begin{array}{lll} s^3 & 1 & 1 \\ s^2 & 2 & 2 \\ s^1 & 0(\varepsilon) & \\ s^0 & 2 & \end{array}$$

由于 ε 的上下两个系数(2 和 2)符号相同，则说明有一对虚根存在。上述特征方程可因式分解为

$$(s^2+1)(s+2)=0$$

其根为 -2，$\pm \mathrm{j}$，所以系统不稳定。

例 3-6 设系统特征方程为，试用劳斯判据判别系统的稳定性。

解 方法 1：(用 ε 代替 0)劳斯表为

$$\begin{array}{lll} s^3 & 1 & 3 \\ s^2 & 0(\varepsilon) & 2 \\ s^1 & (3\varepsilon-2)/\varepsilon<0 & \\ s^0 & 2 & \end{array}$$

由于第一列元素的符号改变了两次，所以，系统有两个具有正实部的根，系统不稳定。

方法 2：乘以因子 $(s+a)$。

用 $(s+3)$ 乘以原特征方程，得新的特征方程为

$$(s^3+3s+2)(s+3)=s^4+3s^3+3s^2+11s+6=0$$

新的特征方程的劳斯表为

$$\begin{array}{llll} s^4 & 1 & 3 & 6 \\ s^3 & 3 & 11 & \\ s^2 & -2/3 & 6 & \\ s^1 & 38 & & \\ s^0 & 6 & & \end{array}$$

由新劳斯表可知，第一列有两次符号变化(3→−2/3→38)，故系统不稳定，且有两个具有正实部的根。

例 3-7 系统特征方程为 $s^3+10s^2+16s+160=0$，试用劳斯判据判别系统的稳定性。

解　劳斯表为

s^3	1	16	
s^2	10	160	辅助多项式 $10s^2+160$
s^1	0	0	求导数
	20	0	构成新行 $20s+0$
s^0	160		

从劳斯表第一列可以看出，各系数均未变号，所以没有特征根位于 S 右半平面。

由辅助多项式 $10s^2+160=0$，求得一对共轭虚根为 $\pm j4$。

例 3-8　系统特征方程式为 $s^5+2s^4+3s^3+6s^2-4s-8=0$，试用劳斯判据判别系统的稳定性。

解　劳斯表如下：

s^5	1	3	-4	
s^4	2	6	-8	辅助多项式 $2s^4+6s^2-8$
s^3	0	0	0	求导数
	8	12	0	构成新行 $8s^3+12s$
s^2	3	-8		
s^1	100/3			
s^0	-8			

劳斯表第一列变号一次，故有一个根在右半平面。由辅助多项式：

$$2s^4+6s^2-8=0$$

可得 $s_{1,2}=\pm 1$，$s_{3,4}=\pm j2$，它们均关于原点对称，其中一个根在 S 平面的右半平面。

下面通过一道例题讲解如何利用劳斯判据分析参数变化对系统稳定性的影响。

例 3-9　已知系统结构如下图 3-22，试确定使系统稳定时 K 的取值范围。

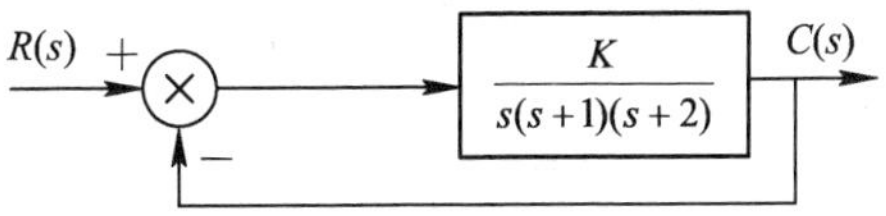

图 3-22　系统结构图

解　系统特征方程式为

$$s3+3s^2+2s+K=0$$

s^3	1	2
s^2	3	K
s^1	$(6-K)/3$	
s^0	K	

要使系统稳定，劳斯表中第一列元素需均大于零，即 $(6-K)/3>0$ 且 $K>0$，解得 $0<K<6$。

下面通过一道例题讲解如何利用劳斯判据确定系统的相对稳定性。

例 3-10　检验多项式 $2s^3+10s^2+13s+4=0$ 是否有根在 S 右半平面，并检验有几个根在垂直线 $s=-1$ 的右边。

解　(1) 多项式的劳斯表为

s^3	2	13
s^2	10	4
s^1	12.2	
s^0	4	

由劳斯表可知，第一列元素均为正，所以系统在 S 右半平面没有根，系统是稳定的。

（2）令 $s=s_1-1$，坐标平移得新的特征方程为

$$2s_1^3+4s_1^2-s_1^{-1}=0$$

新的特征方程的劳斯表为

s^3	2	−1
s^2	4	−1
s^1	−0.5	
s^0	−1	

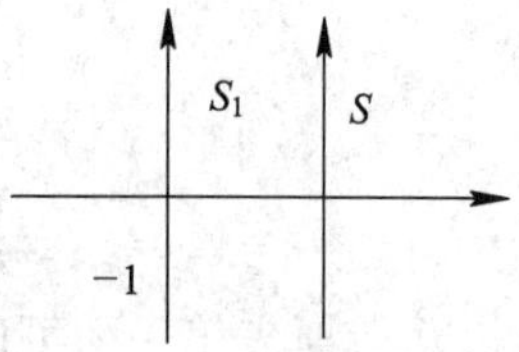

图 3-23　根的分布

劳斯表中第一列元素不全为正，且第一列元素符号改变了一次，故系统在 S_1 右半平面有一个根。因此，系统在垂直线 $s=1$ 的右边有一个根(如图 3-23 所示)。

3.5.4　劳斯稳定判据的应用

在线性控制系统中，劳斯判据主要用来判断系统的稳定性。如果系统不稳定，则这种判据并不能直接指出使系统稳定的方法；如果系统稳定，则劳斯判据也不能保证系统具备满意的动态性能。换句话说，劳斯判据不能表明系统特征根在 S 平面上相对于虚轴的距离。由高阶系统单位脉冲响应表达式(3-53)可见，若负实部特征方程式的根紧靠虚轴，则由于$|s_j|$或 $\xi_k\omega_k$ 的值很小，系统动态过程将具有缓慢的非周期特性或强烈的振荡特性。为了使稳定的系统具有良好的动态响应，我们常常希望在 S 左半平面上系统特征根的位置与虚轴之间有一定的距离。为此，可在左半 S 平面上作一条 $s=-a$ 的垂线，而 a 是系统特征根位置与虚轴之间的最小给定距离，通常称为给定稳定度，然后用新变量 $s_1=s+a$ 代入原系统特征方程，得到一个以 s_1 为变量的新特征方程，对新特征方程应用劳斯稳定判据，可以判别系统的特征根是否全部位于 $s=-a$ 垂线之左。此外，应用劳斯稳定判据还可以确定系统一个或两个可调参数对系统稳定性的影响，即确定一个或两个使系统稳定，或使系统特征全部位于 $s=-a$ 垂线之左的参数取值范围。

$$\begin{aligned}c(t) = &\sum_{j=1}^{q}A_j e^{s_j t}+\sum_{k=1}^{r}B_k e^{-\xi_k\omega_k t}\cos(\omega_k\sqrt{1-\xi_k^2})t\\&+\sum_{k=1}^{r}\frac{C_k-B_k\xi_k\omega_k}{\omega_k\sqrt{1-\xi_k^2}}e^{-\xi_k\omega_k t}\sin(\omega_k\sqrt{1-\xi_k^2})t,\ t\geqslant 0\end{aligned}\qquad(3-53)$$

例 3-11　设比例-积分(PI)控制系统如图 3-24 所示。其中，K_1 为与积分器时间常数有关的待定参数。已知参数 $\xi=0.2$，$\omega_n=86.6$，试用劳斯稳定判据确定使闭环系统稳定的 K_1 取值范围。如果要求闭环系统的极点全部位于 $s=-1$ 垂线之左，问 K_1 值范围又应取多大?

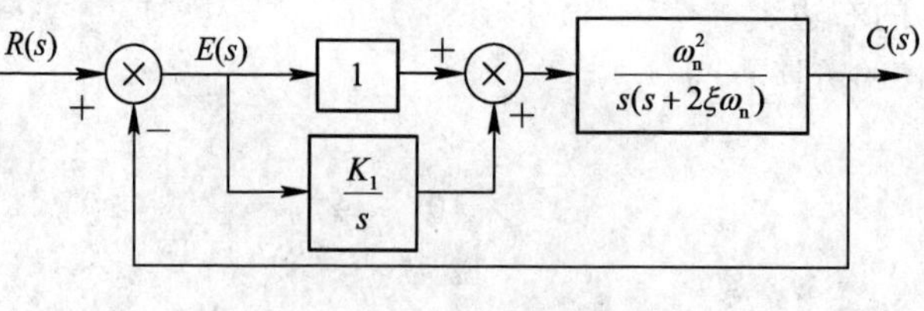

图 3-24　比例-积分控制系统结构图

解　根据图 3-23 可写出系统的闭环传递函数为

$$\Phi(s) = \frac{\omega_n^2(s + K_1)}{s^3 + 2\xi\omega_n s^2 + \omega_n^2 s + K_1\omega_n^2}$$

因而，闭环特征方程为

$$D(s) = s^3 + 2\xi\omega_n s^2 + \omega_n^2 s + K_1\omega_n^2 = 0$$

代入已知的 ξ 与 ω_n，得

$$D(s) = s^3 + 34.6s^2 + 7500s + 7500K_1 = 0$$

相应的劳斯表为

$$\begin{array}{c|cc} s^3 & 1 & 7500 \\ s^2 & 34.6 & 7500k_1 \\ s^1 & \dfrac{34.6\times 7500 - 7500k_1}{34.6} & 0 \\ s^0 & 7500k_1 & \end{array}$$

根据劳斯稳定判据，令劳斯表中第一列各元素为正，求得 K_1 的取值范围为

$$0<K_1<34.6$$

当要求闭环极点全部位于 $s=-1$ 垂线之左时，可令 $s=s_1-1$，代入原特征方程，得到如下新特征方程：

$$(s_1-1)^2 + 34.6(s_1-1)^2 + 7500(s_1-1) + 7500K_1 = 0$$

整理，得

$$s_1^3 + 31.6s_1^2 + 7433.8s_1 + (7500K_1 - 7466.4) = 0$$

相应的劳斯表为

$$\begin{array}{c|cc} S_1^3 & 1 & 7433.8 \\ S_1^2 & 31.6 & 7500k_1 - 7466.4 \\ S_1^1 & \dfrac{31.6\times 7433.8 - (7500k_1 - 7466.4)}{34.6} & 0 \\ S_1^0 & 7500k_1 - 7466.4 & \end{array}$$

令劳斯表中第一列各元素为正，使得全部闭环极点位于 $s=-1$ 垂线之左的 K_1 取值范围为

$$1<K_1<32.3$$

如果需要确定系统其他参数，例如时间常数对系统稳定性的影响，方法是类似的。一般说来，这种待定参数不能超过两个。

3.6　线性系统的误差分析

3.6.1　误差的基本概念

如图 3-25 所示，对于单位反馈系统或随动系统，稳态误差定义为

$$e_{ss} = e(\infty) = \lim_{t\to\infty} e(t) = \lim_{t\to\infty}[r(t) - c(t)] \quad (3-54)$$

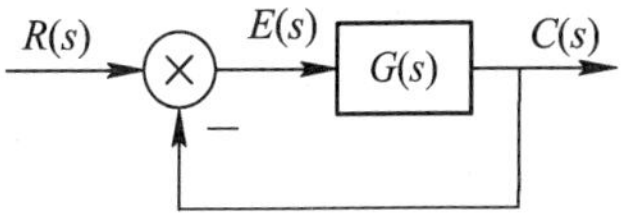

图 3-25　单位反馈系统

它表示稳态时系统实际输出值与希望输出值间的偏差。

有很多系统是非单位反馈系统，如图 3-26 所示，这时，稳态误差可以定义为

$$e_{ss}=e(\infty)=\lim_{t\to\infty}e(t)$$
$$=\lim_{t\to\infty}[r(t)-b(t)] \qquad (3-55)$$

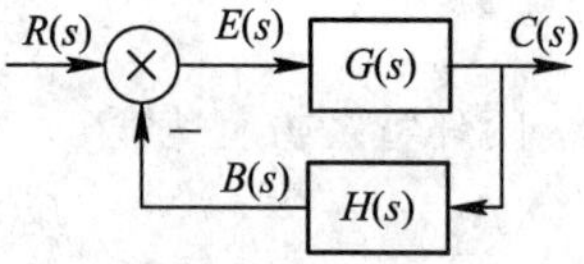

图 3-26　非单位反馈系统

实际上，单位反馈系统可以看成是非单位反馈系统的一种特例，此时的 $H(s)=1$。所以按照非单位反馈系统定义系统的误差 $e(t)$更具有一般性，即

$$e(t)=e(t)-b(t) \text{ 或 } E(s)=R(s)-B(s)$$

容易求得误差信号 $e(t)$与输入信号 $e(t)$之间的传递函数为

$$\frac{E(s)}{R(s)}=\frac{1}{1+G(s)H(s)}$$

根据终值定理，稳定系统的稳态误差为

$$e_{ss}=\lim_{t\to\infty}se(t)=\lim_{s\to 0}E(s)=\lim_{s\to 0}\frac{sR(s)}{1+G(s)H(s)} \qquad (3-56)$$

由式(3-56)可知，稳态误差与输入信号和系统的结构、参数有关。图 3-27 所示为某一系统在不同典型输入信号作用下的相应曲线。从图中可以看出，系统在某种典型信号作用下能正常工作，稳态误差 e_{ss}维持在一定范围，但在另一种典型信号作用下稳态误差 e_{ss}很大，甚至随着时间越来越大，则系统就不能正常工作。所以在规定稳态误差要求时，要指明输入信号的类型。

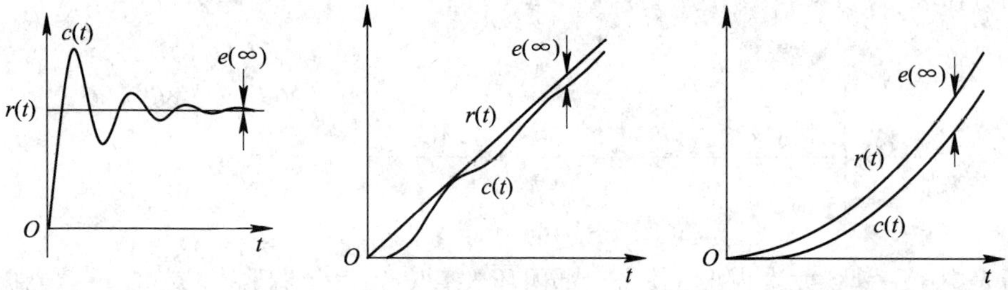

(a) 阶跃输入　(b) 斜坡输入　(c) 抛物线输入

图 3-27　不同典型信号作用下的稳态误差

3.6.2　稳态误差计算

由控制系统的型别，可以很方便地计算出系统对给定输入信号的稳态误差。不失一般性，闭环系统的开环传递函数可写为

$$G_k(s)=G(s)H(s)=\frac{M(s)}{N(s)}=\frac{K}{s^v}\frac{\prod_{j=1}^{m}(\tau_j s+1)}{\prod_{i=1}^{m-v}(T_i s+1)}=\frac{K}{s^v}G_0(s) \qquad (3-57)$$

由式(3-57)可判断系统型别：当 $v=0$，称为 0 型系统；当 $v=1$，称为Ⅰ型系统；当 $v=2$，称为Ⅱ型系统。以此类推。

对控制系统来说，一个重要的特征就是系统以最小的偏差达到期望的稳态输出的能力，因此，定义稳态误差系数来衡量稳定的单位负反馈控制系统对期望输出的稳态精度。由式(3-58)可知，输出的倒数与稳态误差和一个常数即系统开环增益 K_m 成比例。通常，对于 0 型、Ⅰ型和Ⅱ型系统，这个常数分别称为稳态位置、速度和加速度误差系数。稳态误差系数可以用于任意型别的系统。要注意的是，稳态误差系数仅适用于稳定的单位负反馈系统。

$$K_m e_{ss} = [D^m y(t)]_{ss} \tag{3-58}$$

1. 阶跃输入作用下的稳态误差

若反馈系统的输入为 $r(t)=A(t)$，其中 A 为阶跃输入的幅值，则系统在阶跃输入作用下的稳态误差为

$$e_{ss} = \lim_{s\to 0} s \cdot \frac{1}{G(s)H(s)} \cdot \frac{A}{s} = \frac{A}{1+\lim\limits_{s\to 0} G(s)H(s)} \tag{3-59}$$

根据稳态位置误差系数 K_p 的定义可以得到

$$K_p = \lim_{s\to 0} G(s)H(s) \tag{3-60}$$

用误差系数表示各型系统在阶跃输入作用下稳态误差的方法如下：

$$e_{ss} = \frac{A}{1+K_p} \tag{3-61}$$

由式(3-60)可以得到各型别系统的稳态位置误差系数如下：

$$K_p = \begin{cases} K_0, & 0 \text{ 型} \\ \infty, & 1 \text{ 型} \\ \infty, & 2 \text{ 型} \end{cases} \tag{3-62}$$

2. 单位斜坡输入作用下的稳态误差

若反馈系统的输入 $r(t)=B(t)1(t)$，则系统在斜坡输入作用下的稳态误差为

$$e_{ss} = \lim_{s\to 0} \frac{s}{1+G(s)H(s)} \frac{B}{s^2} = \frac{B}{\lim\limits_{s\to 0} sG(s)H(s)} \tag{3-63}$$

根据稳态速度误差系数 K_v 的定义可以得到

$$K_v = \lim_{s\to 0} sG(s)H(s) = \lim_{s\to 0} \frac{K}{s^{v-1}} \tag{3-64}$$

用误差系数表示各型系统在斜坡输入作用下稳态误差的方法如下：

$$e_{ss} = \frac{B}{K_v} \tag{3-65}$$

由式(3-64)可以得到各型别系统的稳态速度误差系数如下：

$$K_v = \begin{cases} 0, & 0 \text{ 型} \\ K_1, & \text{Ⅰ 型} \\ \infty, & \text{Ⅱ 型} \end{cases} \tag{3-66}$$

3. 加速度输入作用下的稳态误差

若反馈系统的输入 $r(t)=C(t)^2 1(t)/2$，则系统在加速度输入作用下的稳态误差为

$$e_{ss} = \lim_{s\to 0} \frac{s}{1+G(s)H(s)} \cdot \frac{C}{s^3} = \frac{C}{\lim\limits_{s\to 0} s^2 G(s)H(s)} \tag{3-67}$$

根据稳态加速度误差系数 K_a 的定义可以得到：

$$K_a=\lim_{s\to 0}s^2G(s)h(s)=\lim_{s\to 0}\frac{K}{s^{v-2}} \tag{3-68}$$

用误差系数表示各型系统在加速度输入作用下稳态误差的方法如下：

$$e_{ss}=\frac{C}{K_a} \tag{3-69}$$

由式(3-68)可以得到各型别系统的稳态加速度误差系数如下：

$$K_a=\begin{cases}0, & 0\text{型}\\ 0, & \text{Ⅰ 型}\\ K_2, & \text{Ⅱ 型}\end{cases} \tag{3-70}$$

0型、Ⅰ型和Ⅱ型系统的稳态误差系数和稳态误差如表3-3所示。K_p、K_v 和 K_a 分别反映了系统跟踪阶跃输入信号、斜坡输入信号和抛物线输入信号的能力。稳态误差系数越大，相应的稳态误差就越小，精度越高。稳态误差系数和系统的型别一样，都是从系统本身的结构特征上，体现了系统消除稳态误差的能力，反映了系统跟踪典型输入信号的精度。对于稳定的单位负反馈系统，可以根据稳态误差系数确定其稳态误差。

表3-3 稳定系统的稳态误差系数和稳态误差

系统型别	稳态误差系数			稳态误差		
	K_p	K_v	K_a	阶跃输入	斜坡输入	加速度输入
0	K_0	0	0	$\frac{R_0}{1+K_p}$	∞	∞
Ⅰ	∞	K_1	0	0	$\frac{R_1}{K_v}$	∞
Ⅱ	∞	∞	K_2	0	0	$\frac{R_2}{K_a}$

由表3-3可见，稳态误差系数和稳态误差只有三种值：0、常数和∞，表中位于对角线上的稳态误差系数和稳态误差为有限常数，对角线以上的稳态误差系数为0，对角线以下的稳态误差系数为∞，稳态误差正好相反。实际上有一个更一般的结论：一个 m 型的系统能够以零稳态误差跟踪形式为 t^{m-1} 的输入信号；对于 t^m 形式的输入信号，稳态误差为有限常数；而对于 t^{m+1} 形式的输入信号，稳态误差为∞。但通常输入信号只持续一个有限的时间段，因此对 t^{m+1} 形式的输入信号可以计算出其最大误差。

根据前面的分析，可以得出减小和消除稳态误差的方法：① 提高系统的开环增益，即增加比例作用；② 提高系统的“型”，即增加系统前向通道中积分环节的个数。对于具体系统，需要增加几个积分环节，提高多少开环增益，只要根据所要求跟踪的输入信号形式，由表3-3即可求出。但这样做会使系统的稳定性变差，因此应综合考虑。此外，还可以通过复合控制，即在反馈控制的基础上增加前馈控制来减小稳态误差。

3.6.3 控制系统的动态误差

控制系统的稳态误差是评价系统对于输入信号的跟踪能力与跟踪精度的性能指标。利用静态误差系数求得的稳态误差是 $t\to\infty$ 时系统误差的极限值。然而，当稳态误差随时间变化时，对于没有一定的极限，或者极限值为无穷大的情况，它就无法反映误差随时间变化的规律。例如，开环传递函数分别为$\dfrac{K}{T_1s+1}$和$\dfrac{K}{T_2s+1}$的两个系统都具有相同的静态误差系数，因而位置误差和速度误差都是一样的，其中速度误差为∞。若分别求出两个系统在单位斜坡输入下误差的时域表达式，则当 $t\to\infty$ 时，两系统误差随时间变化的情况是不一样的。引入动态误差系数的概念，可以研究当 $t\to\infty$ 时系统稳态误差随时间的变化规律。

首先，将误差传递函数在 $s=0$ 领域展开成泰勒级数：

$$W_E(s)=\frac{E(s)}{R(s)}=\frac{1}{1+G_0(s)}=\frac{1}{k_0}+\frac{1}{k_1}s+\frac{1}{k_2}s^2+\cdots \tag{3-71}$$

其中

$$\frac{1}{k_0}=\left.\frac{1}{1+G_0(s)}\right|_{s=0}$$

$$\frac{1}{k_1}=\left.\frac{\mathrm{d}}{\mathrm{d}s}\left[\frac{1}{1+G_0(s)}\right]\right|_{s=0}$$

$$\frac{1}{k_2}=\left.\frac{1}{2!}\frac{\mathrm{d}^2}{\mathrm{d}s^2}\left[\frac{1}{1+G_0(s)}\right]\right|_{s=0}$$

式(3-71)可以写为

$$E(s)=W_E(s)R(s)=\frac{1}{k_0}R(s)+\frac{1}{k_1}sR(s)+\frac{1}{k_2}s^2R(s)+\cdots \tag{3-72}$$

这个级数的收敛域是 $s=0$ 的邻域，相当于 t 趋于无穷大。因此，当初始条件为零时，求上式的拉普拉斯反变换，可得 $t\to\infty$ 时误差函数的时域表达式为

$$\lim_{t\to\infty}e(t)=\frac{1}{k_0}r(t)+\frac{1}{k_1}\dot{r}(t)+\frac{1}{k_2}\ddot{r}(t)+\cdots \tag{3-73}$$

利用该式，可以考查系统的误差随时间的变化情况。从式中可以看出，误差函数与输入信号及其各阶导数有关。对应于稳态误差分析中的静态误差系数的做法，定义：

k_0——动态位置误差系数；

k_1——动态速度误差系数；

k_2——动态加速度误差系数。

在系统阶次较高的情况下，利用式(3-77)来确定动态误差系数是不方便的。下面介绍一种简便的求法。

将已知的系统误差传递函数 $W_E(s)$按 s 的升幂排列，写成如下形式：

$$W_E(s)=\frac{b_0+b_1s+b_2s^2+\cdots b_ms^m}{a_0+a_1s+a_2s^2+\cdots a_ns^n} \tag{3-74}$$

用上式的分母多项式去除其他分子多项式，得到一个 s 的升幂级数，即

$$W_E(s)=C_0+C_1s+C_2s^2+\cdots \tag{3-75}$$

将上式代入误差信号表达式，有

$$E(s)=W_E(s)R(s)=C_0R(s)+C_1sR(s)+C_2s^2R(s)+\cdots \tag{3-76}$$

将式(3-72)和式(3-76)相比较可知，它们是等价的无穷级数，其收敛域是 $s=0$ 的邻域。显然，有

$$k_i = \frac{1}{C_i},\ i = 0,\ 1,\ 2,\ \cdots \tag{3-77}$$

成立。

当输入信号 $r(t)$ 给定，时间 $t\to\infty$ 时，从式(3-73)可以建立一个特定系统的某些动态误差系数与静态误差系数之间的关系。

$r(t)=1(t)$ 时，0 型系统的稳态误差为

$$\begin{aligned} e(\infty) &= \lim_{s\to 0} sE(s) \\ &= \lim_{s\to 0} s\left[\frac{1}{k_0}R(s) + \frac{1}{k_1}sR(s) + \frac{1}{k_2}s^2R(s) + \cdots\right]\Bigg|_{R(s)=1/s} \\ &= \frac{1}{k_0} = \frac{1}{1+K_{\mathrm{p}}} \end{aligned}$$

所以，对于 0 型系统，动、静态位置误差系数的关系为

$$k_0 = 1 + K_{\mathrm{p}} \tag{3-78}$$

当 $r(t)=1t$ 时，Ⅰ型系统的稳态误差为

$$\begin{aligned} e(\infty) &= \lim_{s\to 0} sE(s) \\ &= \lim_{s\to 0} s\left[\frac{1}{k_1}sR(s) + \frac{1}{k_2}s^2R(s) + \cdots\right]\Bigg|_{R(s)=1/s^2} \\ &= \frac{1}{k_1} = \frac{1}{K_{\mathrm{v}}} \end{aligned}$$

所以，对于Ⅰ型系统，动、静态速度误差系数的关系为

$$k_1 = K_{\mathrm{v}} \tag{3-79}$$

同理，当 $r(t)=\frac{1}{2}t^2$ 时，对于Ⅱ型系统，动、静态加速度误差的关系为

$$k_2 = K_{\mathrm{a}} \tag{3-80}$$

例 3-12 已知随动系统如图 3-28 所示。试求动态误差系数，并确定静态速度误差系数 K_{v}。

解 开环传递函数为

$$G_0(s) = \frac{K}{s(s+T_m)}$$

误差传递函数为

$$\begin{aligned} \frac{E(s)}{R(s)} &= \frac{1}{1-G_0(s)} = \frac{T_m s + s^2}{K + T_m s + s^2} \\ &= 0 + \frac{T_m}{K}s + \frac{K-T_m^2}{K^2}s^2 + \cdots \\ &= \frac{1}{k_0} + \frac{1}{k_1}s + \frac{1}{k_2}s^2 + \cdots \end{aligned}$$

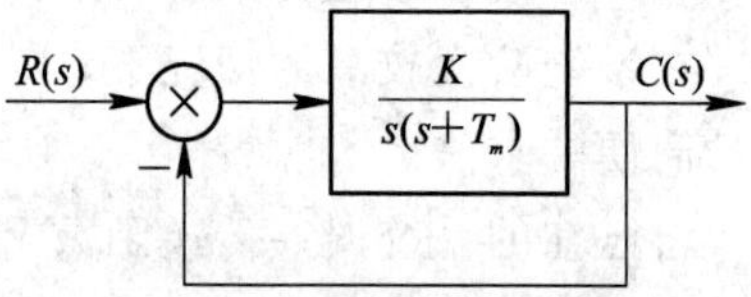

图 3-28 随动系统结构图

比较各系数值，可以得到各动态误差系数为

$$k_0 = \infty$$

$$k_1 = \frac{K}{T_m}$$

$$k_2 = \frac{K^2}{K - T_m^2}$$

由于该系统为Ⅰ型系统，故动态速度误差系数与静态速度误差系数相等，所以

$$K_v = k_1 = \frac{K}{T_m}$$

3.6.4　减小和消除稳态误差的方法

为了减小或消除系统在输入信号和扰动作用下的稳态误差，可以采取以下措施增大系统开环增益(或增加扰动作用点之前系统的前向通道增益)或增加积分环节的个数(提高系统的型别)。但这两种方法在其他条件不变时，一般都会影响系统的动态性能，乃至系统的稳定性。若在系统中加入顺馈控制作用，既可以使控制系统获得较高的稳态精度，又可以具有良好的动态性能。

1. 按扰动进行补偿

图 3-29 为按扰动进行补偿的系统结构图。系统除了原有的反馈通道外，还增加了一个由扰动通过前馈(补偿)装置产生的控制作用，旨在补偿由扰动对系统产生的影响。图中 $C_n(s)$为待求的前馈控制装置的传递函数；$N(s)$为扰动作用，且可进行测量。

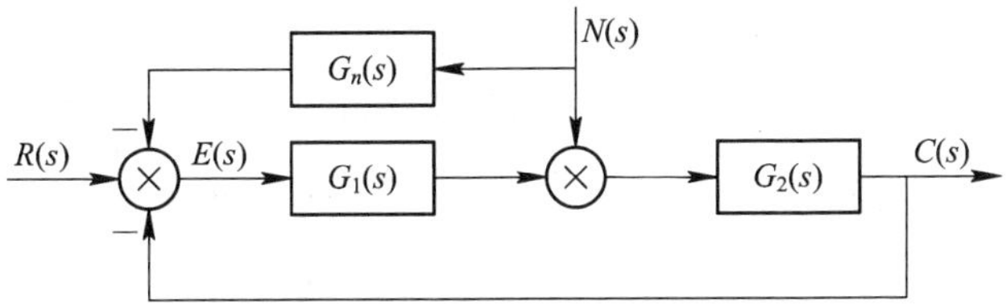

图 3-29　按扰动进行补偿的符合控制结构

令 $R(s)=0$ 有图 3-29 得扰动引起的系统输出为

$$p_1 = G_2(s),\ \Delta_1 = 1$$

$$p_2 = -G_n(s)G_1(s)G_2(s),\ \Delta_2 = 1$$

$$L_1 = -G_1(s)G_2(s),\ \Delta_2 = 1 + G_1(s)G_2(s)$$

$$\frac{C(s)}{N(s)} = \frac{p_1\Delta_1 + p_2\Delta_2}{\Delta} = \frac{G_2(s)[G_n(s)G_1(s) - 1]}{1 + G_1(s)G_2(s)}N(s)$$

由梅森公式，得

$$C_n(s) = \frac{G_2(s)[G_n(s)G_1(s) - 1]}{1 + G_1(s)G_2(s)}N(s)$$

引入前馈后，系统的闭环特征多项式没有发生任何变化，即不会影响系统的稳定性。为了补偿扰动对系统输出的影响，令上式等号右边的分子为 0，有

$$G_2(s)[G_n(s)G_1(s) - 1] = 0$$

从而有

$$C_n(s) = \frac{1}{G_1(s)}$$

这是对扰动进行全补偿的条件。由于 $G_1(s)$分母的 s 阶次一般比分子的 s 阶次高，全补偿的条件在工程实践中只能近似地得到满足。

2. 按输入进行补偿

图 3-30 为按输入进行补偿的系统结构图。图中 $G_r(s)$ 为待求前馈装置的传递函数。由于 $G_r(s)$ 设置在系统闭环的外面，因而不会影响系统的稳定性。在设计时，一般先设计系统的闭环部分，使其有良好的动态性能，然后再设计前馈装置 $G_r(s)$，以提高系统在参考输入作用下的稳态精度。

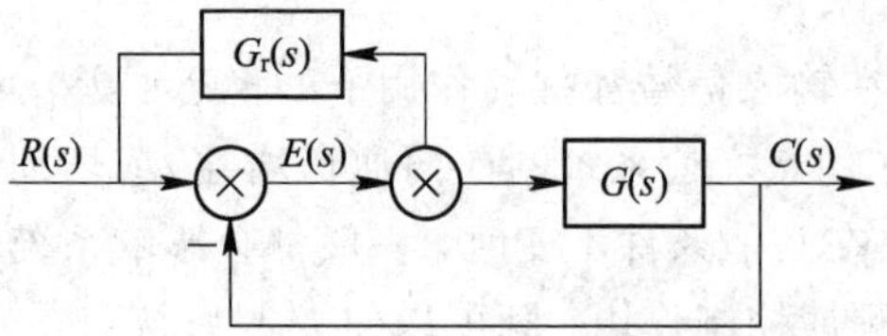

图 3-30　按输入进行补偿的复合控制结构

由图 3-30 得系统的输出表达式为

$$C(s)=\frac{[1+G_r(s)]G(s)}{1+G(s)}R(s)$$

如果选择前馈装置的传递函数 $G_r(s)=\frac{1}{G(s)}$，则式 $C(s)=\frac{[1+G_r(s)]G(s)}{1+G(s)}R(s)$ 变为 $C(s)=R(s)$。

这表明在式 $G_r(s)=\frac{1}{G(s)}$ 成立的条件下，系统的输出量在任何时刻都可以完全无误差地复现输入量，具有理想的时间响应特性。为了说明前馈补偿装置能够完全消除误差的物理意义，列写误差表达式为

$$E(s)=\frac{1-G_r(s)G(s)}{1+G(s)}R(s)$$

上式在 $G_r(s)=\frac{1}{G(s)}$ 成立的条件下，恒有 $E(s)=0$；前馈补偿装置 $G(s)$ 的存在，相当于在系统中增加了一个输入信号 $G_r(s)R(s)$，其产生的误差信号与原输入信号 $R(s)$ 产生的误差信号相比，大小相等而方向相反。故式 $G_r(s)=\frac{1}{G(s)}$ 称为输入信号的误差全补偿条件。

由于 $G(s)$ 一般具有比较复杂的形式，故全补偿条件 $G_r(s)=\frac{1}{G(s)}$ 的物理实现相当困难。在工程实践中，大多采用满足跟踪精度要求的部分补偿条件，或者在对系统性能起主要影响的频段内实现近似全补偿，以使 $G_r(s)$ 的形式简单并易于实现。

例 3-13　复合控制系统结构图如图 3-31 所示，图中 K_1、K_2、T_1、T_2 是大于 0 的常数。

(1) 求当闭环系统稳定时，参数 K_1、K_2、T_1、T_2 应满足的条件。

(2) 当输入 $r(t)=V_0t$ 时，选择校正装置 $G_c(s)$，使得系统无稳态误差(误差定义为 $R(s)-C(s)$)。

解　(1) 系统误差传递函数为

$$\Phi(s)=\frac{E(s)}{R(s)}=\frac{1-\dfrac{K_2}{S(T_2s+1)}G_c(s)}{1+\dfrac{K_1K_2}{s(T_1s+1)(T_2s+1)}}=\frac{S(T_1S+1)(T_2S+1)-K_2G_c(s)(T_1S+1)}{S(T_1S+1)(T_2S+1)+K_1K_2}$$

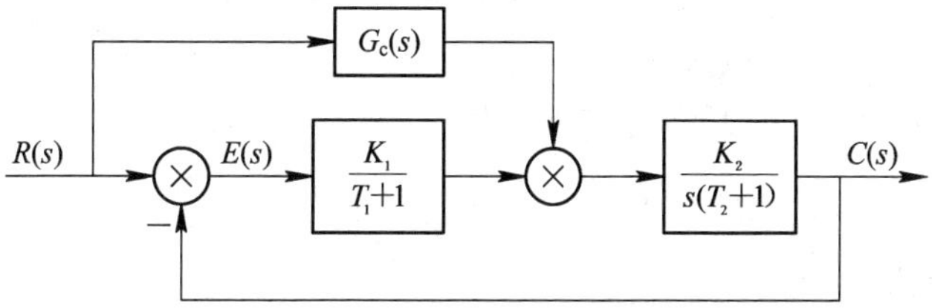

图 3-31　复合控制结构图

由此可得系统的特征方程为

$$D(s) = T_1T_2s^3 + (T_1+T_2)s^2 + s + K_1K_2$$

列劳斯表：

$$\begin{array}{c|cc} s^3 & T_1T_2 & 1 \\ s^2 & T_1+T_2 & K_1K_2 \\ s^1 & \dfrac{T_1+T_2-T_1T_2K_1K_2}{T_1+T_2} & \\ s^0 & K_1K_2 & \end{array}$$

因 K_1、K_2、T_1、T_2 均大于 0，所以只要

$$\frac{T_1+T_1}{T_1T_2} > K_1K_2$$

即可满足稳定条件。

(2) 在斜坡输入信号作用下其稳态误差为

$$e_{ss} = \lim_{s\to 0} s\Phi_e(s)R(s) = \lim_{s\to 0} s\frac{s(T_1s+1)(T_2s+2)-K_2G_c(s)(T_1s+1)}{s(T_1s+1)(T_2s+1)+K_1K_2}\frac{V_0}{s^2}$$

$$= \lim_{s\to 0}\frac{V_0}{K_1K_2}\left[1-K_2\frac{G_c(s)}{s}\right]$$

令 $e_{ss}=0$，得

$$G_c(s) = \frac{s}{K_2}$$

由此可见，校正装置 $G_e(s)=\dfrac{s}{K_2}$时，可保证无稳态误差。

习　　题

3-1　设系统的微分方程式如下：

(1) $0.2\dot{c}(t)=2r(t)$；

(2) $0.4\ddot{c}(t)=0.24\dot{c}(t)+c(t)=r(t)$。

试求系统的单位脉冲响应 $c(t)$和单位阶跃响应 $c(t)$。已知全部初始条件为零。

3-2　已知各系统的脉冲响应，试求系统闭环传递函数 $\Phi(s)$：

(1) $c(t)=0.0125e^{-1.25t}$；

(2) $c(t)=5t+10\sin(4t+45°)$。

3-3　已知二阶系统的单位阶跃响应为

$$c(t) = 10 - 12.5\mathrm{e}^{-1.2t}\sin(1.6t + 53.1^\circ)$$

试求系统的超调量 $\sigma(\%)$、峰值时间 t_p 和调节时间 t_s。

3-4 设单位反馈系统的开环传递函数为

$$G(s) = \frac{0.4s + 1}{s(s + 0.06)}$$

试求系统在单位阶跃输入下的动态性能。

3-5 已知控制系统的单位阶跃响应为

$$c(t) = 1 + 0.2\mathrm{e}^{-60t} - 1.2\mathrm{e}^{-10t}$$

试确定系统的阻尼比 ξ 和自然频率 ω_n。

3-6 设图 3-32 是简化的飞行控制系统结构图，试选择参数 K_1 和 K_t，使系统的 $\omega_n = 6$，$\xi = 1$。

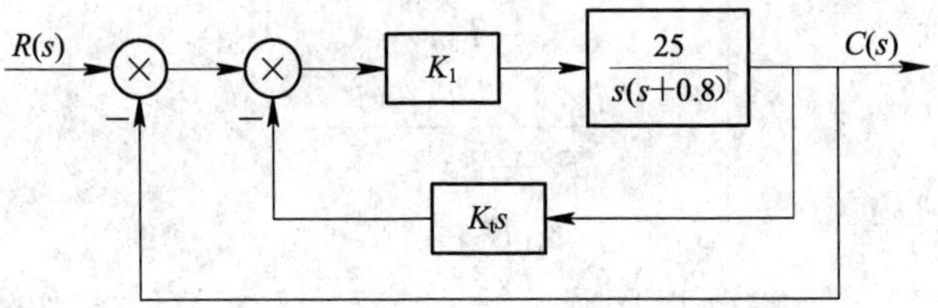

图 3-32 飞行控制系统结构图

3-7 试分别求出图 3-33 各系统的自然频率和阻尼比，并列表比较其动态性能。

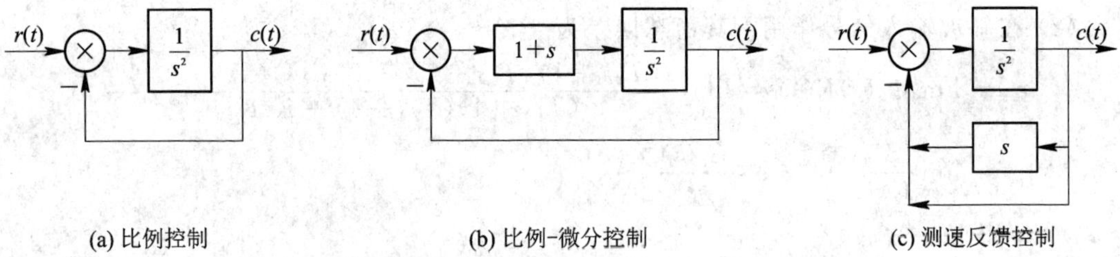

图 3-33 控制系统结构图

3-8 设控制系统如图 3-34 所示。要求：

(1) 取 $\tau_1 = 0$，$\tau_2 = 0.1$，计算测速反馈校正系统的超调量、调节时间和速度误差；

(2) 取 $\tau_1 = 0.1$，$\tau_2 = 0$，计算比例-微分校正系统的超调量、调节时间和速度误差。

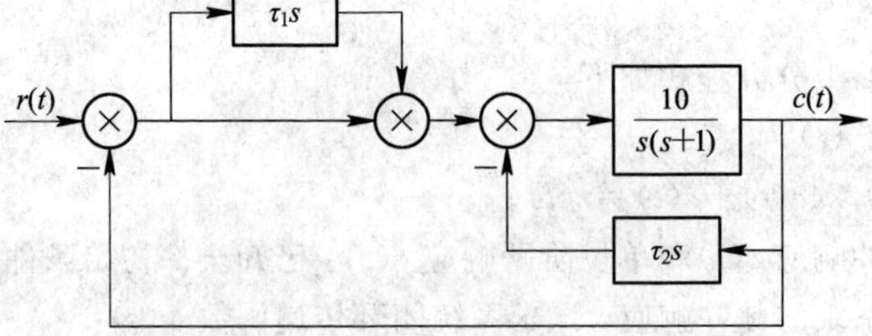

图 3-34 控制系统结构图

3-9 已知系统特征方程为

$$3s^4+10s^3+5s^2+s+2=0$$

试用劳斯稳定判据确定系统的稳定性。

3-10　已知系统特征方程如下，试求系统在 S 右半平面的根数及虚根值：

(1) $s^5+3s^4+12s^3+24s^2+32s+48=0$；

(2) $s^6+4s^5-4s^4+4s^3-7s^2-8s+10=0$；

(3) $s^5+3s^4+12s^3+20s^2+35s+25=0$。

3-11　已知单位反馈系统的开环传递函数为

$$G(s)=\frac{K(0.5s+1)}{s(s+1)(0.5s^2+s+1)}$$

试确定系统稳定时的 K 值范围。

3-12　已知系统结构图如图 3-35 所示。试用劳斯稳定判据确定能使系统稳定的反馈参数 τ 取值范围。

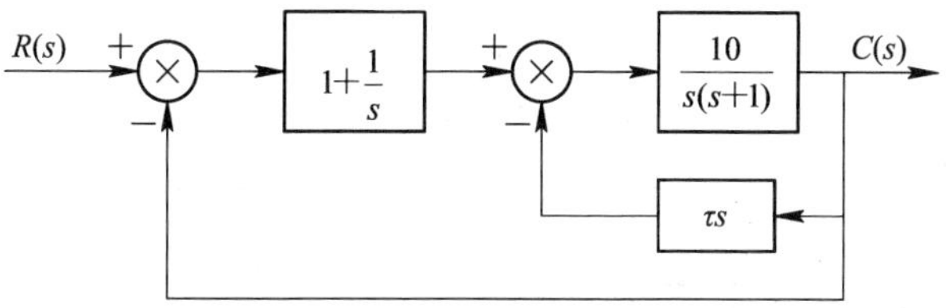

图 3-35　控制系统结构图

3-13　已知单位反馈系统的开环传递函数如下：

(1) $G(s)=\dfrac{100}{(0.1s+1)(s+5)}$；

(2) $G(s)=\dfrac{50}{s(0.1s+1)(s+5)}$；

(3) $G(s)=\dfrac{10(2s+1)}{s^2(s^2+6s+100)}$。

试求输入分别为 $r(t)=2t$ 和 $r(t)=2+2t+t^2$ 时，系统的稳态误差。

3-14　已知单位反馈系统的开环传递函数如下：

(1) $G(s)=\dfrac{50}{(0.1s+1)(2s+1)}$；

(2) $G(s)=\dfrac{K}{s(s^2+4s+200)}$；

(3) $G(s)=\dfrac{10(2s+1)(4s+1)}{s^2(s^2+2s+10)}$。

试求位置误差系数 K_p，速度误差系数 K_v，加速度误差系数 K_a。

3-15　设控制系统如图 3-36 所示。其中：

$$G(s)=K_p+\frac{K}{s},\ F(s)=\frac{1}{Js}$$

输入 $r(t)$以及扰动 $n_1(t)$和 $n_2(t)$均为单位阶跃函数。试求：

(1) 在 $r(t)$作用下系统的稳态误差；

(2) 在 $n_1(t)$作用下系统的稳态误差；

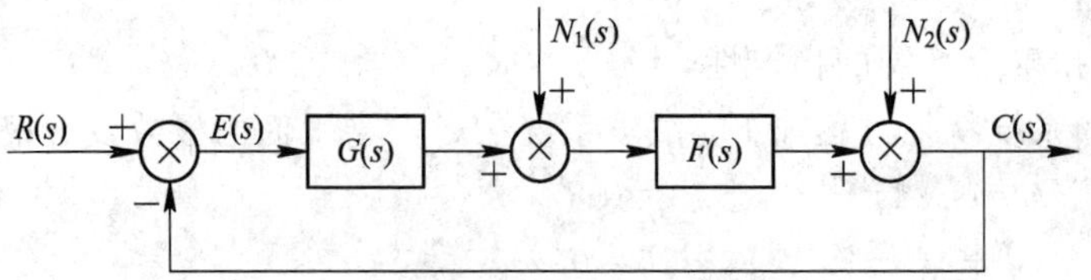

图 3-36 控制系统结构图

(3) 在 $n_1(t)$ 和 $n_2(t)$ 同时作用下系统的稳态误差。

3-16 一种新型电动轮椅装有一种非常实用的速度控制系统，使颈部以下有残障的人士也能自行驾驶这种电动轮椅。该系统在头盔上以 90°间隔安装了四个速度传感器，用来指示前、后、左、右四个方向。头盔传感系统的综合输出与头部运动的幅度成正比。图 3-37 给出了该控制系统的结构图，其中时间常数 $T_1=0.5\text{s}$，$T_3=1\text{s}$，$T_4=0.25\text{s}$。要求：

(1) 确定使系统稳定的 K 的取值($K=K_1K_2K_3$)；

(2) 确定增益 K 的取值，使系统单位阶跃响应的调节时间等于 4s($\Delta=2\%$)，计算此时系统的特征根，并用 MATLAB 确定系统超调量 $\sigma(\%)$ 和调节时间 $t_s(\Delta=2\%)$。

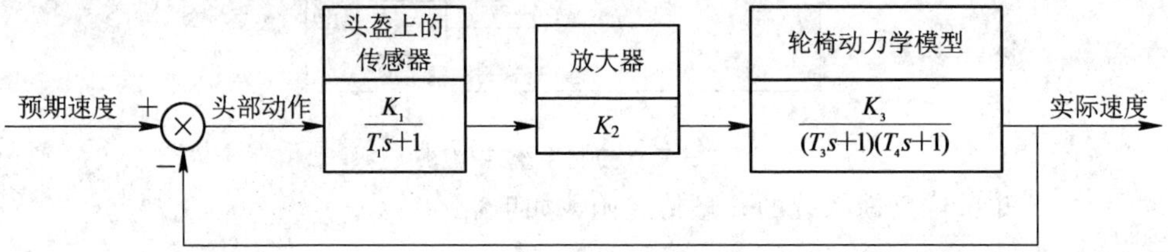

图 3-37 电动轮椅控制系统结构图

第 4 章　线性系统的根轨迹法

4.1　概　　述

4.1.1　根轨迹的概念

根轨迹指的是当开环系统某一参数从零变化到无穷时，闭环系统特征方程的根在 S 平面上变化的轨迹。对系统的根轨迹进行研究、分析或设计系统参数的方法称为根轨迹法。

获得系统根轨迹通常有两种方法：一是对闭环特征方程解析求解，然后将根逐点描图，这种方法精确但工作量大；二是通过一些定性或半定量的规律直接得到根轨迹，这种方法不一定很准确，却简单易行，特别是对于高阶系统，这种方法明显简捷得多。在考虑根轨迹的图解方法之前，我们先通过分析计算来描绘一个简单对象的根轨迹。

例 4－1　单位负反馈控制系统如图 4－1 所示，试绘制闭环系统的根轨迹。

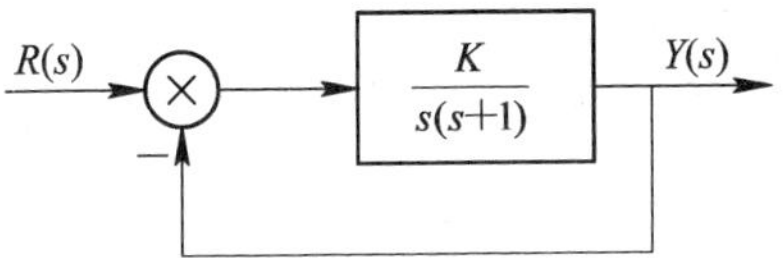

图 4－1　控制系统

解　易知，闭环系统的传递函数为

$$\Phi(s)=\frac{Y(s)}{R(s)}=\frac{K}{s^2+s+K}$$

响应的闭环特征方程为

$$s^2+s+K=0$$

由二阶方程的求根方式得到特征方程的根为 $s_{1,2}=-\frac{1}{2}\pm\frac{\sqrt{1-4K}}{2}$。显然，闭环特征根是 K 的函数，其随 K 的变化而变化的数值如表 4－1 所示。

表 4－1　K 与系统特征根的值

K	0	0.1	0.2	0.25	0.3	0.4	0.5
s_1	0	−0.1127	−0.2764	−0.5	−0.5+j0.2236	−0.5+j0.3873	−0.5+j0.5
s_2	−1	−0.8873	−0.7236	−0.5	−0.5−j0.2236	−0.5−j0.3873	−0.5−j0.5

在 S 平面上从 $K=0$ 开始(此时 $s_1=0$、$s_2=1$ 恰好是系统的开环极点)，随着 K 的增大，逐点地给出特征根 s_1、s_2，并将它们连成线，就得到对应的根轨迹，如图 4-2 中带箭头的实线所示，图中的箭头方向为 K 增加的方向。

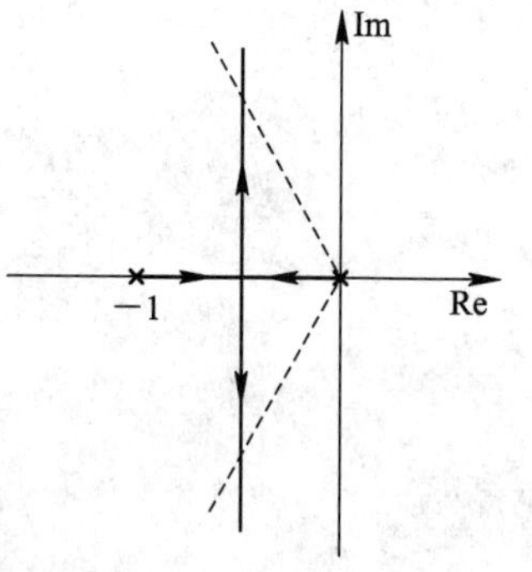

图 4-2 例 4-1 系统的根轨迹

从表 4-1 与图 4-1 中，可以看出以下几点。

(1) 系统具有 2 个特征根，即根轨迹有 2 条分支。

(2) 当 $K=0$ 时，2 条分支起始于 2 个开环极点：0 与 -1。

(3) 随着 K 的增加，当 $0\leqslant K<0.25$ 时，2 个根均在实轴上并彼此靠近，当 $K=0.25$ 时，2 个根重合于 -0.5。

(4) 当 $K>0.25$ 后，K 继续增加的结果是 2 个根从实轴 -0.5 处分离，产生共轭复根：实部不变，虚部以近似 K 的平方根的速率增加或减少，最后虚部的模趋于无穷。

(5) 图中虚线与根轨迹的交点对应于阻尼比 $\zeta=0.5$ 的根，此时 $s_{1,2}=-\frac{1}{2}\pm \mathrm{j}\frac{\sqrt{3}}{2}$，由特征根的公式可以得到 $K=1$。

从控制系统设计的观点看，在这个例子中，通过选取增益 K，可使闭环极点落在根轨迹上的任何位置。换句话说，如果根轨迹上的某一点能够满足对系统动态特性的要求，则可通过计算此点的参数 K 值完成设计；如果根轨迹上找不到可以满足系统动态特性的点，则必须考虑增加补偿环节(即设计控制器)。

考虑一般情况，设控制系统如图 4-3 所示，其闭环传递函数为

$$\Phi(s)=\frac{G(s)}{1+G(s)H(s)} \tag{4-1}$$

闭环系统的特征方程为

$$1+G(s)H(s)=0 \tag{4-2}$$

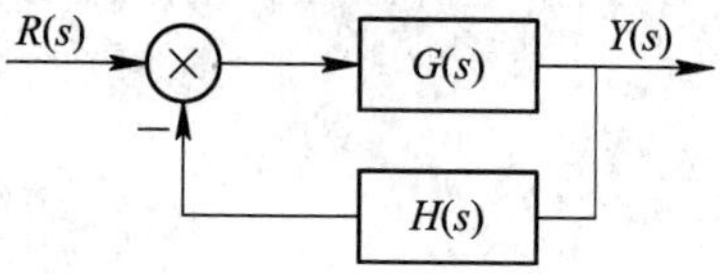

图 4-3 控制系统

假设被控对象的开环传递函数 $G(s)H(s)$ 是实有理函数，其分子多项式和分母多项式分别为 $K^*b(s)$ 和 $a(s)$，即

$$G(s)H(s)=\frac{K^*b(s)}{a(s)}=K^*G_{GH}(s) \tag{4-3}$$

其中 $b(s)$ 和 $a(s)$ 分别为 m 阶和 n 阶首一多项式，即

$$\begin{aligned} b(s)&=s^m+b_{m-1}s^{m-1}+\cdots+b_1s+b_0=(s-z_1)(s-z_2)\cdots(s-z_m)=\prod_{j=1}^{m}(s-z_j)\\ a(s)&=s^n+a_{n-1}s^{n-1}+\cdots+a_1s+a_0=(s-p_1)(s-p_2)\cdots(s-p_n)=\prod_{i=1}^{n}(s-p_i) \end{aligned} \tag{4-4}$$

z_j 和 p_i 分别为系统的开环零点和开环极点。对于一个物理可实现系统而言，总有 $n\geqslant m$，则闭环系统的特征方程式(4-2)可以表示为以下几种恒等的形式：

$$1+K^*G_{GH}(s)=0 \tag{4-5}$$

$$1+K^*\frac{b(s)}{a(s)}=0 \tag{4-6}$$

$$a(s)+K^*b(s)=0 \tag{4-7}$$

$$K^*=-\frac{1}{G_{GH}(s)} \tag{4-8}$$

这些方程均具有相同的根轨迹。

4.1.2　闭环零、极点和开环零、极点之间的关系

由于开环零、极点是已知的，因此建立开环零、极点与闭环零、极点之间的关系，有助于闭环系统根轨迹的绘制，由此可得到根轨迹方程。

设控制系统如图 4-3 所示，在一般情况下，前向通路传递函数 $G(s)$ 和反馈通路传递函数 $H(s)$ 可分别表示为

$$G(s)=\frac{K_G(\tau_1 s+1)(\tau_2^2 s^2+2\xi_2\tau_2 s+1)\cdots}{s^v(T_1 s+1)(T_2^2 s^2+2\zeta_2 T_2 s+1)\cdots}=K_G^*\frac{\prod\limits_{i=1}^{f}(s-zG,i)}{\prod\limits_{i=1}^{q}(s-pG,i)} \tag{4-9}$$

式中，K_G 为前向通路增益；K_G^* 为前向通路根轨迹增益，它们之间满足如下关系：

$$K_G^*=K_G\frac{\tau_1\tau_2^2\cdots}{T_1T_2^2\cdots} \tag{4-10}$$

以及

$$H(s)=K_H^*\frac{\prod\limits_{j=1}^{l}(s-zH,j)}{\prod\limits_{j=1}^{h}(s-pH,j)} \tag{4-11}$$

式中，K_H^* 为反馈通路根轨迹增益。于是，图 4-3 所示系统的开环传递函数可以表示为

$$G(s)H(s)=K^*\frac{\prod\limits_{i=1}^{f}(s-zG,i)\prod\limits_{j=1}^{l}(s-zH,j)}{\prod\limits_{i=1}^{q}(s-pG,i)\prod\limits_{j=1}^{h}(s-pH,j)} \tag{4-12}$$

式中，$K^*=K_G^*K_H^*$ 称为开环系统根轨迹增益，对于有 m 个开环零点和 n 个开环极点的系统，必有 $f+l=m$ 和 $q+h=n$。将式(4-9)和式(4-12)代入系统闭环传递函数式(4-1)，得

$$\begin{aligned}\Phi(s)&=\frac{K_G^*\prod\limits_{i=1}^{f}(s-zG,i)\prod\limits_{j=1}^{h}(s-pH,j)}{\prod\limits_{i=1}^{q}(s-pG,i)\prod\limits_{j=1}^{h}(s-pH,j)+K^*\prod\limits_{i=1}^{f}(s-zG,i)\prod\limits_{j=1}^{l}(s-zH,j)}\\&=\frac{K_G^*\prod\limits_{i=1}^{f}(s-zG,i)\prod\limits_{j=1}^{h}(s-pH,j)}{\prod\limits_{i=1}^{n}(s-pi)+K^*\prod\limits_{j=1}^{m}(s-zj)}\end{aligned} \tag{4-13}$$

比较式(4-12)和式(4-13)，可得出以下结论：

(1) 闭环系统根轨迹增益等于开环系统前向通路根轨迹增益。对于单位反馈系统，闭环系统根轨迹增益就等于开环系统根轨迹增益。

(2) 闭环零点由开环前向通路传递函数的零点和反馈通路传递函数的极点组成。对于单位反馈系统，闭环零点就是开环零点。

(3) 闭环极点与开环零点、开环极点以及根轨迹增益 K^* 均有关。

根轨迹法的基本任务在于：如何由已知的开环零、极点分布以及根轨迹增益，通过图解的方法找到闭环极点。一旦确定闭环极点后，闭环传递函数的形式便不难确定，因为闭环零点可以由式(4-13)直接得到。在已知闭环传递函数的情况下，闭环系统的时间相应可利用拉氏反变换的方法求出。

4.1.3 根轨迹方程

对于如图 4-3 所示系统，当开环系统有 m 个开环零点和 n 个开环极点时，开环传递函数式(4-12)可以表示为

$$G(s)H(s)=K^*\frac{\prod_{j=1}^{m}(s-zj)}{\prod_{i=1}^{n}(s-pi)} \tag{4-14}$$

式中，z_j 为已知的开环零点；p_i 为已知的开环极点。将式(4-14)代入闭环系统特征方程 $1+G(s)H(s)=0$ 得

$$K^*\frac{\prod_{j=1}^{m}(s-zj)}{\prod_{i=1}^{n}(s-pi)}=-1 \tag{4-15}$$

称式(4-15)为根轨迹方程。应当指出，只要闭环特征方程可以化成式(4-15)的形式，就可以绘制根轨迹。式中处于变动地位的参数，不限定是根轨迹增益，也可以是系统中其他变化参数。

当 $K^*>0$ 时，可将根轨迹方程式(4-15)表示为以下相量方程

$$K^*\left|\frac{\prod_{j=1}^{m}(s-zj)}{\prod_{i=1}^{n}(s-pi)}\right|e^{j\angle\frac{\prod_{j=1}^{m}(s-zj)}{\prod_{i=1}^{n}(s-pi)}}=e^{j(2k+1)\pi} \tag{4-16}$$

即

$$K^*=\frac{\prod_{i=1}^{n}|s-pi|}{\prod_{j=1}^{n}|s-zj|} \tag{4-17}$$

$$\sum_{j=1}^{m}\angle(s-z_j)-\sum_{i=1}^{n}\angle(s-p_i)=(2k+1)\pi,\ k=0,\pm1,\pm2,\cdots \tag{4-18}$$

式(4-17)和式(4-18)分别被称为幅值条件和相位条件。因为 s 的取值范围是 $0\sim+\infty$ 间的任意值，故对任意 s，幅值条件总能满足，所以绘制根轨迹图时先不考虑该条件，而是通过判断 S 平面上的某点是否满足相位条件来判断该点是否在根轨迹上。因此，闭环

系统的根轨迹可以视为是由所有满足相位条件式(4-18)的 s 值在 S 平面上构成的轨迹。

当 $K^*<0$ 时，可将根轨迹方程式(4-15)表示为以下相量方程

$$K^*\left|\frac{\prod_{j=1}^{m}(s-zj)}{\prod_{i=1}^{n}(s-pi)}\right|e^{j\left(\pi+\angle\frac{\prod_{j=1}^{m}(s-zj)}{\prod_{i=1}^{n}(s-pi)}\right)}=e^{j(2k+1)\pi} \tag{4-19}$$

幅值条件和相位条件分别为

$$|K^*|=\frac{\prod_{i=1}^{n}|s-pi|}{\prod_{j=1}^{m}|s-zj|} \tag{4-20}$$

$$\sum_{j=1}^{m}\angle(s-z_j)-\sum_{i=1}^{n}\angle(s-p_i)=2k\pi,\ k=0,\pm1,\pm2,\cdots \tag{4-21}$$

可见，$K^*<0$ 时的幅值条件式(4-20)与 $K^*>0$ 时的幅值条件式(4-17)相同，不同的仅是相位条件。

例 4-2　单位反馈控制系统的开环传递函数为 $G(s)=\dfrac{s+1}{s[(s+2)^2+4](s+5)}$，判断点 $s_0=-1+j2$ 是否在根轨迹上。

解　将开环传递函数极点和零点标于图 4-4 所示的 S 平面坐标图中，极点用“×”表示，零点用“○”表示。然后，从零点 -1 引有向线段至试验点 s_0，即为复数相量 s_0+1，其相位如图 4-4 中的 φ_1 所示，类似地，4 个开环极点到试验点 s_0 的相量分别为 s_0、s_0+2-j2、s_0+2+j2 和 s_0+5，它们的相位分别为 $\phi_1=116.6°$、$\phi_2=0°$、$\phi_3=76°$、$\phi_4=26.6°$，$G(s_0)$ 的总相位是所有零点相量相位的代数和与所有极点相量相位的代数和之差，即

$$\begin{aligned}\angle G(s_0)&=\varphi_1-(\phi_1+\phi_2+\phi_3+\phi_4)\\&=90°-(116.6°+0°+76°+26.6°)\\&=-129.2°\neq(2k+1)\pi\end{aligned}$$

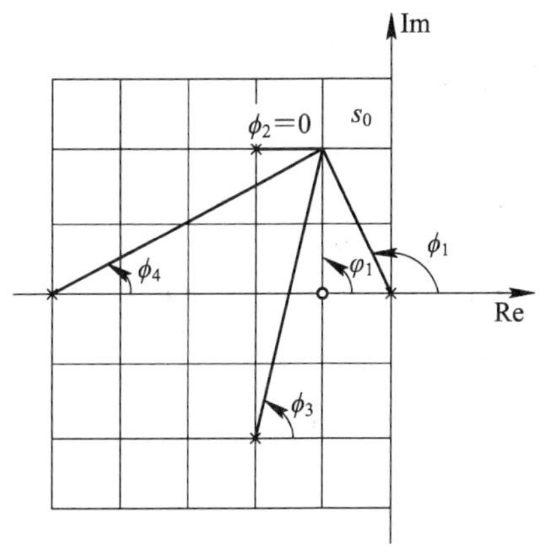

图 4-4　例 4-2 的相位条件

显见，$G(s_0)$ 的相位值不满足相位条件式(4-18)，所以 s_0 不是根轨迹上的点。

4.2　绘制根轨迹的一般方法

4.2.1　绘制根轨迹的基本法则

对于具有多个开环零点和极点的复杂系统，根轨迹的绘制比较复杂。不过，根据绘制根轨迹的一些基本法则，可以确定根轨迹上的特殊点和渐近线，并计算复数极点的出射角

和复数零点的入射角，从而作出根轨迹的大致形状。必要时，再根据相角条件进行修正。

1. 法则 1

法则 1：根轨迹的起点和终点。根轨迹起始于开环极点，终止于开环零点。

根轨迹的起点是指根轨迹增益 $K^*=0$ 的根轨迹点，而终点则是指 $K^*\to\infty$ 时的根轨迹点。设开环传递函数为式(4-14)的形式，可得闭环系统特征方程为

$$\prod_{i=1}^{n}(s-p_i)+K^*\prod_{j=1}^{m}(s-z_j)=0 \tag{4-22}$$

(1) 根轨迹的起点。当 $K^*=0$ 时，由式(4-22)可得

$$\prod_{i=1}^{n}(s-p_i)=0$$

即

$$s=p_i \quad (i=1,\ 2,\ \cdots,\ n)$$

上式表明，当 $K^*=0$ 时，闭环特征方程的根就是开环传递函数 $G(s)H(s)$ 的极点，即根轨迹一定起始于开环极点。

(2) 根轨迹的终点。将特征方程改写为如下形式：

$$\frac{1}{K^*}\prod_{i=1}^{n}(s-p_i)+\prod_{j=1}^{m}(s-z_j)=0$$

当 $K^*\to\infty$ 时，由上式可得

$$\prod_{j=1}^{m}(s-z_j)=0$$

即

$$s=z_j \quad (j=1,\ 2,\ \cdots,\ m)$$

所以根轨迹一定终止于开环零点。

由于系统开环传递函数分子多项式的阶次 m 不大于分母多项式的阶次 n，即 $m\leqslant n$，因此有 m 条根轨迹终止于开环零点处，其余 $n-m$ 条根轨迹则终止于 S 平面无穷远处。

若将有限数值的零点(或极点)称为有限零点(或极点)，而将无穷远处的零点称为无限零点，那么根轨迹必终止于开环零点。亦即，在无限零点意义下，开环零点数与开环极点数是相等的。

例 4-3 系统的结构图如图 4-5 所示，试确定其根轨迹的起点和终点。

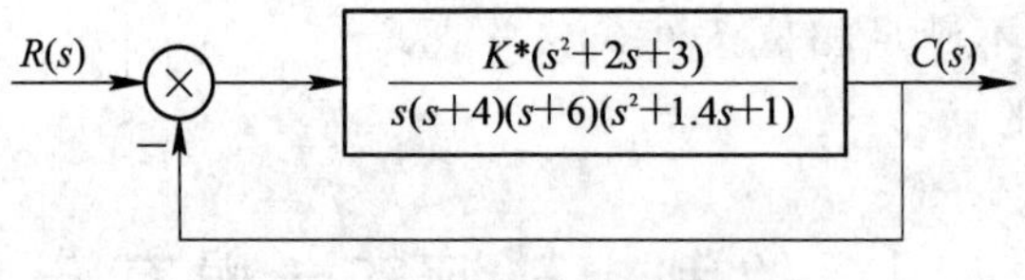

图 4-5 系统结构图

解 开环传递函数有一对共轭复数零点和 5 个极点，即 $z_{1,2}=-1\pm j1.73$，$p_1=0$，$p_2=-4$，$p_3=-6$，$p_{4,5}=-0.7\pm j0.71$，且 $n=-5$，$m=2$。

根据法则 1，根轨迹起始于开环极点处，终止于开环零点处，由于系统有 2 个开环零点，5 个开环极点，因此有 3 条根轨迹终止于无穷远处，如图 4-6 所示。

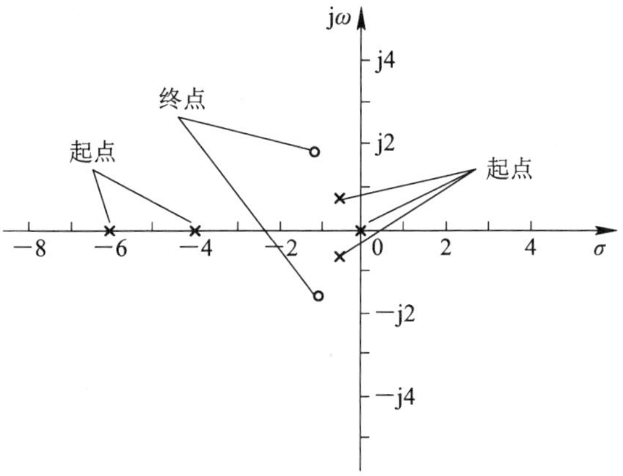

图 4－6　例 4－3 根轨迹的起点和终点

2. 法则 2

法则 2：根轨迹的分支数、对称性和连续性。根轨迹的分支数等于闭环特征方程根的数目，根轨迹是连续的并且关于实轴对称。

根轨迹是开环系统某一参数(一般为 K^*)从零到无穷大连续变化时，闭环特征方程式的根在 S 平面上的变化轨迹。因此，根轨迹的分支数等于闭环特征方程根的数目。

当 K^* 从零到无穷大连续变化时，闭环特征方程的根也是连续变化的，所以根轨迹是闭环特征方程的根在 S 平面上的变化轨迹，故根轨迹也是连续的。也就是说，根轨迹具有连续性。

闭环特征方程的根包括实根和复根，实根位于实轴上，复根必为共轭根，而根轨迹是根的集合，因此根轨迹对称于实轴。

根据对称性，只需做出上半(或下半)S 平面的根轨迹部分，然后利用对称关系就可以得到下半(或上半)S 平面的根轨迹部分。

对于例 4－3 所示系统，$n=5$，所以系统有 5 条根轨迹，它们是连续的，且对称于实轴。

3. 法则 3

法则 3：根轨迹的渐近线。当开环有限极点数 n 大于有限零点数 m 时，有 $n-m$ 条根轨迹以 $n-m$ 条渐近线趋向于 S 平面的无穷远处。这 $n-m$ 条渐近线与实轴交角为 φ_a、交点为 σ_a，且 φ_a 和 σ_a 满足

$$\varphi_a = \frac{(2l+1)\pi}{n-m} \quad (l=0,\ 1,\ 2,\ \cdots,\ n-m-1) \tag{4-23}$$

及

$$\sigma_a = \frac{\sum_{i=1}^{n} p_i - \sum_{j=1}^{m} z_j}{n-m} \tag{4-24}$$

证明　渐近线实际上就是 s 值很大时的根轨迹，因此渐近线也一定对称于实轴。当 s 值很大时，式(4－24)可近似为

$$G(s)H(s) = \frac{K^*}{s^{n-m} + (a_1 - b_1)s^{n-m-1}} \tag{4-25}$$

式中

$$a_1=-\sum_{i=1}^{n}p_i,\ b_1=-\sum_{j=1}^{m}z_j$$

由式(4-25)可得渐近线方程为

$$s^{n-m}\left(1+\frac{a_1-b_1}{s}\right)=-K^*$$

或

$$s\left(1+\frac{a_1-b_1}{s}\right)^{\frac{1}{n-m}}=(-K^*)^{\frac{1}{n-m}} \tag{4-26}$$

根据二项式定理有

$$\left(1+\frac{a_1-b_1}{s}\right)^{\frac{1}{n-m}}=1+\frac{a_1-b_1}{(n-m)s}+\frac{1}{2!}\times\frac{1}{n-m}\left(\frac{1}{n-m}-1\right)\left(\frac{a_1-b_1}{s}\right)^2+\cdots$$

当 s 值很大时，有

$$\left(1+\frac{a_1-b_1}{s}\right)^{\frac{1}{n-m}}\approx 1+\frac{a_1-b_1}{(n-m)s} \tag{4-27}$$

将式(4-27)代入式(4-26)并整理，得到渐近线方程为

$$s+\frac{a_1-b_1}{n-m}=(-K^*)^{\frac{1}{n-m}} \tag{4-28}$$

或

$$s=\frac{b_1-a_1}{n-m}+(-K^*)^{\frac{1}{n-m}}=\frac{b_1-a_1}{n-m}+(K^*)^{\frac{1}{n-m}}\cdot(-1)^{\frac{1}{n-m}}$$

将 $e^{j(2l+1)}=-1(l=0,1,2,\cdots)$ 及 $s=\sigma+j\omega$ 代入上式，得到

$$s=\frac{b_1-a_1}{n-m}+(K^*)^{\frac{1}{n-m}}\cdot e^{j\left(\frac{2l+1}{n-m}\right)\pi}\quad(l=0,1,2,\cdots) \tag{4-29}$$

即

$$\sigma+j\omega=\frac{b_1-a_1}{n-m}+(K^*)^{\frac{1}{n-m}}\cdot\left[\cos\frac{(2l+1)\pi}{n-m}+j\sin\frac{(2l+1)\pi}{n-m}\right]\quad(l=0,1,2,\cdots) \tag{4-30}$$

令式(4-28)中实部和虚部分别相等，有

$$\sigma=\frac{b_1-a_1}{n-m}+(K^*)^{\frac{1}{n-m}}\cdot\cos\frac{(2l+1)\pi}{n-m} \tag{4-31}$$

$$\omega=(K^*)^{\frac{1}{n-m}}\cdot\sin\frac{(2l+1)\pi}{n-m}\quad(l=0,1,2,\cdots) \tag{4-32}$$

从式(4-29)和式(4-30)中同时解得

$$(K^*)^{\frac{1}{n-m}}=\frac{\omega}{\sin\varphi_a}=\frac{\sigma-\sigma_a}{\cos\varphi_a}$$

即

$$\omega=(\sigma-\sigma_a)\tan\varphi_a \tag{4-33}$$

式中

$$\varphi_a=\frac{(2l+1)\pi}{n-m}\quad(l=0,1,\cdots,n-m-1)$$

$$\sigma_a = -\left(\frac{a_1 - b_1}{n-m}\right) = \frac{\sum_{i=1}^{n} p_i - \sum_{j=1}^{m} z_j}{n-m}$$

在 S 平面上，式(4－33)代表直线方程，它与实轴的交角为 φ_a，交点为 σ_a。当 l 取 $n-m$ 个不同值$(0, 1, \cdots, n-m-1)$时，可得 $n-m$ 个 φ_a 角，而 σ_a 不变，因此根轨迹的渐近线是一组(共 $n-m$ 条)射线，其与实轴交点为 σ_a，交角为 φ_a。

例 4－4　确定例 4－3 中根轨迹的渐近线。

解　由例 4－3 知，$n=5$，$m=2$，所以有 3 条根轨迹终止于无穷远处，有 3 条根轨迹的渐近线，这 3 条渐近线与实轴的交点坐标及交角分别为

$$\begin{aligned}\sigma_a &= \frac{\sum_{i=1}^{n} p_i - \sum_{j=1}^{m} z_j}{n-m} \\ &= \frac{[0-4-6+(-0.7+\mathrm{j}0.714)+(-0.7-\mathrm{j}0.714)]-[(-1+\mathrm{j}1.73)+(-1-\mathrm{j}1.83)]}{5-2} \\ &= -3.13\end{aligned}$$

$$\varphi = \frac{(2l+1)\pi}{5-2} = \begin{cases} \dfrac{\pi}{3} = 60^\circ & (l=0) \\ \dfrac{\pi}{5} = -180^\circ & (l=1) \\ \dfrac{5}{3}\pi = -60^\circ & (l=2) \end{cases}$$

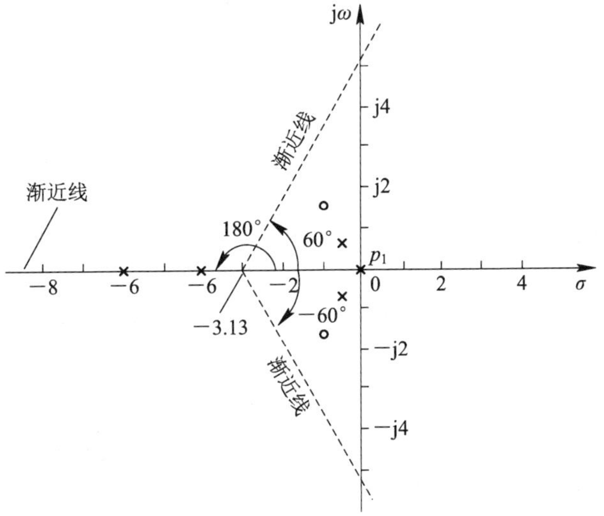

图 4－7　例 4－3 根轨迹的渐近线

由此得到根轨迹渐近线如图 4－7 所示。实际上，由于根轨迹关于实轴对称，因此根轨迹的渐近线也关于实轴对称。

4. 法则 4

法则 4：实轴上的根轨迹。实轴上的某一区域，如果其右边开环实数零点和极点个数

之和为奇数，则该区域必是根轨迹。

证明 设开环零点和极点分布如图4-8所示。图中，s_0 是实轴上的任一个测试点，开环零点 z_1 到 s_0 点相量的相角为 φ_1，显然，$\varphi_1=\pi$，开环极点到 s_0 点相量的相角为 $\theta_i(i=1, 2, 3, 4)$。

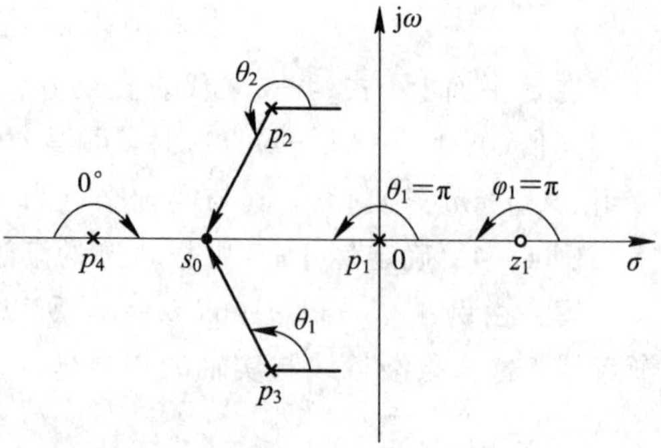

图4-8 实轴上的根轨迹

由图4-8可见，复数共轭极点到实轴上任意一点(包括 s_0)的相量相角之和为 2π(例如 $\theta_1+\theta_2=2\pi$)。实际上，复数共轭零点也存在类似情况。所以在确定实轴上的根轨迹时，可以不考虑复数开环零点、极点的影响。

图4-8中，s_0 点左边开环实数零点(如果存在)和极点(p_4)到 s_0 的相量相角为零，而 s_0 点右边开环实数零点(z_1)和极点(p_1)到 s_0 点的相量相角均等于 π。

令 $\sum\varphi_1$ 为 s_0 点右边所有开环实数零点到 s_0 点的向量相角和，$\sum\theta_i$ 为 s_0 右边所有开环实数极点到 s_0 点的向量相角和，那么 s_0 点位于根轨迹上的充分必要条件是下列相角条件成立：

$$\sum\varphi_j-\sum\theta_i=(2k+1)\pi \tag{4-34}$$

式中，$2k+1$ 为奇数。

式(4-34)的相角条件中，考虑到这些相角中的每一个相角都等于 π，而 π 与 −π 代表相同角度，因此减去 π 就相当于加上 π，于是 s_0 点位于根轨迹上的条件是

$$\sum\varphi_j+\sum\theta_i=(2k+1)\pi \tag{4-35}$$

式中，$2k+1$ 为奇数。

所以结论成立。

5. 法则5

法则5：根轨迹的分离点与分离角。两条或两条以上根轨迹分支在 S 平面上相遇后又立即分开的点，称为根轨迹的分离点(或会合点)。分离点既可以是实数，也可以为共轭复数。根轨迹进入分离点的切线方向与离开分离点的切线方向之间的夹角称为分离角(或会合角)。

实际上，根轨迹上的分离点(或会合点)就是与系统特征方程式重根对应的点。所以，求根轨迹的分离点(或会合点)就相当于求闭环系统特征方程式的重根。

分离点的坐标 d 是下列方程的解：

$$\sum_{j=1}^{m}\frac{1}{d-z_j}=\sum_{i=1}^{n}\frac{1}{d-p_i} \tag{4-36}$$

式中，z_j 为各开环零点的数值；p_i 为各开环极点的数值。

根轨迹在分离点的分离角为

$$\Psi_d=\frac{(2l+1)\pi}{k} \tag{4-37}$$

因此得到系统的闭环特征方程为

$$\prod_{i=1}^{n}(s-p_i)+K^*\prod_{j=1}^{m}(s-z_j)=0$$

根轨迹在 S 平面上相遇，说明闭环特征方程有重根出现。设重根为 d，根据高等数学中的重根条件，有

$$\prod_{i=1}^{n}(s-p_i)+K^*\prod_{j=1}^{m}(s-z_j)=0$$

$$\frac{\mathrm{d}}{\mathrm{d}s}\left[\prod_{i=1}^{n}(s-p_i)+K^*\prod_{j=1}^{m}(s-z_j)\right]=0$$

或

$$\prod_{i=1}^{n}(s-p_i)=-K^*\prod_{j=1}^{m}(s-z_j) \tag{4-38}$$

$$\frac{\mathrm{d}}{\mathrm{d}s}\prod_{i=1}^{n}(s-p)=-K^*\frac{\mathrm{d}}{\mathrm{d}s}\prod_{j=1}^{m}(s-z_j) \tag{4-39}$$

式(4 - 39)除以式(4 - 38)得

$$\frac{\frac{\mathrm{d}}{\mathrm{d}s}\prod_{i=1}^{n}(s-p_i)}{\prod_{i=1}^{n}(s-p_i)}=\frac{\frac{\mathrm{d}}{\mathrm{d}s}\prod_{j=1}^{m}(s-z_j)}{\prod_{j=1}^{m}(s-z_j)}$$

即

$$\frac{\mathrm{d}\left[\ln\prod_{i=1}^{n}(s-p_i)\right]}{\mathrm{d}s}=\frac{\mathrm{d}\left[\ln\prod_{j=1}^{n}(s-z_j)\right]}{\mathrm{d}s}$$

又

$$\ln\prod_{i=1}^{n}(s-p_i)=\sum_{i=1}^{n}\ln(s-p_i)$$

$$\ln\prod_{j=1}^{m}(s-z_j)=\sum_{j=1}^{m}\ln(s-z_i)$$

得到

$$\sum_{i=1}^{n}\frac{\mathrm{d}\ln(s-p_i)}{\mathrm{d}s}=\sum_{i=1}^{m}\frac{\mathrm{d}\ln(s-z_j)}{\mathrm{d}s}$$

故有

$$\sum_{j=1}^{m}\frac{1}{s-z_j}=\sum_{i=1}^{n}\frac{1}{s-p_i}$$

从上式中解出 s，即为分离点 d。

特别地，如果根轨迹分离点仅为实数分离点(即分离点在实轴上)，则可采用下述简便方法，即根轨迹分离点坐标 d 是方程的根。证明从略。

$$\frac{\mathrm{d}}{\mathrm{d}s}\left[\frac{\prod_{i=1}^{n}(s-p_i)}{\prod_{j=1}^{m}(s-z_j)}\right]\Bigg|_{s=d}=0 \tag{4-40}$$

可以证明，k 条根轨迹分支进入并立即离开分离点时的分离角由 $\frac{(2l+1)\pi}{k}$ 决定，其中

$l=0, 1, \cdots, k-1$。显然，当 $k=2$ 时，分离角必为直角（即 90°）。

例 4-5　已知单位负反馈系统的开环传递函数为

$$G(s)H(s)=\frac{K^*}{s(s+1)(s+2)}$$

确定其分离点的坐标。

解　根据法则，根轨迹的起点为 0、−1 和 −2，且 3 条根轨迹均终止于无穷远处。实轴上根轨迹的区域为(∞，−2)和(−1，0)(见图 4-9)，所以实轴上(−1，0)之间存在分离点。根据式(4-40)，有

$$\frac{\mathrm{d}}{\mathrm{d}s}[s(s+1)(s+2)]\big|_{s=d}=0$$

解之，得

$$d_1=-0.423,\ d_2=-1.577$$

显见，实数 d_1 在实轴根轨迹上，实数 d_2 不在根轨迹上，因此 d_1 是给定的分离点。

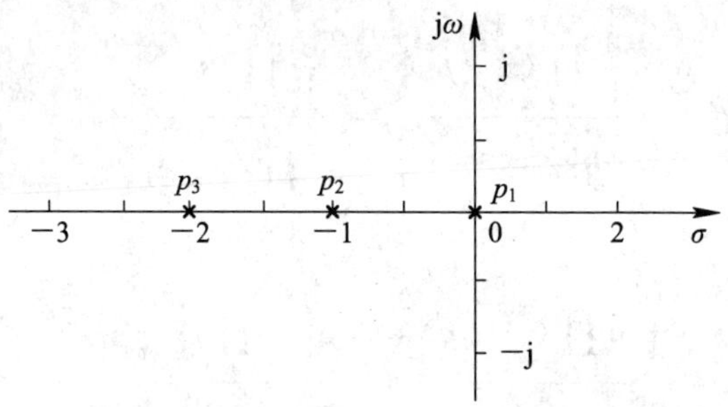

图 4-9　例 4-5 实轴上的根轨迹

应当指出，如果开环系统不包含有限零点，则在分离点方程(4-36)中，应取

$$\sum_{j=1}^{m}\frac{1}{d-p_i}=0$$

关于分离点和分离角的几点说明：

(1) 求取分离点(或会合点)的条件只是一个必要条件，而不是充分条件。因为由条件求出的 d 可能不只一个，究竟哪些是实际的分离点，必须分析。既可结合根轨迹分析，也可将 d 代入根轨迹方程，若所求的 K^* 为正实数，对应的 d 即是实际的分离点。

(2) 位于实轴上两个开环极点之间的根轨迹必存在(至少)一个分离点；位于实轴上两个开环零点之间和一个开环极点之间的根轨迹，要么既有分离点也有会合点，要么两者都不存在。

(3) 根轨迹分离点坐标既可以是实数，也可以是复数。其中，复数分离点坐标出现在开环零极点分布对称的情况。

6. 法则 6

法则 6：根轨迹的起始角与终止角。根轨迹离开开环复数极点处的切线与实轴正方向之间的夹角，称为起始角(或出射角)，以 θ_{p_i} 表示，如图 4-10(a)所示；根轨迹进入开环复数零点处的切线与实轴正方向之间的夹角，称为终止角(或入射角)，以 φ_{z_i} 表示，如图 4-10(b)所示。

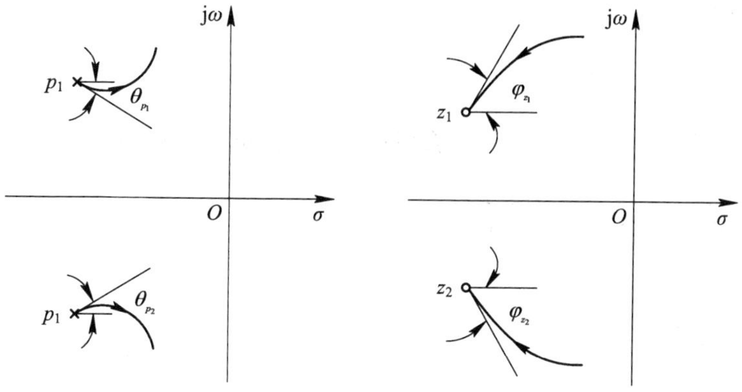

(a) 起始角　　(b) 终止角

图 4-10　根轨迹的起始角和终止角

现在以图 4-11 所示开环零点与极点分布为例，说明 θ_{p_i} 的求取。设 A 为无限接近于待求起始角(或终止角)的复数极点(或复数零点)根轨迹上的点，如图 4-11 所示，则以 θ_{p_1} 为待求起始角。

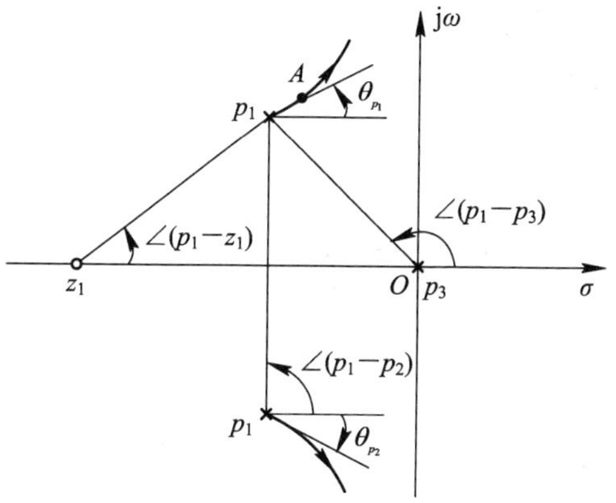

图 4-11　起始角 θ_{p_i} 的求取

由于 A 点无限靠近 p_1 点，故除 p_1 外，所有开环零、极点到 A 点的相量相角都可用它们到 p_1 的相量相角代替。

由绘制根轨迹的相角条件可知，A 点必须满足下式：

$$\angle(p_1-z_1)-\left\lfloor \theta_{p1}+\angle(p_1-p_2)+\angle(p_1-p_3)\right\rfloor=(2k+1)\pi$$

由此得到

$$\theta_{p1}=(2k+1)\pi+\angle(p_1-z_1)-\angle(p_1-p_2)-\angle(p_1-p_3)$$

将上述结论推广到一般，得到起始角和终止角的计算公式分别如下：

$$\theta_{p_i}=(2k+1)\pi+\left[\sum_{j=1}^{m}\angle(p_1-z_j)-\sum_{\substack{j=1\\ j\neq i}}^{n}\angle(p_1-p_i)\right]\quad(k=0,1,2,\cdots) \tag{4-41}$$

及

$$\varphi_{z_i}=(2k+1)\pi+\left[\sum_{\substack{j=1\\j\neq i}}^{n}\angle(z_1-p_j)-\sum_{j=1}^{m}\angle(z_1-z_j)\right]\quad(k=0,1,2,\cdots)\tag{4-42}$$

由式(4-41)和式(4-42)可以分别确定进入开环复数极点和离开开环复数零点的根轨迹的方向。

应当指出，如果开环传递函数不存在有限零点，则在式(4-41)中应取

$$\sum_{j=1}^{m}\angle(p_l-z_j)=0\tag{4-43}$$

此时，终止角不存在。

例 4-6 已知单位负反馈系统的开环传递函数为

$$G(s)H(s)=\frac{K^*(s+2)}{s^2+2s+3}$$

求其在开环极点处的分离角。

解 见图 4-12，由式(4-41)得到根轨迹离开开环极点 p_1 的起始角为

$$\begin{aligned}\theta_{p_1}&=(2k+1)\pi+\angle(p_1-z_1)-\angle(p_1-p_2)\\&=(2k+1)\pi+54.74^\circ-90^\circ\\&=144.74^\circ\end{aligned}$$

因为根轨迹对称于实轴，所以从系统开环极点 p_2 出发的根轨迹的起始角为-144.74°。

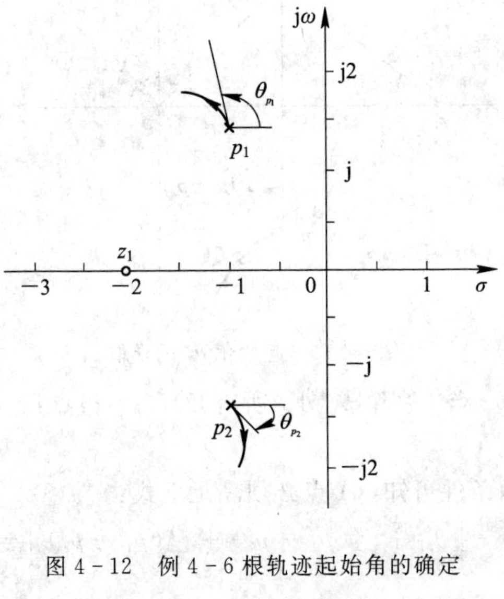

图 4-12 例 4-6 根轨迹起始角的确定

7. 法则 7

法则 7：根轨迹与虚轴的交点。若根轨迹与虚轴相交，表明闭环特征方程中存在位于虚轴之上的根，而此时的自变量满足 $s=j\omega$。所以将 $s=j\omega$ 代入系统的闭环特征方程 $1+G(s)H(s)=0$，得到

$$1+G(j\omega)H(j\omega)=0$$

分别写出上式的实部方程和虚部方程，得到

$$\left.\begin{aligned}\mathrm{Re}[1+G(\mathrm{j}\omega)H(\mathrm{j}\omega)]=0\\ \mathrm{Im}[1+G(\mathrm{j}\omega)H(\mathrm{j}\omega)]=0\end{aligned}\right\}\tag{4-44}$$

求解方程(4-44)，就可以得到根轨迹与虚轴的交点坐标 ω 和参变量 K^* 的临界值 K_c^*。也就是说，根轨迹与虚轴相交的交点坐标 ω 和参变量 K^* 的临界值 K_c^* 是方程组(4-44)的解。

由劳斯判据知，根轨迹与虚轴相交相当于闭环系统中出现了大小相等、符号相反的纯虚根，也就是劳斯表中出现了元素全为零的行。所以，也可以应用劳斯判据确定根轨迹与虚轴相交的交点坐标 ω 和此时参变量 K^* 的临界值 K_c^*。

例 4-7　求取例 4-6 中根轨迹与虚轴相交点的坐标 ω 和参变量 K^* 的临界值 K_c^*。

解　这里采用两种方法求解。

方法一： 应用式(4-44)求解。系统的闭环特征方程为

$$D(s)=s^3+3s^2+2s+K^*=0$$

将 $s=\mathrm{j}\omega$ 代入并整理，得到

$$-\mathrm{j}\omega^3-3\omega^2+\mathrm{j}2\omega+K^*=0$$

由式(4-44)可得

$$-3\omega^2+K^*=0$$
$$-\omega^2+2\omega=0$$

解之，得到例 4-5 所示系统的根轨迹与虚轴的交点坐标为 $\omega_1=0$，$\omega_{2,3}=\pm1.414$ rad/s。再将 $\omega_{2,3}=\pm1.414$ rad/s 代入实部方程，可求得 K^* 的临界值 $K_c^*=6$。这就是说，当 K^* 的值大于 6 时，例 4-5 所示闭环系统将变得不稳定(见图 4-13)。

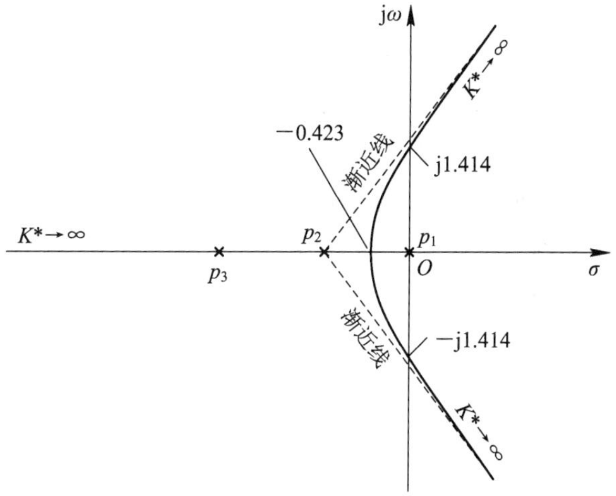

图 4-13　例 4-5 的根轨迹

方法二： 应用劳斯判据。由系统的闭环特征方程列写劳斯表。

此时为劳斯表中某一行元素全为零的情况。上述劳斯表中，只有 $\dfrac{6-K^*}{3}=0$ 才能够满足条件。所以有

$$\frac{6-K^*}{3}=0$$

解之，得到 $K^*=6$，这表明 $K^*=6$ 时，根轨迹与虚轴相交。称 $K^*=6$ 为 K^* 的临界值。

然后求解由 s^2 行元素构造的辅助方程，即

$$3s^2+K^*=0$$

得到 $s=\pm j\sqrt{2}$，即根轨迹与虚轴的交点坐标为 $\omega=\pm \quad =\pm 1.414(\text{rad/s})$。

8. 法则 8

法则 8：闭环极点的和与积。设闭环系统特征方程

$$D(s)=1+G(s)H(s)=s^n+a_1s^{n-1}+\cdots+a_{n-1}s+a_n=0$$

的 n 个根为 s_1，s_2，…，s_n，则有

$$D(s)=(s-s_1)(s-s_2)\cdots(s-s_n)=\prod_{i=1}^{n}(s-s_i)=0$$

进一步地，由高阶方程根与系数之间的关系，得

$$\begin{aligned}D(s)&=\prod_{i=1}^{n}(s-p_i)+K^*\prod_{j=1}^{m}(s-z_j)=s^n+a_1s^{n-1}+\cdots+a_{n-1}s+a_n\\&=\prod_{i=1}^{n}(s-s_i)=s^n+\left(-\sum_{i=1}^{n}s_i\right)s^{n-1}+\cdots+\prod_{i=1}^{n}(-s_i)\end{aligned}\tag{4-45}$$

可写出闭环极点的和与积如下：

$$\sum_{i=1}^{n}s_i=-a_j\tag{4-46}$$

$$\prod_{i=1}^{n}(-s_1)=(-1)^n\prod_{i=1}^{n}s_i=a_n\tag{4-47}$$

对于稳定的控制系统，式(4-47)还可写成

$$\prod_{i=1}^{n}|s_i|=a_n\tag{4-48}$$

根据式(4-45)～式(4-47)，在已知控制系统部分闭环极点的情况下，易于确定其余闭环极点在 S 平面上的分布位置，以及闭环极点对应的 K^* 值。

例 4-8 在例 4-6 所示系统中，已知根轨迹与虚轴相交时的两个闭环极点分别是 $s_{1,2}=\pm j\sqrt{2}$，试求此时系统的第三个极点 s_3 及 K^*。

解 系统的闭环特征方程为

$$D(s)=s^3+3s^2+2s+K^*=0$$

由式(4-46)得

$$s_1+s_2+s_3=-3$$

即

$$s_3=-3-(s_1+s_2)=-3$$

又由式(4-47)得

$$\prod_{i=1}^{n}(-s_i)=3\cdot(j\sqrt{2})\cdot(-j\sqrt{2})=6=K^*$$

9. 法则 9

法则 9：根之和。当 $n-m\geqslant 2$ 时，式(4-34)中特征方程第二项系数与 K^* 无关，无论 K^* 如何取值，开环 n 个极点之和总是等于闭环特征方程 n 个根之和，即

$$\sum_{i=1}^{n} s_i = \sum_{i=1}^{n} p_i \tag{4-49}$$

在开环极点一定的情况下，这是一个不变的常数。所以，当开环增益 K 增大时，若某些闭环特征方程的根在 S 平面上向左移动，则另一部分根必向右移动。此法则对判断根轨迹的走向是很有用的。

4.2.2　闭环极点的确定

根轨迹是随 K^* 连续变化的，每条根轨迹上的任何一点都对应于某一 K^* 值的闭环极点。因此，对于特定 K^* 值的闭环极点，应在准确的根轨迹上按模值方程确定。通常，比较简便的方法是先用实验法确定实数闭环极点的数值，然后用综合除法或根之和、根之积的代数方法确定其余的闭环极点。

例 4-9　在图 4-14 中，试确定 $K^*=4$ 时的闭环极点。

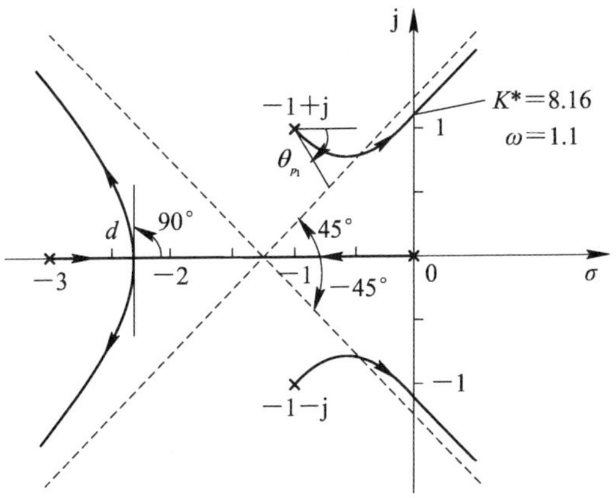

图 4-14　开环零极点分布与根轨迹

解　由于 $n=4$，$m=0$，所以模值方程为

$$K^* = \prod_{i=1}^{4} |s - p_i| = 4$$

即

$$K^* = |s-0| \cdot |s-(-3)| \cdot |s-(-1+j)| \cdot |s-(-1-j)| = 4$$

在实轴上任选 s 点，经过几次试探，找出满足上式的闭环实数极点为

$$s_1 = -2,\ s_2 = -2.52$$

各矢量模值的取法如图 4-15 所示。

因为闭环系统的特征方程为

$$s^4 + 5s^3 + 8s^2 + 6s + K^* = 0$$

将 $K^*=4$、$s_1=-2$、$s_2=-2.52$ 代入特征方程，得

$$s^4 + 5s^3 + 8s^2 + 6s + 4 = (s+2)(s+2.52)(s-s_3)(s-s_4)$$

于是，有

$$(s-s_3)(s-s_4) = \frac{s^4 + 5s^3 + 8s^2 + 6s + 4}{s^2 + 4.52s + 5.04}$$

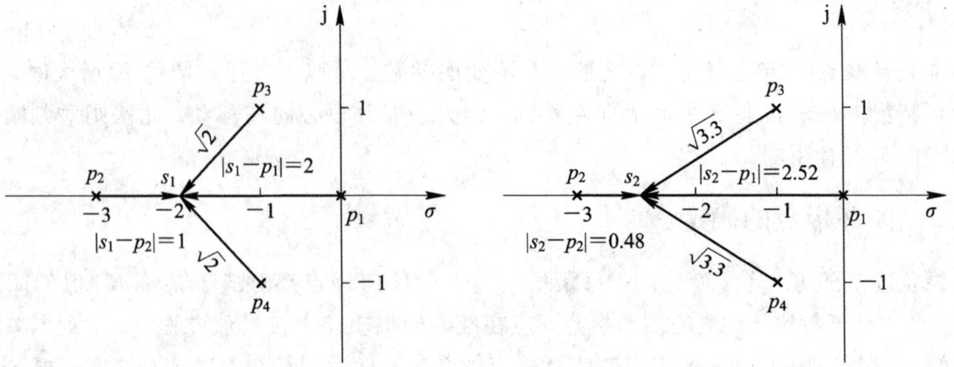

图 4－15　实轴上 $K^*=4$ 的闭环极点确定方法

应用综合除法，得

$$(s-s_3)(s-s_4)=s^2+0.45s+0.79$$

从而解出

$$s_3=-0.24+\mathrm{j}0.86,\ s_4=-0.24-\mathrm{j}0.86$$

在应用综合除法的过程中，通常不可能完全除尽，这是因为在图解过程中会不可避免地引入一些误差。

运用代数方程中根之和、根之积与方程式系数的关系，同样可以求得 s_3 和 s_4。因为

$$s_1+s_2+s_3+s_4=-5$$

$$s_1\cdot s_2\cdot s_3\cdot s_4=4$$

联立解出 $s_{3,4}=-0.24\pm\mathrm{j}0.86$。

与特定 K^* 值对应的闭环极点确定之后，根据闭环零、极点与开环零、极点的确定关系，不难写出闭环传递函数。例 4－9 中，当 $K^*=4$ 时的闭环传递函数为

$$\Phi(s)=\frac{4}{(s+2)(s+2.52)(s+0.24+\mathrm{j}0.86)(s+0.24-\mathrm{j}0.86)}$$

有了闭环的零、极点分布，就可以对系统的性能进行定性分析和定量计算了。

4.3　广义根轨迹

在控制系统中，除根轨迹增益 K^* 为变化参数的根轨迹以外，其他情形下的根轨迹统称为广义根轨迹。如系统的参数根轨迹，开环传递函数中零点个数多于极点个数时的根轨迹等均可列入广义根轨迹范畴。通常，将负反馈系统中 K^* 变化时的根轨迹叫做常规根轨迹。

4.3.1　参数根轨迹

以非开环增益为可变参数绘制的根轨迹称为参数根轨迹，以区别于以开环增益 K 为可变参数的常规根轨迹。

绘制参数根轨迹的法则与绘制常规根轨迹的法则完全相同。只要在绘制参数根轨迹之前，引入等效单位反馈系统和等效传递函数概念，则常规根轨迹的所有绘制法则均适用于

参数根轨迹的绘制。为此，需要对闭环特征方程

$$1+G(s)H(s)=0 \tag{4-50}$$

进行等效变换，将其写为如下形式：

$$A\frac{P(s)}{Q(s)}=-1 \tag{4-51}$$

其中，A 为除 K^* 外系统任意的变化参数，而 $P(s)$ 和 $Q(s)$ 为两个与 A 无关的首一多项式，显然，式(4-51)应与式(4-50)相等，即

$$Q(s)+AP(s)=1+G(s)H(s)=0 \tag{4-52}$$

根据式(4-52)，可得等效单位反馈系统，其等效开环传递函数为

$$G_1(s)H_1(s)=A\frac{P(s)}{Q(s)} \tag{4-53}$$

利用式(4-53)画出的根轨迹，就是参数 A 变化时的参数根轨迹。需要强调的是，等效开环传递函数是根据式(4-52)得来的，因此"等效"的含义仅在闭环极点相同这一点上成立，而闭环零点一般是不同的。由于闭环零点对系统动态性能有影响，所以由闭环零、极点分布来分析和估算系统性能时，可以采用参数根轨迹上的闭环极点，但必须采用原来闭环系统的零点。这一处理方法和结论，对于绘制开环零极点变化时的根轨迹同样适用。

例 4-10　设位置随动系统如图 4-16 所示。图中，系统 Ⅰ 为比例控制系统，系统 Ⅱ 为比例-微分控制系统，系统 Ⅲ 为测速反馈控制系统，T_a 表示微分器时间常数或测速反馈系数。试分析 T_a 对系统性能的影响，并比较系统 Ⅱ 和 Ⅲ 在具有相同阻尼比 $\zeta=0.5$ 时的有关特点。

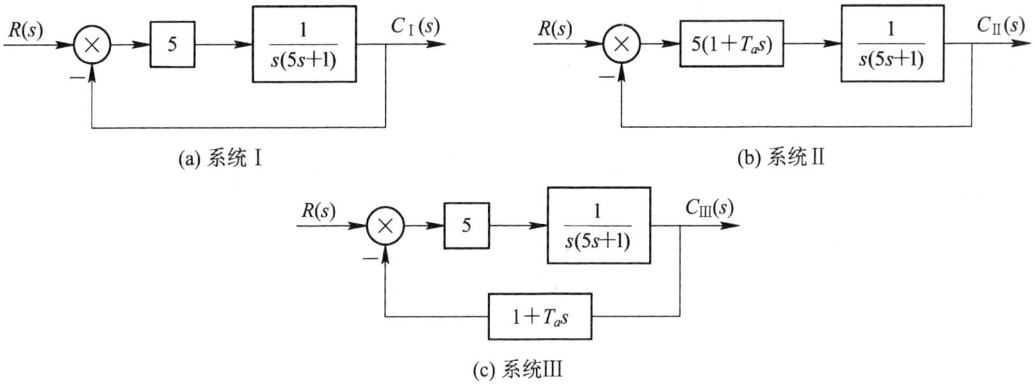

图 4-16　位置随动系统结构图

解　显然，系统 Ⅱ 和系统 Ⅲ 具有相同的开环传递函数，即

$$G(s)H(s)=\frac{5(1+T_a s)}{s(1+5s)}$$

但它们的闭环传递函数是不相同的，即

$$\Phi_{\mathrm{I}}(s)=\frac{5(1+T_a s)}{s(1+5s)+5(1+T_a s)} \tag{4-54}$$

$$\Phi_{\mathrm{III}}(s)=\frac{5}{s(1+5s)+5(1+T_a s)} \tag{4-55}$$

从式(4-54)和式(4-55)可以看出，两者具有相同的闭环极点(在 T_a 相同时)，但是系统Ⅱ具有闭环零点($-1/T_a$)，而系统Ⅲ不具有闭环零点。

现在将系统Ⅱ或系统Ⅲ的闭环特征方程式写成下式：

$$1+T_a\frac{s}{s(s+0.2)+1}=0 \tag{4-56}$$

如果令

$$G_1(s)H_1(s)=T_a\frac{s}{s(s+0.2)+1}$$

则式(4-56)代表一个根轨迹方程，其参数根轨迹如图 4-17 所示。图中，当 $T_a=0$ 时，闭环极点位置为 $s_{1,2}=-0.1\pm j0.995$，它即是系统Ⅰ的闭环极点。

为了确定系统Ⅱ和系统Ⅲ在 $\xi=0.5$ 时的闭环传递函数，在图 4-17 中作 $\xi=0.5$ 线，可得闭环极点为 $s_{1,2}=-0.5\pm j0.87$，相应的 T_a 值由模值条件算出为 0.8，于是有

$$\Phi_{\mathrm{II}}(s)=\frac{0.8(s+1.25)}{(s+0.5+j0.87)(s+0.5-j0.87)}$$

$$\Phi_{\mathrm{III}}(s)=\frac{1}{(s+0.5+j0.87)(s+0.5-j0.87)}$$

而系统Ⅰ的闭环传递函数与 T_a 值无关，应是

$$\Phi_{\mathrm{I}}(s)=\frac{1}{(s+0.1+j0.995)(s+0.1-j0.995)}$$

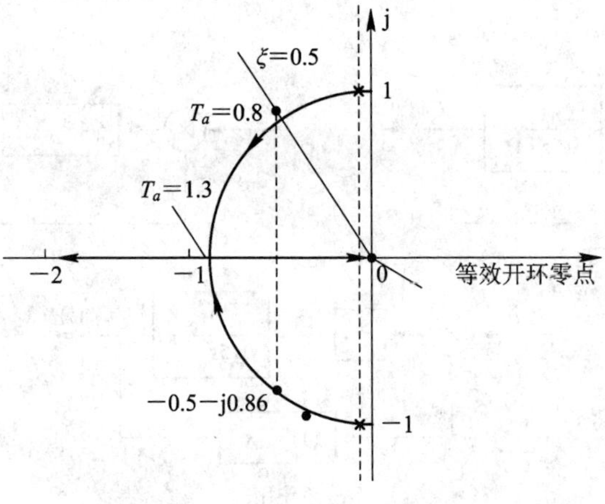

图 4-17 系统Ⅱ和Ⅲ在 T_a 变化时的参数根轨迹

各系统的单位阶跃响应可以由拉氏反变换法确定为

$$c_{\mathrm{I}}(t)=1-e^{-0.1t}(\cos 0.995t+0.1\sin 0.995t)$$

$$c_{\mathrm{II}}(t)=1-e^{-0.5t}(\cos 0.87t-0.347\sin 0.87t)$$

$$c_{\mathrm{III}}(t)=1-e^{-0.5t}(\cos 0.87t+0.578\sin 0.87t)$$

上述三种单位阶跃响应曲线如图 4-18 所示。由图可见，对于系统Ⅱ，由于微分控制反映了误差信号的变化率，能在误差信号增大之前提前产生控制作用，因此具有良好的时间响应特性，呈现最短的上升时间，快速性较好；对于系统Ⅲ，由于速度反馈加强了反馈作用，在上述三个系统中，它具有最小的超调量。

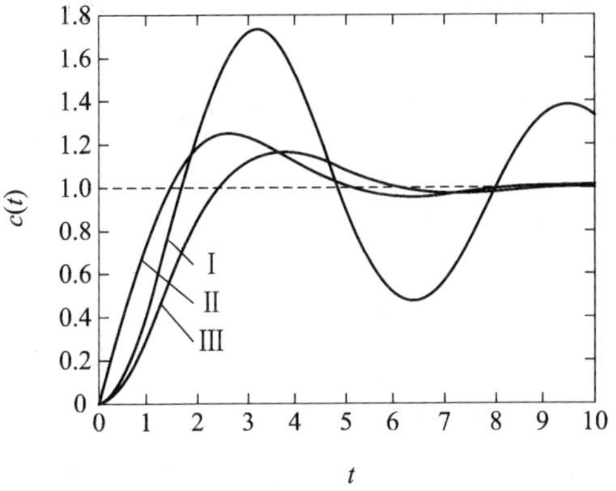

图 4-18　位置随动系统的单位阶跃响应曲线(MATLAB)

如果位置随动系统承受单位斜坡输入信号，则同样可由拉氏反变换法确定它们的单位斜坡响应：

$$c_{\mathrm{II}}(t)=t-0.2+0.2e^{-0.5t}(\cos 0.87t-5.19\sin 0.87t) \tag{4-57}$$

$$c_{\mathrm{III}}(t)=t-1+e^{-0.5t}(\cos 0.87t-0.58\sin 0.87t) \tag{4-58}$$

此时，系统将出现速度误差，其数值为 $e_{ss\mathrm{II}}(\infty)=0.2$ 和 $e_{ss\mathrm{III}}(\infty)=1.0$。系统Ⅰ的速度误差，可利用终值定理法求出为 $e_{ss\mathrm{I}}(\infty)=0.2$。根据式(4-57)和式(4-58)，可以画出系统Ⅱ和系统Ⅲ的单位斜坡响应，如图 4-19 所示。

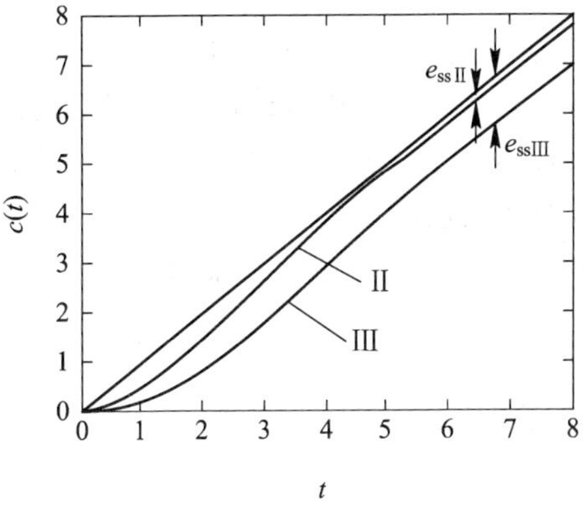

图 4-19　位置随动系统Ⅱ和Ⅲ的单位斜坡响应曲线

位置随动系统的性能比较结果如表 4-2 所示。

表 4-2　位置随动系统性能比较

性能 控制规律	比例式	比例-微分式	测速反馈式
峰值时间/s	3.14	2.62	3.62
调节时间/s	30	6.1	6.3
超调量/(%)	73	24.8	16.3
速度误差	0.2	0.2	1.0

4.3.2 零度根轨迹

在复杂的控制系统中，可能会遇到具有正反馈的内回路，如图 4-20 所示。一般说来，这种具有正反馈的内回路是不稳定的，因此，整个系统必须通过外回路加以稳定。为了分析系统的性能，首先要确定内回路的零、极点。当用根轨迹法确定内回路的零、极点时，就相当于绘制正反馈系统的根轨迹。

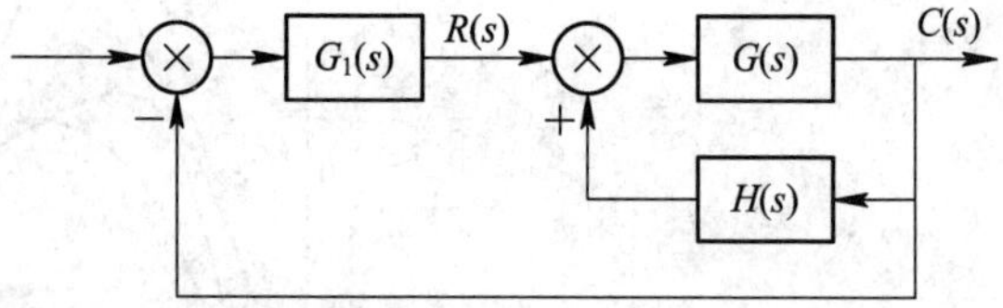

图 4-20 具有正反馈内回路的系统结构图

现讨论如何绘制正反馈内回路的根轨迹。正反馈内回路的特征方程为

$$1-G(s)H(s)=0$$

即

$$G(s)H(s)=1 \tag{4-59}$$

它就是正反馈系统的根轨迹方程，其模值方程为

$$|G(s)H(s)|=1 \tag{4-60}$$

相角方程为

$$\angle G(s)H(s)=0+2k\pi \quad k=0,\pm1,\pm2,\cdots \tag{4-61}$$

将式(4-60)和式(4-61)与常规根轨迹的相应公式对比可知，它们的模值方程完全相同，仅相角方程有所改变。

既然零度根轨迹与常规根轨迹只是相角方程不同，那么，只要在绘制常规根轨迹的法则中，修改那些与相角方程有关的部分，就可以用来绘制零度根轨迹。修改部分如下：

(1) 实轴上的根轨迹应改为：在实轴上自右向左数，凡偶数零、极点左边的一段实轴是根轨迹，第一个零、极点右边的实轴也是根轨迹。

(2) 根轨迹渐近线与实轴正方向的夹角 φ_a 应改为

$$\varphi_a=\frac{2k\pi}{n-m} \quad k=0,\pm1,\pm2,\cdots,n-m-1 \tag{4-62}$$

(3) 计算根轨迹起始角与终止角的公式应改为

$$\theta_{p_l}=2k\pi+\sum_{i=1}^{m}\angle(p_l-z_i)-\sum_{i=1,\,i\neq l}^{n}\angle(p_l-p_i) \quad k=0,\pm1,\pm2,\cdots \tag{4-63}$$

$$\varphi_{z_i}=2k\pi+\sum_{i=1}^{m}\angle(z_l-p_i)-\sum_{i=1,\,i\neq l}^{m}\angle(z_l-z_i) \quad k=0,\pm1,\pm2,\cdots \tag{4-64}$$

绘制零度根轨迹的其他法则与 180°根轨迹的法则完全相同。

例 4-11 设正反馈控制系统的结构如图 4-21 所示，参数 K^* 的变化范围为 0→∞，试绘制系统的根轨迹。

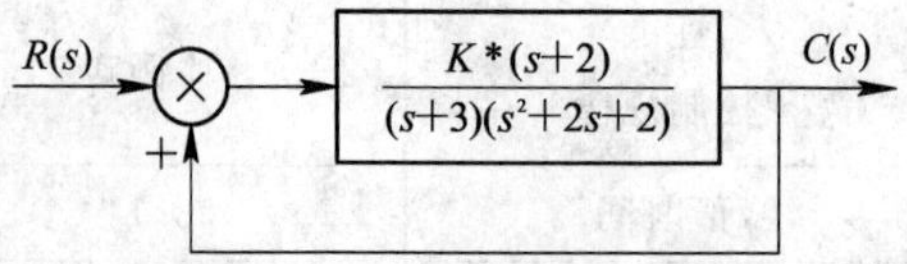

图 4-21 正反馈系统的结构图

解 由结构图 4-21 知系统的开环传递函数为

$$G(s)=\frac{K^*(s+2)}{(s+3)(s^2+2s+2)}$$

开环极点数 $n=3$，$p_1=-1+\mathrm{j}$，$p_2=-1-\mathrm{j}$，$p_3=-3$；开环有限零点数 $m=1$，$z_1=-2$；其开环零、极点分布如图 4-22 所示。

因为是正反馈系统，所以应该绘制零度根轨迹，下面确定绘制根轨迹的有关参数：

(1) 由于 $n=3$，因此，该系统有三条根轨迹分支分别起于开环极点，其中一条终于有限零点 -2，另外两条根轨迹终于无穷远。

(2) 渐近线与实轴正方向的夹角 φ_a 按式(4-62)计算，即

$$\varphi_a=\frac{2k\pi}{n-m}=\frac{2k\pi}{3-1}=0°, 180°; \ k=0, 1$$

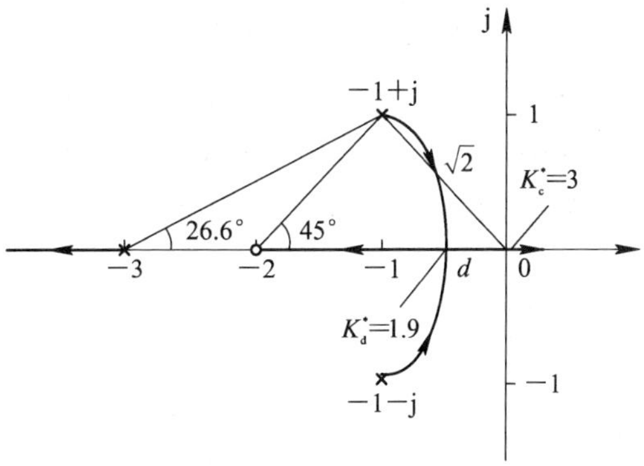

图 4-22　正反馈系统的根轨迹

上述结果说明，两条渐近线中的一条与正实轴重合，另一条与负实轴重合。

(3) 确定实轴上的根轨迹。根据修改后的法则可知，$[-2, +\infty)$和$(-\infty, -3]$区间为根轨迹。

(4) 确定根轨迹的起始角 θ_{p_1}。按式(4-63)计算得

$$\theta_{p_1}=\angle(p_1-z_1)-\angle(p_1-p_2)-\angle(p_1-p_3)=45°-90°-26.6°=-71.6°$$

由对称性可知，$\theta_{p_2}=71.6°$。

(5) 确定根轨迹的分离点坐标 d。有下述分离点方程：

$$\frac{1}{d+2}=\frac{1}{d+3}+\frac{1}{d+1-\mathrm{j}}+\frac{1}{d+1+\mathrm{j}}$$

经整理得

$$(d+0.8)(d2+4.7d+6.24)=0$$

显然，分离点应位于实轴上，故取 $d=-0.8$，求出分离角为

$$\theta_l=\pm\frac{180°}{2°}=\pm 90°$$

该正反馈控制系统的概略根轨迹如图 4-22 所示。由根轨迹图可见，坐标原点对应的根轨迹增益为临界值，可由模值方程求出

$$K_c^*=\left.\frac{|s-p_1||s-p_2||s-p_3|}{|s-z_1|}\right|_{s=0}=\frac{\sqrt{2}\cdot\sqrt{2}\cdot 3}{2}=3$$

由于 $K_c=K_c^*/3$，所以 $K_c=1$。可见，该正反馈系统并不是永远不稳定的，若开环增益 K 取值在 0 与 1 之间，即使是正反馈系统，仍然能稳定工作，但当 $K_c>1$ 时，将有一个闭环极点分布在右半 S 平面，系统变为不稳定系统，当 $K=1$ 时，系统临界稳定。分离点处的 $K_d^*=1.9$，$K_d=0.63$，可见，当 K 在 0～0.63 的范围内时，闭环三个极点中有一对共轭复数极点靠近虚轴，其阶跃响应是轻微的振荡衰减过程。

最后需要指出，除了正反馈系统必须绘零度根轨迹以外，某些非最小相角系统也需要绘零度根轨迹。把在右半 S 平面有开环零、极点的系统称为非最小相角系统。如果在非最小相角系统开环传递函数中，包含 s 最高次幂系数为负的因子，其特征方程必然满足零度根轨迹的相角条件，所以也应当绘零度根轨迹。

4.3.3 纯滞后系统的根轨迹

纯滞后现象普遍存在于实际的工业过程中，构成了一类特殊的系统，如图 4-23 所示。对于该类系统，由于其传递函数的非有理性，不能采用前面讨论的所有方法来绘制根轨迹图，需要进行特殊处理。

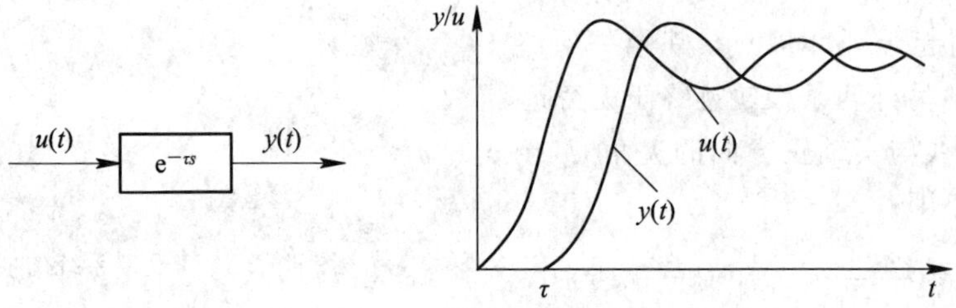

(a) 方块图　　(b) 时域特性

图 4-23　纯滞后系统

不失一般性，假设单位负反馈系统的开环传递函数为

$$G(s)=\frac{K\prod_{i=1}^{m}(s-z_i)}{\prod_{i=1}^{n}(s-p_i)}e^{-\tau s} \tag{4-65}$$

其中 τ 为纯滞后时间，且 $K>0$。对于该系统，根轨迹方程为

$$\frac{K\prod_{i=1}^{m}(s-z_i)}{\prod_{i=1}^{n}(s-p_i)}e^{-\tau s}=-1 \tag{4-66}$$

或

$$\prod_{i=1}^{n}(s-p_i)+K\prod_{i=1}^{m}(s-z_i)e^{-\tau s}=0 \tag{4-67}$$

绘制式(4-67)这一类的根轨迹一般有两种方法：一是直接应用相位条件，因为纯滞后与相位移有着密切的联系；二是先将纯滞后环节用有限阶次的有理函数近似，然后使用前两节讲过的方法。

1. 直接法

这是一种直接应用相位条件的处理方法。显然，即使开环传递函数式(4-65)是非有理函数，根轨迹的相位条件并不因此发生变化。将纯滞后与有理函数部分 $\overline{G}(s)$分离，得

$$G(s)=e^{-\tau s}\overline{G}(s) \tag{4-68}$$

若 $s=\sigma+j\omega$，则 $G(s)$的相位是 $\overline{G}(s)$的相位减去 $\tau\omega$。因此具有纯滞后环节的系统其根轨迹的相位条件是

$$\angle\overline{G}(\sigma+j\omega)-\tau\omega=(2k+1)\pi \tag{4-69}$$

此时根轨迹问题即为寻找 s 使其满足方程式(4-69)。

为了绘制出根轨迹，可以先固定一个 值，然后沿水平线 $s=\sigma+j\omega$ 寻找满足相位条件的 σ，一旦找到即为根轨迹上的一个点；逐渐增加 ω 值，重复上面的搜索过程。

例 4-12　假设单位负反馈开环传递函数为 $G(s)=\frac{Ke^{-\tau s}}{s}$，试绘制闭环系统的根轨迹。

解　闭环系统的特征方程为

$$1+K\frac{e^{-\tau s}}{s}=0$$

当 $\omega=0$ 时，由相位条件式(4-69)可知，纯滞后部分的相位为零，则

$$\angle \bar{G}(\sigma+j\omega)=(2k+1)\pi$$

即实轴上根轨迹的绘制与该系统没有纯滞后时根轨迹的绘制方法相同，即实轴上某一区域右侧开环实数零极点的个数之和为奇数时，该区域为根轨迹。所以实轴上$(-\infty, 0]$为根轨迹。

令 $s=\sigma+j\omega$，研究 σ 在$-\infty\sim+\infty$的根轨迹变化趋势。

若 $\sigma=-\infty$，即在 S 左半平面无穷远处，代入如下相位条件：

$$\pi-\tau\omega=(2k+1)\pi$$

$$\omega=\frac{2k\pi}{\tau},\ k=0,\pm1,\pm2,\cdots \tag{4-70}$$

若 $\sigma=0$(在虚轴上)，则对于 $\omega>0$ 的相位条件为

$$-\frac{\pi}{2}-\tau\omega=(2k+1)\pi$$

$$\omega=\frac{-\left(2k+\frac{3}{2}\right)\pi}{\tau},\ k=0,\pm1,\pm2,\cdots \tag{4-71}$$

对于 $\omega<0$ 的相位条件为

$$\frac{\pi}{2}-\tau\omega=(2k+1)\pi$$

$$\omega=\frac{-\left(2k+\frac{1}{2}\right)\pi}{\tau},\ k=0,\pm1,\pm2,\cdots \tag{4-72}$$

若 $\sigma=+\infty$，即在 S 右半平面无穷远处，则相位条件为

$$-\tau\omega=(2k+1)\pi$$

$$\omega=\frac{-(2k+1)\pi}{\tau},\ k=0,\pm1,\pm2,\cdots \tag{4-73}$$

综合以上分析，并补充适当的点，即可绘制闭环系统的根轨迹。

图 4-24 为 $\tau=1$ 时闭环系统的根轨迹概貌，精确的根轨迹可以通过以下方法获得。首先令闭环系统的根为 $s=\sigma+j\omega$，然后将其代入闭环根轨迹方程，并令等式两端实部相等、虚部相等，得代数方程组：

$$\sigma+Ke^{-\sigma}\cos\omega=0$$

$$\sigma-Ke^{-\sigma}\sin\omega=0$$

利用 MATLAB 进行求解，如图 4-25 所示。

可以看出：带纯滞后的系统根轨迹图有无穷多个分支，每个分支从极点 $s=0$ 或 S 左半平面无穷远处出发，经式(4-71)、式(4-72)表示的虚轴交点，以式(4-73)给出的渐近线趋于 S 右半平面无穷远处。

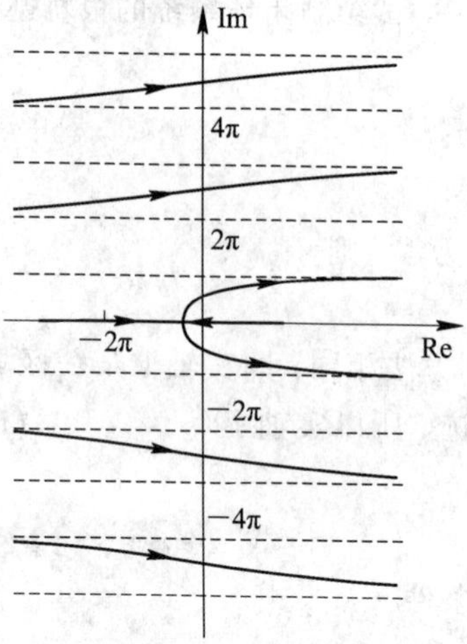

图 4-24　例 4-12 系统的根轨迹($\tau=1$)

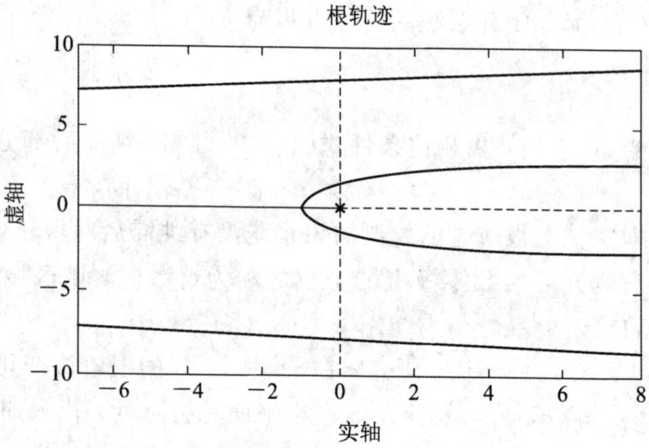

图 4-25　例 4-12 系统的部分精确根轨迹

通常将位于$\pm\pi$水平线内的根轨迹部分称为主根轨迹，因为它在闭环系统的动态响应中起主导作用，在对精度要求不高时，由于其他根轨迹分支对动态响应的影响较少，往往可以忽略，并将它们称为辅助根轨迹。

上述方法可以进一步推广到开环传递函数为$G(s)=\dfrac{K\mathrm{e}^{-\tau s}\prod\limits_{i=1}^{m}(s-z_i)}{\prod\limits_{i=1}^{n}(s-p_i)}$的一般纯滞后系统，系统的根轨迹具有与常规根轨迹不同的以下特点：

(1) 实轴上的根轨迹由$G_1(s)=\dfrac{K\prod\limits_{i=1}^{m}(s-z_i)}{\prod\limits_{i=1}^{n}(s-p_i)}$实轴上的根轨迹决定。

(2) 根轨迹始于开环极点$\sigma=-\infty$处，终于开环零点$\sigma=+\infty$处，具有无穷多个分支。

(3) 复平面的根轨迹：令$s=\sigma+\mathrm{j}\omega$，当$\sigma=-\infty$时，$\omega=\dfrac{(2k-n+m+1)\pi}{\tau}$，当$\sigma=+\infty$时，$\omega=\dfrac{(2k+1)\pi}{\tau}$。

(4) 根轨迹的渐近线有无穷多条，且都平行于实轴，渐近线与虚轴的交点由下式决定：

$$K\to 0\text{ 时}\quad \omega=\begin{cases}\pm(2k+1)\pi/\tau, & n-m\text{ 为偶数}\\ \pm 2k\pi/\tau, & n-m\text{ 为奇数}\end{cases};\ k=0,1,2,\cdots$$

$$K\to\infty\text{ 时}\quad \omega=\pm(2k+1)\pi/\tau;\ k=0,1,2,\cdots$$

出现这些不同于常规根轨迹绘制的原因是系统特征方程中出现了$\mathrm{e}^{-\tau s}$项，这已是一个超越方程，使得特征方程有无限多个根存在。

2. 有理函数近似法

若能将无理函数$\mathrm{e}^{-\tau s}$用有理函数近似，则前面介绍的根轨迹方法均可使用。一般说来，大多数控制系统通常工作在低频范围，因此，希望该近似要在低频范围有较高的精度。专用的方法是由 H. Padé 提出来的。其原理是在 $s=0$ 处将一个有理函数的级数展开成与纯滞后 $e^{-\tau s}$ 的级数展开式相一致，其中有理函数的分子为 p 阶多项式，分母为 q 阶多项式，得到的结果称为 $e^{-\tau s}$ 的 (p, q) 阶 Padé 近似。这里仅讨论 $p=q$ 的情况，简称为纯滞后环节的 p 阶 Padé 近似。为给出一般的近似公式，先计算 e^{-s} 的近似，在结果中只要令 s 为 τs，就能得到任意纯滞后 $e^{-\tau s}$ 的有理函数近似公式。

若 $p=1$，则应选择 b_0、b_1 和 a_0，使得误差

$$e^{-s}-\frac{b_0 s+b_1}{a_0 s+1}=\varepsilon \tag{4-74}$$

尽可能地小。根据 Padé 近似的原理，将 e^{-s} 和一阶有理函数同时展开成麦克劳伦级数

$$e^{-s}=1-s+\frac{s^2}{2!}-\frac{s^3}{3!}+\frac{s^4}{4!}-\cdots \tag{4-75}$$

$$\frac{b_0 s+b_1}{a_0 s+1}=b_1+(b_0-a_0 b_1)s-a_0(b_0-a_0 b_1)s^2+a_0^2(b_0-a_0 b_1)s^3+\cdots \tag{4-76}$$

比较以上两式中 s 的同次幂系数，令其相等：

$$\begin{aligned} b_1 &= 1 \\ b_0-a_0 b_1 &= -1 \\ -a_0(b_0-a_0 b_1) &= \frac{1}{2} \\ a_0^2(b_0-a_0 b_1) &= -\frac{1}{6} \end{aligned} \tag{4-77}$$

由于未知参数只有 b_0、b_1 和 a_0，Padé 近似的方法是匹配最前面的三个系数，解这三个系数方程，即可得到一阶 Padé 近似

$$e^{-s}\approx\frac{1-\frac{1}{2}s}{1+\frac{-1}{2}s} \tag{4-78}$$

若采用二阶近似，则有 5 个未知参数，能匹配更多的系数方程，从而逼近精度就会提高。表 4-3 列出了 e^{-s} 的低阶 Padé 近似公式。

表 4-3　e^{-s} 的低阶 Padé 近似公式

$p=q$	$G(s)$
1	$\frac{1-0.5s}{1+0.5s}$
2	$\frac{1-0.5s+0.0833s^2}{1+0.5s+0.833s^2}$
3	$\frac{1-0.5s+0.1s^2+0.0833s^3}{1+0.5s+0.1s^2+0.833s^3}$

例 4-13　考虑一个工业热交换器的开环传递函数 $G(s)=\frac{Ke^{-5s}}{(10s+1)(6s+1)}$，试绘制系统闭环根轨迹图。

解　采用二阶 Padé 近似，则

$$e^{-5s}=\frac{1-0.5\times 5s+0.0833\times(5s)^2}{1+0.5\times 5s+0.0833\times(5s)^2}=\frac{1-2.5s+2.0825s^2}{1+2.5s+2.0825s^2}$$

开环传递函数为

$$\begin{aligned}G(s)&=\frac{K}{(10s+1)(6s+1)}\times\frac{1-2.5s+2.0825s^2}{1+2.5s+2.0825s^2}\\&=K\frac{1-2.5s+2.0825s^2}{1+18.5s+102.0825s^2+183.32s^3+124.95s^4}\end{aligned}$$

闭环系统的根轨迹如图 4-26(c)所示。

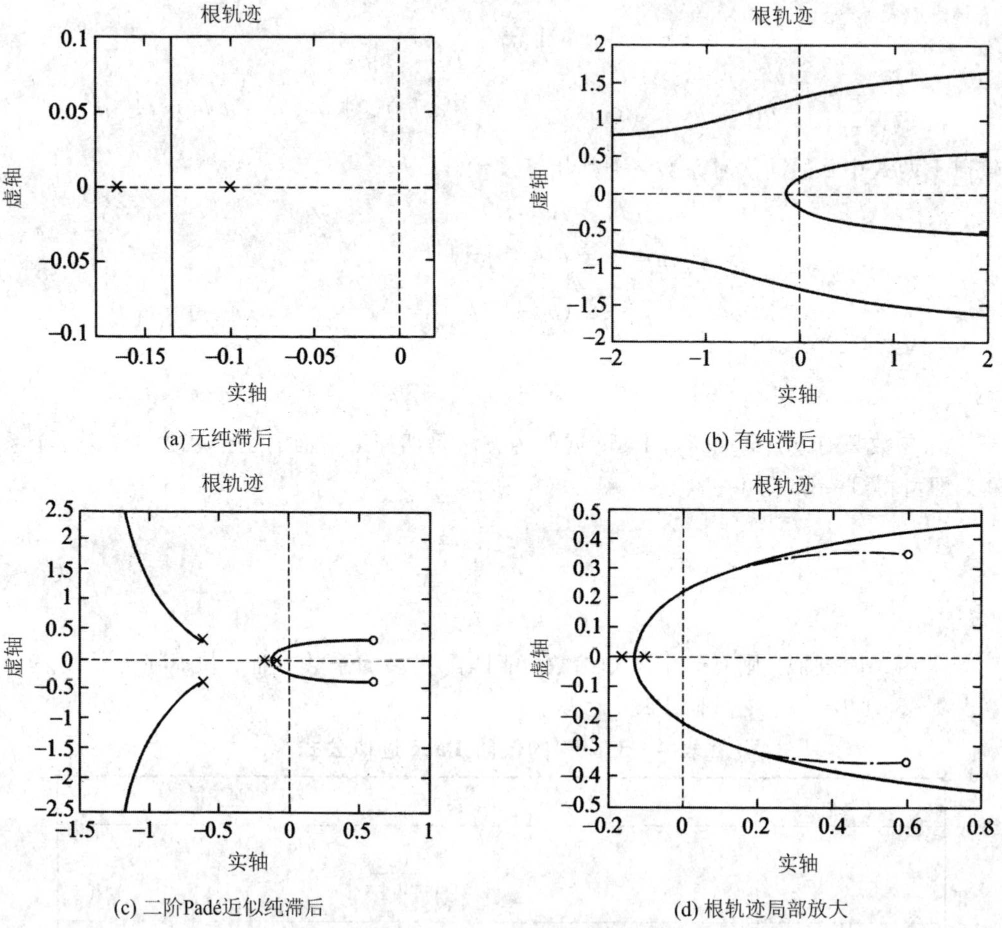

(a) 无纯滞后　(b) 有纯滞后　(c) 二阶Padé近似纯滞后　(d) 根轨迹局部放大

图 4-26　例 4-13 的根轨迹

精确的根轨迹可以通过以下方法获得：根据相位条件分析实轴上的根轨迹，研究 σ 在 $-\infty\sim+\infty$ 的根轨迹变化趋势，令闭环系统的根为 $s=\sigma+j\omega$，将其代入闭环根轨迹方程，并令等式两端实部相等、虚部相等，得

$$60\sigma^2-60\omega^2+16\sigma+1+Ke^{-5\sigma}\cos 5\omega=0$$

$$120\sigma\omega+16\omega-Ke^{-5\sigma}\sin 5\omega=0$$

解上述方程组，得到闭环系统的根轨迹如图 4-26(b)所示(只显示了主根轨迹分支)。

可以看出，对于低增益段，近似根轨迹和精确根轨迹两条线十分接近。但随着增益的继续增加，两条线彼此逐渐分离。如果要求更高的近似精度，应采用三阶或三阶以上的近似。

从上面分析看到，即使在一个简单的低阶系统，一旦出现了纯滞后，系统的稳定性也将不能保证。例如，例 4-12 所示的二阶系统，如果没有纯滞后存在，$K>0$ 时系统总是稳定的；但有了纯滞后的影响，当参数 K 大于某个值时，根轨迹便进入了 S 平面的右半平面。因此，纯滞后给系统带来的不良影响需要特别加以注意。

4.4　系统性能分析

4.4.1　开环极点对系统性能的影响

在自动控制系统中，各环节时间常数的变化主要表现为开环极点位置的改变，同时也改变开环系统的放大倍数。此外环节的增减或环节特性的改变也会造成开环极点的增减，下面分别讨论这些情况。

1. 时间常数的变化

考虑一下单位负反馈系统开环传递函数

$$G(s)=\frac{100K}{(T_1s+1)(T_2s+1)(T_3s+1)} \tag{4-79}$$

其中，$T_1=2$，$T_2=5$，$T_3=10$。

以第二个时间常数为例，假设 T_2 从 5 增大至 6.25（相应的极点由 -0.2 增大到 -0.16），或者由 5 减小到 3.33（相应的极点由 -0.2 减小到 -0.3），则开环传递函数分别为

$$G_1(s)=\frac{100K}{(2s+1)(6.25s+1)(10s+1)};\quad G_2(s)=\frac{100K}{(2s+1)(3.33s+1)(10s+1)}$$

T_2 变化前后闭环系统的根轨迹如图 4-27 所示。

由图 4-27 可以看出：当 T_2 增大时，闭环系统根轨迹向右移动，闭环主导极点也随之向右移动，如果调整 K 保持阻尼比不变，则过渡过程时间必然加长，系统的稳定性下降；反之，当 T_2 减小时，闭环系统根轨迹向左移动，闭环主导极点也随之向左移动，在保持阻尼比不变的条件下，系统控制质量可以相应提高。同样的结果可以推广至其他开环极点变化的情况。

以上结果也可以从零、极点图和根轨迹的相位条件分析得到。式(4-79)的零极点图如图 4-28 所示。假设 s_1 为原闭环系统的根，则满足相位条件：

$$\angle(s_1-p_1)+\angle(s_1-p_2)+\angle(s_1-p_3)=\pi \tag{4-80}$$

当 T_2 减小（p_2 向左移动到 $\bar{p}_2$）时，$\angle(s_1-\bar{p}_2)$ 小于 $\angle(s_1-p_2)$，则相位条件无法满足，即

$$\angle(s_1-p_1)+\angle(s_1-\bar{p}_2)+\angle(s_1-p_3)\neq\pi$$

为了满足相位条件，闭环系统的根必将在 s_1 的左侧，因此闭环系统的根轨迹必向左移动。

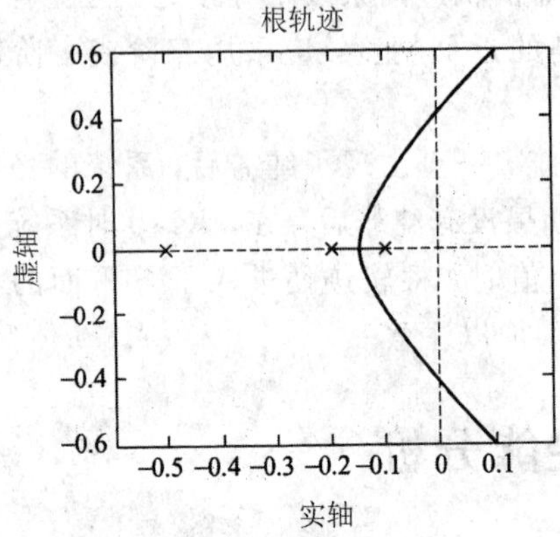

(a) $T_1=2$，$T_2=5$，$T_3=10$

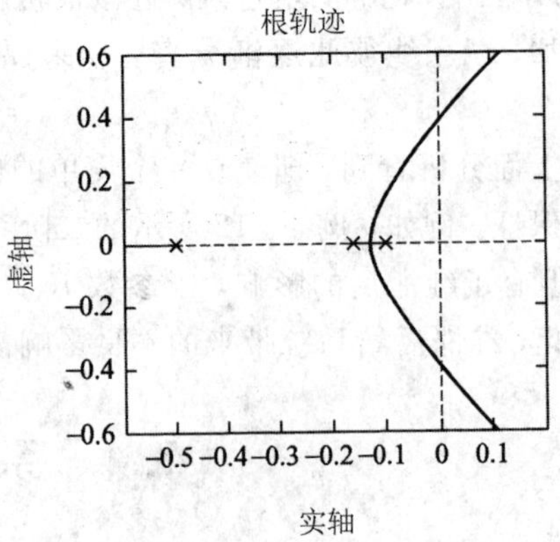

(b) $T_1=2$，$T_2=6.25$，$T_3=10$

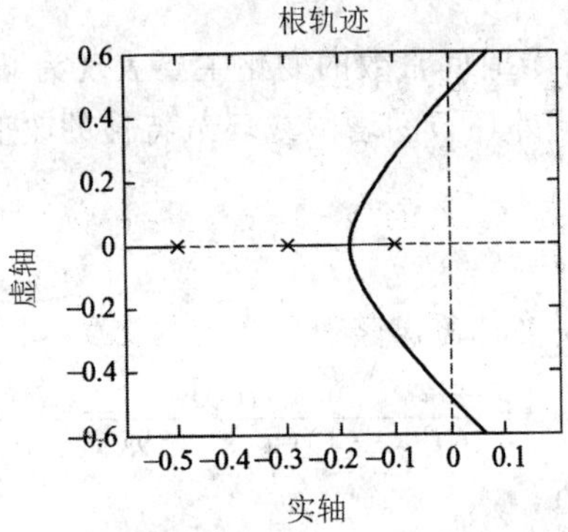

(c) $T_1=2$，$T_2=3.33$，$T_3=10$

图 4 - 27　式(4 - 79)所示系统根轨迹

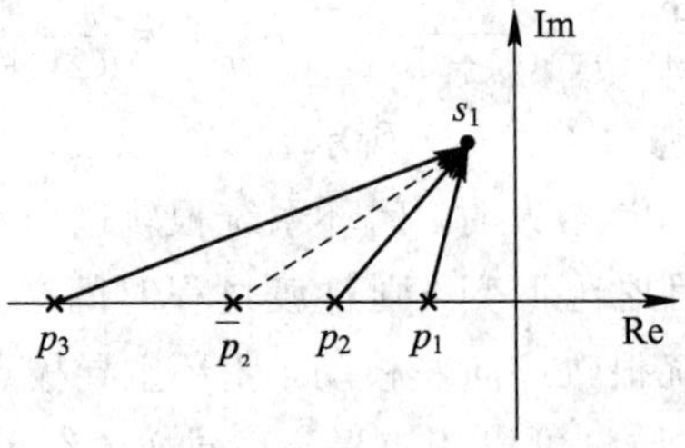

图 4 - 28　式(4 - 79)零、极点图

2. 开环极点的增减

对于一个开环稳定的系统，当时间常数减小到 ε(ε≈0)时，对应开环系统的极点近似为$-\infty$，可以认为该开环极点是一个无限极点，相当于开环系统减少了一个极点。由时间常数的变化对系统性能的影响可以得到，时间常数减小，闭环系统的轨迹向左移动，可以提高控制质量。因此，减少开环极点，可以提高系统的性能。简单地，从根轨迹渐近线的分析也可以得到同样的结论，减少开环极点，则根轨迹渐近线与实轴的夹角$\dfrac{(2k+1)\pi}{n-m}$增大，根轨迹向左移动，系统性能得到改善。

仍以式(4－79)为例，减少开环极点所得到的闭环系统根轨迹如图 4－29 所示。

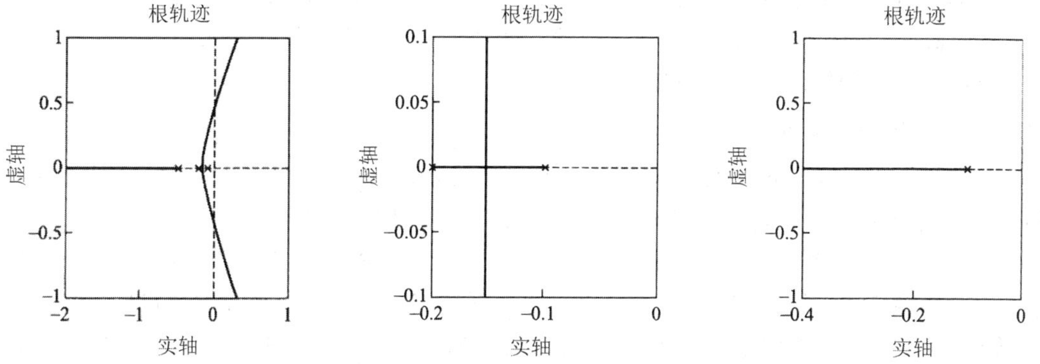

(a) $G(s)=\dfrac{100K}{(2s+1)(5s+1)(10s+1)}$　　(b) $G(s)=\dfrac{100K}{(5s+1)(10s+1)}$　　(c) $G(s)=\dfrac{100K}{10s+1}$

图 4－29　开环极点变化时的根轨迹图

4.4.2　开环零点对系统性能的影响

开环零点对控制质量的影响同样可以从两个方面来考虑：一是开环零点位置变化；二是开环零点的增减。

1. 开环零点位置的变化

与开环极点位置变化对系统性能的影响情况相反。一般地，如果在系统中增大开环零点，则可以使根轨迹向 S 平面的左半部移动，系统的相对稳定性和动态品质将会得到改善。首先看一个例子。

假设单位负反馈系统开环传递函数为

$$G(s)=\frac{K(T_{d}s+1)}{(s+0.1)(s+0.2)(s+0.5)} \tag{4-81}$$

若选 $T_{d}=2.5$，则相应的闭环根轨迹如图 4－30(a)所示，若增大微分时间常数，使 $T_{d}=7$，则相应的闭环根轨迹如图 4－30(b)所示。

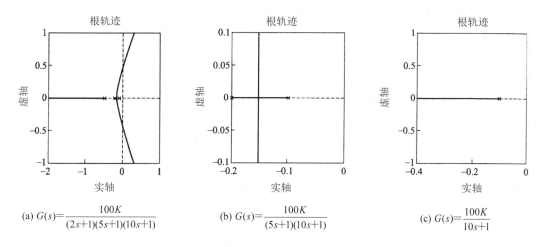

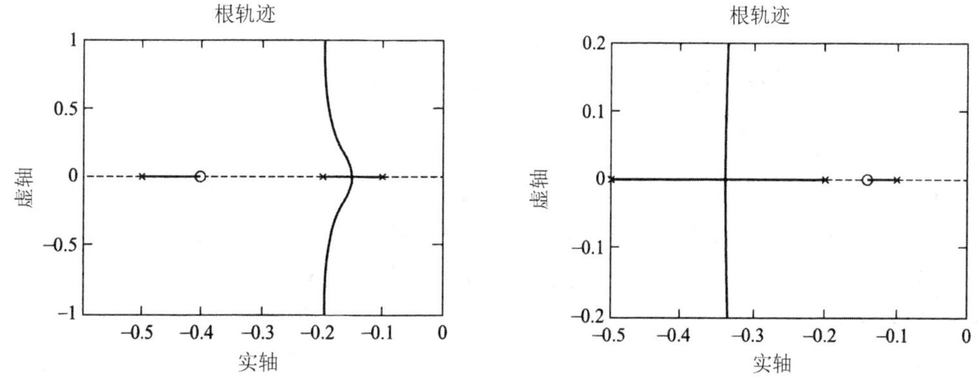

(a) $T_{d}=2.5$　　(b) $T_{d}=7$

图 4－30　式(4－81)所示系统根轨迹图

由图 4－30 可以看出：当微分时间增大，亦即开环零点更靠近虚轴时，一对复数闭环极点会离开虚轴更远，因而对过渡过程的影响更小，使靠近原点的实数极点变为主导极点，从而使过程的振荡减弱。所以说，微分时间增大有助于改善系统稳定性。

开环零点对根轨迹的影响也可以从零、极点图和根轨迹的相位条件来分析。

2. 开环零点的增减

对于一个开环稳定的系统，如式(4－81)，当微分时间 T_d 减小到 时，对应开环系统根零点近似为$-\infty$，可以认为该开环零点是一个无限零点，相当于开环系统减少了一个零点。由开环零点位置的变化对系统性能的影响可以得到，零点位置向左移动，闭环系统根轨迹则向右移动，系统稳定性下降。因此，减少开环零点，将降低系统的稳定性。简单地，从根轨迹渐近线的分析也可以得到同样的结论，减少开环零点，则根轨迹渐近线与实轴的夹角$\dfrac{(2k+1)\pi}{n-m}$减小，根轨迹向右移动，系统稳定性下降。

以式(4－81)为例，增减开环零点所得到的闭环根轨迹如图 4－31 所示。

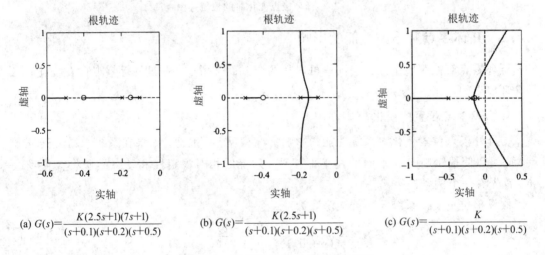

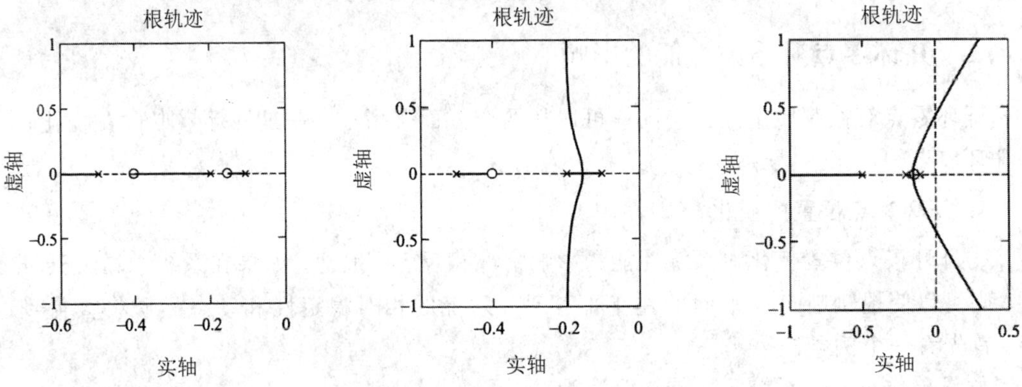

(a) $G(s)=\dfrac{K(2.5s+1)(7s+1)}{(s+0.1)(s+0.2)(s+0.5)}$　(b) $G(s)=\dfrac{K(2.5s+1)}{(s+0.1)(s+0.2)(s+0.5)}$　(c) $G(s)=\dfrac{K}{(s+0.1)(s+0.2)(s+0.5)}$

图 4－31　开环零点变化时的根轨迹图

习　题

4－1　设单位反馈控制系统的开环传递函数为

$$G(s)=\frac{K(3s+1)}{s(2s+1)}$$

试用解析法绘出开环增益 K 从零增加到无穷时的闭环根轨迹图。

4－2　已知开环零、极点分布图 4－32 所示，试概略绘出相应的闭环根轨迹图。

4－3　设单位反馈控制系统开环传递函数如下，试概略绘出相应的闭环根轨迹图(要求确定分离点坐标 d)：

(1) $G(s)=\dfrac{K}{s(0.2s+1)(0.5s+1)}$；　　(2) $G(s)=\dfrac{K(s+1)}{s(2s+1)}$；

(3) $G(s)=\dfrac{K^*(s+5)}{s(s+2)(s+3)}$。

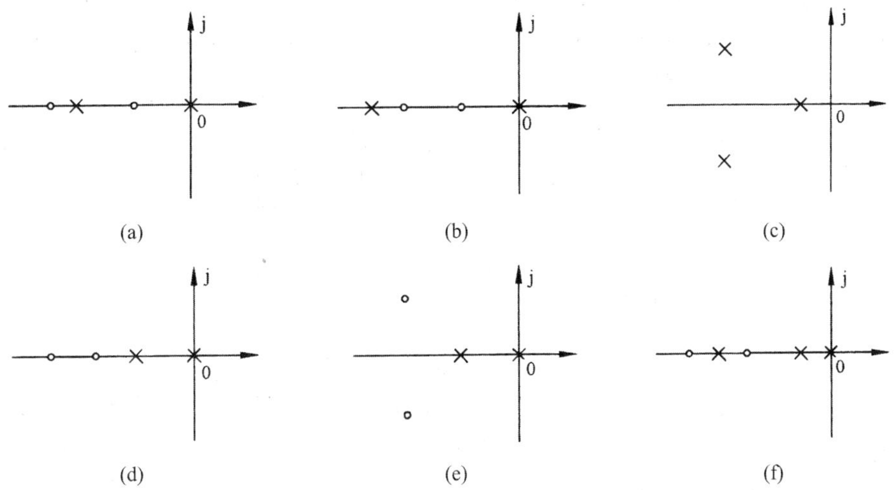

图 4-32　系统开环零、极点分布图

4-4　已知单位反馈控制系统开环传递函数如下，试概略画出相应的闭环根轨迹图（要求算出起始角 θ_{p_i}）：

（1）$G(s)=\dfrac{K^*(s+2)}{(s+1+\mathrm{j}2)(s+1-\mathrm{j}2)}$；　（2）$G(s)=\dfrac{K^*(s+20)}{s(s+10+\mathrm{j}10)(s+10-\mathrm{j}10)}$。

4-5　设单位反馈控制系统的开环传递函数如下，要求：

（1）确定 $G(s)=\dfrac{K^*}{s(s+1)(s+10)}$ 产生纯虚根的开环增益；

（2）确定 $G(s)=\dfrac{K^*(s+z)}{s^2(s+10)(s+20)}$ 产生纯虚根为 $\pm\mathrm{j}1$ 的 z 值和 K^* 值；

（3）概略绘出 $G(s)=\dfrac{K^*}{s(s+1)(s+3.5)(s+3+\mathrm{j}2)(s+3-\mathrm{j}2)}$ 的闭环根轨迹图。（要求确定根轨迹的分离点、起始角和与虚轴的交点）

4-6　已知开环传递函数为 $G(s)H(s)=\dfrac{K^*}{s(s+4)(s^2+4s+20)}$，试画出闭环系统根轨迹图。

4-7　已知开环传递函数为 $G(s)=\dfrac{K^*(s+2)}{(s^2+4s+9)^2}$，试绘制其闭环系统根轨迹图。

4-8　设反馈控制系统中 $G(s)=\dfrac{K^*}{s^2(s+2)(s+5)}$，$H(s)=1$。要求：

（1）概略绘出系统根轨迹图，并判断闭环系统的稳定性；

（2）如果改变反馈通路传递函数，使 $H(s)=1+2s$，判断 $H(s)$ 改变后的系统稳定性，研究由于 $H(s)$ 改变所产生的效应。

4-9　试绘出下列多项式方程的根轨迹：

（1）$s^3+2s^2+3s+Ks+2K=0$；　（2）$G(s)=\dfrac{30(s+b)}{s(s+10)}$。

4-10　设系统开环传递函数如下，试画出 b 从零变到无穷时的根轨迹图：

（1）$G(s)=\dfrac{20}{(s+4)(s+b)}$；　（2）$G(s)=\dfrac{30(s+b)}{s(s+10)}$。

4-11　设控制系统如图 4-33 所示，其中 $G_c(s)$为改善系统性能而加入的校正装置。若 $G_c(s)$可从 $K_t s$、$K_a s^2$ 和 $K_a s^2/(s+20)$三种传递函数中任选一种，你选择哪一种，为什么?

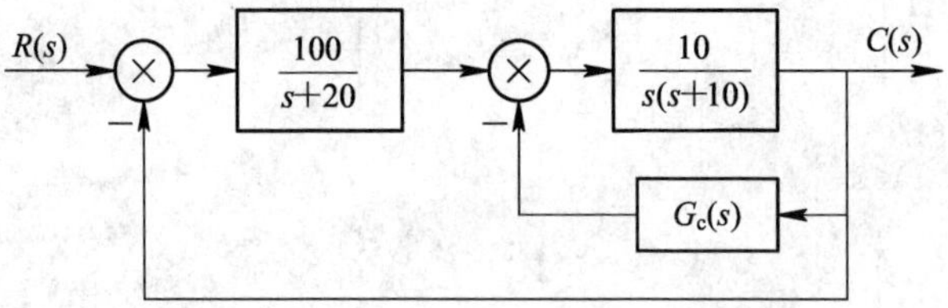

图 4-33　控制系统结构图

4-12　图 4-34(a)是 V-22 鱼鹰型倾斜旋翼飞机示意图。V-22 既是一种普通飞机，又是一种直升机。当飞机起飞和着陆时，其发动机位置可以如图 4-34(a)所示，使 V-22 像直升机那样垂直起降；而在起飞后，发动机又可以旋转 90°，切换到水平位置，使 V-22 像普通飞机一样飞行。在直升机模式下，飞机的高度控制系统如图4-34(b)所示。要求：

(1) 概略绘出当控制器增益 K_1 变化时的系统根轨迹图，确定使系统稳定的 K_1 值范围；

(2) 当取 $K_1=280$，求系统对单位阶跃输入 $r(t)=1(t)$的实际输出 $h(t)$，并确定系统的超调量和调节时间($\Delta=2\%$)；

(3) 当 $K_1=280$，$r(t)=0$ 时，求系统对单位阶跃扰动 $N(s)=1/s$ 的输出 $h_n(t)$；

(4) 若在 $R(s)$和第一个比较点之间增加一个前置滤波器

$$G_p(s)=\frac{0.5}{s^2+1.5s+0.5}$$

试重解问题(2)。

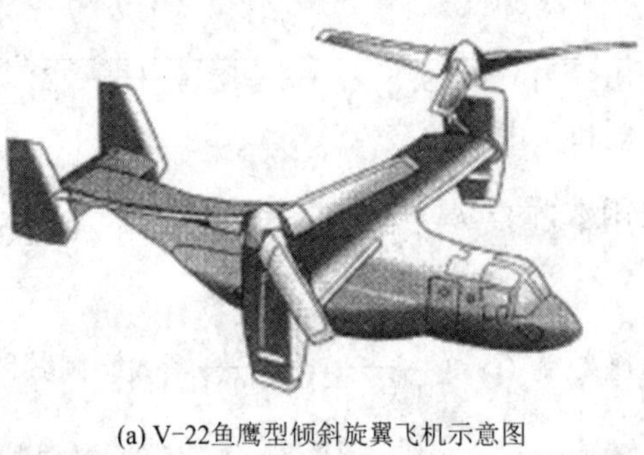

(a) V-22鱼鹰型倾斜旋翼飞机示意图

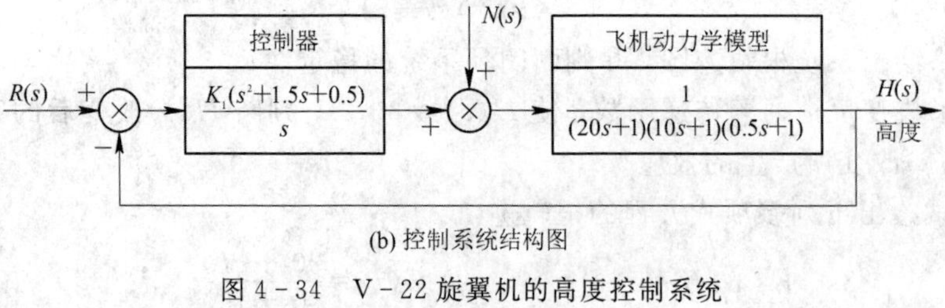

(b) 控制系统结构图

图 4-34　V-22 旋翼机的高度控制系统

第 5 章　线性系统的频域分析法

5.1　频率特性的基本概念

5.1.1　频率特性的定义

频率特性又称频率响应，采用正弦信号作为输入信号，当系统稳定后，其输出称为频率响应，如图 5-1 所示。它是系统或元件对不同频率正弦输入信号的响应特性，即系统在受到不同频率的正弦信号作用时，描述系统的稳态输出和输入之间关系的数学模型。它既反映了系统的稳态特性，也包含了系统的动态特性。

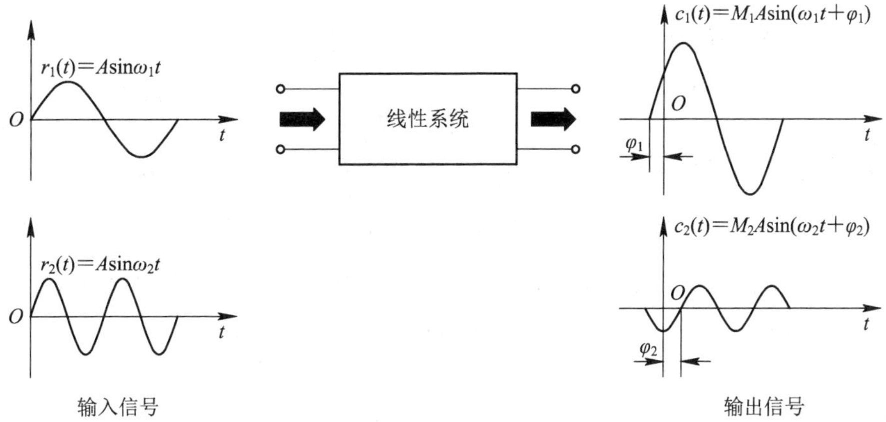

图 5-1　自动控制系统的频率响应

设有稳定的线性定常系统，其传递函数为

$$G(s)=\frac{C(s)}{R(s)} \tag{5-1}$$

当输入为 $r(t)=A\sin\omega t$ 时，有复频域输入如式(5-2)所示：

$$R(s)=\frac{A\omega}{s^2+\omega^2} \tag{5-2}$$

假定 p_i 是 $G(s)$ 的不同极点，且都位于左半平面，即实部 $\mathrm{Re}[p_i]$ 均为负值，则有

$$G(s)=\frac{b_0s^m+b_1s^{m-1}+\cdots+b_{m-1}s+b_m}{a_0s^n+a_1s^{n-1}+\cdots+a_{n-1}s+a_n}=\frac{m(s)}{\prod\limits_{i=1}^{n}(s+p_i)} \tag{5-3}$$

于是可得到$G(s)$的部分分式展开式为

$$C(s)=G(s)R(s)=\frac{k_0}{s+\mathrm{j}\omega}+\frac{k_0}{s-\mathrm{j}\omega}+\frac{k_1}{s+p_1}+\cdots+\frac{k_n}{s+p_n} \tag{5-4}$$

对上式求拉氏反变换，得

$$c(t)=K_0\mathrm{e}^{-\mathrm{j}\omega t}+k_0\mathrm{e}^{\mathrm{j}\omega t}+k_1\mathrm{e}^{-p_1t}+\cdots+k_n\mathrm{e}^{-p_nt} \tag{5-5}$$

由于$\lim\limits_{t\to\infty}(k_i\mathrm{e}^{-p_it})=0$，因此当$t\to\infty$时输出稳态分量为

$$c(t)=k_0\mathrm{e}^{-\mathrm{j}\omega t}+k_0'\mathrm{e}^{\mathrm{j}\omega t} \tag{5-6}$$

其中

$$\left|k_0=G(s)\frac{A\omega}{(s+\mathrm{j}\omega)(s-\mathrm{j}\omega)}(s+\mathrm{j}\omega)\right|_{s=-\mathrm{j}\omega}=-\frac{A}{2\mathrm{j}}G(-\mathrm{j}\omega) \tag{5-7}$$

$$\left|k_0'=G(s)\frac{A\omega}{(s+\mathrm{j}\omega)(s-\mathrm{j}\omega)}(s-\mathrm{j}\omega)\right|_{s=\mathrm{j}\omega}=\frac{A}{2\mathrm{j}}G(\mathrm{j}\omega) \tag{5-8}$$

将式(5-8)、式(5-7)代入式(5-6)，同时考虑到$G(\mathrm{j}\omega)$和$G(-\mathrm{j}\omega)$是共轭复数，并利用数学中的欧拉公式，可以推得

$$c_s(t)=A\mid G(\mathrm{j}\omega)\mid\sin[\omega t+\angle G(\mathrm{j}\omega)] \tag{5-9}$$

式中：$G(\mathrm{j}\omega)$——令$G(s)$中的s等于$\mathrm{j}\omega$所得到的复数量；

$|G(\mathrm{j}\omega)|$——$G(\mathrm{j}\omega)$的模或幅值；

$\angle G(\mathrm{j}\omega)$——输出信号对于输入信号的相位移，也就等于$G(\mathrm{j}\omega)$的相位；

$A|G(\mathrm{j}\omega)|$——稳态响应$c_s(t)$的幅值。

式(5-9)表明，对于稳定的线性定长系统，由频率为ω的正弦信号输入产生的输出稳态分量仍然是与输入同频率的正弦信号，而幅值和相角是频率ω的函数。

为此，称稳态输出信号的幅值与输入信号的幅值比$A(\omega)=\frac{A_2(\omega)}{A_1}$、$A(\omega)=|G(\mathrm{j}\omega)|$为系统的幅频特性，相位差$\varphi(\omega)=\varphi_2(\omega)-\varphi$、$\varphi(\omega)=\angle G(\mathrm{j}\omega)$为系统的相频特性。幅频特性和相频特性统称为频率特性，其指数表达式为$G(\mathrm{j}\omega)=A(\omega)\mathrm{e}^{\mathrm{j}\varphi(\omega)}$。

所以，频率特性是线性系统或环节在正弦函数作用下，稳态输出与输入复数符号之比对频率的关系特性，用$G(\mathrm{j}\omega)$表示，其物理意义反映了系统对正弦信号的三大传递特征：同频、变幅和相位移动。

频域分析法由于使用方便，对问题的分析明确，便于掌握，因此和时域分析法一样在自动控制系统分析与综合中得到了广泛的应用。系统频率特性能间接地揭示系统的动态特性和稳态特性，可简单迅速地判断某些环节或参数对系统性能的影响，指出系统优化方向。

5.1.2 频率特性的物理意义及求解方法

频率特性具有如下物理意义：

(1) 在某一特定频率下，系统输入输出的幅值比与相位差是确定的数值，不是频率特性。当输入信号的频率ω在$0\to\infty$的范围内连续变化时，则系统输出与输入信号的幅值比

与相位差随输入频率的变化规律将反映系统的性能，这才是频率特性。

(2) 频率特性反映系统本身性能，取决于系统结构、参数，与外界因素无关。

(3) 频率特性随输入频率变化的原因是系统往往含有电容、电感、弹簧等储能元件，导致输出不能立即跟踪输入，而与输入信号的频率有关。

(4) 频率特性表征系统对不同频率正弦信号的跟踪能力，一般有“低通滤波”与“相位滞后”作用。

如图 5－2 所示，通过 RC 滤波网络举例说明频率特性的物理意义以及求解的方法。

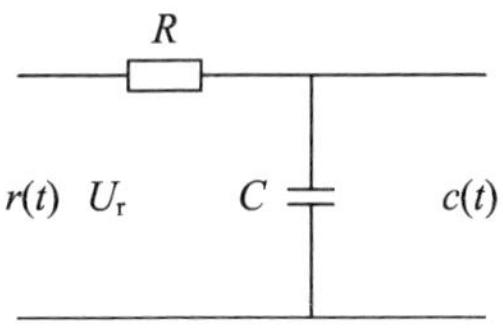

图 5－2　RC 滤波网络

如图 5－2 所示的 RC 网络的微分方程为

$$RC\frac{\mathrm{d}u_c}{\mathrm{d}t}+u_c=u_r$$

RC 网络的传递函数为

$$G(s)=\frac{u_c(s)}{u_r(s)}=\frac{1}{RCs+1}$$

其频率特性为

$$G(\mathrm{j}\omega)=\frac{1}{\mathrm{j}\omega RC+1}=\frac{1}{\mathrm{j}\omega T+1}$$

其幅频特性为

$$A(\omega)=|G(\mathrm{j}\omega)|=\frac{1}{\sqrt{(T\omega)^2+1}}$$

其相频特性为

$$\varphi(\omega)=\angle G(\mathrm{j}\omega)=-\arctan(RC\omega)$$

例 5－1　某系统结构图如图 5－3，求以下 $r(t)$ 作用下的稳态输出 $c(t)$：

(1) $r(t)=3\cos(2t+30^\circ)$

(2) $r(t)=3\sin(8t+20^\circ)$。

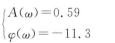

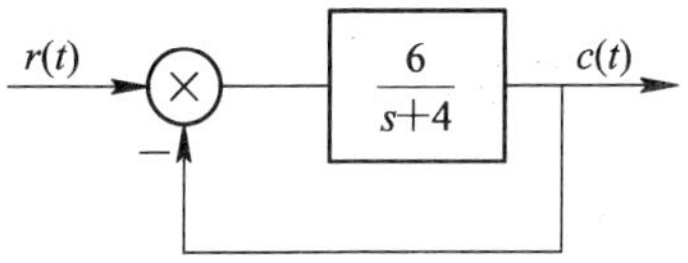

图 5－3　系统结构图

解　系统的输出为

$$c(t)=A_2\cos(\omega t+\varphi_2)$$

由系统结构图可知，闭环系统传递函数为

$$\Phi(s)=\frac{C(s)}{R(s)}=\frac{G(s)}{1+G(s)}=\frac{6}{s+10}$$

将其中的复变量 s 以 $\mathrm{j}\omega$ 置换，得到频域特性，即：

$$\Phi(\mathrm{j}\omega)=\frac{6}{\mathrm{j}\omega+10}$$

(1) 当 $r(t)=3\cos(2t+30^\circ)$ 时，系统传递函数的频域特性为

$$\Phi(\mathrm{j}2)=\frac{6}{\mathrm{j}2+10}=\frac{6}{\sqrt{2^2+10^2}}\angle\left(\arctan^{-1}\frac{2}{10}\right)=0.59\angle-11.3^\circ$$

其中：
$$\begin{cases}A(\omega)=0.59\\ \varphi(\omega)=-11.3\end{cases}$$

根据稳态输出信号的幅值与输入信号的幅值比与相位差，得到关系式如下：

$$\begin{cases} \dfrac{A_2}{A_1} = \dfrac{A_2}{3} = 0.59 \\ \varphi_2 - \varphi_1 = \varphi_2 - 30^\circ = -11.3^\circ \end{cases} \Rightarrow \begin{cases} A_2 = 1.77 \\ \varphi_2 = 18.7^\circ \end{cases}$$

由此可得出：

$$c(t) = 1.77\cos(2t + 18.7^\circ) \quad c_{ss} = 1.77\cos(2t + 18.7^\circ)$$

(2) 当 $r(t)=3\sin(8t+20^\circ)$时，系统传递函数的频域特性为

$$\Phi(\mathrm{j}8) = \frac{6}{\mathrm{j}8 + 10} = \frac{6}{\sqrt{8^2 + 10^2}}\angle\left(\arctan\frac{8}{10}\right) = 0.47\angle -38.7^\circ$$

其中：

$$\begin{cases} A(\omega) = 0.47 \\ \varphi(\omega) = -38.7^\circ \end{cases}$$

根据稳态输出信号的幅值与输入信号的幅值比与相位差，得到关系式如下：

$$\begin{cases} \dfrac{A_2}{A_1} = \dfrac{A_2}{3} = 0.47 \\ \varphi_2 - \varphi_1 = \varphi_2 - 20^\circ = -38.7^\circ \end{cases} \Rightarrow \begin{cases} A_2 = 1.41 \\ \varphi_2 = -18.7^\circ \end{cases}$$

由此可得出：

$$c(t) = 1.41\sin(8t - 18.7^\circ) \quad c_{ss} = 1.41\cos(8t - 18.7^\circ)$$

例 5－2　如图 5－4 所示，两个系统的输入均为 $r(t)=\sin t$，分别求出系统的稳态输出和稳态误差。

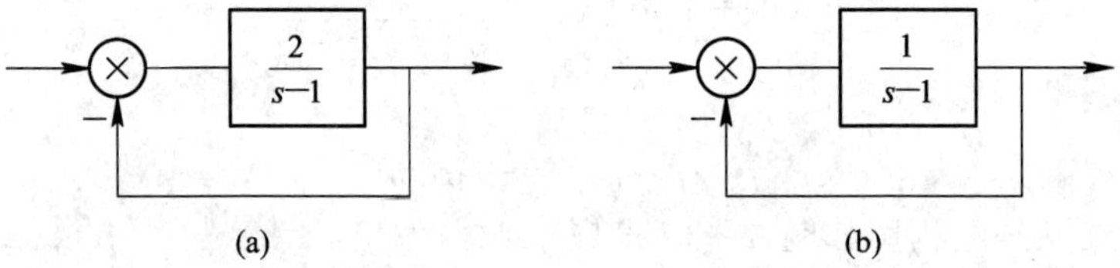

图 5－4　系统结构图

解　(1) 设输出为

$$c(t) = A_2\sin(t + \varphi_2)$$

由系统结构图可知，闭环系统传递函数为

$$\Phi(s) = \frac{2}{s+1}$$

将其中的复变量 s 以 $\mathrm{j}\omega$ 置换，得到频域特性为

$$\Phi(\mathrm{j}\omega) = \Phi(\mathrm{j}) = \frac{2}{\mathrm{j}+1} = \sqrt{2}\angle -45^\circ$$

其中：

$$\begin{cases} A_2 = A(\omega) \times A = \sqrt{2} \times 1 = \sqrt{2} \\ \varphi_2 = \varphi_1 + \varphi(\omega) = \varphi_1 - 45^\circ = -45^\circ \end{cases}$$

于是可以求得输出为

$$c(t) = c_{ss} = \sqrt{2}\sin(t - 45^\circ)$$

求稳态误差。设稳态误差为

$$e(t) = e_{ss}(t) = A_e\sin(t + \varphi_e)$$

由稳态误差的定义可得：

$$\frac{E(s)}{R(s)} = \frac{1}{1+G(s)} = \frac{1}{1+\dfrac{2}{s-1}} = \frac{s-1}{s+1}$$

$$\Phi_{er}(s) = \frac{E(s)}{R(s)} = \frac{s-1}{s+1}$$

其频域特性为

$$\begin{aligned}\Phi_{er}(j\omega) &= \frac{j\omega-1}{j\omega+1} = \frac{j-1}{j+1} \\ &= 1\angle(135^\circ - 45^\circ) \\ &= 1\angle 90^\circ\end{aligned}$$

由此可得：

$$A_e = A_1 \cdot A(\omega) = 1 \times 1 = 1 \quad \varphi_e = \varphi_1 + \varphi(\omega) = 90^\circ$$

因此，稳态误差为：

$$e(t) = e_{ss} = \sin(t+90) = \cos t$$

（2）稳态输出 c_{ss}和稳态误差 e_{ss}均为无穷大。

5.1.3　频率特性的几何表示方法

工程上常把频率特性绘制成几何图形，然后根据所画图形的形状来研究系统的运动特性，对系统进行分析和设计。频率特性有三种几何图示法：幅相频率特性表示法、对数频率特性表示法和对数幅相频率特性表示法。常用的曲线有幅相频率特性曲线和对数频率特性曲线。常用的频率特性图有极坐标图与伯德图。

1. 幅相频率特性曲线(极坐标图)

$G(j\omega)$为复数，在坐标图中，它是一个矢量，既可用模值和幅角表示，也可在直角坐标中用实部和虚部表示。即：

$$G(j\omega) = A(\omega)e^{j\varphi(\omega)} = \mathrm{Re}[G(j\omega)] + j\mathrm{Im}[G(j\omega)] \tag{5-10}$$

当输入正弦信号频率从 0 变到$+\infty$，矢量 $A(\omega)e^{j\varphi(\omega)}$ 的终端便在复平面上描绘出一条轨迹，这条轨迹就是 $G(j\omega)$的极坐标图，通常又称为幅相频率特性曲线，即 Nyquist 曲线。

值得注意的是，幅频特性是 ω 的偶函数，相频特性是 ω 的奇函数，故 ω 从 0 到$-\infty$的极坐标图与 ω 从 0 到$+\infty$的极坐标图对称于实轴，因此通常只需绘制 ω 从 0 到∞时的极坐标图。

2. 对数频率特性曲线(伯德图)

对数频率特性曲线由对数幅频曲线和对数相频曲线组成，是工业中广泛使用的一种曲线。

对数频率特性曲线的横坐标按 $\lg\omega$ 分度。单位为弧度/秒(rad/s)，对数幅频曲线的纵坐标按 $L(\omega)=20\lg A(\omega)$线性分度，单位是分贝(dB)。对数相频曲线的纵坐标按 $\varphi(\omega)$线性分度，单位为度(°)。由此构成的坐标系为半对数坐标系。

为使同一频率下的对数幅频特性和对数相频特性相联系，通常将对数幅频特性曲线和对数相频特性曲线画在一起，采用同一个频率轴，如图 5-5 所示。

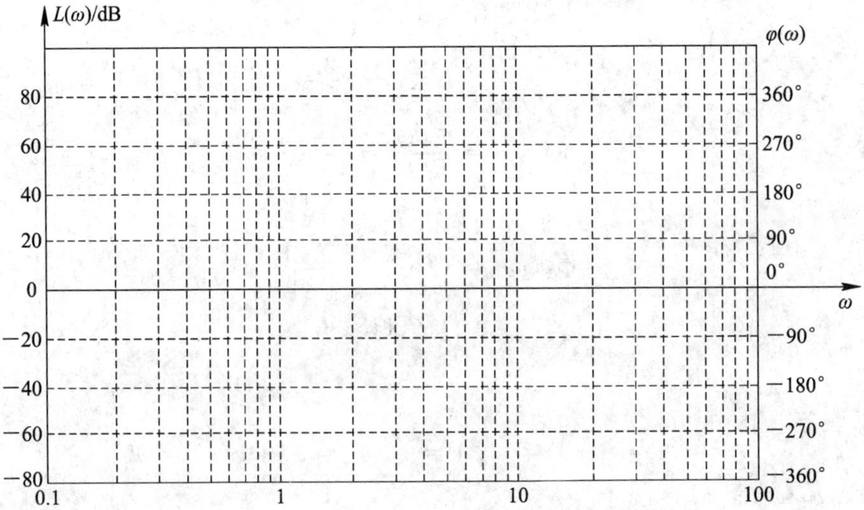

图 5－5　半对数坐标系

5.2　典型环节的频率特性

对数频率特性表示法常用于闭环系统的频率特性分析。复杂的系统都是由典型环节组成的，为了绘制系统的频率特性图，我们先来分析典型环节的频率特性几何表示法。

1. 典型环节

设线性定常系统结构如图 5－6 所示，其开环传递函数为 $G(s)H(s)$，为了绘制系统开环频率特性曲线，本节先研究开环系统的典型环节及相应的频率特性。

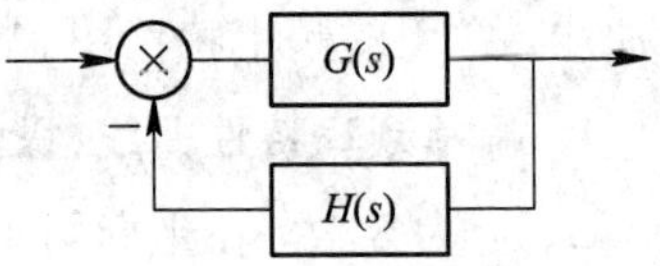

图 5－6　典型系统结构图

由于开环传递函数的分子和分母多项式的系数皆为实数，系统开环零极点或为实数或为共轭复数。根据开环零极点可将分子分母多项式分解成因式，再将因式分类，即得典型环节。典型环节可以分为两大类：一类为最小相位环节；另一类为非最小相位环节。

(1) 最小相位环节有下列七种：

① 比例环节 $K(K>0)$；

② 惯性环节 $\dfrac{1}{Ts+1}$ $(T>0)$；

③ 一阶微分环节 $Ts+1(T>0)$；

④ 振荡环节 $\dfrac{1}{\left(\dfrac{s^2}{\omega_n^2}+\dfrac{2\xi s}{\omega_n}+1\right)}$ $(\omega_n>0,\ 0\leqslant\xi<1)$；

⑤ 二阶微分环节 $\dfrac{s^2}{\omega_m^2}+\dfrac{2\xi s}{\omega_n}+1$ $(\omega_n>0,\ 0\leqslant\xi<1)$；

⑥ 积分环节 $\dfrac{1}{s}$；

⑦ 微分环节 s；

（2）非最小相位环节共有五种：

① 比例环节 $K(K>0)$；

② 惯性环节 $\frac{1}{-Ts+1}$ $(T>0)$；

③ 一阶微分环节 $-Ts+1$ $(T>0)$；

④ 振荡环节 $\frac{1}{\left(\frac{s^2}{\omega_n^2}-\frac{2\xi s}{\omega_n}+1\right)}$ $(\omega_n>0,\ 0<\xi<1)$；

⑤ 二阶微分环节 $\frac{s^2}{\omega_n^2}-\frac{2\xi s}{\omega_n}+1$ $(\omega_n>0,\ 0<\xi<1)$；

2. 典型环节的 Nyquist 曲线和伯德图

由典型环节的传递函数和频率特性的定义，取 $\omega\in(0,\ +\infty)$，可绘制典型环节的 Nyquist 曲线和伯德图。各典型环节如下。

1）比例环节

比例环节的传递函数与频率特性分别为

$$G(s)=K,\ (K>0),\ G(j\omega)=Ke^{j0}$$

① 极坐标图。

幅频特性为

$$A(\omega)=K$$

相频特性为

$$\varphi(\omega)=0^\circ$$

其幅频特性和相频特性是与频率 无关的一个常数，对应极坐标图是实轴上的一个点。

② 伯德图。

对数幅频特性的表达式为

$$L(\omega)=20\lg K$$

对数相频特性的表达式为

$$\varphi(\omega)=0^\circ$$

对数幅频特性是平行于横轴的一条水平线，对数相频特性是横坐标轴。改变传递函数中的增益 K 会导致对数幅频特性曲线上升或下降一个相应的常数值，但不会影响相位曲线。

比例环节的极坐标图和伯德图如图 5-7。

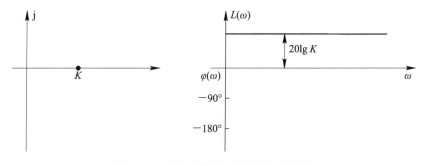

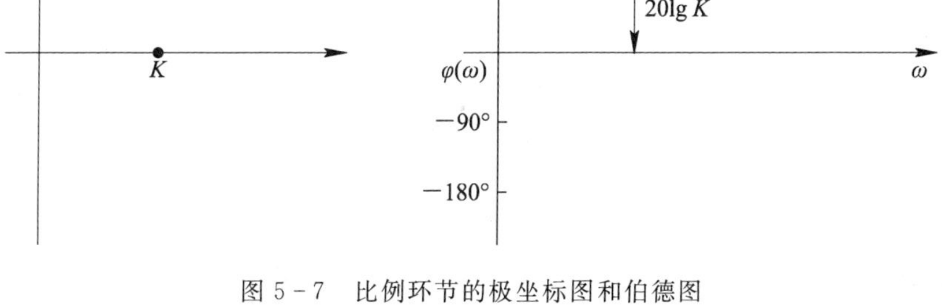

图 5-7　比例环节的极坐标图和伯德图

最小相位典型环节中，积分环节和微分环节、惯性环节和一阶微分环节、振荡环节和二阶微分环节的传递函数互为倒数，下面具体展开说明。

2）积分环节和微分环节

(1) 积分环节。

积分环节的传递函数与频率特性分别为

$$G(s)=\frac{1}{s},\ G(\mathrm{j}\omega)=\frac{1}{\mathrm{j}\omega}$$

① 极坐标图。

幅频特性为

$$A(\omega)=\frac{1}{\omega}$$

相频特性为

$$\varphi(\omega)=-90^\circ$$

当 ω 从 $0\to\infty$，其相角恒为 -90°，幅值的大小与 ω 成反比。因此，积分环节的极坐标图在负虚轴上。

② 伯德图。

对数幅频特性的表达式为

$$L(\omega)=20\ \ln\frac{1}{\omega}=-20\lg\omega$$

对数幅频特性曲线为 ω 每增加十倍时，$L(\omega)$减少 20 dB。因此积分环节的对数幅频曲线是一条斜率为 -20 dB/dec 的直线，该直线与零分贝线相交于 的地方。

表 5-1　取值对照表

ω	$L(\omega)$
0.1	20
1	0
10	−20

(2) 微分环节。

微分环节的传递函数与频率特性分别为

$$G(s)=s,\ G(\mathrm{j}\omega)=\mathrm{j}\omega$$

① 极坐标图。

幅频特性为

$$A=\omega$$

相频特性为

$$\varphi(\omega)=90^\circ$$

当 ω 从 $0\to\infty$，其相角恒为 $+90^\circ$，幅值的大小与 ω 成正比。因此，极坐标图在正虚轴上。

② 伯德图。

对数幅频特性的表达式为

$$L(\omega) = 20\lg\omega$$

可见，与积分环节相差一个负号，对数幅频特性曲线为每十倍频程增加 20 dB 的一条斜线，也是等斜率变化的。

积分环节和微分环节的极坐标和伯德图如图 5 - 8 所示。

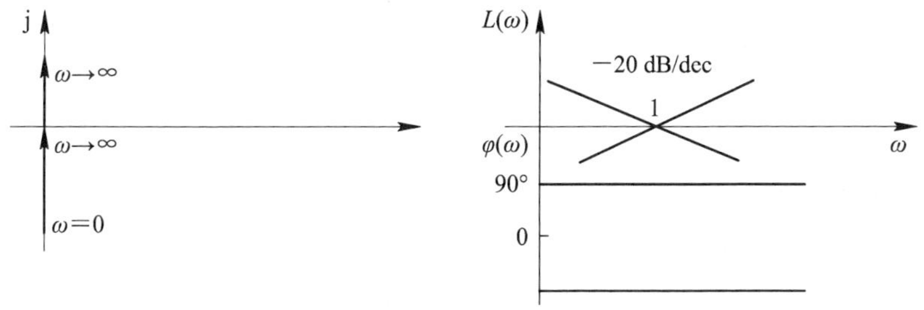

图 5 - 8　积分环节和微分环节的极坐标图和伯德图

3）惯性环节和一阶微分环节

（1）惯性环节。

惯性环节的传递函数与频率特性分别为

$$G(s) = \frac{1}{Ts+1},\ G(\mathrm{j}\omega) = \frac{1}{\mathrm{j}T\omega+1} = \frac{1}{\sqrt{T^2\omega^2+1}}\mathrm{e}^{-\mathrm{j}\arctan T\omega}$$

① 极坐标图。

幅频特性为

$$A(\omega) = \frac{1}{\sqrt{T^2\omega^2+1}}$$

相频特性为

$$\varphi(\omega) = -\arctan T\omega$$

表 5 - 2　取值对照表

ω	$A(\omega)$	$\varphi(\omega)$
0	1	0
$1/T$	0.707	$-45°$
∞	0	$-90°$

依据上述分析可作出惯性环节的极坐标图如图 5 - 9 所示。可以证明，惯性环节的极坐标图为半圆，该半圆的表达式为

$$\left\{\mathrm{Re}[G(\mathrm{j}\omega)] - \frac{1}{2}\right\}^2 + \{\mathrm{Im}[G(\mathrm{j}\omega)]\}^2 = \frac{1}{2}$$

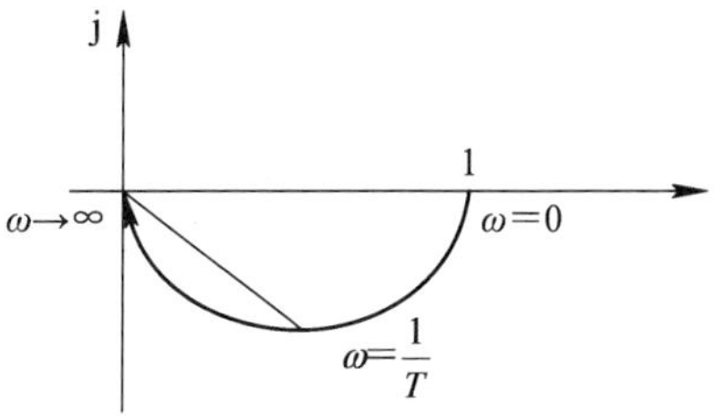

图 5 - 9　惯性环节的极坐标图

② 伯德图。

对数幅频特性的表达式为

$$L(\omega) = 20\lg A(\omega) = -20\lg\sqrt{T^2\omega^2+1}$$

使用渐近线方法近似表示 $L(\omega)$，即

$$L(\omega)=\begin{cases}0, & \text{当 } \omega T<1\\ -20\lg(\omega T), & \text{当 } \omega T>1\end{cases}$$

惯性环节的对数幅频渐近线 $L(\omega)$ 由两条线段组成，当 $\omega T<1$ 时，$L(\omega)$ 为与 0 分贝线重合的线段；当 $\omega T>1$ 时，$L(\omega)$ 为斜率为 -20dB/dec 的线段。两线段相交于横坐标 $\omega=1/T$ 处，$\omega=1/T$ 称为交接频率或转折频率。惯性环节伯德图如图 5-10 所示。

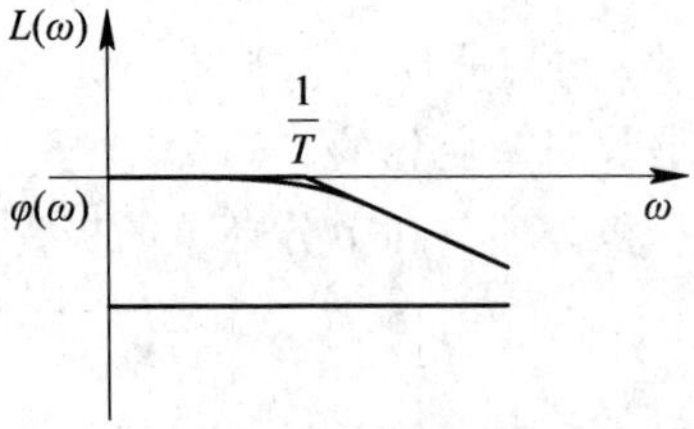

图 5-10　惯性环节的伯德图

(2) 一阶微分环节。

传递函数与频率特性分别为

$$G(s)=Ts+1,\ G(\mathrm{j}\omega)=\mathrm{j}T\omega+1=\sqrt{T^2\omega^2+1}\,\mathrm{e}^{\mathrm{j}\arctan T\omega}$$

① 极坐标图。

幅频特性为

$$A(\omega)=\sqrt{T^2\omega^2+1}$$

相频特性为

$$\varphi(\omega)=\arctan(T\omega)$$

当频率 ω 从 $0\to\infty$ 时，实部始终为单位 1，虚部则随着 ω 线性增长。

② 伯德图。

对数幅频特性的表达式为

$$L(\omega)=20\lg\sqrt{T^2\omega^2+1}$$

从上面的表达式可以看出，一阶微分环节与惯性环节的对数幅频特性、对数相频特性差一个负号，因此，它们的伯德图以横轴互为镜像。

4) 振荡环节和二阶微分环节

(1) 振荡环节。

传递函数与频率特性分别为

$$G(s)=\frac{\omega^2}{s^2+2\xi\omega_n s+\omega_n^2}=\frac{1}{\left(\frac{s}{\omega_n}\right)^2+2\xi\left(\frac{s}{\omega_n}\right)+1},\quad(0<\xi<1)$$

$$G(\mathrm{j}\omega)=\frac{1}{\left(\frac{\mathrm{j}\omega}{\omega_n}\right)^2+2\xi\left(\frac{\mathrm{j}\omega}{\omega_n}\right)+1}$$

① 极坐标图。

幅频特性为

$$A(\omega)=\frac{1}{\sqrt{\left[1-\left(\frac{\omega}{\omega_n}\right)\right]^2+\left(2\xi\frac{\omega}{\omega_n}\right)^2}}$$

相频特性为

$$\varphi(\omega)=-\arctan\frac{2\xi\frac{\omega}{\omega_n}}{1-\left(\frac{\omega}{\omega_n}\right)^2}$$

极坐标图与虚轴交点与 ξ 有关，ξ 越小，$A(\omega)$越大振荡环节极坐标图如图 5-11 所示。

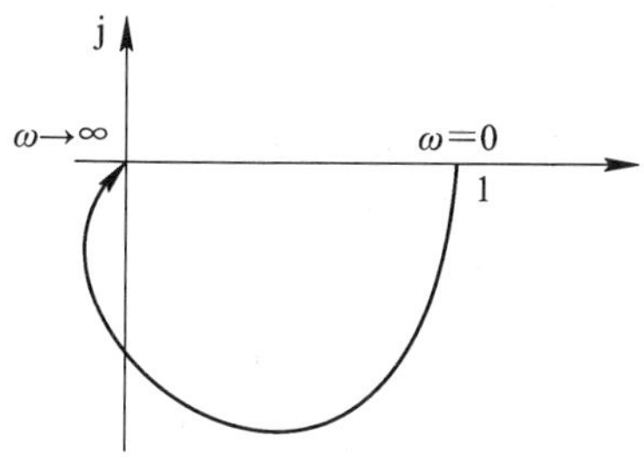

图 5-11　振荡环节极坐标图

② 伯德图。

对数幅频特性的表达式为

$$L(\omega)=20\lg A(\omega)=-20\lg\sqrt{\left[1-\left(\frac{\omega^2}{\omega_n^2}\right)\right]^2+\left(2\xi\frac{\omega}{\omega_n}\right)^2}$$

根据上式可以作出两条渐近线。当 $\omega\ll\omega_n$ 时，$L(\omega)\approx 0$；当 $\omega\gg\omega_n$ 时，$L(\omega)\approx -20\lg\omega^2/\omega_n^2=-40\lg\omega/\omega_n$。这是一条斜率为 -40 dB/dec 的直线，和零分贝线交于 $\omega=\omega_n$ 的地方。故振荡环节的交接频率为 ω_n，伯德图如图 5-12 所示。

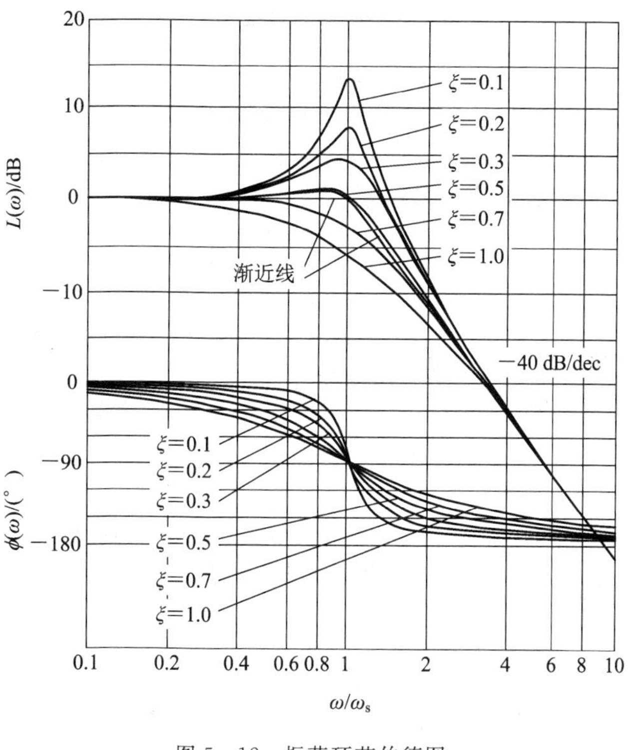

图 5-12　振荡环节伯德图

3. 开环幅相曲线的绘制

用频率法分析和设计控制系统，主要是根据系统的开环频率特性进行的，而开环频率特性常用极坐标图(Nyquist 图)和伯德图(Bode 图)表示。

幅相频率特性曲线用极坐标图表示，又称奈奎斯特图(Nyquist 图)，简称奈氏图。当 ω 从 $0\to\infty$ 变化时，根据频率特性的极坐标表示式：

$$G(j\omega)=|G(j\omega)|\angle G(j\omega)=A(\omega)\angle\varphi(\omega) \tag{5-11}$$

可以计算出每一个 ω 值所对应的幅值 $A(\omega)$ 和相位 $\varphi(\omega)$。将它们描绘在极坐标平面上，就得到了频率特性的极坐标图。如果把复数 $G(j\omega)$ 表示成矢量，$A(\omega)$ 即矢量的模，$\varphi(\omega)$ 即矢量的幅角。而频率特性的极坐标图，就是矢量 $G(j\omega)$ 的矢端在 ω 由 $0\to\infty$ 时的运动轨迹，其特点是把频率 ω 看作参变量，将频率特性的幅频和相频同时表示在复数平面上。相量的端点在复平面上的运动轨迹即为 $G(j\omega)$ 的幅相频率特性曲线。常见的二、三阶系统的幅相频率特性曲线如图 5-13 所示。

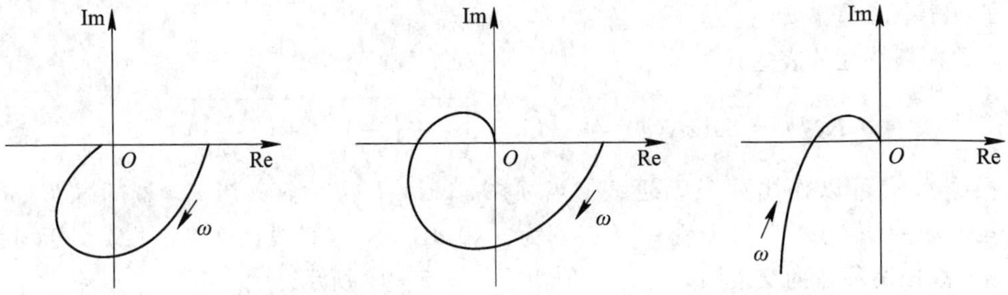

(a) $G(s)=\dfrac{1}{(T_1s+1)(T_2s+1)}$　(b) $G(s)=\dfrac{1}{(T_1s+1)(T_2s+1)(T_3s+1)}$　(c) $G(s)=\dfrac{1}{s(T_1s+1)(T_2s+1)}$

图 5-13　常见的二、三阶系统的幅相频率特性曲线

绘制幅相特性曲线的方法为：对每一个 ω 值计算幅值 $A(\omega)$ 和相角 $\varphi(\omega)$，然后将这些点连成光滑曲线。RC 网络的幅相频率特性曲线如图 5-14 所示。

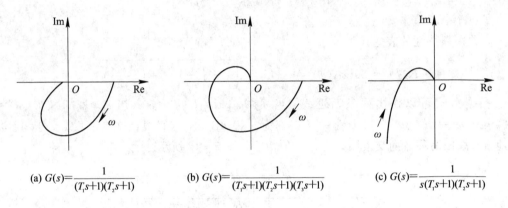

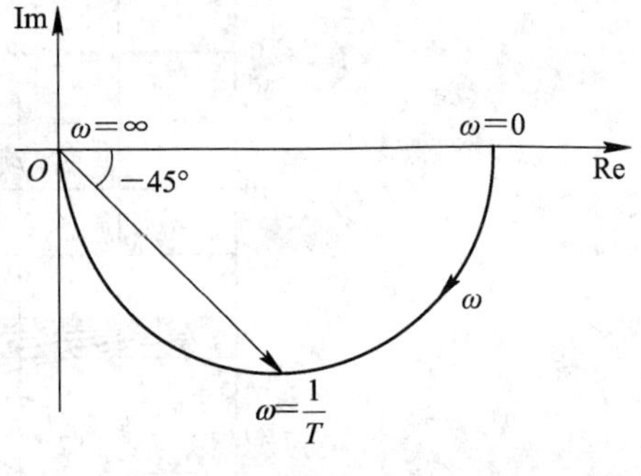

图 5-14　RC 网络的幅相频率特性曲线

图 5-14 中实轴正方向为相角零度线，逆时针方向角度为正角度，顺时针方向角度为负角度。$\omega=0$ 为曲线起点，$A(\omega)=1$，$\varphi(\omega)=90°$；$\omega=\infty$ 为曲线终点，$A(\omega)=0$，$\varphi(\omega)=0$。当 $\omega=1/T$ 时，$A(\omega)=0.17$ 和 $\varphi(\omega)=-45°$。

根据系统开环频率特性的表达式，可以通过取点、计算和作图等方法绘制系统开环幅相曲线。这里着重介绍结合工程需要绘制概略开环幅相曲线的方法。

概略开环幅相曲线应反映开环频率特性的三个重要因素：

(1) 开环幅相曲线的起点($\omega=0_+$)和终点($\omega=\infty$)。

(2) 开环幅相曲线与实轴的交点。设 $\omega=\omega_x$ 时，$G(j\omega_x)H(j\omega_x)$ 的虚部为

$$\mathrm{Im}[G(j\omega_x)H(j\omega_x)]=0 \tag{5-12}$$

或

$$\varphi(\omega_x)=\angle G(j\omega_x)H(j\omega_x)=k\pi;\quad k=0,\pm1,\pm2,\cdots \tag{5-13}$$

其中，ω_x 为穿越频率，而开环频率特性曲线与实轴交点的坐标值为

$$\mathrm{Re}[G(\mathrm{j}\omega_x)H(\mathrm{j}\omega_x)] = G(\mathrm{j}\omega_x)H(\mathrm{j}\omega_x) \tag{5-14}$$

(3) 开环幅相曲线的变化范围(象限、单调性)。开环系统典型环节分解和典型环节幅相曲线的特点是绘制概略开环幅相曲线的基础，下面结合具体的实例加以介绍。

例 5-3　某 0 型单位反馈系统如下：

$$G(s) = \frac{K}{(T_1 s + 1)(T_2 s + 1)};\quad K,\ T_1,\ T_2 > 0$$

试绘制系统概略开环幅相曲线。

解　由于惯性环节的角度变化为 0°～−90°，故该系统开环幅相曲线的起点和终点如下：

起点：$A(0)=K$，$\varphi(0)=0°$

终点：$A(\infty)=0$，$\varphi(\infty)=2\times(-90°)=-180°$

系统开环频率特性为

$$G(\mathrm{j}\omega) = \frac{K[1 - T_1 T_2\omega^2 - \mathrm{j}(T_1 + T_2)\omega]}{(1 + T_1^2\omega^2)(1 + T_2^2\omega^2)}$$

令 $\mathrm{Im}[G(\mathrm{j}\omega_x)]=0$，得 $\omega_x=0$，即系统开环幅相曲线除在 $\omega=0$ 处外与实轴无交点。

由于惯性环节单调地从 0°变化至−90°，故该系统幅相曲线的变化范围为第Ⅳ和第Ⅲ象限，系统概略开环幅相曲线如图 5-15 实现所示。

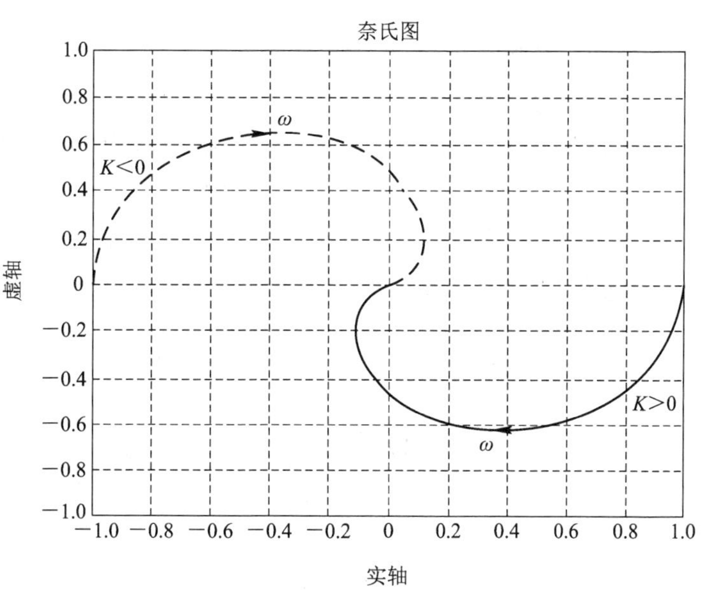

图 5-15　例 5-3 系统概略开环幅相曲线

若取 $K<0$，由于非最小相位比例环节的相角恒为−180°，故此时系统概略开环幅相曲线由原曲线绕原点顺时针旋转 180°而得，如图 5-15 中虚线表示。

例 5-4　设系统开环传递函数为

$$G(s)H(s) = \frac{K}{s(T_1 s + 1)(T_2 s + 1)};\quad K,\ T_1,\ T_2 > 0$$

试绘制系统概略开环幅相曲线。

解　系统开环频率特性为

$$G(j\omega)H(j\omega)=\frac{K(1-jT_1\omega)(1-jT_2\omega)(-j)}{\omega(1+T_1^2\omega^2)(1+T_2^2\omega^2)}=\frac{K[-(T_1+T_2)\omega+j(-1+T_1T_2\omega^2)]}{\omega(1+T_1^2\omega^2)(1+T_2^2\omega^2)}$$

幅值变化： $A(0_+)=\infty,\ A(\infty)=0$

相角变化：

$$\angle\frac{1}{j\omega}:-90^\circ\sim-90^\circ$$

$$\angle\frac{1}{1+jT_1\omega}:0^\circ\sim-90^\circ$$

$$\angle\frac{1}{1+jT_2\omega}:0^\circ\sim-90^\circ$$

$$\angle K:0^\circ\sim0^\circ$$

$$\angle\varphi(\omega):-90^\circ\sim-270^\circ$$

起点处：

$$\mathrm{Re}[G(j0_+)H(j0_+)]=-K(T_1+T_2)$$
$$\mathrm{Im}[G(j0_+)H(j0_+)]=-\infty$$

与实轴的交点：

令 $\mathrm{Im}[G(j\omega)H(j\omega)]=0$，得 $\omega_x=\dfrac{1}{\sqrt{T_1T_2}}$，于是

$$G(j\omega_x)H(j\omega_x)=\mathrm{Re}[G(j\omega_x)H(j\omega_x)]=-\frac{KT_1T_2}{T_1+T_2}$$

由此作系统概略开环幅相曲线，如图 5-16 中曲线①所示。图中虚线为开环幅相曲线的低频渐近线。由于开环幅相曲线用于系统分析时不需要准确知道渐近线的位置，故一般根据 $\varphi(0_+)$取渐近线为坐标轴，图中曲线②为相应的开环概略幅相曲线。

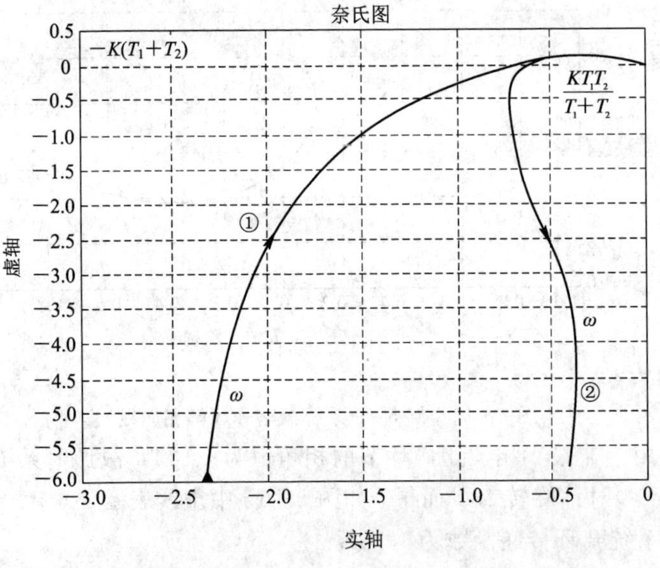

图 5-16 例 5-5 系统开环概略幅相曲线

例 5-3 中系统型次即开环传递函数中积分环节个数 $v=1$，若分别取 $v=2$、3 和 4，则根据积分环节的相角，可将图 5-15 曲线分别绕原点旋转-90°、-180°和-270°，即可得相应的概略开环幅相曲线，如图 5-17 所示。

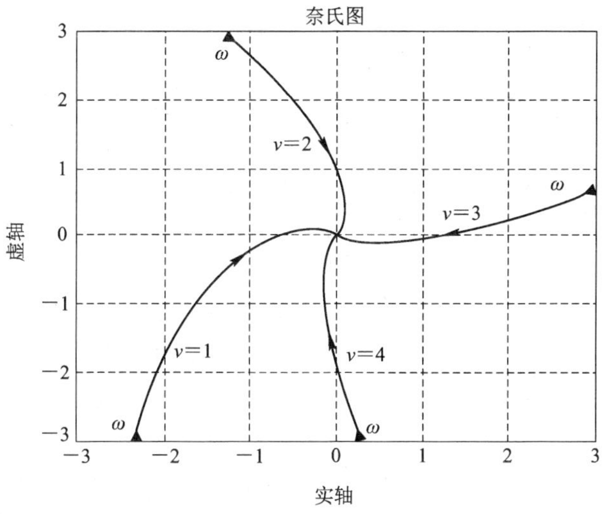

图 5-17　$v=1$、2、3、4 时系统概略开环幅相曲线

例 5-5　已知单位反馈系统开环传递函数为

$$G(s)=\frac{K(\tau s+1)}{s(T_1 s+1)(T_2 s+1)};\quad K,\ T_1,\ T_2>0$$

试绘制系统概略开环幅相曲线。

解　系统开环频率特性为

$$G(j\omega)=\frac{K\omega(\tau-T_1-T_2-T_1T_2\omega^2)-jK(1-T_1T_2\omega^2+T_1\tau\omega^2+T_2\tau\omega^2)}{\omega(1+T_1^2\omega^2)(1+T_2^2\omega^2)}$$

开环幅相曲线的起点 $G(j0_+)=\infty\angle-90°$，终点 $G(j\infty)=0\angle-180°$。

与实轴的交点：当 $\tau<\dfrac{T_1T_2}{T_1+T_2}$ 时，得

$$\begin{cases}\omega_x=\dfrac{1}{\sqrt{T_1T_2-T_1\tau-T_2\tau}}\\ G(j\omega_x)=\dfrac{K(T_1+T_2)(T_1T_2-T_1\tau-T_2\tau+\tau^2)}{(T_1T_2-T_1\tau-T_2\tau+T_1^2)(T_1T_2-T_1\tau-T_2\tau+T_2^2)}\end{cases}$$

下面讨论开环幅相曲线与实轴的交点 τ 的变化范围对开环幅相曲线的影响：

① $\tau>\dfrac{T_1T_2}{T_1+T_2}$ 时，开环幅相曲线位于第Ⅲ象限或第Ⅳ象限与第Ⅲ象限；

② $\tau<\dfrac{T_1T_2}{T_1+T_2}$ 时，开环幅相曲线位于第Ⅲ象限与第Ⅱ象限，如图 5-18 所示。

应该指出，由于开环传递函数具有一阶微分环节，系统开环幅相曲线有凹凸现象，因为绘制的是概略幅相曲线，故这一现象无须准确反映。

例 5-6　已知开环传递函数为

$$G(s)H(s)=\frac{K(-\tau s+1)}{s(T_1 s+1)};\quad K,\ \tau,\ T>0$$

试绘制系统概略开环幅相曲线。

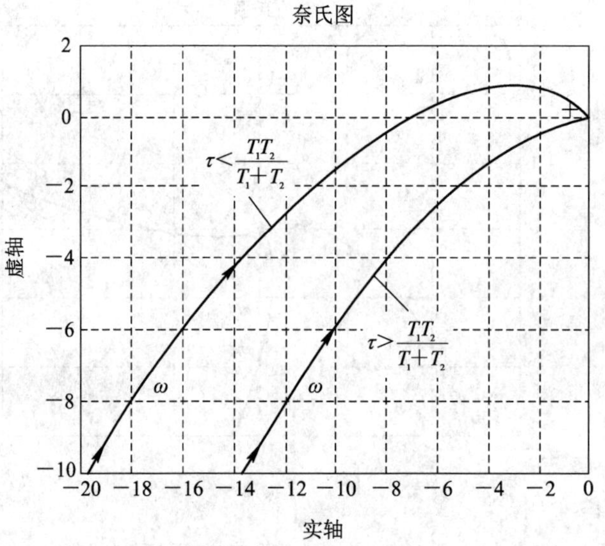

图 5-18　系统概略开环幅相曲线

解　系统开环频率特性为

$$G(\mathrm{j}\omega)H(\mathrm{j}\omega)=\frac{K[-(T+\tau)\omega-\mathrm{j}(1-T\tau\omega^2)]}{\omega(1+T^2\omega^2)}$$

开环幅相曲线的起点：$A(0_+)=\infty$，$\varphi(0_+)=-90^\circ$；

开环幅相曲线的终点：$A(\infty)=0$，$\varphi(\infty)=-270^\circ$。

与实轴的交点：令虚部为零，解得

$$\begin{cases}\omega_x=\dfrac{1}{\sqrt{T\tau}}\\ G(\mathrm{j}\omega_x)H(\mathrm{j}\omega_x)=-K\tau\end{cases}$$

因为 $\varphi(\omega)$ 从 -90° 单调减至 -270°，故幅相曲线在第Ⅲ与第Ⅱ象限间变化。

概略开环幅相曲线如图 5-19 所示。

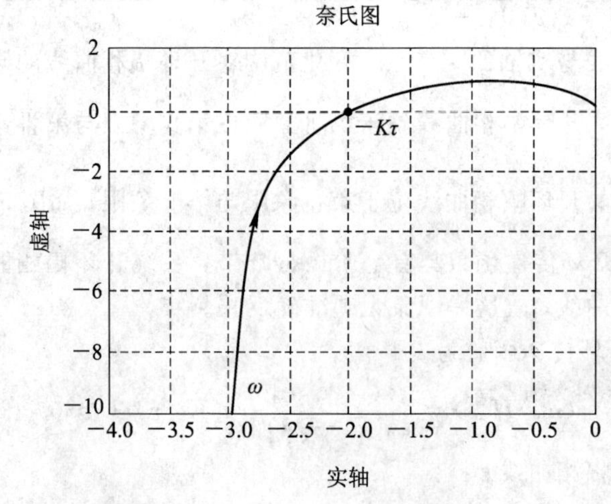

图 5-19　系统概略开环幅相曲线

在例 5-6 中，系统含有非最小相位一阶微分环节，称开环传递函数含有非最小相位环节的系统为非最小相位系统，而开环传递函数全部由最小相位环节构成的系统称为最小相位系统。比较例 5-4、例 5-5 和例 5-6 可知，非最小相位环节的存在将对系统的频率产生一定的影响，故在控制系统分析中必须加以重视。

例 5-7　设系统开环传递函数为

$$G(s)H(s)=\frac{K}{s(Ts+1)(s^2/\omega_n^2+1)};\quad K,\ T>0$$

试绘制系统概略开环幅相曲线。

解　系统开环频率特性为

$$G(j\omega)H(j\omega)=\frac{-K(T\omega+j)}{\omega(1+T^2\omega^2)\left(1-\dfrac{\omega^2}{\omega_n^2}\right)}$$

开环幅相曲线的起点：$G(j0_+)H(j0_+)=\infty\angle-90°$；

开环幅相曲线的终点：$G(\infty)H(\infty)=0\angle-360°$。

由开环频率特性表达式知，$G(j\omega)H(j\omega)$的虚部不为零，故与实轴无交点。注意到开环系统含有等幅振荡环节，当 ω 趋于 ω_n 时，$A(\omega_n)$趋于无穷大，而相频特性

$$\varphi(\omega_{n-})\approx-90°-\tan^{-1}T\omega_n>-180°;\qquad \omega_{n-}=\omega_n-\varepsilon,\ \varepsilon>0$$

$$\varphi(\omega_{n+})\approx-90°-\tan^{-1}T\omega_n-180°<-270°;\quad \omega_{n+}=\omega_n+\varepsilon,\ \varepsilon>0$$

即 $\varphi(\omega)$在 $\omega=\omega_n$ 的附近，相角突变$-180°$，幅相曲线在 ω_n 处呈现不连续现象。作系统概略开环幅相曲线如图 5-20 所示。

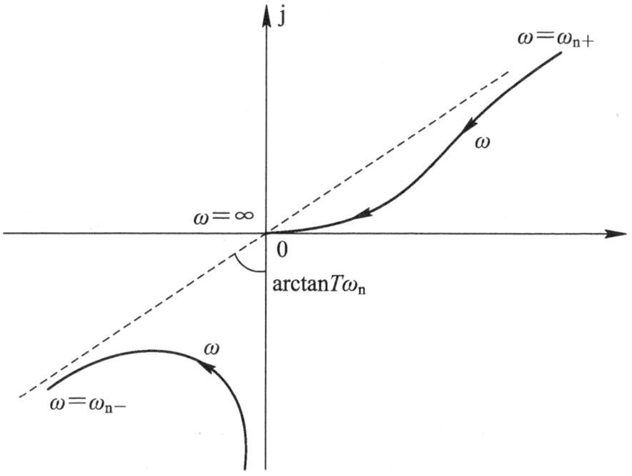

图 5-20　例 5-7 系统概略开环幅相曲线

根据以上例子，可以总结绘制概略开环幅相曲线的规律如下：

(1) 开环幅相曲线的起点，取决于比例环节 K 和系统积分或微分环节的个数 v(系统型别)：

$v<0$，起点为原点；

$v=0$，起点为实轴上的点 K 处(K 为系统开环增益，注意 K 有正负之分)；

$v>0$，设 $v=4k+i(k=0,1,2,\cdots;\ i=1,2,3,4)$，则 $K>0$ 时起点为 $i\times(-90°)-180°$

的无穷远处。

(2) 开环幅相曲线的终点，取决于开环传递函数分子、分母多项式中最小相位环节和非最小相位环节的阶次和。

设系统开环传递函数的分子、分母多项式的阶次分别为 m 和 n，记除 K 外，分子多项式中最小相位环节的阶次和为 m_1，非最小相位环节的阶次和为 m_2，分母多项式中最小相位环节的阶次和为 n_1，非最小相位环节的阶次和为 n_2，则有

$$m = m_1 + m_2$$

$$n = n_1 + n_2$$

$$\varphi(\infty) = \begin{cases} [(m_1 - m_2) - (n_1 - n_2)] \times 90^\circ, & K > 0 \\ [(m_1 - m_2) - (n_1 - n_2)] \times 90^\circ - 180^\circ, & K < 0 \end{cases} \tag{5-15}$$

特殊地，当开环系统为最小相位系统时，若

$$n = m,\quad G(\mathrm{j}\infty)H(\mathrm{j}\infty) = K^*$$

$$n > m,\quad G(\mathrm{j}\infty)H(\mathrm{j}\infty) = 0\angle(n-m)\times(-90^\circ)$$

其中 K^* 为系统开环根轨迹增益。

(3) 若开环系统存在等幅振荡环节，重数 l 为正整数，即开环传递函数具有下述形式：

$$G(s)H(s) = \frac{1}{\left(\dfrac{s^2}{\omega_\mathrm{n}^2}+1\right)^l} G_1(s)H_1(s)$$

$G_1(s)H_1(s)$不含$\pm \mathrm{j}\omega_\mathrm{n}$ 的极点，则当 ω 趋于 ω_n 时，$A(\omega)$趋于无穷，而

$$\varphi(\omega_{\mathrm{n}^-}) \approx \varphi_1(\omega_\mathrm{n}) = \angle G_1(\mathrm{j}\omega_\mathrm{n})H_1(\mathrm{j}\omega_\mathrm{n})$$

$$\varphi(\omega_{\mathrm{n}^+}) \approx \varphi_1(\omega_\mathrm{n}) - l \times 180^\circ$$

即 $\varphi(\omega)$在 $\omega-\omega_\mathrm{n}$ 附近，相角突变$-l\times180^\circ$。

4. 开环对数频率特性曲线

当各环节串联时，绘制奈氏图很不方便。例如，$G_1(\mathrm{j}\omega)$和 $G_2(\mathrm{j}\omega)$两个环节串联，若绘制极坐标图，其模 $A=A_1A_2$，绘制起来十分麻烦，这是极坐标图的缺点。若对上式取对数，则有

$$\begin{aligned} \mathrm{Im}G(\mathrm{j}\omega) &= \mathrm{In}[A_1(\omega)A_2(\omega)] + \mathrm{j}[\varphi_1(\omega)+\varphi_2(\omega)] \\ &= \mathrm{In}A_1(\omega) + \mathrm{In}A_2(\omega) + \mathrm{j}[\varphi_1(\omega)+\varphi_2(\omega)] \end{aligned} \tag{5-16}$$

对数频率特性曲线包括对数幅频和对数相频两条曲线。由于使用方便，在实际应用中，广泛采用这种曲线表示系统的频率特性。频率特性 $G(\mathrm{j}\omega)$的对数幅频特性和对数相频特性分别定义如下：

对数幅频特性：

$$L(\omega) = 20\lg k \tag{5-17}$$

对数相频特性：

$$\varphi(\omega) = \angle G(\mathrm{j}\omega) \tag{5-18}$$

由定义可知，对数幅频特性和对数相频特性都是无穷大的函数，横坐标和纵坐标如图 5-21 所示。绘制伯德图时需要用半对数坐标纸。

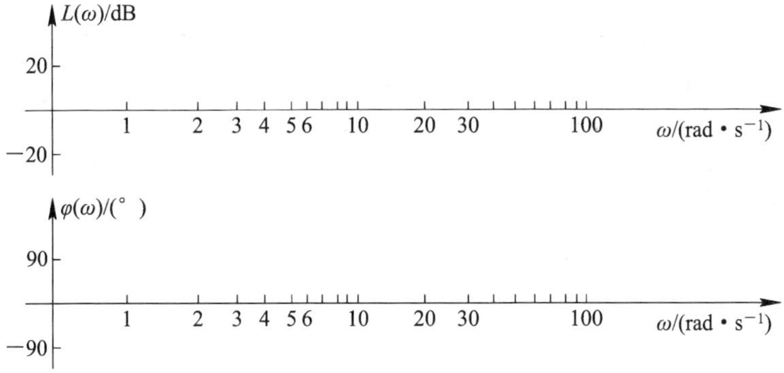

图 5-21　对数频率特性曲线的横坐标和纵坐标

1）对数幅频特性

对数幅频特性表示在对数坐标中，横坐标为角频率，不均匀分度，单位是弧度/秒(rad/s)，采用对数比例尺标度，频率每变化 10 倍，横坐标就增加一个单位长度，这个单位长度代表 10 倍频的距离，称为“十倍频”或“十倍频程”；纵坐标为 $L(\omega)$，用普通比例尺标度，是对数幅频特性的函数值，均匀分度，单位是分贝(dB)。$L(\omega)$或它的渐近线大多与 $\lg\omega$ 成线性关系。对数幅频特性的坐标关系如图 5-22 所示。

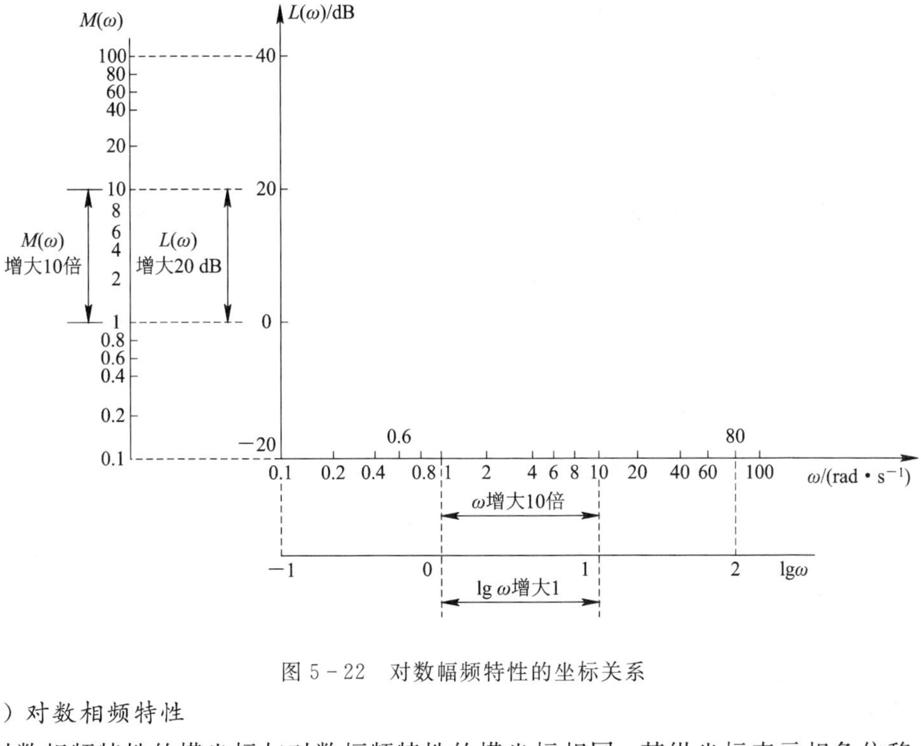

图 5-22　对数幅频特性的坐标关系

2）对数相频特性

对数相频特性的横坐标与对数幅频特性的横坐标相同，其纵坐标表示相角位移，均匀分度，单位为“度”，采用普通比例尺标度。

对数频率特性表示法的优点：横坐标按频率的对数标尺分度，分度不均匀，压缩了高频段，扩展了低频段，能在很宽的频率范围内表示频率特性，在一张图上，可画出频率特性的低、中、高频段，有利于分析和设计系统；系统通常由许多环节串联构成，各环节的对数频率特性叠加，可以将幅值的乘除运算化为加减运算，简化系统频率特性的绘制工作；对一些难以建立传递函数的环节或系统，可将实验获得的频率特性简明展现，了解各环节对整个系统的影响，给分析和设计控制系统带来很大的方便。

系统开环传递函数作典型环节分解后，可先作出各典型环节的对数频率特性曲线，然后采用叠加方法即可方便地绘制系统开环对数频率特性曲线。鉴于系统开环对数幅频渐近特性在控制系统的分析和设计中具有十分重要的作用，以下着重介绍开环对数幅频渐近特性曲线的绘制方法。

注意到典型环节中，K 及 $-K(K>0)$、微分环节和积分环节的对数幅频特性曲线均为直线，故可直接取其为渐近特性，得系统开环对数幅频渐近特性如下：

$$L_a(\omega) = \sum_{i=1}^{N} L_{a_i}(\omega) \tag{5-19}$$

对于任意的开环传递函数，可按典型环节分解，将组成系统的各典型环节分为三部分：

(1) $\frac{K}{s^v}$或$\frac{-K}{s^v}(K>0)$。

(2) 一阶环节，包括惯性环节、一阶微分环节以及对应的非最小相位环节，交接频率为$\frac{1}{T}$。

(3) 二阶环节，包括振荡环节、二阶微分环节以及对应的非最小相位环节，交接频率为 ω_n。

记 ω_{min} 为最小交接频率，称 $\omega<\omega_{min}$ 的频率范围为低频段。开环对数幅频渐近特性曲线的绘制按以下步骤进行：

(1) 开环传递函数典型环节的分解。

(2) 确定一阶环节、二阶环节的交接频率，将各交接频率标注在半对数坐标图的 ω 轴上。

(3) 绘制低频段渐近特性线：由于一阶环节或二阶环节的对数幅频渐近特性曲线在交接频率前斜率为 0 dB/dec，在交接频率处斜率发生变化，故在 $\omega<\omega_{min}$ 频段内，开环系统幅频渐近特性的斜率取决于$\frac{K}{\omega^v}$，因而直线斜率为 $-20v$dB/dec。为获得低频渐近线，还需确定该直线上的一点，可以采用以下三种方法：

方法一：在 $\omega<\omega_{min}$ 范围内，任选一点 ω_0，计算

$$L_a(\omega_0) = 20\lg K - 20v\lg\omega_0 \tag{5-20}$$

方法二：取频率为特定值 $\omega_0=1$，则

$$L_a(1) = 20\lg K \tag{5-21}$$

方法三：取 $L_a(\omega_0)$为特殊值 $\omega_0=1$，有$\frac{K}{\omega_0^v}=1$，则

$$\omega_0 = K^{\frac{1}{v}} \tag{5-22}$$

于是，过点$(\omega_0, L_a(\omega_0))$在 $\omega<\omega_{min}$ 范围内可作斜率为 $-20v$dB/dec 的直线。显然，若有 $\omega_0>\omega_{min}$，则点$(\omega_0, L_a(\omega_0))$位于低频渐近特性曲线的延长线上。

(4) 作 $\omega\geqslant\omega_{min}$ 频段渐近特性线：在 $\omega\geqslant\omega_{min}$ 频段，系统开环对数幅频渐近特性曲线表现为分段折线。每两个相邻交接频率之间为直线，在每个交接频率点处，斜率发生变化，变化规律取决于该交接频率对应的典型环节的种类，如表 5-3 所示。

表 5-3　交接频率点处斜率的变化表

<table>
<tr><th>典型环节类别</th><th>典型环节传递函数</th><th>交接频率</th><th>斜率变化</th></tr>
<tr><td rowspan="4">一阶环节
($T>0$)</td><td>$\frac{1}{1+Ts}$</td><td rowspan="4">$\frac{1}{T}$</td><td rowspan="2">-20 dB/dec</td></tr>
<tr><td>$\frac{1}{1-Ts}$</td></tr>
<tr><td>$1+Ts$</td><td rowspan="2">-20 dB/dec</td></tr>
<tr><td>$T-Ts$</td></tr>
<tr><td rowspan="4">二阶环节
($\omega_n>1$，$1>\xi\geqslant 0$)</td><td>$\frac{1}{\left(\frac{s^2}{\omega_n^2}+2\xi\frac{s}{\omega_n}+1\right)}$</td><td rowspan="4">$\omega_n$</td><td rowspan="2">$-40$ dB/dec</td></tr>
<tr><td>$\frac{1}{\left(\frac{s^2}{\omega_n^2}-2\xi\frac{s}{\omega_n}+1\right)}$</td></tr>
<tr><td>$\frac{s^2}{\omega_n^2}+2\xi\frac{s}{\omega_n}+1$</td><td rowspan="2">40 dB/dec</td></tr>
<tr><td>$\frac{s^2}{\omega_n^2}-2\xi\frac{s}{\omega_n}+1$</td></tr>
</table>

应该注意的是，当系统的多个环节具有相同交接频率时，该交接频率点处斜率的变化应为各个环节对应的斜率变化值的代数和。

以斜率为 $k=-20v$dB/dec 的低频渐近线为起始直线的，按交接频率由小到大的顺序和表 5-1 确定斜率变化，再逐一绘制直线，得到系统开环对数幅频渐近特性曲线。

例 5-8　已知系统开环传递函数为

$$G(s)H(s)=\frac{2000s-4000}{s^2(s+1)(s^2+10s+400)}$$

试绘制系统开环对数幅频渐近特性曲线。

解　开环传递函数的典型环节分解形式为

$$G(s)H(s)=\frac{-10\left(1-\frac{s}{2}\right)}{s^2(s+1)\left(\frac{s^2}{20^2}+\frac{1}{2}\times\frac{s}{20}+1\right)}$$

开环系统由六个典型环节串联而成：非最小相位比例环节、两个积分环节、非最小相位一阶微分环节、惯性环节和振荡环节。

(1) 确定各交接频率 $\omega_i(i=1, 2, 3)$及斜率变化值。

非最小相位一阶微分环节：$\omega_2=2$，斜率增加 20 dB/dec；

惯性环节：$\omega_1=1$，斜率减小 20 dB/dec；

振荡环节：$\omega_3=20$，斜率减小 40 dB/dec；

最小交接频率 $\omega_{min}=\omega_1=1$。

(2) 绘制低频段($\omega<\omega_{min}$)渐近特性曲线。因为 $v=2$，则低频渐近线斜率 $k=-40$ dB/dec，按方法二得直线上一点(ω_0，$La(\omega_0)$)=(1，20 dB)。

(3) 绘制频段 $\omega\geqslant\omega_{min}$渐近特性曲线。各频段对应的 k 值如下：

$$\omega_{\min} \leqslant \omega \leqslant \omega_2,\ k = -60\ \text{dB/dec};$$
$$\omega_2 < \omega < \omega_3,\ k = -40\ \text{dB/dec};$$
$$\omega \geqslant \omega_3,\ k = -80\ \text{dB/dec}。$$

系统开环对数幅频渐近特性曲线如图 5-23 所示。

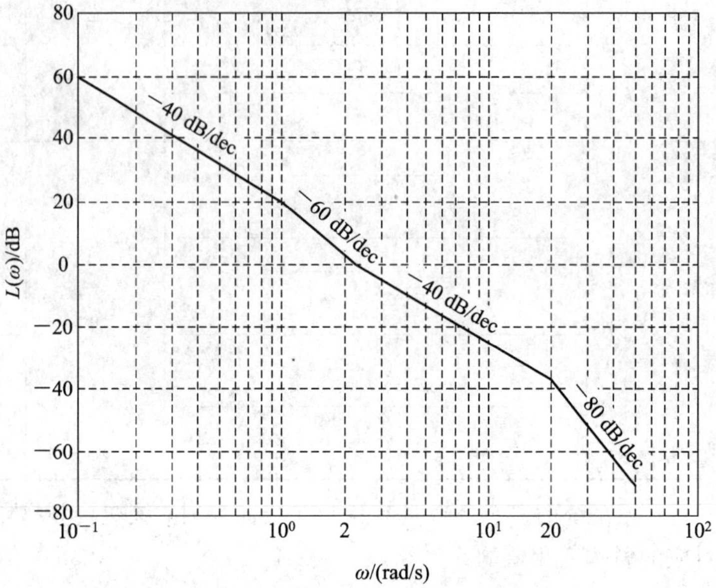

图 5-23　系统开环对数幅频渐近特性曲线

开环对数相频曲线的绘制，一般由典型环节分解下的相频特性表达式，取若干个频率点，列表计算各点的相角并标注在对数坐标图中，最后将各点光滑连接，即可得开环对数相频曲线。具体计算相角时应注意判别象限，例如在例 5-8 中：

$$\varphi(\omega) = \angle \frac{1}{1-\dfrac{\omega^2}{400}+\mathrm{j}\dfrac{\omega}{40}} = \begin{cases} -\arctan\dfrac{\dfrac{\omega}{40}}{1-\dfrac{\omega^2}{400}}, & 0 < \omega \leqslant 20 \\ -\left(180^\circ - \arctan\dfrac{\dfrac{\omega}{40}}{\dfrac{\omega^2}{400}-1}\right), & \omega > 20 \end{cases}$$

5. 延迟环节和延迟系统

输出量经恒定延时后不失真地复现输入量变化的环节称为延迟环节。含有延迟环节的系统称为延迟系统。化工、电力系统多为延迟系统。延迟环节的输入输出的时域表达式为

$$c(t) = 1(t-\tau)r(t-\tau) \tag{5-23}$$

式中，τ 为延迟时间，应用拉氏变化的实数位移定理，可得延迟环节的传递函数：

$$G(s) = \frac{C(s)}{R(s)} = \mathrm{e}^{-\tau s} \tag{5-24}$$

延迟环节的频率特性为

$$G(\mathrm{j}\omega) = \mathrm{e}^{\mathrm{j}\tau\omega} = 1 \cdot \angle -57.3\tau\omega \tag{5-25}$$

由式(5－25)可知，延迟环节幅相曲线为单位圆。当系统存在延迟现象，即开环系统表现为延迟环节和线性环节的串联形式时，延迟环节对系统开环频率特性的影响是造成了相频特性的明显变化。如图 5－24 所示，当线性环节 $G(s)=\frac{10}{1+s}$与延迟环节 $e^{-0.5s}$串联后，系统开环幅相曲线为螺旋线。图中以(5，j0)为圆心，半径为 5 的半圆为惯性环节的幅相曲线，任取频率点 ω，设惯性环节的频率特性点为 A，则延迟系统的幅相曲线的 B 点位于以$|OA|$为半径，距 A 点圆心角 $\theta=57.3\times0.5\omega$ 的圆弧处。

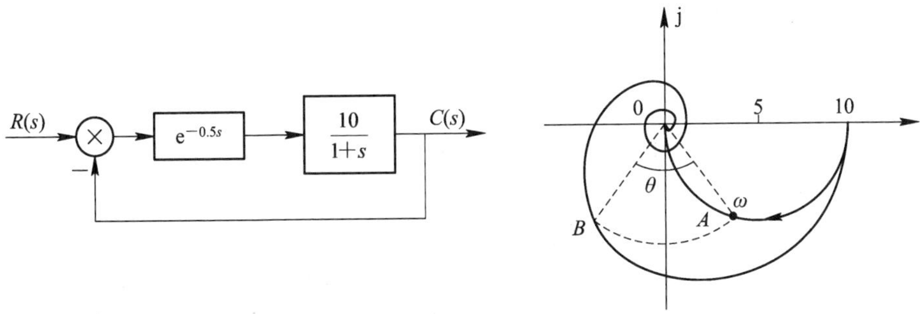

图 5－24　延迟系统及其开环幅相曲线

5.3　频率域稳定判据

闭环控制系统稳定的充要条件是，其特征方程的所有根(闭环极点)都具有负实部，即位于 S 平面的左半部分。在第 3 章时域分析中介绍了代数稳定判据，根据特征方程的根和系数的关系来判断系统的稳定性；在第 4 章中介绍了根轨迹法，根据特征方程的根随着系统参数变化的轨迹来判断系统的稳定性。

本节将进一步在频域中讨论系统的稳定性问题。

奈奎斯特(Nyquist)稳定判据和对数频率稳定判据是常用的两种频域稳定判据。它们根据系统的开环频率特性来判断闭环系统的稳定性，并确定系统的相对稳定性，可方便地研究系统参数和结构改变对稳定性的影响，进而揭示出改善系统稳定性的途径。由于开环频率特性不仅可方便地由开环传递函数得到，还可由实验方法得到，因此在工程上得到了广泛的应用。

设控制系统的一般结构如图 5－25 所示。

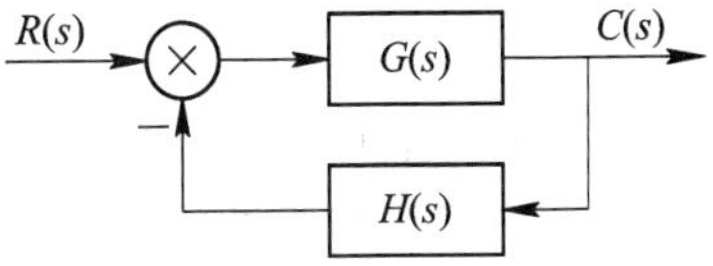

图 5－25　控制系统的一般结构图

设系统开环传递函数为 s 的 m 阶、n 阶多项式之比，即

$$G(s)H(s)=\frac{B(s)}{A(s)},\ (n>m)$$

闭环传递函数为

$$\Phi(s)=\frac{G(s)}{1+G(s)H(s)}$$

取辅助函数为

$$F(s) = 1 + G(s)H(s) = 1 + \frac{B(s)}{A(s)} = \frac{A(s) + B(s)}{A(s)} \tag{5-26}$$

该函数是复变量 s 的函数。

对于实际物理系统，其开环传递函数的分母最高次幂 n 必大于分子最高次幂 m，即 $n>m$。将 $F(s)$写成零、极点形式：

$$F(s) = \frac{K\prod_{i=1}^{n}(s - z_i)}{\prod_{j=1}^{n}(s - p_i)} \tag{5-27}$$

式中，z_i 和 p_j 分别为 $F(s)$的零点和极点。

辅助函数 $F(s)$具有如下特点：

(1) $F(s)$的零点是系统的闭环极点，$F(s)$的极点是系统的开环极点；

(2) $F(s)$的零点个数与极点个数相同；

(3) 辅助函数 $F(s)$与系统开环传递函数 $G(s)H(s)$只差常量1。

式(5-27)中的极点 p_j 通常是已知的，但要求出其零点 z_i 的分布就不容易了。下面利用复变函数中的辐角原理来寻找一种确定位于 S 右半平面内零点个数的方法，从而建立判断闭环系统稳定性的奈氏判据。

5.3.1 辐角原理(映射定理)

设对于 S 平面上有限奇点之外的任一点 s，复变函数 $F(s)$为解析函数，即单值、连续的正则函数，那么，对于 S 平面上的每一点，通过复变函数 $F(s)$的映射关系，都可在 $F(s)$平面上找到相应的像。因此，如果在 S 平面画一条封闭曲线 Γ_s，并使其不通过 $F(s)$的任一奇点，则在 $F(s)$平面上必有一条对应的映射曲线 Γ_F，如图5-26所示。

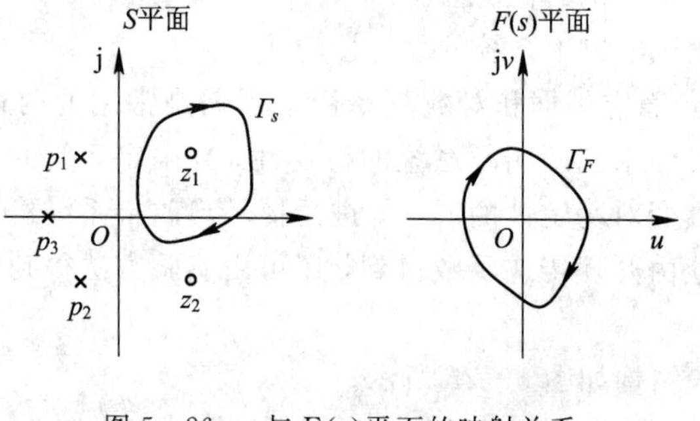

图5-26　s 与 $F(s)$平面的映射关系

若在 S 平面上的封闭曲线 Γ_s 是沿着顺时针方向运动的，则在 $F(s)$平面上的映射曲线 Γ_F 的运动方向可能是顺时针的，也可能是逆时针的，这取决于 $F(s)$函数的特性。

人们感兴趣的不是映射曲线 Γ_F 的形状，而是它包围坐标原点的次数和运动方向，因为这两者与系统的稳定性密切相关。$F(s)$复变函数的相角可表示为

$$\angle F(s) = \sum_{i=1}^{n}\angle(s - z_i) - \sum_{j=1}^{n}\angle(s - p_j) \tag{5-28}$$

假定在 S 平面上，封闭曲线 Γ_s 包围了 $F(s)$的一个零点 z_1，而其他零、极点都位于封闭曲线 Γ_s 之外，则当 s 沿着 S 平面上的 Γ_s 顺时针方向移动一周时，相量$(s-z_1)$绕 z_1 顺时

针转过一周，即相角变化-2π，而其他那些未被Γ_s包围的$F(s)$零、极点到s的各相量的净相角变化均为零。这意味着在$F(s)$平面上，$F(s)$沿着映射曲线Γ_s顺时针方向围绕着原点旋转一周，相量$F(s)$的相角即变化了-2π，如图5-27所示。

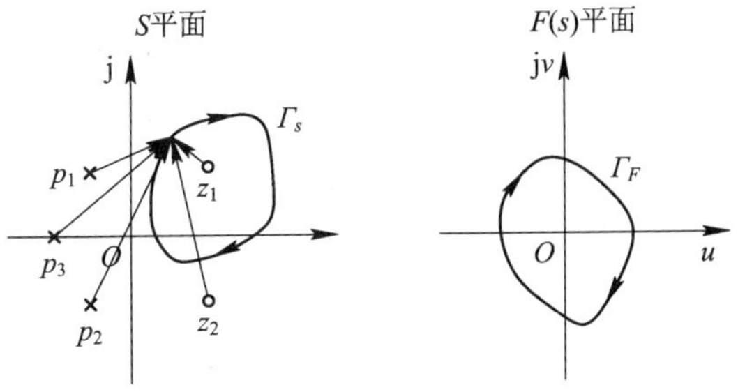

图5-27　封闭曲线Γ_s包围z_1时的映射情况

若S平面上的封闭曲线Γ_s包围了$F(s)$的Z个零点，则在$F(s)$平面上的映射曲线Γ_F将沿顺时针方向围绕坐标原点旋转Z周。

用类似分析方法可以推出：若S平面上的封闭曲线Γ_s包围了$F(s)$的P个极点，则当s沿着S平面上的封闭曲线Γ_s顺时针方向移动一周时，在$F(s)$平面上的映射曲线Γ_F将沿逆时针方向围绕坐标原点旋转P周。

综上所述，辐角原理(映射定理)如下：

如果S平面上的封闭曲线Γ_s包围了复变函数$F(s)$的Z个零点和P个极点，并且此曲线不经过$F(s)$的任一零点和极点，则当s沿着Γ_s顺时针方向转过一周时，在$F(s)$平面上的映射曲线Γ_F围绕坐标原点，沿逆时针方向的旋转周数R为P、Z之差，即

$$R = P - Z \tag{5-29}$$

如果$R<0$，则表示映射曲线Γ_F围绕坐标原点沿顺时针方向转过的周数；如果$R=0$，则表示映射曲线Γ_F不包围坐标原点——当且仅当Γ_F内不包围$F(s)$的任何零、极点时才使$R=0$。

5.3.2　奈奎斯特稳定判据

下面将奈奎斯特稳定判据分为两种情况进行讨论。

1. 开环不含积分环节的系统

如果把S平面的封闭曲线Γ_s取为虚轴和右半S平面上半径为无穷大的半圆，如图5-28所示，那么Γ_s就扩大到了整个右半S平面，则式(5-29)中的P和Z分别表示辅助函数$F(s)$分布在右半S平面的极点数和零点数，也就是开、闭环传递函数分布在右半S平面上的极点数。

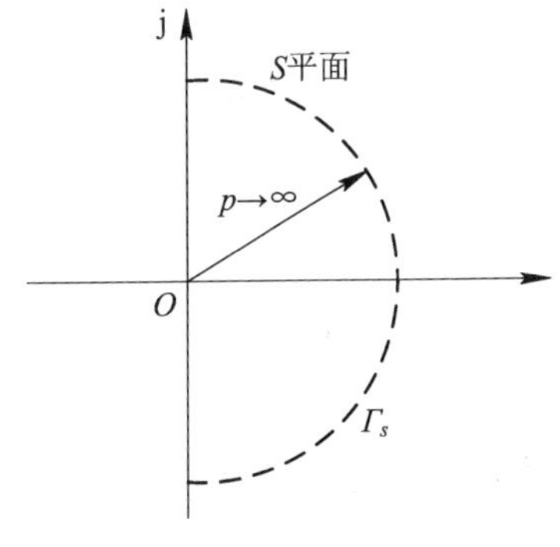

图5-28　包括全部右半S平面的Γ_s曲线

当s顺时针沿无穷大半圆及虚轴变化时，Γ_s在$F(s)$平面上围绕原点逆时针旋转的圈数$R=P-Z$。若$Z=0$，则Γ_F在$F(s)$平面围绕原点逆时针方向转

过 P 圈，说明闭环系统是稳定的。如果 $R \neq P$，说明闭环系统是不稳定的，Γ_s 分布在右半 S 平面。

闭环极点数可由下式求得：

$$Z = P - R \tag{5-30}$$

如果开环稳定，即 $P=0$ 时，闭环系统稳定的条件是：Γ_F 围绕原点转过的圈数 $R=0$。

辅助函数 $F(s)$ 与开环传递函数 $G(s)H(s)$ 之间仅相差 1，显然，Γ_F 在 $F(s)$ 平面围绕原点逆时针方向转过的圈数，在 $G(s)H(s)$ 平面上则变为围绕 $(-1, \mathrm{j}0)$ 点逆时针方向旋转的圈数，因此，式(5-30)中的 R 可用 $G(s)H(s)$ 围绕 $(-1, \mathrm{j}0)$ 点逆时针方向转过的圈数来确定。

由于实际物理系统中，开环传递函数分母的最高次幂总大于分子的最高次幂，即 $n>m$，因此

$$\lim_{s\to\infty} F(s) = \lim_{s\to\infty}[1 + G(s)H(s)] = \lim_{s\to\infty}\left[1 + \frac{B(s)}{A(s)}\right] = 1\mathrm{e}^{\mathrm{j}0} = 1$$

即当 s 在 S 平面上按顺时针方向沿无穷大半径从 $+\mathrm{j}\infty$ 转到 $-\mathrm{j}\infty$ 时，映射到 $F(s)$ 平面的像为 $(1, \mathrm{j}0)$ 点，则通过 $G(s)H(s)$ 映射到 $G(s)H(s)$ 平面上的像是坐标原点。

鉴于辅助函数 $F(s)$ 的特点，考察 s 沿 S 平面上的封闭曲线 Γ_s 顺时针运动时，映射曲线 Γ_F 对 $F(s)$ 平面坐标原点的包围情况，就是考察 s 沿虚轴从 $-\mathrm{j}\infty \to +\mathrm{j}\infty$ 运动时，$G(\mathrm{j}\omega)H(\mathrm{j}\omega)$ 对 $G(s)H(s)$ 平面上 $(-1, \mathrm{j}0)$ 点的包围情况。$s = -\mathrm{j}\infty \to +\mathrm{j}\infty$ 时，$G(\mathrm{j}\omega)H(\mathrm{j}\omega)$ 曲线是一条对称于实轴的封闭曲线，即 $\omega = -\infty \to +\infty$ 时的开环幅相曲线。由于当 ω 从 $-\infty \to 0_-$ 和从 $0_+ \to +\infty$ 时，对应的两部分 $G(\mathrm{j}\omega)H(\mathrm{j}\omega)$ 曲线相对于实轴是互为镜像的，所以实际上常用的开环幅相曲线只需绘制 ω 从 $0_+ \to +\infty$ 的那部分曲线。该曲线围绕 $(-1, \mathrm{j}0)$ 点转过的圈数为 N（规定沿逆时针方向转过的圈数为正，沿顺时针方向转过的圈数为负）。

$$N = \frac{P - Z}{2} \tag{5-31}$$

闭环系统稳定的条件是 $Z=0$，则必须有

$$N = \frac{P}{2} \tag{5-32}$$

若闭环系统不稳定，则闭环在右半 S 平面的极点数为

$$Z = P - 2N \tag{5-33}$$

这就确定了闭环系统稳定性与开环频率特性之间的关系，即奈奎斯特稳定判据：

若系统开环传递函数有 P 个右极点，则闭环系统稳定的充要条件是：当 ω 从 0_+ 变化到 $+\infty$ 时，开环幅相曲线 $G(\mathrm{j}\omega)H(\mathrm{j}\omega)$ 沿逆时针方向包围 $(-1, \mathrm{j}0)$ 点的次数为 $N=\dfrac{P}{2}$；否则，系统不稳定，且有 $Z=P-2N$ 个右极点。

若系统开环稳定(即 $P=0$)，则仅当开环幅相曲线 $C(\mathrm{j}\omega)H(\mathrm{j}\omega)$ 不包围 $(-1, \mathrm{j}0)$ 点时闭环系统稳定。

例 5-9　设控制系统的开环传递函数为

$$G(s)H(s) = \frac{5}{(s+0.5)(s+1)(s+2)}$$

试用奈奎斯特稳定判据判别闭环系统的稳定性。

解　$G(j\omega)H(j\omega)$开环幅相曲线如图5-29所示，由图可以看出，当ω从$0_+ \to +\infty$变化时，开环幅相曲线不包围$(-1, j0)$点，即$N=0$；开环传递函数$G(s)H(s)$的极点为-0.5、-1、-2，均位于S平面的左半部分，即$P=0$。显然，闭环系统稳定。

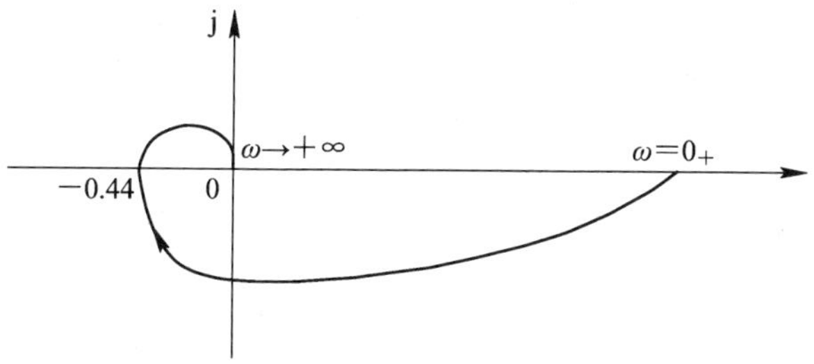

图5-29　例5-9的开环幅相曲线

例5-10　控制系统的开环传递函数为

$$G(s)=\frac{k}{(T_1s+1)(T_2s+1)(T_3s+1)} \quad (T_1, T_2, T_3>0)$$

试用奈奎斯特稳定判据判别闭环系统的稳定性。

解　(1) 由控制系统的开环传递函数可得其开环极点为

$$s_1=-\frac{1}{T_1}、s_2=-\frac{1}{T_2}、s_3=-\frac{1}{T_3}<0$$

由题知：T_1，T_2，$T_3>0$，显然，s_1，s_2，$s_3<0$，所以可得$P=0$。

(2) 绘制奈奎斯特曲线如图5-30所示。

奈奎斯特曲线包围$(-1, j0)$点的圈数为$N=0$。

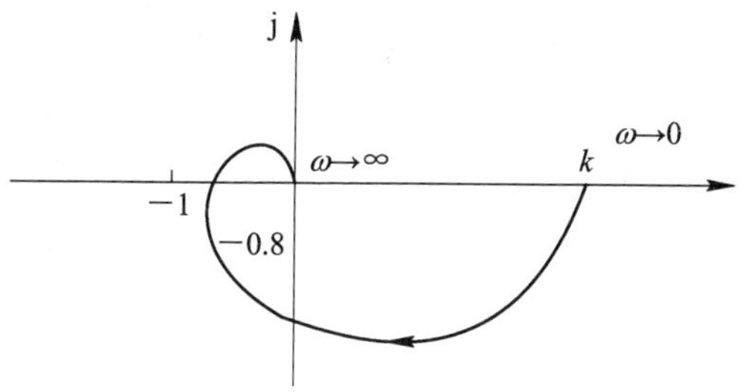

图5-30　例5-10奈奎斯特曲线

(3) $Z=P-2N=0$，即闭环系统特征方程正实部根的个数为0，闭环系统稳定。

例5-11　开环传递函数如下：

$$G(s)=\frac{K(T_1s+1)}{T_2s-1} \quad (T_1, T_2, K>0)$$

试用奈奎斯特稳定判据判别系统的稳定性。

解　系统的频率特性为

$$G(j\omega)=\frac{K(j\omega T_1+1)}{j\omega T_2-1}$$

相频特性如下：

$$\varphi(\omega)=\arctan(\omega T_1)-[180°-\arctan(\omega T_2)]=-180°+\arctan(\omega T_1)+\arctan(\omega T_2)$$

幅频特性如下：

$$A(\omega)=\frac{K\sqrt{(\omega T_1)^2+1}}{\sqrt{(\omega T_2)^2+1}}$$

当 $\omega=0$ 时，$\begin{cases}A(\omega)=K\\ \varphi(\omega)=-180^\circ\end{cases}$；当 $\omega=\infty$ 时，$\begin{cases}A(\omega)=\dfrac{KT_1}{T_2}\\ \varphi(\omega)=0\end{cases}$。由此可见，系统的稳定性取决于 K 值的大小，因此我们对 K 进行讨论：

① $0<K<1$ 时，$N_+=0$，$N_-=0$，$N=N_+-N_-=0$，$P=1$，$Z=P-2N=1$，系统不稳定；

② $K=1$ 时，系统临界稳定；

③ $K>1$ 时，$N_+=1/2$，$N_-=0$，$N=N_+-N_-=1/2$，$P=1$，$Z=P-2N=0$，系统稳定。

2. 开环有串联积分环节的系统

当开环传递函数 $G(s)H(s)$ 包含有积分环节时，则开环具有 $s=0$ 的极点，此极点位于坐标原点。

其开环传递函数可用下式表示：

$$G(s)H(s)=\frac{K\prod_{i=1}^{m}(\tau_i s+1)}{s^v\prod_{j=1}^{n-v}(T_j s+1)} \tag{5-34}$$

由于 S 平面上的坐标原点是所选闭合路径 Γ_s 上的一点，把这一点的 s 值代入 $G(s)H(s)$ 后，$|G(0)H(0)|\to\infty$，这表明坐标原点是 $G(s)H(s)$ 的奇点。为了使 Γ_s 路径不通过此奇点，将它做些改变，使其绕过原点上的极点，并把位于坐标原点上的极点排除在被它所包围的面积之外，但仍应包含右半 S 平面内所有闭环和开环极点，为此，以原点为圆心，做一个半径为无穷小的半圆，使 Γ_s 路径沿着这个无穷小的半圆绕过原点，如图 5-31(a) 所示。

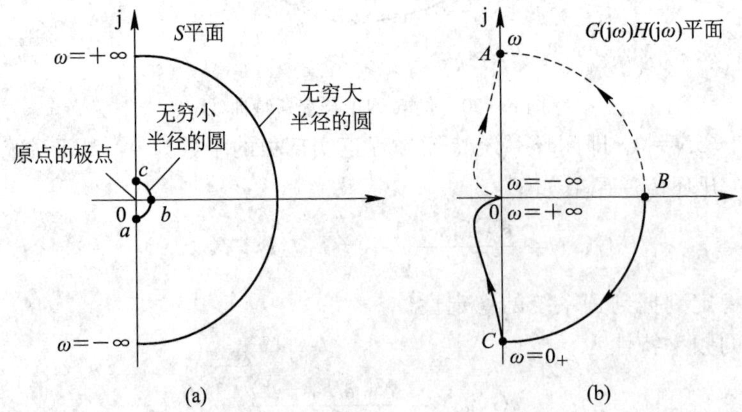

图 5-31　$G(s)H(s)$ 包含积分环节时的 Γ_s 路径和幅相曲线

这样闭合路径 Γ_s 就由 $-j\omega$ 轴、无穷小半圆、$j\omega$ 轴、无穷大半圆四部分组成。当无穷小半圆半径趋于 0 时，闭合路径 Γ_s 仍可包围整个右半 S 平面。

位于无穷小半圆上的 s 可用下式表示：

$$s=\varepsilon\cdot e^{j}\theta \tag{5-35}$$

$v=1$ 时，令 $\varepsilon\to 0$，将式(5-35)代入传递函数表达式中，得

$$G(s)H(s)=\frac{K'}{\varepsilon e^{j\theta}}=\frac{K'}{\varepsilon}e^{-j\theta} \tag{5-36}$$

根据式(5-36)可确定 S 平面上的无穷小半圆映射到 $G(s)H(s)$ 平面上的路径。在图 5-31(a)中的 a 点处，s 的幅值 $\varepsilon\to 0$、相角 θ 为 $\frac{\pi}{2}$，对应 $|G(0)H(0)|\to\infty$，$\varphi=-\theta=-\frac{\pi}{2}$，这说明无穷小半圆上的点 a 映射到 $G(s)H(s)$ 平面上为正虚轴上无穷远处的一点 A。在 b 点处，$\varepsilon\to 0$，相角 θ 为 0，对应 $|G(0)H(0)|\to\infty$，$\varphi=-\theta=0$，说明 b 点映射到 $G(s)H(s)$ 平面上为正实轴上无穷远处的一点 B。对于 c 点，$\varepsilon\to 0$，相角 θ 为 $\frac{\pi}{2}$，对应 $|G(0)H(0)|\to\infty$，$\varphi=-\theta=-\frac{\pi}{2}$，这说明 c 点映射到 $G(s)H(s)$ 平面上为负虚轴上无穷远处的一点 C。当 s 沿无穷小半圆由 0 点移到 b 点，再移到 c 点时，角度 θ 逆时针方向转过 180°，而对 $G(s)H(s)$ 的角度则是顺时针方向转过 180°(如果系统型别是 v 型，则 $G(s)H(s)$ 角度的变化是 $v\times 180°$，S 平面上的无穷小半圆 $\widehat{abc}$ 映射到 $G(s)H(s)$ 平面上为无穷大半圆 $\widehat{ABC}$，如图 5-31(b)所示。

开环传递函数有积分环节时，经过上述处理，便将开环分布在坐标原点的极点当成分布在 S 平面右半部的极点了，这样，奈奎斯特判据仍能应用。

当开环传递函数包含有 v 个积分环节时，应从绘制得到的开环幅相曲线上 $\omega=0_+$ 对应点处逆时针方向补做 $v\times 90°$ 无穷大半径圆弧的辅助线，方能正确确定开环幅相曲线逆时针包围(-1，j0)点的次数。

例 5-12　已知系统开环传递函数为

$$G(s)H(s)=\frac{K}{s(Ts+1)},\quad (K>0,\ T>0)$$

试用奈奎斯特稳定判据判别闭环系统的稳定性。

解　因开环传递函数 $G(s)H(s)$ 包含有 1 个积分环节，故需从开环幅相曲线上 $\omega=0_+$ 处顺时针方向补做 $1\times 90°$ 无穷大半径圆弧的辅助线(以虚线表示)，如图 5-32 所示。可见，开环幅相曲线(含辅助虚线)不包围(-1，j0)点，即 $N=0$。由 $G(s)H(s)$ 可知开环右极点个数 $P=0$。显然，闭环系统稳定。

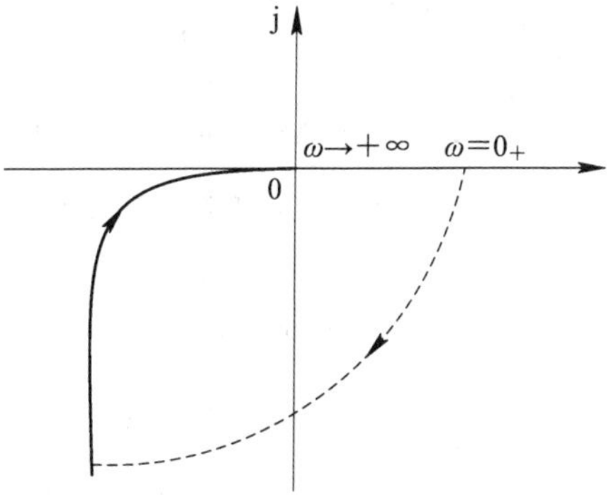

图 5-32　例 5-12 的开环幅相曲线

例 5-13　已知系统的开环传递函数为

$$G(s)H(s)=\frac{K(\tau s+1)}{s^2(Ts+1)},\quad (K>0,\ \tau>0,\ T>0)$$

试用奈奎斯特稳定判据判别闭环系统的稳定性。

解　因开环传递函数 $G(s)H(s)$ 包含有两个积分环节，故需从开环幅相曲线上 $\omega=0_+$

处顺时针方向补做 2×90°无穷大半径圆弧的辅助线(以虚线表示)，如图 5-33 所示。

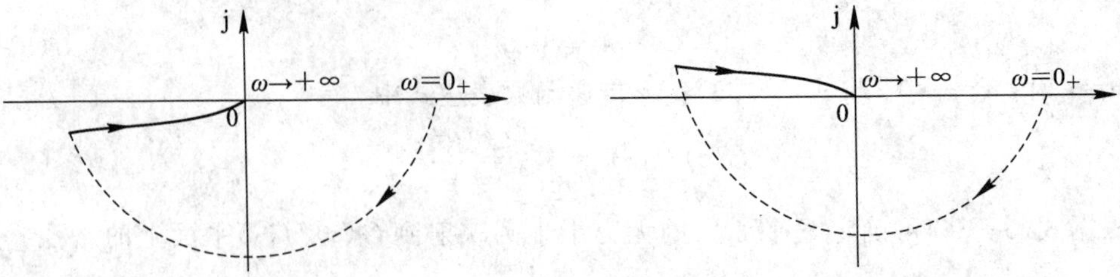

(a) $T<\tau$　　(b) $T>\tau$

图 5-33　例 5-13 的开环幅相曲线

由 $G(s)H(s)$可知开环右极点个数 $P=0$。

当 $T<\tau$ 时，其开环幅相曲线(含辅助虚线)如图 5-33(a)所示，它不包围(−1，j0)点，即$N=0$。因此闭环右极点个数 $Z=P-2N=0$。

当 $T<\tau$ 时，其开环幅相曲线(含辅助虚线)如图 5-33(b)所示，它顺时针包围(−1，j0)点 1 次，即 $N=-1$，因此闭环右极点个数 $Z=P-2N=2$，闭环系统不稳定。

当开环幅相曲线的形状较复杂时，便不容易分辨它对(−1，j0)点的包围方向及次数了，如图 5-34 和图 5-35 所示。

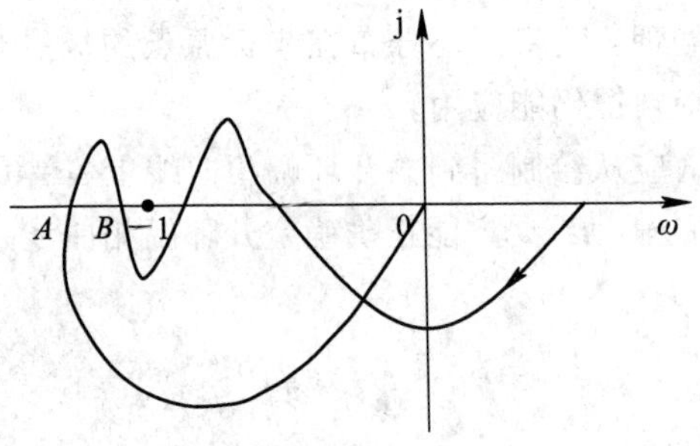

图 5-34　复杂形状的开环幅相曲线一

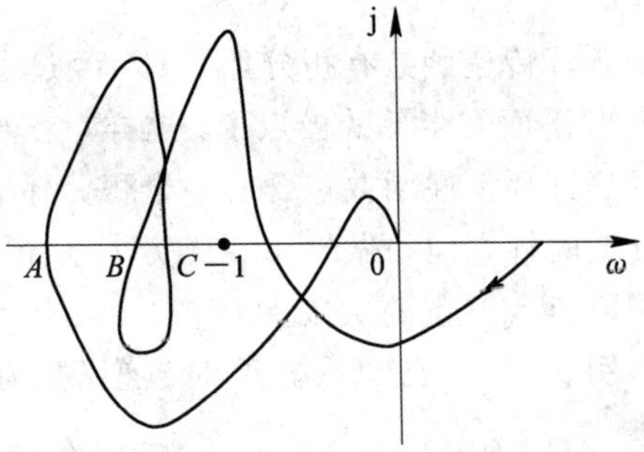

图 5-35　复杂形状的开环幅相曲线二

这时采用“穿越”次数来判稳比较方便。“穿越”定义如下(如图 5-36 所示)：

正穿越：开环幅相曲线沿 ω 增加的方向，由上往下穿过[−1，−∞)的负实轴段一次，称为一次正穿越。正穿越次数用 N_+ 表示。

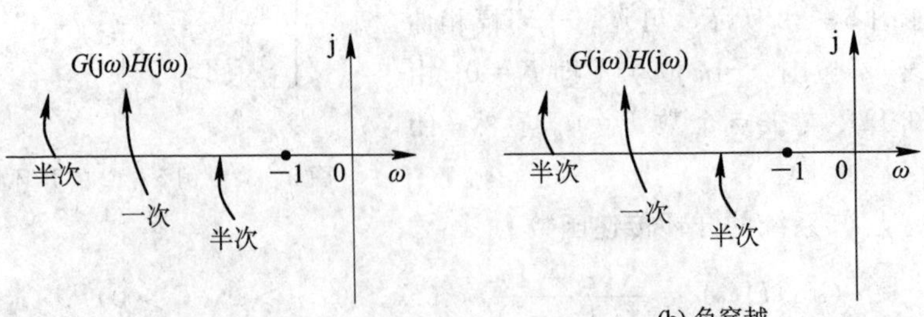

(a) 正穿越　　(b) 负穿越

图 5-36　$G(j\omega)H(j\omega)$曲线的穿越情况

负穿越：开环幅相曲线沿 ω 增加的方向，由下往上穿过$[-1, -\infty)$的负实轴段一次，称为一次负穿越。负穿越次数用 N_- 表示。

半次穿越：开环幅相曲线起始于或终止于$[-1, -\infty)$的负实轴段，称为半次穿越，或$\frac{1}{2}$次穿越。它也有正负之分，方向从上往下为正穿，方向从下往上为负穿。

因此，奈奎斯特稳定判据可叙述如下：

若开环传递函数 $G(s)H(s)$有 P 个右极点，则闭环系统稳定的充要条件是：当 ω 从 0_+ 变化到$+\infty$时，开环幅相曲线 $G(j\omega)H(j\omega)$对$[-1, -\infty)$的负实轴段的正负穿越次数之差为$\frac{P}{2}$，即

$$N_+ - N_- = \frac{P}{2}$$

如果不满足式(5-33)，则闭环系统不稳定，且有 Z 个不稳定的右极点：

$$Z = P - 2(N_+ - N_-)$$

例 5-14　已知开环幅相曲线如图 5-34 和图 5-35 所示，系统为 0 型，开环右极点个数 $P=2$，试判断系统的闭环稳定性。

解　图 5-34 中，A、B 点位于负实轴上的$[-1, -\infty)$段。其中开环幅相曲线在 A 点处由上往下穿过$[-1, -\infty)$一次，为一次正穿越；在 B 点处由下往上穿过$[-1, -\infty)$一次，为一次负穿越。故 $N_+=1$，$N_-=1$，因此闭环右极点个数 $Z=P-2(N_+-N_-)=2$，闭环系统不稳定。

图 5-35 中，A、B、C 点位于负实轴上的$[-1, -\infty)$段。其中开环幅相曲线在 A 点处由上往下穿过$[-1, -\infty)$一次，为一次正穿越；在 B 点处由上往下穿过$[-1, -\infty)$一次，为一次正穿越；在 C 点处由下往上穿过$[-1, -\infty)$一次，为一次负穿越。故 $N_+=2$，$N_-=1$，因此闭环右极点个数 $Z=P-2(N_+-N_-)=0$，闭环系统稳定。

例 5-15　某单位反馈系统的开环传递函数如下，试用奈奎斯特稳定判据判别系统的稳定性。

$$G(s) = \frac{K}{s^2(Ts+1)}$$

解　系统的开环幅相曲线如图 5-37 所示。

由图可知 $P=0$，$N_-=1$，$N=N_+-N_-=-1$，$Z=P-2N=2$，故闭环系统不稳定，在 S 右半平面的根的个数为 2。

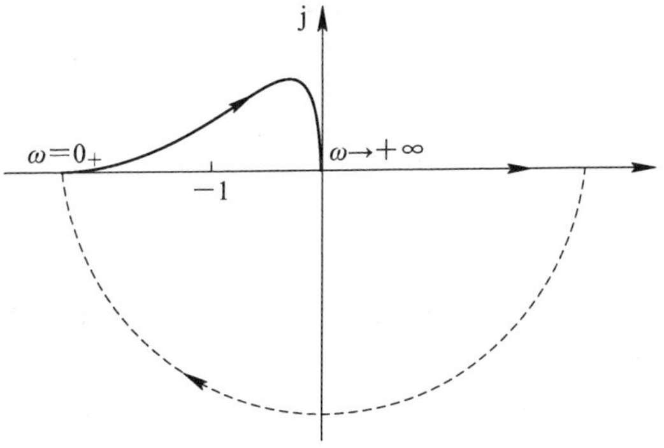

图 5-37　例 5-15 开环幅相曲线

例 5-16　某单位反馈系统的开环传递函数如下，试用奈奎斯特稳定判据判别系统的稳定性。

$$G(s)=\frac{K}{s^2(Ts-1)} \quad (K>0)$$

解　首先将反馈系统的开环传递函数化为频域的形式，求出其幅频特性与相频特性，即

$$G(j\omega)=\frac{K}{(j\omega)^2(j\omega T-1)}\quad (K>0)$$

$$A(\omega)=\frac{K}{\omega^2\sqrt{(T\omega)^2+1}}$$

观察当 ω 从 0 到∞时，幅频特性与相频特性的变化，具体如下：

$$\varphi(\omega)=-180^\circ-[180^\circ-\arctan(T\omega)]=-360^\circ+\arctan(T\omega)$$

$$\omega=0\text{ 时：}\begin{cases}A(\omega)=\infty^\circ\\ \varphi(\omega)=-360^\circ\end{cases}$$

$$\omega=\infty\text{ 时：}\begin{cases}A(\omega)=0^\circ\\ \varphi(\omega)=-270^\circ\end{cases}$$

绘出其开环幅相曲线如图 5-38。

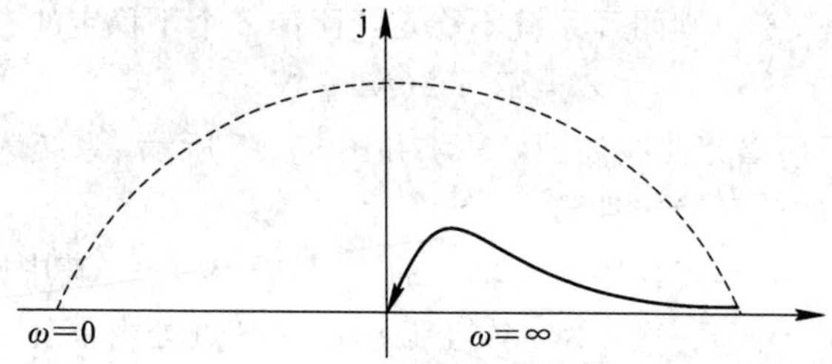

图 5-38　例 5-16 开环幅相曲线

由图 5-38 可以看出：$N_+=0$，$N_-=1/2$，$N=-1/2$，$P=1$，$Z=P-2N=2$，系统不稳定。

例 5-17　某单位反馈系统的开环传递函数如下，试用奈奎斯特稳定判据判别系统的稳定性。

$$G(s)=\frac{K}{s(Ts-1)}\quad (K>0)$$

解　首先将反馈系统的开环传递函数化为频域的形式，求出其幅频特性与相频特性，即

$$G(j\omega)=\frac{K}{j\omega(j\omega T-1)}\quad (K>0)$$

$$A(\omega)=\frac{K}{\omega\sqrt{(T\omega)^2+1}}$$

观察当 ω 从 0 到∞时，幅频特性与相频特性的变化，具体如下：

$$\varphi(\omega)=-90^\circ-(180^\circ-\arctan(T\omega))$$
$$=-270^\circ+\arctan(T\omega)$$

$$\omega=0\text{ 时：}\begin{cases}A(\omega)=\infty\\ \varphi(\omega)=-270^\circ\end{cases}$$

$$\omega=\infty\text{ 时：}\begin{cases}A(\omega)=0^\circ\\ \varphi(\omega)=-180^\circ\end{cases}$$

绘出其开环幅相曲线如图 5-39。

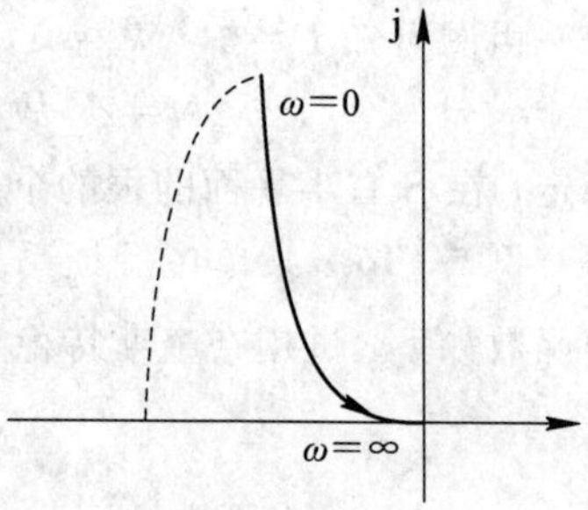

图 5-39　例 5-17 开环幅相曲线

由图 5 - 39 可以看出：$N_+=0$，$N_-=1/2$，$N=-1/2$，$P=1$，$Z=P-2N=2$，系统不稳定。

例 5 - 18　某单位反馈系统的开环传递函数如下，试用奈奎斯特稳定判据判别系统的稳定性。

$$G(s)=\frac{K}{s(T_1s+1)(T_2s+1)}$$

解　绘出其幅相曲线，如图 5 - 40 所示，与实轴交点为$\left(-\frac{KT_1T_2}{T_1+T_2},\ \mathrm{j}0\right)$。

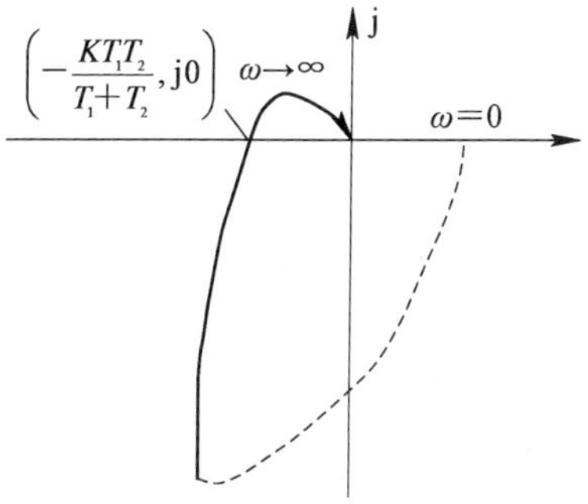

图 5 - 40　例 5 - 18 开环幅相曲线

下面对其稳定性进行分析：

$$\begin{cases}\dfrac{KT_1T_2}{T_1+T_2}>1,\ N=-1,\ Z=P-2N=2\\[2mm]\dfrac{KT_1T_2}{T_1+T_2}<1,\ N=0,\ Z=P-2N=0\end{cases}$$

可见，当$\frac{KT_1T_2}{T_1+T_2}<1$时，系统不稳定；当$\frac{KT_1T_2}{T_1+T_2}<1$时，系统稳定。

5.3.3　对数频率稳定判据

对数频率稳定判据是利用开环伯德图判断系统的稳定性，和奈奎斯特稳定判据本质相同，两种判据所依据的公式都是 $Z=P-2N$，但对数频率稳定判据比较容易掌握，同时它还便于对系统进行校正，因此对数频率稳定判据应用更广。奈奎斯特稳定判据与对数频率稳定判据之间的映射关系如表 5 - 4 所示。

表 5 - 4　奈奎斯特稳定判据与对数频率稳定判据之间映射关系表

映射关系	
极坐标图(奈奎斯特图)	对数坐标图(伯德图)
单位圆：$A(\omega)=1$	0 dB 线：$L(\omega)=0$
单位圆外：$A(\omega)>1$	0 dB 线以上：$L(\omega)>0$
单位圆内：$A(\omega)<1$	0 dB 线以下：$L(\omega)<0$
负实轴	$(2k+1)\pi$ 线
正实轴	0°线
$G(\mathrm{j}\omega)H(\mathrm{j}\omega)$穿过$(-1,\infty)$负实轴	在 $L(\omega)$ 的范围内，穿过$(2k+1)\pi$线
正穿越：相角增加，从上到下	正穿越：相角增加，从下到上
负穿越：相角减少，从下到上	负穿越：相角减少，从上到下

在对数频率稳定判据中，P 表示的仍然是系统开环传递函数正实部的极点数。N 则表示，在对数幅频曲线 $L(\omega)>0$ 的频段内，对数相频曲线 $\varphi(\omega)$穿越$(2k+1)\pi$ 平行线的总次数。

穿越次数的计算方法如下：

正穿越：$L(\omega)>0$ 时，对数相频曲线 $\varphi(\omega)$ 沿 ω 增加的方向，由下向上穿越 $(2k+1)\pi$ 线一次。

负穿越：$L(\omega)>0$ 时，对数相频曲线 $\varphi(\omega)$ 沿 ω 增加的方向，由上向下穿越 $(2k+1)\pi$ 线一次。

正穿越半次：$L(\omega)>0$ 时，对数相频曲线 $\varphi(\omega)$ 沿 ω 增加的方向，由下向上止于或起于 $(2k+1)\pi$ 线。

负穿越半次：$L(\omega)>0$ 时，对数相频曲线 $\varphi(\omega)$ 沿 ω 增加的方向，由上向下止于或起于 $(2k+1)\pi$ 线。

需要注意的是，若开环传函 $G(s)$ 含有 v 个积分环节，则应从 ω 较小且 $L(\omega)>0$ 点处向上补画 $v\times 90°$ 的虚直线，且把虚线看成对数相频曲线的一部分，以此计算 N 的总数；开环增益大于 0 时，从低频段的 0°线开始，向下补 $v\times 90°$ 的虚线；开环增益小于 0 时，从低频段的 180°线开始，向下补 $v\times 90°$ 的虚线。

例 5-19　已知单位反馈系统其开环传递函数如下，试用对数频率稳定判据判断系统的稳定性。

$$G(s)=\frac{K}{s^2(Ts+1)}$$

解　根据开环传递函数绘出系统的对数频率特性曲线如图 5-41 所示，因为 $v=2$，$K>0$，所以应从 ω 较小且 $L(\omega)>0$ 点处向上补画 180°的虚直线，该虚线也作为对数相频曲线的一部分。在 $L(\omega)>L(\omega_c)>0$ dB 频段内存在一个与 $-180°$ 线的交点，此为一次负穿越，按照对数稳定判据有：$N_-=1$，$N_+=0$，$N=N_+-N_-=-1$，$P=0$，$Z=P-2N=2$。

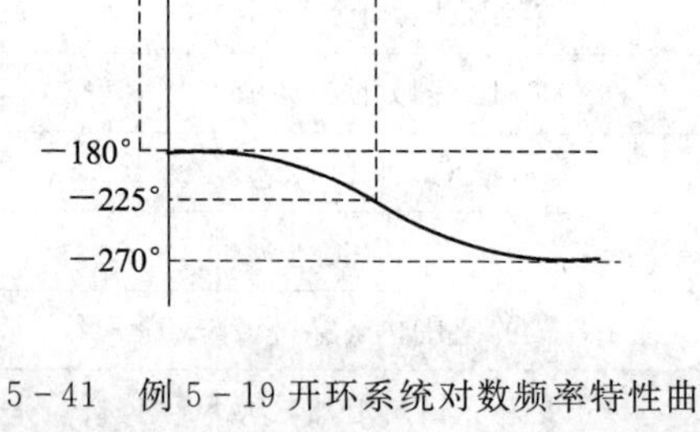

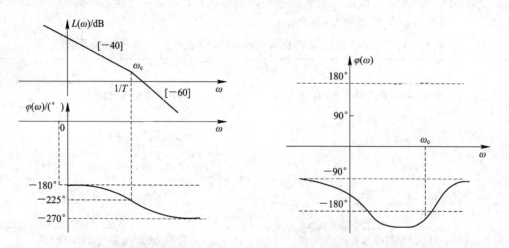

图 5-41　例 5-19 开环系统对数频率特性曲线

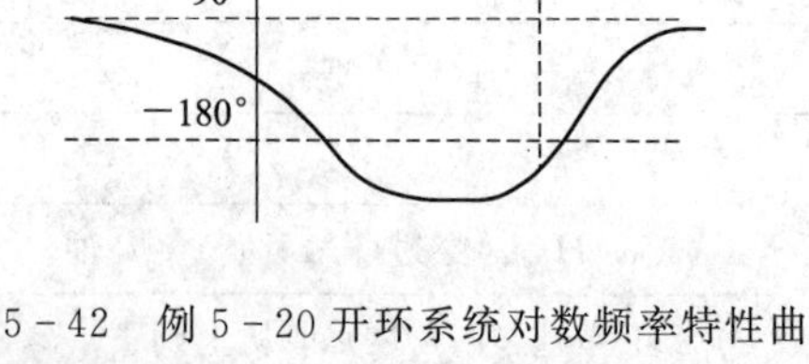

图 5-42　例 5-20 开环系统对数频率特性曲线

例 5-20　已知开环系统型次 $v=3$，$P=0$，开环系统对数相频特性曲线如图 5-42 所示，图中 $\omega<\omega_c$ 时，$L(\omega)>L(\omega_c)$，试确定闭环不稳定极点的个数。

解　因为 $v=3$，故需要在低频处由 $\varphi(\omega)$ 曲线向上补作 270°的虚直线于 180°，如图 5-42 所示。在 $L(\omega)>L(\omega_c)=0$ dB 频段内，存在两个与 $(2k+1)\pi$ 线的交点，一处为负穿越，一次为半负穿越，故 $N_-=1.5$，$N_+=0$，按照对数稳定判据，有 $Z=P-2N=3$，故闭环不稳定极点的个数为 3。

例 5－21　设单位反馈系统的开环传递函数如下，试判别系统的稳定性。

$$G(s)=\frac{K\left(\frac{1}{3}s+1\right)}{s(s-1)}$$

解　绘制开环系统对数频率特性曲线如图 5－43 所示。

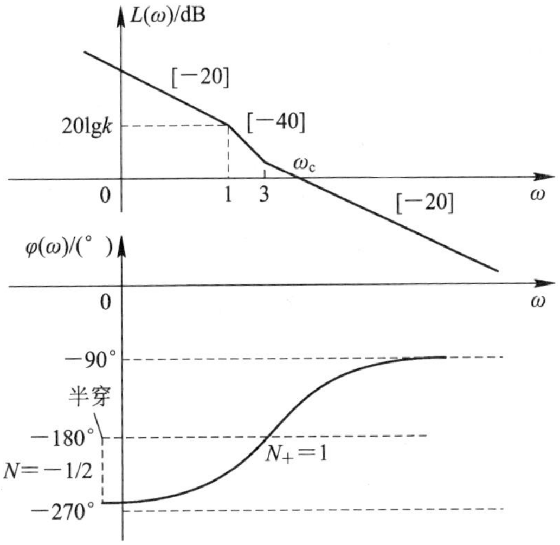

图 5－43　例 5－21 开环系统对数频率特性曲线

由传递函数可知，需要逆时针补作 90°的虚线，从图中可以看出，在 $L(\omega)>0$ 频段内，$\varphi(\omega)$曲线与－180°线有一次正穿越、半次负穿越，故 $N_+=1$，$N_-=1/2$，$N=N_+-N_-=1/2$，$P=1$，$Z=P-2N=0$，因此闭环系统稳定。

5.3.4　条件稳定系统

下面先看一个例子。

例 5－22　已知单位反馈系统开环幅相曲线（$K=10$，$P=0$，$v=1$）如图 5－44 所示，试确定系统闭环稳定时 K 的取值范围。

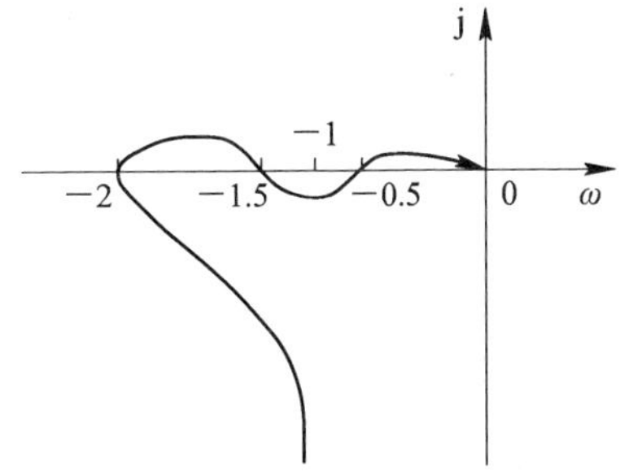

图 5－44　例 5－22 单位反馈系统开环幅相曲线

解　开环幅相曲线与负实轴有三个交点，设交点处穿越频率分别为 ω_1，ω_2，ω_3，系统开环传递函数如下：

$$G(s)=\frac{K}{s^{v}}G_1(s)$$

若令 $K=10$，则可以得到 $G(j\omega_1)=-2$，$G(j\omega_2)=-1.5$，$G(j\omega_3)=-0.5$。

若令 $G(j\omega_i)=-1$，可得到对应的 K 值：

$$K_1=\frac{-1}{\frac{1}{j\omega_1}G_1(j\omega_1^{v})}=\frac{-1}{\frac{-2}{10}}=5,$$

$$K_2=\frac{20}{3},\ K_3=20^\circ$$

经过讨论我们可以得到以下结果：

(1) $0<K<K_1$，系统稳定；

(2) $K_1<K<K_2$，系统不稳定；

(3) $K_2<K<K_3$，系统稳定；

(4) $K>K_3$，系统不稳定。

通过例 5-22 系统的分析表明，若开环传递函数在 S 右半平面的极点数 $P=0$，当开环传递函数的某些系数(如开环增益)改变时，闭环系统的稳定性将发生变化。这种闭环稳定有条件的系统称为条件稳定系统。相应地，无论开环传递函数的系数怎样变化，例如 $G(s)H(s)=\dfrac{K}{s^2L(\omega)Ts+1}$，系统总是闭环不稳定的，这样的系统称为结构不稳定系统。为了表征系统的稳定程度，需要引入“稳定裕度”这一概念。

5.4　稳定裕度

若 $Z=P-2N=0$(其中 $P=0$)，则奈奎斯特曲线 $G(j\omega)H(j\omega)$ 过(1，j0)点时，系统临界稳定，幅频和相频同时满足条件：

$$\begin{cases}A(\omega)=1\\ \varphi(\omega)=(2k+1)\pi\quad k=0,\pm1,2,\cdots\end{cases}\tag{5-37}$$

系统远离临界稳定条件的程度，可用稳定裕度表示，如图 5-45 所示。

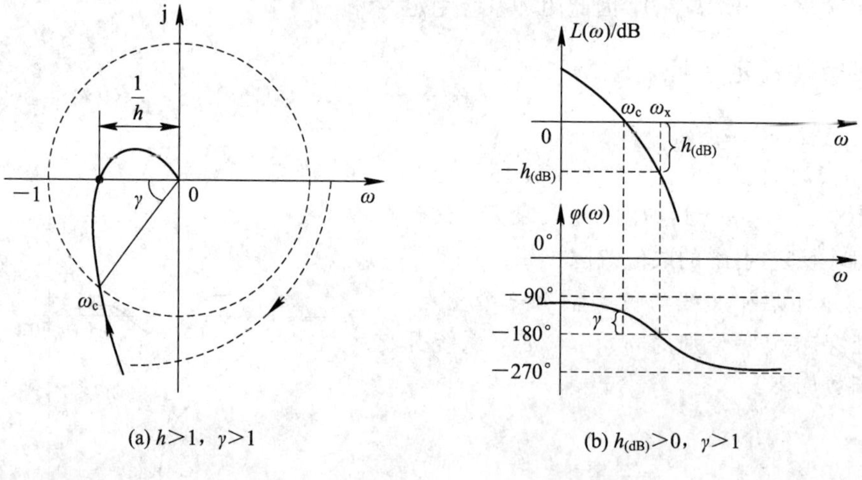

图 5-45　稳定裕度示意图

5.4.1　相角裕度 γ

系统截止频率 ω_c 处，幅值满足条件 $A(\omega_c)=|G(j\omega_c)H(j\omega_c)|$ 时，若其相角再减小 γ 后，将达到临界稳定条件，即

$$\angle G(j\omega_c)H(j\omega_c)-\gamma=-180^\circ\tag{5-38}$$

所以

$$\gamma = 180° + \angle G(j\omega_c)H(j\omega_c) \tag{5-39}$$

则 γ 称为相角裕度。

当 $\gamma>0$ 时，系统稳定；当 $\gamma=0$ 时，系统临界稳定；当 $\gamma<0$ 时，系统不稳定。

5.4.2 幅值裕度 h

设系统穿越频率为 ω_x，ω_x 满足相角条件：

$$\varphi(\omega_x) = \angle G(j\omega_x)H(j\omega_x) = (2k+1)\pi \quad k = 0, \pm 1, \pm 2, \cdots$$

若幅值再增大 h 倍后，将达到临界稳定条件，即

$$h \mid G(j\omega_x)H(j\omega_x) \mid = 1 \tag{5-40}$$

可得

$$h = \frac{1}{\mid G(j\omega_x)H(j\omega_x) \mid} \tag{5-41}$$

若在半对数坐标下，则

$$h_{(dB)} = -20\lg \mid G(j\omega_x)H(j\omega_x) \mid \tag{5-42}$$

h 称为幅值裕度。

当 $h>1$(或 $h>0$ dB)时，系统稳定；当 $h=1$(或 $h=0$ dB)时，系统临界稳定；当 $h<1$(或 $h<0$ dB)时，系统不稳定。

注意：一阶系统和二阶系统的相角裕度总是大于 0，而幅值裕度 $h=\infty$，系统恒稳定。

例 5-23　已知某控制系统如图 5-46 所示，试分别求出开环增益 $K=2$ 和 $K=20$ 时，系统的相角裕度和幅值裕度，并分析系统的稳定性。

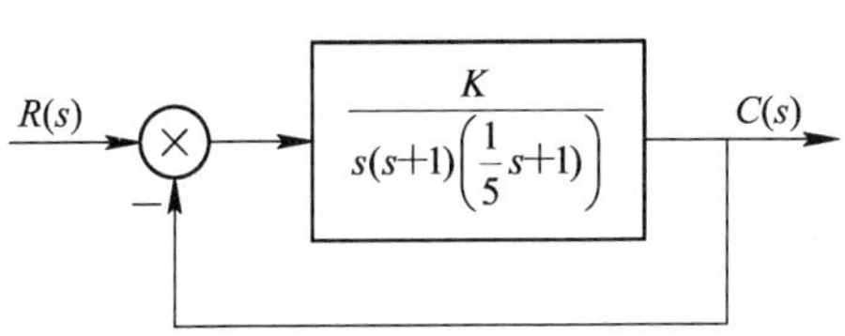

图 5-46　例 5-23 控制系统图

解　系统的传递函数为

$$G(s) = \frac{K}{s(s+1)\left(\frac{1}{5}s+1\right)}$$

(1) 要求相角裕度 γ，先求截止频率 w_c：

$$\mid G(j\omega_c)H(j\omega_c) \mid = 1$$

$$\left| \frac{2}{j\omega_c(j\omega_c+1)\left(\frac{1}{5}j\omega_c+1\right)} \right| = 1, \quad \omega_c = 1.2247$$

$$\varphi(\omega_c) = -90° - \arctan\omega_c - \arctan\frac{\omega_c}{5} = -154.53°$$

(2) 要求幅值裕度，先求相角交界频率 ω_x：

$$\gamma = 180° - 154.53° = 25.47°$$

$$\varphi(\omega_x)=-90^\circ-\arctan\omega_x-\arctan\frac{\omega_x}{5}=-180^\circ$$

$$\arctan\omega_x+\arctan\frac{\omega_x}{5}=90^\circ,\ \frac{\omega_x+\frac{\omega_x}{5}}{1-\frac{\omega_x^2}{5}}\rightarrow\infty$$

$$1-\frac{\omega_x^2}{5}=0,\ \omega_x=\sqrt{5}=2.236$$

$$20\lg h=-20\lg|G(\mathrm{j}\omega_x)H(\mathrm{j}\omega_x)|=9.54\ \mathrm{dB}$$

表明系统稳定。当 $K=20$ 时，有

$$\frac{20}{\omega_c'\cdot\sqrt{\omega_c'^2+1}\cdot\sqrt{\frac{\omega_c'^2}{25}+1}}=1,\ \omega_c'=3.9$$

$$\varphi(\omega_c')=-90^\circ-\arctan\omega_c'-\arctan\frac{\omega_c'}{5}=-203.6^\circ$$

$$\gamma=180^\circ-203.6^\circ=-23.6^\circ$$

$$\omega_x'=2.236$$

$$20\lg h=-20\lg|G(\mathrm{j}\omega_x)H(\mathrm{j}\omega_x)|=-10.5\ \mathrm{dB}$$

表明系统不稳定。

例 5-24 已知单位反馈系统的开环传递函数为 $G(s)=\dfrac{as+1}{s^2}$，确定使相角裕度等于 45° 的 a 值。

解 在截止频率 ω_c 处可得

$$A(\omega_c)=1$$

由相角裕度的定义，可知相角裕度为

$$\gamma=180^\circ+\varphi(\omega_c)=45^\circ$$

又根据幅相频特性，有

$$\begin{cases}A(\omega_c)=\dfrac{\sqrt{(a\omega_c)^2+1}}{\omega_c^2}=1\\ \varphi(\omega_c)=-180^\circ+\arctan(a\omega_c)=-135^\circ\end{cases}$$

由上面两式可求得 ω_c 及 a

$$\omega_c=2^{\frac{1}{4}},\ a=\frac{1}{\omega_c}=0.84$$

例 5-25 系统开环传递函数为 $G(s)=\dfrac{K}{s(0.1s+1)}$，求相角裕度为 60° 时的 K 值。

解 由题意可知截止频率 ω_c 处幅频特性及相角裕度为

$$\begin{cases}A(\omega_c)=1\\ \gamma=180^\circ+\varphi(\omega_c)\end{cases}$$

根据幅相频特性有

$$\begin{cases}A(\omega_c)=\dfrac{K}{\omega_c\sqrt{1+(0.1\omega_c)^2}}=1\\ \varphi(\omega_c)=-90^\circ+\arctan(0.1\omega_c)=-120^\circ\end{cases}$$

联立解得 $K=6.7$。

5.5　闭环频率特性

系统的闭环频率特性与系统开环频率特性一样，可以通过系统的闭环频率特性来对系统进行研究，但是闭环频率特性的作图不太方便。随着计算机技术的发展，近年来，多采用专门的计算工具来解决，而很少用手工作图法来完成了。

5.5.1　基本关系

若单位负反馈系统的开环频率特性 $G(\mathrm{j}\omega)$ 为

$$G(\mathrm{j}\omega)=A\omega\mathrm{e}^{\mathrm{j}\varphi(\omega)}$$

则闭环频率特性可写为

$$G_{\mathrm{B}}(\mathrm{j}\omega)=\frac{G(\mathrm{j}\omega)}{1+G(\mathrm{j}\omega)}=\frac{A(\omega)\mathrm{e}^{\mathrm{j}\varphi(\omega)}}{1+A(\omega)\mathrm{e}^{\mathrm{j}a(\omega)}}=M(\omega)\mathrm{e}^{\mathrm{j}a(\omega)}\tag{5-43}$$

由式(5－43)可知，闭环频率特性也可以表示成幅频特性与相频特性。式(5－43)中 $M(\omega)$ 和 $a(\omega)$ 分别为闭环系统的幅频和相频特性。与开环频率特性不同的是，它不便于用渐近线作图。

5.5.2　相量表示法

利用开环频率特性的极坐标图，可以得到闭环频率特性与开环频率特性的相量关系，如图 5－47 所示。对某一频率叫 ω_1，有

$$G(\mathrm{j}\omega_1)=\overrightarrow{OA}=|\overrightarrow{OA}|\mathrm{e}^{\mathrm{j}\varphi(\omega_1)}\tag{5-44}$$

$$1+G(\mathrm{j}\omega_1)=\overrightarrow{PA}=|\overrightarrow{PA}|\mathrm{e}^{\mathrm{j}\theta(\omega_1)}\tag{5-45}$$

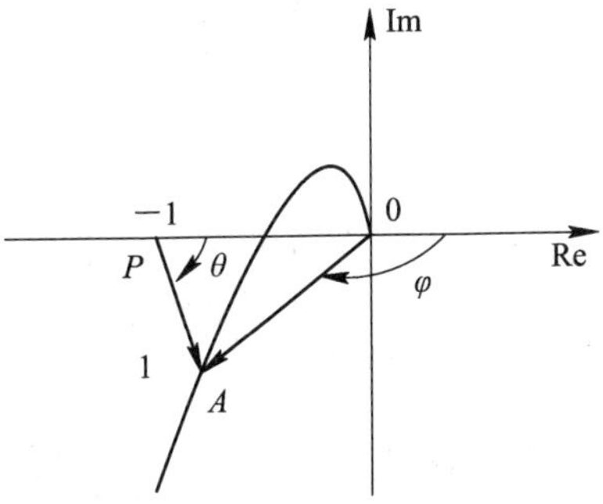

图 5－47　相量图

闭环特性等于这两个相量之比，即

$$G_{\mathrm{B}}(\mathrm{j}\omega_1)=\frac{G(\mathrm{j}\omega_1)}{1+G(\mathrm{j}\omega_1)}=\frac{|\overrightarrow{OA}|\mathrm{e}^{\mathrm{j}\varphi(\omega_1)}}{|\overrightarrow{PA}|\mathrm{e}^{\mathrm{j}\theta(\omega_1)}}$$

$$=\frac{|\overrightarrow{OA}|\mathrm{e}^{\mathrm{j}[\varphi(\omega_1)-\theta(\omega_1)]}}{|\overrightarrow{PA}|\mathrm{e}^{\mathrm{j}\theta(\omega_1)}}=M(\omega)\mathrm{e}^{\mathrm{j}a(\omega)}\tag{5-46}$$

故有

$$M(\omega_1)=\frac{|\overrightarrow{OA}|}{|\overrightarrow{PA}|}\tag{5-47}$$

$$a(\omega_1)=\varphi(\omega_1)-\theta(\omega_1)\tag{5-48}$$

上述相量关系可以借助计算机绘图工具准确得到。开环频率特性与闭环频率特性之间的关系，还可以采用尼柯尔斯(Nichols)图线来说明。由于当前计算机辅助工具的普遍应用，基于等 M 圆与等 N 圆的尼柯尔斯图线方法应用日趋减少，因此本书也予以略去。有关该方面的内容，请参阅相关的书籍。

本节从闭环频率特性与开环频率特性在伯德图上的一般关系入手，讲述闭环频率特性的定性分析方法。这样绘制出来的草图虽然不太准确，但是对于定性说明开环频率特性与

闭环频率特性之间的关系是非常有用的。

5.5.3 闭环频率特性的一般特征

在中频段，闭环对数幅频特性明显大于 0 dB，若在某一频率下 ω_r 呈现一个峰值，则该峰值称作闭环谐振峰值 M_r。闭环谐振峰值 M_r 可反映闭环系统超调量的大小，同时它还与开环稳定裕量有关，开环稳定裕量越小，闭环谐振峰值越大，反之闭环谐振峰值越小，开环稳定裕量越大。

习 题

5-1 设系统的闭环传递函数为

$$\frac{C(s)}{R(s)}=\frac{K(1+T_2 s)}{1+T_1 s}$$

当输入信号为 $r(t)=R\sin\omega t$ 时，求系统的稳态输出 $c(t)$。

5-2 已知单位反馈系统的开环传递函数如下，试绘制其开环频率特性的极坐标图。

(1) $G(s)=\dfrac{1}{s(1+s)}$；

(2) $G(s)=\dfrac{1}{(1+s)(1+2s)}$；

(3) $G(s)=\dfrac{1}{s(1+s)(1+2s)(1+5s)}$；

(4) $G(s)=\dfrac{1}{s^2(1+s)(1+2s)}$；

(5) $G(s)H(s)=\dfrac{2.5(1+0.2s)}{s^2+2s+1}$；

(6) $G(s)H(s)=\dfrac{1+5s}{s^2(4s^2+0.8s+1)}$；

(7) $G(s)H(s)=\dfrac{20}{(s-1)(s+2)(s+5)}$；

(8) $G(s)H(s)=\dfrac{K}{s(4s-1)}$；

(9) $G(s)H(s)=\dfrac{5(0.5s-1)}{s(0.25s+1)(s-1)}$；

(10) $G(s)H(s)=\dfrac{K(1+0.5s)}{s(1+5s)}$

5-3 已知某系统的开环传递函数为

$$G(s)H(s)=\frac{K(s-1)}{s(s+1)},\ K>0$$

应用奈奎斯特稳定判据判断闭环系统的稳定性。

5-4 设系统的开环传递函数为

$$G(s)H(s)=\frac{K(1+T_a s)(1+T_b s)}{s^2(1+T_1 s)}$$

试画出下面两种情况下系统的极坐标图：

(1) $T_a > T_1 > 0$，$T_b > T_1 > 0$；

(2) $T_1 > T_a > 0$，$T_1 > T_b > 0$。

5-5　系统的开环传递函数为

$$G(s) = \frac{K}{s(1+T_1 s)(1+T_2 s)}$$

其中，$K = 86s^{-1}$，$T_1 = 0.02\text{s}$，$T_2 = 0.03\text{s}$。

(1) 试用奈奎斯特稳定判据分析闭环系统的稳定性；

(2) 若要系统稳定，K 和 T_1、T_2 之间应保持怎样的解析关系。

5-6　已知开环传递函数 $G(s)H(s)$ 在 S 平面的右半部无极点，试根据图 5-48 所示开环频率特性曲线分析相应系统的稳定性。

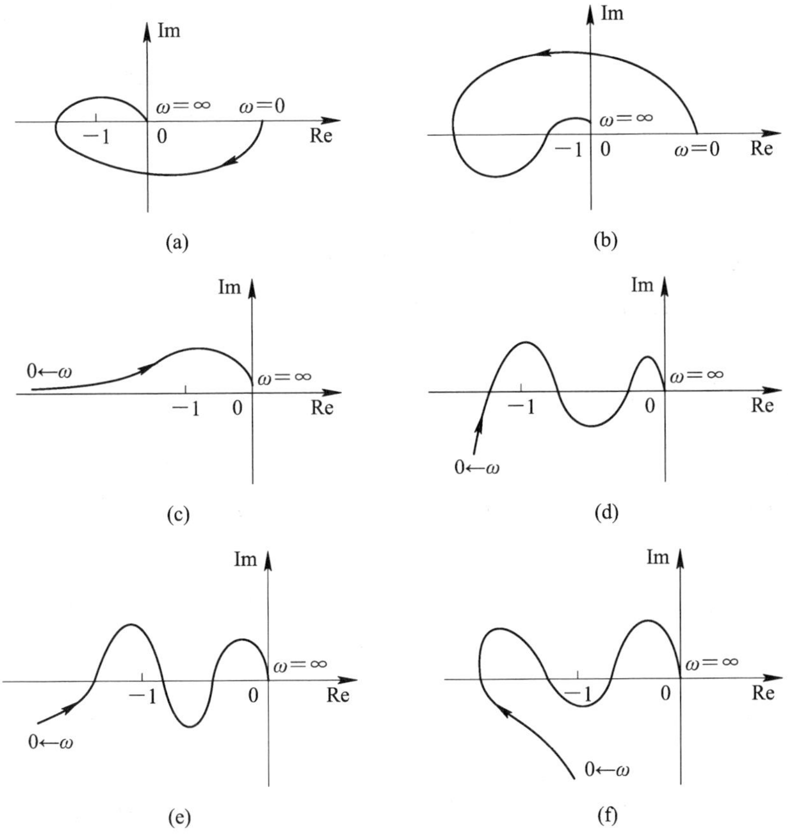

图 5-48　开环频率特性曲线

5-7　已知负反馈系统的开环传递函数为

$$G(s)H(s) = \frac{K(\tau s + 1)}{s(2\tau s - 1)}$$

τ 已知，试绘制系统奈奎斯特曲线的大致图形，并确定使系统稳定的 K 值范围。

5-8　反馈控制系统的开环传递函数为

$$G(s)H(s)=\frac{10(1+Ts)}{s(s-10)},\ T>0$$

(1) 画出系统开环幅相曲线的大致形状，并分别标出系统稳定和不稳定时(−1, j0)点的位置。

(2) 由频率特性计算出闭环系统稳定时 T 的临界值。

5-9　绘制下列传递函数的伯德图。

(1) $G(s)=\dfrac{100}{(s+1)(3s+1)(7s+1)}$；　　(2) $G(s)=\dfrac{10}{s(s^2+10s+70)}$；

(3) $G(s)=\dfrac{500(s-6)}{s(s^2+4s+20)}$；　　(4) $G(s)=\dfrac{2000(s+6)}{s(s^2+4s+20)}$；

(5) $G(s)=\dfrac{2000(s+2)}{s(s+10)}$；　　(6) $G(s)=\dfrac{50Ts}{Ts+1}$；

(7) $G(s)H(s)=\dfrac{5(1-0.1s)}{s(1+0.1s)(1-0.2s)}$；　　(8) $G(s)H(s)=\dfrac{10(s+0.5)}{s^2(s+2)(s+10)}$。

5-10　已知系统的开环传递函数为

$$G(s)H(s)=\frac{(s+1)}{s\left(\frac{s}{2}+1\right)\left(\frac{s^2}{9}+\frac{s}{3}+1\right)}$$

试用对数稳定判据判定该系统的闭环稳定性。

5-11　已知两个最小相位系统开环对数相频特性曲线如图 5-49 所示。试分别确定系统的稳定性。鉴于改变系统开环增益可使系统截止频率变化，试确定系统闭环稳定时截止频率 ω_c 的范围。

5-12　绘制如下传递函数的伯德图：

$$G(s)=\frac{3500}{s(s^2+10s+70)}$$

并确定分子数值应增大或减小多少才能得到30°的相角裕度。

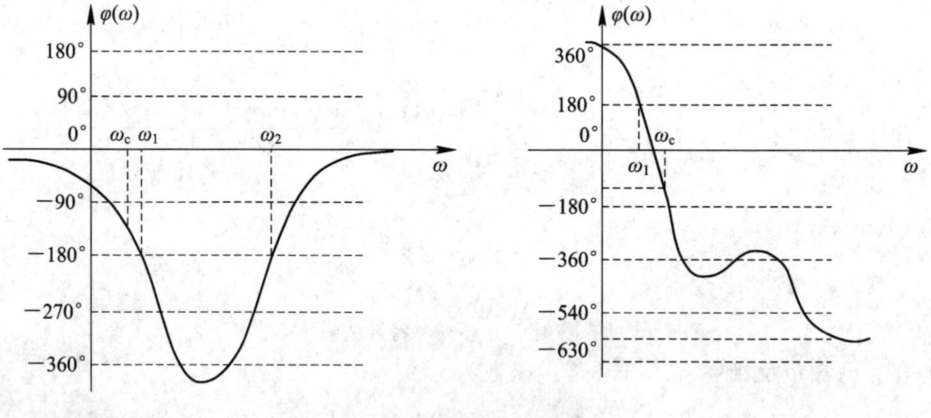

图 5-49　开环对数相频特性曲线

5-13　设单位负反馈系统的开环传递函数为

$$G(s)=\frac{a(s+1)}{s(s-1)}$$

试确定使相角裕度为45°时的 a 值。

5-14　对于典型二阶系统，已知 $\sigma=15\%$，$t_s=3s(\Delta=2\%)$，试计算相角裕度 γ。

5-15　对于典型的二阶系统，已知参数 $\omega_n=3$，$\xi=0.7$，试确定截止频率 ω_c 和裕度 γ。

5-16　已知单位负反馈系统的开环传递函数为

$$G(s)=\frac{K}{(1+s)(1+3s)(1+7s)}$$

求幅值裕度为 20 dB 时的 K 值。

5-17　已知最小相位系统的渐近幅频特性如图 5-50 所示，试求各系统的开环传递函数，并做出相应的相频特性曲线。

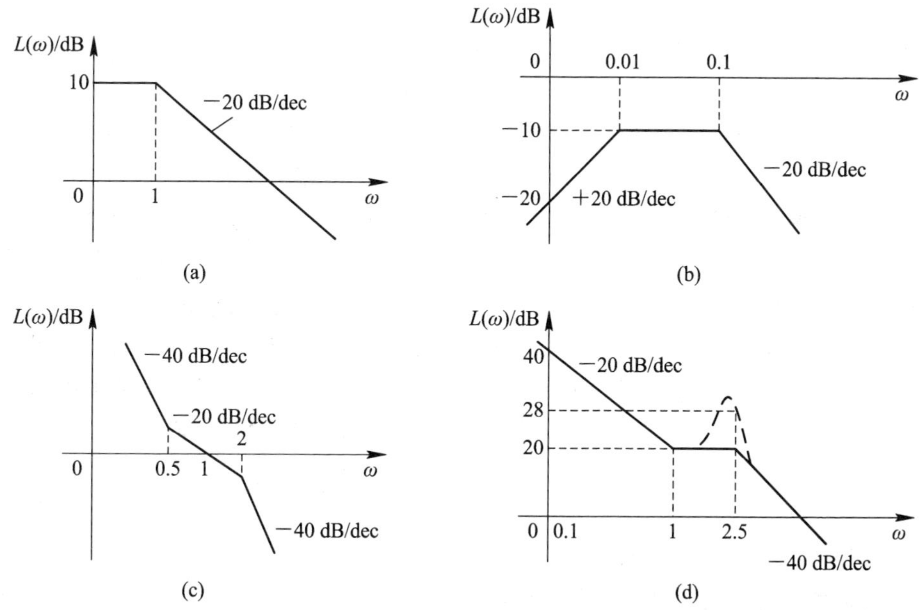

图 5-50　最小相位系统的渐近幅频特性图

第6章 控制系统的校正

6.1 系统的设计与校正问题

当被控对象给定后，按照被控对象的工作条件、被控量应具有的最大速度和加速度等要求，可以初步选定执行元件的型式、特性和参数。根据测量精度、抗扰能力、被测信号的物理性质、测量过程中的惯性及非线性度等因素，选择合适的测量变送元件。在此基础上，设计增益可调的前置放大器与功率放大器。这些初步选定的元件以及被控对象，构成系统中的不可变部分。设计控制系统的目的，是将构成控制器的各元件与被控对象适当组合起来，使之满足表征控制精度、阻尼程度和响应速度的性能指标要求。如果调整放大器增益后仍然不能全面满足设计要求的性能指标，就需要在系统中增加一些参数及特性可按需要改变的校正装置，使系统性能全面满足设计要求。这就是控制系统设计中的校正问题。

6.1.1 性能指标

进行控制系统的校正设计，除了应已知系统不可变部分的特性与参数外，还需要已知对系统提出的全部性能指标。性能指标通常是由使用单位或被控对象的设计制造单位提出的。不同的控制系统对性能指标的要求应有不同的侧重。例如，调速系统对平稳性和稳态精度要求较高，而随动系统则侧重于快速性要求。

性能指标的提出，应符合实际系统的需要与可能。一般来说，性能指标不应当比完成给定任务所需要的指标更高。例如，若系统的主要要求是具备较高的稳态工作精度，则不必对系统的动态性能提出不必要的过高要求。实际系统能具备的各种性能指标会受到组成元部件的固有误差、非线性特性、能源的功率以及机械强度等各种实际物理条件的制约。如果要求控制系统具备较快的响应速度，则应考虑系统能够提供的最大速度和加速度，以及系统容许的强度极限。除了一般性指标外，具体系统往往还有一些特殊要求，如低速平稳性、对变载荷的适应性等，这些也必须在系统设计时分别加以考虑。

在控制系统设计中，采用的设计方法一般依据性能指标的形式而定。如果性能指标以单位阶跃响应的峰值时间、调节时间、超调量、阻尼比、稳态误差等时域特征量给出，则一般采用时域法校正；如果性能指标以系统的相角裕度、幅值裕度、谐振峰值、闭环带宽、静态误差系数等频域特征量给出，则一般采用频率法校正。目前，工程技术界多习惯采用频率法，时域法性能指标和频率法性能指标可以应用前一章的知识进行相互转换。

6.1.2　系统带宽的确定

性能指标中对带宽频率 ω_b 的要求是一项重要的技术指标。无论采用哪种校正方式，都要求校正后的系统既能以所需精度跟踪输入信号，又能抑制噪声扰动信号。在控制系统实际运行中，输入信号一般是低频信号，而噪声信号则一般是高频信号。因此，合理选择控制系统的带宽，在系统设计中是一个很重要的问题。

为了使系统能够准确复现输入信号，要求系统具有较大的带宽；然而从抑制噪声角度来看，又不希望系统的带宽过大。此外，为了使系统具有较高的稳定裕度，希望系统开环对数幅频特性在截止频率 ω_c 处的斜率为 −20 dB/dec，但从要求系统具有较强的从噪声中辨识信号的能力来考虑，却又希望 ω_c 处的斜率小于 −40 dB/dec。由于不同的开环系统截止频率 ω_c 对应于不同的闭环系统带宽频率 ω_b，因此在系统设计时，必须选择切合实际的系统带宽。

通常，一个设计良好的实际运行系统，其相角裕度为 45°左右。过低于此值，系统的动态性能较差，且对参数变化的适应能力较弱；过高于此值，意味着对整个系统及其组成部件要求较高，因此造成实现上的困难，或因此不满足经济性要求，同时由于稳定程度过好，造成系统动态过程缓慢。要实现 45°左右的相角裕度要求，开环对数幅频特性在中频区的斜率应为 −20 dB/dec，同时要求中频区占据一定的频率范围，以保证在系统参数变化时，相角裕度变化不大。过此中频区后，要求系统幅频特性迅速衰减，以削弱噪声对系统的影响。这是选择系统带宽应该考虑的一个方面。另一方面，进入系统输入端的信号，既有输入信号 $r(t)$，又有噪声信号 $n(t)$，如果输入信号的带宽为 $0\sim\omega_m$，噪声信号集中起作用的频带为 $\omega_1\sim\omega_n$，则控制系统的带宽频率通常取为

$$\omega_g = (5 \sim 10)\omega_m \tag{6-1}$$

且使 $\omega_1\sim\omega_n$ 处于 $0\sim\omega_b$ 范围之外，如图 6 - 1 所示。

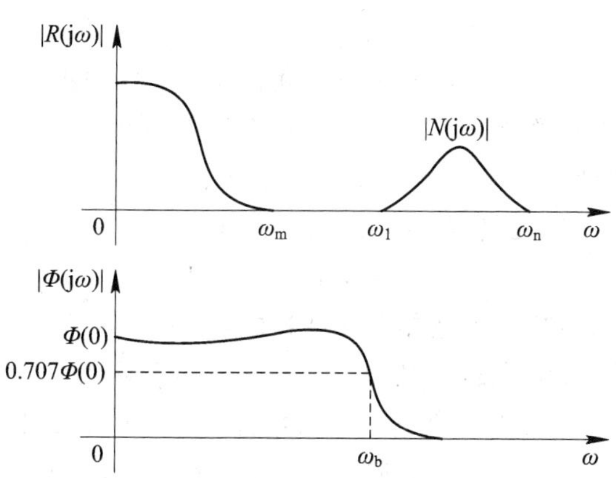

图 6 - 1　系统宽带的确定

6.1.3　校正方式

按照校正装置在系统中的连接方式，控制系统校正方式可分为串联校正、反馈校正、前馈校正和复合校正四种。

串联校正装置一般接在系统误差测量点之后和放大器之前，串接于系统前向通道之中；反馈校正装置接在系统局部反馈通路之中。串联校正与反馈校正连接方式如图 6-2 所示。

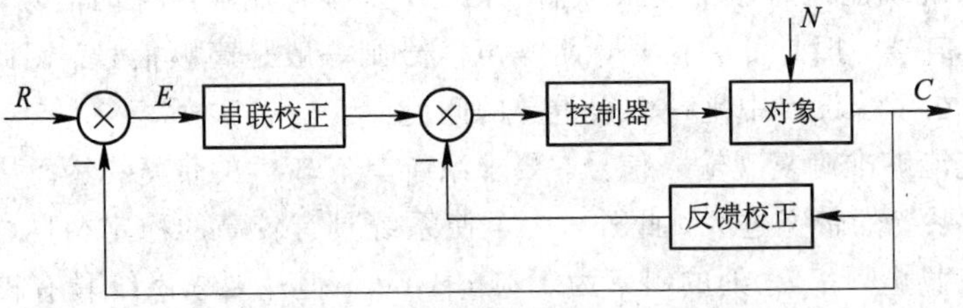

图 6-2　串联校正与反馈校正系统方块图

前馈校正又称顺馈校正，是在系统主反馈回路之外采用的校正方式。前馈校正装置接在系统给定值（或指令、参考输入信号）之后及主反馈作用点之前的前向通道上，如图 6-3(a)所示，这种校正装置的作用相当于对给定值信号进行整形或滤波后，再送入反馈系统，因此又称为前置滤波器；另一种前馈校正装置接在系统可测扰动作用点与误差测量点之间，对扰动信号进行直接或间接测量，并经变换后接入系统，形成一条附加的对扰动影响进行补偿的通道，如图 6-3(b)所示。前馈校正可以单独作用于开环控制系统，也可以作为反馈控制系统的附加校正而与其组成复合控制系统。

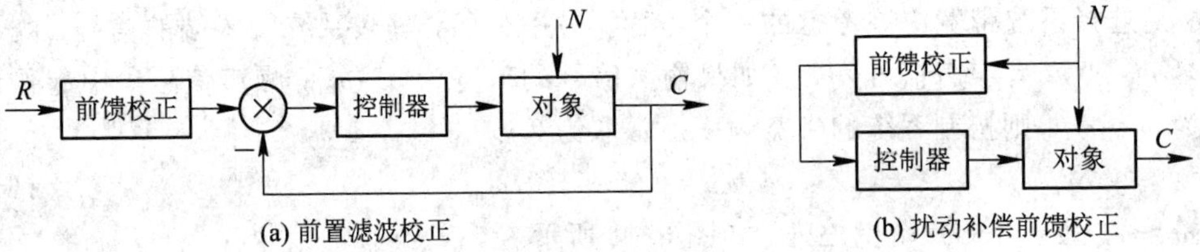

图 6-3　前馈校正系统方块图

在控制系统设计中，常用的校正方式为串联校正、反馈校正及前馈校正。究竟选用哪种校正方式，取决于系统中的信号性质、技术实现的方便性、可供选用的元件、抗扰性要求、经济性要求、环境使用条件以及设计者的经验等因素。

一般来说，串联校正设计比较简单，也比较容易对信号进行各种必要形式的变换。在直流控制系统中，由于传递直流电压信号，适于采用串联校正；在交流载波控制系统中，如果采用串联校正，一般应接在解调器和滤波器之后，否则由于参数变化和载频漂移，校正装置的工作稳定性很差。串联校正装置又分无源和有源两类。无源串联校正装置通常由 RC 无源网络构成，结构简单，成本低廉，但会使信号在变换过程中产生幅值衰减，且其输入阻抗较低，输出阻抗又较高，因此常常需要附加放大器，以补偿其幅值衰减，并进行阻抗匹配。为了避免功率损耗，无源串联校正装置通常安置在前向通路中能量较低的部位上。有源串联校正装置由运算放大器和 RC 网络组成，其参数可以根据需要调整，因此在工业自动化设备中，经常采用由电动（或气动）单元构成的 PID 控制器（或称 PID 调节器），它由比例单元、微分单元和积分单元组合而成，可以实现各种要求的控制规律。

在实际控制系统中，还广泛采用反馈校正装置。一般来说，反馈校正所需元件数目比串联校正少。由于反馈信号通常由系统输出端或放大器输出级供给，信号是从高功率点传向低功率点，因此反馈校正一般无需附加放大器。此外，反馈校正尚可消除系统原有部分参数波动对系统性能的影响。在性能指标要求较高的控制系统设计中，常常采用串联校正与反馈校正或者串联校正与前馈校正组合的方式。

6.1.4　基本控制规律

确定校正装置的具体形式时，应先了解校正装置所需提供的控制规律，以便选择相应的元件。包含校正装置在内的控制器，常常采用比例、微分、积分等基本控制规律，或者采用这些基本控制规律的某些组合，如比例-微分、比例-积分、比例-积分-微分等组合控制规律，以实现对被控对象的有效控制。

1. 比例(P)控制规律

具有比例控制规律的控制器，称为 P 控制器，如图 6－4 所示。其中 K_P 称为 P 控制器增益。

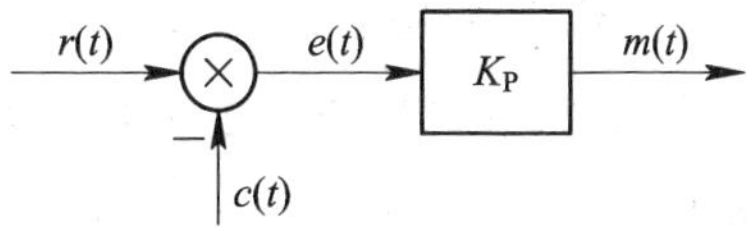

图 6－4　P 控制器框图

P 控制器实质上是一个具有可调增益的放大器。在信号变换过程中，P 控制器只改变信号的增益而不影响其相位。在串联校正中，加大控制器增益 K_P，可以提高系统的开环增益，减小系统稳态误差，从而提高系统的控制精度，但会降低系统的相对稳定性，甚至可能造成闭环系统不稳定。因此，在系统校正设计中，很少单独使用比例控制规律。

2. 比例-微分(PD)控制规律

具有比例-微分控制规律的控制器，称为 PD 控制器，其输出 $m(t)$ 与输入 $e(t)$ 的关系如下式所示：

$$m(t) = K_P e(t) + K_P \tau \frac{\mathrm{d}e(t)}{\mathrm{d}t} \qquad (6-2)$$

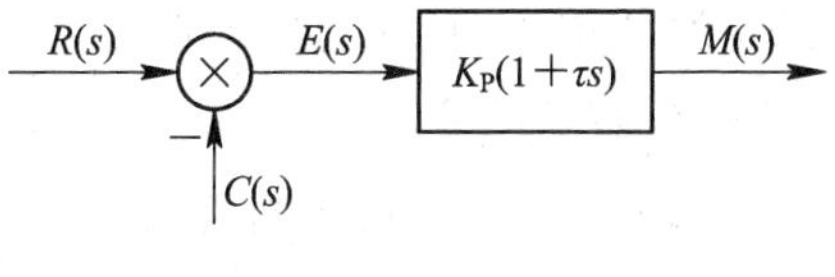

图 6－5　PD 控制器框图

式中，K_P 为比例系数；τ 为微分时间常数。K_P 与 τ 都是可调的参数。PD 控制器如图 6－5 所示。

PD 控制器中的微分控制规律，能反映输入信号的变化趋势，产生有效的早期修正信号，以增加系统的阻尼程度，从而改善系统的稳定性。在串联校正时，可使系统增加一个 $-l/\tau$ 的开环零点，使系统的相角裕度提高，因而有助于系统动态性能的改善。

例 6－1　设比例-微分控制系统如图 6－6 所示，试分析 PD 控制器对系统性能的影响。

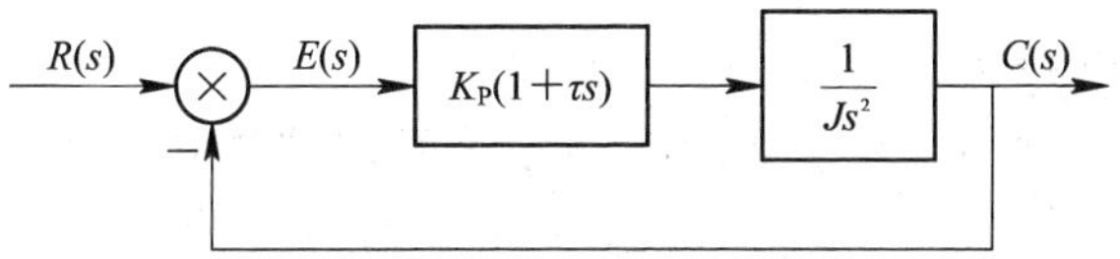

图 6－6　比例-微分控制系统的结构图

解　无 PD 控制器时，闭环系统的特征方程为

$$Js^2+1=0$$

显然，系统的阻尼比等于零，其输出 $c(t)$ 具有不衰减的等幅振荡形式，系统处于临界稳定

状态，即实际上的不稳定状态。

接入 PD 控制器后，闭环系统特征方程为

$$Js^2 + K_P\tau s + K_P = 0$$

其阻尼比 $\xi=\dfrac{\tau\sqrt{K_P}}{2\sqrt{J}}>0$，因此闭环系统是稳定的。可见，PD 控制器提高系统的阻尼程度，可通过参数 K_P 及 τ 来调整。

需要指出，因为微分控制作用只对动态过程起作用，而对稳态过程没有影响，且对系统噪声非常敏感，所以单一的微分(D)控制器在任何情况下都不宜与被控对象串联起来单独使用。通常，微分控制规律总是与比例控制规律或比例-积分控制规律结合起来构成组合的 PD 或 PID 控制器，应用于实际的控制系统。

3. 积分(I)控制规律

具有积分控制规律的控制器称为 I 控制器。I 控制器的输出信号 $m(t)$与其输入信号 $e(t)$的积分成正比，即

$$m(t) = K_I\int_0^t e(t)\mathrm{d}t \tag{6-3}$$

式中，K_I 为可调比例系数。由于 I 控制器的积分作用，当其输入 $e(t)$消失后，输出信号 $m(t)$有可能是一个不为零的常量。

在串联校正时，采用 I 控制器可以提高系统的型别(无差度)，有利于系统稳态性能的提高，但积分控制使系统增加了一个位于原点的开环极点，使信号产生 90°的相角滞后，于系统的稳定性不利。因此，在控制系统的校正设计中，通常不宜采用单一的 I 控制器。I 控制器如图 6-7 所示。

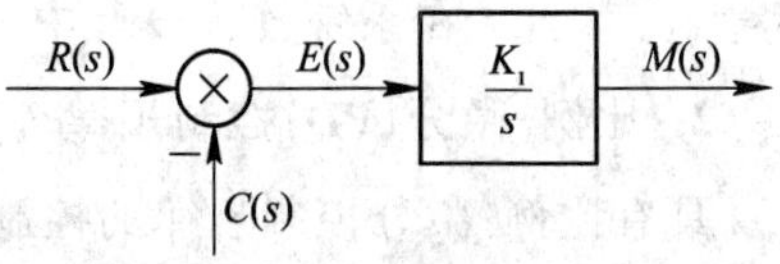

图 6-7 I 控制器框图

4. 比例-积分(PI)控制规律

具有比例-积分控制规律的控制器称为 PI 控制器，其输出信号 $m(t)$同时成比例地反应输入信号 $e(t)$及其积分，即

$$m(t) = K_P e(t) + \frac{K_P}{T_I}\int_0^t e(t)\mathrm{d}t \tag{6-4}$$

式中，K_P 为可调比例系数；T_I 为可调积分时间常数。PI 控制器如图 6-8 所示。

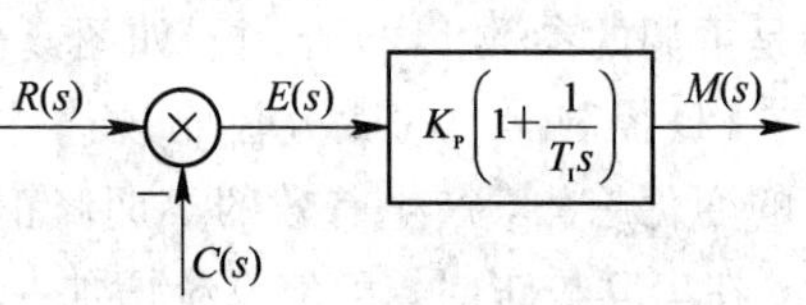

图 6-8 PI 控制器框图

在串联校正时，PI 控制器相当于在系统中增加了一个位于原点的开环极点，同时也增加了一个位于 S 左半平面的开环零点。位于原点的极点可以提高系统的型别，以消除或减小系统的稳态误差，改善系统的稳态性能；而增加的负实零点则用来减小系统的阻尼程度，缓和 PI 控制器极点对系统稳定性及动态过程产生的不利影响。只要积分时间常数 T_I 足够大，PI 控制器对系统稳定性的不利影响可大大减弱。在控制工程实践中，PI 控制器主要用来改善控制系统的稳态性能。

例 6-2 设比例-积分控制系统如图 6-9 所示。其中不可变部分的传递函数为

$$G_0(s) = \frac{K_0}{s(Ts+1)}$$

试分析 PI 控制器对系统稳态性能的改善作用。

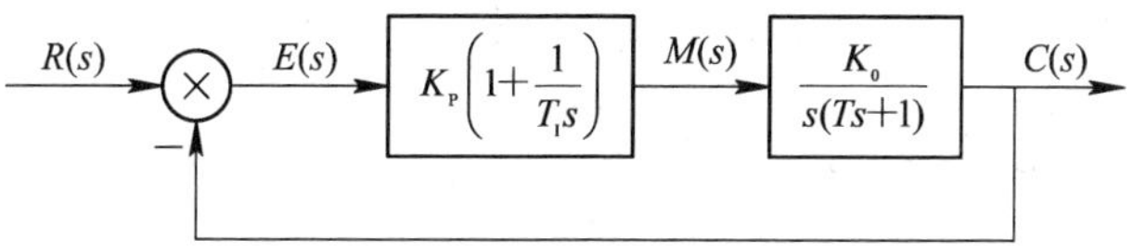

图 6-9 比例-积分控制系统结构图

解 由图 6-9 知，系统不可变部分与 PI 控制器串联后，其开环传递函数为

$$G(s) = \frac{K_0 K_P (T_I s + 1)}{T_I s^2 (Ts + 1)}$$

可见，系统由原来的Ⅰ型系统提高到含 PI 控制器时的Ⅱ型系统。若系统的输入信号为斜坡函数 $r(t)=R_1 t$，在无 PI 控制器时，系统的稳态误差为 R_1/K_0；而接入 PI 控制器后，系统的稳态误差为零。表明Ⅰ型系统采用 PI 控制器后，可以消除系统对斜坡输入信号的稳态误差，控制准确度大为改善。

采用 PI 控制器后，系统的特征方程为

$$T_I T s^3 + T_I s^2 + K_P K_0 T_I s + K_P K_0 = 0$$

式中，T、T_I、K_0、K_P 都是正数。由劳斯判据可知，调整 PI 控制器的积分时间常数 T_I，使之大于系统不可变部分的时间常数 T，可以保证闭环系统的稳定性。

5. 比例-积分-微分(PID)控制规律

具有比例-积分-微分控制规律的控制器称为 PID 控制器。这种组合具有三种基本规律各自的特点，其运动方程为

$$m(t) = K_P e(t) + \frac{K_P}{T_I}\int_0^t e(t)\mathrm{d}t + K_P \tau \frac{\mathrm{d}e(t)}{\mathrm{d}t} \tag{6-5}$$

相应的传递函数是

$$G_c(s) = K_p\left(1 + \frac{1}{T_I s} + \tau s\right) = \frac{K_P}{T_I} \cdot \frac{T_I \tau s^2 + T_I s + 1}{s} \tag{6-6}$$

PID 控制器如图 6-10 所示。

若 $4\tau/T_I<1$，则式(6-6)还可以写成

$$G_c(s) = \frac{K_P}{T_I} \cdot \frac{(\tau_1 s+1)(\tau_2 s+1)}{s} \tag{6-7}$$

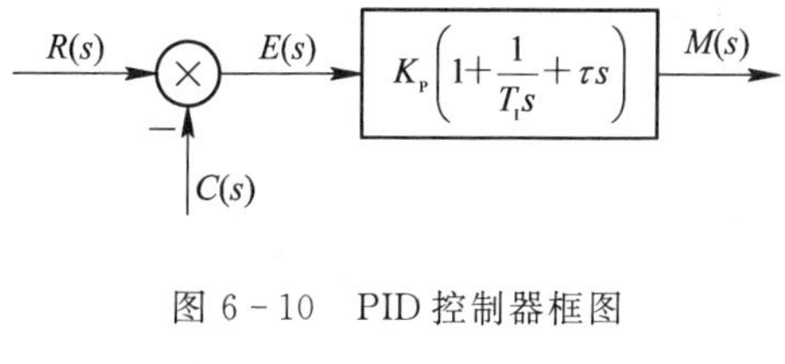

图 6-10 PID 控制器框图

式中

$$\tau_1 = \frac{1}{2}T_I\left(1+\sqrt{1-\frac{4\tau}{T_I}}\right),\quad \tau_2 = \frac{1}{2}T_I\left(1-\sqrt{1-\frac{4\tau}{T_I}}\right)$$

由式(6-7)可见，当利用 PID 控制器进行串联校正时，除可使系统的型别提高一级外，还将提供两个负实零点。与 PI 控制器相比，PID 控制器除了同样具有提高系统的稳态性能的优点外，还多提供一个负实零点，从而在提高系统动态性能方面具有更大的优越性。因此，在工业过程控制系统中广泛使用 PID 控制器。PID 控制器各部分参数的选择在

系统现场调试中最后确定。通常，应使 I 部分发生在系统频率特性的低频段，以提高系统的稳态性能；而使 D 部分发生在系统频率特性的中频段，以改善系统的动态性能。

6.2 串联校正

校正装置与系统的固有部分串联连接的方式称为串联校正，如图 6－11 所示。串联校正从设计到具体实现都比较容易，是设计中最常用的一种校正方式。校正装置通常设置在系统前向通道中能量比较低的位置，以减少功率损耗。串联校正的主要问题就是对参数变化的敏感性较强。串联校正装置可以采用有源或无源网络来实现。根据校正环节对系统开环频率特性相位的影响，串联校正可分为超前校正、滞后校正和超前-滞后校正。无源校正装置由电阻、电容组成，无源校正装置线路简单，组合方便，无需外供电源，本身没有增益，只有衰减，由于其输入阻抗低，输出阻抗高，因此在应用时要增设放大器或隔离放大器。有源校正装置目前使用较多，由运算放大器组成，优点是本身有增益，输入阻抗高，输出阻抗低，但需另供电源。

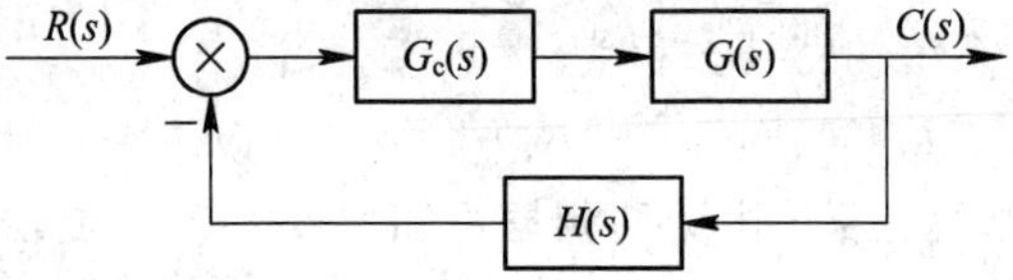

图 6－11　串联校正

6.2.1 超前校正

所谓串联超前校正，即校正装置 $G_c(s)$ 串联在系统固有部分的前向通道中，且校正装置的相位总是超前相位。

1. 典型的无源超前校正装置

无源校正装置通常是由电阻和电容组成的二端口网络，典型的无源超前校正网络如图 6－12 所示。

其传递函数为

$$G_c(s)=\frac{\alpha Ts+1}{\alpha(Ts+1)}$$

其中

$$\alpha=\frac{R_1+R_2}{R_2},\ T=\frac{R_1R_2}{R_1+R_2}C$$

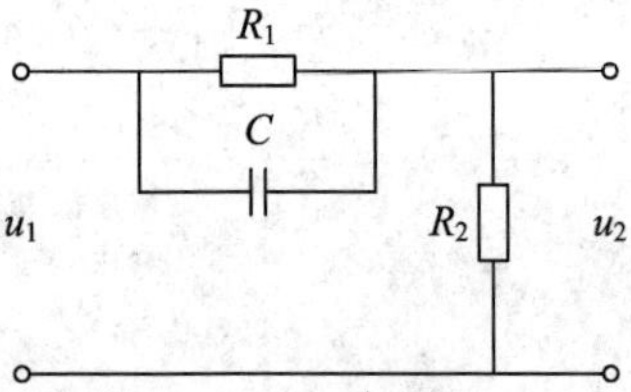

图 6－12　无源超前网络

以上校正装置的开环放大倍数为$\frac{1}{\alpha}$，显然$\frac{1}{\alpha}<1$，这样会影响到系统的稳态精度，因而一般再增加一放大倍数为 α 的放大环节，这样，校正装置的传递函数为

$$G_c(s)=-\alpha\frac{\alpha Ts+1}{\alpha(Ts+1)}=\frac{\alpha Ts+1}{Ts+1} \tag{6-8}$$

根据无源超前校正装置的传递函数，将 $s=j\omega$ 代入式(6－8)，可得到其对数频率特

性为

$$G_c(j\omega)=\frac{1+j\omega\alpha T}{1+j\omega T}$$

$$\varphi=\arctan\alpha\omega T-\arctan\omega t=\arctan\frac{\alpha T-\omega T}{1+\alpha\omega^2 T^2}$$

对数频率特性如图 6-13 所示。图中，当 ω 为某一值时，有最大超前角 φ_m，此时的频率称为最大相角频率(或称为中心频率)ω_m。超前网络对频率在 $\frac{1}{\alpha T}\sim\frac{1}{T}$ 的输入信号有明显的微分作用，而在相位曲线上总是超前的。

由超前网络的相频特性表达式，再利用求极值的方法可得最大超前角 φ_m 与 α 的关系：

$$\sin\varphi_m=\frac{\alpha-1}{\alpha+1}$$

$$\alpha=\frac{1+\sin\varphi_m}{1-\sin\varphi_m};\ \varphi_m=\arcsin\frac{\alpha-1}{\alpha+1}$$

由于无源校正装置本身没有增益，只有衰减，且输入阻抗低，输出阻抗高，因此在应用时通常需要增设放大器或隔离放大器。

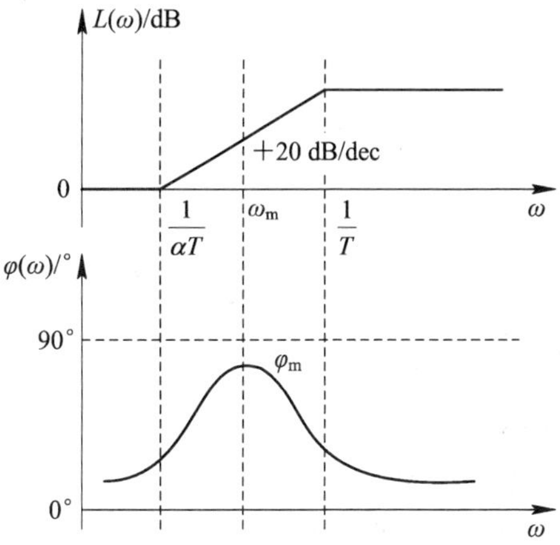

图 6-13　超前校正装置频率特性图

2. 典型的有源超前校正装置

将 RC 电路构成的无源校正装置连接于系统之后，由于负载效应的影响，常会削弱其校正作用，或使得校正装置的参数选择比较困难。因而在实际控制系统中，大多采用由运算放大器构成的有源校正装置。

有源校正装置是由运算放大器组成的调节器，典型的有源超前校正网络如图 6-14 所示，图中电路也常被称为比例-微分(PD)调节器。

其传递函数为

$$G_c(s)=-\frac{R_1}{R_0}(R_0C_0s+1)=-(K_P+K_Ds)\tag{6-9}$$

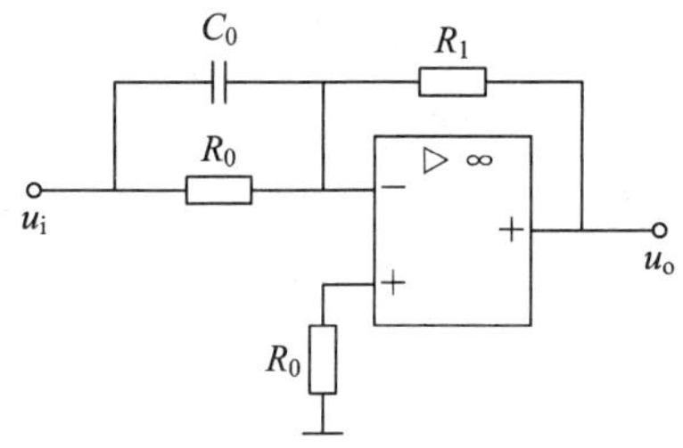

图 6-14　有源超前校正网络

其中

$$K_P=\frac{R_1}{R_0},\ K_D=R_1C_0$$

由式(6-9)可知，这种调节器的规律是比例加微分。此外，PD 调节器还可看成是一个放大环节与一个一阶微分环节的串联。不考虑传递函数中的负号，可得到其对数频率特性曲线，如图 6-15 所示。

从图 6-15 中可以看出，随着频率的增大，PD 调节器的输出幅值增大、相位超前。由于微分控制反映的是误差信号随时间的变化率，因而 PD 控制在一定程度上是一种预见型的控制，它对于抑制阶跃响应的超调量、改善动态性能有一定的效果。

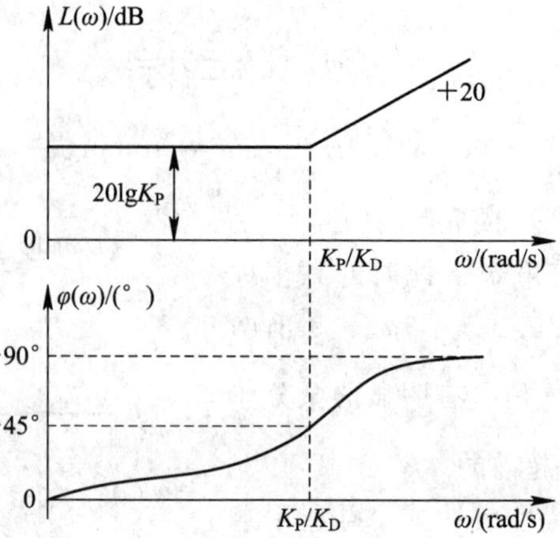

图 6-15 PD 调节器的对数频率特性曲线

比例-微分校正电路的作用是：中、高频段特性上移，幅值穿越频率增大，使系统的快速性提高；相位裕量增大，改善了系统的相对稳定性；由于高频段上升，降低了系统的抗干扰能力，在微分规律作用下输出信号与偏差变化率成正比，即微分控制器能把偏差的变化趋势反应到其输出量上。因此，微分校正常常是一种用来提高系统的动态性能，但不减小其稳态精度的校正方法。理想微分校正装置的频率特性为 $G(\mathrm{j}\omega)=\mathrm{j}\omega T$，理想微分校正能够反映误差变化趋势，但不能反映稳态误差，并可能引入高频噪声信号。

一阶比例-微分校正装置的频率特性为 $G_c(\mathrm{j}\omega)=K_c(1+\mathrm{j}\omega t\mathrm{d})$，一阶比例-微分校正装置在高频时增益相当大，这对于抑制高频的噪声信号是不利的。

比例-微分校正装置的频率特性如图 6-16 所示。

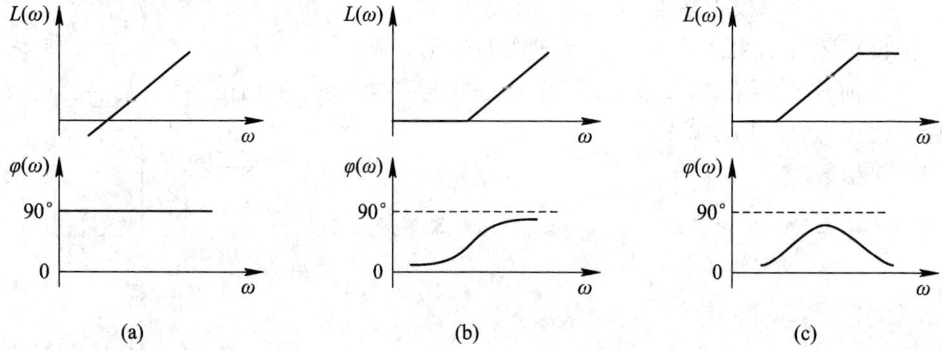

图 6-16 比例-微分校正装置的频率特性图

3. 串联超前校正设计

1）校正的基本原理

利用超前网络进行串联校正，其基本原理是利用超前网络的相位超前特性，补偿原系统中频段过大的负相角，增大相位裕量，这在很大程度上可以改善系统的相对稳定性。同时，利用超前网络幅值上的高频放大作用，可使校正后的幅值穿越频率增大，从而全面改善系统的动态性能。为此，要求校正装置的最大超前相角 φ_m 出现在系统新的穿越频率

ω_c' 处。

2）参考设计步骤

下面给出串联超前校正的具体设计步骤，供读者参考：

(1) 按给定的静态误差系数确定系统的开环增益。

(2) 画出增益校正后系统的对数频率特性曲线，计算相位裕量。

(3) 根据期望的相位裕量确定所需的超前角 φ_m，并取 $\varphi_m = \gamma - \gamma(\omega_c) + \Delta$。

(4) 计算 $\alpha = \dfrac{1+\sin\varphi_m}{1-\sin\varphi_m}$。

(5) 选定超前校正环节的最大相角频率 ω_m，计算 $T = \dfrac{1}{\sqrt{\alpha}\omega_m}$ 和 $\alpha T = \dfrac{\sqrt{\alpha}}{\omega_m}$。

(6) 必要时，调整增益以维持 K_v 不变。

(7) 检查校正后系统的各项指标是否符合要求。

例 6-3　已知控制系统的开环传递函数为

$$G(s) = \frac{K}{s(0.1s+1)(0.001s+1)}$$

对系统的要求：系统的相角裕量 $\gamma' = 45°$；静态速度误差系数 $K_v \geq 1000\text{s}^{-1}$。求满足以上系统性能指标要求的串联校正装置的传递函数。

解　(1) 确定期望的开环增益 K：

$$K_v = K = 1000$$

(2) 未校正系统的传递函数为

$$G(s) = \frac{1000}{s(0.1s+1)(0.001s+1)}$$

画出其校正前系统的对数频率特性曲线，如图 6-17 所示。

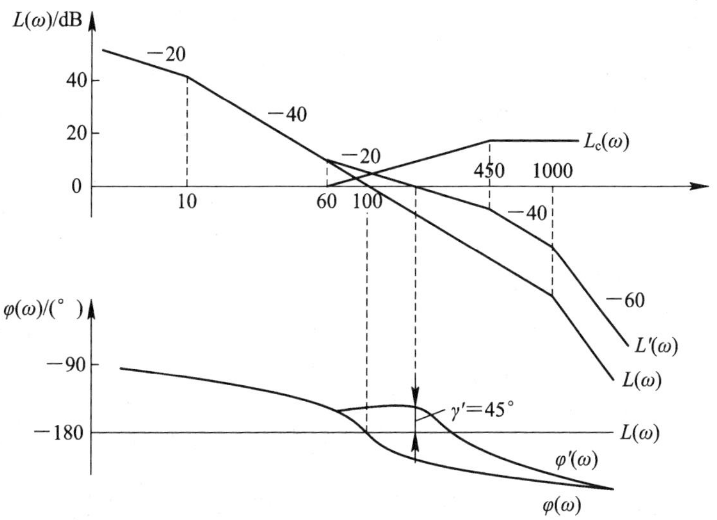

图 6-17　系统对数频率特性曲线

计算原系统的 ω_c，$\gamma(\omega_c)$。首先计算 $\omega=10$ 的对数幅值：$20\lg K - 20\lg\omega = 60 - 20 = 40$ dB，又 $\omega=10$ 在 -40 dB/dec 的线段上，故 $\omega_c = 100$。再计算 $\gamma(\omega_c)$：

$$\gamma(\omega_c) = 180° + [-90° - \arctan(0.1 \times 100) - \arctan(0.001 \times 100)]$$
$$= 180° - 90° - 84.29° - 5.71° = 0°$$

可见，系统处于临界稳定状态。

(3) 根据 $\gamma' \geqslant 45°$，$\gamma(\omega_c)=0$，取 $\Delta=5°$，则

$$\varphi_m = \gamma' - \gamma(\omega_c) + \Delta = 50°$$

$$\alpha = \frac{1+\sin\varphi_m}{1-\sin\varphi_m} = \frac{1+\sin 50°}{1-\sin 50°} = 7.5$$

又
$$L_c(\omega_m) = -20\lg\frac{1}{\sqrt{\alpha}} = -8.75\ \text{dB}$$

在校正前系统的 $L(\omega)$ 曲线上，计算出 $L(\omega)= -8.75$ dB 所对应的频率，就是校正后系统的幅值穿越频率 ω_c'。因为 $L(\omega)=-8.75$ dB 在 -40 dB/dec 线段上，利用其一个已知点 $\omega_c=100$，得 $L(\omega)=0-40(\lg\omega_c'-\lg 100)=-8.75$ dB，解得 $\omega_c'=164.5$ rad/s。

(4) 由 $\omega_m=\omega_c'=\dfrac{1}{T\sqrt{\alpha}}$，得

$$T = \frac{1}{\omega_c'\sqrt{\alpha}} = \frac{1}{164.5\sqrt{7.5}} = 0.00222$$

于是

$$G(s) = \frac{1+\alpha Ts}{1+Ts} = \frac{1+0.167s}{1+0.00222s}$$

(5) 检验校正后的相角裕量 γ'。校正后的开环传递函数为

$$G(s) = G_c(s)G(s) = \frac{1000(1+0.0167s)}{s(1+0.00222s)(1+0.1s)(1+0.001s)}$$

因为 $\omega_c'=164.5$ rad/s，所以

$$\gamma' = 180° + [\arctan(0.0167\times 164.5) - 90° - \arctan(0.00222\times 164.5) -$$
$$\arctan(0.1\times 164.5) - \arctan(0.001\times 164.5)] \approx 45°$$

故 γ' 满足系统性能指标的要求。

(6) 采用图 6-20 所示的无源校正装置计算 R_1、R_2、C。

取 $R_1=65$ kΩ，由

$$\alpha = \frac{R_1+R_2}{R_2},\ T = \frac{R_1R_2}{R_1+R_2}C$$

解得 $R_2=10$ kΩ，$C=0.261\ \mu$F。

例 6-4 设图 6-18 所示系统的开环传递函数为

$$G(s) = \frac{K}{s(T_1s+1)(T_2s+1)}$$

其中 $T_1=0.2$，$T_2=0.01$，$K=35$，采用 PD 调节器($K=1$，$T=0.2$s)对系统作串联校正。

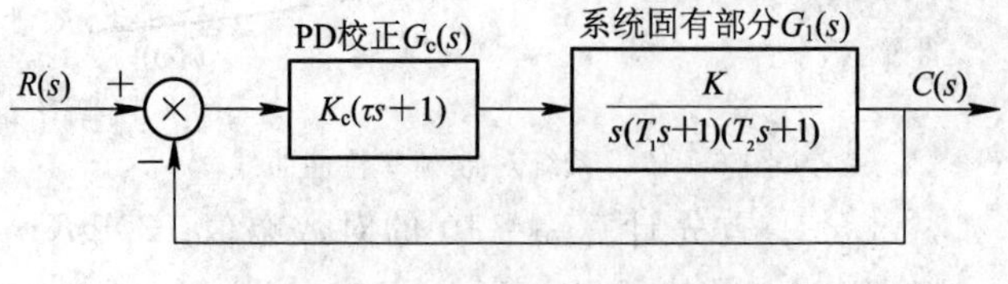

图 6-18 系统的结构图

试比较系统校正前后的性能。

解　原系统的伯德图如图 6－19 中曲线Ⅰ所示。特性曲线以－40 dB/dec 的斜率穿越 0 dB 线，穿越频率 $\omega_c=13.5$ dB，相位裕量 $\gamma=12.3°$。采用 PD 调正器校正，其传递函数 $G_c(s)=0.2s+1$，伯德图为图 6－19 中的曲线 II。

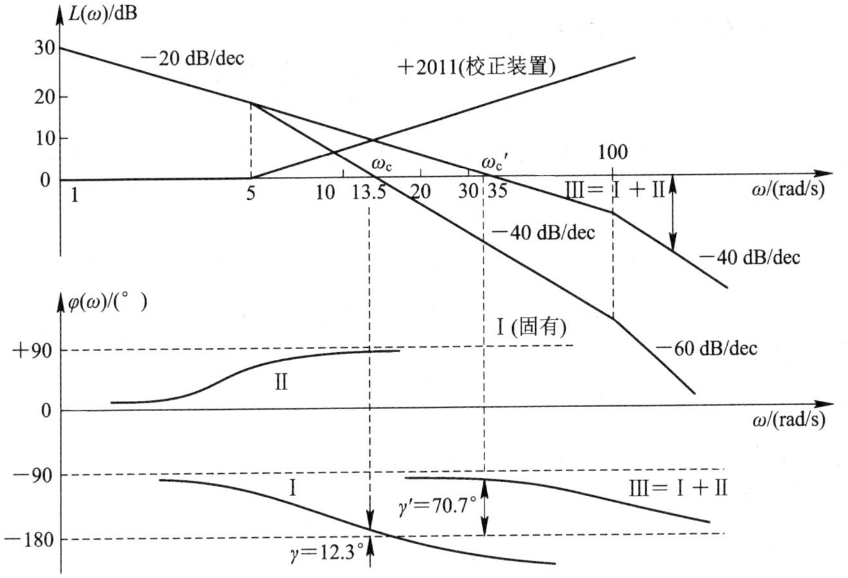

图 6－19　系统校正前后对数频率特性曲线

由图可知，增加比例积分校正装置后，在低频段，$L(\omega)$的斜率和高度均没变，所以不影响系统的稳态精度；在中频段，$L(\omega)$的斜率由校正前的－40 dB/dec 变为校正后的－20 dB/dec，相位裕量由原来的 12.3 提高为 70.7，提高了系统的相对稳定性，穿越频率 ω_c 由 13.5 变为 35，快速性提高；在高频段，$L(\omega)$的斜率由校正前的－60 dB/dec 变为校正后的－40 dB/dec，系统的抗高频干扰能力下降。综上所述，比例-微分校正将使系统的稳定性和快速性改善，但是抗高频干扰能力下降。

串联超前校正的作用是，在补偿了衰减之后，可以做到稳态误差不变，而全面改善系统的动态性能，可减小超调量和过渡过程时间。但下列情况不宜采用串联超前校正：一种是校正前的系统不稳定，因为如果采用串联超前校正则对系统中的高频信号放大作用加强，从而大大地降低了系统的抗干扰能力；另一种是校正前系统在增益穿越频率附近相角减小的速率太大，造成校正后的相角裕量改善不大，很难达到要求的相位裕量。

超前校正的优点如下：

(1) 超前校正使系统的闭环频带宽度增加，从而使动态响应加快；

(2) 低频段对正弦输入的稳态误差性能没有下降；

(3) 超前校正装置所要求的时间常数容易满足。

超前校正的缺点如下：

(1) 由于频带加宽，为抑制高频噪声，对放大器或电路其他组成部分提出了更高的要求；

(2) 常常需要增加增益；

(3) 因截止频率增大，而高频段斜率较大，使 ω_c' 处引起的相位滞后更加严重，往往更难于实现给定的相位裕量。

串联超前校正受以下因素的限制：

(1) 未校正系统不稳定，超前网络要提供很大的超前角，这样，超前网络的 α 必须很大，造成校正系统带宽过大，使通过系统的高频噪声很高；

(2) 截止频率附近相角迅速减小的未校正系统，校正后 γ 改善不大，难以得到足够的超前角。这种情况主要是因为 ω_c' 附近有两个交接频率相近或相等的惯性环节，或一个振荡环节。

上述的情况(2)可采用两级(或两级以上)的串联超前网络校正，还可采用一个滞后网络校正或测速反馈校正。

6.2.2　滞后校正

所谓串联滞后校正，即校正装置 $G_c(s)$ 串接在系统固有部分的前向通道中，且校正装置的相位总是滞后相位。

1. 典型的无源滞后校正装置

典型的无源滞后校正网络如图 6-20 所示。

其传递函数为

$$G_c(s)=\frac{1+\beta Ts}{1+Ts}$$

其中

$$\beta=\frac{R_2}{R_1+R_2}<1$$

$$T=(R_1+R_2)C$$

对应的频率特性为

$$G_c(j\omega)=\frac{1+j\beta T\omega}{1+jT\omega}$$

对数频率特性曲线如图 6-21 所示。显然，采用串联滞后校正，对低频信号不产生衰减作用，无须补偿。从幅值上看，滞后校正对高频信号有衰减作用；从相角上看，滞后校正总是产生滞后的相角。

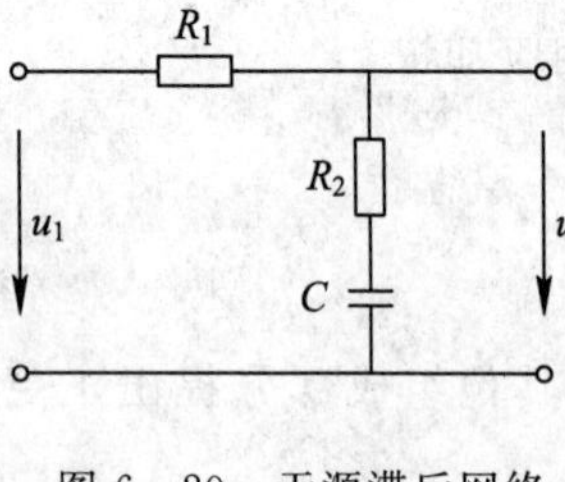

图 6-20　无源滞后网络

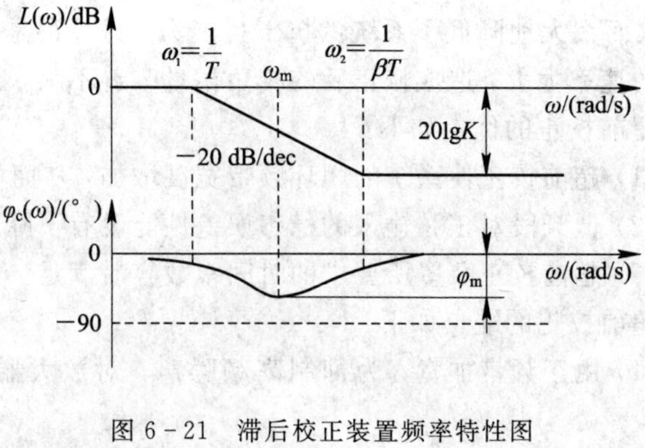

图 6-21　滞后校正装置频率特性图

2. 典型的有源滞后校正装置

典型的有源滞后校正网络如图 6-22 所示，图中电路也常被称为比例积分(PI)调节器。其传递函数为

$$G_c=-\frac{R_2C_1s+1}{R_1C_1s}=-\frac{T_1s+1}{Ts}=-K_P\left(1+\frac{1}{T_1s}\right) \tag{6-10}$$

由式(6-10)可知，这种调节器的控制规律是比例加积分。此外，PI 调节器也可看作是一个积分环节和一个一阶微分环节的串联。不考虑式(6-10)中的负号，则其对数频率特性曲线如图 6-23 所示。

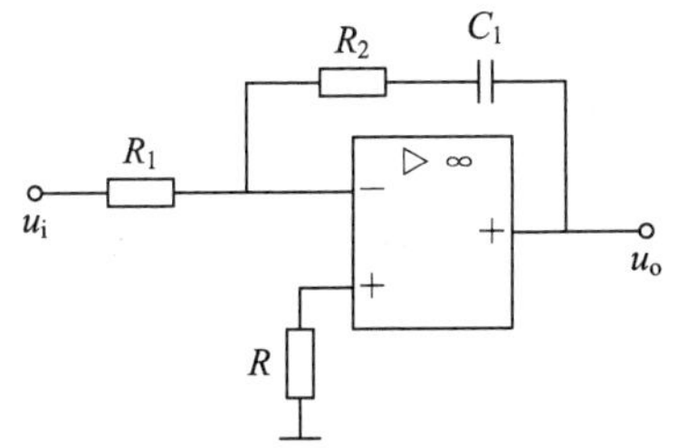

图 6-22　有源滞后校正装置

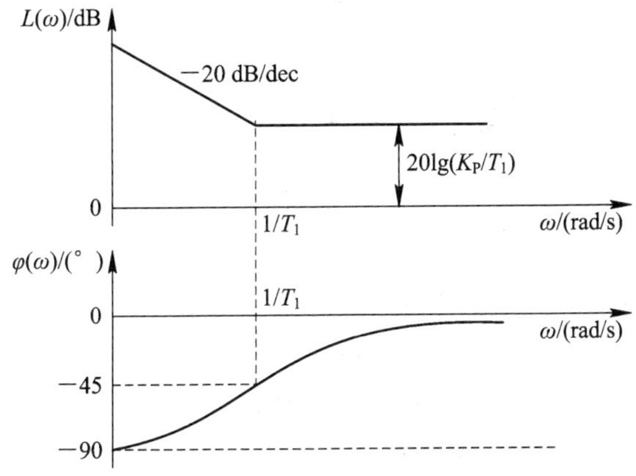

图 6-23　PI 调节器的对数频率特性曲线图

积分规律作用下输出信号与累积偏差成正比。因此，引入积分控制能够消除由恒定扰动引起的稳态误差，提高系统的稳态性能，同时也会降低系统的稳定性。

从式(6-10)中可以看出，在串联校正时，PI 调节器相当于在系统中增加了一个积分环节和一个位于 S 左半平面的开环零点。积分环节的引入可以提高系统的类型，以消除或减小系统的稳态误差，改善系统的稳态性能；而增加的负实数零点则用来减小系统的阻尼程度，以弥补积分环节对系统的稳定性及动态过程产生的不利影响。只要积分系数 T_1 足够大，PI 调节器对系统稳定性的不利影响就会大大减弱。在控制工程实践中，PI 调节器主要用来改善控制系统的稳态性能。

滞后校正的作用是：如果稳态性能满足要求，而其动态性能不满足要求，并希望降低频带宽度时，可用滞后校正来降低其穿越频率，以满足其动态性能指标。

如果一个反馈控制系统的动态性能是满意的，为了改善其稳态性能，而又不致影响其动态性能，可以采用滞后校正。此时就要求在频率特性低频段提高其增益，而在幅值穿越频率附近仍保持其相位移大小几乎不变。

引入滞后校正前后有图 6-24 所示的两种情形。

超前滞后设计的一般步骤和方法如下：

(1) 根据稳态误差要求确定开环系统放大系数，绘制原系统的伯德图，并确定未校正系统的相位裕量和增益裕量。

(2) 根据相位裕量的要求选择新的幅值穿越频率。在该频率上，原开环系统的相角增

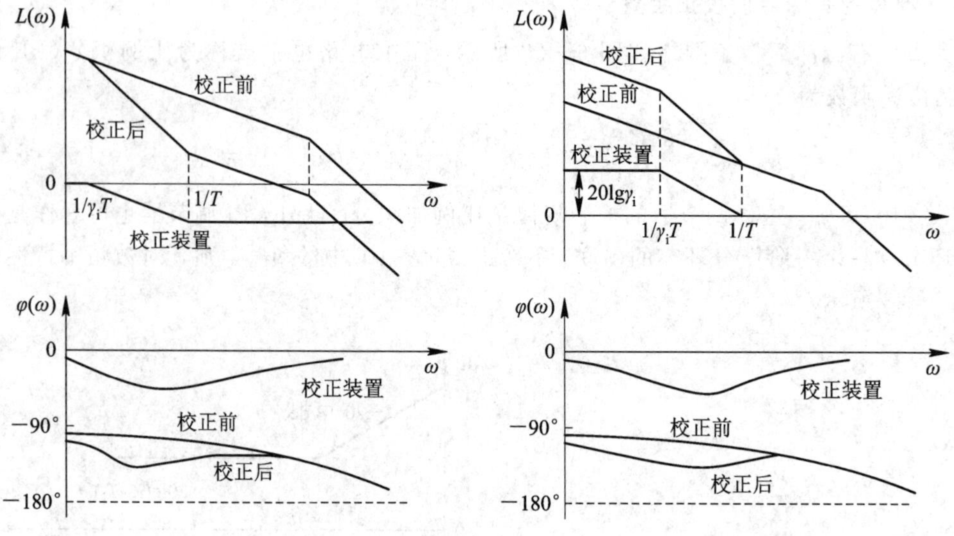

图 6-24　引入滞后校正前后的两种情形

加 50°～150°，以补偿滞后校正装置特性所引起的相位滞后影响。

(3) 确定出原系统频率特性在 $\omega_c=\omega_c'$ 处幅值下降到零分贝时所必需的衰减量，使 $L(\omega_c')=20\lg\gamma_i$，由此确定 γ_i 的值。

(4) 确定交接频率。滞后校正环节的零极点必须配置得明显低于 ω_c'。通常选 $\omega_2=1/T$ 低于 ω_c'(1～10)倍频，则另一交接频率可以由 $\omega_1=1/\gamma_i T$ 确定。

(5) 校验相位裕量和其余性能指标。

(6) 计算校正装置参数。

例 6-5　系统的原有开环传递函数为

$$G_p(s)=\frac{1}{s(s+1)(0.5s+1)}$$

要求校正后的系统稳态速度误差常数 $k_v\geqslant 5\text{s}^{-1}$，相位裕量 $\gamma(\omega_c)\geqslant 40°$，增益裕量 $G_M\geqslant 10$ dB，试确定校正装置传递函数。

解　(1) 首先确定放大系数。根据要求，系统应设计为Ⅰ型系统。由稳态指标的要求，开环放大系数 $K=k_v\geqslant 5$。

取 $K=5$，作 $G_p(s)=\dfrac{1}{s(s+1)(0.5s+1)}$的伯德图，如图 6-25 所示。

当对数幅频特性增益为零分贝时，相位裕量为−30°，表明系统不稳定。

(2) 按相位裕量的要求，计算未校正系统在新的幅值穿越频率处的相角为

$$\angle G_p(s)=-180°+40°+12°=-128°$$

即

$$\angle G_p(s)=-90°-\arctan\omega_c'-\arctan(0.5\omega_c')=-128°$$

解得 $\omega_c'\approx 0.5$。

(3) 在 $\omega_c'\approx 0.5$ 处，未校正系统的幅值为

$$L(\omega_c')\approx 20\lg 5-20\lg\omega_c'=20\text{ dB}$$

由 $L(\omega_c')=20\lg\gamma_i$，可确定 $\gamma_i=10$。

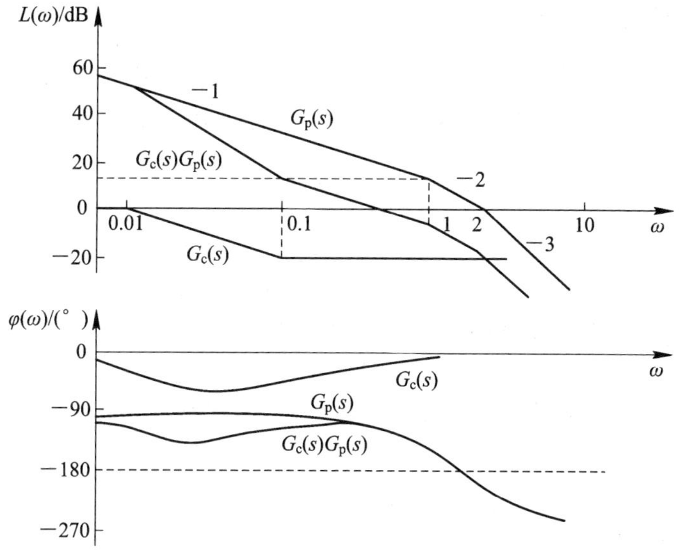

图 6-25 例 6-5 校正前后系统的伯德图

(4) 选择 $\omega_c'/(1/T)=1/5$，确定交接频率为

$$\omega_2=\frac{1}{T}=0.1,\ \omega_1=\frac{1}{\gamma_i T}$$

得到校正环节的传递函数为

$$G_c(s)=\frac{10s+1}{100s+1}$$

将校正环节 $G_c(s)$ 与原系统 $G_p(s)$ 的对数频率特性代数相加，即得出校正后系统 $G_c(s)G_p(s)$ 的开环对数幅频特性曲线和相频特性曲线。

校正后开环传递函数为

$$G_c(s)G_p(s)=\frac{5(10s+1)}{s(s+1)(0.5s+1)(100s+1)}$$

(5) 校正后系统的相位裕量为

$$\begin{aligned}\gamma(\omega_c)&=180^\circ-90^\circ+\arctan\omega_c'+\arctan(0.5\omega_c')+\arctan(10\omega_c')-\arctan(100\omega_c')\\&=67^\circ>40^\circ\end{aligned}$$

从伯德图上可查得其增益裕量为 11 dB，满足系统要求。

由以上例题和分析中，可以总结出滞后校正的优缺点。

滞后校正的优点如下：

(1) 在 ω_c 附近使对数幅频特性斜率减小，可增大系统相位裕量和增益裕量；

(2) 使系统的频带宽增加；

(3) 由于稳定裕量增加，单位阶跃响应的超调量减小；

(4) 不影响系统的稳态误差。

滞后校正的缺点如下：

(1) 由于频带加宽，对高频扰动较敏感；

(2) 用无源网络时，需增加放大系数。

6.2.3 串联超前-滞后校正

前面介绍的串联超前校正主要利用超前装置的相角超前特性来提高系统的相角裕量或相对稳定性，而串联滞后校正利用滞后装置在高频段的幅值衰减特性来提高系统的抗干扰能力。

当原系统在增益穿越频率上的相频特性负斜率较大又不满足相角裕量时，不宜采用串联超前校正，而应考虑采用串联滞后校正。但这并不意味着凡是采用串联超前校正不能奏效的系统采用串联滞后校正就一定可行。实际中，存在一些系统，单独采用超前校正或单独采用滞后校正都不能获得满意的动态和稳态性能。在这种情况下，可考虑采用超前-滞后校正方式。

典型的无源超前滞后校正网络如图 6-26 所示，对应的频率特性如图 6-27 所示。

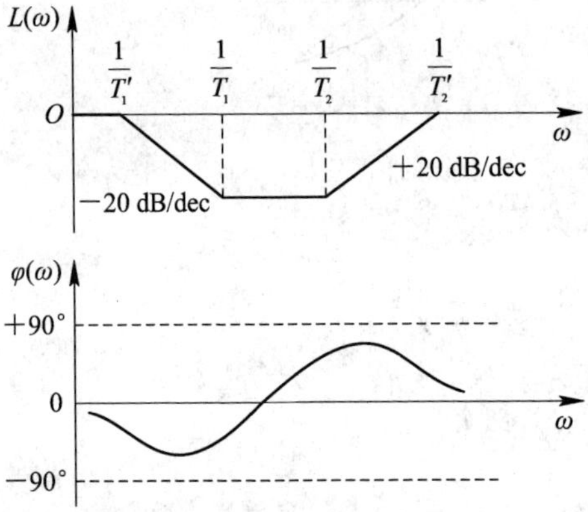

图 6-26 串联超前-滞后校正网络

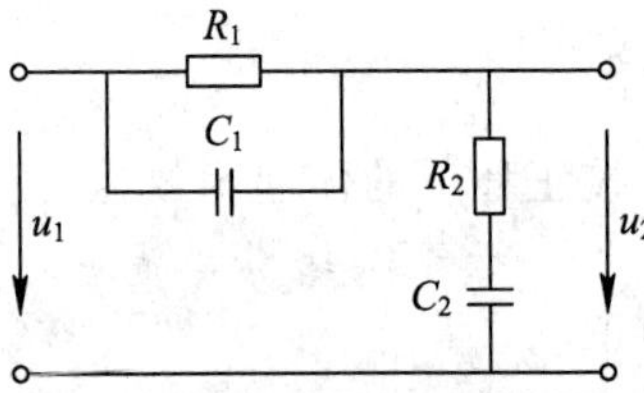

图 6-27 无源超前-滞后网络的对数频率特性曲线

无源超前-滞后校正网络传递函数(经化简整理后)为

$$G_c(s)=\frac{(T_1s+1)(\alpha T_2s+1)}{(\alpha T_1s+1)\left(\dfrac{1}{\alpha}T_2s+1\right)}=G_{c1}(s)\cdot G_{c2}(s) \tag{6-11}$$

式中，$G_{c1}(s)=\dfrac{T_1s+1}{\alpha T_1s+1}$为滞后部分；$G_{c2}(s)=\dfrac{\alpha T_2s+1}{\dfrac{1}{\alpha}T_2s+1}$为超前部分。

式(6-11)对应的频率特性为

$$G_c(\mathrm{j}\omega)=\frac{1+\mathrm{j}T_1\omega}{1+\mathrm{j}\alpha T_1\omega}\cdot\frac{1+\mathrm{j}T_2\omega}{1+\dfrac{\mathrm{j}T_1\omega}{\alpha}}$$

由于 $\alpha>1$，并通过参数的选择，使 $T_1'>T_1>T_2>T_2'$。

幅频特性的前段是相位滞后部分，具有使高频段增益衰减的作用，容许在低频段提高增益，以改善系统的稳态特性。幅频特性的后段是相位超前部分，增加相位超前角度，使相位裕量增大，改善系统动态响应。

从结构上看，超前-滞后网络是由两个一阶微分环节和两个一阶惯性环节的乘积组成的。从频率响应的角度来看，串联滞后校正主要用来校正开环频率的低频段特性，而超前校正主要用于改变中频段特性的形状和参数。因此，在确定参数时，两者基本上是可独立进行的。可按前面的步骤分别确定超前和滞后装置的参数。一般地，可先根据动态性能指标的要求确定超前校正装置的参数，在此基础上，再根据稳态性能指标的要求确定滞后装置的参数。应注意的是，在确定滞后校正装置时，尽量不影响已由超前装置校正好的系统动态指标，在确定超前校正装置时，要考虑到滞后装置加入对系统动态性能的影响，参数选择应留有裕量。比例项为基本控制作用；超前(微分)校正会使带宽增加，加快系统的动态响应；滞后(积分)校正可改善系统稳态特性，减小稳态误差。三种控制规律各司其职，灵活组合，以满足不同的要求，这正是 PID 控制得到广泛应用的主要原因。

在超前-滞后校正装置的设计方面，如果未校正系统不稳定，而对校正后系统的动态和稳态性能均有较高的要求，则宜采用超前-滞后校正。它实质上是综合了滞后和超前校正各自的特点，即利用校正装置的超前部分来增大系统的相位裕量，以改善其动态性能；利用校正装置的滞后部分来改善系统的稳态性能。两者分工明确，相辅相成，达到了同时改善系统动态和稳态性能的目的。

例 6-6　系统的原有开环传递函数为

$$G_p(s)=\frac{K}{s(0.1s+1)(0.01s+1)}$$

要求校正后的系统稳态速度误差常数 $K_v \geqslant 100\text{s}^{-1}$，相位裕量 $\gamma(\omega)\geqslant 40°$，截止频率 $\omega_c=20$ rad/s。试设计串联校正环节。

解　(1) 确定放大系数。

根据稳态误差要求，系统应设计为 I 型系统。开环放大系数 $K=K_v\geqslant 100$，取 $K=100$，绘制未校正系统的伯德图，如图 6-28 所示。

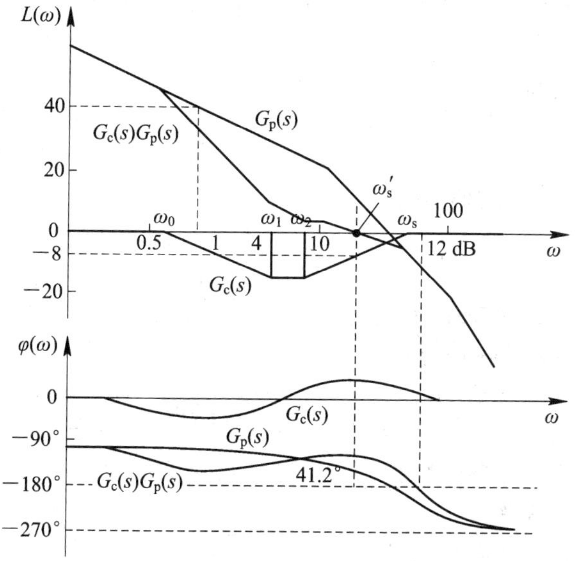

图 6-28　校正装置与校正前后系统的伯德图

校正前截止频率根据

$$A(\omega_c)=\frac{100}{\omega_c\sqrt{(0.1\omega_c)^2+1}\ \sqrt{(0.01\omega_c)^2+1}}\approx\frac{100}{\omega_c\cdot 0.1\omega_c}=1$$

解得 $\omega_c=\sqrt{1000}\approx 31.6$。

相位裕量为

$$\gamma(\omega_c)=180^\circ-90^\circ-\arctan(0.1\omega_c)-\arctan(0.01\omega_c)\approx 0^\circ$$

由于 $\omega_c\approx 31.6>20$，故不适合采用超前校正。

考察校正后系统的截止频率 $\omega_c'=20$ 处的相角，采用滞后校正仅可获得 $180^\circ-165^\circ-6^\circ=9^\circ$ 的相位裕量，这离要求相差甚远。所需的相位最大超前角约为 45°，可考虑采用滞后-超前校正。

(2) 确定滞后-超前校正电路相位滞后部分。

设交接频率 $\omega_1=\frac{1}{T_I}$ 选在 $\omega_c'=20$ 的 1/5 处，即 $\omega_1=4$，则 $T_i=\frac{1}{\omega_1}=0.25$。

考虑所需的相位最大超前角约为 50°，选择 $\gamma=8$，则交接频率 $\omega_0=\frac{1}{\gamma T_I}=0.25$。

滞后超前校正装置滞后部分的传递函数可写成

$$G_{c2}(s)=\frac{s+4}{s+0.5}=8\times\frac{0.25s+1}{2s+1}$$

(3) 确定滞后-超前校正电路相位超前部分。

在新的穿越频率 $\omega_c'=20$ 处，未校正系统的幅值为

$$L(\omega_c')\approx 20\lg\frac{100}{\omega_c'(0.1\omega_c')}8\ \text{dB}$$

因此，在伯德图上通过点(−8 dB，20 rad/s)作一条斜率为 20 dB/dec 的直线分别与 0 dB 线和滞后-超前校正装置滞后部分频率特性的−20 dB 线相交，交点即滞后-超前校正装置超前部分的交接频率：$\omega_2=7.08$，$\omega_3=56.6$。

超前部分传递函数为

$$G_{c1}(s)=\frac{s+7.08}{s+56.6}=\frac{1}{8}\frac{(0.14s+1)}{(0.02s+1)}$$

(4) 滞后-超前校正装置的传递函数为

$$G_c(s)=\frac{(0.25s+1)}{(2s+1)}\frac{(0.14s+1)}{(0.02s+1)}$$

校正装置及校正系统的开环频率特性曲线见图 6-28。

(5) 校正系统的开环传递函数为

$$G(s)=G_c(s)G_p(s)=\frac{100(0.25s+1)(0.14s+1)}{s(0.1s+1)(0.01s+1)(2s+1)(0.02s+1)}$$

(6) 校正后系统的相位裕量等于 41.2°，增益裕量等于 12 dB，稳态速度误差系数等于 $100\ s^{-1}$，满足所提出的系统要求。

比较前述三种串联校正方式，可知：

(1) 串联超前校正是利用超前补偿网络所具有的正相移和正幅值斜率改善了中频段的斜率，即通常由−40 dB/dec 改善为−20 dB/dec 的斜率，增大了相位稳定裕度，改善了系统的平稳性，同时也增大了截止频率，从而提高了快速性。但抗干扰能力下降，对改善系

统稳态精度的作用很小。

(2) 串联滞后校正是利用滞后网络的高频衰减特性，使截止频率下降，从而使系统获得足够的相位裕度，但反应速度降低。在系统的响应速度要求不高而滤除噪声要求较高的情况下，可以考虑采用串联滞后校正。如果未补偿系统具有满意的动态性能，但其稳态精度又不能满足指标要求，可采用串联滞后校正，既增大开环增益，提高稳态精度，又可保证其动态性能基本不变。

(3) 串联滞后-超前校正则综合利用了两种网络的特点，既能使系统保证有满意的动态性能，又能满足稳态精度的要求。

综上所述，总结如下：

无源校正装置线路简单、组合方便、无须外供电源，但本身没有增益，只有衰减，且输入阻抗较低，输出阻抗又较高。有源校正装置本身有增益，且输入阻抗高，输出阻抗低，而且只要改变反馈阻抗，就可以很容易地改变校正装置的结构，参数调整较方便。因此，现在较多采用有源校正装置。但其缺点是线路较复杂，需要另外供给电源，且通常是正、负电压源。

比例校正能够降低增益，将使系统的稳定性改善，但使系统的稳态精度变差。当然，若增加增益，系统性能变化与上述相反。调节系统的增益，在系统的相对稳定性和稳定精度之间作某种折中的选择，以满足(或兼顾)实际系统的要求，是最常用的调整方法之一。比例-微分校正将使系统的稳定性和快速性改善，但抗高频干扰能力明显下降。由于 PD 校正使系统的相位前移，所以又称它为相位超前校正。

比例-微分校正能改善系统的动态性能，但使高频抗干扰能力下降；比例-积分校正能改善系统的稳态性能，但使动态性能变差；为了能兼得两者的优点，又尽可能减少两者的副作用，常采用比例-积分-微分(PID)校正。增设 PID 校正装置后，在低频段，改善了系统的稳态性能，使系统对输入等速信号由有静差变为无静差；在中频段，由于 PID 调节器微分部分的作用(进行相位超前校正)，使系统的相位裕量增加，这意味着超调量减小，振荡次数减少，从而改善了系统的动态性能(相对稳定性和快速性均有改善)；在高频段，会降低系统的抗高频干扰的能力。可见，比例-积分-微分(PID)校正兼顾了系统稳态性能和动态性能的改善，由于 PID 校正使系统在低频相位后移，而在中、高频段相位前移，因此又称它为相位滞后-超前校正。

6.3　反 馈 校 正

6.3.1　反馈校正的形式

工程实践中，当被控对象的数学模型比较复杂，即微分方程的阶次较高、延迟和惯性较大时，采用串联校正的方法通常无法满足设计要求，此时，一般先选择局部反馈的设计方法，用于改变被控对象的动态特性(降低阶次或减小惯性与延迟)，然后再进行串联校正。局部反馈校正的设计形式如图 6－29 所示。

$G(s)$为被控对象传递函数，$G_1(s)$为被控对象导前区传递函数，$G_2(s)$为被控对象惰性区传递函数，K_h 为局部反馈系数，$G_c(s)$为串联校正装置的传递函数。

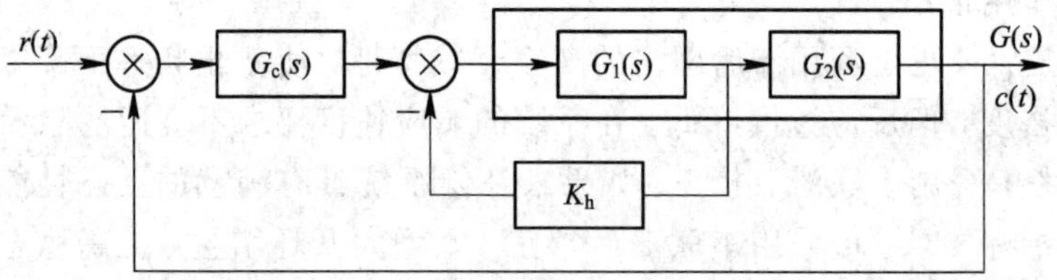

图 6-29 局部反馈校正传递函数

从宏观上看，在没有加入局部反馈校正之前，被控对象的传递函数为 $G(s)=G_1(s)G_c(s)$，系统的开环传递函数为 $G_1(s)G_2(s)G_c(s)$。根据串联校正的设计思想，通常是依据 $G(s)$ 的动态特性选择 $G_c(s)$ 的形式以及参数的取值。但加入局部反馈校正后，被控对象的数学模型变为 $\dfrac{G_1(s)}{1+G_1(s)K_h}G_2(s)$，而系统的开环传递函数变成 $\dfrac{G_1(s)}{1+G_1(s)K_h}G_2(s)G_c(s)$，则选择 $G_c(s)$ 的形式以及参数的取值是依据新的被控对象 $\dfrac{G_1(s)}{1+G_1(s)K_h}G_2(s)$ 的动态特性来确定的。所以局部反馈的加入，会使被控对象的数学模型发生变化，解题的关键在于选择局部反馈回路的结构和参数，使被控对象动态特性得以改善。

6.3.2 反馈校正的形式及作用

用反馈校正装置包围待校正系统中对动态性能改善有重大妨碍作用的某些环节，会形成一个局部反馈回路。适当选择校正装置的形式和参数，可使局部反馈回路的等效传递函数性能大大优于被包围环节的性能。

1. 比例反馈包围积分环节

可以将积分环节变成一阶惯性环节，如图 6-29 所示，当 $G_1(s)=\dfrac{k}{s}$，K_h 为局部反馈比例系数，等效内回路的传递函数为 $\dfrac{\dfrac{k}{s}}{1+\dfrac{kK_h}{s}}=\dfrac{\dfrac{k}{K_h}}{\dfrac{1}{kK_h}s+1}$ 时，反馈回路由原来的积分环节变成了惯性环节，降低了系统的型别，有利于提高系统的稳定性。惯性环节的时间常数由 K_h 调整。

2. 比例反馈包围惯性环节

如图 6-29 所示，当 $G_1(s)=\dfrac{k}{Ts+1}$，K_h 为局部反馈比例系数，等效内回路的传递函数为 $\dfrac{\dfrac{k}{Ts+1}}{1+\dfrac{kK_h}{Ts+1}}=\dfrac{\dfrac{k}{kK_h+1}}{\dfrac{T}{kK_h+1}s+1}$ 时，加入局部比例反馈后，反馈回路仍然是惯性环节，但惯性环节的时间常数减小。局部反馈比例系数越大，惯性时间常数越小。

3. 微分反馈包围惯性环节

如图 6-29 所示，当 $G_1(s)=\dfrac{k}{Ts+1}$，K_hs 为局部微分反馈的传递函数，等效内回路的

传递函数为 $\dfrac{\dfrac{k}{Ts+1}}{1+\dfrac{kK_h s}{Ts+1}}=\dfrac{k}{T(kK_h+1)s+1}$ 时，加入局部微分反馈后，仍然是惯性环节，但惯性环节的时间常数增大。局部反馈系数 K_h 越大，惯性时间常数越大。

4. 微分反馈包围二阶振荡环节

如图 6-29 所示，当 $G_1(s)=\dfrac{k}{T^2s^2+2\xi Ts+1}$，$K_h s$ 为局部微分反馈的传递函数，等效内回路的传递函数为 $\dfrac{\dfrac{k}{T^2s^2+2\xi Ts+1}}{1+\dfrac{kK_h s}{T^2s^2+2\xi Ts+1}}=\dfrac{k}{T^2s^2+(2\xi Ts+kK_h)s+1}$ 时，加入局部微分反馈后，仍然是二阶振荡环节，但阻尼系数增大。局部反馈系数 K_h 越大，阻尼系数越大。

综上所述，局部反馈对被控对象的修正作用取决于局部反馈的形式和被控对象被包围部分的形式。在工程实际应用中，应该了解怎样改变被控对象的结构，才能有利于串联校正装置的选择，有利于满足控制系统性能指标的要求。

6.3.3 反馈校正举例

反馈校正应用广泛，下面用一个实际例子来直观地说明反馈校正的作用。

例 6-7 原系统方框图如图 6-30(a)所示，增加内回路后的系统方框图如图 6-30(b)所示，当根轨迹增益从 0→∞变化时，试通过根轨迹，分析增加局部反馈校正对系统性能的影响。

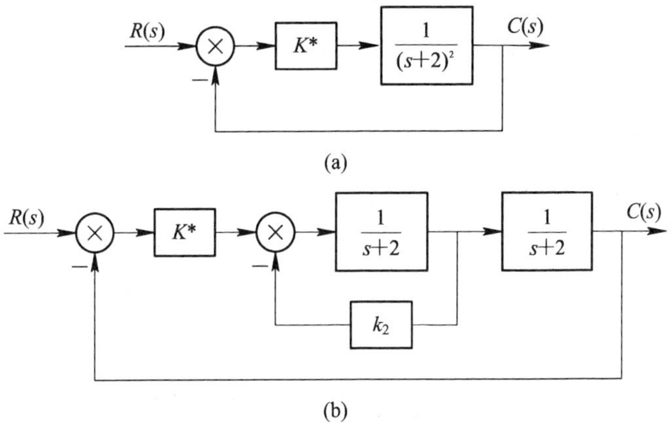

图 6-30　系统方框图

解　原系统根轨迹方程为 $\dfrac{K^*}{(s+2)}=-1$，根轨迹草图如图 6-31(a)所示。加入内回路，经过简化后的系统根轨迹方程改变成 $\dfrac{K^*}{(s+k_2+2)(s+2)}=-1$，取 $k_2=2$ 时对应的系统根轨迹草图如图 6-31(b)所示；取 $k_2=4$ 时对应的系统根轨迹草图如图 6-31(c)所示。

显然，加入局部比例反馈校正对系统根轨迹的影响是使根轨迹向左移动。因此，它对系统的稳定性和动态性能都有所改善。并且，反馈比例系数的开环增益值 K_2 越大，根轨迹

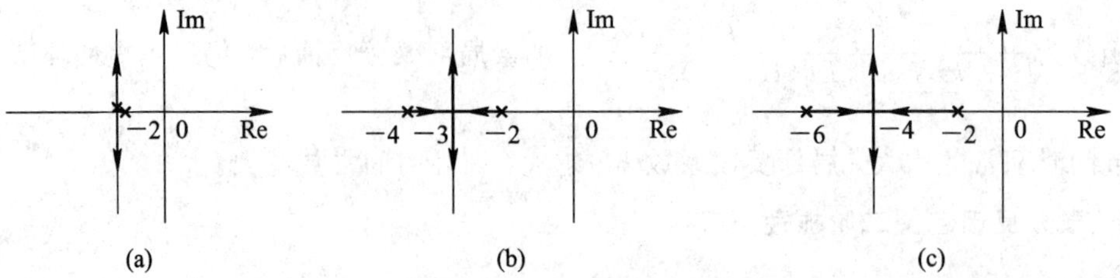

图 6-31　根轨迹图

向左移动的幅度越大。但是，在工程使用中，反馈比例系数值 K_2 过大，可能造成执行机构进入饱和非线性区域，而使系统性能急剧下降。因此，对于反馈比例系数 K_2 的取值，实际上要根据具体工程情况综合考虑进行选择。

6.4 复合校正

所谓复合控制校正，是指在串联校正或局部反馈加串联校正的前提下，对控制系统存在的给定值扰动信号或已知的干扰通道的强干扰信号实施前馈补偿，组成一个前馈控制和反馈控制相结合的系统。

复合控制利用开环的方式补偿系统的任何一种可以测量的输入信号对系统被调量的影响，可以在不必提高系统型别和提高系统的开环增益的前提下，减小甚至消除稳态误差。这种提高系统静态性能指标的方法不会影响系统的动态性能。

6.4.1 按给定输入补偿的复合控制系统

按给定输入补偿的复合控制系统，系统的输出量在任何时刻都可以完全无误地复现输入量，具有理想的时间响应特性。

1. 校正的结构形式

给定输入补偿的复合控制系统结构如图 6-32 所示，其中，$G_0(s)$为被控对象传递函数，$G_c(s)$为串联校正装置的传递函数，$G_r(s)$为给定输入的前馈补偿器的传递函数。

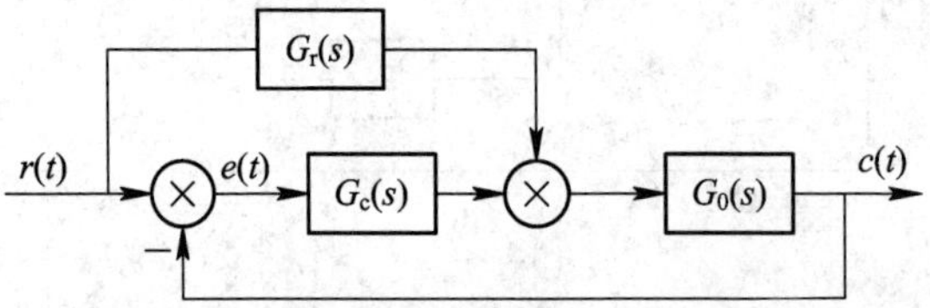

图 6-32　给定输入补偿的复合控制系统

2. 校正的特点

没有增加前馈补偿时，系统给定输入下的误差传递函数为$\frac{E(s)}{R(s)}=\frac{1}{1+G_0G_c}$，加入前馈补偿装置后，系统的特征方程不变，故前馈补偿对系统的稳定性无影响，但给定输入下的误差传递函数变为$\frac{E(s)}{R(s)}=\frac{1-G_0G_r}{1+G_0G_c}$。

(1) 当$1-G_0G_r=0\Rightarrow G_r=\frac{1}{G_0}$，可以实现给定输入时的动静态全补偿$e(t)=r(t)=c(t)=0$，即无论给定值发生什么变化，测量值始终跟踪给定值，因为此时是$\frac{C(s)}{R(s)}=1$，系统的给定值和测量值在动态和静态都保证无误差，但是前馈补偿装置$G_r=\frac{1}{G_0}$的工程实现难度太大，对于高阶的被控对象根本无法实现。因此，这种动静态全补偿的方法一般只具有指导意义。

(2) 选定$G_r=a$或$G_r=a+bs$为可实现模型，构成静态补偿装置，保证系统在阶跃扰动或斜坡扰动下无静态误差。前馈补偿装置的参数是由系统的结构确定的。计算过程须使用终值定理。

下面用一个例子来解释按给定输入补偿的校正过程。

例 6－8　系统方框图如图 6－32 所示。已知$G_0(s)=\frac{1}{(s+1)(s+2)}$，$G_c(s)=1$。设$G_r(s)=a+bs$，试确定系统在给定值扰动下的静态误差与前馈校正装置的形式及参数取值的关系。

解　由题意可得：

$$E(s)=\frac{1-\frac{bs+a}{s^2+3s+2}}{1+\frac{1}{s^2+3s+2}}R(s)=\frac{s^2+3s+2-bs-a}{s^2+3s+3}$$

$$R(s)=\frac{s^2+(3-b)s+(2-a)}{s^2+3s+3}$$

① 当$a=2$、$b=0$时，$G_r(s)=2$，系统在阶跃扰动信号作用下的稳态误差为

$$e_{ss}=\lim_{s\to 0}sE(s)=\lim_{s\to 0}s\frac{s^2+(3-b)s}{s^2+3s+3}R(s)=\lim_{s\to 0}s\frac{s^2+(3-b)s}{s^2+3s+3}\frac{r_0}{3}=0$$

② 当$a=2$、$b=3$时，$G_r(s)=2+3s$，系统在阶跃扰动信号作用下的稳态误差也为 0，斜坡扰动信号作用下的稳态误差为

$$e_{ss}=\lim_{s\to 0}sE(s)=\lim_{s\to 0}s\frac{s^2}{s^2+3s+3}R(s)=\lim_{s\to 0}s=\frac{s^2}{s^2+3s+3}\frac{r_0}{s}=0$$

结论：当$a=2$、$b=0$时能保证系统在阶跃扰动下无静态误差，当$a=2$、$b=3$时能保证系统在阶跃扰动或斜坡扰动下均无误差。

6.4.2　扰动输入补偿的复合控制系统

在反馈控制的基础上，增加抵消扰动信号影响的复合控制结构，从结构上利用扰动信号来构成补偿信号。这种方法，对于可测扰动信号的克服简单易行，是工程中经常使用的方法。

1. 前馈补偿校正的结构形式

扰动输入补偿(即前馈补偿)的复合控制系统结构如图 6－33 所示，其中，$G_{01}(s)$为被控对象主通道的传递函数，$G_{02}(s)$为被控对象干扰通道的传递函数，$G_c(s)$为串联校正装置

的传递函数，$G_N(s)$为扰动输入的前馈补偿器的传递函数。

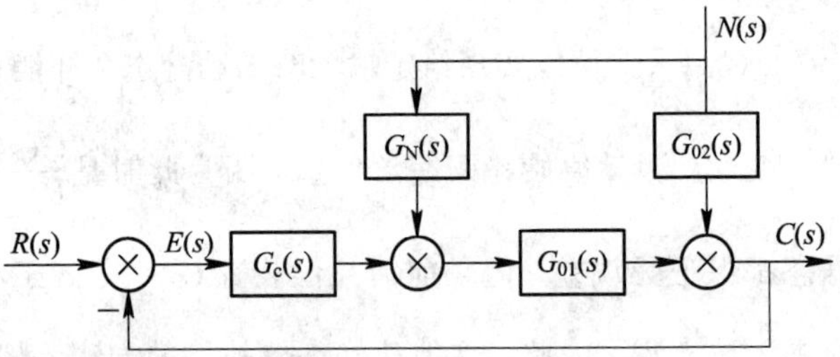

图 6-33　扰动输入补偿的复合控制系统结构

2. 前馈补偿校正的特点

加入前馈补偿装置后，系统的特征方程没有改变，则系统的稳定性没有变化。仅仅对扰动信号输入时，系统的动静态性能有所改善，具体如下。

(1) 动静态全补偿。选择$G_N(s)$使得$G_N(s)G_{01}(s)+G_{02}(s)=0$，即取$G_N(s)=-\dfrac{G_{02}(s)}{G_{01}(s)}$，则无论扰动信号如何变化，由于从扰动到被调量之间的传递函数为 0，因此，此时扰动信号对被调量在动静态都没有影响。但前馈补偿装置的工程实现难度太大。

(2) 静态补偿。选择$G_N(s)$使得$G_N(s)G_{01}(0)+G_{02}(0)=0$，即取$G_N(s)=-\dfrac{G_{02}(0)}{G_{01}(0)}$为常数，则系统在干扰信号作用下，待进入稳态时，无静态误差。

例 6-9　系统结构如图 6-33 所示。已知$G_{01}(s)=\dfrac{k_1}{T_1s+1}$，$G_{02}(s)=k_2$，试确定干扰作用下的系统静态误差与前馈校正装置$G_N(s)$的形式和参数取值之间的关系。

解　(1) 计算动静态全补偿。

设前馈校正装置为$G_N(s)$，有如下关系：

$$G_N(s)G_{01}(s)+G_{02}(s)=0$$

计算得

$$G_N(s)=-\frac{G_{02}(s)}{G_{01}(s)}=-\frac{k_2}{k_1}(T_1s+1)$$

(2) 计算静态补偿。

同动静态全补偿，设前馈校正装置为$G_N(s)$，有如下关系：

$$G_N(s)G_{01}(0)+G_{02}(0)=0$$

计算，得

$$G_N(s)=-\frac{G_{02}(0)}{G_{01}(0)}=-\frac{k_2}{k_1}$$

习　题

6-1　设控制系统的开环传递函数为

$$G(s)=\frac{10}{s(1+0.5s)(1+0.1s)}$$

绘出系统的伯德图并求出相角裕量和幅值裕量。若采用传递函数为$(1+0.23s)/(1+0.023s)$的串联校正装置，试求校正后系统的幅值和相角裕度，并讨论校正后系统的性能有何改进。

6-2　设控制系统的开环频率特性为

$$G(j\omega)H(j\omega)=\frac{40}{j\omega(1+0.0625j\omega)(1+0.25j\omega)}$$

(1) 绘出系统的伯德图，并确定系统的相角裕度和幅值裕度以及系统的稳定性；

(2) 如果引入传递函数$G_c(s)=\dfrac{0.05(s+0.25)}{(s+0.0125)}$的相位滞后校正装置，试绘出校正后系统的伯德图，并确定校正后系统的相角裕度和幅值裕度。

6-3　设单位反馈系统的开环传递函数为

$$G(s)=\frac{10}{s(s+2)(s+8)}$$

设计一校正装置，使静态速度误差系数$K_v=80$，并使闭环主导极点位于$s=-2\pm j23$。

6-4　设单位反馈系统的开环传递函数为

$$G(s)=\frac{K}{s(s+3)(s+8)}$$

(1) 如果要求系统在单位阶跃输入作用下的超调量$\sigma=20\%$，试确定K值；

(2) 根据所确定的K值，求出系统在单位阶跃输入下的调节时间t_s，以及静态速度误差系数；

(3) 设计一串联校正装置，使系统$K_v\geqslant 20$，$\sigma\leqslant 25\%$，t_s减少一半以上。

6-5　已知单位反馈系统开环传递函数为

$$G(s)=\frac{K}{s(0.1s+1)(0.2s+1)}$$

设计校正网络，使$K_v\geqslant 30$，$\gamma\geqslant 40°$，$\omega_c\geqslant 2.5$，$K_g\geqslant 8$ dB。

6-6　由实验测得单位反馈二阶系统的单位阶跃响应如图 6-34 所示，要求：

(1) 绘制系统的方框图，并标出参数值；

(2) 系统单位阶跃响应的超调量$\sigma=20\%$，峰值时间$t_p=0.5$ s，设计适当的校正环节并画出校正后系统的方框图。

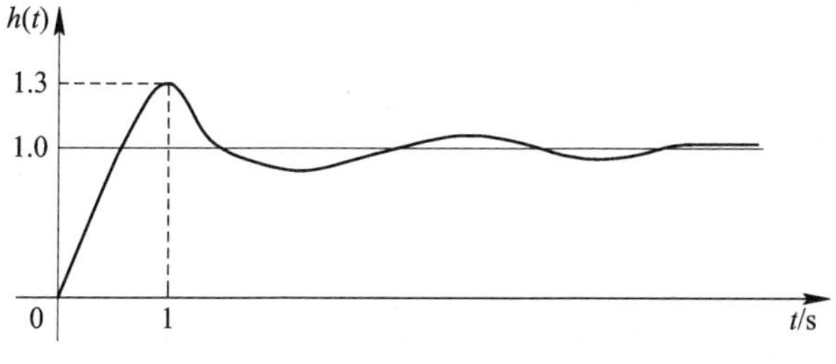

图 6-34　单位反馈二阶系统的单位阶跃响应图

6-7　设原系统的开环传递函数为

$$G(s)=\frac{10}{s(0.2s+1)(0.5s+1)}$$

要求校正后系统的相角裕度 $\gamma=65°$，幅值裕度 $K_g=6$ dB。

(1) 试设计串联超前校正装置；

(2) 试设计串联滞后校正装置；

(3) 比较以上两种校正方式的特点，得出结论。

6-8 设控制系统的开环频率特性为

$$G(j\omega)H(j\omega)=\frac{K}{(j\omega)^2(0.2j\omega+1)}$$

要使系统的相角裕度 $\gamma=35°$，系统的加速度误差系数 $K_a=10$，试用频率法设计串联超前校正装置。

6-9 反馈控制系统的开环传递函数为

$$G(s)=\frac{K}{s(s+1)}$$

采用串联超前校正，使系统的相角裕度 $\gamma=45°$，在单位斜坡输入下的稳态误差为 $e_{ss}=0.1$，系统的剪切频率小于 7.5 rad/s。

6-10 设单位反馈控制系统的开环传递函数为

$$G(s)=\frac{K}{s(s+1)(0.2s+1)}$$

若使系统的相角裕度 $\gamma=45°$，速度误差系数 $K_v=8$，试设计串联滞后校正装置。

6-11 系统如图 6-35 所示，其中 R_1、R_2 和 C 组成校正网络。要求校正后系统的稳态误差为 $e_{ss}=0.01$，相角裕度 $\gamma\geqslant60°$，试确定 K、R_1、R_2 和 C 的值。

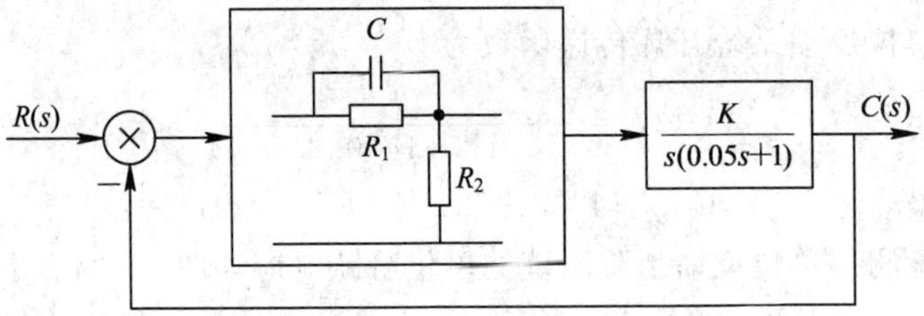

图 6-35 系统控制图

6-12 反馈系统的结构图如图 6-36 所示，为保证系统有 45°的相角裕度，求电容 C。

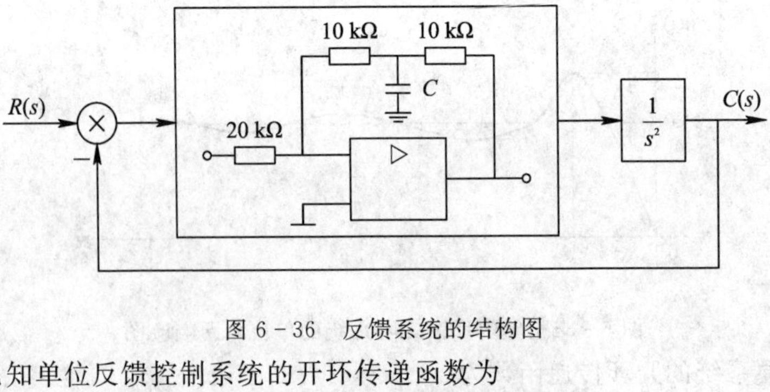

图 6-36 反馈系统的结构图

6-13 已知单位反馈控制系统的开环传递函数为

$$G(s)=\frac{200}{s(0.1s+1)}$$

试设计串联校正环节，使系统的相角裕度 $\gamma \geqslant 45^\circ$，穿越频率 $\omega_c \geqslant 50\ \mathrm{rad/s}$。

6-14　某单位反馈系统开环传递函数为

$$G(s)=\frac{K}{s(0.2s+1)(s+1)}$$

现要求 $M_r=1.3$，$\omega_c=2.0$，$K_v \geqslant 10$，试确定串联校正装置。

6-15　设控制系统的开环传递函数为

$$G(s)=\frac{10}{s(0.05s+1)(0.25s+1)}$$

要求校正后系统的相对谐振峰值 $M_r=1.4$，谐振频率 $\omega_r>10\ \mathrm{rad/s}$，试设计串联校正环节。

6-16　设控制系统的开环传递函数为

$$G(s)=\frac{K}{s\left(\frac{1}{37^2}s^2+\frac{2\times 0.57}{37}s+1\right)}$$

若要使闭环系统的谐振峰值 $M_r=1.25$，谐振频率 $\omega_r=20\ \mathrm{rad/s}$，系统的速度误差系数 $K_v \geqslant 375\mathrm{s}^{-1}$，试设计滞后-超前校正装置。

第 7 章 线性离散控制系统分析

7.1 离散控制系统的基本概念

7.1.1 离散控制系统的特点

采样和数控技术在自动控制领域中得到了广泛的应用，其主要原因是采样系统，特别是数字控制系统较之相应的连续系统具有如下的特点：

(1) 由数字计算机构成的数字校正装置，效果比连续式校正装置好，且由软件实现的控制规律易于改变，控制灵活。

(2) 采样信号特别是数字信号的传递可以有效地抑制噪声，从而提高了系统的抗干扰能力。

(3) 允许采用高灵敏度的控制元件，以提高系统的控制精度。

(4) 可用一台计算机分时控制若干个系统，提高了设备的利用率，经济性好。

(5) 对于具有传输延迟，特别是大延迟的控制系统，可以引入采样控制的方式进行稳定。

7.1.2 离散控制系统的研究方法

由于在离散系统中存在脉冲或数字信号，若仍然沿用连续系统中的拉普拉斯变换方法来建立系统各个环节的传递函数，则在运算过程中会出现复变量 s 的超越函数。为了克服这个障碍，需要采用 Z 变换法建立离散系统的数学模型。我们将会看到，通过 Z 变换处理后的离散系统，可以把用于连续系统中的许多方法，如稳定性分析、稳态误差计算、时间响应分析及系统校正等方法，经过适当改变后直接应用于离散系统的分析和设计之中。

7.2 信号的采样与保持

7.2.1 信号采样

1. 采样过程

采样器的采样过程，可以用一个周期性闭合的采样开关 S 来表示。图 7-1 展示了一个连续信号 $e(t)$ 经采样开关后变为离散信号 $e^*(t)$ 的过程。采样时间间隔 T 称为采样周期，其单位为 s。假设采样器每隔 T 秒闭合一次，闭合持续时间为 τ，其输入 $e(t)$ 为连续信号，

输出 $e^*(t)$为宽度等于 τ 的调幅脉冲序列，在采样瞬时 $nT(n=0, 1, 2, \cdots)$时出现。换句话说，在 $t=0$ 时，采样器闭合 τ 秒，此时 $e^*(t)=e(t)$；$t=\tau$ 以后，采样器打开，输出 $e^*(t)=0$，之后每隔 T 秒重复一次。这样，在采样器的作用下就得到了如图 7-1(c)所示的输出信号。

在实际应用中，采样开关多为电子开关，闭合时间极短，采样持续时间 τ 远小于采样周期 T，也远小于系统连续部分的最大时间常数。因此可将采样过程理想化：认为 τ 趋于零，即把实际的窄脉冲信号视为理想脉冲，这样图 7-1(d)所示的窄脉冲序列就变为图 7-1(e)中所示的理想脉冲序列 $e^*(t)$。由此可见，理想采样开关的输出 $e^*(t)$是一理想脉冲序列，它是理想单位脉冲序列 $\delta_T(t)$被图 7-1(b)所示的输入连续信号 $e(t)$进行幅值调制的结果。

因此采样过程可以看成是一个幅值调制过程，理想采样开关好比是一个载波为 $\delta_T(t)$的幅值调制器。

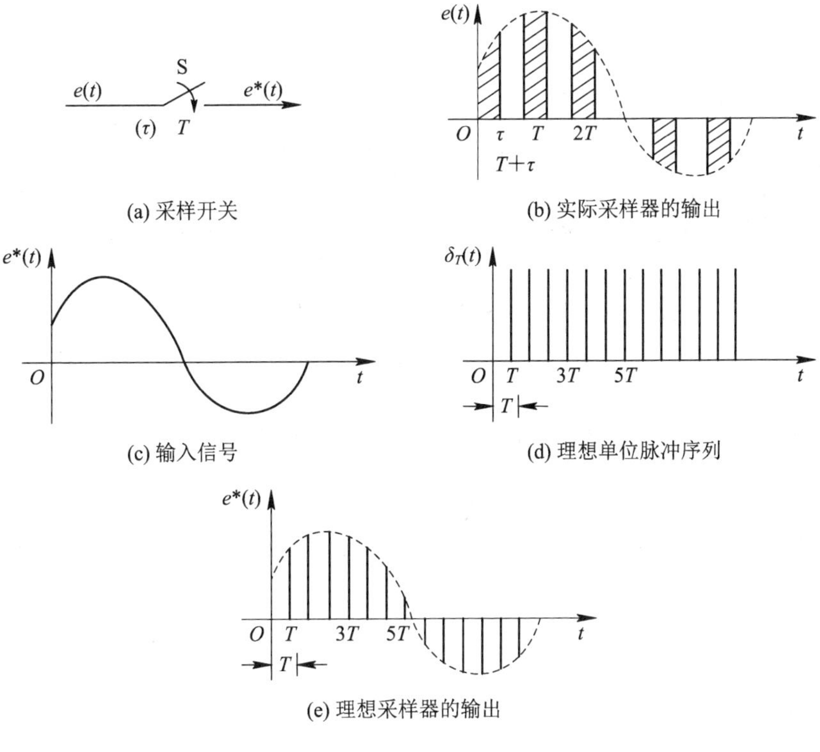

图 7-1　采样过程示意图

2. 采样过程的数学描述

为了对采样系统进行定量、定性研究，就必须用数学表达式描述信号的采样过程，研究离散信号的性质。首先研究采样信号的数学表达式。

连续信号 $e(t)$经过以 T 为周期的理想采样开关，得到离散序列 $e(nT)$，其中 $n=0, 1, 2, \cdots$；采样信号记为 $e^*(t)$。用数学形式描述上述调制过程，则有

$$e^*(t) = e(t)\delta_T(t) \tag{7-1}$$

理想单位脉冲序列 $\delta_T(t)$可以表示为

$$\delta_T(s)=\sum_{n=0}^{\infty}\delta(t-nT) \tag{7-2}$$

其中

$$\delta(t-nT)=\begin{cases}1, & t=nT\\0, & t\neq nT\end{cases} \quad (n=0,1,2,\cdots)$$

假设 $e(t)=0$，$\forall t<0$，这在实际的控制系统中通常都是可以满足的。将式(7-2)代入式(7-1)，则采样器的输出信号 $e^*(t)$ 可以表示为

$$e^*(t)=e(t)\sum_{n=0}^{\infty}\delta(t-nT)\ (n=0,1,2,\cdots) \tag{7-3}$$

$e(t)$ 仅在采样瞬时才有意义，所以式(7-2)可以改写为

$$e^*(t)=\sum_{n=0}^{\infty}e(nT)\delta(t-nT)\ (n=0,1,2,\cdots) \tag{7-4}$$

对式(7-4)两边取拉氏变换，得到采样信号的拉氏变换为

$$E^*(s)=\sum_{n=0}^{\infty}e(nT)\mathrm{e}^{-nTs} \tag{7-5}$$

由式(7-5)可见，只要已知连续信号 $e(t)$ 采样后的脉冲序列 $e(nt)$ 的值，即可求解相应采样信号 $e^*(t)$ 的拉氏变换 $E^*(s)$，其中 $E^*(s)$ 为 e^{Ts} 的有理函数。值得注意的是 $E^*(s)$ 不能给出连续函数 $e(t)$ 在采样间隔之间的信息。

下面进一步考察 $E*(s)$ 与 $E(s)$ 之间的关系，可以得到另一形式的采样信号的拉氏变换表达式。

$\delta_T(t)$ 是周期函数，可以展开为如下傅里叶级数形式：

$$\delta_T(t)=\sum_{n=-\infty}^{\infty}c_n\mathrm{e}^{\mathrm{j}n\omega_s t} \tag{7-6}$$

式中：$\omega_s=2\pi/T$ 表示采样角频率，单位为 rad/s，c_n 为傅氏系数，且有

$$c_n=\frac{1}{T}\int_{-T/2}^{T/2}\delta_T(t)\mathrm{e}^{-\mathrm{j}n\omega_s t}\mathrm{d}t$$

由式(7-1)和式(7-2)可知，在区间$[-T/2,\ T/2]$中，$\delta_T(t)$ 仅在 $t=0$ 处等于1，其余处都为零，所以有

$$c_n=\frac{1}{T}\int_{-T/2}^{T/2}\delta_T(t)\mathrm{e}^{-\mathrm{j}n\omega_s t}\mathrm{d}t=\frac{1}{T}\int_{0_-}^{0_+}\delta_T(t)\mathrm{d}t=\frac{1}{T} \tag{7-7}$$

将式(7-7)代入式(7-6)，得

$$\delta_T(t)=\sum_{n=-\infty}^{\infty}\frac{1}{T}\mathrm{e}^{\mathrm{j}n\omega_s t} \tag{7-8}$$

再将式(7-8)代入式(7-1)，有

$$e^*(t)=\frac{1}{T}\sum_{n=-\infty}^{\infty}e(t)\mathrm{e}^{-\mathrm{j}n\omega_s t} \tag{7-9}$$

对上式两边取拉氏变换，由拉氏变换的复数位移定理可推出

$$E^*(s)=\frac{1}{T}\sum_{n=-\infty}^{\infty}E(s+\mathrm{j}n\omega_s) \tag{7-10}$$

式(7-10)反映了理想采样器在频域中的特点，可以直接由 $E(s)$ 分析出 $E^*(s)$ 的频率响应。

由于 $E^*(s)$ 表示成了 s 的周期函数，在进行 $E^*(s)$ 的频谱分析时很方便，可以清楚看出频谱混叠的影响。

式(7－5)和式(7－10)是采样信号拉氏变换的两种等价表达式。虽然这两个式子都是无穷级数，但用式(7－5)通常可以把 $E^*(s)$ 写成解析函数的形式，而式(7－10)却不能写成解析函数的形式。

3. 采样定理

要完成对象的控制，通常要把采样信号恢复成原连续信号，此工作一般是通过低通滤波器来完成的。信号的采样确定了连续时间信号 $e(t)$ 的采样表达式 $e^*(t)$，但是信号能否恢复到原来的形状，主要决定于采样信号 $e^*(t)$ 是否仍然保留有原连续时间信号 $e(t)$ 的所有信息。实际上这又与采样频率有关。从采样过程图 7－1 可以直观地看出，连续信号变化越缓慢，采样频率越高，采样信号 $e^*(t)$ 就越能反映原信号 $e(t)$ 的变化规律，即越多地包含了反映原信号的信息。香农(Shannon)采样定理则是定量地给出了采样频率与被采样的连续信号的"变化快慢"的关系，解决了采样信号 $e^*(t)$ 与连续时间信号 $e(t)$ 之间关于信息量的等价条件，得到了可以将采样信号 $e^*(t)$ 恢复为原连续时间信号 $e(t)$ 的条件。接下来分析采样前后信号频谱的关系。

在式(7－10)中，如果 $E^*(s)$ 在 S 右半平面没有极点，则可令 $s=\mathrm{j}\omega$，得到采样信号的频率特性为

$$E^*(\mathrm{j}\omega)=\frac{1}{T}\sum_{n=-\infty}^{\infty}E[\mathrm{j}(\omega+n\omega_s)] \tag{7-11}$$

其中，$E(\mathrm{j}\omega)$ 和 $E^*(\mathrm{j}\omega)$ 分别是原输入信号 $e(t)$ 的频率特性和采样信号 $e^*(t)$ 的频率特性。

$|E(\mathrm{j}\omega)|$ 为原输入信号 $e(t)$ 的幅频特性，即频谱；$|E^*(\mathrm{j}\omega)|$ 为采样信号 $e^*(t)$ 的频谱。一般情况下，$e(t)$ 的频谱 $|E(\mathrm{j}\omega)|$ 是单一的连续频谱，其带宽是有限的，即它的最大角频率为 ω_h，如图 7－2(a)所示；采样信号 $e^*(t)$ 的频谱 $|E^*(\mathrm{j}\omega)|$ 则是无穷多个以 ω_s 为周期的原信号 $e(t)$ 的频谱之和，如图 7－2(b)所示。$n=0$ 所对应的频谱为主频谱，它与连续频谱 $|E(\mathrm{j}\omega)|$ 形状一致，仅在幅值上变化了 $1/T$，而其余各频谱($n=\pm1$，±2，…)都是由于采样引起的高频频谱，称为采样频谱的补分量，如图 7－2(b)中的曲线 2 所示。

比较图 7－2(b)和(c)可以看出，如果 $\omega_s>2\omega_h$，则采样器输出信号的频谱 $|E^*(\mathrm{j}\omega)|$ 的各频谱补分量彼此不会重叠，连续信号的频谱 $|E(\mathrm{j}\omega)|$ 可完整地保存下来。这样，通过一个如图 7－2(b)中虚线所示的理想滤波器，滤除所有高频分量后，就能复现出原连续信号。反之，如果加大采样周期，采样角频率相应减小，当 $\omega_s<2\omega_h$ 时，采样角频率中的补分量相互交叠，致使采样器输出信号发生畸变，无法完整保留连续信号的频谱，因而也就不可能复现出原来的连续信号 $e(t)$，如图 7－2(c)所示，这就是"频谱混叠"现象。

从以上的分析可知，要想使采样信号能够复现出原连续信号，采样角频率 ω_s 和连续信号的最高角频率 ω_h 之间的关系必须满足：

$$\omega_s>2\omega_h$$

这就是香农(Shannon)采样定理。香农采样定理可叙述如下：如果采样器的输入信号 $e(t)$ 具有有限带宽，并且有直到 ω_h(rad/s)的角频率分量，则只要采样周期 T 满足：

$$T\leqslant\frac{2\pi}{2\omega_h} \tag{7-12}$$

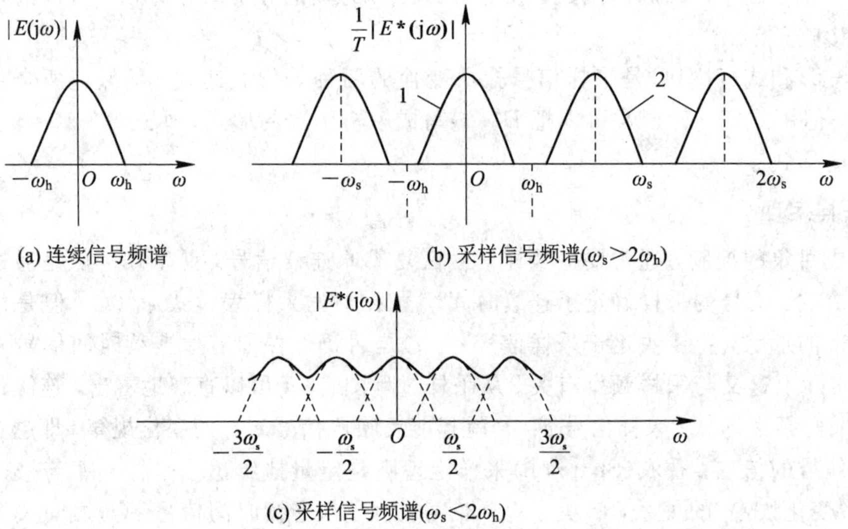

(a) 连续信号频谱　　(b) 采样信号频谱($\omega_s>2\omega_h$)

(c) 采样信号频谱($\omega_s<2\omega_h$)

图 7-2　采样前后的信号频谱

连续信号 $e(t)$就可以完整地从采样信号 $e^*(t)$中恢复过来。式(7-12)与 $\omega_s\geqslant 2\omega_h$ 是等价的。

在控制工程实践中，一般常取 $\omega_s>2\omega_h$，而不取恰好等于 $2\omega_h$ 的情形。香农采样定理是分析和设计采样控制系统的理论依据。需要指出的是，香农采样定理只是给出了一个选择采样周期 T 的指导原则，它给出的是采样脉冲序列无失真地再现原连续信号所允许的最大采样周期或最低采样频率。香农采样定理的物理意义是：如果选择的采样角频率 ω_s 对连续信号的最高频率来说，能够做到在一个周期内采样两次以上，那么经过采样而得到的脉冲序列就能包含连续信号的全部信息，若采样次数太少，则不可能完整地复现原有的连续信号。

7.2.2　香农采样定理

在设计离散系统时，香农采样定理是必须严格遵守的一条准则，因为它指明了从采样信号中不失真地复现原连续信号所必需的理论上的最小采样周期 T。

采样定理表达式(7-12)与 $\omega_s\geqslant 2\omega_h$ 是等价的。由图 7-3 可见，在满足香农采样定理的条件下，要想不失真地复现采样器的输入信号，需要采用图 7-4 所示的理想滤波器，其

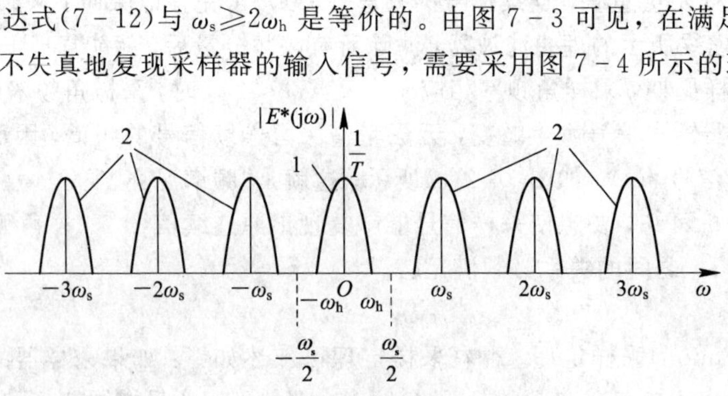

图 7-3　采样信号频谱($\omega_s>2\omega_h$)

频率特性的幅值$|F(\mathrm{j}\omega)|$必须在$\omega=\omega_s/2$处突然截止，那么在理想滤波器的输出端便可以准确得到$|E(\mathrm{j}\omega)|/T$的连续频谱，除了幅值变化$1/T$倍外，频谱形状没有畸变。在满足香农采样定理的条件下，理想采样器的特性如图 7-5 所示。图 7-5(a)为连续输入信号及其频谱；图 7-5(b)为理想单位脉冲序列及其频谱；图 7-5(c)为输出采样信号及其频谱。

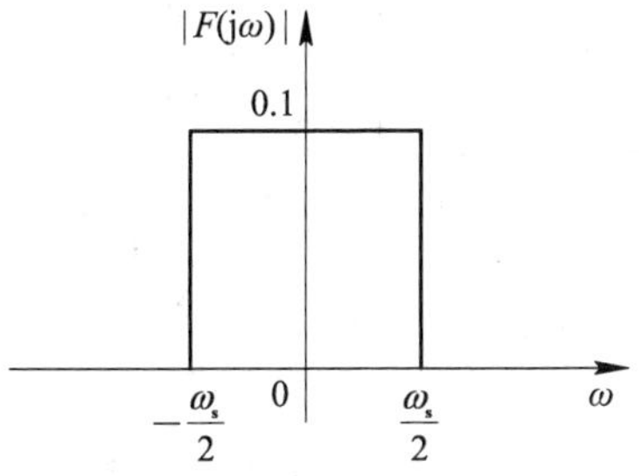

图 7-4　理想滤波器的频率特性

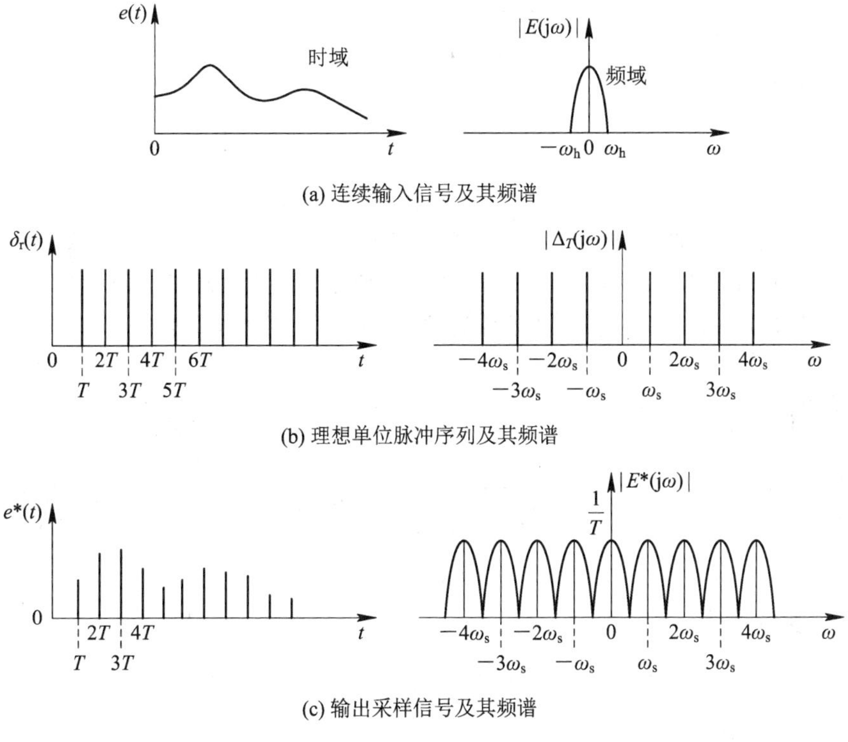

图 7-5　理想采样器特性

7.2.3　零阶保持器

由图 7-6 可知，当采样信号的频谱中各波形互不重叠时，可以用一个具有图 7-7 所示的幅频特性的理想低通滤波器无畸变地复现连续信号的频谱，只是各频谱分量都是原来的$1/T$。然而，这样的理想低通滤波器在实际中是无法实现的。工程中最常用、最简单的低通滤波器是零阶保持器。

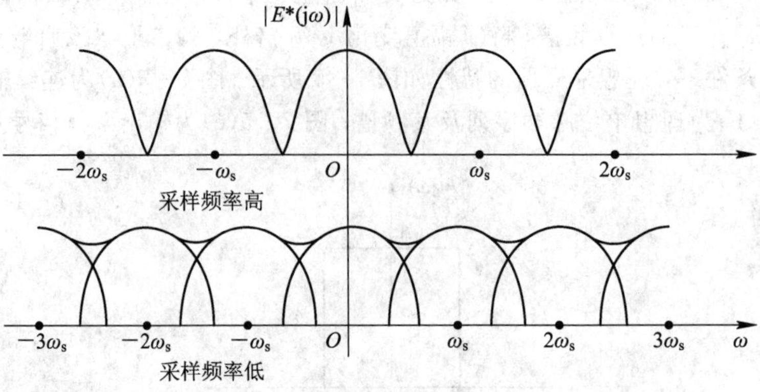

图 7-6　采样信号 $e^*(t)$的频谱

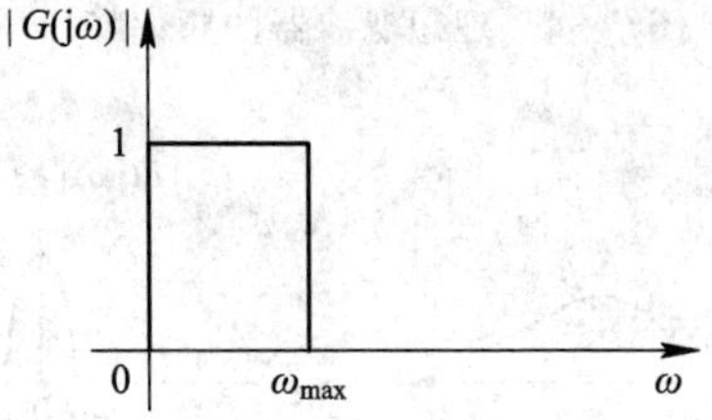

图 7-7　理想低通滤波器的幅频特性

零阶保持器将采样信号在每个时刻的采样值 $e(nT)$一直保持到下一个采样时刻，从而使采样信号 $e^*(t)$变成阶梯信号 $e_h(t)$，如图 7-8 所示。因为这种保持器的输出信号 $e_h(t)$在每一个采样周期内的值为常数，其导数为零，故称其为零阶保持器。

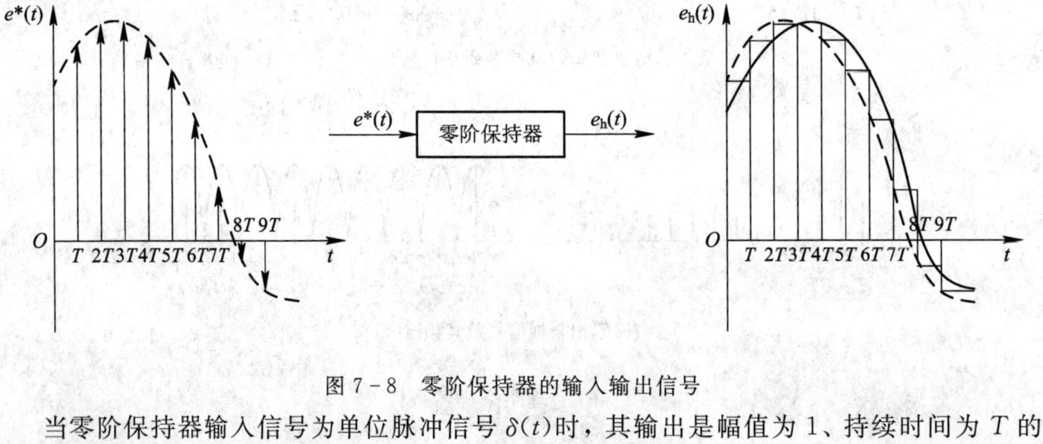

图 7-8　零阶保持器的输入输出信号

当零阶保持器输入信号为单位脉冲信号 $\delta(t)$时，其输出是幅值为 1、持续时间为 T 的一个矩形脉冲 $g_h(t)$，即

$$g_h(t) = 1(t) - 1(t - T) \tag{7-13}$$

对零阶保持器的单位脉冲响应 $g_h(t)$进行拉普拉斯变换，可得零阶保持器的传递函数为

$$G_h(s) = \mathscr{L}[g_h(t)] = \frac{1}{s} - \frac{1}{s}e^{-Ts} = \frac{1 - e^{-Ts}}{s} \tag{7-14}$$

令 $s=\mathrm{j}\omega$，得到零阶保持器的频率特性为

$$G_{\mathrm{h}}(\mathrm{j}\omega)=\frac{1-\mathrm{e}^{-\mathrm{j}\omega T}}{\mathrm{j}\omega}=\frac{\mathrm{e}^{-\mathrm{j}\omega T/2}(\mathrm{e}^{\mathrm{j}\omega T/2}-\mathrm{e}^{-\mathrm{j}\omega T/2})}{\mathrm{j}\omega}=T\cdot\frac{\sin(\omega T/2)}{(\omega T/2)}\cdot\mathrm{e}^{-\mathrm{j}\omega T/2}\qquad(7-15)$$

式中：T 为采样周期；ω_{s} 为采样角频率，$\omega_{\mathrm{s}}=\dfrac{2\pi}{T}$。

零阶保持器的幅频特性为

$$|G_{\mathrm{h}}(\mathrm{j}\omega)|=T\cdot\frac{\sin(\omega T/2)}{(\omega T/2)}\qquad(7-16)$$

零阶保持器的相频特性为

$$\varphi_{\mathrm{h}}(\omega)=-\frac{\omega T}{2}\qquad(7-17)$$

可见，当 $\omega=0$ 时，$|G_h(\mathrm{j}0)|=\lim\limits_{\omega\to0}T\cdot\dfrac{\sin(\omega T/2)}{(\omega T/2)}=T$，$\varphi_{\mathrm{h}}(0)=0°$；当 $\omega=\omega_{\mathrm{s}}$ 时，$|G_{\mathrm{h}}(\mathrm{j}\omega)|=T\cdot\dfrac{\sin\pi}{\pi}=0$，而 $\varphi_{\mathrm{h}}(\omega_{\mathrm{s}})=-\pi$。

零阶保持器的幅频特性和相频特性如图 7－9 所示。

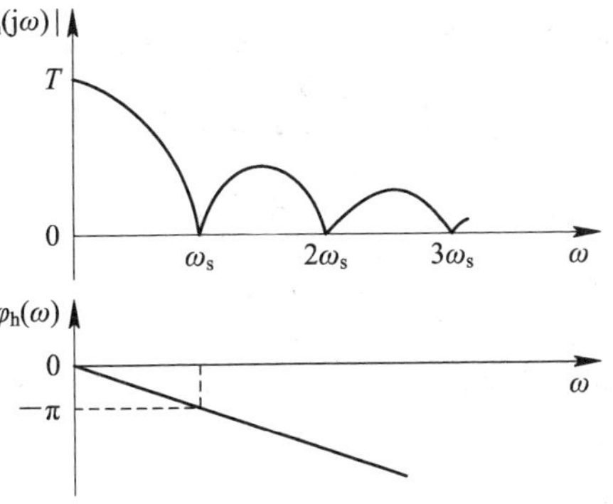

图 7－9　零阶保持器的幅频特性和相频特性

从幅频特性上看，零阶保持器具有低通滤波特性，但因其允许部分高频分量通过，所以不是理想的低通滤波。因此，零阶保持器复现出的连续信号 $e_{\mathrm{h}}(t)$ 与原信号 $e(t)$ 是有差别的。同时，由于离散控制系统的连续部分也具有低通滤波特性，可将通过零阶保持器的绝大部分高频频谱滤掉，而且零阶保持器结构简单，在工程领域得到了广泛的应用。但应注意到，从相频特性上看，零阶保持器产生正比于频率的相位滞后，因此，零阶保持器的引入，将造成系统稳定性下降。

若将零阶保持器传递函数按幂级数展开，则有

$$G_{\mathrm{h}}(s)=\frac{1-\mathrm{e}^{-Ts}}{s}=\frac{1}{s}(1-\mathrm{e}^{-Ts})=\frac{1}{s}\left[1-\frac{1}{1+Ts+\frac{1}{2!}(Ts)^2+\cdots}\right]\qquad(7-18)$$

若取级数的前两项，得

$$G_{\mathrm{h}}(s)\approx\frac{1}{s}\left(1-\frac{1}{1+Ts}\right)=\frac{T}{1+Ts}\qquad(7-19)$$

实现它的方法很多，可采用放大器和 RC 网络或有源网络来实现，如图 7－10 所示。

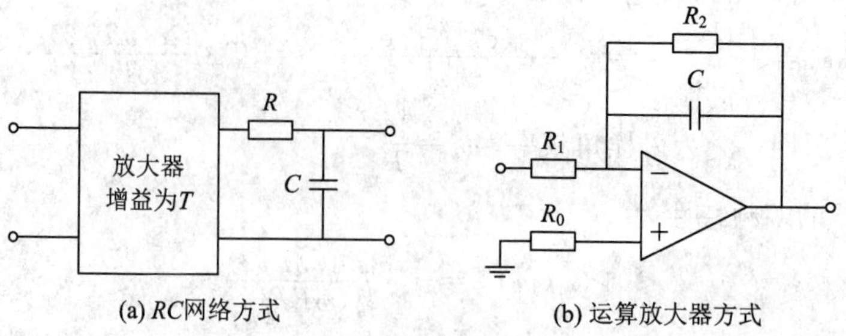

图 7-10　零阶保持器的实现

7.3　Z 变换

7.3.1　Z 变换的定义

Z 变换的思想来源于连续系统。线性连续控制系统的动态及稳态性能，可以应用拉氏变换的方法进行分析。与此相似，线性离散系统的性能可以采用 Z 变换的方法来获得。

引入变量 $z=e^{T_s s}$或 $s=\frac{1}{T_s}\ln z$，式中 s 为拉氏变换算子；T_s 为采样周期；z 是一个复变量，定义在 Z 平面上，称为 Z 变换算子。利用 Z 变换算子 z，可写成

$$X^*(s)\big|_{s=\frac{1}{T_s}\ln z}=X(z)=\sum_{n=-\infty}^{\infty}x(nT_s)z^{-n} \tag{7-20}$$

式(7-20)所表示的级数如果是收敛的，则 $X(t)$称为 $x^*(t)$的 Z 变换，记为

$$Z[x^*(t)]=X(z) \tag{7-21}$$

注意：把 $Z[x^*(t)]$记为 $X(z)$，借用了函数符号 $X(*)$，但 $X(z)\neq X(s)\big|_{s=z}$。还需指出，$X(z)$是采样脉冲序列 $x^*(t)$的 Z 变换。从定义可以看出，它只考虑了采样时刻的信号值 $x(nT_s)$。对于一个连续函数 $x(t)$，由于在采样时刻 $x(t)$的值就是 $x(nT_s)$，因此 $X(z)$既是 $x^*(t)$的 Z 变换，也是 $x(t)$的 Z 变换，即

$$Z[x(t)]=Z[x^*(t)]=X(z)=\sum_{n=-\infty}^{\infty}x(nT_s)z^{-n} \tag{7-22}$$

7.3.2　Z 变换的性质

Z 变换有一些基本定理，可以使变换的应用变得简单和方便，其内容在许多方面与拉氏变换的基本定理有相似之处。

1. 线性定理

多个离散信号进行加权组合后再进行 Z 变换，等于这些线性信号先分别 Z 变换后再进行同样的加权组合。若 $Z[x(t)]=X(z)$，a 为常数，则

$$Z[a_1x_1(t)+a_2x_2(t)+\cdots]=a_1X_1(z)+a_2X_2(z)+\cdots \tag{7-23}$$

式中，a_1、a_2、…为常数。

2. 实平移定理

实平移定理又称平移定理。实平移的含义，是指整个采样序列在时间轴上左右平移若干采样周期，其中向左平移为超前，向右平移为滞后。实平移定理如下：

$$Z[x(t+mT)] = z^m\left[X(z) - \sum_{k=0}^{m-1} x(kT)z^{-k}\right] \tag{7-24}$$

以及

$$Z[x(t-mT)] = z^{-m}X(z) \tag{7-25}$$

其中 m 为正整数。

证明

$$Z[x(t+mT)] = \sum_{k=0}^{\infty} x(kT+mT)z^{-k}$$

$$= z^m \sum_{k=0}^{\infty} x[(k+m)T]z^{-(k+m)} = z^m\left[X(z) - \sum_{k=0}^{m-1} x(kT)z^{-k}\right]$$

又

$$Z[x(t-mT)] = \sum_{k=0}^{\infty} x(kT-mT)z^{-k} = z^{-m}\sum_{k=0}^{\infty} x[(k-m)T]z^{-(k-m)}$$

前面假定 $k<0$ 时 $x(kT)=0$，所以

$$Z[x(t-mT)] = z^{-m}X(z)$$

在实平移定理中，式(7-24)称为超前定理；式(7-25)称为滞后定理。显然，算子 z 有明确的物理意义：z^{-k} 代表时域中的滞后环节，它将采样信号滞后 k 个采样周期；同理，z^k 代表超前环节，它把采样信号超前 k 个采样周期。

例 7-1　已知 $x(t)=t^2$，求 $X(z)$。

解　$x(t)=t^2$，所以 $x(0)=0$。

设

$$x(t+T) = (t+T)^2 = t^2 + 2tT + T^2$$

所以

$$x(t+T) - x(t) = T(2t+T)$$

对上式两边取 Z 变换，得

$$Z[x(t+T) - x(t)] = Z[2Tt + T^2] = T^2 z\frac{z+1}{(z-1)^2}$$

由实平移定理，有

$$Z[x(t+T) - x(t)] = (z-1)X(z)$$

所以

$$X(z) = T^2\frac{z(z+1)}{(z-1)^3}$$

3. 复平移定理

复平移定理是仿照拉氏变换的复平移定理导出的，其含义是函数 $e^*(t)$乘以指数序列 Z 变换，就等于在 $e^*(t)$的 Z 变换表达式 $E(z)$中，以 $\mathrm{e}^{\mp anT}$ 取代原算子 z。

设函数 $x(t)$是可拉氏变换的，则有

$$Z[\mathrm{e}^{\pm at}x(t)] = X[\mathrm{e}^{\mp aT}z] \tag{7-26}$$

证明

由 Z 变换定义有

$$Z[e^{\pm at}x(t)] = \sum_{k=0}^{\infty} e^{\pm akT}x(kT)e^{-kTs} = \sum_{k=0}^{\infty} x(kT)e^{-kT(s\mp a)}$$

若令

$$e^{T(s\mp a)} = z_1$$

则

$$Z[e^{\pm at}x(t)] = \sum_{k=0}^{\infty} x(kT)z^{-k} = X(z_1) = X(e^{\mp aT}z)$$

例 7-2　已知 $x(t)=e^{-at}\sin\omega t$，求 $X(z)$。

解　因为

$$Z[\sin\omega t] = \frac{z\sin\omega T}{z^2 - 2z\cos\omega T + 1}$$

所以

$$Z[e^{-at}\sin\omega t] = \frac{e^{aT}z\sin\omega T}{e^{2aT}z^2 - 2ze^{aT}\cos\omega T + 1}$$

4. 复域微分定理

复域微分定理是复域中的一种重要定理，具体如下：

若 $Z[x(t)]=X(z)$，则

$$Z[tx(t)] = -Tz\frac{dX(z)}{dz} \tag{7-27}$$

证明　因为

$$X(z) = \sum_{k=0}^{\infty} x(kT)z^{-k}$$

所以

$$\frac{dX(z)}{dz} = \sum_{k=0}^{\infty} x(kT)(-k)z^{-k-1}$$

$$-Tz\frac{dX(z)}{dz} = \sum_{k=0}^{\infty} kTx(kT)z^{-k} = Z[tx(t)]$$

故有

$$Z[tx(t)] = -Tz\frac{dX(z)}{dz}$$

例 7-3　已知 $x(t)=t^3$，求 $X(z)$。

解　因为

$$Z[t^2] = \frac{T^2z(z+1)}{(z-1)^3}$$

所以

$$Z[t^3] = -Tz\frac{d}{dz}\frac{T^2z(z+1)}{(z-1)^3} = \frac{T^3z(z^2+4z+1)}{(z-1)^4}$$

5. 初值定理

离散采样函数序列时间为 0 时的采样值等于该函数 Z 变换后 z 趋近于无穷的值。

设函数 $x(t)$ 的 Z 变换为 $X(z)$，则函数序列的初值

$$x(0)=\lim_{z\to\infty}X(z) \tag{7-28}$$

证明　由 Z 变换的定义有

$$X(z)=\sum_{k=0}^{\infty}x(k)z^{-k}=x(0)+x(1)z^{-1}+\cdots$$

所以

$$x(0)=\lim_{z\to\infty}X(z)$$

6. 终值定理

离散采样函数序列时间趋于无穷时的采样值等于该函数的 Z 变换乘以 $(z-1)$ 的值，此时 z 趋近于 1。

设函数 $x(t)$ 的 Z 变换为 $X(z)$，则函数序列的终值

$$x(\infty)=\lim_{z\to 1}(z-1)X(z) \tag{7-29}$$

证明　由 Z 变换的定义有

$$X(z)=\sum_{k=0}^{\infty}x(kT)z^{-k}$$

由实平移定理有

$$Z[x(kT+T)]=z[X(z)-x(0)]$$

以上二式相减有

$$(z-1)X(z)-zx(0)=\sum_{k=0}^{\infty}[x(kT+T)-x(kT)]z^{-k}$$

所以

$$\lim_{z\to 1}\{(z-1)X(z)-zx(0)\}=x(\infty)-x(0)$$

$$x(\infty)=\lim_{z\to 1}(z-1)X(z)$$

例 7-4　已知 $x(k)=ka^{k-1}$，求 $x(k)$ 的 Z 变换。

解　因为

$$Z[a^k]=\sum_{k=0}^{\infty}a^kz^{-k}=\frac{z}{z-a}$$

由实平移定理有

$$Z[a^{k-1}]=\frac{1}{z-a}$$

由微分定理得

$$Z[ka^{k-1}]=-z\frac{\mathrm{d}}{\mathrm{d}z}\left(\frac{z}{z-a}\right)=\frac{z}{(z-a)^2}$$

7.3.3　Z 反变换

从 Z 变换函数求出原来的采样函数称为 Z 反变换，用符号 $Z^{-1}[X(z)]$ 表示。从 Z 变换的定义可知，连续时间函数 $x(t)$ 的 Z 变换函数 $X(z)$ 仅仅包含了连续时间函数在各采样时刻上的数值。因此，从原则上说，通过 Z 反变换得到的仅是连续时间函数在各采样时刻上的数值，而在非采样时刻上却不可能得到有关连续时间函数的信息。也就是说，Z 反变换

仅能求出 $x(nT_s)$[或记作 $x(n)$]，一个 Z 变换函数 $X(z)$可以有无穷多个连续函数 $x(t)$与之对应[只要这些 $x(t)$在采样时刻上的函数值相等]。

从 Z 变换表可以看到，一般函数的 Z 变换函数都是一个关于 z 的有理分式。有三种方法求 Z 反变换 $x(nT_s)$。这三种方法分别建立在无穷幂级数展开、部分分式展开和反演积分上。在求 Z 反变换时，通常假设当 $n<0$ 时，时间序列 $x(nT_s)$等于 0。

1. 长除法

上面在叙述 Z 变换法时已经指出，Z 变换函数的无穷项级数的形式具有鲜明的物理意义。变量 z^{-n}的系数代表连续时间函数在各采样时刻上的采样值。若 $X(z)$是一个有理分式，则可以直接通过用分母去除分子，得到一个无穷项幂级数的展开式(关于 z^{-1} 的升幂形式)。而根据 z^{-n}的系数便可以得出时间序列 $x(nT_s)$的值。

例 7-5　$X(z)$为

$$X(s)=\frac{10z}{(z-1)(z-2)}$$

试用长除法求 $x(nT_s)$或 $x^*(t)$。

解

$$X(s)=\frac{10z}{(z-1)(z-2)}=\frac{10z}{z^2-3z+2}$$

应用长除法，用分母去除分子，即

$$\begin{array}{r|l}
 & 10z^{-1}+30z^{-2}+70z^{-3}+\cdots \\ \hline
z^2-3z+2 & 10z \\
 & \underline{10z-30z^0+20z^{-1}} \\
 & 30z^0-20z^{-1} \\
 & \underline{30z^0-90z^{-1}+60z^{-2}} \\
 & 70z^{-1}-60z^{-2} \\
 & \underline{70z^{-1}-210z^{-2}+140z^{-3}} \\
 & 150z^{-2}-140z^{-3} \\
 & \underline{150z^{-2}-450z^{-3}+300z^{-4}} \\
 & 310z^{-3}-300z^{-4}
\end{array}$$

$X(z)$可写成

$$X(z)=0z^0+10z^{-1}+30z^{-2}+70z^{-3}+150z^{-4}+\cdots$$

对照下列的 $X(z)$的无穷项级数展开式

$$X(z)=x(0)z^0+x(T_s)z^{-1}+x(2T_s)z^{-2}+x(3T_s)z^{-3}+\cdots$$

可知

$$x(0)=0,\ x(T_s)=10,\ x(2T_s)=30,\ x(3T_s)=70,\ \cdots$$

$$x^*(t)=10\delta(t-T_s)+30\delta(t-2T_s)+70\delta(t-3T_s)+150\delta(t-4T_s)+\cdots$$

长除法以序列的形式给出 $x(0)$、$x(T_s)$、$x(2T_s)$、$x(3T_s)$、…的数值，但不容易得出 $x(nT_s)$的一般项表达式。

2. 部分分式法

从 Z 变换表可以看到，一般的 Z 变换函数都有一个因子 z。为了利用 Z 变换表得出 $x(nT_s)$，先将 $X(z)/z$ 展开成部分分式，然后把部分分式中的每一项乘上因子 z 后与 Z 变换表对照。$X(z)$的 Z 反变换等于各部分分式的反变换之和。

例 7-6　设 $X(z)$为

$$X(s)=\frac{10z}{(z-1)(z-2)}$$

试用部分分式法求 $x(nT_s)$。

解　首先将 $X(z)/z$ 展开成部分分式，即

$$\frac{X(s)}{2}=\frac{10}{(z-1)(z-2)}=\frac{-10}{z-1}+\frac{10}{z-2}$$

把部分分式中的每一项乘上因子 z 后，得

$$X(s)=-\frac{10z}{z-1}+\frac{10z}{z-2}$$

$$Z^{-1}\left[\frac{z}{z-1}\right]=1,\ Z^{-1}\left[\frac{z}{z-2}\right]=2^n$$

最后可得

$$x(nT_s)=10(-1+2n)\qquad n=0,1,2,\cdots$$

不难发现，所得结果和例 7-5 所得结果相同。显然，得出一般项的表达式，可方便地求出任何一个采样时刻的数值。

例 7-7　设 $X(z)$为

$$X(z)=\frac{2.62z^3-2.20z^2+1.08z}{z^3-1.55z^2+1.24z-0.48}$$

试用部分分式法求 $x(nT_s)$。

解

$$\frac{X(z)}{z}=\frac{2.62z^2-2.20z+1.08}{z^3-1.55z^2+1.24z-0.48}=\frac{1.5}{z-0.75}+\frac{1.12z-0.16}{z^2-0.8z+0.64}$$

$$X(z)=\frac{1.5z}{z-0.75}+1.12\frac{z(z-0.143)}{z^2-0.8z+0.64}$$

查询表 2-1，有

$$Z^{-1}\left[\frac{z(z-c)}{z^2-2\alpha\xi z+\alpha^2}\right]=Z^{-1}\left[\frac{z(z-c)}{(z-\alpha\angle\beta)(z-\alpha\angle-\beta)}\right]$$

$$=\frac{1}{\sin\varphi}\alpha^n\sin(n\beta+\varphi)$$

$$\beta=\arccos\xi,\ \varphi=\arctan\frac{\sin\beta}{\cos\beta-c/a}$$

在现在的情况下，有

$$c=0.143,\ \alpha=\sqrt{0.64}=0.8,\ \xi=0.5,\ \beta=\arccos\xi=60^\circ$$

$$\phi=\arctan\frac{\sin60^\circ}{\cos60^\circ-\dfrac{0.143}{0.8}}=69.6^\circ$$

$$Z^{-1}[X_2(z)] = Z^{-1}\left[1.12\frac{z(z-0.143)}{z^2-0.8z-0.64}\right]$$
$$= 1.12\frac{1}{\sin 69.6^\circ}(0.8)^n\sin(n\times 60^\circ + 69.6^\circ)$$
$$= 1.195(0.8)^n\sin(n\times 60^\circ + 69.6^\circ)$$
$$Z^{-1}[X_1(z)] = Z^{-1}\left[\frac{1.5}{z-0.75}\right] = 1.5\times(0.75)^n$$

最后得

$$x(nT_s) = 1.5\times(0.75)^n + 1.195\times(0.8)^n\times\sin(n\times 60^\circ + 69.6^\circ)$$

将 $n=0, 1, 2, \cdots$代入上式，得表 7-1。

表 7-1　离散序列取值表

n	0	1	2	3	4	5	6	7
$x(nT_s)$	262	1.86	0.72	0.06	0.10	0.42	0.56	0.39

例 7-7 的时间解图形如图 7-11 所示，现在仅知输入信号在离散采样瞬时的数值。如果计算 $Z^{-1}[X_2(z)]$时用表 2-1 的关系，则可得出

$$n(nT_s) = 1.5\times(0.75)^n + 1.12\times\frac{1}{0.937}\times(0.8)^n\cos(n\times 60^\circ - 20.4^\circ)$$

可见，两种结果在离散时间($n=0, 1, 2, \cdots$)上是完全一样的。

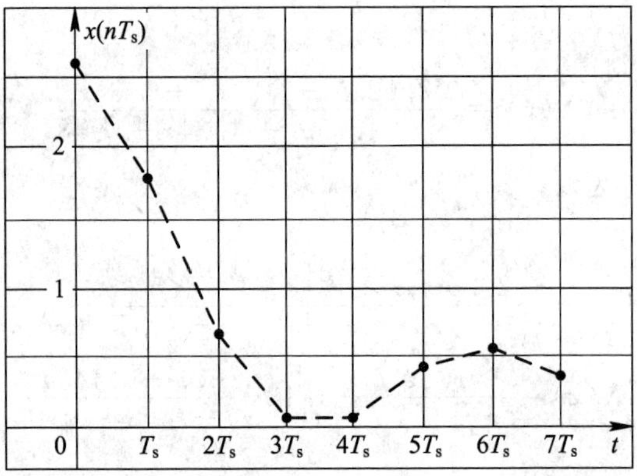

图 7-11　例 7-7 的时间解

3. 反演积分法(留数法)

假设连续时间函数 $x(t)$的拉氏变换函数 $X(s)$的全部极点在 S 平面上 $s=\sigma_1$ 直线的左侧，如图 7-12 所示，采样函数 $x^*(t)$的拉氏变换函数 $X^*(s)$的极点也都在 S 平面上 $s=\sigma_1$ 直线的左侧，又因为

$$X(s) = X^*(s)\Big|_{s=\frac{1}{T_s}\ln z}$$

S 平面上的复变量 s 和 Z 平面上的复变量 z 的关系为

$$z = e^{T_s s}$$

若 $s=\sigma+j\omega$，则 $z=e^{T_s\sigma}\cdot e^{jT_s\omega}$，$S$ 平面上 $s=\sigma_1$ 直线左侧对应 Z 平面上 $r=e^{T_s\sigma_1}$ 的一个

圆心在原点的圆的内部，如图 7－12 所示。所以，$X(z)$的极点均在圆心在原点、半径为 $e^{T_s\sigma_1}$ 的圆 c 的内部。

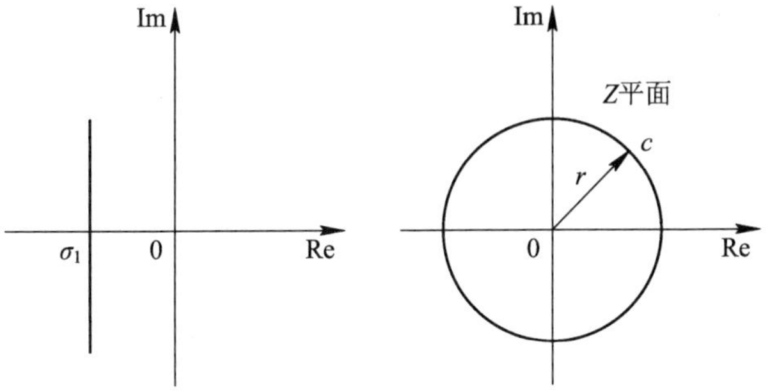

图 7－12　复变量 s 与 z 的对应关系

根据 Z 变换的定义，即

$$X(z) = \sum_{n=0}^{\infty} x(nT_s)z^{-n} = x(0) + x(T_s)z^{-1} + x(2T_s)z^{-2} + \cdots + x(nT_s)z^{-n} + \cdots$$

上式第二行等号两边同乘 z^{n-1}，得

$$X(z)z^{n-1} = x(0)z^{n-1} + x(T_s)z^{n-2} + \cdots + x(nT_s)z^{-1} + x[(n+1)T_s]z^{-2} + \cdots \tag{7-30}$$

沿 c 圆逆时针方向对式(7－30)等号两边进行积分，得

$$\oint_c X(z)z^{n-1}\mathrm{d}z = \oint_c x(0)z^{n-1}\mathrm{d}z + \oint_c x(T_s)z^{n-2}\mathrm{d}z + \cdots + \oint_c x(nT_s)z^{-1}\mathrm{d}z + \oint_c x[(n+1)T_s]z^{-2}\mathrm{d}z + \cdots$$

注意到 $x(nT_s)$是一个具体的数值，且

$$\oint_c \frac{\mathrm{d}z}{(z-a)^n} = \begin{cases} 0, & 若\ n \neq 1 \\ 2\pi\mathrm{j}, & 若\ n = 1 \end{cases}$$

在现在的情况下，$a=0$，所以

$$\oint_c X(z)z^{n-1}\mathrm{d}z = x(nT_s)\oint_c \frac{\mathrm{d}z}{z} = 2\pi\mathrm{j}x(nT_s)$$

$$x(nT_s) = \frac{1}{2\pi j}\oint_c X(z)z^{n-1}\mathrm{d}z \tag{7-31}$$

式(7－31)便是 $X(z)$的反演积分，积分曲线包围了 $X(z)z^{n-1}$的全部极点。根据留数定理，式(7－31)可写为

$$s(nT_s) = \sum \mathrm{Res}[X(z)z^{n-1}] \tag{7-32}$$

上式表明，$x(nT_s)$等于 $X(z)z^{n-1}$在其所有极点上的留数之和。

例 7－8　设 $X(z)$为

$$X(s) = \frac{10z}{(z-1)(z-2)}$$

试用反演积分法求 $x(nT_s)$。

解　根据式(7－32)，有

$$x(nT_s)=\frac{1}{2\pi j}\oint_c\left[\frac{10z}{(z-1)(z-2)}z^{n-1}\right]dz=\sum \text{Res}\left[\frac{10z}{(z-1)(z-2)}z^{n-1}\right]$$
$$=\left[\frac{10z^n}{(z-1)(z-2)}\cdot(z-1)\right]_{z=1}+\left[\frac{10z^n}{(z-1)(z-2)}\cdot(z-2)\right]_{z=2}$$
$$=-10+10\times 2^n=10(-1+2^n),\ n=0,1,2,\cdots$$

例 7-9 设 $X(z)$为

$$X(z)=\frac{(1+e^{-T_s/T})z-e^{-T_s/T}}{z(z-1)}$$

试用反演积分法求 $x(nT_s)$。

解 注意，$z=0$ 是一个极点。利用公式

$$s(nT_s)=\sum \text{Res}[X(z)z^{n-1}]$$

当 n 取不同的值时，$X(z)z^{n-1}$的极点是不同的。

当 $n=0$ 时，有

$$x(0)=\sum \text{Res}\frac{(1+e^{-T_s/T})z-e^{-T_s/T}}{z(z-1)}z^{0-1}=\sum \text{Res}\left[\frac{(1+e^{-T_s/T})z-e^{-T_s/T}}{z^2(z-1)}\right]$$

$X(z)z^{n-1}$有两个极点：$z=0$ 是一个二重极点，$z=1$ 是一个单极点。所以

$$x(0)=\frac{d}{dz}\left[\frac{(1+e^{-T_s/T})z-e^{-T_s/T}}{z^2(z-1)}z^2\right]_{z=0}+\left[\frac{(1+e^{-T_s/T})z-e^{-T_s/T}}{z^2(z-1)}(z-1)\right]_{z=1}=0$$

当 $n=1$ 时，有

$$x(T_s)=\sum \text{Res}\frac{(1+e^{-T_s/T})z-e^{-T_s/T}}{z(z-1)}z^{1-1}=\sum \text{Res}\frac{(1+e^{-T_s/T})z-e^{-T_s/T}}{z(z-1)}$$

$X(z)z^{n-1}$有两个单极点：$z=0$，$z=1$。所以

$$x(T_s)=\left[\frac{(1+e^{-T_s/T})z-e^{-T_s/T}}{z-1}\right]_{z=0}+\left[\frac{(1+e^{-T_s/T})z-e^{-T_s/T}}{z}\right]_{z=1}$$

当 $n=2, 3, \cdots$时，有

$$x(nT_s)-\sum \text{Res}\frac{(1+e^{-T_s/T})z-e^{-T_s/T}}{z(z-1)}z^{1-1}=\sum \text{Res}\frac{(1+e^{-T_s/T})z-e^{-T_s/T}}{z-1}z^{n-2}$$

$X(z)z^{n-1}$只有一个单极点$(z=1)$。所以

$$x(nT_s)=\left[\frac{(1+e^{-T_s/T})z-e^{-T_s/T}}{z(z-1)}\right]_{z=1}=1\quad(n=2,3,4,\cdots)$$

最后，$x(nT_s)$可写为

$$x(0)=0,\ x(T_s)=1+e^{-T_s/T},\ x(nT_s)=1\quad(n=2,3,\cdots)$$

7.4 离散控制系统的数学模型

为了研究离散系统的性能，需要建立离散系统的数学模型。与连续系统的微分方程、传递函数与状态空间方程相对应，线性离散系统可以用差分方程、脉冲传递函数和离散状态空间表达式来描述其运动规律，并且这些模型形式可以相互转换。本节主要介绍差分方程及其解法、脉冲传递函数的定义，以及求解开环脉冲传递函数和闭环脉冲传递函数的方法。

7.4.1 差分方程的定义

某连续系统可用如下所示一阶微分方程进行描述：

$$\frac{\mathrm{d}y(t)}{\mathrm{d}t} + ay(t) = u(t) \tag{7-33}$$

若对连续信号 $y(t)$、$u(t)$进行采样，在采样时刻 $t=kT(k=0, 1, 2, \cdots)$的各点上取 $y(k)$、$u(k)$，如果采样周期 T 足够小，则微分方程可近似表示为

$$\frac{y(k+1)-y(k)}{T} + ay(k) = u(k) \tag{7-34}$$

经过整理，就得到上述微分方程离散化后的标准差分方程形式：

$$y(k+1)-(aT-1)y(k) = Tu(k) \tag{7-35}$$

对于一个单输入单输出线性离散系统，如果输入脉冲序列为 $u(k)$，输出脉冲序列为 $y(k)$，则线性常系数差分方程的一般形式为

$$\begin{aligned} & y(k)+a_1y(k-1)+\cdots+a_ny(k-n) \\ & = b_0u(k)+b_1(u)(k-1)+\cdots+b_mu(k-m),\ n \geqslant m \end{aligned} \tag{7-36}$$

式中，n 为系统阶次，m 为输入变量的阶次。此方程称为后向差分方程。

对应地，前向差分方程的一般形式为

$$\begin{aligned} & y(k+n)+a_1y(k+n-1)+\cdots+a_ny(k) \\ & = b_0u(k+m)+b_1(u)(k+m-1)+\cdots+b_mu(k-m),\ n \geqslant m \end{aligned} \tag{7-37}$$

7.4.2 线性常系数差分方程及其解法

对于一般的线性定常离散系统，k 时刻的输出 $c(k)$不但与 k 时刻的输入 $r(k)$有关，而且与 k 时刻以前的输入 $r(k-1)$、$r(k-2)$、…有关，同时还与 k 时刻以前的输出 $c(k-1)$、$c(k-1)$、…有关。这种关系一般可以用下列 n 阶后向差分方程来描述：

$$\begin{aligned} & c(k)+a_1c(k-1)+a_2c(k-2)+\cdots+a_{n-1}c(k-n+1)+a_nc(k-n) \\ & = b_0r(k)+b_1r(k-1)+\cdots+b_{m-1}r(k-m+1)+b_mr(k-m) \end{aligned}$$

上式亦可表示为

$$c(k) = -\sum_{i=1}^{n} a_ic(k-i) + \sum_{j=0}^{m} b_jr(k-j) \tag{7-38}$$

式中，$a_i(i=1, 2, \cdots, n)$和 $b_j(j=0, 1, \cdots, m)$为常系数，$m \leqslant n$。式(7-38)称为 n 阶线性常系数差分方程，它在数学上代表一个线性定常离散系统。

线性定常离散系统也可以用如下 n 阶前向差分方程来描述：

$$\begin{aligned} & c(k+n)+a_1c(k+n-1)+\cdots+a_{n-1}c(k+1)+a_nc(k) \\ & = b_0r(k+m)+b_1r(k+m-1)+\cdots+b_{m-1}r(k+1)+b_mr(k) \end{aligned}$$

上式也可写为

$$c(k+n) = -\sum_{i=1}^{n} a_ic(k+n-i) + \sum_{j=0}^{m} b_jr(k+m-j) \tag{7-39}$$

常系数线性差分方程的求解方法有经典法、迭代法和 Z 变换法。与微分方程的经典解法类似，差分方程的经典解法也要求出齐次方程的通解和非齐次方程的一个特解，非常不便。这里仅介绍工程上常用的后两种解法。

1. 迭代法

若已知离散系统的差分方程式，并且给定输出序列的初值，则可以利用递推关系通过迭代一步一步算出输出序列。这种方法适合于计算机编程运算。

例 7-10　已知如下二阶差分方程：

$$y(k)=x(k)+5x(k-1)-6x(k-2)$$

输入序列 $y(k)=1$，初始条件为 $y(0)=0$，$y(1)=1$。试用迭代法求输出序列 $y(k)$。

解　根据初始条件及其递推关系，得

$$y(0)=0$$
$$y(1)=1$$
$$y(2)=x(2)+5x(1)-6x(0)=6$$
$$y(3)=x(3)+5x(2)-6x(1)=28$$
$$y(4)=x(4)+5x(3)-6x(2)=90$$
$$y(5)=x(5)+5x(4)-6x(3)=301$$

2. Z 变换法

若已知离散系统的差分方程式，对差分方程两端取 Z 变换，并利用 Z 变换的实平移定理，得到以 Z 为变量的代数方程，然后查 Z 变换表对代数方程的解取 Z 反变换，即可求出输出序列。

例 7-11　试用 Z 变换法解下列二阶差分方程：

$$c^{*}(t+2T)+3c^{*}(t+T)+2c^{*}(t)=0$$

或

$$c(k+2)+3c(k+1)+2c(k)=0$$

设初始条件 $c(0)=0$，$c(1)=1$。

解　对差分方程的每一项进行 Z 变换，根据实平移定理，有

$$Z[c(k+2)]=z^{2}C(z)-z^{2}c(0)-zc(1)=z^{2}C(z)-z$$
$$Z[3c(k+1)]=3zC(z)-3zc(0)=3zC(z)$$
$$Z[2c(k)]=2C(z)$$

于是，差分方程变换为如下 z 代数方程：

$$(z^{2}+3z+2)C(z)=z$$

解出

$$C(z)=\frac{z}{z^{2}+3z+2}=\frac{z}{z+1}-\frac{z}{z+2}$$

查 Z 变换表求出 Z 反变换：

$$c^{*}(t)=\sum_{n=0}^{\infty}[(-1)^{n}-(-2)^{n}]\delta(t-nT)$$

或写成

$$c(k)=(-1)^{k}-(-2)^{k};\ k=0,1,2,\cdots \tag{7-40}$$

差分方程的解可以提供线性定常离散系统在给定输入序列作用下的输出序列响应特性，但不便于研究系统参数变化对离散系统性能的影响。因此，需要研究线性定常离散系统的另一种数学模型——脉冲传递函数。

7.4.3 脉冲传递函数

1. 脉冲传递函数的定义

离散控制系统在复频域常用的数学模型是脉冲传递函数。在连续系统中，传递函数定义为在零初始条件下，输出量的拉氏变换与输入量的拉氏变换之比。对于离散系统，类似于连续系统传递函数的定义，在零初始条件下，对离散系统前向差分方程两侧进行 Z 变换：

$$(z^n + a_1 z^{n-1} + \cdots + a_{n-1} z + a_n) Y(z) = (b_0 z^m + b_1 z^{m-1} + \cdots + b_{m-1} z + b_m) U(z) \tag{7-41}$$

式中，$Y(z)$、$U(z)$分别是输出采样信号和输入采样信号的 Z 变换。

线性定常离散控制系统中，当初始条件为零时，输出序列的 Z 变换 $Y(z)$和输入序列的 Z 变换 $U(z)$之间的比值，称为该系统的脉冲传递函数(或称为 Z 传递函数)，即

$$G(z) = \frac{Y(z)}{U(z)} = \frac{b_0 z^m + b_1 z^{m-1} + \cdots + b_{m-1} z + b_m}{z^n + a_1 z^{n-1} + \cdots + a_{n-1} z + a_n}, \quad n \geqslant m \tag{7-42}$$

输出量 $Y(z)$也可表示为

$$Y(z) = G(z) U(z) \tag{7-43}$$

其反变换就是系统离散时间序列的零初值响应：

$$y^*(z) = Z^{-1}[Y(z)] \tag{7-44}$$

如果输入为单位脉冲，即 $u^*(t) = \delta(k)$，那么 $U(z) = 1$，此时存在以下关系：

$$Z[y(k)] = Y(z) = G(z) U(z) = G(z) \tag{7-45}$$

也就是说，脉冲传递函数是系统的单位脉冲响应序列的 Z 变换。

研究发现，脉冲传递函数具有如下性质：

(1) 脉冲传递函数是复变量 z 的复函数(一般是有理分式)；

(2) 脉冲传递函数只与系统本身的结构参数有关；

(3) 系统的脉冲传递函数与系统的差分方程有直接关系；

(4) 系统的脉冲传递函数是系统的单位脉冲响应序列的 Z 变换；

(5) 系统的脉冲传递函数在 Z 平面上有对应的零极点分布。

2. 开环系统脉冲传递函数

当开环离散系统由几个环节串联组成时，由于采样开关的数目和位置不同，对应的开环脉冲传递函数也不同。

1) 串联环节之间有采样开关

系统如图 7-13 所示，在两个串联环节 $G_1(s)$和 $G_2(s)$之间有理想采样开关，根据脉冲传递函数定义，有：

$$D(z) = G_1(z) R(z), \quad C(z) = G_2(z) D(z) \tag{7-46}$$

式中 $G_1(z)$和 $G_2(z)$分别是 $G_1(s)$和 $G_2(s)$的脉冲传递函数，于是有

$$C(z) = G_2(z) G_1(z) R(z) \tag{7-47}$$

那么，开环系统的脉冲传递函数为

$$G(z) = \frac{C(z)}{R(z)} = G_2(z) G_1(z) \tag{7-48}$$

式(7-48)表明，由理想采样开关隔开的两个线性连续环节串联的脉冲传递函数，就等于这两个环节各自的脉冲传递函数之积，可将这一结论推广到 n 个环节相串联的情况。

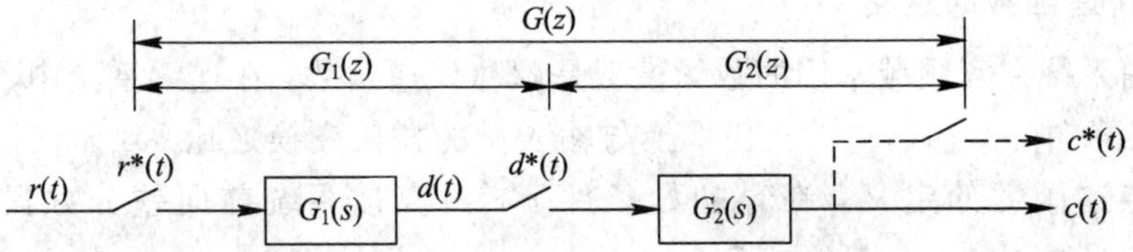

图 7-13 环节间有理想采样开关的串联开环离散系统

2) 串联环节之间无采样开关

系统如图 7-14 所示，在两个串联环节 $G_1(s)$和 $G_2(s)$之间无理想采样开关，此时系统的传递函数为

$$G(s)=G_1(s)G_2(s) \tag{7-49}$$

把它当做一个整体进行 Z 变换，脉冲传递函数定义为

$$G(z)=\frac{C(z)}{R(z)}=Z[G_1(s)G_2(s)]=G_1G_2(z) \tag{7-50}$$

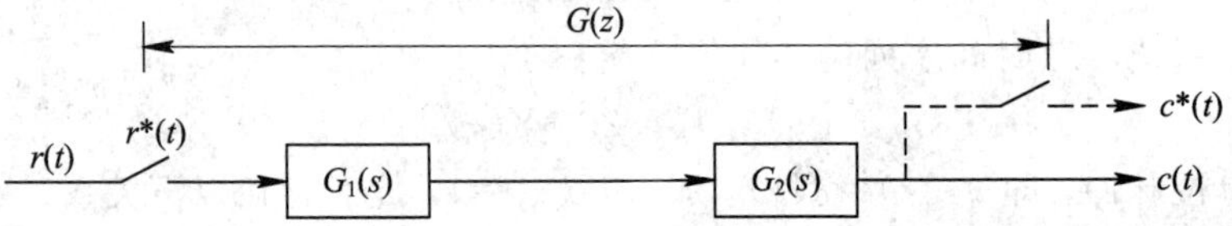

图 7-14 环节间无理想采样开关的串联开环离散系统

式(7-50)表明，没有理想采样开关隔开的两个线性连续环节串联时的脉冲传递函数，等于这两个环节传递函数乘积后的 Z 变换。这一结论也可以推广到几个环节相串联时的情况。显然，$G_1(z)G_2(z)\neq G_1G_2(z)$。

3. 闭环系统脉冲传递函数

图 7-15 是一种常见的闭环离散系统结构图，其中所有理想采样开关都同步工作，采样周期为 T，分析该系统脉冲传递函数。

误差可表示为

$$E(s)=R(s)-B(s) \tag{7-51}$$

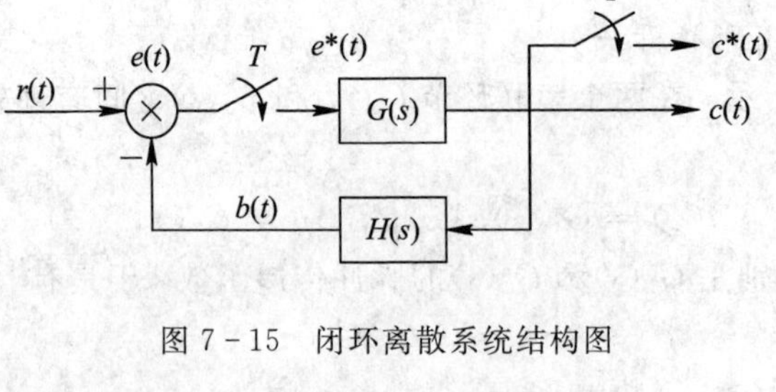

图 7-15 闭环离散系统结构图

对其进行采样，得到

$$E^*(s)=R^*(s)-B^*(s) \tag{7-52}$$

再进行 Z 变换，得

$$E(z) = R(z) - B(z) \tag{7-53}$$

同时，反馈环节可表示为

$$B(s) = H(s) \cdot C(s) \tag{7-54}$$

那么，系统的输出信号为

$$C(s) = G(s) \cdot E^*(s) \tag{7-55}$$

将系统输出信号表达式代入反馈环节表达式，得到反馈信号表达式：

$$B(s) = H(s) \cdot C(s)\big|_{C(s)=G(s)\cdot E^*(s)} = [G(s) \cdot H(s)] \cdot E^*(s) \tag{7-56}$$

对反馈信号进行采样，有

$$B^*(s) = [G(s) \cdot H(s)]^* \cdot E^*(s) \tag{7-57}$$

并对该信号进行 Z 变换，有

$$B(z) = GH(z)E(z) \tag{7-58}$$

将上式代入误差 $E(z)$ 表达式，有

$$E(z) = R(z) - B(z) = R(z) - GH(z) \cdot E(z) \tag{7-59}$$

即

$$E(z) = \frac{1}{1+GH(z)}R(z) \tag{7-60}$$

由此推导得到误差对输入信号的脉冲传递函数为

$$\frac{E(z)}{R(z)} = \frac{1}{1+GH(z)} \tag{7-61}$$

类似地，对系统输出信号进行采样，有

$$C^*(s) = G^*(s) \cdot E^*(s) \tag{7-62}$$

输出信号的 Z 变换为

$$C(z) = G(z)E(z) \tag{7-63}$$

代入误差 $E(z)$ 表达式，有

$$C(z) = G(z) \cdot E(z)\big|_{E(z)=\frac{1}{1+GH(z)}R(z)} = \frac{1}{1+GH(z)}R(z) \tag{7-64}$$

由此得到，输出对输入的脉冲传递函数为

$$\frac{C(z)}{R(z)} = \frac{G(z)}{1+GH(z)} \tag{7-65}$$

例 7-12　设闭环离散系统结构如图 7-16 所示，试证其闭环脉冲传递函数为

$$\Phi(z) = \frac{G_1(z)G_2(z)}{1+G_1(z)HG_2(z)}$$

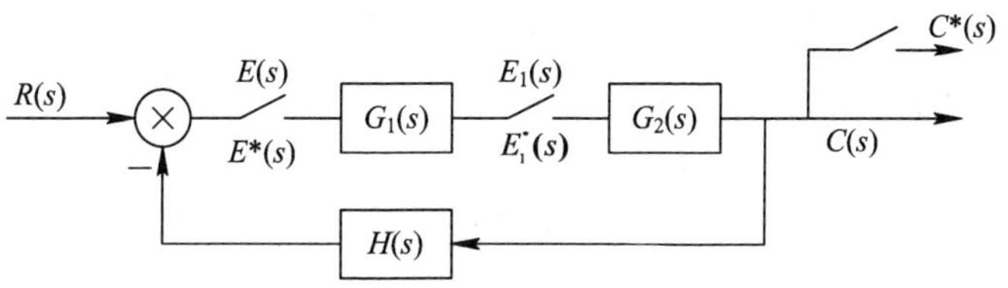

图 7-16　例 7-12 图

证明　由图 7-16 可得

$$C(s)=G_2(s)E_1^*(s)\quad E_1(s)=G_1(s)E^*(s)$$

对 $E_1(s)$离散化，有

$$E_1^*(s)=G_1^*(s)=E^*(s)$$

则

$$C(s)=G_2(s)G_1^*(s)E^*(s)$$

考虑到

$$E(s)=R(s)-H(s)C(s)=R(s)-H(s)G_2(s)G_1^*(s)E^*(s)$$

进行离散化，有

$$E^*(s)=R^*(s)-HG_2^*(s)G_1^*(s)E^*(s)$$

即

$$E^*(s)=\frac{R^*(s)}{1+G_1^*(s)HG_2^*(S)}$$

输出信号的采样拉氏变化为

$$C^*(s)=G_2^*(s)G_1^*(s)E^*(s)=\frac{G_2^*(s)G_1^*(s)R^*(s)}{1+G_1^*(s)HG_2^*(S)}$$

进行 Z 变换，得

$$\Phi(z)=\frac{C(z)}{R(z)}=\frac{G_1(z)G_2(z)}{1+G_1(z)HG_2(z)}$$

例 7－13 设闭环离散系统结构如图 7－17 所示，试求其输出采样信号的 Z 变换函数。

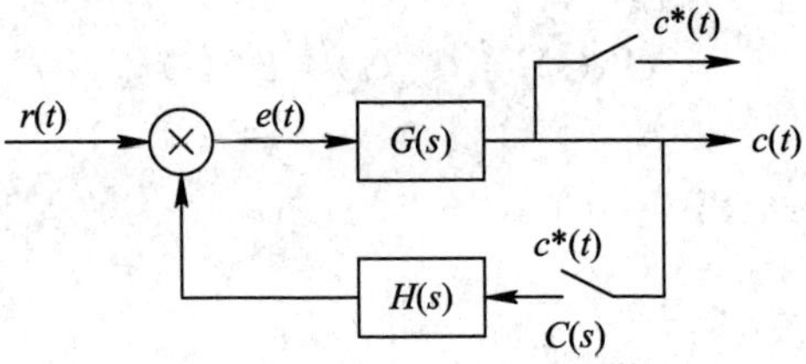

图 7－17 例 7－13 图

解 由图可得

$$C(s)=G(s)E(s)\quad E(s)=R(s)-H(s)C^*(s)$$

进行离散化，有

$$C^*(s)=GR^*(s)-GH^*(s)C^*(s)$$

取 Z 变换，有

$$C(z)=\frac{RG(z)}{1+GH(z)}$$

无法分离出 $R(z)$，因此得不到脉冲传递函数。

例 7－14 比较图 7－18 中各脉冲传递函数的差异。

解 对于如图 7－18(a)所示的系统，由于反馈通路没有采样开关，所以其闭环脉冲传递函数为

$$\frac{C(z)}{R(z)}=\frac{G(z)}{1+GH(z)}$$

对于如图 7－18(b)所示的系统，由于反馈通路有采样开关，$G(z)$与 $H(z)$独立存在，

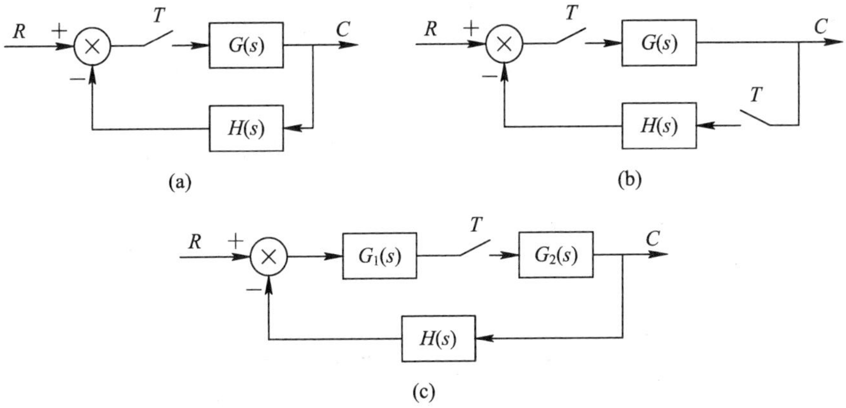

图 7-18　采样开关位于不同位置时的闭环系统结构图

所以其闭环脉冲传递函数为

$$\frac{C(z)}{R(z)}=\frac{R(z)}{1+G(z)H(z)}$$

对于如图 7-18(c)所示的系统，由于前向通路中的两个环节之间有采样开关，且输入信号的采样值不是独立存在，所以没有闭环脉冲传递函数，只有输出信号的 Z 变换为

$$C(z)=\frac{C(z)}{R(z)}=\frac{RG_1(z)G_2(z)}{1+G_1G_2H(z)}$$

对于采样器在闭环系统中具有各种配置的闭环离散系统典型结构图，以及其输出采样信号的 Z 变换函数 $C(z)$，可参见表 7-2。

表 7-2　典型闭环离散系统及其输出的 Z 变换函数

序号	系统结构图	$C(z)$计算式
1	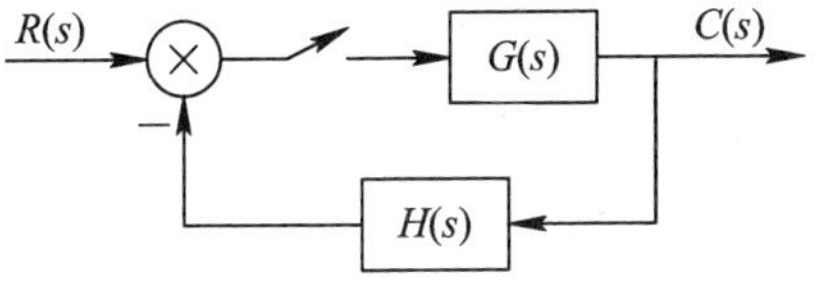	$\frac{G(z)R(z)}{1+GH(z)}$
2	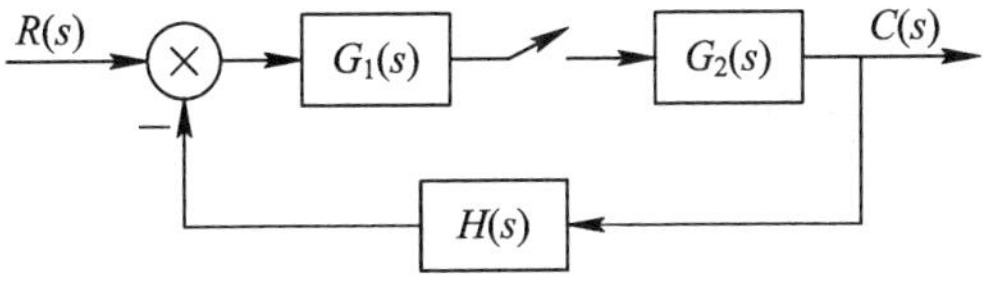	$\frac{R(z)G_1(z)G_2(z)}{1+G_2HG_1(z)}$
3	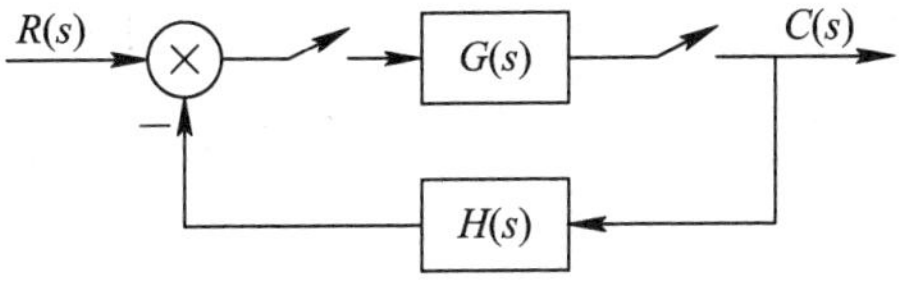	$\frac{G(z)R(z)}{1+G(z)H(z)}$

续表

序号	系统结构图	$C(z)$计算式
4	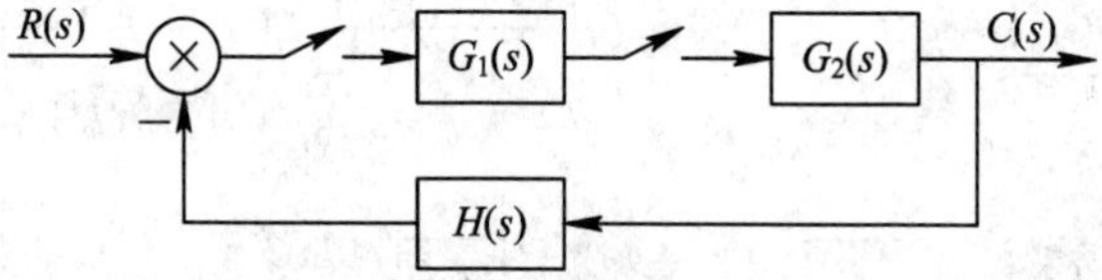	$\dfrac{G_1(z)g_2(z)R(z)}{1+G_1(z)G_2H(z)}$
5	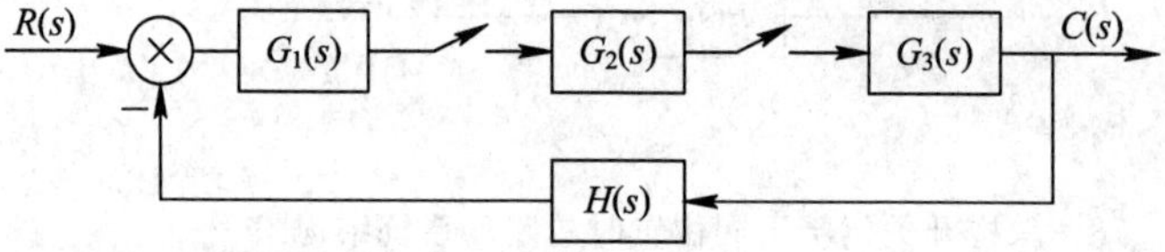	$\dfrac{R(z)G_1(z)G_2(z)G_3(z)}{1+G_2(z)G_1G_3H(z)}$
6	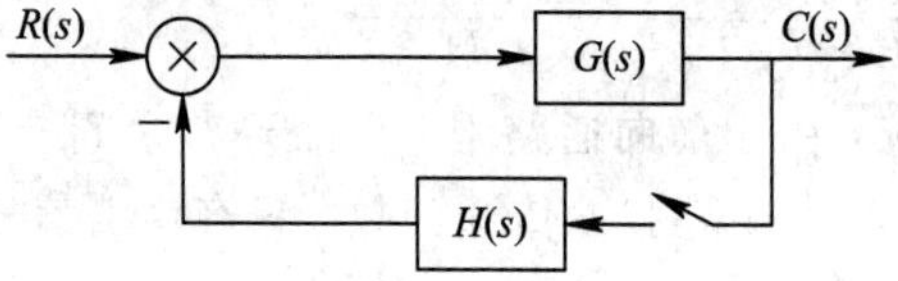	$\dfrac{R(z)G(z)}{1+HG(z)}$
7	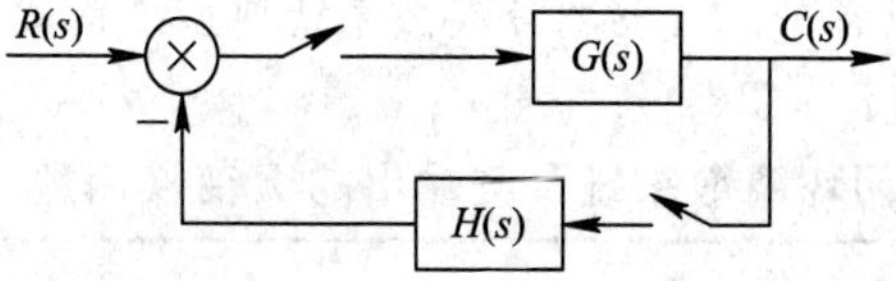	$\dfrac{R(z)G(z)}{1+G(z)H(z)}$
8	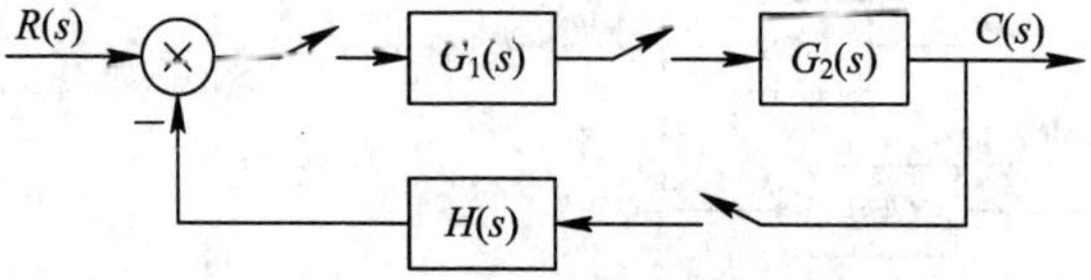	$\dfrac{G_1(z)G_2(z)R(z)}{1+G_1(z)G_2(z)H(z)}$

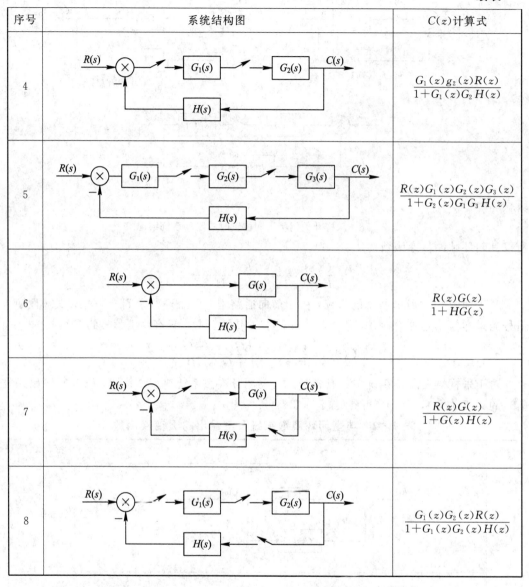

7.5　离散控制系统的稳定性分析

7.5.1　S 域到 Z 域的映射

在 Z 变换定义中，给出了 S 域到 Z 域的关系。S 域中任意点可表示为 $s=\sigma+\mathrm{j}\omega$，映射到 Z 域则为

$$z=\mathrm{e}^{(\sigma+\mathrm{j}\omega)T}=\mathrm{e}^{\sigma T}\mathrm{e}^{\mathrm{j}\omega T}$$

于是，S 域到 Z 域的基本映射关系式为

$$|z|=\mathrm{e}^{\sigma T}, \angle z=\omega T \tag{7-66}$$

令 $\sigma=0$，相当于取 S 平面的虚轴，当 ω 从 $-\infty$ 变到 ∞ 时，由式(7-66)知，映射到 Z 平面的轨迹是以原点为圆心的单位圆。只是当 S 平面上的点沿虚轴从 $-\infty$ 变到 ∞ 时，Z 平面上的相应点已经沿着单位圆转过了无穷多圈。这是因为当 S 平面上的点沿虚轴从 $-\omega_s/2$ 移动到 $\omega_s/2$（ω_s 为采样角频率）时，Z 平面上的相应点沿单位圆从 $-\pi$ 逆时针变化到 π［见式(7-66)中 $\angle z$ 计算式］，正好转了一圈；而当 S 平面上的点在虚轴上从 $\omega_s/2$ 移动到 $3\omega_s/2$ 时，Z 平面上的相应点又将逆时针沿单位圆转过一圈。以此类推，如图 7-19 所示。由图可见，可以把 S 平面划分为无穷多条平行于实轴的周期带，其中从 $-\omega_s/2$ 到 $\omega_s/2$ 的周期带称为主要带，其余的周期带叫做次要带。为了研究 S 平面上的主要带在 Z 平面上的映射，可分以下几种情况讨论。

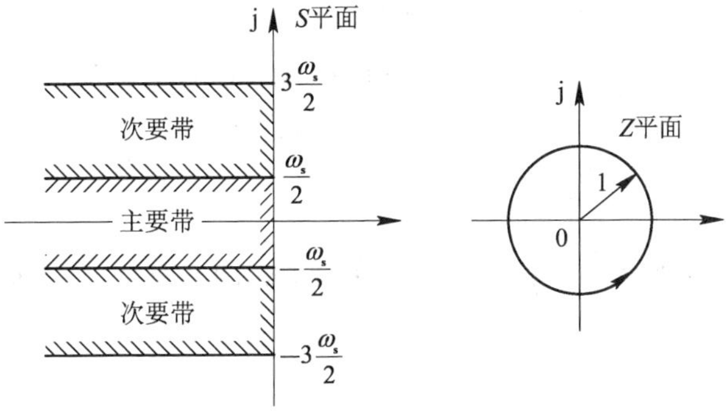

图 7-19　S 平面虚轴在 Z 平面上的映射

1. 等 σ 线映射

S 平面上的等 σ 垂线，映射到 Z 平面上的轨迹，是以原点为圆心，以 $|z|=e^{\sigma T}$ 为半径的圆，其中 T 为采样周期，如图 7-20 所示。由于 S 平面上的虚轴映射为 Z 平面上的单位圆，所以左半 S 平面上的等 σ 线映射为 Z 平面上的同心圆，在单位圆内；右半 S 平面上的等 σ 线映射为 Z 平面上的同心圆，在单位圆外。

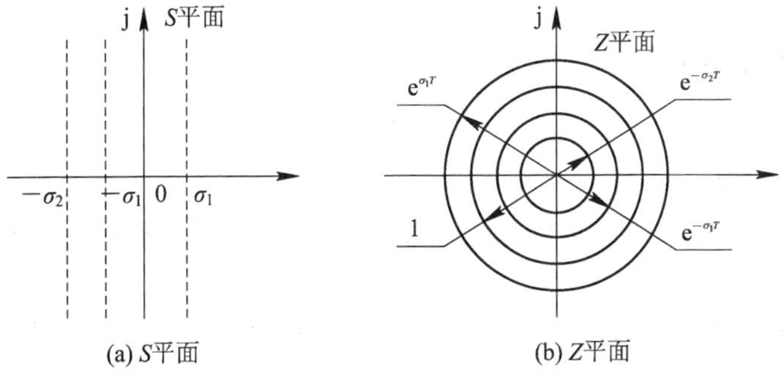

图 7-20　S 平面和 Z 平面上的等 σ 轨迹

2. 等 ω 线映射

在特定采样周期 T 情况下，由式(7-66)可知，S 平面上的等 ω 水平线，映射到 Z 平面上的轨迹，是一簇从原点出发的射线，其相角 $\angle z=\omega T$ 从正实轴计量，如图 7-21 所示。由此可见，S 平面上 $\omega=\omega_s/2$ 水平线，在 Z 平面上正好映射为负实轴。

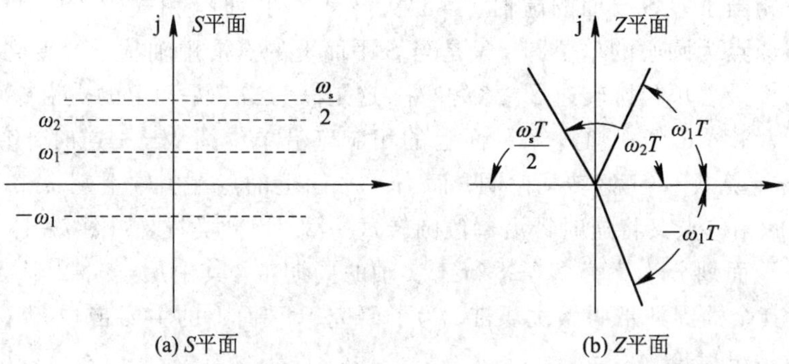

图 7-21　S 平面和 Z 平面上的等 ω 轨迹

有了以上映射关系，现在可以讨论 S 平面上周期带在 Z 平面上的映射。设 S 平面上的主要带如图 7-22(a)所示，通过 $z=e^{sT}$ 变换，映射为 Z 平面上的单位圆及单位圆内的负实轴，如图 7-22(b)所示。类似地，由于

$$e^{(s+jn\omega_s)T} = e^{sT}e^{j2n\pi} = e^{sT} = z$$

因此 S 平面上所有的次要带，在 Z 平面上均映射为相同的单位圆及单位圆内的负实轴。

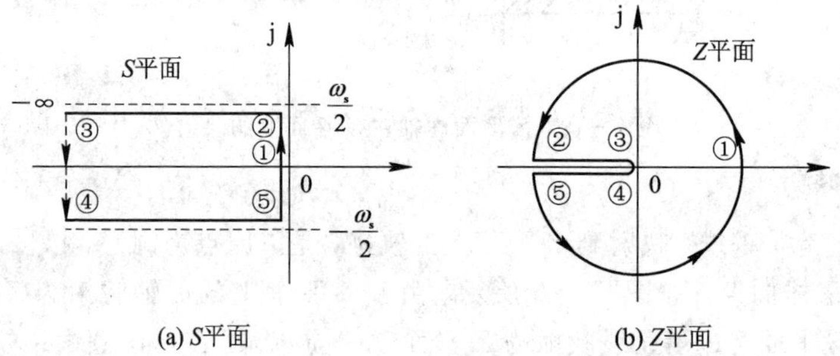

图 7-22　左半 S 平面上的主要带在 Z 平面上的映射

7.5.2　离散系统稳定的充要条件

线性连续系统稳定的充要条件是特征方程的根全部位于 S 平面上的左半平面上。而线性离散系统中，稳定性是由闭环脉冲传递函数的极点在 Z 平面上的分布确定的。因此，需要分析 S 平面和 Z 平面之间存在的映射关系，以便用连续系统的稳定判据来分析离散系统的稳定性。

设复变量 s 在 S 平面上沿虚轴取值，即 $s=j\omega$，对应的 $z=e^{j\omega T}$，它是 Z 平面上幅值为 1 的单位矢量，其辐角为 ωT，随 ω 而改变。当 ω 从 $-\frac{\pi}{T}\to+\frac{\pi}{T}$ 连续变化时，$z=e^{j\omega T}$ 的相角由 $-\pi$ 变化到 π。因此，S 平面上的映射点位于以原点为圆心的单位圆内；若 s 位于 S 平面虚轴右侧时，$\sigma>0$，此时 $|z|>1$，s 在 Z 平面上的映射点位于以原点为圆心的单位圆外。可见，S 平面左半部分在 Z 平面上的映射为以原点为圆心的单位圆的内部区域，如图 7-23 所示。

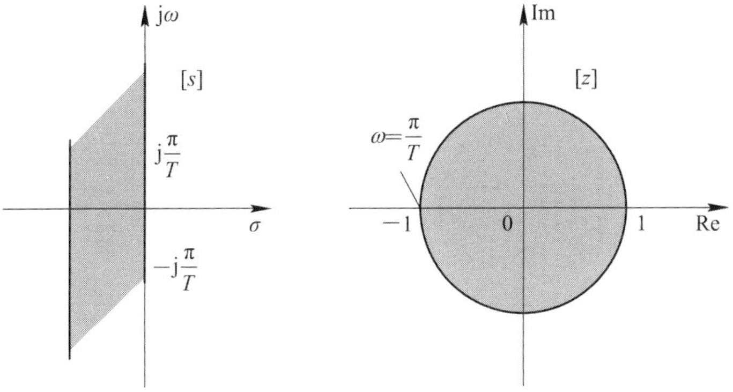

图 7-23　S 平面与 Z 平面的映射关系

由此可得到离散控制系统稳定的充分必要条件是：系统特征方程 $1+GH(z)=0$ 的根，即闭环极点，必须都分布在 Z 平面上以原点为圆心的单位圆内。只要有一个特征方程根在以原点为圆心的单位圆外，离散控制系统就不稳定，当有特征根在以原点为圆心的单位圆上，而其他根在以原点为圆心的单位圆内时，系统临界稳定。

7.5.3　劳斯稳定判据

由控制系统的时域分析可知，劳斯稳定判据是判断线性系统的一种简便的代数判据。然而，对于离散控制系统，其稳定边界是 Z 平面上以原点为圆心的单位圆，而不是虚轴，因而不能直接应用劳斯判据。因此，需要采用一种新的变换方法，将 Z 平面上单位圆映射为新坐标系的虚轴，而圆内部分映射为新坐标系的左半平面，圆外部分映射为新坐标系的右半平面。这种坐标变换称为双线性变换，亦称为 ω 变换。

设

$$z=\frac{\omega+1}{\omega-1} \tag{7-67}$$

则有

$$\omega=u+\mathrm{j}v \tag{7-68}$$

若 $z=x+\mathrm{j}y$ 是定义在 Z 平面上的复数，$\omega=u+\mathrm{j}v$ 是定义在 ω 平面上的复数，则

$$\begin{aligned}\omega=u+\mathrm{j}v&=\frac{x+1+\mathrm{j}v}{x-1+\mathrm{j}v}\\&=\frac{(x^2+y^2)-1}{(x-1)^2+y^2}-\mathrm{j}\,\frac{2y}{(x-1)^2+y^2}\end{aligned} \tag{7-69}$$

当 $u=0$，即 ω 在 ω 平面虚轴上取值时，则 $x^2+y^2-1=0$，即 $x^2+y^2=1$，可映射为 Z 平面上以原点为圆心的单位圆。

当 $u<0$，即 ω 在 ω 平面虚轴左侧取值时，则 $x^2+y^2-1<0$，即 $x^2+y^2<1$，可映射为 Z 平面上以原点为圆心的单位圆内部分。

当 $u>0$，即 ω 在 ω 平面虚轴右侧取值时，则 $x^2+y^2-1>0$，即 $x^2+y^2>1$，可映射为 Z 平面上以原点为圆心的单位圆外部分。

Z 平面和 ω 平面的映射关系如图 7-24 所示。

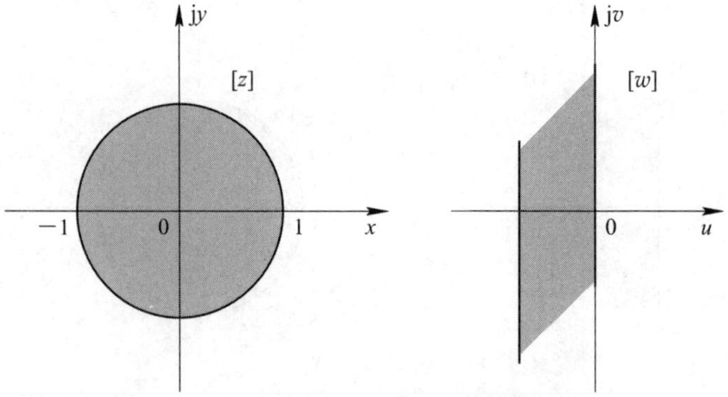

图 7-24　Z 平面和 ω 平面的映射关系

由此可知，离散控制系统在 Z 平面上的稳定条件可转化为：经过 ω 变换后的特征方程，即

$$D(\omega) = D(z)\bigg|_{z=\frac{w+1}{w-1}} = 0 \tag{7-70}$$

的所有特征根，均位于 ω 平面的左半平面。

这种情况正好与在 S 平面上应用劳斯稳定判据的情况一样。因此，可根据 ω 域中的特征方程的系数，直接应用劳斯判据分析离散控制系统的稳定性。

例 7-15　已知 Z 域特征方程为：$Z^2-Z+0.632=0$，判断系统的稳定性。

解　对 Z 域的特征方程做 ω 变换，可得 ω 域的特征方程：

$$0.632w^2+0.736w+2.632=0$$

其劳斯表第一列元素全都大于零，故系统稳定。

思考：(1) 本题不列劳斯表能否判断稳定性？

(2) 本题不做 ω 变换能否判断稳定性？

例 7-16　已知系统特征方程为：$z^2-z+0.5K=0$，求使系统稳定的 K 的范围。

解　令 $z=\dfrac{w+1}{w-1}$，得

$$\left(\frac{w+1}{w-1}\right)^2 - \frac{w+1}{w-1} + 0.5K = 0$$

列劳斯表：

$$\begin{array}{lll} w^2 & 0.5K & 2+0.5K \\ w^1 & 2-K & \\ w^0 & 2+0.5K & \end{array}$$

可见欲使系统稳定的 K 的范围为：$0 < K < 2$

7.5.4　朱利稳定判据

对于线性定常离散系统，除了采用 w 变换，在 ω 域中利用劳斯判据判断系统的稳定性外，还可以在 Z 域中直接应用朱利判据判断离散系统的稳定性。该判据类似连续系统中的赫尔维茨判据。

设 n 阶离散系统的特征方程为 $D(z)=a_0+a_1z+a_2z+\cdots+a_nz^n=0(a_n>0)$。

利用特征方程的系数，按照下述方法构造 $2n-3$ 行、$n+1$ 列朱利阵列，如表 7-3 所示。

表 7-3　朱利阵列

行数	z^0	z^1	z^2	z^3	$\cdots$	z^{n-k}	$\cdots$	z^{n-1}	z^n
1	a_0	a_1	a_2	a_3	$\cdots$	a_{n-k}	$\cdots$	a_{n-1}	a_n
2	a_n	a_{n-1}	a_{n-2}	a_{n-3}	$\cdots$	a_k	$\cdots$	a_1	a_0
3	b_0	b_1	b_2	b_3	$\cdots$	b_{n-k}	$\cdots$	b_{n-1}	
4	b_{n-1}	b_{n-2}	b_{n-3}	b_{n-4}	$\cdots$	b_{k-1}	$\cdots$	b_0	
5	c_0	c_1	c_2	c_3	$\cdots$	c_{n-2}			
6	c_{n-2}	c_{n-3}	c_{n-4}	c_{n-5}	$\cdots$	c_0			
$\vdots$	$\vdots$	$\vdots$	$\vdots$	$\vdots$					
$2n-5$	p_0	p_0	p_0	p_0					
$2n-4$	p_3	p_2	p_1	p_0					
$2n-3$	q_0	q_1	q_2						

在朱利阵列中，第 $2k+2$ 行各元，是 $2k+1$ 行各元的反序排列。从第三行起，阵列中各元的定义如下：

$$b_k=\begin{vmatrix} a_0 & a_{n-k} \\ a_n & a_k \end{vmatrix};\quad k=0, 1, \cdots, n-2$$

$$c_k=\begin{vmatrix} b_0 & b_{n-k-1} \\ b_{n-1} & b_k \end{vmatrix};\quad k=0, 1, \cdots, n-2$$

$$d_k=\begin{vmatrix} c_0 & c_{n-k-2} \\ c_{n-2} & c_k \end{vmatrix};\quad k=0, 1, \cdots, n-3$$

$$\vdots$$

$$q_0=\begin{vmatrix} p_0 & p_3 \\ p_3 & p_0 \end{vmatrix},\ q_1=\begin{vmatrix} p_0 & p_2 \\ p_3 & p_1 \end{vmatrix},\ q_2=\begin{vmatrix} p_0 & p_1 \\ p_3 & p_2 \end{vmatrix}$$

朱利判据是根据离散系统特征方程 $D(z)$ 为 0 时的系数，判断它的根是否在 Z 平面上的单位圆内，来判断离散系统是否稳定。

朱利稳定判据的表述如下：

特征方程 $D(z)=0$ 的根，全部位于 Z 平面上单位圆内的充分必要条件是：

① $D(1)>0$；

② $D(-1)>0$，n 为偶数，$D(-1)<0$，n 为奇数；

③ 以及下列 $n-1$ 个约束条件成立：

$$|a_0|<a_n,\ |b_0|>|b_{n-1}|,\ |c_0|>|c_{n-2}|$$

$$|d_0|>|d_{n-3}|,\ \cdots,\ |q_0|>|q_2|$$

只有当上述诸条件均满足时，离散系统才是稳定的，否则系统不稳定。

例 7-17　已知 $D(z)=z^4-1.368z^3+0.4z^2+0.08z+0.002=0$，判断系统的稳定性。

解　由已知，得

$$D(1)=0.114>0$$
$$D(-1)=2.69>0(N=4)$$

列出朱利阵列：

行数	z^0	z^1	z^2	z^3	z^4
1	0.002	0.08	0.4	−1.368	1
2	1	−1.368	0.4	0.08	0.002
3	−1	1.368	0.399	−0.083	
4	−0.083	0.399	1.368	−1	
5	0.993	−1.401	0.511		

计算朱利阵列中的元素：

$$|a_0|=0.002<a_4=1$$
$$|b_0|=1>|b_3|=0.083$$
$$|c_0|=0.993>|c_2|=0.513$$

故该系统稳定。

7.5.5　离散控制系统的动态性能分析

由于离散控制系统是连续控制系统离散化的结果，其动态性能与连续控制系统的动态性能一般是有一定关系的。类似地，离散控制系统也可在时域、复频域(根轨迹法)和频域内进行动态分析，本节主要在时域内对离散控制系统的动态性能进行讨论，通过直接求解系统的差分方程或输出脉冲响应来获得响应的离散脉冲序列，由离散脉冲序列的变化趋势获知系统的响应性能。

图 7-25 所示控制系统在离散化前存在采样开关和零阶保持器 $G_h(s)$，假设控制器的传递函数 $G_h(s)=1$，并设离散化前连续控制系统的开环传递函数为 $G_0(s)=\dfrac{1}{s(s+1)}$。

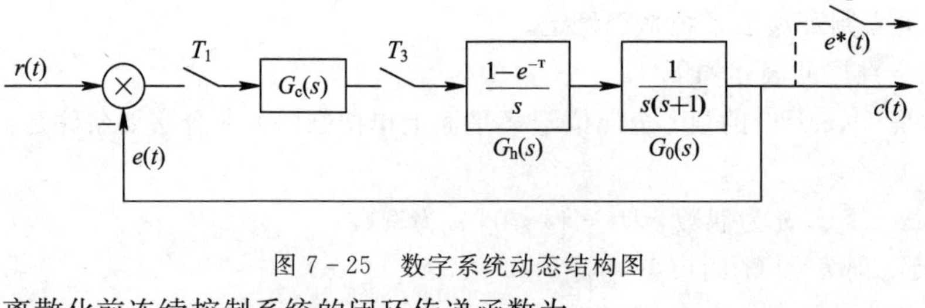

图 7-25　数字系统动态结构图

该系统离散化前连续控制系统的闭环传递函数为

$$T_0(s)=\frac{G(s)}{1+G(s)}=\frac{1}{s^2+s+1}$$

对 $G(s)$ 取 Z 变换为

$$G(z) = Z\left[\frac{1}{s(s+1)}\right] = Z\left(\frac{1}{s} - \frac{1}{s+1}\right) = \frac{z}{z-1} - \frac{z}{z-\mathrm{e}^{-T}} = \frac{0.632z}{z^2 - 1.368z + 0.368}$$

再求闭环脉冲传递函数为

$$T(z) = \frac{G(z)}{1+G(z)} = \frac{0.632}{z^2 - 0.736z + 0.368}$$

阶跃响应的 Z 变换为

$$C(z) = T(z)R(z) = \frac{0.632z}{z^2 - 0.736z + 0.368}\frac{z}{z-1}$$

$$= \frac{0.632z^2}{z^3 - 1.736z^2 + 1.104z - 0.368}$$

采样周期 $T=1$ s，含有零阶保持器系统的开环脉冲传递函数为

$$G(z) = \frac{0.368z + 0.264}{z^2 - 1.368z + 0.368}$$

求得闭环脉冲传递函数为

$$G(z) = \frac{G(z)}{1+G(z)} = \frac{0.368z + 0.264}{z^2 - z + 0.632}$$

将 $R(z)=z/(z-1)$ 代入上式，得到单位阶跃响应函数的 z 变换为

$$C(z) = T(z)R(z) = \frac{0.368z + 0.264}{z^2 - z + 0.632z - 1} = \frac{0.368z^2 + 0.264z}{z^3 - 2z^2 + 1.632z - 0.632}$$

该连续控制系统的单位阶跃响应特性曲线如图 7 - 26 所示。

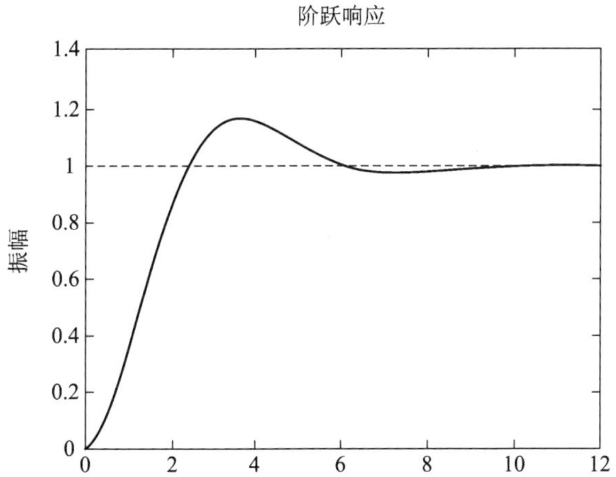

图 7 - 26　连续控制系统的单位阶跃响应

利用 MATLAB 对系统进行单位阶跃响应仿真，得到响应结果如图 7 - 27(a)所示。

阶跃响应特性曲线如图 7 - 27(b)所示。比较两种响应特性可知，离散控制系统尤其是带零阶保持器的离散控制系统比连续控制系统的响应振荡大。一般来说，离散量本身比连续量滞后，零阶保持器本身还有滞后，相当于连续控制系统带上了延时环节而使稳定裕量降低，振荡性增大。当然，由于离散控制系统的特征方程不仅与系统结构和参数有关，还

与采样周期有关，不同的采样周期有可能使离散特性与连续特性相差甚远。采样周期过大有可能使系统的振荡倾向得到抑制；采样周期很小时，离散控制系统的动态特性趋于其对应的连续系统。

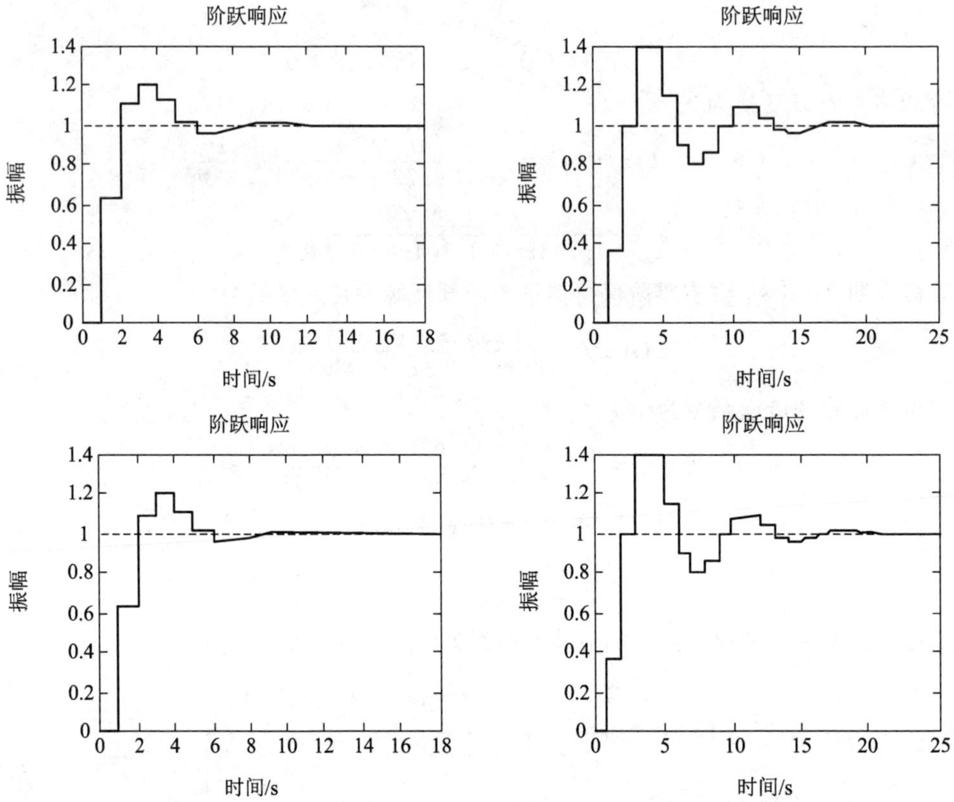

(a) 无零阶保持器系统的响应　　(b) 有零阶保持器系统的响应

图 7-27　离散控制系统的单位阶跃响应

7.6　离散控制系统的稳态误差分析

7.6.1　采样周期与开环增益对稳定性的影响

众所周知，连续系统的稳定性取决于系统的开环增益 K、系统的零极点分布和传输延迟等因素。但是，影响离散控制系统稳定性的因素，除与连续系统相同的上述因素外，还有采样周期 T 的数值。

K 与 T 对离散系统稳定性有如下影响：

(1) 当采样周期一定时，加大开环增益会使离散系统的稳定性变差，甚至使系统变得不稳定。

(2) 当开环增益一定时，采样周期越长，丢失的信息越多，对离散系统的稳定性及动态性能均不利，甚至可使系统失去稳定性。

7.6.2 离散系统的型别与静态误差系数

在讨论零阶保持器对开环系统脉冲传递函数$G(z)$的影响时，我们曾经指出，零阶保持器不影响开环系统脉冲传递函数的极点。因此，开环脉冲传递函数$G(z)$的极点，与相应的连续传递函数$G(s)$的极点是一一对应的。如果$G(s)$有v个$s=0$的极点，即v个积分环节，则由Z变换算子$z=e^{sT}$关系式可知，与$G(s)$相应的$G(z)$必有v个$z=1$的极点。在连续系统中，我们把开环传递函数$G(s)$具有$s=0$的极点数作为划分系统型别的标准，并分别把$v=0$，1，2，…的系统称为0型、Ⅰ型和Ⅱ型系统。因此，在离散系统中，也可以把开环脉冲传递函数$G(z)$具有$z=1$的极点数v作为划分离散系统型别的标准，类似地把$G(z)$中$v=0$，1，2，…的系统，称为0型、Ⅰ型和Ⅱ型离散系统等。

下面讨论不同型别的离散系统在三种典型输入信号作用下的稳态误差，并建立离散系统静态误差系数的概念。

1. 单位阶跃输入时的稳态误差

当系统输入为单位阶跃函数$r(t)=1(t)$时，其Z变换函数

$$R(z)=\frac{z}{z-1}$$

因而，稳态误差为

$$e_{ss}(\infty)=\lim_{z\to 1}\frac{1}{1+G(z)}=\frac{1}{\lim\limits_{z\to 1}[1+G(z)]}=\frac{1}{K_p} \tag{7-71}$$

上式代表离散系统在采样瞬时的稳态位置误差。式中

$$K_p=\lim_{z\to 1}[1+G(z)] \tag{7-72}$$

称为静态位置误差系数。若$G(z)$没有$z=1$的极点，则$K_p\neq\infty$，从而$e_{ss}(\infty)\neq 0$，这样的系统称为0型离散系统；若$G(z)$有一个或一个以上$z=1$的极点，则$K_p=\infty$，从而$e_{ss}(\infty)=0$，这样的系统相应称为Ⅰ型或Ⅰ型以上的离散系统。

因此，在单位阶跃函数作用下，0型离散系统在采样瞬时存在位置误差；Ⅰ型或Ⅰ型以上的离散系统，在采样瞬时没有位置误差。这与连续系统十分相似。

2. 单位斜坡输入时的稳态误差

当系统输入为单位斜坡函数$r(t)=t$时，其Z变换函数为$R(z)=\dfrac{Tz}{(z-1)^2}$，因而稳态误差为

$$\begin{aligned}e_{ss}(\infty)&=\lim_{z\to 1}\frac{T}{(z-1)[1+G(z)]}\\&=\frac{T}{\lim\limits_{z\to 1}(z-1)G(z)}=\frac{T}{K_v}\end{aligned} \tag{7-73}$$

上式也是离散系统在采样瞬时的稳态位置误差，可以仿照连续系统，称为速度误差。式中

$$K_v=\lim_{z\to 1}(z-1)G(z) \tag{7-74}$$

K_v称为静态速度误差系数。因为0型系统的$K_v=0$，Ⅰ型系统的K_v为有限值，Ⅱ型和Ⅱ型以上的系统的$K_v=\infty$，所以有如下结论：

0型离散系统不能承受单位斜坡函数作用，Ⅰ型离散系统在单位斜坡函数作用下存在

速度误差，Ⅱ型和Ⅱ型以上的离散系统在单位斜坡函数作用下不存在稳态误差。

3. 单位加速度输入时的稳态误差

当系统输入为单位加速度函数 $r(t)=t^2/2$ 时，其 Z 变换函数为

$$R(z)=\frac{T^2z(z+1)}{2(z-1)^3}$$

因而稳态误差为

$$e_{ss}(\infty)=\lim_{z\to 1}\frac{T^2(z+1)}{2(z-1)^2[1+G(z)]}=\frac{T^2}{\lim\limits_{z\to 1}(z-1)^2G(z)}=\frac{T^2}{K_a}\qquad(7-75)$$

当然，式(7－75)也是系统的稳态位置误差，并称为加速度误差。式中

$$K_a=\lim_{z\to 1}(z-1)^2G(z)\qquad(7-76)$$

K_a 称为静态加速度误差系数。由于 0 型及Ⅰ型系统的 $K_a=0$，Ⅱ型系统的 K_a 为常值，Ⅲ型及Ⅲ型以上系统的 $K_a=\infty$，因此有如下结论成立：

0 型及Ⅰ型离散系统不能承受单位加速度函数作用，Ⅱ型离散系统在单位加速度函数作用下存在加速度误差，只有Ⅲ型及Ⅲ型以上的离散系统在单位加速度函数作用下，才不存在采样瞬时的稳态位置误差。

不同型别单位反馈离散系统的稳态误差，如表 7－4 所示。

表 7－4　单位反馈离散系统的稳态误差

系统类型	位置误差	速度误差	加速度误差
0 型	$\frac{1}{K_p}$	∞	∞
Ⅰ型	0	$\frac{T}{K_v}$	∞
Ⅱ型	0	0	$\frac{T^2}{K_a}$
Ⅲ型	0	0	0

例 7－18　试用静态误差系数计算图示系统的稳态误差。

(1) 已知系统结构图如图 7－28 所示，其中 $K=10$，$T=0.2$，$r(t)=1(t)+t+\frac{1}{2}t^2$。

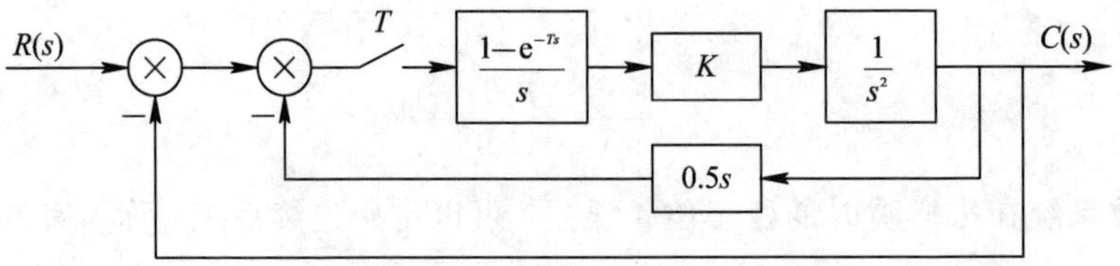

图 7－28　闭环采样系统

(2) 已知系统结构图如图 7－29 所示，其中 $K=1$，$T=0.1$，$r(t)=1(t)+t$。

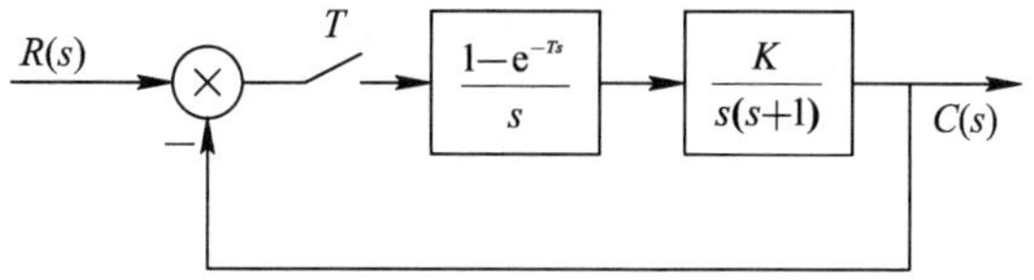

图 7-29 闭环采样系统

解 (1) 系统开环脉冲传递函数为

$$G(z)=Z\left[\frac{1-e^{-Ts}}{s}\,\frac{10(1+0.5s)}{s^2}\right]$$
$$=(1-z^{-1})Z\left[\frac{10(1+0.5s)}{s^3}\right]$$
$$=10(1-z^{-1})Z\left[\frac{1}{s^3}+\frac{0.5}{s^2}+\frac{0}{s}\right]$$
$$=(1-z^{-1})\left[\frac{5T^2z(z+1)}{(z-1)^3}+\frac{5Tz}{(z-1)^2}\right]$$

将 $T=0.2$ 代入上式，简化后得

$$G(z)=\frac{1.2z-0.8}{(z-1)^2}$$

可以看出开环系统为Ⅱ型。因此，有

位置误差系数：$K_p=\lim\limits_{z\to1}[1+G(z)]=\lim\limits_{z\to1}\left[1+\frac{1.2z-0.8}{(z-1)^2}\right]=\infty$

速度误差系数：$K_v=\lim\limits_{z\to1}(z-1)G(z)=\lim\limits_{z\to1}(z-1)\frac{1.2z-0.8}{(z-1)^2}=\infty$

加速度误差系数：$K_a=\lim\limits_{z\to1}(z-1)^2G(z)=\lim\limits_{z\to1}(z-1)^2\,\frac{1.2z-0.8}{(z-1)^2}=0.4$

故系统的稳态误差为

$$e(\infty)=e_{ss}(\infty)=\frac{1}{K_p}+\frac{T}{K_v}+\frac{T^2}{K_a}=0.1$$

(2) 系统开环脉冲传递函数为

$$G(z)=(1-z^{-1})Z\left[\frac{1}{s^2(s+1)}\right]=(1-z^{-1})\left[\frac{Tz}{(z-1)^2}-\frac{(1-e^{-T})z}{(z-1)(z-e^{-T})}\right]$$

令 $T=0.1$ 代入上式，化简后得

$$G(z)=\frac{0.005(z+0.9)}{(z-1)(z-0.905)}$$

显然，系统为Ⅰ型系统，因此，有

位置误差系数：$K_p=\lim\limits_{z\to1}[1+G(z)]=\lim\limits_{z\to1}\left[1+\frac{0.005(z+0.9)}{(z-1)(z-0.905)}\right]=\infty$

速度误差系数：$K_v=\lim\limits_{z\to1}(z-1)G(z)=\lim\limits_{z\to1}(z-1)\frac{0.005(z+0.9)}{(z-1)(z-0.905)}=0.1$

故系统的稳态误差为

$$e(\infty)=\frac{1}{K_p}+\frac{T}{K_v}=\frac{0.1}{0.1}=1$$

7.7 离散控制系统的最少拍校正

7.7.1 最少拍系统的定义

在典型信号作用下，采样时刻无稳态误差，过渡过程能在最少个采样周期结束的离散系统称为最少拍系统。

在离散控制过程中，一个采样周期称为一拍。研究的系统结构如图 7-30(c)所示。

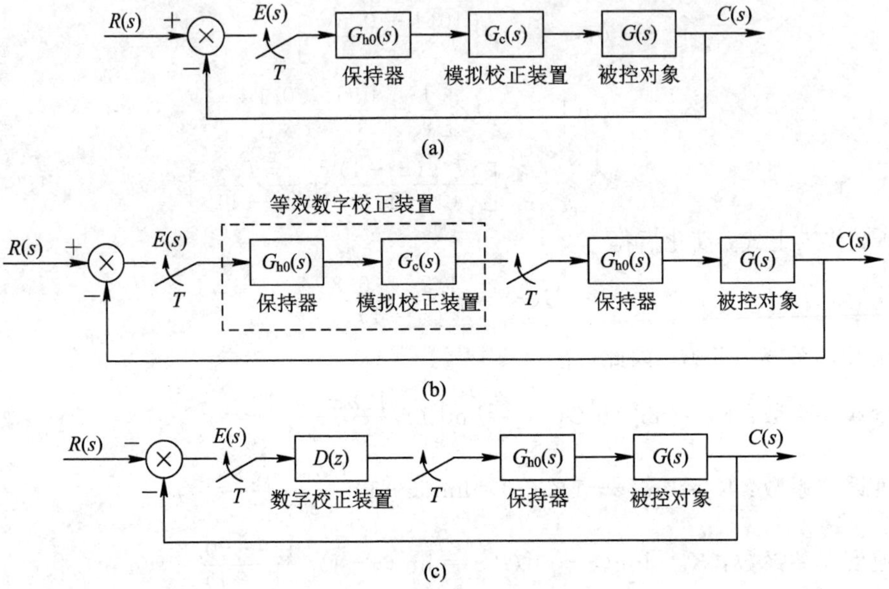

图 7-30　离散系统校正结构形式

7.7.2 最少拍系统的设计

1. 设计思想及其设计方法的导出

在图 7-30(c)所示的系统中，已知被控对象脉冲传递函数为

$$G_{h0}(s)G(z)=z[G_{h0}(s)G(z)]$$

数字控制器 $D(z)$待定。根据最少拍系统的定义，数字控制器 $D(z)$的选择是和系统给定输入信号的形式相对应的。因此，有必要对输入信号的形式做以下研究。以此为基础，给出最少拍系统的设计方法。

(1) 给定输入信号形式的规范化。根据工程实践的经验，和连续控制系统一样，给定输入信号的形式主要有阶跃、斜坡和加速度三种形式，为研究方便起见，将上述三种输入信号的数学模型整理成规范通式，见表 7-5。

(2) 在确定给定输入的前提下，使稳态误差 $e_{ssr}=0$ 的实现条件。由图 7-26(c)所示的系统得

$$\frac{E(z)}{R(z)} = \frac{1}{1+D(z)G_{h0}G(z)} = G_e(z) \Rightarrow E(z) = G_e(z)R(z)$$
$$= G_e(z)\frac{A(z)}{(1-z^{-1})^N}$$

表 7-5　常见输入的规范通式

$r(t)$	$R(z)$	$R(z)$的规范通式	$A(z)$的 z^{-1} 级数展开形式
$1(t)$	$\frac{z}{z-1}=\frac{1}{1-z^{-1}}$	$\frac{A(z)}{(1-z^{-1})^N}$	$N=1,\ A(z)=1$
$t\cdot 1(t)$	$\frac{Tz}{(z-1)^2}=\frac{Tz^{-1}}{(1-z^{-1})^2}$		$N=2,\ A(z)=Tz^{-1}$
$\frac{1}{2}t^2\cdot 1(t)$	$\frac{T^2z(z+1)}{2(z-1)^3}=\frac{T^2z^{-1}(1+z^{-1})}{2(1-z^{-1})^3}$		$N=3,\ A(z)=\frac{T^2}{2}(z^{-1}+z^{-2})$

设 $G_e(z)$的形式可以通过数学变换改变成 $G_e(z)=(1-z^{-1})^PF(z)$的形式，其中，$F(x)$和输入信号 $A(z)$的结构形式一样，为 z^{-1}级数展开形式，则有

$$e_{ss}^* = \lim_{z\to 1}(z-1)E(z) = \lim_{z\to 1}(z-1)G_e(z)R(z)$$
$$= \lim_{z\to 1}(z-1)(1-z^{-1})^PF(z)\frac{A(z)}{(1-z^{-1})N}$$

显然，若使稳态误差为零，则其条件是上式中的 $P=N$。由此可以根据输入信号的形式确定 N，再由此确定 P。

(3) 在确定给定输入的形式下，调节时间最短的实现条件。满足稳态误差为零后的给定输入下的误差 Z 变换为 $E(z)=F(z)A(z)$，其中，$F(z)$和 $A(z)$均为 z^{-1}的级数和形式，所以，若使系统调节时间最短，则应该使稳态误差 $E(z)$在最短时间内消失，即使 $F(z)A(z)$所含的 z^{-1}项最少。由于 $A(z)$的输入形式是确定的，因此只有令 $F(z)=1$ 时，$F(z)A(z)$所含拍数最少，系统的调节时间最短。所以推导出的结论是：同时满足上述两个条件的系统给定输入下的误差脉冲传递函数的形式为

$$G_e(z) = (1-z^{-1})^N$$

由此，可得

$$\Phi(z) = \frac{C(z)}{R(z)} = \frac{R(z)-E(z)}{R(z)} = 1-G_e(z) = 1-(1-z^{-1})^N$$

$$\Phi(z) = \frac{D(z)G_{h0}G(z)}{1+D(z)G_{h0}G(z)}$$

数字控制器的结构形式为

$$D(z) = \frac{\Phi(z)}{G_{h0}G(z)[1-\Phi(z)]} = \frac{1-G_e(z)}{G_{h0}G(z)G_e(z)} = \frac{1-(1-z^{-1})^N}{G_{h0}G(z)(1-z^{-1})^N}$$

显然，只要被控对象的脉冲传递函数 $G_{h0}G(z)$和输入信号的形式(N)已知，最少拍系统数字控制器的形式就能被确定。

总结不同输入下最少拍系统调节过程的最少拍数和调节时间见表 7-6。

表 7-6 最少拍系统调节过程的最少拍数和调节时间

典型输入信号		闭环脉冲传递函数		调节过程时间
$r(t)$	$R(z)$	$G_e(z)$	$\Phi(z)$	t_s
$1(t)$	$\frac{1}{1-z^{-1}}$	$1-z^{-1}$	z^{-1}	T(一拍)
$t\cdot 1(t)$	$\frac{Tz^{-1}}{(1-z^{-1})^2}$	$(1-z^{-1})^2$	$2z^{-1}-z^{-2}$	$2T$(二拍)
$\frac{1}{2}t^2\cdot 1(t)$	$\frac{T^2z^{-1}(1+z^{-1})}{2(1-z^{-1})^3}$	$(1-z^{-1})^3$	$3z^{-1}-3z^{-2}+z^{-3}$	$3T$(三拍)

2. 最少拍系统的性能分析

(1) 最少拍系统可以实现无稳态误差指的是各采样点的值，而在非采样点的给定值和测量值之间可能存在误差。当输入信号形式变化时，也不能保证系统无稳态误差。

(2) 最少拍系统的调节时间最短是对某确定形式的输入而言的，当输入的形式发生变化时，调节时间会变长，而且系统可能产生较大的超调。所以最少拍系统的适应性较差。

(3) 从系统的闭环脉冲传递函数可以看出，最少拍系统是无穷大稳定度系统，即系统所有闭环极点都在原点处，所以系统参数变化对系统性能的影响较大，会使拍数增加。若极点变到负实轴附近，则还会使系统产生剧烈振荡。

3. 设计步骤

最少拍系统的设计步骤如下：

(1) 求广义被控对象的脉冲传递函数 $G_{h0}G(z)$。

(2) 由输入信号的形式查表 7-5 及 7-6，确定 N、$G_e(z)$和 $\Phi(z)$。

(3) 利用

$$D(z)=\frac{1-(1-z^{-1})^N}{G_{h0}G(z)(1-z^{-1})^N}=\frac{1-G_e(z)}{G_{h0}G(z)G_e(z)}=\frac{\Phi(z)}{G_{h0}G(z)[1-\Phi(z)]}$$

求出数字控制器。

(4) 利用 $C(z)=\Phi(z)R(z)$可求出 $c^*(t)$脉冲序列。

(5) 利用 $E(z)=G_e(z)R(z)=(1-z^{-1})^N R(z)$，求出 $e^*(t)$。

由此可以确定最少拍系统调节过程的最少拍数以及调节时间，并能获取其他动态性能指标。

4. 设计举例

例 7-19 离散控制系统如图 7-31 所示，其中，$T=1$ s。若要求在输入 $r(t)$为速度输入下系统为最少拍，试确定数字控制器 $D(z)$，并分析所设计系统的性能。

(1) 当 $r(t)=1(t)$时，求系统输出脉冲响应函数 $c^*(t)$；

(2) 当 $n(t)=\delta(t)$时，求系统输出脉冲响应函数 $c^*(t)$。

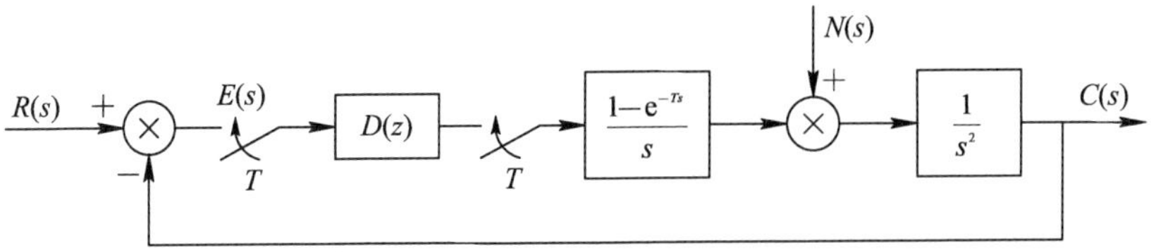

图 7-31　例 7-19 的离散控制系统结构图

解　最少拍系统的设计过程如下：

$$G_{h0}G(z)=Z\left(\frac{1-e^{-Ts}}{s^3}\right)=(1-z^{-1})Z\frac{1}{s^3}=(1-z^{-1})\frac{T^2z(z+1)}{2(z-1)^3}=\frac{z^{-1}(1+z^{-1})}{2(1-z^{-1})^2}$$

当 $r(t)=t$ 时，$N=2$，则 $G_e(z)=(1-z^{-1})^N=(1-z^{-1})^2$，数字控制器结构为

$$D(z)=\frac{1-(1-z^{-1})^N}{G_{h0}G(z)(1-z^{-1})^N}=\frac{1-(1-z^{-1})^2}{\dfrac{z^{-1}(1+z^{-1})}{2(1-z^{-1})^2}(1-z^{-1})^2}=\frac{2(2z-1)}{z+1}$$

$$\Phi(z)=(2z^{-1}-z^{-2})$$

由 $E(z)=G_e(z)R(z)=(1-z^{-1})^NR(z)=(1-z^{-1})^2\dfrac{z^{-1}}{(1-z^{-1})^2}=z^{-1}$ 得

$$E^*(s)=e^{-Ts}=e^{-s}\Rightarrow e^*(t)=\delta(t-T)$$

误差响应的脉冲序列如图 7-32 所示。由图 7-32 可得，误差在采样点消失需要两拍，所以系统的调节时间 $t_s=2T=2$ s，表示 2 s 后，在采样点输出和输入信号可以保持一致。

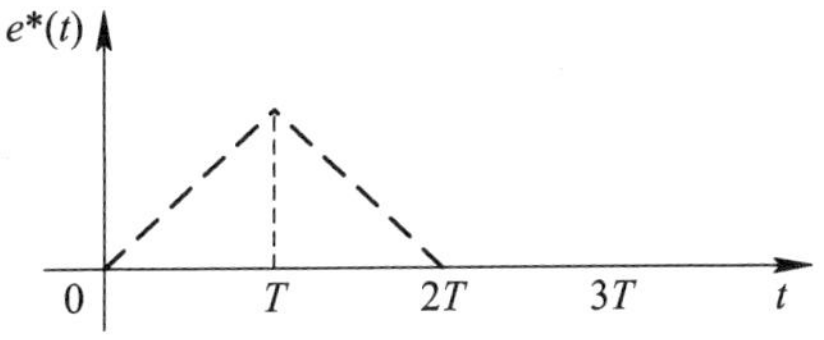

图 7-32　例 7-19 的误差响应的脉冲序列

当给定输入的形式或输入信号的位置发生变化时，该系统的动静态性能指标会随之发生变化。

(1) 当给定输入为单位阶跃信号时，系统的性能分析如下：

$$C(z)=\Phi(z)R(z)=(2z^{-1}-z^{-2})\frac{z}{z-1}=\frac{2z-1}{z^2}\frac{2}{2-1}=\frac{2z-1}{z^2-z}=2z^{-1}-z^{-2}+z^{-3}+\cdots$$

$$c^*(t)=2\delta(t-T)+\delta(t-2T)+\delta(t-3T)+\cdots$$

$$E(z)=G_e(z)R(z)=(1-z^{-1})^NR(z)=(1-z^{-1})^2\frac{1}{(1-z^{-1})}=1-z^{-1}$$

$$E^*(s)=1-e^{-Ts}=1-e^{-s}\Rightarrow e^*(t)=\delta(t)-\delta(t-T)$$

输出响应和误差响应的脉冲序列如图 7-33 所示。当给定值为单位阶跃信号时，系统无静态误差。稳态误差消失需要两拍，调节时间 $t_s=2T$。

(2) 当干扰输入为单位脉冲信号时，系统的性能分析如下：

$$C(z)=\frac{G(z)N(z)}{1+D(z)G_{h0}G(z)}=\frac{Z\left(\dfrac{1}{s^2}\times 1\right)}{1+D(z)Z\left(\dfrac{1-e^{-s}}{s^3}\right)}=\frac{\dfrac{z}{(z-1)^2}}{1+\dfrac{2(2z-1)}{z+1}\dfrac{(z+1)}{2(z-1)^2}}=z^{-1}$$

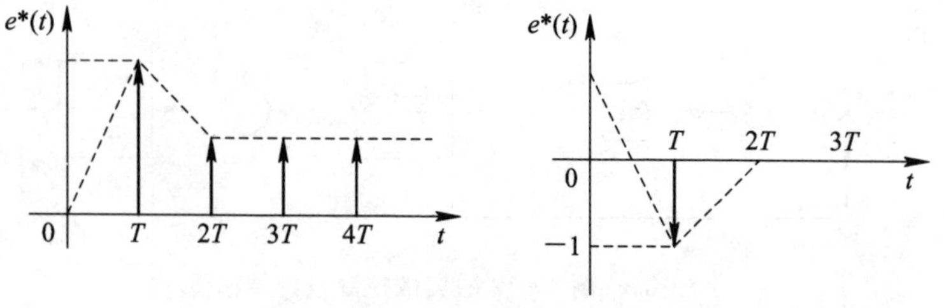

图 7-33　输出响应和误差响应的脉冲序列

在单位阶跃干扰信号的作用下，系统输出信号经过两拍后回到给定值 0，所以调节时间 $t_s=2T$。

7.7.3　PID 控制器的参数调整

在对象模型确知的时候，当然可以采用解析的方法确定 PID 控制器的参数。但在工业系统中，有时对象很复杂，难以得到较为准确的模型。此时，可以根据系统的动态响应来调整 PID 控制参数。这类方法一般采用阶跃或脉冲等信号激励被控对象，根据被控对象的过渡过程响应曲线来获得系统的瞬态性能。下面介绍几种常用的自动调整 PID 控制参数的方法。这些方法的目标是要使系统的阶跃响应达到 25%的超调量(图 7-34)。

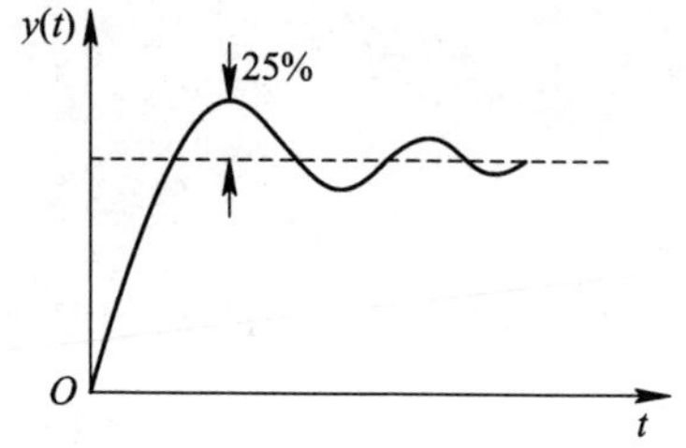

图 7-34　期望的阶跃响应曲线

1. S 曲线法

先通过实验，求出校正前对象的开环单位阶跃响应曲线。响应曲线可以通过实验获得，也可以通过控制对象的动态仿真得到。如果对象中既不包含积分器，又没有主导共轭复极点，则这时的单位阶跃响应曲线看起来像一条 S 曲线，如图 7-35 所示(如果响应曲线不是 S 形，则不能应用此方法)。

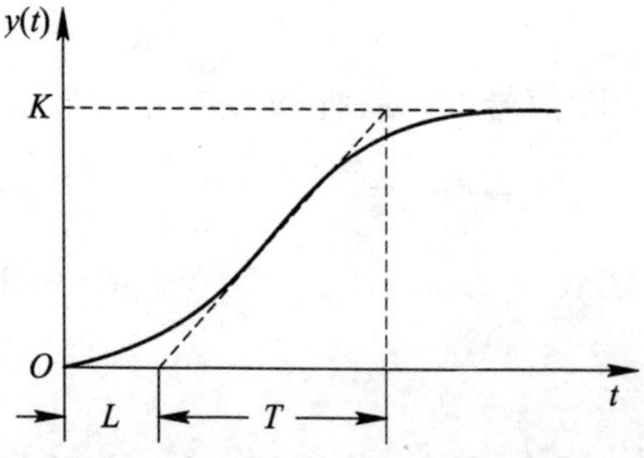

图 7-35　控制对象的 S 形响应曲线

通过 S 形曲线的转折点画一条切线，确定该直线与时间轴和直线 $y(t)=K$ 的交点，从而确定出延迟时间 L 和时间常数 T，则此时对象可用具有延时的一阶系统近似表示如下：

$$\frac{Y(s)}{U(s)}=\frac{K\mathrm{e}^{-Ls}}{Ts+1} \tag{7-77}$$

齐格勒-尼柯尔斯提出用表 7-7 中的公式来确定 K_p、T_i 和 T_d 的值。

表 7-7　参数调整的 S 曲线法

控制器类别	K_p	T_i	T_d
P	$\frac{T}{L}$	∞	0
PI	$0.9\frac{T}{L}$	$\frac{L}{0.3}$	0
PID	$1.2\frac{T}{L}$	$2L$	$0.5L$

则用该法得到的 PID 控制器为

$$C(s)=K_p\left(1+\frac{1}{T_i s}+T_d s\right)=1.2\frac{T}{L}\left(1+\frac{1}{2Ls}+0.5Ls\right)=0.6T\frac{\left(s+\frac{1}{L}\right)^2}{s} \tag{7-78}$$

因此，PID 控制器有一个位于原点的极点和一对位于 $s=-1/L$ 的零点。

2. 振荡法

在这种方法中，先只采用比例控制(见图 7-36)，然后使 K_p 从 0 增加到临界值 K_r，这里临界值是指使系统首次出现持续振荡时的增益值(如果不论怎样调整 K_p，都不会出现持续振荡，则此法不能用)，出现持续振荡后测出振荡周期 P_r。齐格勒-尼柯尔斯提出可以根据表 7-8 中的公式确定 K_p、T_i 和 T_d。

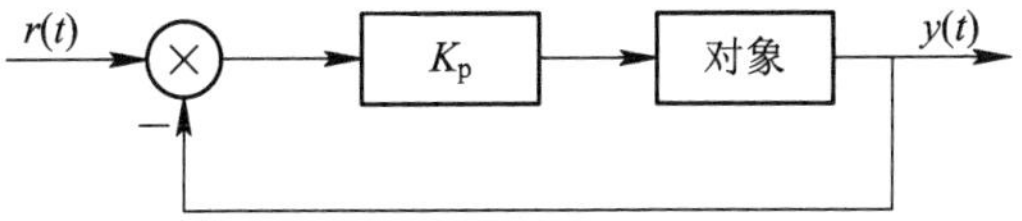

图 7-36　带比例控制器的闭环系统

表 7-8　参数调整的振荡法

控制器类别	K_p	T_i	T_d
P	$0.5K_r$	∞	0
PI	$0.45K_r$	$\frac{1}{1.2}P_r$	0
PID	$0.6K_r$	$0.5P_r$	$0.125P_r$

用这一法则得到的 PID 控制器为

$$C(s)=K_p\left(1+\frac{1}{T_i s}+T_d s\right)=0.6K_r\left(1+\frac{1}{0.5P_r s}+0.125P_r s\right)=0.075K_rP_r\frac{\left(s+\frac{4}{P_r}\right)^2}{s} \tag{7-79}$$

因此，PID 控制器具有一个位于原点的极点和一对位于 $s=-4/P_r$ 的零点。

在参数调整的振荡法中，需要通过调节控制增益使得系统出现临界稳定(即临界振荡)，因此易导致系统产生等幅振荡而出现不稳定的现象，为克服这个缺点，可以采用如下改进方法——继电器振荡法。

这种方法的优点是可以保证较为稳定的闭环振荡响应，从而可以较为简便地得到系统在临界振荡时的增益和振荡周期。系统整定原理如图 7－37 所示。在对象的输入之前串入一个继电器非线性环节。通过调节继电环节的参数 b，可以使对象将在有限的周期内产生稳定的振荡，采用非线性系统分析的描述函数的方法可以方便地得到系统动态过程的临界振荡增益 K_r 和振荡周期 P_r。然后，再利用表 7－9 即可得到相应的 PID 参数。

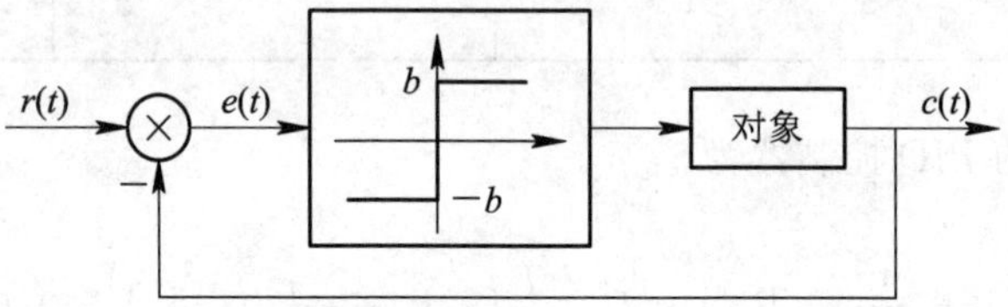

图 7－37　带继电环节的闭环系统

3. 衰减曲线法

为了避免临界稳定问题，还可以采用下面介绍的衰减曲线法。这种方法的基本步骤类似于第二种方法，但不需要出现临界振荡。先采用比例控制，使 K_p 从 0 逐渐增加，直到系统出现如图 7－38 所示的 4∶1 衰减振荡(此处衰减比定义为图中 δ_1 与 δ_2 之比)，记下此时的增益值 K_r，并且测出此时的振荡周期 P_r，则 K_p、T_i 和 T_d 可以根据表 7－9 中的公式确定。

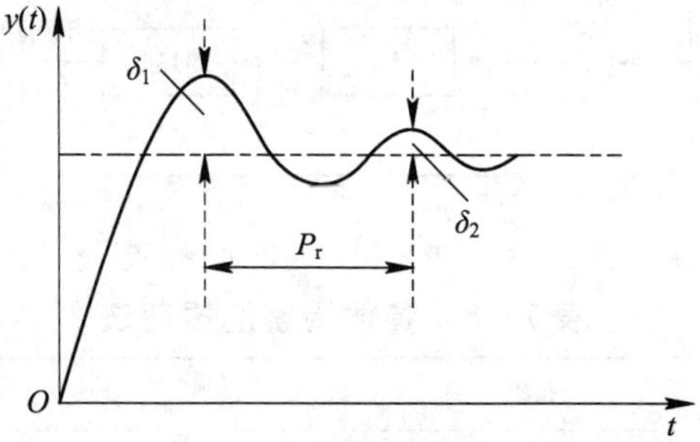

图 7－38　阶跃响应曲线

表 7－9　参数调整的衰减曲线法

控制器类别	K_p	T_i	T_d
P	$0.5K_r$	∞	0
PI	$0.85K_r$	$0.5P_r$	0
PID	$1.25K_r$	$0.3P_r$	$0.1P_r$

习　题

7-1 试根据定义

$$E^*(s)=\sum_{n=0}^{\infty}e(nT)e^{-nsT}$$

确定下列函数的 $E^*(s)$ 和闭合形式的 $E(z)$：

(1) $e(t)=\sin\omega t$；　(2) $E(s)=\dfrac{1}{(s+a)(s+b)(s+c)}$。

7-2 试求下列函数的 Z 变换：

(1) $e(t)=a^n$；　(2) $e(t)=t^2e^{-3t}$；

(3) $e(t)=\dfrac{1}{3!}t^3$；　(4) $E(s)=\dfrac{s+1}{s^2}$；

(5) $E(s)=\dfrac{1-e^{-s}}{s^2(s+1)}$。

7-3 试用部分分式法、幂级数法和反演积分法，求下列函数的 Z 反变换：

(1) $E(z)=\dfrac{10z}{(z-1)(z-2)}$；　(2) $E(z)=\dfrac{-3+z^{-1}}{1-2z^{-1}+z^{-2}}$。

7-4 试求下列函数的脉冲序列 $e^*(t)$：

(1) $E(z)=\dfrac{z}{(z+1)(2z^2+1)}$；　(2) $E(z)=\dfrac{z}{(z-1)(z+0.5)}$。

7-5 试确定下列函数的终值：

(1) $E(z)=\dfrac{Tz^{-1}}{(1-z^{-1})^2}$；　(2) $E(z)=\dfrac{z^2}{(z-0.8)(z-0.1)}$。

7-6 已知差分方程为

$$c(k)-4c(k+1)+c(k+2)=0$$

初始条件：$c(0)=0$，$c(1)=1$。试用迭代法求输出序列 $c(k)$，$k=0, 1, 2, 3, 4$。

7-7 试用 Z 变换法求解下列差分方程：

(1) $c^*(t+2T)-6c^*(t+T)+8c^*(t)=r*(t)$，

$r(t)=1(t)$，$c^*(0)=c^*(T)=0$；

(2) $c^*(t+2T)+2c^*(t+T)+c^*(t)=r^*(t)$，

$c(0)=c(T)=0$，$r(nT)=n(n=9, 1, 2, \cdots)$；

(3) $c(k+3)+6c(k+2)+11c(k+1)+6c(k)=0$，

$c(0)=c(1)=1$，$c(2)=0$。

7-8 设开环离散系统如图 7-39 所示，试求开环脉冲传递函数 $G(z)$。

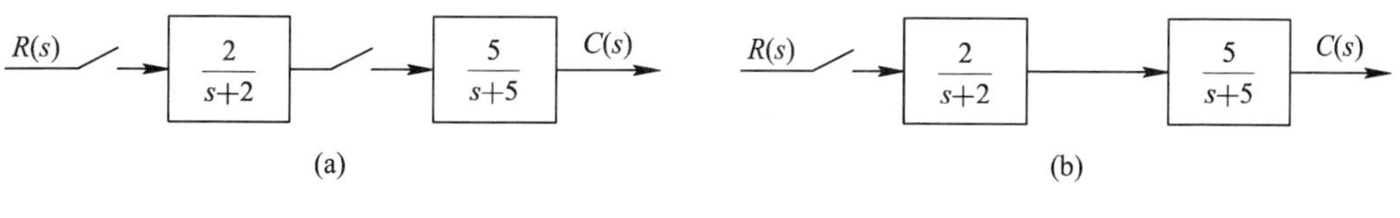

图 7-39 开环离散系统结构图

7-9　试求图 7-40 闭环离散系统的脉冲传递函数 $\Phi(z)$或输出 Z 变换 $C(z)$。

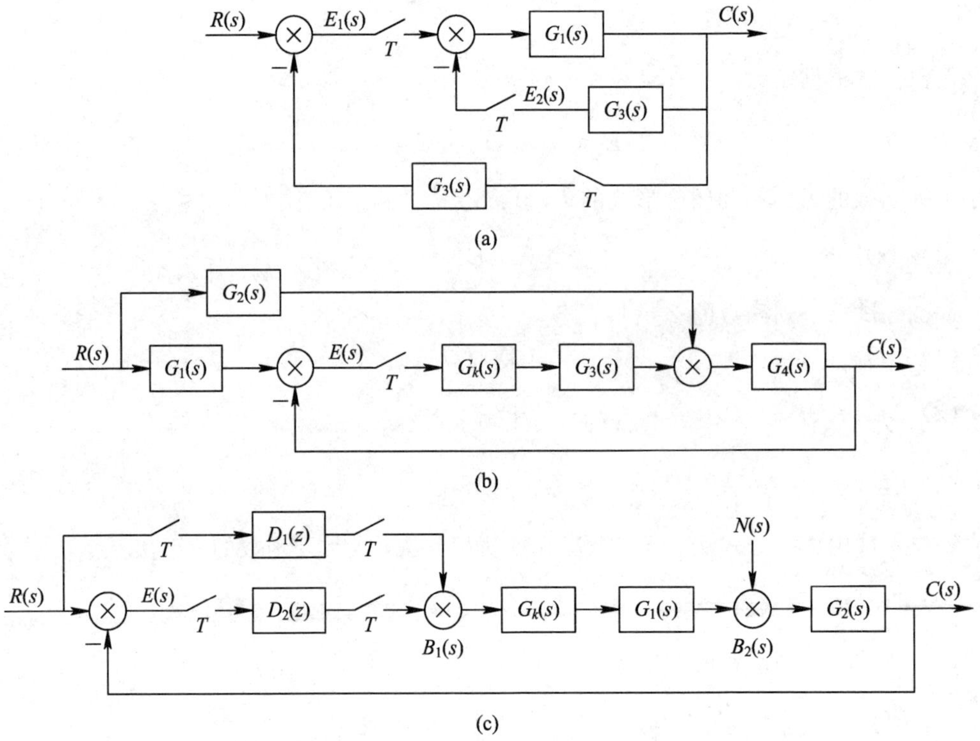

图 7-40　闭环离散系统结构图

7-10　已知脉冲传递函数为

$$G(z)=\frac{G(z)}{R(z)}=\frac{0.53+0.1z^{-1}}{1-0.37z^{-1}}$$

其中 $R(z)=z/(z-1)$，试求 $c(nT)$。

7-11　设有单位反馈误差采样的离散系统，连续部分传递函数为

$$G(s)=\frac{1}{s^2(s+5)}$$

输入 $r(t)$，采样周期 $T=1$ s。试求：

(1) 输出 Z 变换 $C(z)$；

(2) 采样瞬时的输出响应 $c^*(t)$；

(3) 输出响应的终值 $c(\infty)$。

7-12　试判断下列系统的稳定性。

(1) 已知闭环离散系统的特征方程为

$$D(z)=(z+1)(z+0.5)(z+2)=0$$

(2) 已知误差采样的单位反馈离散系统，采样周期 $T=1$ s，开环传递函数为

$$G(s)=\frac{22.57}{s^2(s+1)}$$

7-13　设离散系统如图 7-41 所示，采样周期 $T=1$ s，$G_h(s)$为零阶保持器。

$$G_0(s)=\frac{K}{s(0.2s+1)}$$

(1) 当 $K=5$ 时，分别在 z 域和 w 域中分析系统的稳定性；

(2) 确定使系统稳定的 K 值范围。

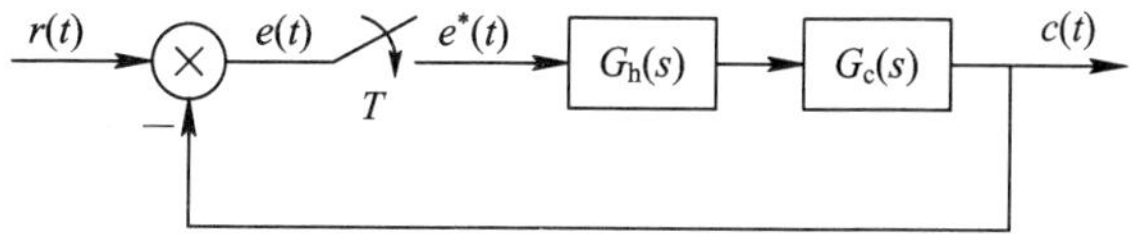

图 7－41　离散系统结构图

7－14　设离散系统如图 7－42 所示，其中采样周期 $T=0.2$，$K=10$，$r(t)=1+t+t^2/2$，试用终值定理法计算系统的稳态误差 $e_{ss}(\infty)$。

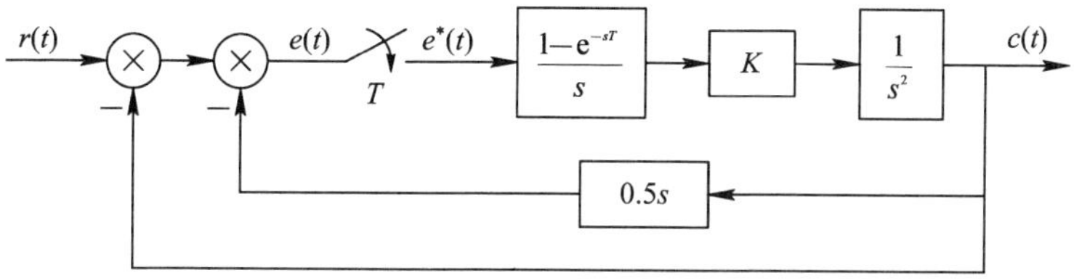

图 7－42　闭环离散系统结构图

7－15　设离散系统如图 7－43 所示，其中 $T=0.1$，$K=1$，$r(t)=t$，试求静态误差系数 K_p、K_v、K_a，并求系统稳态误差 $e_{ss}(\infty)$。

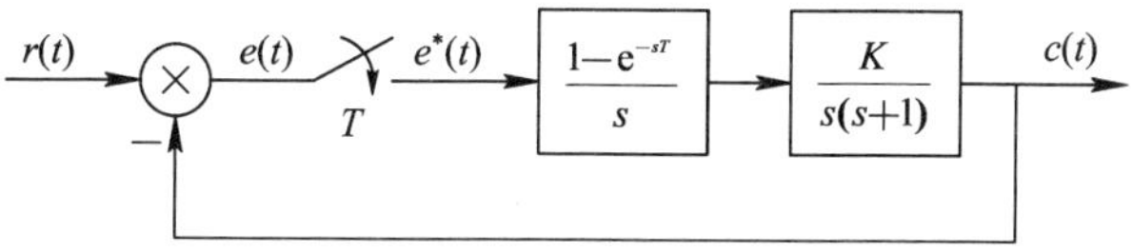

图 7－43　闭环离散系统结构图

7－16　设离散系统如图 7－44 所示，$G_h(s)$ 为零阶保持器，其中时间常数 $T=1$ s，当采样周期 $T_s=1$ s 时，求使系统稳定的 K 值范围。

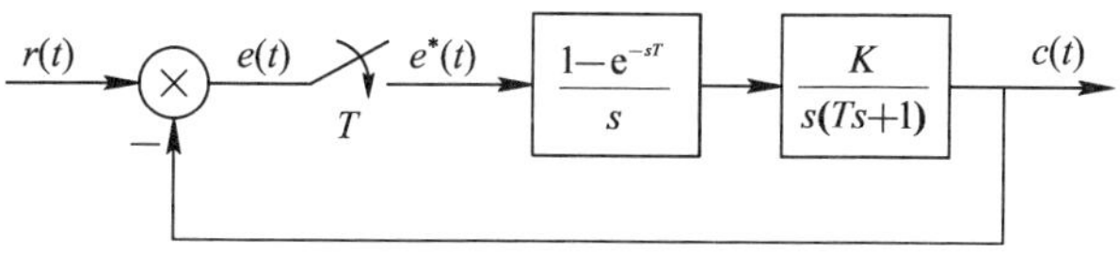

图 7－44　闭环离散系统结构

7－17　设离散系统所有条件与图 7－44 一致，若输入为单位斜坡时，系统的稳态误差 $e_{ss}(\infty)$ 为多少？

第 8 章 非线性控制系统分析

8.1 非线性系统概述

8.1.1 非线性系统的特点

因为组成控制系统的各元件的动态和静态特性都存在着不同程度的非线性，所以实际上理想的线性系统并不存在。例如当随动系统的输入电压超过线性器件的工作范围时，输出呈饱和状态，如图 8-1(a)所示的饱和特性；电机电枢电压达到一定值时电机才会启动，当电压升高到一定数值时电机转速不会随之升高，这时就会形成图 8-1(b)所示的死区特性和饱和特性；以电机的减速齿轮箱为例，由于齿轮精度和装配精度，输入和输出之间存在一定间隙，会形成图 8-1(c)所示的间隙特性。有些非线性系统在一定条件下可进行线性化处理，线性化后的系统可以用线性理论来研究。但是，如果系统的非线性特征明显且不能进行线性化处理时，会形成如图 8-1(d)所示的继电特性，必须采用非线性系统理论来分析，否则会产生较大的误差，甚至会导致错误的结论。

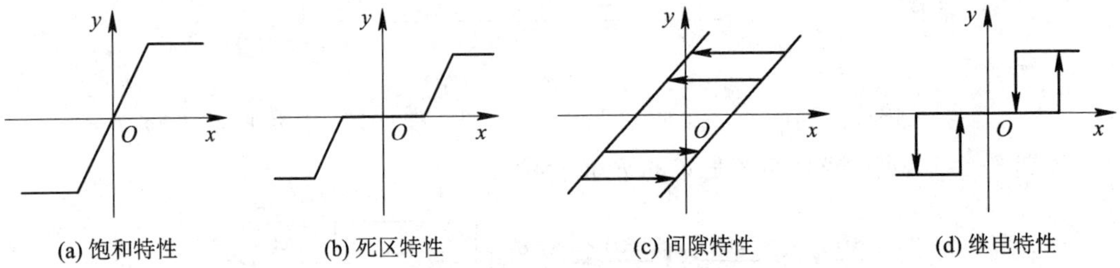

图 8-1 几种典型的非线性特性

与线性系统相比，非线性系统有许多特殊的现象，具体体现在以下方面：

1. 不满足叠加原理不能应用

对于一个线性系统，当输入 $r_1(t)$的响应为 $c_1(t)$，输入 $r_2(t)$的响应为 $c_2(t)$时，则在输入 $r(t)=ar_1(t)+br_2(t)$的作用下(其中 a、b 为常量)，系统的输出为 $c(t)=ac_1(t)+bc_2(t)$，这便是叠加原理。它表明多个外作用下产生的响应等于每个外作用产生的响应之和，且外作用放大若干倍，输出也扩大若干倍。但对于非线性系统，例如，$\frac{\mathrm{d}c(t)}{\mathrm{d}t}+c^2(t)=r(t)$，$\frac{\mathrm{d}^2c(t)}{\mathrm{d}t^2}+\frac{\mathrm{d}c(t)}{\mathrm{d}t}c(t)=r(t)$，上述关系不成立。

线性系统的重要特征是满足叠加原理，非线性系统不具有这样的性质，是否满足叠加原理是两类系统的本质区别。

2. 运动形式

线性系统自由运动的形式与初始条件、外作用的大小无关。如果线性系统在某一初始条件下的响应是振荡收敛的，则其在任意初始条件下的响应都是振荡收敛的。但对于非线性系统则不同，自由运动的响应形式可以随着初始条件或外作用的不同而不同。

图 8-2 所示为一个非线性系统在不同的初始条件下出现的不同响应形式，曲线 1 为非周期响应，曲线 2 为衰减振荡。

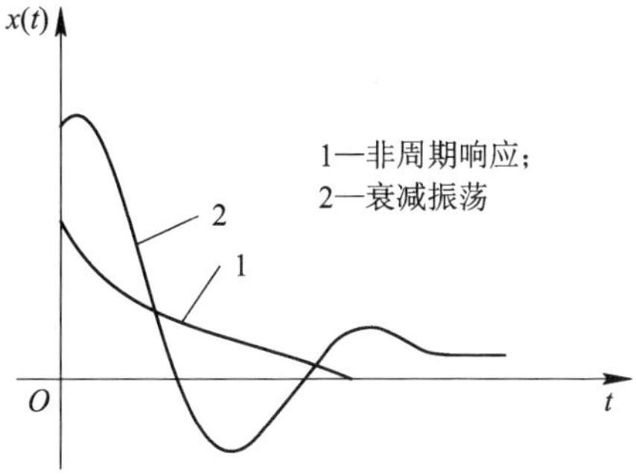

图 8-2　非线性系统在不同初始条件下的自由运动

3. 稳定性问题

线性系统的稳定性只与系统本身的结构和参数有关，而与初始条件与外作用无关。如果一个线性系统在某一初始条件和外作用下运动是稳定的，那么，其全部可能的运动都是稳定的，所以可以说某个线性系统是稳定的或不稳定的。稳定系统代表的系统状态是稳定的，线性系统理论将保持不变的状态称为平衡状态，也称为平衡点。多数线性系统只有一个平衡状态，而非线性系统可能存在多个平衡状态。一个非线性系统在某些平衡状态可能是稳定的，在另外一些平衡状态却可能是不稳定的，因此，不存在系统是否稳定的笼统概念。非线性系统的稳定性除了与系统本身的结构和参数有关外，还与外作用和初始条件有关。

例如，一个非线性系统的微分方程为

$$\dot{x}(t) = -x(1-x) \tag{8-1}$$

当 $x\neq 0$ 且 $x\neq 1$ 时，将式(8-1)改写为

$$\frac{\mathrm{d}x}{x(1-x)} = -\mathrm{d}t \tag{8-2}$$

对式(8-2)两端分别积分可得 $\frac{x}{1-x}=C\mathrm{e}^{-t}$，其中 C 为任意常数，即 $x(t)=\frac{C\mathrm{e}^{-t}}{1+C\mathrm{e}^{-t}}$。

设初始条件 $x(0)=x_0\neq 1$，可求得 $C=\frac{x_0}{1-x_0}$，从而得该非线性微分方程的解为

$$x(t) = \frac{x_0\mathrm{e}^{-t}}{1-x_0+x_0\mathrm{e}^{-t}} = \frac{x_0\mathrm{e}^{-t}}{1-x_0(1-\mathrm{e}^{-t})} \tag{8-3}$$

由式(8-3)可以看出：① 当 $0<x_0<1$ 时，$x(t)$随着时间 t 的增大而趋近于 0；② 当 $x_0<0$

时，$x(t)$随着时间 t 的增大而趋近于 0；③ 当 $x_0>1$ 时，$x(t)$随着时间 t 的增大而增大，当 $t=\ln\frac{x_0}{x_0-1}$ 时，$x(t)$趋于无穷大。不同初始条件下该系统的响应如图 8-3 所示。

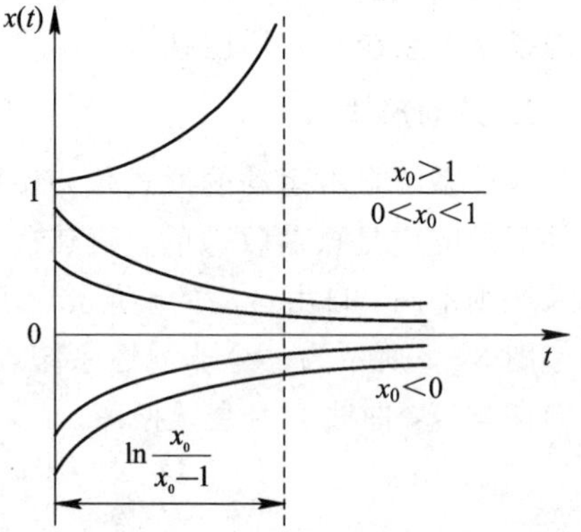

图 8-3　对不同初始条件的响应

由图 8-3 可以看出，该非线性系统有两个平衡状态：$x=0$ 和 $x=1$。$x=0$ 这个平衡状态是稳定的，因为在 $x=0$ 附近，从 $x_0<1$ 出发的运动最终都能回到 $x=0$ 这个平衡状态；而 $x=1$ 这个平衡状态是不稳定的，因为当 $x_0>1$ 时，系统的运动发散到无穷远处，当 $x_0<1$ 时，系统的运动最终回到 $x=0$ 处，它们都不再回到 $x=1$ 这个平衡状态。

4. 自激振荡问题

一个线性系统在没有外作用的情况下，如果产生周期运动，在物理上是不能实现的。例如，临界稳定的二阶线性系统自由运动 $x(t)=A\sin(\omega t+\varphi)$为周期运动形式，但这种周期运动一旦在系统受到扰动时将被破坏，从而使系统运动或趋向于稳定，或趋向于不稳定，因此实际上该周期运动不稳定，是不能实现的。

非线性系统在外作用为零的情况下，完全可能产生一定频率和振幅的周期运动，且在系统受到扰动时，该周期运动仍然稳定，这种稳定的周期运动称为自激振荡，简称自振，相应的相轨迹为极限环，它是非线性系统理论研究的重要问题。

例如，著名的范德波尔振荡器是一个具有非线性电阻的 RLC 电路，为典型的非线性系统，其自由运动 $x(t)$可以用二阶非线性微分方程描述：$\ddot{x}-2\rho(1-x^2)\dot{x}+x=0$(其中 $\rho>0$)，这就是著名的范德波尔方程。该方程可以表示为 $\ddot{x}+2\rho(x^2-1)\dot{x}+x=0$，与二阶线性系统微分方程 $\ddot{x}+2\xi\omega_n\dot{x}+\omega_n^2x=0$ 相比较，非线性系统的等效阻尼比为 $\rho(x^2-1)$。当$|x|<1$ 时，等效阻尼比 $\rho(x^2-1)<0$，表明系统在运动过程从外界得到能量，因此具有发散的运动形式；当$|x|>1$ 时，等效阻尼比 $\rho(x^2-1)>0$，表明系统在运动过程中消耗能量，因此具有收敛的运动形式。由于非线性阻尼比随着 x 值的变化而变化，使得上述两种运动形式交替进行，致使 $x(t)$的运动既不能无限发散，也不能无限收敛，所以呈现出稳定的周期运动的形式，即自激振荡，如图 8-4 所示。

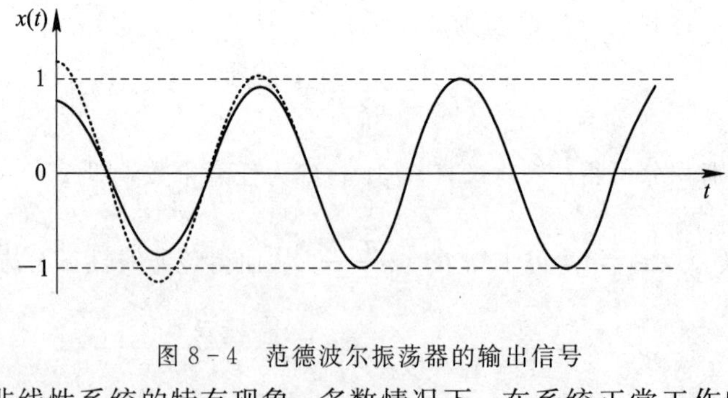

图 8-4　范德波尔振荡器的输出信号

自激振荡是非线性系统的特有现象，多数情况下，在系统正常工作时不希望产生，以避免这种自激振荡对系统产生的破坏作用。但在某些情况下，也可以通过引进自激振荡来改善系统的性能。

5. 对正弦信号响应的复杂性

在线性系统中，当输入信号为正弦信号时，其输出的稳态值是与输入信号同频率的正弦信号，不同之处在幅值和相角上，可以用频率特性来描述系统的动态特性。但在非线性系统中，当输入是正弦信号时，输出量除了包含与输入同频率的正弦信号外，还包含倍频、分频等谐波分量。某些非线性系统在输入信号的幅值不变而频率由小到大或大到小变化时，其输出的幅值与频率之间可能会发生跳跃谐振和多值响应现象，如图 8-5 所示。

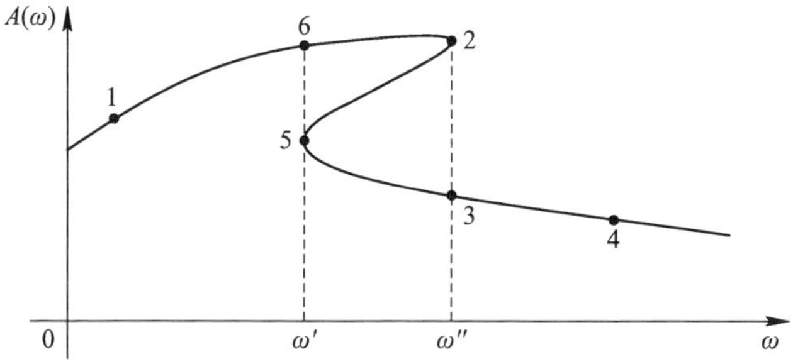

图 8-5　跳跃谐振和多值响应

此外，非线性系统在一定条件下还会出现分形、混沌等一些奇特的现象，在此不再赘述，感兴趣的读者可以参阅其他文献。

8.1.2　非线性系统的分析与设计方法

非线性系统的研究远比线性系统复杂，涉及多方面的知识，缺乏能统一处理的有效数学工具，目前还没有一套通用的理论体系和研究方法。

本章主要介绍一种在工程上广泛应用的非线性系统分析方法：相平面法和描述函数法。该方法是线性系统频域分析法在非线性系统中的推广。这两种方法简单有效，且不受系统阶次的限制。此外，在非线性系统研究中，数字计算机仿真可以求得非线性系统的精确解，进而分析非线性系统的性能，已成为研究非线性系统的重要手段。

8.2　相 平 面 法

相平面法通过图解法将一阶系统和二阶系统的运动过程转化为位置和速度平面上的相轨迹，从而比较直观、准确地反映系统的稳定性、平衡状态、稳态精度以及初始条件和参数对系统运动的影响。

8.2.1　相平面法的基本概念

对于图 8-6 所示的二阶系统，根据梅森增益公式，得到系统误差传递函数

$$E(s)=\frac{s(Ts+1)}{s(Ts+1)+K}R(s)$$

用微分方程描述如下：

$$T\ddot{e}(t)+\ddot{e}(t)+Ke(t)=T\ddot{r}(t)+\dot{r}(r) \tag{8-4}$$

设 $r(t)=l(t)$ 为单位阶跃函数，则 $\dot{r}(t)=\ddot{r}(t)=0$，有

$$T\ddot{e}(t)=\dot{e}(t)+Ke(t)=0 \tag{8-5}$$

应用初值定理，得到误差初始条件为

$$e(0^+)=\lim_{s\to\infty}s\cdot E(s)=1 \tag{8-6}$$

$$\dot{e}(0^+)=\lim_{s\to\infty}s(sE(s)-e(0^+))=0 \tag{8-7}$$

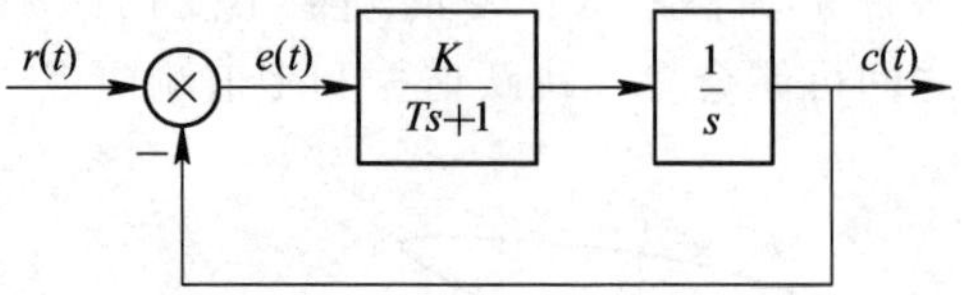

图 8-6　二阶系统结构框图

求解微分方程(8-5)，得到误差响应曲线如图 8-7 所示。

以时间 t 作为参考量，在 e-$\dot{e}$ 平面上做出 e 和 $\dot{e}$ 的关系曲线如图 8-8 所示。图中，箭头表示时间增大的方向，e-$\dot{e}$ 平面称为相平面，e 和 $\dot{e}$ 的关系曲线称为相轨迹。

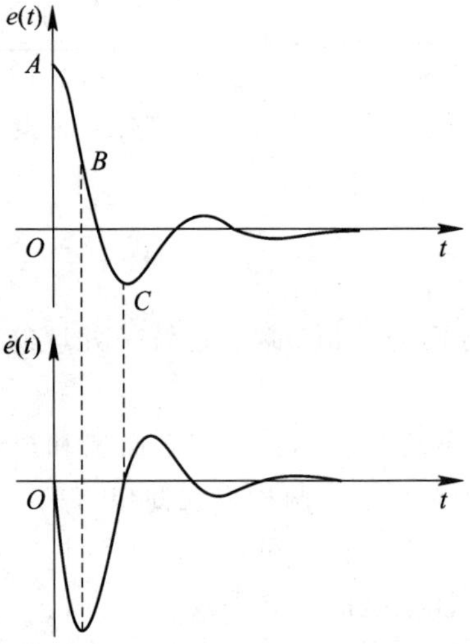

图 8-7　二阶系统误差响应曲线

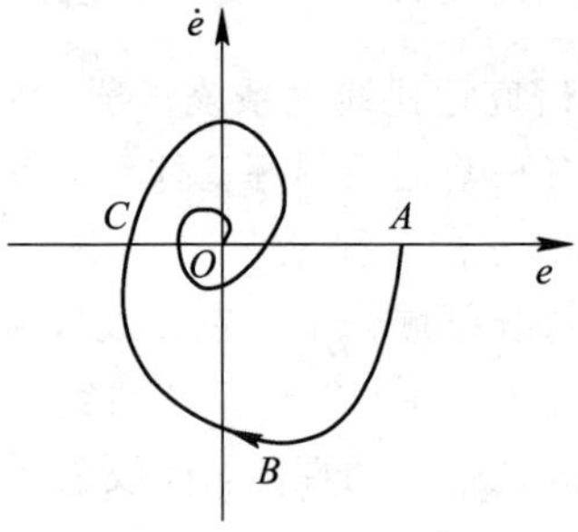

图 8-8　$e(t)$ 和 $\dot{e}(t)$ 的关系曲线

8.2.2　相平面图的绘制方法

相平面的绘制关键是相轨迹的绘制，常用的方法有解析法、等倾线法。

1. 解析法

若二阶系统的微分方程能够表示成如下形式：

$$f_1(\dot{x})\ddot{x}=f_2(x)\ddot{x} \tag{8-8}$$

或者

$$f_1(\dot{x})\ddot{x}=f_2(x)\mathrm{d}x \tag{8-9}$$

则可应用解析法直接求得 x-$\dot{x}$ 关系曲线。

例 8-1　对于二阶系统

$$\ddot{x}+\omega^2 x=0 \tag{8-10}$$

若初始条件为 $x(0)=x_0$，$\dot{x}(0)=\dot{x}_0$，用解析法绘制相平面 $x-\dot{x}$ 上系统运动的相轨迹。

解　对式(7-10)分离变量，得 $\dot{x}\mathrm{d}\dot{x}=-\omega^2 x\mathrm{d}x$。

两边同时积分得

$$\int_{\dot{x}_0}^{\dot{x}}\dot{x}\mathrm{d}\dot{x}=\int_{x_0}^{x}-\omega^2 x\mathrm{d}x$$

$$\frac{1}{2}(\dot{x}^2-\dot{x}_0^2)=-\frac{1}{2}\omega^2(x^2-x_0^2)$$

整理，得

$$\frac{\dot{x}^2}{\omega^2}+x^2=\frac{\dot{x}_0^2}{\omega^2}+x_0^2$$

则系统运动的相轨迹为以坐标原点为圆心的椭圆，见图 8-9。

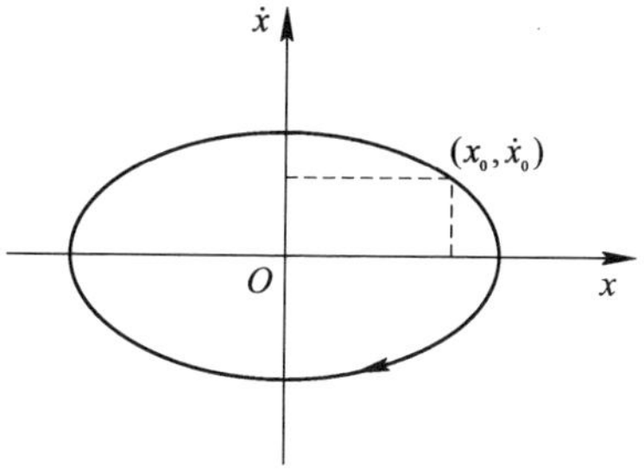

图 8-9　系统运动的相轨迹

例 8-2　某二阶系统的微分方程如下：

$$\dot{x}+M=0 \tag{8-11}$$

若初始条件为 $x(0)=x_0$，$\dot{x}(0)=\dot{x}$，用解析法绘制相平面 $x-\dot{x}$ 上系统运动的相轨迹。

解　由式(7-11)得到相轨迹切线的斜率方程：

$$\frac{\mathrm{d}\dot{x}}{\mathrm{d}x}=\frac{-M}{\dot{x}}$$

进一步整理，有 $\dot{x}\mathrm{d}\dot{x}=-M\mathrm{d}x$。两边同时积分得

$$\int_{\dot{x}_0}^{\dot{x}}\dot{x}\mathrm{d}\dot{x}=\int_{x_0}^{x}-M\mathrm{d}x$$

$$\frac{1}{2}(\dot{x}^2-\dot{x}_0^2)=-\frac{M}{2}(x-x_0)$$

整理，得

$$\dot{x}^2+Mx=\dot{x}_0^2+Mx_0 \tag{8-12}$$

系统运动的相轨迹如图 8-10 所示。

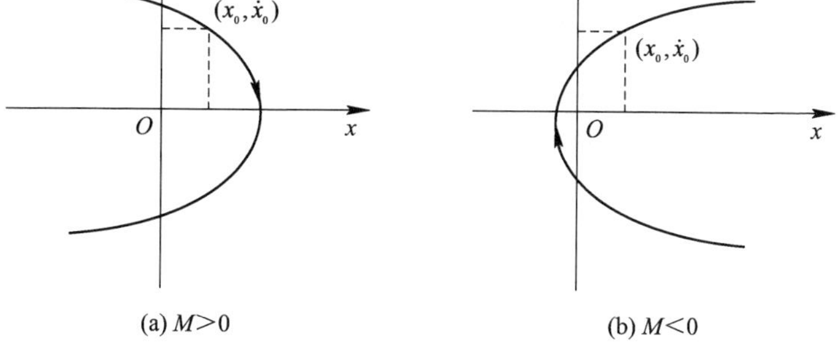

图 8-10　系统运动的相轨迹

2. 等倾线法

等倾线法是求取相轨迹的一种作图方法，无须求解微分方程。等倾线法的基本思想是先确定相轨迹的等倾线，进而绘出相轨迹的切线方向场，然后从初始条件出发，沿方向场逐步绘制相轨迹。

前面给出了二阶非线性系统运动的相轨迹在相平面 $x - \dot{x}$ 上任一点$(x, \dot{x})$处的切线的斜率，令斜率为

$$\frac{\mathrm{d}\dot{x}}{\mathrm{d}x} = \alpha \text{（常值）}$$

得到等倾线方程为

$$\alpha = \frac{f(\dot{x}, x)}{\dot{x}} \tag{8-13}$$

对该方程可在相平面上作一条曲线，称为等倾线。当相轨迹经过该等倾线上任一点时，其切线的斜率都相等，均为 α。取 α 为若干不同的常数，即可在相平面上绘制出若干等倾线，在等倾线上各点处作斜率为 α 的短直线，并以箭头表示切线方向，则构成相轨迹的切线方向场。

例 8-3 微分方程描述的二阶系统如下：

$$\ddot{x} + 2\xi\omega_n\dot{x} + \omega_n x = 0 \tag{8-14}$$

试用等倾线法绘制系统运动的相轨迹。

解 相轨迹切线的斜率方程为

$$\frac{\mathrm{d}\dot{x}}{\mathrm{d}x} = \frac{f(\dot{x}, x)}{\dot{x}} = \frac{\ddot{x}}{\dot{x}} = \frac{-(2\xi\omega_n\dot{x} + \omega_n^2 x)}{\dot{x}}$$

等倾线方程为

$$\alpha = \frac{-2\xi\omega_n\dot{x} - \omega_n^2 x}{\dot{x}}$$

通过对 α 赋值，等倾线方程表示相平面上过原点，斜率为$\dfrac{-\omega_n^2}{\alpha + 2\xi\omega_n}$的一簇直线。若给定初始点$(x, \dot{x})$，则相轨迹的绘制过程如下：由初始点出发，按照该点所处等倾线的短直线方向作一条小线段，并与相邻一条等倾线相交；由交点起，按该交点所处等倾线的短直线方向作一条小线段，再与其相邻的一条等倾线相交。循此步骤依次进行，就可以获得一条从初始点出发，由各小线段组成的折线，最后对该折线做光滑处理，即得到所求系统的相轨迹。

设初始点为 A，则用等倾线法绘制的二阶系统的相轨迹如图 8-11 所示。（设 $\xi=0.5$，$\omega_n=1$）使用等倾线法绘制相轨迹应注意以下几点。

(1) 坐标轴 x 和 $\dot{x}$ 应选用相同的比例尺，以便于根据等倾线斜率准确地绘制等倾线上一点的相轨迹切线。

(2) 除系统的平衡点外，相轨迹与 x 轴的相交点处的切线斜率 $\alpha = \dfrac{f(\dot{x}, x)}{\dot{x}}$ 应为 $+\infty$ 或 $-\infty$，即相轨迹与 x 轴垂直相交。

(3) 一般地，等倾线分布越密，所作相轨迹越准确，但随所取等倾线的增加，绘图工作量增加，同时也使作图产生的积累误差增大。

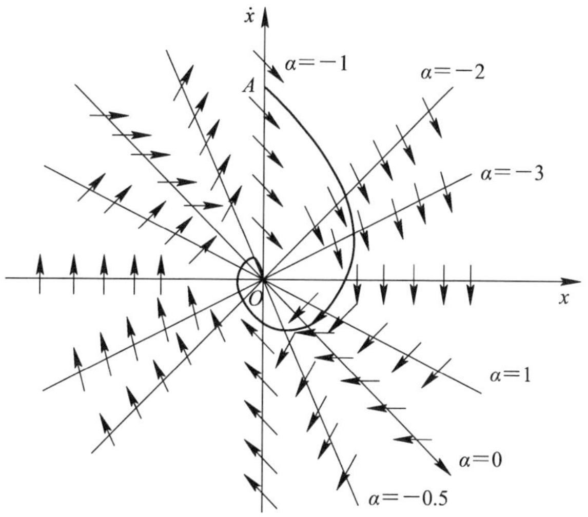

图 8-11　系统运动的相轨迹

8.2.3　线性系统的相轨迹

1. 奇点

由奇点的定义可知，在奇点处，$\dot{x}=0$，$\ddot{x}=f(\dot{x}, x)=0$，系统处于平衡状态。对于非线性系统的各个平衡点，若描述非线性过程的非线性函数解析时，可以通过平衡点处的线性化方法，基于线性系统特征根的分布，确定奇点的类型，进而确定平衡点附近相轨迹的运动形式。

对于常微分方程 $f_1(\ddot{x}, \dot{x}, x)=0$(亦即 $\ddot{x}=f(\dot{x}, x)$)，若解析 $f_1(\ddot{x}, \dot{x}, x)$，设$(x_0, 0, 0)$满足$f_1(0, 0, x_0)=0$，则$(x_0, 0, 0)$为非线性系统的一个奇点。可在奇点$(x_0, 0, 0)$附近将$(\ddot{x}, \dot{x}, x)$线性化，得到奇点附近关于 x 增量 Δx 的线性二阶微分方程：

$$\left.\frac{\partial f_1(\ddot{x}, \dot{x}, x)}{\partial \ddot{x}}\right|_{x(0,0,0)} \Delta\ddot{x} + \left.\frac{\partial f_1(\ddot{x}, \dot{x}, x)}{\partial \dot{x}}\right|_{x(0,0,0)} \Delta\dot{x} + \left.\frac{\partial f_1(\ddot{x}, \dot{x}, x)}{\partial x}\right|_{x(0,0,0)} \Delta x = 0 \tag{8-15}$$

或写做

$$A\Delta\ddot{x} + B\Delta\dot{x} + C\Delta x = 0 \tag{8-16}$$

式(8-16)的特征方程为

$$As^2 + Bs + C \tag{8-17}$$

根据特征根在 S 平面上的分布情况，可以把奇点的类型归纳为以下六种，并给出对应的奇点附近系统运动的相轨迹。

(1) 稳定的焦点。当特征根为一对具有负实部的共轭复根时，奇点称为稳定的焦点，相轨迹如图 8-12 所示。

(2) 不稳定的焦点。当特征根为一对具有正实部的共轭复根时，奇点称为不稳定的焦点，相轨迹如图 8-13 所示。

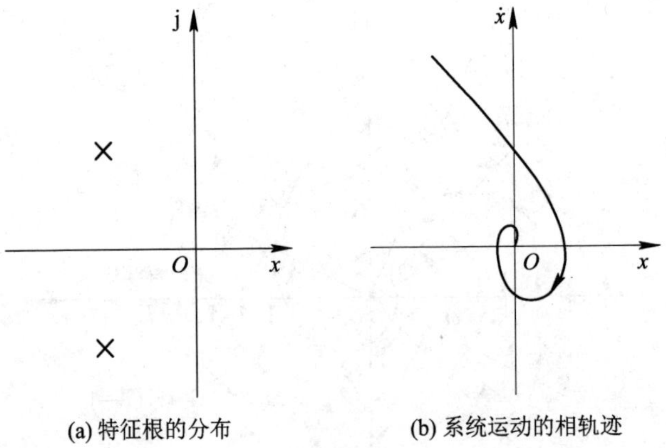

图 8-12　稳定的焦点附近系统运动的相轨迹

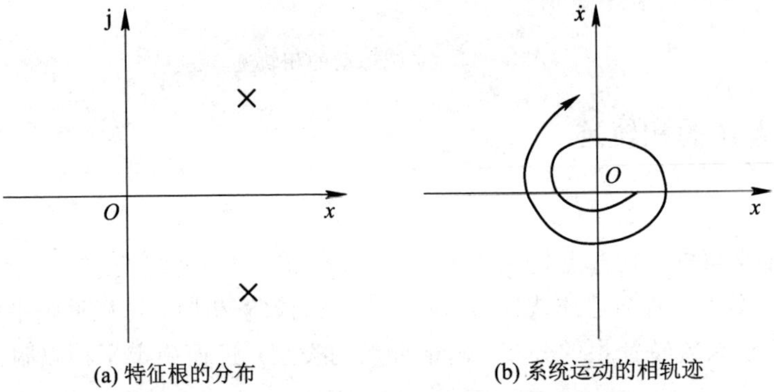

图 8-13　不稳定的焦点附近系统运动的相轨迹

(3) 稳定的节点。当特征根为两个负实根时，奇点称为稳定的节点，相轨迹见如图 8-14 所示。

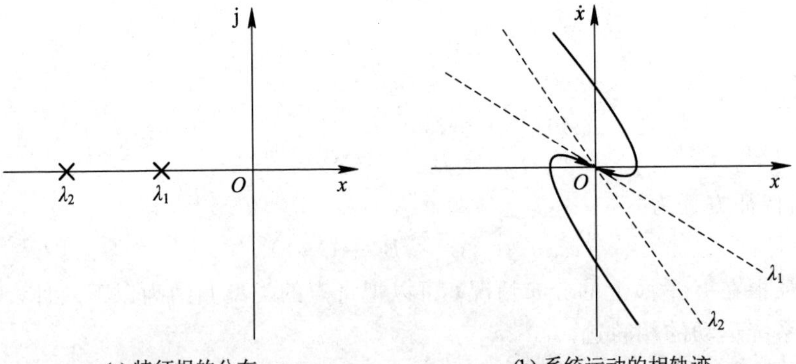

图 8-14　稳定的节点附近系统运动的相轨迹

(4) 不稳定的节点。当特征根为两个正实根时，奇点称为不稳定的节点，相轨迹如图 8-15 所示。

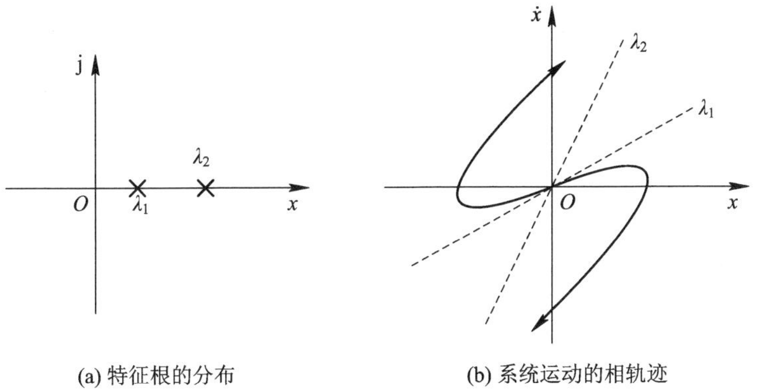

图 8-15　不稳定的节点附近系统运动的相轨迹

(5) 中心点。当特征根为一对共轭的纯虚根时，奇点称为中心点，相轨迹如图 8-16 所示。

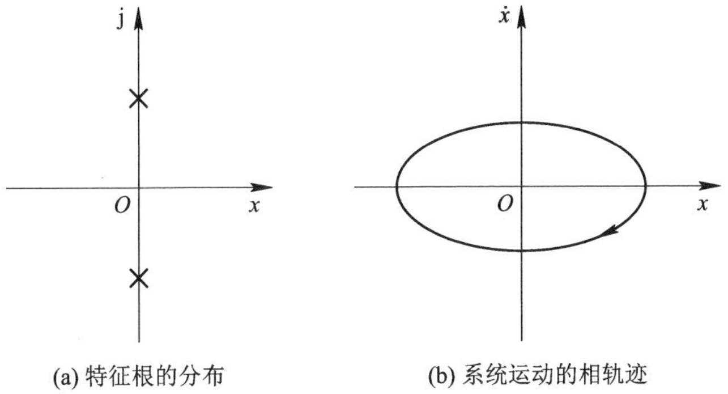

图 8-16　中心点附近系统运动的相轨迹

(6) 鞍点。当特征根一个为正实根，一个为复实根时，奇点称为鞍点，相轨迹如图 8-17 所示。

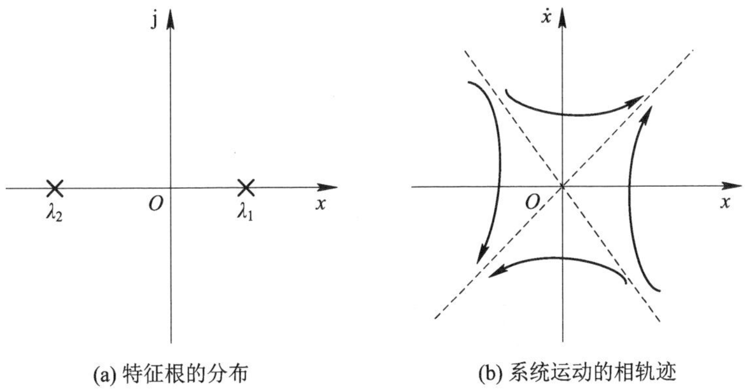

图 8-17　鞍点附近系统运动的相轨迹

对于常微分方程 $f_1(\ddot{x}, \dot{x}, x)=0$，若 $f_1(\ddot{x}, \dot{x}, x)$不解析，例如系统中含有用分段折线表示的常见非线性因素，可以根据非线性特性，将相平面划分为若干个区域，在各个区域，非线性方程 $f_1(\ddot{x}, \dot{x}, x)$ 或满足解析条件，或可直接表示为线性微分方程。当非线性方程在某个区域可以表示为线性微分方程时，奇点类型决定该区域系统相轨迹的运动形式。若对应的奇点位于本区域内，则称为实奇点；若对应的奇点位于其他区域，则称为虚奇点。

2. 极限环

根据极限环附近相轨迹的运动特点，可以将极限环分为以下三种类型。

(1) 稳定的极限环。当 $t\to\infty$ 时，如果起始于极限环内部或外部的相轨迹均卷向极限环，则该极限环称为稳定的极限环，见图 8-18。极限环内部的相轨迹发散至极限环，说明极限环内部是不稳定区域；极限环外部的相轨迹收敛至极限环，说明极限环的外部是稳定区域。

(2) 不稳定的极限环。当 $t\to\infty$ 时，如果起始于极限环内部或外部的相轨迹均卷离极限环，则该极限环称为不稳定的极限环，见图 8-19。极限环内部的相轨迹收敛至环内的奇点，说明极限环内部是稳定的区域；极限环外部的相轨迹发散至无穷远处，说明极限环外部是不稳定的区域。

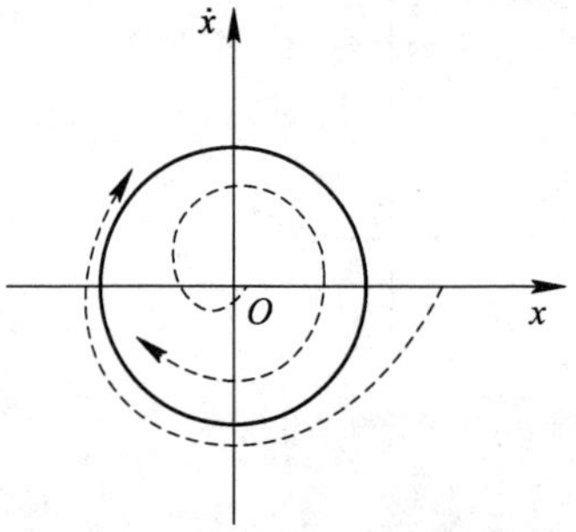

图 8-18　稳定的极限环

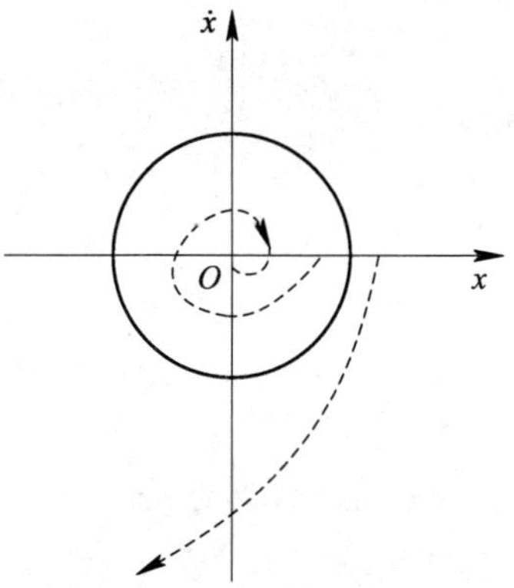

图 8-19　半稳定的极限环

(3) 半稳定的极限环。当 $t\to\infty$ 时，如果起始于极限环内(外)部的相轨迹卷向极限环，而起始于极限环外(内)部的相轨迹卷离极限环，则该极限环称为半稳定的极限环，见图 8-20(a)和(b)。图 8-20(a)所示的极限环，其内部和外部都是不稳定区域；图 8-20(b)所示的极限环，其内部和外部都是稳定的区域。

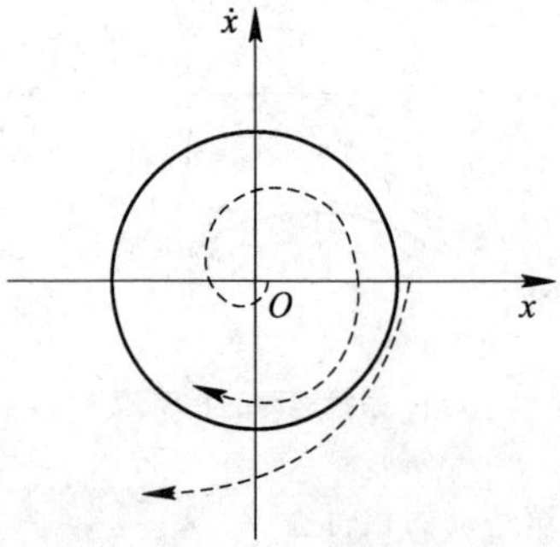

(a) 内外部都是不稳定区域

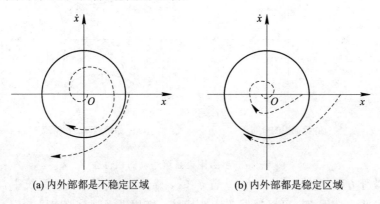

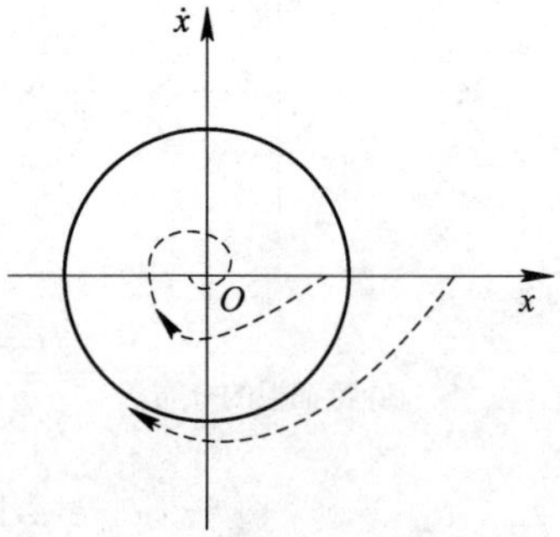

(b) 内外部都是稳定区域

图 8-20　半稳定的极限环

8.2.4　非线性系统相平面分析

当非线性系统可以用解析的微分方程描述时，可以通过求取奇点附近的线性化方程，得到奇点附近的相平面图特性来绘制整个相平面图。

然而，许多常见非线性系统的微分方程都不是解析的，如具有继电特性环节的非线性系统。此时利用奇点附近线性化方程的方法不再适用。值得说明的是，这些不满足解析条件的非线性系统通常是分段线性的，或可以用分段线性来近似，因此我们可以采用所谓"非线性分段，相平面分区"的方法。即根据非线性特性的特点，将相平面分成多个区域；每个区域由不同的线性微分方程描述，且是可解析的，绘出各区的相轨迹，并在各区分界线上将相轨迹接成连续曲线，通常各区的分界线称为开关线或切换线，在切换线上相轨迹的衔接点称为切换点。

需要注意的是，对于对应不同线性工作状态的各个分区，都可能有一个奇点，而该奇点位置可以在该区域内，也可以在该区域以外。前者称为实奇点，在后一种情况中，由于该区的相轨迹无法到达该奇点，所以称为虚奇点。

下面具体讨论几种具有典型非线性特性的系统的相平面特性。

例 8-4　具有死区特性的非线性系统如图 8-21 所示。$r(t)=R\cdot 1(t)$，$k=1$。试画出系统的相轨迹图。

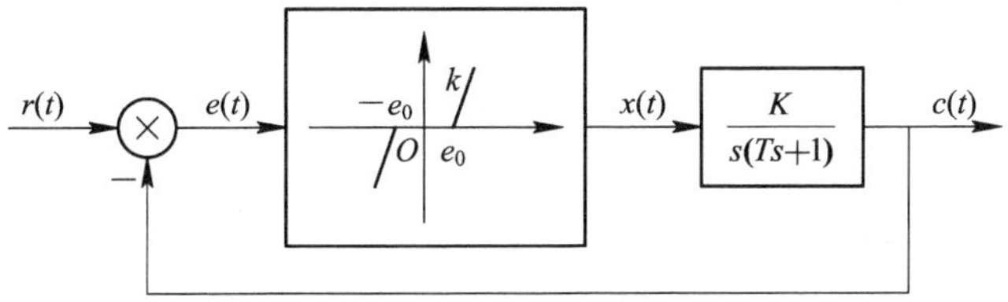

图 8-21　具有死区特性的非线性系统

解　线性环节的微分方程为

$$T\ddot{c}+\dot{c}=Kx$$

将 $c=r-e$ 代入上式，得

$$T\ddot{e}+\dot{e}+Kx=T\ddot{r}+\dot{r}$$

由 $r(t)=R\cdot 1(t)$ 知，有 $\dot{r}=\ddot{r}=0$，因此

$$T\ddot{e}+\dot{e}+Kx=0$$

又有死区非线性特性的数学表达式：

$$x=\begin{cases}0, & |e|\leqslant e_0\\ e-e_0, & e>e_0\\ e+e_0, & e<-e_0\end{cases}$$

开关线 $e=e_0$、$e=-e_0$ 将平面分成三个区，即Ⅰ区（$|e|\leqslant e_0$），Ⅱ区（$e>e_0$）以及Ⅲ区（$e<-e_0$）。

（1）Ⅰ区：此时 $x=0$，Ⅰ区的微分方程为

$$T\ddot{e}+\dot{e}=0，\ |e|\leqslant e_0$$

相轨迹斜率方程为

$$\alpha = \frac{d\dot{e}}{de} = \frac{-\frac{1}{T}\dot{e}}{\dot{e}}$$

令$\begin{cases} -\frac{1}{T}\dot{e}=0 \\ \dot{e}=0 \end{cases}$，解得 $\dot{e}=0$，$|e|\leqslant e_0$。即Ⅰ区没有奇点，只有平衡线 $\dot{e}=0$，$|e|\leqslant e_0$。Ⅰ区的相轨迹是斜率为$-\frac{1}{T}$的直线。

（2）Ⅱ区：此时 $x=e-e_0$，相应的微分方程为

$$T\ddot{e}+\dot{e}+K(e-e_0)=0,\ e>e_0$$

相轨迹斜率方程为

$$\alpha = \frac{d\dot{e}}{de} = \frac{\frac{1}{T}\dot{e}+\frac{K}{T}(e-e_0)}{\dot{e}} = -\frac{1}{T}$$

令$\begin{cases} \frac{1}{T}\dot{e}+\frac{K}{T}(e-e_0)=0 \\ \dot{e}=0 \end{cases}$，解得Ⅱ区奇点位置为$(e_0,\ 0)$，即位于Ⅰ区和Ⅱ区分界线上，奇点为虚奇点。此时微分方程可看成是关于奇点的线性方程

$$T\ddot{e}+\dot{e}+K(e-e_0)=T\ddot{x}+\dot{x}+Kx=0,\ x=e-e_0$$

由于 T、$K>0$，因此奇点类型为稳定焦点。

（3）Ⅲ区：此时 $x=e+e_0$，相应微分方程为

$$T\ddot{e}+\dot{e}+K(e+e_0)=0,\ e<-e_0$$

类似可得Ⅲ区奇点位置为$(-e_0,\ 0)$，为虚奇点，奇点类型为稳定焦点。

设 $KT>1/4$，由Ⅱ区和Ⅲ区线性方程（同样的特征方程）可知，此时Ⅱ区和Ⅲ区奇点均为稳定的焦点，对应的Ⅱ区和Ⅲ区相轨迹为对数螺线。设系统初始状态为静止，即相轨迹起始点坐标在$(e(0),\ \dot{e}(0))=(R,\ 0)$，则系统相轨迹如图 8-22 所示。

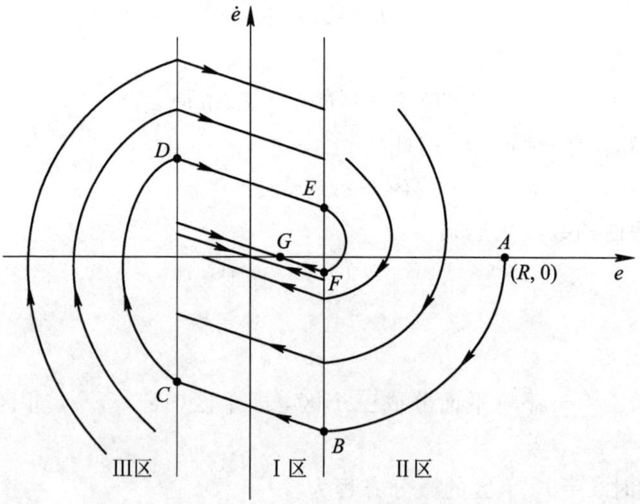

图 8-22　例 8-4 的相轨迹

从图 8-22 中可看出，相轨迹从Ⅱ区 A 点出发，经过Ⅰ、Ⅲ、Ⅰ、Ⅱ等各区，最终进入Ⅰ区(死区)，停留在 G 点，即不管系统初始值取何值，相轨迹经过衰减振荡必将进入Ⅰ区，相轨迹最终停止在Ⅰ区中代表死区的平衡线 $\dot{e}=0$，$|e|\leqslant e_0$ 上的某一点。所以，由于死区的存在，系统存在稳态误差，稳态误差在 $[-e_0, e_0]$ 区间，它的大小与初始条件及输入信号幅度 R 有关。显然，减小系统稳态误差的方法是使死区范围尽可能小。

例 8-5　具有死区加滞环的继电器特性的非线性系统如图 8-23 所示，其中 $-1<m<1$，试分析系统在阶跃信号下的响应。

解　由带死区加滞环的继电器特性，四根开关线 $\dot{e}>0$、$-mh<e<h$、$\dot{e}<0$、$-h<e<mh$ 将平面划分成三个区域。

Ⅰ区：$\dot{e}>0$、$e=h$、$\dot{e}>0$、$e=-h$；$\dot{e}<0$、$e=mh$；

Ⅱ区：$e\geqslant h$，$\dot{e}<0$、$e>mh$；

Ⅲ区：$e\leqslant -h$，$\dot{e}>0$，$e<-mh$。

又由微分方程

$$T\ddot{c}+\dot{c}=Kx$$

可知 $e=r-c$，$\ddot{r}=\dot{r}=0$。

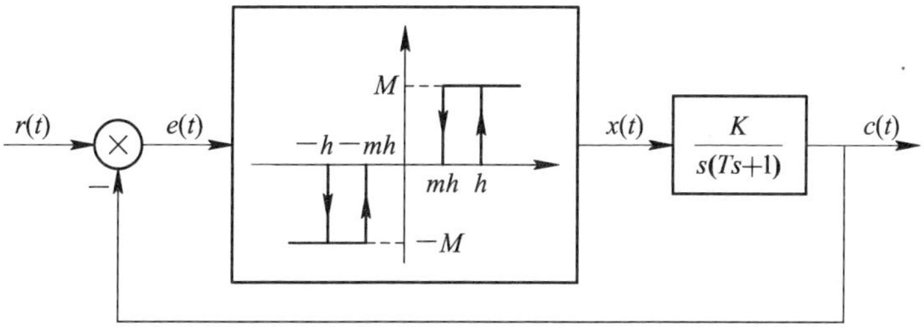

图 8-23　具有死区加滞环的非线性系统

对于阶跃信号，在Ⅰ区、Ⅱ区、Ⅲ区，系统的分段线性微分方程为

$$T\ddot{e}+\dot{e}=0 \qquad (\text{Ⅰ 区})$$

$$T\ddot{e}+\dot{e}+KM=0 \qquad (\text{Ⅱ 区})$$

$$T\ddot{e}+\dot{e}-KM=0 \qquad (\text{Ⅲ 区})$$

(1) Ⅰ区：相轨迹斜率方程为

$$\alpha=\frac{\mathrm{d}\dot{e}}{\mathrm{d}e}=-\frac{1}{T}$$

显然，Ⅰ区不存在奇点，只有平衡线 $\dot{e}=0$，相轨迹的斜率为 $-\dfrac{1}{T}$ 的直线。

(2) Ⅱ区：此时相轨迹斜率方程为

$$\alpha=\frac{\mathrm{d}\dot{e}}{\mathrm{d}e}=-\frac{1}{T}\frac{\dot{e}+KM}{\dot{e}}$$

Ⅱ区不存在奇点，等倾线方程为

$$\dot{e}=-\frac{KM}{\alpha T+1}$$

即等倾线在相平面的斜率 $k=0$ 的水平线。令 $\alpha=k$，可求得渐近线方程为

$$\dot{e}=-KM$$

(3) Ⅲ区：类似得到相轨迹斜率方程为

$$\alpha = \frac{\mathrm{d}\dot{e}}{\mathrm{d}e} = -\frac{1}{T}\frac{\dot{e} - KM}{\dot{e}}$$

渐近线方程为

$$\dot{e} = KM$$

系统完整的相轨迹如图 8-24 所示。

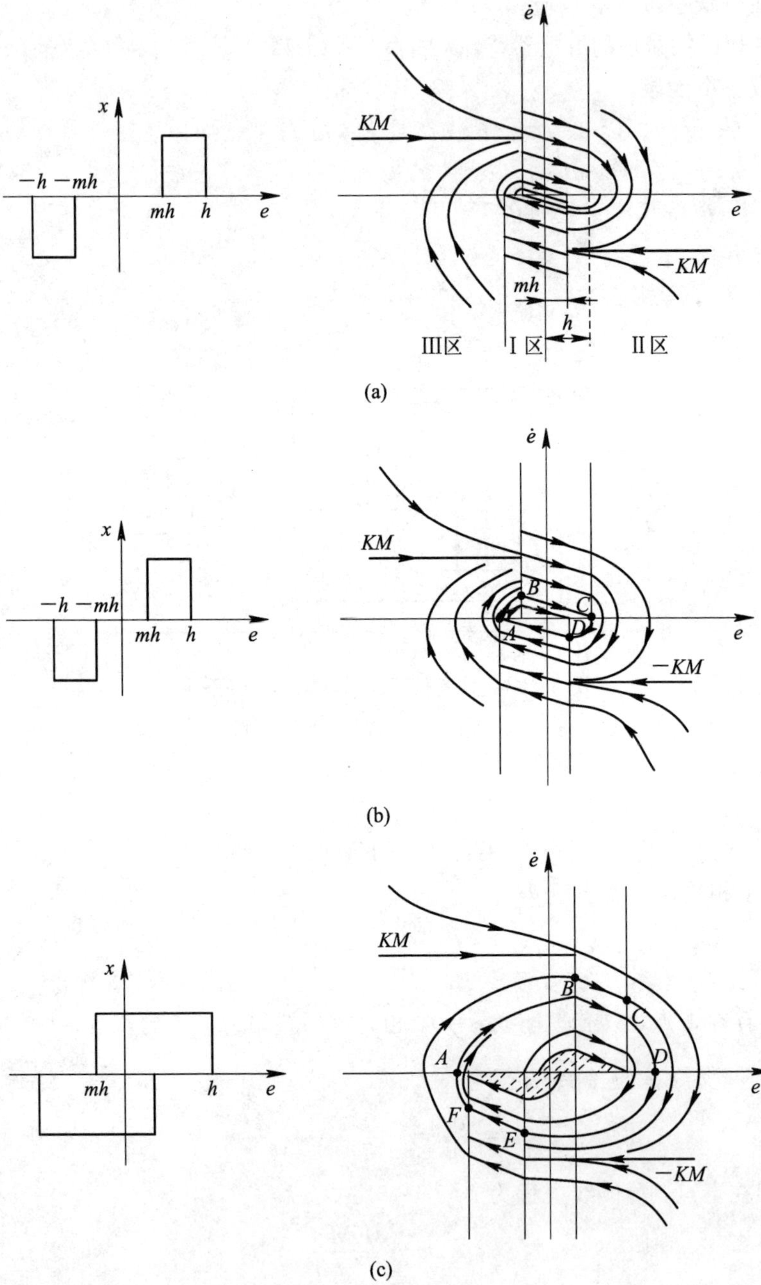

图 8-24　系统相平面图

图 8-24(a)(b)(c)中对应的是 m 逐渐减小时系统相平面图的变化趋势。当 m 较大接近 1 时，系统是稳定的衰减振荡形势，如图 8-24(a)所示；当 m 逐渐减小时，图 8-24(b)中出现了不稳定的极限环 $ABCD$，即环外的相轨迹趋向该极限环，而环内的相轨迹远离它。因为极限环不具有稳定性，所以，实际的运动仍然是衰减振荡趋于平衡线的运动形式。当 $m<0$ 时，如图 8-24(c)所示，除阴影区域内的相轨迹将趋于平衡线外，其他的相轨迹均将趋于稳定的极限环 $ABCDEF$，系统出现自激振荡。

我们已经知道，$m=1$ 时，继电器特性为带死区的继电特性，$-1<m<1$ 时为带死区加滞环的继电器特性，$m=-1$ 时为带滞环的继电器特性，$m=-1$ 时为理想继电器特性，$h=0$ 时为理想继电特性。m 和 h 取上述不同值时，可以采用类似的相平面法进行分析，此处只给出相应的相平面图以便于了解参数 m 和 h 不同取值对系统运动特性的影响。

显然，$m=1$ 时带死区的继电器特性的相轨迹最终均终止在 $\dot{e}=0$，$|e|<h$ 这段横轴上，这是由于继电特性的死区引起的。系统最后所处的平衡状态(平衡点)以及稳态误差都与初始条件有关。系统总体运动为衰减振荡形式，如图 8-25(a)所示。

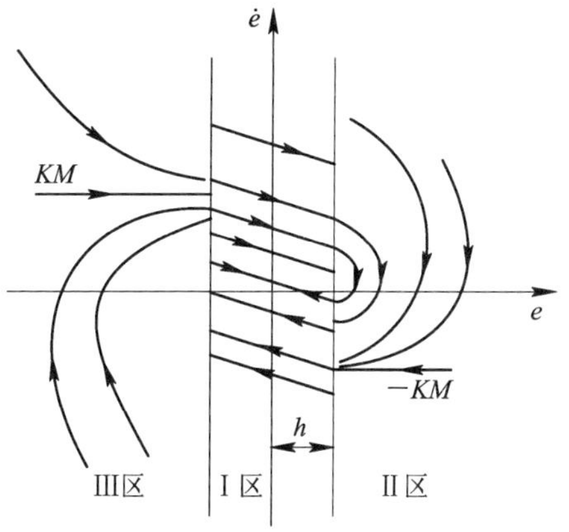

(a) $m=1$时系统相平面图

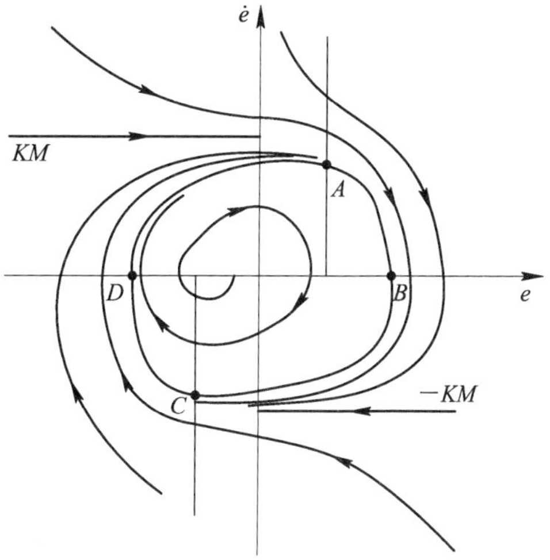

(b) $m=-1$时系统相平面图

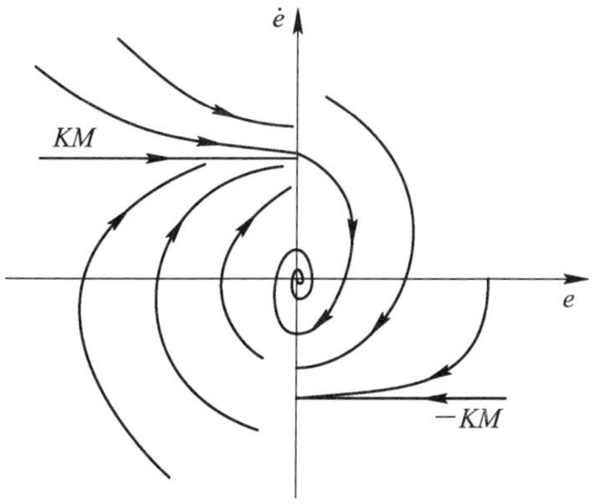

(c) $h=0$时系统相平面图

图 8-25　不同 m 和 h 值时系统相平面图

当 $m=-1$ 时，稳定极限环的吸引区扩展到了全平面，因此带滞环的继电器特性使得系统总是处于自激振荡的运动形式，如图 8－25(b)所示。

另外一种特殊形式即 $h=0$ 的理想继电器特性，系统运动形式为衰减振荡，而且由于不存在死区，稳态误差为零，如图 8－25(c)所示。

8.2.5 利用非线性特性改善系统的性能

在前面的内容中我们看到，非线性特性(如死区、滞环等)的存在往往使得系统性能变坏。其实，非线性特性不只是有不利的一面，它还有有益的一面。在某些情况下，在系统中引入合适的非线性特性能改善系统性能，而这些改变通过线性环节是无法做到的。

例如，在实际的控制系统中，为了避免执行机构不必要的频繁动作，可以在系统前向通道加入死区特性。

对于实际线性系统，要达到理想的过渡过程是比较困难的。原因很简单，若二阶线性系统工作在欠阻尼状态，则系统响应快却伴有超调和振荡，而在过阻尼状态，响应平稳无超调振荡，但响应速度慢。此时，引入一种非线性特性——变增益特性，能很好地解决这个问题。

例 8－6 带变增益特性的非线性系统如图 8－26 所示，其中 $r(t)=1(t)$，讨论如何选择 k_1、k_2 的取值以使得系统过渡过程性能最为理想。

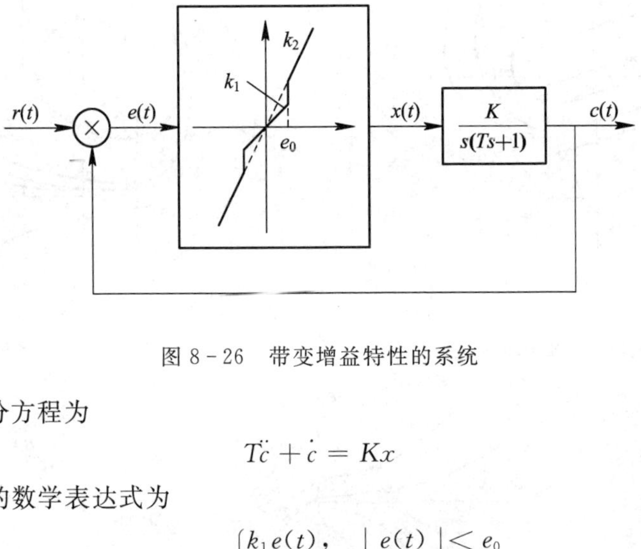

图 8－26 带变增益特性的系统

解 系统微分方程为

$$T\ddot{c}+\dot{c}=Kx$$

变增益特性的数学表达式为

$$x(t)=\begin{cases}k_1e(t), & |e(t)|<e_0\\ k_2e(t), & |e(t)|>e_0\end{cases}$$

并且有 $e=r-c$，$\dot{r}=\ddot{r}=0$，由此得到，当 $|e(t)|>e_0$ 时，系统微分方程为

$$T\ddot{e}+\dot{e}+Kk_2e=0$$

此时系统处于大偏差阶段，应重点保证响应速度，因此选择 k_2 使系统处于欠阻尼状态，即

$$k_2>\frac{1}{4TK}$$

此时系统的特征根为 $e_{1,2}=\dfrac{-1\pm \mathrm{j}\sqrt{4TKk_2-1}}{2T}$，奇点类型为稳定焦点。

同理，当 $|e(t)|<e_0$ 时系统的微分方程为

$$T\ddot{e}+\dot{e}+Kk_1e=0$$

考虑到此时系统处于小偏差阶段，重点是保证响应平稳，因此选择 k_1 使系统处于过阻尼状态，即

$$k_1<\frac{1}{4TK}$$

此时系统的特征根为 $e_{1,2}=\dfrac{-1\pm \mathrm{j}\sqrt{1-4TKk_1}}{2T}<0$，奇点类型为稳定节点。

因此，选择 k_1 和 k_2 的取值使得其满足

$$k_1<\frac{1}{4TK}<k_2$$

系统总的相轨迹如图 8－27(a)所示，过渡过程的比较见图 8－27(b)，其中曲线①为过阻尼情况，②为欠阻尼情况，③为变增益情况 $\left(k_1<\dfrac{1}{4TK}<k_2\right)$。从图上可以看出，采用简单的变增益控制即可使得系统在快速响应的同时又保证了系统的小超调量，使引入非线性特性后的系统获得了比原线性系统更为理想的过渡过程。

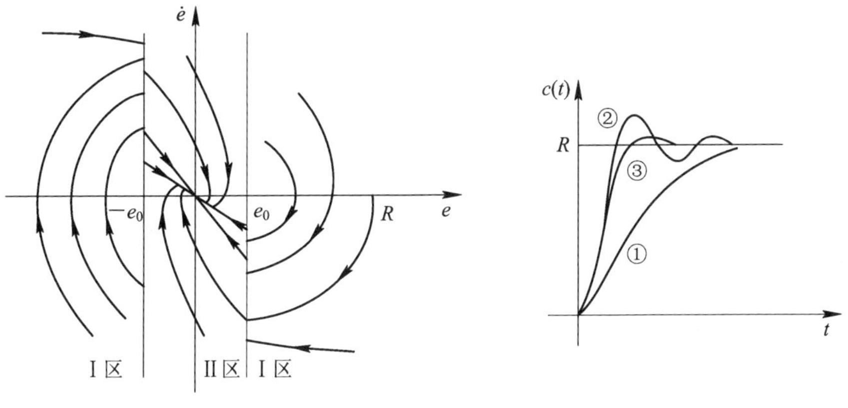

(a) 系统相轨迹图　　(b) 系统输出响应曲线

图 8－27　系统的相轨迹与输出响应

总之，因为非线性特性的复杂性远甚于线性特性，这虽然一定程度上限制了它的应用，但在许多纯粹依靠线性特性不能处理好的控制系统中，应该考虑引入非线性特性来尝试解决，因为复杂性往往意味着灵活性和解决方法的多样性。越来越多的控制系统设计者意识到非线性特性的这一优点，并将它们更多地引入到实际系统的控制中。

8.3　描述函数法

描述函数法是非线性系统的一种近似线性化的分析方法。这种方法在通过描述函数将非线性元件线性化的基础上，应用线性系统的频率法来分析非线性系统的稳定性和自激振荡等问题，一般不能给出时间响应的确切信息。

8.3.1 描述函数的定义

以图 8-28 所示系统为例来说明描述函数的定义，其中 N 表示非线性元件。$G(s)$表示系统的线性环节。

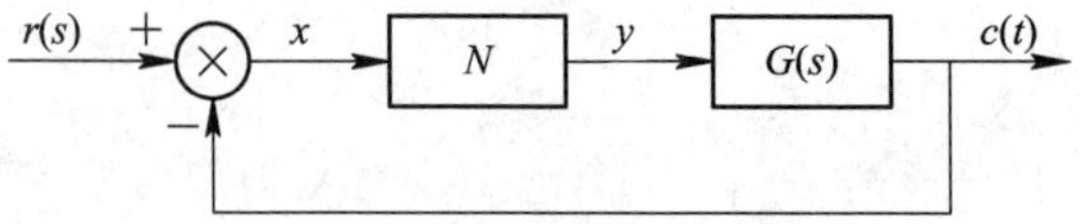

图 8-28　一般系统示意图

描述函数的基本思想就是用非线性元件输出的基波分量代替非正弦周期信号，从而略去信号中的高次谐波，这样处理之后，非线性元件与线性元件在正弦信号作用下的输出具有形式上的相似，可以仿照幅相频率特性的定义，建立非线性元件的近似幅相特性，即描述函数。

应用描述函数法分析非线性系统时，要求元件和系统必须满足以下条件：

(1) 非线性元件 N 无惯性。

(2) 非线性元件 N 的输入输出静态特性是奇对称的，即 $y(x)=-y(-x)$，以保证非线性元件在正弦信号作用下的输出平均值等于零，不包含恒定直流分量。

(3) 系统的线性环节 $G(s)$具有良好的低通滤波特性。这样，非线性环节在正弦输入作用下的输出中，本来幅值相对不大的那些高次谐波分量将被大大削弱。因此，可以近似地认为在闭环通道内只有基波分量在流通，此时应用描述函数法所得的分析结果才比较准确。对于实际的非线性控制系统来说，由于线性环节 $G(s)$通常具有低通特性，因此这个条件是满足的。

定义描述函数如下：在图 8-28 所示的非线性系统中，设非线性环节的输入信号为正弦信号：

$$x(t) = A\sin\omega t \tag{8-18}$$

式中，A 表示正弦信号的幅值，ω 表示正弦信号的角频率，则输出信号 $y(t)$一般为周期性非正弦，可以展开为傅氏级数：

$$y(t) = A_0 + \sum_{n=1}^{\infty}(A_n\cos n\omega t + B_n\sin n\omega t) \tag{8-19}$$

若系统满足上述第二个应用条件，则有 $A_0=0$。

$$A_n = \frac{1}{\pi}\int_0^{2\pi} y(t)\cos n\omega t\,\mathrm{d}(\omega t) \tag{8-20}$$

$$B_n = \frac{1}{\pi}\int_0^{2\pi} y(t)\sin n\omega t\,\mathrm{d}(\omega t) \tag{8-21}$$

n 等于 1 时的一次谐波分量也称为基波分量。在傅氏级数中谐波阶次 n 越大，谐波分量频率越高，系数 A_n、B_n 越小，若此时系统又满足第三个条件，则高次谐波分量又进一步充分衰减，故可近似认为非线性环节的稳态输出只含有基波分量，上式可简化为

$$y(t) = y_1(t) = A_1\cos\omega t + B_1\sin\omega t = C_1\sin(\omega t + \varphi_1) \tag{8-22}$$

式中，$A_1 = \frac{1}{\pi}\int_0^{2\pi} y(t)\cos n\omega t\,\mathrm{d}(\omega t)$；$B_1 = \frac{1}{\pi}\int_0^{2\pi} y(t)\sin n\omega t\,\mathrm{d}(\omega t)$；$C_1 = \sqrt{A_1^2 + B_1^2}$，表示基

波分量的幅值；$\varphi_1=\arctan\dfrac{A_1}{B_1}$，表示基波分量的相位。

仿照线性系统中频率特性的定义，把非线性元件稳态输出的基波分量与输入正弦信号的复数比定义为非线性元件的等效幅相特性，即描述函数，用 $N(A)$来表示，即

$$N(A)=\frac{C_1\angle\varphi_1}{A\angle 0}=\frac{C_1}{A}\angle\varphi_1=\frac{\sqrt{A_1^2+B_1^2}}{A}\angle\arctan\frac{A_1}{B_1}=\frac{B_1}{A}+\mathrm{j}\,\frac{A_1}{A}$$

而$-\dfrac{1}{N(A)}$称为描述函数的负倒数特性。

由非线性环节的描述函数定义可以看出：

(1) 通过描述函数可以将一个非线性元件近似看作一个线性元件，非线性系统的描述函数类似于线性系统的频率特性。

(2) 描述函数表示的是非线性元件对基波正弦量的传递能力，略去了高频分量的传递，因此不同于线性系统的频率特性。

8.3.2　典型非线性特性的描述函数

典型非线性特性具有分段特点，描述函数的计算重点在于确定正弦响应曲线和积分区间，一般采用图解的方法。具体来说，描述函数可以从其定义式(8-21)出发求得，一般步骤是：

(1) 首先由非线性静态特性曲线，画出正弦信号输入下的输出波形，并写出输出波形 $y(t)$的数学表达式；

(2) 然后利用傅氏级数求出 $y(t)$的基波分量；

(3) 最后将求得的基波分量代入定义式(8-21)，即得 $N(A)$。

下面计算典型非线性特性的描述函数。

图 8-29 所示为某非线系统的死区特性及输入输出波形图。当输入 $e(t)=A\sin\omega t$ 时，其输出为

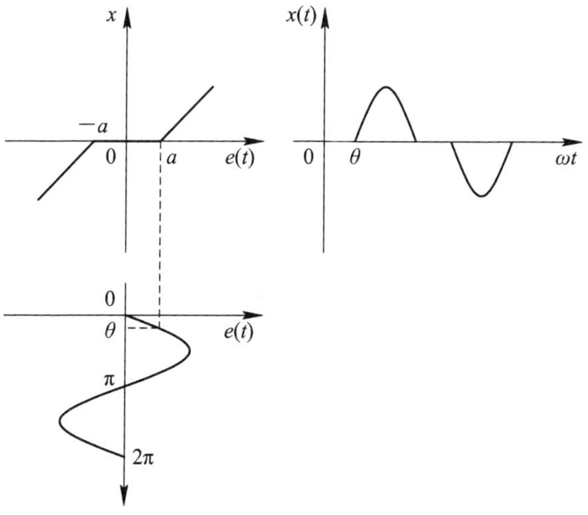

图 8-29　死区特性及输入输出波形图

$$x(t)=\begin{cases}0, & 0\leqslant \omega t\leqslant \theta\\ K(A\sin\omega t-\theta), & \theta\leqslant \omega t\leqslant \pi-\theta\\ 0, & \pi-\theta\leqslant \omega t\leqslant \pi\end{cases}$$

式中，$\theta=\arcsin\dfrac{a}{A}$，$K$ 为线性区的斜率。由于死区特性为单值奇对称，所以 $A_0=0$，$A_1=0$，$\varphi_1=0$。代入式(8-21)可求得 B_1 为

$$B_1=\frac{1}{\pi}\int_0^{2\pi}x(t)\sin\omega t\,\mathrm{d}(\omega t)=\frac{4}{\pi}\left[\int_0^{\frac{\pi}{2}}K(A\sin\omega t-\theta)\sin\omega t\,\mathrm{d}(\omega t)\right]$$

$$=\frac{2KA}{\pi}\left[\frac{\pi}{2}-\arcsin\frac{a}{A}-\frac{a}{A}\sqrt{1-\left(\frac{a}{A}\right)^2}\right]\quad(A\geqslant a)$$

因此，死区特性的描述函数为

$$N(A)=\frac{B_1}{A}=\frac{2K}{\pi}\left[\frac{\pi}{2}-\arcsin\frac{a}{A}-\frac{a}{A}\sqrt{1-\left(\frac{a}{A}\right)^2}\right]\quad(A\geqslant a)$$

这个函数也只有实部。$\dfrac{N(A)}{K}$与$\dfrac{a}{A}$的关系曲线如图 8-30 所示。

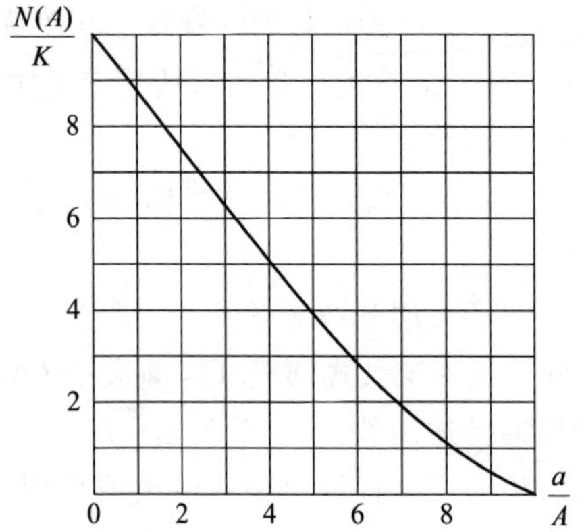

图 8-30　死区非线性特性的描述函数

8.3.3　非线性系统的简化

应用描述函数法分析非线性系统时，假设其典型结构为一个非线性环节 N 和一个线性部分 $G(s)$ 的串联形式，但实际非线性系统并非完全符合这样的要求。当存在多个非线性环节和多个线性部分组合而成的形式时，必须通过结构图等效变换的方式将系统转化为典型结构，等效变换的原则是保证非线性环节的输入输出关系不变。

描述函数法一般用于研究非线性系统的稳定性和自激振荡，即系统的内部运动，并不考虑外作用，所以在进行结构图的等效变换时可令输入 $r(t)=0$。

1. 非线性环节的串联

当存在多个非线性环节串联的时候，可以先将串联的多个非线性环节等效为一个非线性环节，然后再求其描述函数。

例 8-7　图 8-31 所示系统为一个具有死区特性的非线性环节和一个具有死区饱和特性的非线性环节的串联，试将其等效为一个非线性环节，并求其描述函数 $N(A)$。

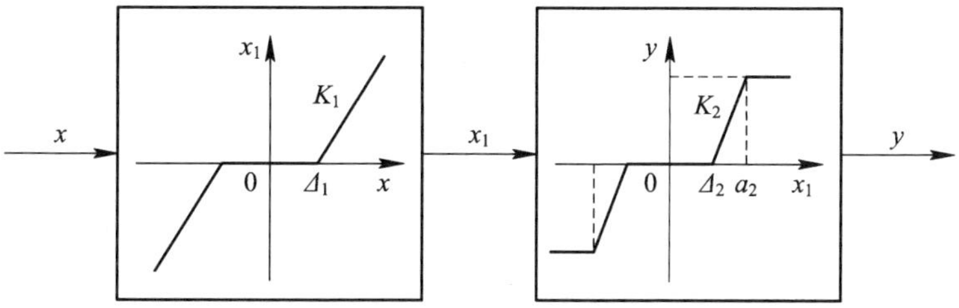

图 8-31　两个非线性环节串联

解　首先将两个非线性环节按图 8-32(a)、(b)的形式放置，得到等效非线性环节如图 8-32(c)所示，其中 $\Delta=\Delta_1+\dfrac{\Delta_2}{K_1}$，$a=\Delta_1+\dfrac{a_2}{K_1}$，$K=K_1K_2$。由图中可以看出，当 $|x|\leqslant\Delta$ 时，$y(x)=0$；当 $\Delta<|x|<a$ 时，由于 $x_1(x)$ 和 $y(x_1)$ 都位于线性区，所以 $y(x)$ 也位于线性区；当 $|x|\geqslant a$ 时，$y(x)$ 进入饱和区，最后由图 8-32(c)可得等效的非线性特性描述函数为

$$N(A)=\frac{2K}{\pi}\left[\arcsin\frac{a}{A}-rc\sin\frac{\Delta}{A}+\frac{a}{A}\sqrt{1-\left(\frac{a}{A}\right)^2}-\frac{\Delta}{A}\sqrt{1-\left(\frac{a}{A}\right)^2}\right]\quad(A\geqslant a)\tag{8-23}$$

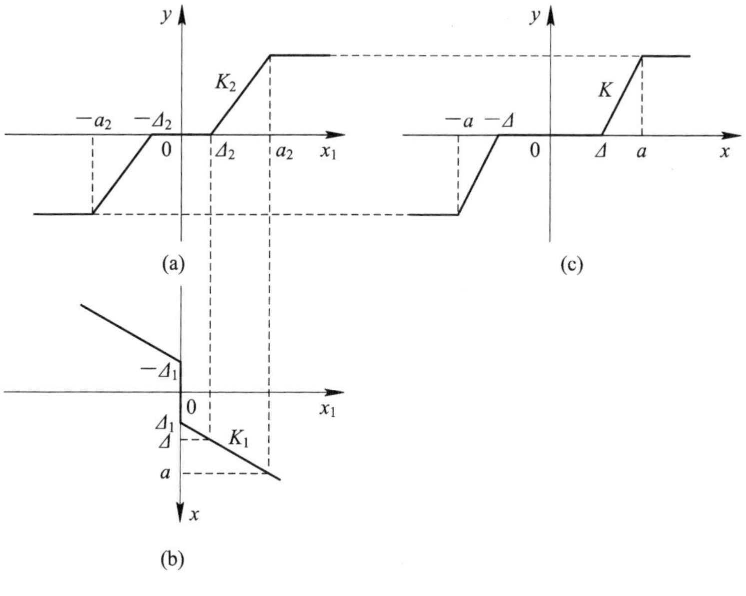

图 8-32　非线性环节串联简化的图解方法

需要指出的是，两个非线性环节串联的等效非线性环节与两个环节的前后顺序有关，如果改变前后顺序，则等效非线性环节亦不同，需要重新求出新的等效非线性环节再求其描述函数。

2. 非线性环节的并联

图 8-33(a)所示为具有死区特性的非线性环节和具有死区极点特性的非线性环节并联的情况，可以将两个环节的非线性特性进行叠加，如图 8-33(b)所示，然后再对叠加后的非线性特性求描述函数 $N(A)$，即

$$N(A) = N_1(A) + N_2(A) \tag{8-24}$$

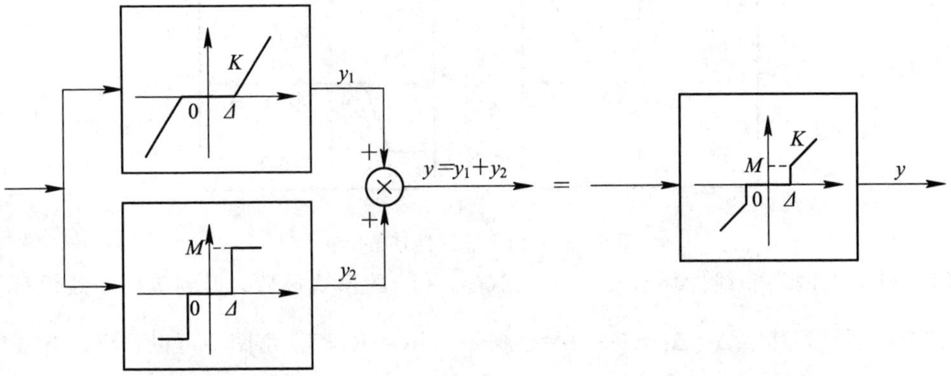

(a) 死区特性和死区极点特性并联 (b) 非线性特性进行叠加

图 8-33 非线性环节并联的等效变换

图 8-33(a)所示的非线性环节描述函数为

$$N(A) = N_1(A) + N_2(A) = \frac{2K}{\pi}\left[\frac{\pi}{2} - \arcsin\frac{\Delta}{A} - \frac{\Delta}{A}\sqrt{1-\left(\frac{\Delta}{A}\right)^2}\right] + \frac{4M}{\pi A}\sqrt{1-\left(\frac{\Delta}{A}\right)^2}$$

$$= K - \frac{2K}{\pi}\arcsin\frac{\Delta}{A} + \frac{4M-2K\Delta}{\pi A}\sqrt{1-\left(\frac{\Delta}{A}\right)^2} \quad (A \geqslant \Delta) \tag{8-25}$$

3. 线性部分的等效变换

当非线性系统中存在多个线性环节时，可将多个线性环节合并为一个等效线性环节，等效变换的原则是保证非线性环节的输入输出不变。

例 8-8 试将图 8-34 所示的非线性系统简化成一个非线性环节和一个等效线性部分相串联的典型结构，并写出等效线性部分的传递函数 $G(s)$。

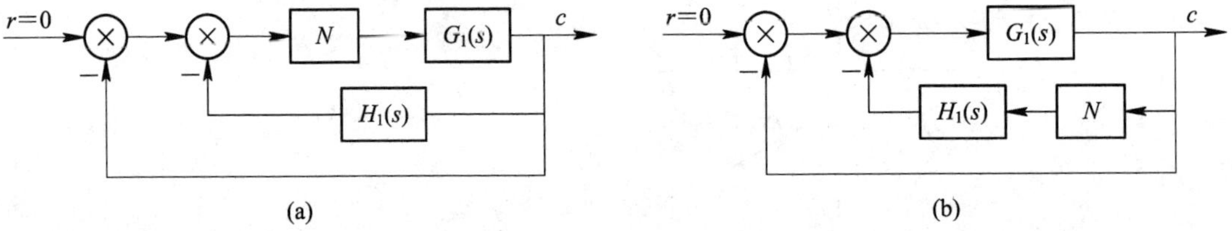

(a) (b)

图 8-34 例 8-8 非线性系统结构图

解 (1) 对于图 8-34(a)所示系统，先将主反馈回路与局部反馈回路合并，简化成图 8-35 所示结构。

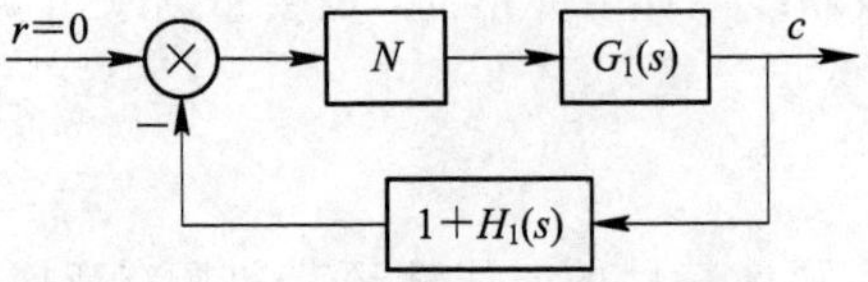

图 8-35 图 8-34(a)等效结构

再将 $1+H_1(s)$方框与 $G_1(s)$方框合并得到图 8－36 所示结构。

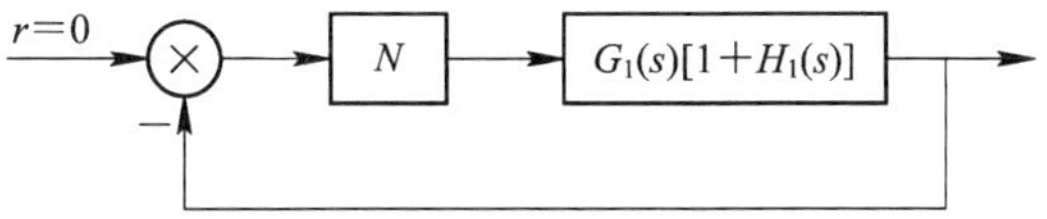

图 8－36　图 8－35 等效结构

等效线性部分的传递函数为

$$G(s)=G_1(s)[1+H_1(s)] \tag{8-26}$$

(2) 对于图 8－34(b)所示系统，可简化成图 8－37 所示结构。

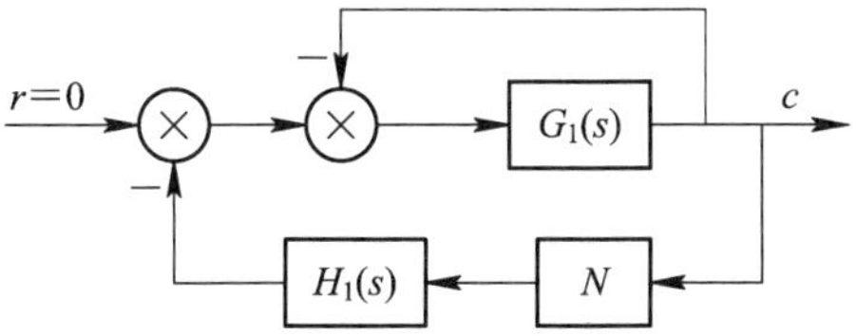

图 8－37　图 8－34(b)简化结构

在图 8－37 中，$G_1(s)$对应单位反馈，可简化为图 8－38 所示结构。

再将图 8－38 中$\frac{G_1(s)}{1+G_1(s)}$方框与 $H_1(s)$方框合并，得到图 8－39 所示结构。

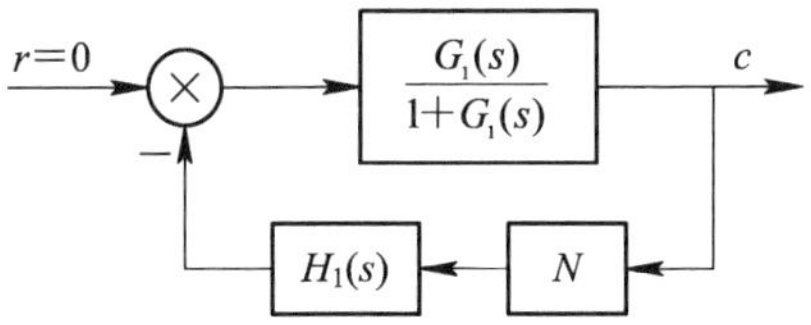

图 8－38　图 8－37 简化结构

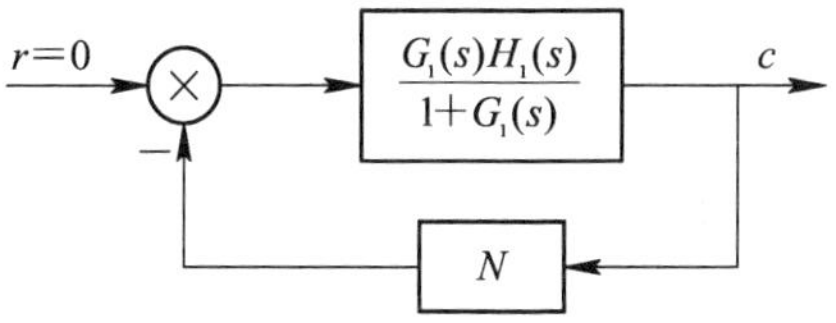

图 8－39　图 8－38 简化结构

8.3.4　非线性系统描述函数法分析

前面介绍了非线性元件的描述函数 $N(A)$的定义。通过描述函数，一个非线性环节可看作是一个线性环节，而非线性系统就近似成了线性系统，这样就可以应用线性系统的频率法对非线性系统进行分析。

但从描述函数的定义可看出，它仅表示了非线性元件在正弦输入信号作用下，输出信号的基波分量与输入的正弦信号之间的关系，不能全面表征系统特性，因此这种方法一般只适用于近似分析系统的稳定性和自激振荡。

假设系统可以用图 8－40 所示的一个非线性环节和一个线性环节串联的形式来表示，其中非线性部分的描述函数用 $N(A)$来表示，线性部分用频率特性 $G(\mathrm{j}\omega)$表示。

线性化后的闭环系统频率特性为

$$\frac{C(\mathrm{j}\omega)}{R(\mathrm{j}\omega)}=\frac{N(A)G(\mathrm{j}\omega)}{1+N(A)G(\mathrm{j}\omega)} \tag{8-27}$$

而闭环系统的特征方程为

$$1+N(A)G(\mathrm{j}\omega)=0 \tag{8-28}$$

即

$$G(\mathrm{j}\omega)=-\frac{1}{N(A)} \tag{8-29}$$

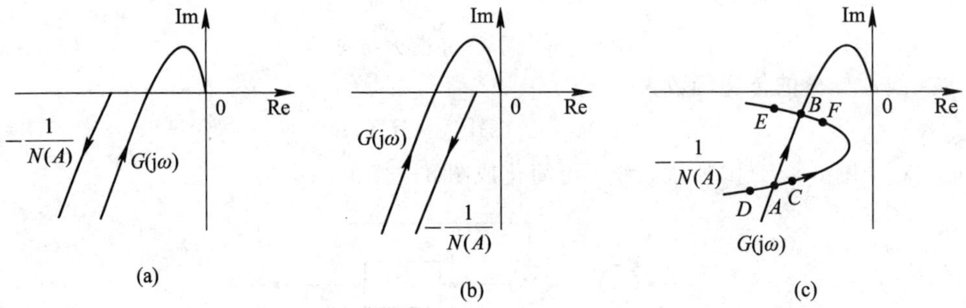

图 8-40　非线性系统$-\frac{1}{N(A)}$曲线和 $G(\mathrm{j}\omega)$曲线

对比在线性系统中，应用奈奎斯特稳定判据，当满足 $G(\mathrm{j}\omega)=-1$ 时，系统是临界稳定的，即系统是等幅振荡状态。

对于非线性系统，上式中的$-\frac{1}{N(A)}$就相当于线性系统中的点$(-1, \mathrm{j}0)$。由此可以看出，两者的区别在于，线性系统的临界状态是点$(-1, \mathrm{j}0)$，而非线性系统的临界状态是$-\frac{1}{N(A)}$曲线。

综上所述，利用奈奎斯特稳定判据可以得到非线性系统的稳定性判别方法描述如下：首先求出非线性环节的描述函数 $N(A)$，然后在极坐标图上分别画出非线性部分的负倒数特性曲线$-\frac{1}{N(A)}$和线性部分的 $G(\mathrm{j}\omega)$曲线，并假设 $G(s)$的极点均在 S 左半平面，则：

(1) 若 $G(\mathrm{j}\omega)$曲线不包围$-\frac{1}{N(A)}$曲线，如图 8-40(a)所示，则非线性系统是稳定的。

(2) 若 $G(\mathrm{j}\omega)$曲线包围$-\frac{1}{N(A)}$曲线，如图 8-40(b)所示，则非线性系统是不稳定的。

(3) 若 $G(\mathrm{j}\omega)$曲线与$-\frac{1}{N(A)}$曲线相交，如图 8-40(c)所示，则非线性系统处于临界状态，可能出现持续的自激振荡。

接下来，从信号的角度进一步分析持续自激振荡产生的条件。严格来说，这种自激振荡一般不是正弦的，但可以用一个正弦振荡来近似。持续自激振荡是用交点处的$-\frac{1}{N(A)}$曲线的 A 值和 $G(\mathrm{j}\omega)$曲线的 ω 值来表示。

以图 8-40(c)为例，分析$-\frac{1}{N(A)}$曲线和 $G(\mathrm{j}\omega)$曲线的交点 A、B 两点处是否产生自激振荡。若系统工作在交点 A 处，受到微小扰动的作用，非线性元件的振幅有所增加，工作点由 A 点转移至 C 点，此时 C 点被 $G(\mathrm{j}\omega)$曲线所包围，系统是不稳定的，导致振幅增加，

使工作点由 C 点继续向 B 点移动。反之，若在工作点 A 处受到的扰动使非线性元件输入的幅值减小，即工作点由 A 点移动到 D 点。显然，D 点没有被 $G(\mathrm{j}\omega)$ 曲线包围，系统是稳定的，振幅将进一步减小，直至衰减到零。因此，在 A 点处产生的自激振荡是不稳定的，称 A 点具有发散特性。

类似地，对于交点 B，如果在扰动作用下，系统工作点从 B 点移动到 F 点，F 点被 $G(\mathrm{j}\omega)$ 曲线包围，系统是不稳定的，振幅将增大，工作点向 B 点移动。反之，如果扰动使工作点从 B 点移动到 E 点，E 点没有被 $G(\mathrm{j}\omega)$ 曲线包围，系统是稳定的，振幅将减小，促使工作点再次回到 B 点。由此可见，在交点 B 处的振荡是稳定的自激振荡，称 B 点具有收敛特性。

综上所述，可以按照上述准则来判断自激振荡的稳定性：首先，以 $G(\mathrm{j}\omega)$ 曲线为界，将复平面划分为稳定区和不稳定区。若沿 $-\dfrac{1}{N(A)}$ 曲线按振幅 A 增大的方向，系统从不稳定区进入稳定区，则该交点代表的是稳定的自激振荡，具有收敛特性；反之，若沿 $-\dfrac{1}{N(A)}$ 曲线按振幅增大的方向，系统从稳定区进入不稳定区，则该交点代表的是不稳定的自激振荡，具有发散特性。

习　题

8-1　三个非线性控制系统有相同的非线性特性，但线性部分各不相同，它们的传递函数分别为

$$G_1(s)=\frac{2}{s(0.1s+1)},\ G_2(s)=\frac{2}{s(s+1)},\ G_3(s)=\frac{2(1.5s+1)}{s(s+1)(0.1s+1)}$$

试判断应用描述函数分析时，哪个系统分析准确度高。

8-2　试推导下列非线性特性的描述函数：

(1) $y=bk^3$；

(2) 有死区的线性特性(图 8-41(a))；

(3) 变增益特性(图 8-41(b))；

(4) 有死区的饱和特性(图 8-41(c))；

(5) 阶梯特性(图 8-41(d))。

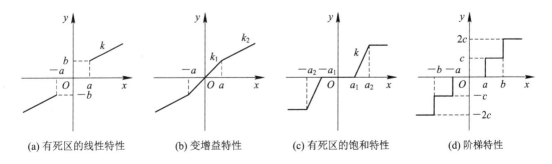

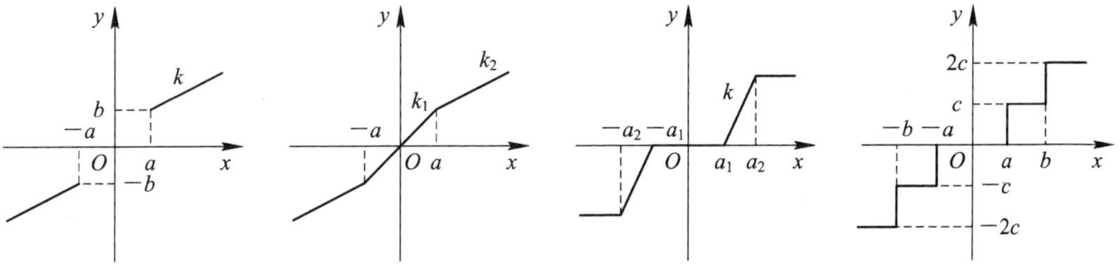

(a) 有死区的线性特性　(b) 变增益特性　(c) 有死区的饱和特性　(d) 阶梯特性

图 8-41　非线性特性图

8-3　试将图 8-42 所示的非线性系统简化成一个闭环回路中非线性特性环节 $N(A)$ 与等效线性系统 $G(s)$ 相串联的典型结构，并写出 $G(s)$ 的表达式。

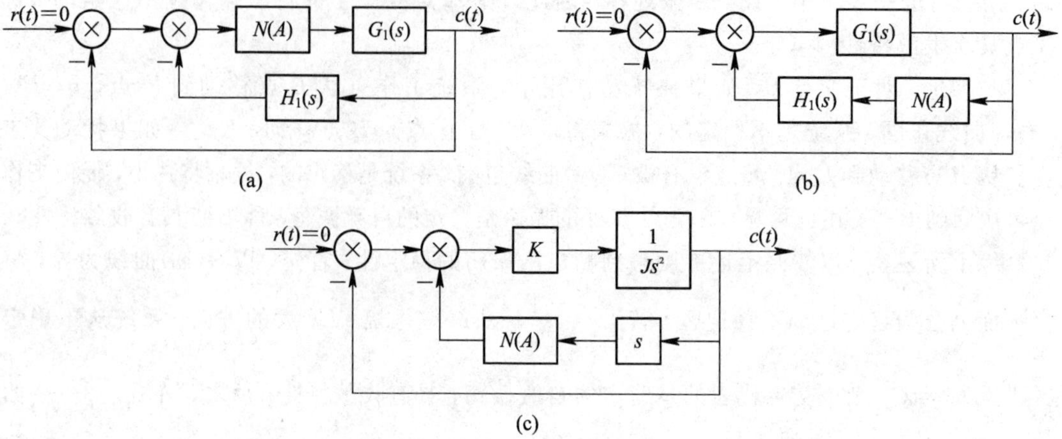

图 8-42　非线性系统

8-4　求图 8-43 所示的串联非线性环节的描述函数。

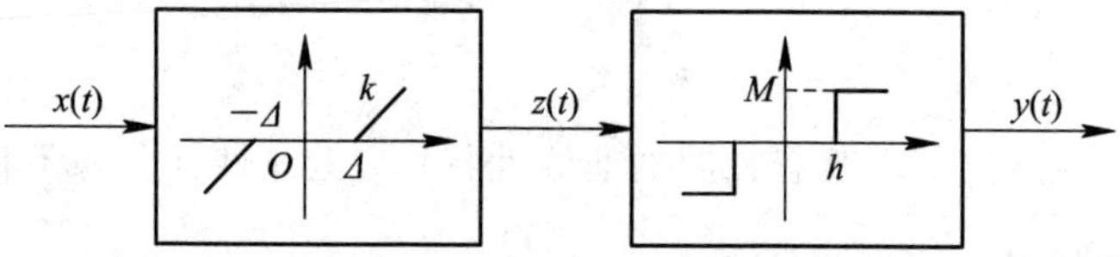

图 8-43　串联非线性环节

8-5　某非线性系统如图 8-44 所示，试确定自激振荡的振幅和频率。

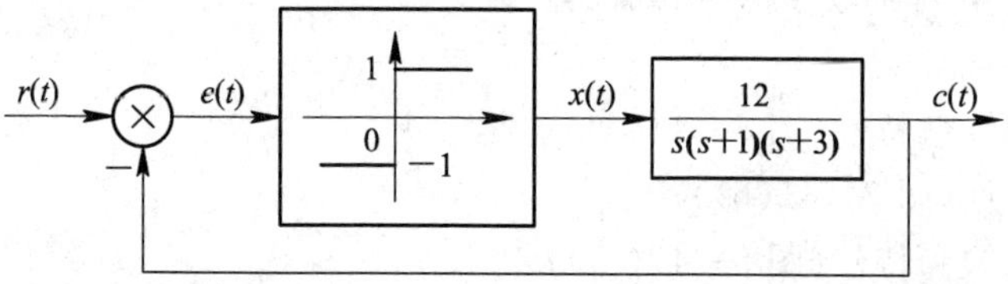

图 8-44　非线性系统

8-6　分析图 8-45 所示非线性系统的稳定性。

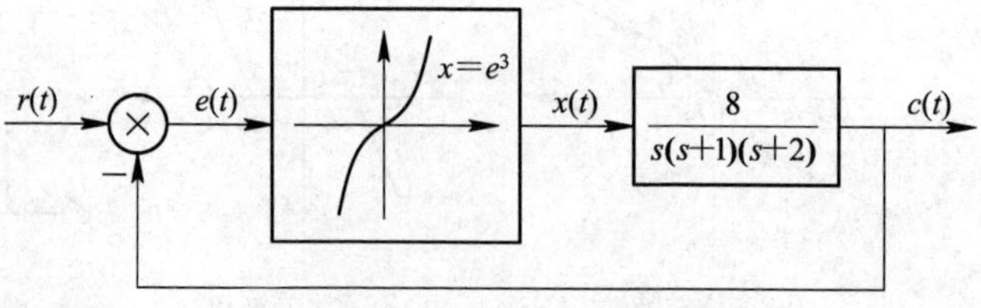

图 8-45　非线性系统

8-7　试分析图 8-46 所示非线性系统的稳定性。

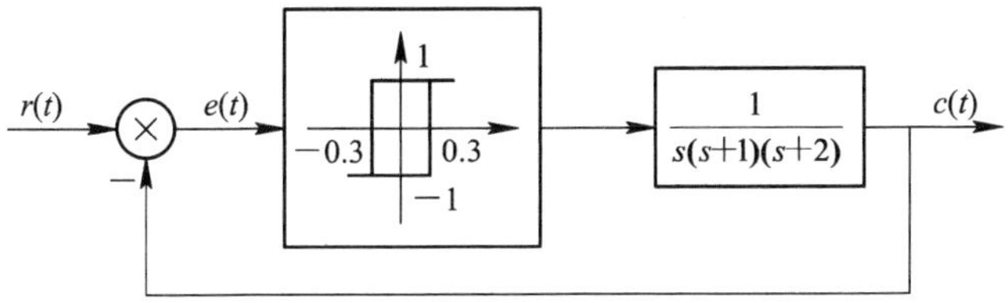

图 8－46　非线性系统

8－8　具有间隙特性的非线性系统图 8－47 所示。

(1) 若 $k=0.75$，$b=1$，应用描述函数法分析非线性系统的稳定性；若产生自激振荡，试确定振荡频率和振幅。

(2) 讨论减小 k 对自激振荡的影响。

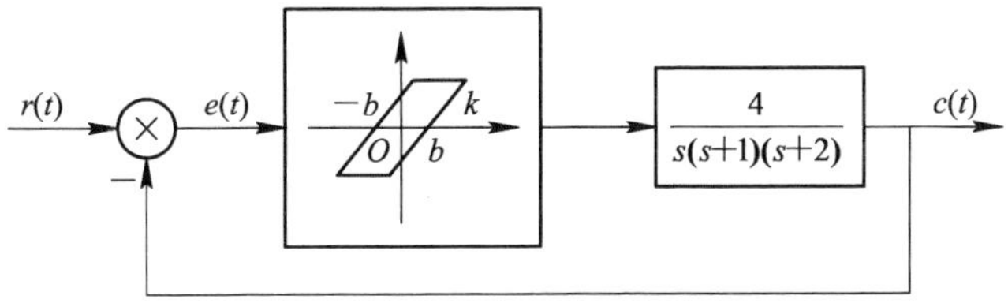

图 8－47　具有间隙特性的非线性系统

8－9　分析图 8－48 所示系统的稳定性(描述函数法)。

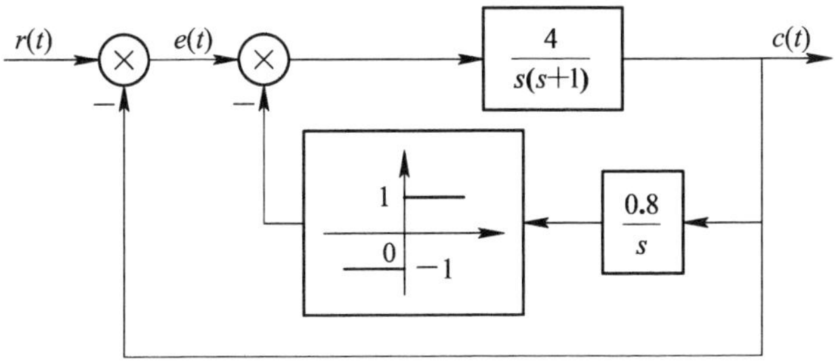

图 8－48　非线性系统

8－10　试用描述函数法分析图 8－49 所示系统的稳定性，若存在自激振荡，确定振荡振幅和频率。

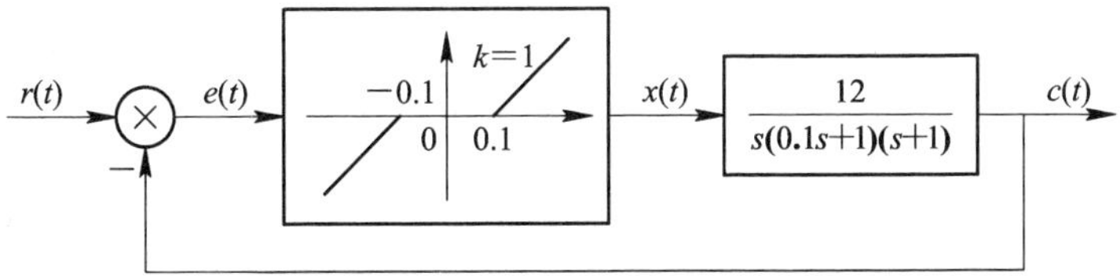

图 8－49　非线性系统

8－11　已知非线性系统如图 8－50 所示，其中 $N(A)=\dfrac{A+6}{A+2}(A>0)$。应用描述函数法分析回答以下问题。

(1) K 取何值时，该非线性系统分别

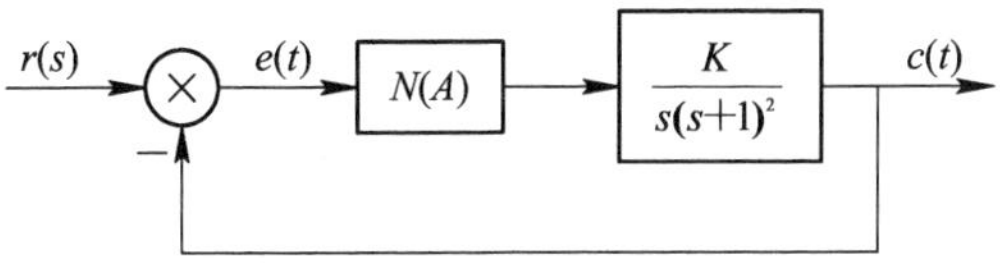

图 8－50　非线性系统

为稳定的，不稳定的，周期运动的？

(2) 分析系统周期运动时的稳定性，确定其振幅和频率。

8-12 已知非线性系统如图 8-51 所示，求：

(1) 延迟时间 τ 为何值时，会产生临界自振？

(2) 临界自振时，非线性元件输入信号的振幅和频率是多少？

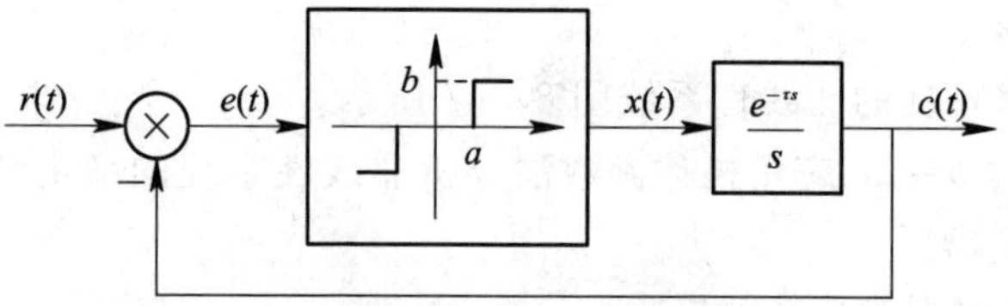

图 8-51 非线性系统

8-13 若非线性系统的微分方程为

(1) $\ddot{x}+(3\dot{x}-0.5)\dot{x}+x+x^2=0$；　　(2) $\ddot{x}+x\dot{x}+x=0$；

(3) $\ddot{x}+\dot{x}^2+x=0$。

试求系统的奇点，并概略绘制奇点附近的相轨迹。

8-14 试确定下列方程的奇点及其类型，用等倾线法或 MATLAB 法绘制它们的相平面图：

(1) $\ddot{x}+\dot{x}+|x|=0$；　　(2) $\ddot{x}+x+\mathrm{sign}\dot{x}=0$；

(3) $\ddot{x}+\sin x=0$。

8-15 若要求图 8-52 所示非线性系统输出量 c 的自振幅 $A_c=0.1$，角频率 $\omega=10$，试确定参数 T 及 K 的数值(T，K 均大于零)。

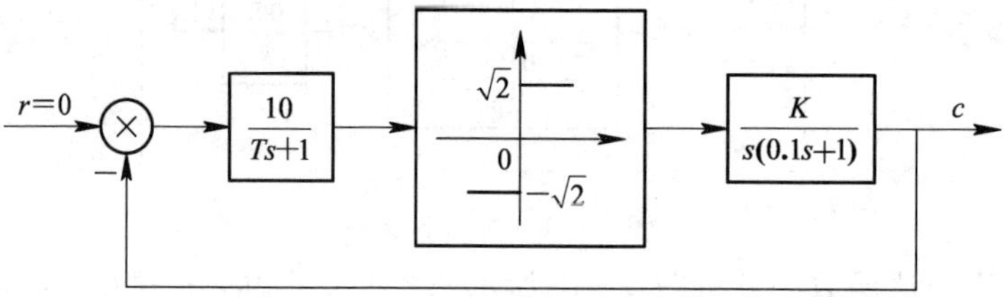

图 8-52 非线性系统

8-16 设非线性系统如图 8-53 所示，其中 K_1，K_2，T_1，T_2，M 均为正。试确定：

(1) 系统发生自激振荡时，各参数应满足的条件；

(2) 自振频率和振幅。

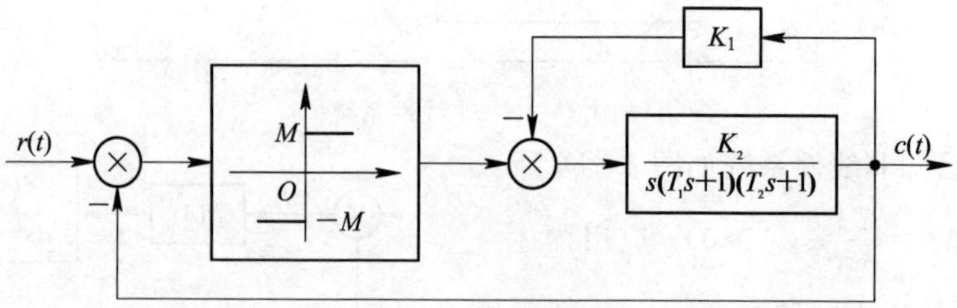

图 8-53 非线性系统

第 9 章　线性系统的状态空间分析与综合

9.1　线性系统的状态空间描述

9.1.1　状态与状态变量

状态是系统在时间域中的行为或运动信息的集合。一个系统的状态能够描述该系统在过去、现在以及未来的情况，它可以是一组数字、一条曲线或者一个方程等。对于控制系统而言，系统的状态是用一组状态变量来描述的。

状态变量是指足以完全表征系统运动状态的一组独立(最小个数)变量：一个 n 阶微分方程表述的系统对应 n 个独立变量，但是对于究竟选择哪些变量作为独立变量，并不是唯一的。也就是说，对于同一个系统，可以用不相同的一组状态变量来描述，但要保证各变量之间相互独立。

下面来看一个简单的例子——小车运动系统，如图 9-1 所示。

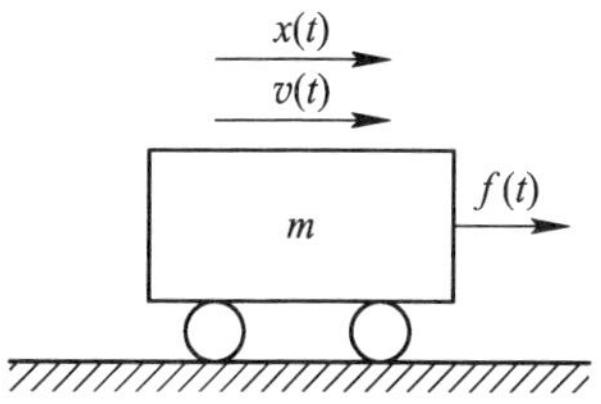

图 9-1　小车运动系统

忽略小车同地面之间的摩擦力，根据牛顿第二定律，可以写出如下运动方程：

$$\frac{\mathrm{d}v(t)}{\mathrm{d}t}=\frac{1}{m}f(t)$$

$$\frac{\mathrm{d}x(t)}{\mathrm{d}t}=v(t) \tag{9-1}$$

式中：$f(t)$为小车推力；$x(t)$为小车位移；m 为小车质量。

进一步，可以得到小车速度和位移的运动方程为

$$v(t)=v(t_0)+\frac{1}{m}\int_0^t f(\tau)\mathrm{d}\tau$$

$$x(t)=x(t_0)+(t-t_0)v(t_0)+\frac{1}{m}\int_0^t \mathrm{d}\tau\int_{\tau_0}^{\tau} f(t)\mathrm{d}t \tag{9-2}$$

因此，选择小车的速度 $v(t)$和位移 $x(t)$作为一组状态变量，就可以完全描述系统中小车的行为。利用上述方程，若已知小车在初始时刻 t_0 的状态$[v(t_0)x(t_0)]$以及小车推力，就可以确定小车未来任意时刻的行为(状态)。

由这个小车运动系统可以看出，一组特定的状态变量表征了系统的一个特定状态，只需知道系统的初始状态和系统输入，就可以确定系统未来的行为。以状态变量为坐标轴可

以构成状态空间，随着时间的变化，系统的状态在空间中形成的曲线被称为状态轨迹。

9.1.2　状态空间表达式

在现代控制理论中，系统的行为是由状态空间表达式来描述的。考虑一个基本的单输入线性时不变 n 阶系统，它应有 n 个独立的状态变量，假设这 n 个状态变量为 $x_1(t)$，$x_2(t)$，…，$x_n(t)$，系统的输入为 $u(t)$，根据系统的动态特性，可以得到如下 n 个微分方程：

$$\begin{cases}\dot{x}_1(t)=a_{11}x_1(t)+a_{12}x_2(t)+\cdots+a_{1n}x(t)+b_1u(t)\\ \dot{x}_2(t)=a_{21}x_1(t)+a_{22}x_2(t)+\cdots+a_{2n}x(t)+b_2u(t)\\ \vdots\\ \dot{x}_n(t)=a_{n1}x_1(t)+a_{n2}x_2(t)+\cdots+a_{nn}x(t)+b_nu(t)\end{cases}\tag{9-3}$$

这种描述了系统的状态变量的一阶导数与状态变量、输入变量之间关系的数学表达式被称为状态方程。进一步，可以把这个系统的状态方程写成如下矩阵形式，即

$$\dot{\boldsymbol{x}}(t)=\boldsymbol{A}\boldsymbol{x}(t)+\boldsymbol{b}\boldsymbol{u}(t)\tag{9-4}$$

$$\boldsymbol{x}=\begin{bmatrix}x_1\\x_2\\\vdots\\x_n\end{bmatrix},\ \boldsymbol{A}=\begin{bmatrix}a_{11}&a_{12}&\cdots&a_{1n}\\a_{21}&a_{22}&\cdots&a_{2n}\\\vdots&\vdots&\ddots&\vdots\\a_{n1}&a_{n2}&\cdots&a_{nn}\end{bmatrix},\ \boldsymbol{b}=\begin{bmatrix}b_1\\b_2\\\vdots\\b_n\end{bmatrix}$$

定义矩阵 $\boldsymbol{A}$ 为 $n\times n$ 阶系统矩阵，$\boldsymbol{b}$ 为系统的 $n\times 1$ 阶输入矩阵(控制矩阵)，显然，对于 n 个输入的多输入系统，输入矩阵 $\boldsymbol{b}$ 是 $n\times n$ 阶的。

此外，描述系统的输出变量与状态变量、输入变量之间关系的数学表达式被称为输出方程。假设上述系统是单输出系统，用 $y(t)$表示系统输出，它的输出方程可以写成

$$y(t)=c_1x_1(t)+c_2x_2(t)+\cdots+c_nx_n(t)+du(t)$$

对应的矩阵形式为

$$\boldsymbol{y}(t)=\boldsymbol{c}\boldsymbol{x}(t)+\boldsymbol{d}\boldsymbol{u}(t)\tag{9-5}$$

式中：$\boldsymbol{c}$ 为系统的 $1\times n$ 阶输出矩阵(观测矩阵)；$\boldsymbol{d}$ 为 1×1 阶前馈矩阵(输入输出传递矩阵)。对于多输入多输出系统，系统的输出矩阵和前馈矩阵均为 $n\times n$ 阶。

到此为止，系统的状态方程和输出方程就构成了一个系统的状态空间表达式(状态空间描述)，也称为系统的动态方程。为了便于观察和分析，常用方框图形式来表示系统的动态方程，这种方框图被称为系统的结构图。由式(9-4)和式(9-5)描述的单输入单输出系统的结构图如图 9-2 所示。

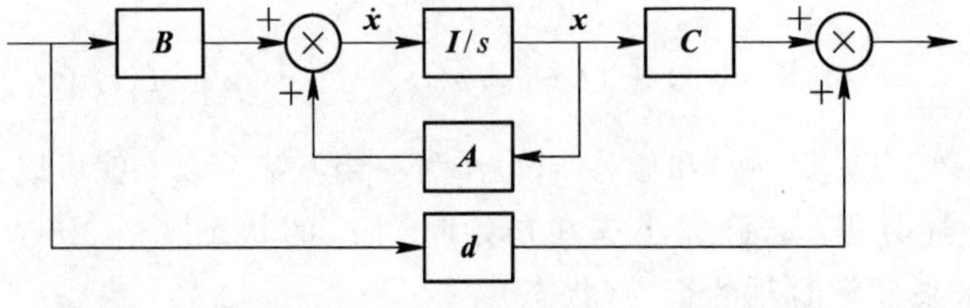

图 9-2　单输入单输出系统的状态结构图

图 9-2 中，$\boldsymbol{I}$ 为单位阵，s 为拉普拉斯算子，$\boldsymbol{I}/s$ 方框代表了 n 个积分器。值得注意的是，在矢量矩阵乘法中，通常顺序是不能任意颠倒的。

和古典控制理论不同，状态空间描述考虑了“输入—状态—输出”这一过程，它注意到了被“输入—输出”描述所忽略了的状态。输入引起了状态的变化，而状态才决定了输出的变化。因此，状态空间描述是对系统的结构特性的反映，而“输入—输出”描述只是对系统的端部特性的反映。然而，具有相同端部特性的系统，却可以具有不同的结构特性。这表明，状态空间描述是对系统的一种完全的描述。对于系统的状态空间表达式，当状态变量的数目或输出的数目有变化(增加或减少)时，并不增加方程表达形式的复杂性，这是状态空间描述的一个优点。

9.1.3　状态空间表达式的建立方法

1. 根据系统机理建立状态空间表达式

对于一个实际系统，可以按照系统运行所遵循的机理建立相应的数学方程(组)，然后选择相关的状态变量，化为系统的状态空间表达式。

例 9-1　已知如图 9-3 所示 RLC 电路系统，系统输入、输出分别为 e_{r} 和 e_{c}，试选择两组状态变量并建立相应的状态空间表达式，然后就所选状态变量间关系进行讨论。

解　根据回路电压定律，有

$$Ri + L\frac{\mathrm{d}i}{\mathrm{d}t} + \frac{1}{C}\int i\mathrm{d}t = e_{\mathrm{r}}$$

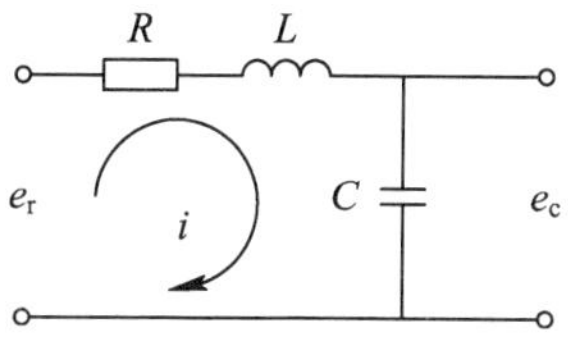

图 9-3　RLC 的电路系统

电路输出量为

$$e_{\mathrm{c}} = \frac{1}{C}\int i\mathrm{d}t$$

① 设状态变量为电感器电流和电容器电压，即 $x_1 = i$，$x_2 = \frac{1}{C}\int i\mathrm{d}t$，则状态方程为

$$\dot{x}_1 = -\frac{R}{L}x_1 - \frac{1}{L}x_2 + \frac{1}{L}e_{\mathrm{r}}$$

$$\dot{x}_2 = \frac{1}{C}x_1$$

输出方程为

$$e_{\mathrm{c}} = x_2$$

其矩阵矢量形式为

$$\begin{cases} \begin{bmatrix} \dot{x}_1 \\ \dot{x}_2 \end{bmatrix} = \begin{bmatrix} -\dfrac{R}{L} & -\dfrac{1}{L} \\ \dfrac{1}{C} & 0 \end{bmatrix} \begin{bmatrix} x_1 \\ x_2 \end{bmatrix} + \begin{bmatrix} \dfrac{1}{L} \\ 0 \end{bmatrix} e_{\mathrm{r}} \\ e_{\mathrm{c}} = \begin{bmatrix} 0 & 1 \end{bmatrix} \begin{bmatrix} x_1 \\ x_2 \end{bmatrix} \end{cases}$$

简记为

$$\begin{cases} \dot{\boldsymbol{x}} = \boldsymbol{A}\boldsymbol{x} + \boldsymbol{b}e_{\mathrm{e}} \\ e_{\mathrm{c}} = \boldsymbol{c}\boldsymbol{x} \end{cases}$$

其中

$$\dot{\boldsymbol{x}}=\begin{bmatrix}\dot{x}_1\\ \dot{x}_2\end{bmatrix},\ \boldsymbol{x}=\begin{bmatrix}x_1\\ x_2\end{bmatrix},\ \boldsymbol{A}=\begin{bmatrix}-\dfrac{R}{L} & -\dfrac{1}{L}\\ \dfrac{1}{C} & 0\end{bmatrix},\ \boldsymbol{b}=\begin{bmatrix}\dfrac{1}{L}\\ 0\end{bmatrix},\ \boldsymbol{c}=[0\quad 1]$$

② 设状态变量为电容器电流和电荷，即 $x_1=i$，$x_2=\int i\mathrm{d}t$，则有

$$\begin{bmatrix}\dot{x}_1\\ \dot{x}_2\end{bmatrix}=\begin{bmatrix}-\dfrac{R}{L} & -\dfrac{1}{LC}\\ 1 & 0\end{bmatrix}\begin{bmatrix}x_1\\ x_2\end{bmatrix}+\begin{bmatrix}\dfrac{1}{L}\\ 0\end{bmatrix}e_{\mathrm{r}},\ e_{\mathrm{c}}=\begin{bmatrix}0 & \dfrac{1}{C}\end{bmatrix}\begin{bmatrix}x_1\\ x_2\end{bmatrix}$$

通过①和②两组状态变量的选择，说明了系统的状态空间表达式不唯一，选择不同的状态变量，会得到不同的状态空间表达式。但是既然两组状态空间表达式描述的是同一个系统，那么它们之间就应该存在某种变换关系。

设 $x_1=i$，$x_2=\dfrac{1}{C}\int i\mathrm{d}t$，$\bar{x}_1=i$，$\bar{x}_2=\int i\mathrm{d}t$，则有

$$x_1=\bar{x}_1,\ x_2=\frac{1}{C}\bar{x}_2$$

对应矩阵-矢量形式为

$$\boldsymbol{x}=\boldsymbol{P}\bar{\boldsymbol{x}}$$

其中

$$\boldsymbol{x}=\begin{bmatrix}x_1\\ x_2\end{bmatrix},\ \bar{\boldsymbol{x}}=\begin{bmatrix}\bar{x}_1\\ \bar{x}_2\end{bmatrix},\ \boldsymbol{P}=\begin{bmatrix}1 & 0\\ 0 & \dfrac{1}{C}\end{bmatrix}$$

以上说明只要选择非奇异矩阵 $\boldsymbol{P}$，便可完成两组状态变量之间的变换 $\boldsymbol{x}=\boldsymbol{P}\bar{\boldsymbol{x}}$。若选择不同的变换矩阵 $\boldsymbol{P}$，就能够变换出一组新的状态变量，说明了系统状态变量选择的不唯一性。

例 9-2　已知如图 9-4 所示的质量弹簧阻尼系统，系统输入、输出分别为 $u(t)$和 $y(t)$，试建立相应的状态空间表达式。

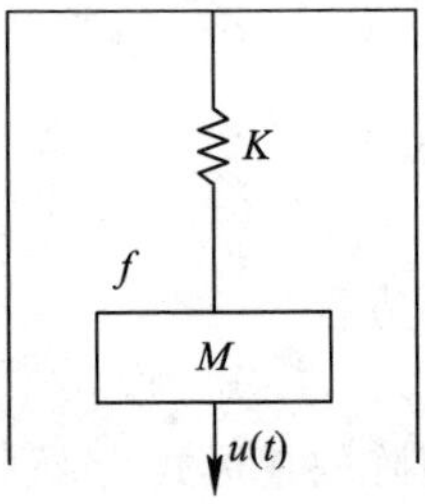

图 9-4　质量弹簧阻尼系统

解　由牛顿定律、胡克定律以及弹簧定律易得

$$M\frac{\mathrm{d}^2y}{\mathrm{d}t^2}+f\frac{\mathrm{d}y}{\mathrm{d}t}+Ky=u(t)$$

选择状态变量 $x_1=\dfrac{\mathrm{d}y}{\mathrm{d}t}$，$x_2=y$，则

$$\dot{x}=\frac{\mathrm{d}^2y}{\mathrm{d}t^2}=-\frac{1}{M}\left(f\frac{\mathrm{d}y}{\mathrm{d}x}+Ky\right)+\frac{u}{M}=\frac{f}{M}-\frac{K}{M}x^2+\frac{1}{M}u$$

$$\dot{x}_2=x_1$$

写成矩阵-矢量形式为

$$\dot{\boldsymbol{x}}=\boldsymbol{A}\boldsymbol{x}+\boldsymbol{b}u$$

$$y=\boldsymbol{c}\boldsymbol{x}$$

其中

$$\dot{\boldsymbol{x}} = \begin{bmatrix} \dot{x}_1 \\ \dot{x}_2 \end{bmatrix},\ \boldsymbol{x} = \begin{bmatrix} x_1 \\ x_2 \end{bmatrix},\ \boldsymbol{A} = \begin{bmatrix} -\dfrac{f}{M} & -\dfrac{K}{M} \\ 1 & 0 \end{bmatrix},\ \boldsymbol{b} = \begin{bmatrix} \dfrac{1}{M} \\ 0 \end{bmatrix},\ \boldsymbol{c} = [0\quad 1]$$

2. 根据其他形式的数学模型建立状态空间表达式

对于线性定常连续系统而言，微分方程和传递函数是常见的两种数学模型，因此，可以从系统已有的其他数学模型导出其状态空间表达式，从而揭示系统内部的重要特性。

(1) 由微分方程建立状态空间模型。

情况 1　系统输入项中不含导数项。

在这种情况下，一个单输入单输出 n 阶线性时不变系统可用如下微分方程描述：

$$y^{(n)} + a_{n-1}y^{(n-1)} + \cdots + a_1\dot{y} + a_0 y = b_0 u$$

若选择状态变量：$x_1=y$，$x_2=\dot{y}$，$x_3=\ddot{y}$，…，$x_n=y^{(n-1)}$，则可以得到如下方程组：

$$\begin{cases} \dot{x}_1 = x_2 \\ \dot{x}_2 = x_3 \\ \vdots \\ \dot{x}_{(n-1)} = x_n \\ \dot{x}_n = y^n = -a_{n-1}x_n - \cdots - a_1x_2 - a_0x_1 + b_0u \end{cases} \tag{9-6}$$

令

$$\boldsymbol{x} = \begin{bmatrix} x_1 \\ x_2 \\ \vdots \\ x_{n-1} \\ x_n \end{bmatrix},\ \boldsymbol{A} = \begin{bmatrix} 0 & 1 & 0 & \cdots & 0 \\ 0 & 0 & 1 & \cdots & 0 \\ \vdots & \vdots & \vdots & \ddots & \vdots \\ 0 & 0 & 0 & \cdots & 1 \\ -a_0 & -a_1 & -a_2 & \cdots & -a_{n-1} \end{bmatrix},\ \boldsymbol{b} = \begin{bmatrix} 0 \\ 0 \\ \vdots \\ 0 \\ b_0 \end{bmatrix},\ \boldsymbol{c} = [1\quad 0\quad \cdots\quad 0]$$

可以进一步得到方程组的矩阵-矢量形式，即

$$\dot{\boldsymbol{x}} = \boldsymbol{Ax} + \boldsymbol{bu}$$

$$y = \boldsymbol{cx}$$

按式(9-6)绘制的结构图称为状态变量图，如图 9-5 所示。每个积分器的输出都是对应的状态变量，状态方程由各积分器的"输入—输出"关系确定。

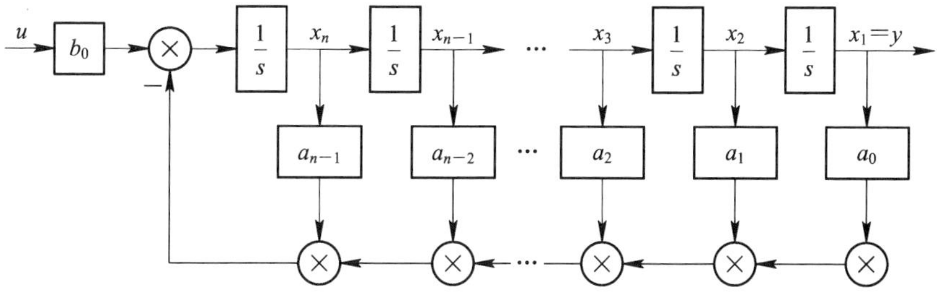

图 9-5　系统状态变量图

例 9-3　已知系统的微分方程为 $\ddot{y}+\ddot{y}+4\dot{y}+5y=3u$，试选择状态变量，并写出状态空间表达式。

解　选择状态变量：$y=x_1$，$\dot{y}=x_2$，$\ddot{y}=x_3$，则有

$$\begin{cases}\dot{x}_1 = x_2 \\ \dot{x}_2 = x_3 \\ \dot{x}_3 = -5x_1 - 4x_2 - x_3 + 3u \\ y = x_1\end{cases}$$

状态空间表达式为

$$\begin{bmatrix}\dot{x}_1 \\ \dot{x}_2 \\ \dot{x}_3\end{bmatrix} = \begin{bmatrix}0 & 1 & 0 \\ 0 & 0 & 1 \\ -5 & -4 & -1\end{bmatrix}\begin{bmatrix}x_1 \\ x_2 \\ x_3\end{bmatrix} + \begin{bmatrix}0 \\ 0 \\ 3\end{bmatrix}u$$

$$y = \begin{bmatrix}1 & 0 & 0\end{bmatrix}\begin{bmatrix}x_1 \\ x_2 \\ x_3\end{bmatrix}$$

情况 2 系统输入项中含有导数项。

这种情况下的单输入单输出 n 阶线性时不变系统可用如下微分方程描述：

$$y^{(n)} + a_{n-1}y^{(n-1)} + \cdots + a_1\dot{y} + a_0 y = b_0 u^{(n)} + b_{n-1}u^{(n-1)} + \cdots + b_1\dot{u} + b_0 u$$

选择如下一组状态变量：

$$x_1 = y - h_0 u$$

$$x_i = \dot{x}_{i-1} - h_{i-1}u,\quad i = 2, 3, \cdots, n$$

式中：$h_0, h_1, \cdots, h_{n-1}$ 是 n 个待定常数。

对 x_n 求导，可以得到：

$$\begin{aligned}\dot{x}_n &= y^{(n)} - h_0 u^{(n)} - \cdots - h_{n-1}\dot{u} \\ &= (-a_{n-1}y^{(n-1)} - \cdots a_1\dot{y} - a_0 y + b_n u^{(n)} + b_{n-1}u^{(n-1)} + \cdots b_1\dot{u} + b_0 u) - h_0 u^{(n)} - \cdots - h_{n-1}\dot{u}\end{aligned}$$

将 $y^{(n-1)}$、…、$\dot{y}$、y 均用 x_i 及 u 的各阶导数替换，可以得到

$$\begin{aligned}\dot{x}_n = &-a_0x_1 - a_1x_2 - \cdots - a_{n-1}x_n + (b_n - h_0)u^{(n)} + (b_{n-1} - h_1 - a_{n-1}h_0)u^{(n-1)} + \cdots + \\ &(b_1 - h_{n-1} - a_{n-1}h_{n-2} - \cdots - a_1h_0)\dot{u} + (b_0 - a_{n-1}h_{n-1} - \cdots - a_0h_0)u\end{aligned}$$

若令

$$\begin{aligned}h_0 &= b_n \\ h_1 &= b_{n-1} - a_{n-1}h_0 \\ &\vdots \\ h_{n-1} &= b_1 - a_{n-1}h_{n-2} - \cdots - a_1h_0 \\ h_n &= b_0 - a_{n-1}h_{n-1} - \cdots - a_0h_0\end{aligned}$$

则可以得到系统的状态空间表达式为

$$\dot{\boldsymbol{x}} = \boldsymbol{A}\boldsymbol{x} + \boldsymbol{b}u$$

$$\boldsymbol{y} = \boldsymbol{c}\boldsymbol{x} + \boldsymbol{d}u$$

其中

$$\boldsymbol{A} = \begin{bmatrix}0 & 1 & 0 & \cdots & 0 \\ 0 & 0 & 1 & \cdots & 0 \\ \vdots & \vdots & \vdots & \ddots & \vdots \\ 0 & 0 & 0 & \cdots & 1 \\ -a_0 & -a_1 & -a_2 & \cdots & -a_{n-1}\end{bmatrix},\ \boldsymbol{b} = \begin{bmatrix}h_1 \\ h_2 \\ \vdots \\ h_n\end{bmatrix},\ \boldsymbol{c} = \begin{bmatrix}1 & 0 & 0 & \cdots & 0\end{bmatrix},\ d = h_0$$

例 9-4　已知系统的微分方程为 $\dddot{y}+2\ddot{y}+3\dot{y}+5y=5\dddot{u}+7u$，试选择状态变量，并写出状态空间表达式。

解　选择状态变量 $x_1=y-h_0u$，$x_2=\dot{x}_1-h_1u$，$x_3=\dot{x}_2-h_2u$，其中

$$h_0=b_3=5$$

$$h_1=b_2-a_2h_0=0-2\times5=-10$$

$$h_2=b_1-a_2h_1-a_1h_0=0-2\times(-10)-3\times5=5$$

$$h_3=b_0-a_2h_2-a_1h_1-a_0h_0=7-2\times5-3\times(-10)-5\times5=2$$

则状态空间表达式为

$$\begin{bmatrix}\dot{x}_1\\\dot{x}_2\\\dot{x}_3\end{bmatrix}=\begin{bmatrix}0&1&0\\0&0&1\\-5&-3&-2\end{bmatrix}\begin{bmatrix}x_1\\x_2\\x_3\end{bmatrix}+\begin{bmatrix}-10\\5\\2\end{bmatrix}\boldsymbol{u}$$

$$y=[1\quad0\quad0]\begin{bmatrix}x_1\\x_2\\x_3\end{bmatrix}+5\boldsymbol{u}$$

(2) 由系统传递函数建立状态空间模型。

单输入单输出线性时不变系统的传递函数模型可以表示为

$$G(s)=\frac{Y(s)}{U(s)}=\frac{b_ns^n+b_{n-1}s^{n-1}+\cdots+b_1s+b_0}{s^n+a_{n-1}s^{n-1}+\cdots+a_1s+a_0}\tag{9-7}$$

应用综合除法可将式(9-7)化为

$$G(s)=b_n+\frac{\beta_{n-1}s^{n-1}+\cdots+\beta_1s+\beta_0}{s^n+a_{n-1}s^{n-1}+\cdots+a_1s+a_0}\overset{\text{def}}{=\!=}b_n+\frac{N(s)}{D(s)}\tag{9-8}$$

式中：b_n 描述了输入输出之间的直接转移关系，即为系统状态空间模型中的输入输出矩阵。

当 $G(s)$ 的分母阶数大于分子阶数时，则 $b_n=0$，若 $\dfrac{N(s)}{D(s)}$ 是严格有理真分式，则其分子各次项的系数分别为

$$\beta_0=b_0-a_0b_n$$

$$\beta_1=b_1-a_1b_n$$

$$\vdots$$

$$\beta_{n-1}=b_{n-1}-a_{n-1}b_n$$

因此，系统状态空间模型中的剩余 3 个系数矩阵均由严格有理真分式 $\dfrac{N(s)}{D(s)}$ 确定。

情况 1　$\dfrac{N(s)}{D(s)}$ 的串联分解形式。

取中间变量 z，将 $\dfrac{N(s)}{D(s)}$ 分解为如图 9-6 所示的串联结构，则满足

$$z^{(n)}+a_{n-1}z^{(n-1)}+\cdots+a_1\dot{z}+a_0z=u$$

$$y=\beta_{n-1}z^{n-1}+\cdots+\beta_1\dot{z}+\beta_2z$$

若取状态变量

$$x_1=z,\ x_2=\dot{z},\ x_3=\ddot{z},\ \cdots,\ x_n=z^{n-1}$$

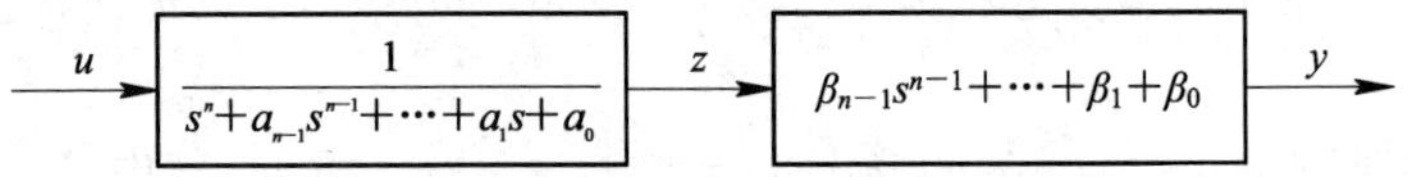

图 9-6 $\frac{N(s)}{D(s)}$的串联分解结构

则系统的状态方程可以表示为

$$\begin{cases}\dot{x}_1 = x_2 \\ \dot{x}_2 = x_3 \\ \quad\vdots \\ \dot{x}_{n-1} = x_n \\ \dot{x}_n = -a_0 z - a_1 \dot{z} - \cdots - a_{n-1} z^{n-1} + u\end{cases}$$

可以得到系统状态空间表达式的矩阵-矢量形式为

$$\dot{\boldsymbol{x}} = \boldsymbol{Ax} + \boldsymbol{b}u$$

$$\boldsymbol{y} = \boldsymbol{cx}$$

其中

$$\boldsymbol{A} = \begin{bmatrix} 0 & 1 & 0 & \cdots & 0 \\ 0 & 0 & 1 & \cdots & 0 \\ \vdots & \vdots & \vdots & \ddots & \vdots \\ 0 & 0 & 0 & \cdots & 1 \\ -a_0 & -a_1 & -a_2 & \cdots & -a_{n-1} \end{bmatrix},\ \boldsymbol{b} = \begin{bmatrix} 0 \\ 0 \\ \vdots \\ 0 \\ 1 \end{bmatrix},\ \boldsymbol{c} = [\beta_0 \quad \beta_1 \quad \cdots \quad \beta_{n-1}]$$

注意： 若系统的状态空间表达式中，矩阵 $\boldsymbol{A}$、$\boldsymbol{b}$ 为以上这种形式，则称矩阵 $\boldsymbol{A}$ 为友矩阵，并把此状态空间表达式叫做能控标准型。

若选取状态变量为

$$x_n = y$$

$$x_i = \dot{x}_{i+1} + a_i y - b_i u,\ i = 1,\ 2,\ \cdots,\ n-1$$

则系统的状态空间模型为

$$\dot{\boldsymbol{x}} = \begin{bmatrix} 0 & 0 & 0 & 0 & -a_0 \\ 1 & 0 & 0 & 0 & -a_1 \\ 0 & 1 & \vdots & 0 & -a_2 \\ \vdots & \vdots & \vdots & \vdots & \vdots \\ 0 & 0 & 0 & 1 & -a_{n-1} \end{bmatrix} \boldsymbol{x} + \begin{bmatrix} \beta_0 \\ \beta_1 \\ \vdots \\ \beta_{n-1} \end{bmatrix} U$$

$$\boldsymbol{y} = [0 \quad 0 \quad \cdots \quad 0 \quad 1]\boldsymbol{x}$$

此时，状态方程中的矩阵 $\boldsymbol{A}$ 为友矩阵的转置矩阵，把矩阵 $\boldsymbol{A}$、$\boldsymbol{c}$ 具有以上这种形式的状态空间表达式称为能观标准型。

这里可以看到系统的能控标准型和能观标准型具有如下的对偶关系：

$$\boldsymbol{A}_c = \boldsymbol{A}_o^T,\ \boldsymbol{b}_c = \boldsymbol{c}_o^T,\ \boldsymbol{c}_c = \boldsymbol{b}_o^T$$

式中：下标 c 表示能控标准型；o 表示能观标准型；T 为转置符号。

例 9-5 设二阶系统微分方程为 $\ddot{y}+2\xi\omega_n\dot{y}+\omega_n^2 y=\tau\dot{u}+u$，试列写能控标准型、能观标准型动态方程，并分别确定状态变量与输入、输出量的关系。

解　由微分方程可以得到系统的传递函数为

$$G(s)=\frac{Y(s)}{U(s)}=\frac{\tau s+1}{s^2+2\xi\omega_n s+\omega_n^2}$$

因此，系统的能控标准型动态方程的各矩阵为

$$\boldsymbol{x}_c=\begin{bmatrix}x_{c1}\\x_{c2}\end{bmatrix}\quad \boldsymbol{A}_c=\begin{bmatrix}0&1\\-\omega_n^2&-2\xi\omega_n\end{bmatrix}\quad \boldsymbol{b}_c=\begin{bmatrix}0\\1\end{bmatrix}\quad \boldsymbol{c}_c=\begin{bmatrix}1&\tau\end{bmatrix}$$

引入中间变量 z 将系统串联分解得到

$$\ddot{z}+2\xi\omega_n\dot{z}+\omega_n^2 z=u$$
$$y=\tau\dot{z}+z$$

对 y 求导并考虑上述关系式，则有

$$\dot{y}=\tau\ddot{z}+\dot{z}=(1-2\xi\omega_n\tau)\dot{z}-\omega_n^2\tau z+\tau u$$

令 $x_{c1}=z$，$x_{c2}=\dot{z}$，可导出状态变量与输入、输出量的关系为

$$x_{c1}=\frac{-\tau\dot{y}+(1-2\xi\omega_n\tau)y+\tau^2 u}{1-2\xi\omega_n\tau+\omega_n^2\tau^2}$$

$$x_{c2}=\frac{\dot{y}+\omega_n^2\tau y-\tau u}{1-2\xi\omega_n\tau+\omega_n^2\tau^2}$$

能观标准型动态方程中各矩阵为

$$\boldsymbol{x}_o=\begin{bmatrix}x_{o1}\\x_{o2}\end{bmatrix}\quad \boldsymbol{A}_o=\begin{bmatrix}0&-\omega_n^2\\1&-2\xi\omega_n\end{bmatrix}\quad \boldsymbol{b}_o=\begin{bmatrix}1\\\tau\end{bmatrix}\quad \boldsymbol{c}_o=\begin{bmatrix}0&1\end{bmatrix}$$

状态变量与输入、输出量的关系为

$$x_{o1}=\dot{y}+2\xi\omega_n y-\tau u,\ x_{o2}=y$$

情况 2　$D(s)$中只含单实数极点。

设 λ_1、λ_2、…、λ_n 为系统的单极点，则

$$D(s)=(s-\lambda_1)(s-\lambda_2)\cdots(s-\lambda_n)$$

因此，系统的传递函数可以表示为

$$G(s)=\frac{N(s)}{D(s)}=\sum_{i=1}^{n}\frac{c_i}{s-\lambda_i}=\frac{y(s)}{u(s)}$$

$$y(s)=\sum_{i=1}^{n}\frac{c_i}{s-\lambda_i}u(s)$$

其中

$$c_i=\left[\frac{N(s)}{D(s)}(s-\lambda_i)\right]\Bigg|_{s=\lambda_i}\tag{9-9}$$

c_i 为$\dfrac{N(s)}{D(s)}$在极点 λ_i 处的留数。

若取状态变量为

$$x_i(s)=\frac{1}{s-\lambda_i}u(s),\ i=1,2,\cdots,n$$

则可以得到系统的状态空间表达式为

$$\dot{\boldsymbol{x}}=\begin{bmatrix}\lambda_1&&0\\&\ddots&\\0&&\lambda_n\end{bmatrix}x+\begin{bmatrix}1\\1\\\vdots\\1\end{bmatrix}\boldsymbol{u}$$

$$y=[c_1\quad c_2\quad \cdots \quad c_n]x$$

若取状态变量为

$$x_i(s)=\frac{c_i}{s-\lambda_i}u(s),\ i=1,\ 2,\ \cdots,\ n$$

可以得到系统的状态空间表达式为

$$\dot{x}=\begin{bmatrix}\lambda_1 & & 0\\ & \ddots & \\ 0 & & \lambda_n\end{bmatrix}x+\begin{bmatrix}c_1\\ c_2\\ \vdots\\ c_n\end{bmatrix}u$$

$$y=[1\quad 1\quad \cdots \quad 1]x$$

例 9-6　设系统传递函数为 $G(s)=\dfrac{s^2+8s+15}{s^3+7s^2+14s+8}$，试写出状态空间表达式。

解　系统的传递函数可以表示为

$$G(s)=\frac{s^2+8s+15}{s^3+7s^2+14s+8}=\frac{c_1}{s+1}+\frac{c_2}{s+2}+\frac{c_3}{s+4}$$

采用留数法求上式中的各待定系数，即

$$c_1=G(s)\cdot(s+1)\,|_{s=-1}=\frac{8}{3}$$

$$c_2=G(s)\cdot(s+2)\,|_{s=-2}=-\frac{3}{2}$$

$$c_3=G(s)\cdot(s+4)\,|_{s=-4}=-\frac{1}{6}$$

可得系统的状态空间表达式为

$$\dot{x}=\begin{bmatrix}-1 & 0 & 0\\ 0 & -2 & 0\\ 0 & 0 & -4\end{bmatrix}x+\begin{bmatrix}1\\ 1\\ 1\end{bmatrix}u$$

$$y=\begin{bmatrix}\frac{8}{3} & -\frac{3}{2} & -\frac{1}{6}\end{bmatrix}x$$

9.1.4　线性连续时不变系统状态方程的解

1. 齐次状态方程的解

齐次状态方程指输入为零的状态方程，即

$$\dot{x}(t)=Ax(t)$$

它反映了系统自由运动的状况(没有输入作用的状况)。对于齐次状态方程求解有三种常见方法：幂级数法、拉普拉斯变化法和凯莱-哈密顿定理法。

1) 幂级数法

设 $x(0)=b_0$，$\dot{x}(t)=ax(t)$的解为

$$x(t)=b_0+b_1t+b_2t^2+\cdots+b_kt^{k-1}+\cdots \tag{9-10}$$

则

$$\dot{x}(t)=b_1+2b_2t+3b_3t^2+\cdots+kb_kt^{k-1}+\cdots \tag{9-11}$$

由式(9－10)和式(9－11)的同次幂系数相等可以得到

$$b_1 = \boldsymbol{a}b_0,\ 2b_2 = \boldsymbol{a}b_1 \Rightarrow b_2 = \frac{1}{2}\boldsymbol{a}b_1 = \frac{1}{2}\boldsymbol{a}^2 b_0 = \frac{1}{2!}\boldsymbol{a}^2 b_0$$

$$3b_3 = \boldsymbol{a}b_2 \Rightarrow b_3 = \frac{1}{3}\boldsymbol{a}b_2 = \frac{1}{3\times 2!}a_3 b_0 = \frac{1}{3!}a_3 b_0,\ \cdots,\ b_k = \frac{1}{k!}a_k b_0$$

从而得到

$$\boldsymbol{x}(t) = \left(1 + \boldsymbol{a}t + \cdots + \frac{1}{k!}\boldsymbol{a}^k t^k + \cdots\right)\boldsymbol{x}(0)$$

因为指数函数

$$\mathrm{e}^{\boldsymbol{a}t} = 1 + \boldsymbol{a}t + \cdots + \frac{1}{k!}\boldsymbol{a}^k t^k + \cdots = \sum_{n=0}^{\infty}\frac{1}{n!}a^n t^n$$

所以方程 $\dot{\boldsymbol{x}}(t)=\boldsymbol{a}\boldsymbol{x}(t)$的解为

$$\boldsymbol{x}(t) = \mathrm{e}^{\boldsymbol{a}t}\boldsymbol{x}(0)$$

进一步推广，若定义矩阵指数函数

$$\mathrm{e}^{\boldsymbol{A}t} = 1 + \boldsymbol{A}t + \frac{1}{2}\boldsymbol{A}^2 t^2 + \cdots + \frac{1}{k!}\boldsymbol{A}^k t^k + \cdots = \sum_{n=0}^{\infty}\frac{1}{k!}\boldsymbol{A}^k t^k$$

为系统的状态转移矩阵，记为 $\boldsymbol{\Phi}(t)$，则齐次状态方程 $\dot{\boldsymbol{x}}(t)=\boldsymbol{A}\boldsymbol{x}(t)$的解为

$$\boldsymbol{x}(t) = \mathrm{e}^{\boldsymbol{A}t}\boldsymbol{x}(0) = \boldsymbol{\Phi}(t)\boldsymbol{x}(0)$$

状态转移矩阵 $\boldsymbol{\Phi}(t)$表明了 $\boldsymbol{x}(t)$是由 $\boldsymbol{x}(0)$转移而来的。

2) 拉普拉斯变换法

对方程 $\dot{\boldsymbol{x}}(t)=\boldsymbol{A}\boldsymbol{x}(t)$两端取拉普拉斯变换：

$$s\boldsymbol{x}(s) - \boldsymbol{x}(0) = \boldsymbol{A}\boldsymbol{x}(s)$$

$$(s\boldsymbol{I} - \boldsymbol{A})\boldsymbol{x}(s) = \boldsymbol{x}(0)$$

$$\boldsymbol{x}(s) = \mathscr{L}^{-1}[s\boldsymbol{I} - \boldsymbol{A}^{-1}]\boldsymbol{x}(0)$$

进一步取拉普拉斯反变换就可以得到系统的解：

$$\boldsymbol{x}(t) = \mathscr{L}^{-1}[s\boldsymbol{I} - \boldsymbol{A}^{-1}]\boldsymbol{x}(0)$$

其状态转移矩阵为

$$\boldsymbol{\Phi}(t) = \mathrm{e}^{\boldsymbol{A}t} = \mathscr{L}^{-1}[(s\boldsymbol{I} - \boldsymbol{A})^{-1}]$$

例 9－7　已知系统状态方程和初始条件为

$$\dot{\boldsymbol{x}} = \begin{bmatrix}1 & 0 & 0\\0 & 1 & 0\\0 & 1 & 2\end{bmatrix}\boldsymbol{x},\ \boldsymbol{x}(0) = \begin{bmatrix}1\\0\\1\end{bmatrix}$$

试用拉普拉斯变换求解。

解　$\boldsymbol{A}=\begin{bmatrix}1 & 0 & 0\\0 & 1 & 0\\0 & 1 & 2\end{bmatrix}=\begin{bmatrix}\boldsymbol{A}_1 & \boldsymbol{O}\\\boldsymbol{O} & \boldsymbol{A}_2\end{bmatrix}$

其中

$$\boldsymbol{A}_1,\ \boldsymbol{A}_2 = \begin{bmatrix}1 & 0\\1 & 2\end{bmatrix}$$

则有

$$e^{\boldsymbol{A}t}=\begin{bmatrix}e^{\boldsymbol{A}_1 t} & 0\\ 0 & e^{\boldsymbol{A}_2 t}\end{bmatrix}$$

而

$$e^{\boldsymbol{A}_1 t}=e^{t},\ e^{\boldsymbol{A}_2 t}=\mathscr{L}^{-1}[(s\boldsymbol{I}-\boldsymbol{A}_2)^{-1}]$$

$$(s\boldsymbol{I}-\boldsymbol{A}_2)^{-1}=\begin{bmatrix}s-1 & 0\\ -1 & s-2\end{bmatrix}^{-1}=\frac{1}{(s-1)(s-2)}\begin{bmatrix}s-2 & 0\\ 1 & s-1\end{bmatrix}=\begin{bmatrix}\dfrac{1}{s-1} & 0\\ \dfrac{1}{s-2}-\dfrac{1}{s-1} & \dfrac{1}{s-2}\end{bmatrix}$$

$$e^{\boldsymbol{A}_2 t}=\mathscr{L}^{-1}[(s\boldsymbol{I}-\boldsymbol{A}_2)^{-1}]=\begin{bmatrix}e^{t} & 0\\ e^{2t}-e^{t} & e^{2t}\end{bmatrix}$$

所以状态转移矩阵为

$$e^{\boldsymbol{A}t}=\mathscr{L}^{-1}[(s\boldsymbol{I}-\boldsymbol{A})^{-1}]=\begin{bmatrix}e^{t} & 0 & 0\\ 0 & e^{t} & 0\\ 0 & e^{2t}-e^{t} & e^{2t}\end{bmatrix}$$

3) 凯莱-哈密顿定理法

定理 9.1.1 设 n 阶矩阵 $\boldsymbol{A}$ 的特征多项式为

$$f(\lambda)=|\lambda\boldsymbol{I}-\boldsymbol{A}|=\lambda^{n}+a_{n-1}\lambda^{n-1}+\cdots+a_1\lambda+a_0$$

则有矩阵 $\boldsymbol{A}$ 满足它的特征方程，即

$$f(\boldsymbol{A})=\boldsymbol{A}^{n}+a_{n-1}\boldsymbol{A}^{n-1}+\cdots+a_1\boldsymbol{A}+a_0\boldsymbol{I}=0$$

从该定理可以得到如下两个推论：

推论 1 矩阵 $\boldsymbol{A}$ 的 $k(k\geqslant n)$次幂可以表示为 $\boldsymbol{A}$ 的 $n-1$ 阶多项式

$$\boldsymbol{A}^{k}=\sum_{m=0}^{n-1}\alpha_m\boldsymbol{A}^{m}\quad k\geqslant n$$

推论 2 矩阵指数 $e^{\boldsymbol{A}t}$可表示为 $\boldsymbol{A}$ 的 $n-1$ 阶多项式，即

$$e^{\boldsymbol{A}t}=\sum_{m=0}^{n-1}\alpha_m\boldsymbol{A}^{m}\tag{9-12}$$

且各 $\alpha_m(t)$作为时间的函数是线性无关的。

由凯莱-哈密顿定理，矩阵 $\boldsymbol{A}$ 满足它自己的特征方程，因此，在式(9-12)中用 $\boldsymbol{A}$ 的特征值 $\lambda_i(i-1, 2, \cdots, k)$替代 $\boldsymbol{A}$ 后仍能满足

$$e^{\lambda_i t}=\sum_{m=0}^{n-1}\alpha_m(t)\boldsymbol{A}^{m}\tag{9-13}$$

若 λ_i 互不相等，则根据式(9-13)，可写出各 $\alpha_j(t)$所构成的 n 元一次方程组为

$$\begin{aligned}e^{\lambda_1 t}&=\alpha_0+\alpha_1\lambda_1+\alpha_2\lambda_1^2+\cdots+\alpha_{n-1}\lambda_1^{n-1}\\ e^{\lambda_2 t}&=\alpha_0+\alpha_1\lambda_2+\alpha_2\lambda_2^2+\cdots+\alpha_{n-1}\lambda_2^{n-1}\\ &\ \vdots\\ e^{\lambda_n t}&=\alpha_0+\alpha_1\lambda_n+\alpha_2\lambda_n^2+\cdots+\alpha_{n-1}\lambda_n^{n-1}\end{aligned}$$

求解方程组可得系数 α_0，α_1，…，α_{k-1}，将其带入式(9-12)后即可得出 $e^{\boldsymbol{A}t}$。

例 9-8 对例 9-7 采用凯莱-哈密顿定理法求解。

解 矩阵的特征值为

$$\lambda_{1,2}=1,\ \lambda_3=2$$

对于$\lambda_3=2$，有

$$e^{2t}=\alpha_0(t)+2\alpha_1(t)+4\alpha_2(t)$$

对于$\lambda_{1,2}=1$，有

$$e^{t}=\alpha_0(t)+\alpha_1(t)+\alpha_2(t)$$

因为是二重特征值，故需补充方程

$$te^{t}=\alpha_1(t)+2\alpha_2(t)$$

从而联立方程求解，得

$$\alpha_0(t)=e^{2t}-2te^{t}$$

$$\alpha_1(t)=3te^{t}-2e^{2t}+2e^{t}$$

$$\alpha_2(t)=e^{2t}-e^{t}-te^{t}$$

$$e^{\boldsymbol{A}t}=\alpha_0(t)\boldsymbol{I}+\alpha_1(t)\boldsymbol{A}+\alpha_2(t)\boldsymbol{A}^2=\begin{bmatrix}e^{2t}-2te^{t} & 0 & 0\\ 0 & e^{2t}-2te^{t} & 0\\ 0 & 0 & e^{2t}-2te^{t}\end{bmatrix}+$$

$$(3te^{t}-2e^{2t}+2e^{t})\begin{bmatrix}1&0&0\\0&1&0\\0&1&2\end{bmatrix}+(e^{2t}-e^{t}-te^{t})\begin{bmatrix}1&0&0\\0&1&0\\0&1&2\end{bmatrix}\begin{bmatrix}1&0&0\\0&1&0\\0&1&2\end{bmatrix}$$

$$=\begin{bmatrix}e^{t}&0&0\\0&e^{t}&0\\0&e^{2t}-e^{t}&e^{2t}\end{bmatrix}$$

2. 状态转移矩阵的性质

系统的状态转移矩阵是求解线性时不变系统状态方程的重点问题，掌握它的一些基本运算性质对于求解状态转移矩阵非常有用。

性质 1　$\boldsymbol{\Phi}(0)=\boldsymbol{I}$

证明　$\boldsymbol{\Phi}(0)=e^{\boldsymbol{A}t}|_{t=0}=\boldsymbol{I}$

性质 2　$\dot{\boldsymbol{\Phi}}(t)=\boldsymbol{A}\boldsymbol{\Phi}(t)=\boldsymbol{\Phi}(t)\boldsymbol{A}$

证明　$\dot{\boldsymbol{\Phi}}(t)=\dfrac{d}{dt}e^{\boldsymbol{A}t}=\boldsymbol{A}+\boldsymbol{A}^2t+\cdots+\dfrac{1}{(k-1)}\boldsymbol{A}^kt^{k-1}+\cdots=$

$$\boldsymbol{A}e^{\boldsymbol{A}t}=e^{\boldsymbol{A}t}\boldsymbol{A}=\boldsymbol{A}\boldsymbol{\Phi}(t)=\boldsymbol{\Phi}(t)\boldsymbol{A}$$

性质 3　$\boldsymbol{\Phi}(t_1\pm t_2)=\boldsymbol{\Phi}(t_1)\boldsymbol{\Phi}(\pm t_2)=\boldsymbol{\Phi}(\pm t_2)\boldsymbol{\Phi}(t_1)$

证明　$\boldsymbol{\Phi}(t_1\pm t_2)=e^{\boldsymbol{A}(t_1\pm t_2)}=e^{\boldsymbol{A}t_1}\cdot e^{\pm\boldsymbol{A}t_2}=e^{\pm\boldsymbol{A}t_2}\cdot e^{\pm\boldsymbol{A}t_1}=\boldsymbol{\Phi}(t_1)\boldsymbol{\Phi}(\pm t_2)$

$=\boldsymbol{\Phi}(\pm t_2)\boldsymbol{\Phi}(t_1)$

性质 4　$\boldsymbol{\Phi}^{-1}(t)=\boldsymbol{\Phi}(-t)$

证明　$\boldsymbol{\Phi}^{-1}(t)=(e^{\boldsymbol{A}t})^{-1}=e^{-\boldsymbol{A}t}=\boldsymbol{\Phi}(-t)$

性质 5　$x(t_2)=\boldsymbol{\Phi}(t_2-t_1)x(t_1)$

证明　$x(t_1)=\boldsymbol{\Phi}(t_1)x(0)$，$x(0)=\boldsymbol{\Phi}^{-1}(t_1)x(t_1)=\boldsymbol{\Phi}(-t_1)x(t_1)$

$x(t_2)=\boldsymbol{\Phi}(t_2)x(0)=\boldsymbol{\Phi}(t_2)\boldsymbol{\Phi}(-t_1)x(t_1)=\boldsymbol{\Phi}(t_2-t_1)x(t_1)$

性质 6　$\boldsymbol{\Phi}(t_2-t_1)\boldsymbol{\Phi}(t_1-t_0)=\boldsymbol{\Phi}(t_2-t_0)$

证明　$\boldsymbol{\Phi}(t_2-t_1)\boldsymbol{\Phi}(t_1-t_0)=\mathrm{e}^{\boldsymbol{A}(t_2-t_1)}\cdot\mathrm{e}^{\boldsymbol{A}(t_1-t_0)}=\mathrm{e}^{\boldsymbol{A}(t_2-t_0)}=\boldsymbol{\Phi}(t_2-t_0)$

性质 7　$[\boldsymbol{\Phi}(t)]^k=\boldsymbol{\Phi}(kt)$

证明　$[\boldsymbol{\Phi}(t)]^k=(\mathrm{e}^{\boldsymbol{A}t})^k=\boldsymbol{\Phi}(kt)$

性质 8　若 $\boldsymbol{AB}=\boldsymbol{BA}$，则

$$\mathrm{e}^{(\boldsymbol{A}+\boldsymbol{B})t}=\mathrm{e}^{\boldsymbol{A}t}\mathrm{e}^{\boldsymbol{B}t}=\mathrm{e}^{\boldsymbol{B}t}\mathrm{e}^{\boldsymbol{A}t}$$

证明　$\mathrm{e}^{(\boldsymbol{A}+\boldsymbol{B})t}=\boldsymbol{I}_n+(\boldsymbol{A}+\boldsymbol{B})t+\frac{1}{2!}(\boldsymbol{A}+\boldsymbol{B})^2t^2+\frac{1}{3!}(\boldsymbol{A}+\boldsymbol{B})^3t^3+\cdots$

$$=\boldsymbol{I}_n+(\boldsymbol{A}+\boldsymbol{B})t+\frac{1}{2!}(\boldsymbol{A}^2+\boldsymbol{AB}+\boldsymbol{BA}+\boldsymbol{B}^2)t^2+$$

$$\frac{1}{3!}(\boldsymbol{A}^3+\boldsymbol{A}^2\boldsymbol{B}+\boldsymbol{ABA}+\boldsymbol{AB}^2+\boldsymbol{BA}^2+\boldsymbol{BAB}+\boldsymbol{B}^2\boldsymbol{A}+\boldsymbol{B}^3)t^3+\cdots$$

同时

$$\mathrm{e}^{\boldsymbol{A}t}\cdot\mathrm{e}^{\boldsymbol{B}t}=\left(\boldsymbol{I}_n+\boldsymbol{A}t+\frac{1}{2!}\boldsymbol{A}^2t^2+\frac{1}{3!}\boldsymbol{A}^3t^3+\cdots\right)\cdot\left(\boldsymbol{I}_n+\boldsymbol{B}t+\frac{1}{2!}\boldsymbol{B}^2t^2+\frac{1}{3!}\boldsymbol{B}^3t^3+\cdots\right)$$

$$=\boldsymbol{I}_n+(\boldsymbol{A}+\boldsymbol{B})t+\frac{1}{2!}(\boldsymbol{A}^2+2\boldsymbol{AB}+\boldsymbol{B}^2)t^2+\frac{1}{3!}(\boldsymbol{A}^3+3\boldsymbol{A}^2\boldsymbol{B}+\boldsymbol{B}^3)t^4+\cdots$$

则

$$\mathrm{e}^{(\boldsymbol{A}+\boldsymbol{B})t}-\mathrm{e}^{\boldsymbol{A}t}\cdot\mathrm{e}^{\boldsymbol{B}t}=\frac{1}{2!}(\boldsymbol{BA}-\boldsymbol{AB})t^2+$$

$$\frac{1}{3!}(-2\boldsymbol{A}^2\boldsymbol{B}+\boldsymbol{ABA}-2\boldsymbol{AB}^2+\boldsymbol{BA}^2+\boldsymbol{BAB}+\boldsymbol{B}^2\boldsymbol{A})t^3+\cdots$$

因此，当且仅当 $\boldsymbol{AB}=\boldsymbol{BA}$ 时，有

$$\mathrm{e}^{(\boldsymbol{A}+\boldsymbol{B})t}=\mathrm{e}^{\boldsymbol{A}t}\mathrm{e}^{\boldsymbol{B}t}=\mathrm{e}^{\boldsymbol{B}t}\mathrm{e}^{\boldsymbol{A}t}$$

例 9-9　已知状态转移矩阵为 $\boldsymbol{\Phi}(t)=\begin{bmatrix}2\mathrm{e}^{-t}-\mathrm{e}^{-2t} & 2(\mathrm{e}^{-2t}-\mathrm{e}^{-t})\\ \mathrm{e}^{-t}-\mathrm{e}^{-2t} & 2\mathrm{e}^{-2t}-\mathrm{e}^{-t}\end{bmatrix}$，试求 $\boldsymbol{\Phi}^{-1}(t)$，$\boldsymbol{A}$。

解　根据状态转移矩阵的运算性质，有

$$\boldsymbol{\Phi}^{-1}(t)=\boldsymbol{\Phi}(-t)=\begin{bmatrix}2\mathrm{e}^{t}-\mathrm{e}^{2t} & 2(\mathrm{e}^{2t}-\mathrm{e}^{t})\\ \mathrm{e}^{t}-\mathrm{e}^{2t} & 2\mathrm{e}^{2t}-\mathrm{e}^{t}\end{bmatrix}$$

$$\boldsymbol{A}=\dot{\boldsymbol{\Phi}}(0)=\begin{bmatrix}-2\mathrm{e}^{-t}+2\mathrm{e}^{-2t} & 2(-2\mathrm{e}^{-2t}+\mathrm{e}^{-t})\\ -\mathrm{e}^{-t}+2\mathrm{e}^{-2t} & -4\mathrm{e}^{-2t}+\mathrm{e}^{-t}\end{bmatrix}_{t=0}=\begin{bmatrix}0 & -2\\ 1 & -3\end{bmatrix}$$

3. 非齐次状态方程的解

非齐次状态方程描述了线性定常系统在控制作用下的运动，即

$$\dot{\boldsymbol{x}}(t)=\boldsymbol{Ax}(t)+\boldsymbol{Bu}(t) \tag{9-14}$$

求解非齐次状态方程的解主要有积分法和拉普拉斯变换法两种解法。

1）积分法

由式(9-14)得到

$$\mathrm{e}^{-\boldsymbol{A}t}[\dot{\boldsymbol{x}}(t)-\boldsymbol{Ax}(t)]=\mathrm{e}^{-\boldsymbol{A}t}\boldsymbol{Bu}(t) \tag{9-15}$$

由于

$$\frac{\mathrm{d}}{\mathrm{d}t}[\mathrm{e}^{-\boldsymbol{A}t}\boldsymbol{x}(t)]=-\boldsymbol{A}\mathrm{e}^{-\boldsymbol{A}t}\boldsymbol{x}(t)+\mathrm{e}^{-\boldsymbol{A}t}\dot{\boldsymbol{x}}(t)=\mathrm{e}^{-\boldsymbol{A}t}[\dot{\boldsymbol{x}}(t)-\boldsymbol{Ax}(t)]$$

积分可得

$$e^{-At}\boldsymbol{x}(t)-\boldsymbol{x}(0)=\int_0^t e^{-A\tau}\boldsymbol{Bu}(\tau)d\tau$$

则
$$\boldsymbol{x}(t)=e^{At}\boldsymbol{x}(0)=\int_0^t e^{A(t-\tau)}\boldsymbol{Bu}(\tau)d\tau=\boldsymbol{\Phi}(t)\boldsymbol{x}(0)+\int_0^t\boldsymbol{\Phi}(t-\tau)\boldsymbol{Bu}(\tau)d\tau \qquad (9-16)$$

式中：第一项为状态转移项，是系统对初始状态的响应，即零输入响应；第二项是系统对输入作用的响应，即零状态响应。

通过变量代换，式(9-16)还可以表示为

$$\boldsymbol{x}(t)=\boldsymbol{\Phi}(t)\boldsymbol{x}(0)+\int_0^t\boldsymbol{\Phi}(\tau)\boldsymbol{Bu}(t-\tau)d\tau \qquad (9-17)$$

若取 t_0 作为初始时刻，则有

$$\boldsymbol{x}(t)=e^{A(t-t_0)}\boldsymbol{x}(t_0)=\int_{t_0}^t e^{A(t-\tau)}\boldsymbol{Bu}(\tau)d\tau=\boldsymbol{\Phi}(t-t_0)\boldsymbol{x}(t_0)+\int_{t_0}^t\boldsymbol{\Phi}(t-\tau)\boldsymbol{Bu}(\tau)d\tau$$

2) 拉普拉斯变换法

将式(9-14)两端取拉普拉斯变换，得

$$s\boldsymbol{X}(s)-\boldsymbol{x}(0)=\boldsymbol{AX}(s)+\boldsymbol{BU}(s)$$

$$\boldsymbol{X}(s)-\boldsymbol{x}(0)=(s\boldsymbol{I}-\boldsymbol{A})^{-1}\boldsymbol{X}(0)+(s\boldsymbol{I}-\boldsymbol{A})^{-1}\boldsymbol{BU}(s)$$

上式取拉普拉斯反变换可得

$$\boldsymbol{x}(t)=\mathscr{L}^{-1}[(s\boldsymbol{I}-\boldsymbol{A})^{-1}]\boldsymbol{x}(0)+\mathscr{L}^{-1}[(s\boldsymbol{I}-\boldsymbol{A})^{-1}\boldsymbol{BU}(s)]$$

例 9-10　设系统状态方程为

$$\begin{bmatrix}\dot{x}_1\\ \dot{x}_2\end{bmatrix}=\begin{bmatrix}0 & 1\\ -2 & -3\end{bmatrix}\begin{bmatrix}x_1\\ x_2\end{bmatrix}+\begin{bmatrix}0\\ 1\end{bmatrix}\boldsymbol{u}$$

设初始状态为 $\boldsymbol{x}(0)=[x_1(0)\quad x_2(0)]$，求当 $\boldsymbol{u}(t)=1(t)$ 时系统的解。

解　由于 $\boldsymbol{u}(t)=1(t)$，$\boldsymbol{u}(t-\tau)=1$，由式(9-17)可得

$$\boldsymbol{x}(t)=\boldsymbol{\Phi}(t)\boldsymbol{x}(0)+\int_0^t\boldsymbol{\Phi}(\tau)\boldsymbol{B}d\tau$$

采用拉普拉斯变换方法求系统的状态转移矩阵，即

$$s\boldsymbol{I}-\boldsymbol{A}=\begin{bmatrix}s & 0\\ 0 & s\end{bmatrix}-\begin{bmatrix}0 & 1\\ -2 & -3\end{bmatrix}=\begin{bmatrix}s & -1\\ 2 & s+3\end{bmatrix}$$

$$(s\boldsymbol{I}-\boldsymbol{A})^{-1}=\frac{\mathrm{adj}(s\boldsymbol{I}-\boldsymbol{A})}{|s\boldsymbol{I}-\boldsymbol{A}|}=\frac{1}{(s+1)(s+2)}\begin{bmatrix}s+3 & 1\\ -2 & s\end{bmatrix}$$

$$=\begin{bmatrix}\dfrac{2}{s+1}-\dfrac{1}{s+2} & \dfrac{1}{s+1}-\dfrac{1}{s+2}\\ \dfrac{-2}{s+1}+\dfrac{2}{s+2} & \dfrac{-1}{s+1}+\dfrac{2}{s+2}\end{bmatrix}$$

$$\boldsymbol{\Phi}(t)=\mathscr{L}^{-1}[(s\boldsymbol{I}-\boldsymbol{A})^{-1}]=\begin{bmatrix}2e^{-t}-e^{-2t} & e^{-t}-e^{-2t}\\ -2e^{-t}+e^{-2t} & -e^{-t}+2e^{-2t}\end{bmatrix}$$

故
$$\boldsymbol{x}(t)=\begin{bmatrix}x_1(t)\\ x_2(t)\end{bmatrix}=\begin{bmatrix}2e^{-t}-e^{-2t} & e^{-t}-e^{-2t}\\ -2e^{-t}+2e^{-2t} & -e^{-t}+2e^{-2t}\end{bmatrix}\begin{bmatrix}x_1(0)\\ x_2(0)\end{bmatrix}+\begin{bmatrix}-e^{-t}+\dfrac{1}{2}e^{-2t}+\dfrac{1}{2}\\ e^{-t}-e^{-2t}\end{bmatrix}$$

9.1.5　系统的传递函数矩阵

对于单输入单输出系统，我们已经学习过传递函数建立的方法。对于多输入多输出系统，需要进一步讨论传递函数矩阵。初始条件为零时，输出矢量的拉普拉斯变换式与输入矢量的拉普拉斯变换式之间的传递关系称为传递函数矩阵，简称传递矩阵。

设初始条件为零，对线性定常系统的动态方程进行拉普拉斯变换，可以得到

$$s\boldsymbol{X}(s)=\boldsymbol{AX}(s)+\boldsymbol{BU}(s)$$
$$\boldsymbol{Y}(s)=\boldsymbol{CX}(s)+\boldsymbol{DU}(s)$$

进一步，有

$$\boldsymbol{X}(s)=(s\boldsymbol{I}-\boldsymbol{A})^{-1}\boldsymbol{BU}(s)$$
$$\boldsymbol{Y}(s)=[\boldsymbol{C}(s\boldsymbol{I}-\boldsymbol{A})^{-1}\boldsymbol{B}+\boldsymbol{D}]\boldsymbol{U}(s)=\boldsymbol{G}(s)\boldsymbol{U}(s)$$

则系统的传递函数矩阵(简称传递矩阵)定义为

$$\boldsymbol{G}(s)=\boldsymbol{C}(s\boldsymbol{I}-\boldsymbol{A})^{-1}\boldsymbol{B}+\boldsymbol{D}$$

例 9-11　已知系统动态方程为

$$\dot{\boldsymbol{x}}=\begin{bmatrix}-5 & -1\\ 3 & -1\end{bmatrix}\boldsymbol{x}+\begin{bmatrix}2\\5\end{bmatrix}\boldsymbol{u}$$
$$\boldsymbol{y}=[1\quad 2]\boldsymbol{x}+4\boldsymbol{u}$$

试求系统的传递函数矩阵。

解　已知 $\boldsymbol{A}=\begin{bmatrix}-5 & -1\\ 3 & -1\end{bmatrix}$，$\boldsymbol{B}=\begin{bmatrix}2\\5\end{bmatrix}$，$\boldsymbol{C}=[1\quad 2]$，$d=4$。

故

$$s\boldsymbol{I}-\boldsymbol{A}=\begin{bmatrix}s+5 & 1\\ -3 & s+1\end{bmatrix}$$

$$(s\boldsymbol{I}-\boldsymbol{A})^{-1}=\frac{1}{(s+5)(s+1)+3}\begin{bmatrix}s+1 & -1\\ 3 & s+5\end{bmatrix}$$

故

$$\boldsymbol{G}(s)=\boldsymbol{C}(s\boldsymbol{I}-\boldsymbol{A})^{-1}\boldsymbol{B}+d=\frac{1}{(s+2)(s+4)}[1\quad 2]\begin{bmatrix}s+1 & -1\\ 3 & s+5\end{bmatrix}\begin{bmatrix}2\\5\end{bmatrix}+4=\frac{4s^2+36s+91}{s^2+6s+8}$$

9.1.6　线性系统状态空间模型的线性变换

同一系统选取不同的状态变量便有不同形式的动态方程，对系统的状态空间模型进行线性(非奇异)变换，如将 $\boldsymbol{A}$ 矩阵对角化、约当化，将系统状态空间模型化为能控标准型、能观标准型或对动态方程进行规范分解，便于解释系统特性及分析和综合设计，且不会改变系统的性质。

1. 非奇异线性变换的定义与性质

设系统动态方程为

$$\dot{\boldsymbol{x}}(t)=\boldsymbol{Ax}(t)+\boldsymbol{Bu}(t)$$
$$\boldsymbol{y}(t)=\boldsymbol{Cx}(t)+\boldsymbol{Du}(t)$$

取非奇异矩阵 $\boldsymbol{P}$，做如下状态变化：

$$\boldsymbol{x} = \boldsymbol{P}\bar{\boldsymbol{x}}$$

设变换后的动态方程为

$$\dot{\bar{\boldsymbol{x}}}(t) = \bar{\boldsymbol{A}}\,\bar{\boldsymbol{x}}(t) + \bar{\boldsymbol{B}}\boldsymbol{u}(t)$$
$$\boldsymbol{y}(t) = \bar{\boldsymbol{C}}\,\bar{\boldsymbol{x}}(t) + \bar{\boldsymbol{D}}\boldsymbol{u}(t)$$

其中

$$\bar{\boldsymbol{A}} = \boldsymbol{P}^{-1}\boldsymbol{A}\boldsymbol{P},\ \bar{\boldsymbol{B}} = \boldsymbol{P}^{-1}\boldsymbol{B},\ \bar{\boldsymbol{C}} = \boldsymbol{C}\boldsymbol{P},\ \bar{\boldsymbol{D}} = \boldsymbol{D}$$

待计算出所需结果之后，再引入反变换 $\bar{\boldsymbol{x}}=\boldsymbol{P}^{-1}\boldsymbol{x}$，即可将新系统变回到原来的状态空间中，获得最终结果。由于非奇异线性变换是等价变换，因此不会改变系统的固有性质，可以得到如下性质。

性质 1　线性变换前后系统传递函数矩阵不变。

证明　设系统变换后系统传递矩阵为 $\bar{\boldsymbol{G}}$，则

$$\begin{aligned}\bar{\boldsymbol{G}} &= \boldsymbol{CP}(s\boldsymbol{I} - \boldsymbol{P}^{-1}\boldsymbol{AP})^{-1}\boldsymbol{P}^{-1}\boldsymbol{B} + \boldsymbol{D} = \boldsymbol{CP}(\boldsymbol{P}^{-1}s\boldsymbol{IP} - \boldsymbol{P}^{-1}\boldsymbol{AP})^{-1}\boldsymbol{P}^{-1}\boldsymbol{B} + \boldsymbol{D}\\ &= \boldsymbol{CP}[\boldsymbol{P}^{-1}(s\boldsymbol{I} - \boldsymbol{A})\boldsymbol{P}]^{-1}\boldsymbol{P}^{-1}\boldsymbol{B} + \boldsymbol{D} = \boldsymbol{CPP}^{-1}(s\boldsymbol{I} - \boldsymbol{A})^{-1}\boldsymbol{PP}^{-1}\boldsymbol{B} + \boldsymbol{D}\\ &= \boldsymbol{C}(s\boldsymbol{I} - \boldsymbol{A})^{-1}\boldsymbol{B} + \boldsymbol{D} = \boldsymbol{G}\end{aligned}$$

以上计算表明变换前后的系统传递函数矩阵相同。

性质 2　线性变换前后系统特征值不变。

证明

$$\begin{aligned}&|\lambda\boldsymbol{I}-\boldsymbol{P}^{-1}\boldsymbol{AP}| = |\lambda\boldsymbol{P}^{-1}\boldsymbol{P}-\boldsymbol{P}^{-1}\boldsymbol{AP}| = |\boldsymbol{P}^{-1}\lambda\boldsymbol{IP}-\boldsymbol{P}^{-1}\boldsymbol{AP}|\\ &|\boldsymbol{P}^{-1}(\lambda\boldsymbol{I}-\boldsymbol{A})\boldsymbol{P}| = |P^{-1}||\lambda\boldsymbol{I}-\boldsymbol{A}||\boldsymbol{P}|\\ &\qquad = |\boldsymbol{P}^{-1}||\boldsymbol{P}||\lambda\boldsymbol{I}-\boldsymbol{A}| = |\boldsymbol{I}||\lambda\boldsymbol{I}-\boldsymbol{A}| = |\lambda\boldsymbol{I}-\boldsymbol{A}|\end{aligned}$$

以上计算表明变换前后的特征多项式相同，故特征值不变。由此可以推出，非奇异变换后，系统的稳定性不变。

性质 3　若 $\boldsymbol{\Phi}(t)$ 为 $\dot{\boldsymbol{x}}=\boldsymbol{Ax}$ 的状态转移矩阵，则经非奇异线性变换 $\boldsymbol{x}=\boldsymbol{P}\bar{\boldsymbol{x}}$ 后的状态转移矩阵为

$$\bar{\boldsymbol{\Phi}}(t) = e^{\bar{\boldsymbol{A}}t} = \boldsymbol{P}^{-1}e^{\boldsymbol{A}t}\boldsymbol{P} = \boldsymbol{P}^{-1}\boldsymbol{\Phi}(t)\boldsymbol{P}$$

证明

$$\begin{aligned}e^{\boldsymbol{P}^{-1}\boldsymbol{AP}t} &= \boldsymbol{I}+\boldsymbol{P}^{-1}\boldsymbol{AP}t+\frac{1}{2}(\boldsymbol{P}^{-1}\boldsymbol{AP})^2t^2+\cdots+\frac{1}{k!}(\boldsymbol{P}^{-1}\boldsymbol{AP})^kt^k+\cdots\\ &= \boldsymbol{P}^{-1}\boldsymbol{IP}+\boldsymbol{P}^{-1}\boldsymbol{AP}t+\frac{1}{2}(\boldsymbol{P}^{-1}\boldsymbol{AP})^2t^2+\cdots+\frac{1}{k!}(\boldsymbol{P}^{-1}\boldsymbol{AP})^kt^k+\cdots\\ &= \boldsymbol{P}^{-1}\left(1+\boldsymbol{A}t+\frac{1}{2}\boldsymbol{A}^2t^2+\cdots+\frac{1}{k!}\boldsymbol{A}^kt^k+\cdots\right)\boldsymbol{P} = \boldsymbol{P}^{-1}e^{\boldsymbol{A}t}\boldsymbol{P}\end{aligned}$$

2. 几种常用的线性变换

1）化 $\boldsymbol{A}$ 矩阵为对角型矩阵

（1）设 $\boldsymbol{A}$ 矩阵为任意方阵，且有 n 个互不相同实数特征根 λ_1、λ_2、…、λ_n，则可由非奇异线性变换将其化为对角阵 $\boldsymbol{\Lambda}$，即

$$\boldsymbol{\Lambda} = \boldsymbol{P}^{-1}\boldsymbol{AP} = \begin{bmatrix}\lambda_1 & & & \\ & \lambda_2 & & \\ & & \ddots & \\ & & & \lambda_n\end{bmatrix}$$

式中，$\boldsymbol{P}$ 由特征矢量 $\boldsymbol{p}_i(i=1,\ 2,\ \cdots,\ n)$组成，即

$$\boldsymbol{P} = [\boldsymbol{p}_1 \quad \boldsymbol{p}_2 \quad \cdots \quad \boldsymbol{p}_n]$$

且各特征矢量满足

$$\boldsymbol{A}\boldsymbol{p}_i = \lambda_i \boldsymbol{p}_i \tag{9-18}$$

(2) 设 $\boldsymbol{A}$ 矩阵为友矩阵，且有 n 个不相同的实数特征根 λ_1、λ_2、…、λ_n，则可用范德蒙特(Vandermode)矩阵 $\boldsymbol{P}$ 将 $\boldsymbol{A}$ 矩阵对角化，即

$$\boldsymbol{A} = \begin{bmatrix} 0 & 1 & 0 & \cdots & 0 \\ 0 & 0 & 1 & \cdots & 0 \\ \vdots & \vdots & \vdots & \ddots & \vdots \\ 0 & 0 & 0 & \cdots & 1 \\ -a_0 & -a_1 & -a_2 & \cdots & -a_{n-1} \end{bmatrix} \quad \boldsymbol{P} = \begin{bmatrix} 1 & 1 & \cdots & 1 \\ \lambda_1 & \lambda_2 & \cdots & \lambda_n \\ \lambda_1^2 & \lambda_2^2 & \cdots & \lambda_n^2 \\ \vdots & \vdots & \ddots & \vdots \\ \lambda_1^{n-1} & \lambda_2^{n-1} & \cdots & \lambda_n^{n-1} \end{bmatrix}$$

(3) 设 $\boldsymbol{A}$ 矩阵为任意方阵，且有 m 个相同的实数特征根($\lambda_1=\lambda_2=\cdots=\lambda_m$)，其余 $n-m$ 个特征根为互异实数特征根，但在求解式(9-18)时，有 m 个独立的特征矢量 $\boldsymbol{p}_1$，$\boldsymbol{p}_2$，…，$\boldsymbol{p}_m$，则仍然可以将 $\boldsymbol{A}$ 矩阵化为对角阵 $\boldsymbol{\Lambda}$，即

$$\boldsymbol{\Lambda} = \boldsymbol{P}^{-1}\boldsymbol{A}\boldsymbol{P} = \begin{bmatrix} \lambda_1 & & & & & \\ & \ddots & & & & \\ & & \lambda_1 & & & \\ & & & \lambda_{m+1} & & \\ & & & & \ddots & \\ & & & & & \lambda_n \end{bmatrix}$$

且变换矩阵为

$$\boldsymbol{P} = [\boldsymbol{p}_1 \quad \boldsymbol{p}_2 \quad \boldsymbol{p}_m \quad \boldsymbol{p}_{m+1} \quad \cdots \quad \boldsymbol{p}_n]$$

式中：$\boldsymbol{p}_{m+1}$、$\boldsymbol{p}_{m+2}$、…、$\boldsymbol{p}_n$ 是互异实数特征根 λ_{m+1}、λ_{m+2}、…、λ_n 对应的特征矢量。

例 9-12　试将状态方程

$$\begin{bmatrix} \dot{x}_1 \\ \dot{x}_2 \end{bmatrix} = \begin{bmatrix} 0 & 1 \\ -5 & -6 \end{bmatrix} \begin{bmatrix} x_1 \\ x_2 \end{bmatrix} + \begin{bmatrix} 0 \\ 1 \end{bmatrix} \boldsymbol{u}$$

化为对角标准型。

解　求 $\boldsymbol{A}$ 矩阵的特征值：

$$|\lambda \boldsymbol{I} - \boldsymbol{A}| = \begin{vmatrix} \lambda & -1 \\ 5 & \lambda+6 \end{vmatrix} = \lambda(\lambda+6)+5 = (\lambda+5)(\lambda+1) = 0$$

可得

$$\lambda_1 = -1, \ \lambda_2 = -5$$

求不同特征值对应的特征矢量：

对于 $\lambda_1 = -1$，有

$$(\lambda_1 \boldsymbol{I} - \boldsymbol{A})\boldsymbol{v}_1 = \begin{bmatrix} -1 & -1 \\ 5 & 5 \end{bmatrix} \begin{bmatrix} v_{11} \\ v_{12} \end{bmatrix} = \begin{bmatrix} 0 \\ 0 \end{bmatrix}$$

解得

$$\boldsymbol{v}_1 = \begin{bmatrix} v_{11} \\ v_{12} \end{bmatrix} = \begin{bmatrix} 1 \\ -1 \end{bmatrix}$$

对于 $\lambda_2=-5$，有

$$(\lambda_2 \boldsymbol{I}-\boldsymbol{A})\boldsymbol{v}_2=\begin{bmatrix}-5 & -1\\ 5 & 1\end{bmatrix}\begin{bmatrix}v_{21}\\ v_{22}\end{bmatrix}=\begin{bmatrix}0\\ 0\end{bmatrix}$$

解得

$$\boldsymbol{v}_2=\begin{bmatrix}v_{21}\\ v_{22}\end{bmatrix}=\begin{bmatrix}1\\ -5\end{bmatrix}$$

构造变非奇异变换阵，即

$$\boldsymbol{P}=[\boldsymbol{v}_1\quad \boldsymbol{v}_2]=\begin{bmatrix}1 & 1\\ -1 & -5\end{bmatrix}$$

$$\boldsymbol{P}^{-1}=\begin{bmatrix}\dfrac{5}{4} & \dfrac{1}{4}\\ -\dfrac{1}{4} & -\dfrac{1}{4}\end{bmatrix}$$

则

$$\bar{\boldsymbol{A}}=\boldsymbol{P}^{-1}\boldsymbol{A}\boldsymbol{P}=\begin{bmatrix}-1 & 0\\ 0 & -5\end{bmatrix}$$

$$\bar{\boldsymbol{B}}=\boldsymbol{P}^{-1}\boldsymbol{B}=\begin{bmatrix}\dfrac{5}{4} & \dfrac{1}{4}\\ -\dfrac{1}{4} & -\dfrac{1}{4}\end{bmatrix}\begin{bmatrix}0\\ 1\end{bmatrix}=\begin{bmatrix}\dfrac{1}{4}\\ -\dfrac{1}{4}\end{bmatrix}$$

可得原系统的对角标准型为

$$\dot{\bar{\boldsymbol{x}}}=\begin{bmatrix}-1 & 0\\ 0 & -5\end{bmatrix}\bar{\boldsymbol{x}}+\begin{bmatrix}\dfrac{1}{4}\\ -\dfrac{1}{4}\end{bmatrix}\boldsymbol{u}$$

2）化 **A** 矩阵为约当型矩阵

设 **A** 矩阵有 m 个相同的实数特征根($\lambda_1=\lambda_2=\cdots=\lambda_n$)，其余 $n-m$ 个特征根为互异实数特征根，但在求解式(9-18)时，重根只有一个独立的特征矢量 $\boldsymbol{p}_1$，则只能将 **A** 矩阵化为约当阵 $\boldsymbol{J}$，即

$$\boldsymbol{J}=\boldsymbol{P}^{-1}\boldsymbol{A}\boldsymbol{P}=\left[\begin{array}{ccc:ccc}\lambda_1 & 1 & & & & \\ & \ddots & 1 & & & \\ & & \lambda_1 & & & \\ \hdashline & & & \lambda_{m+1} & & \\ & & & & \ddots & \\ & & & & & \lambda_n\end{array}\right]$$

且变换矩阵为

$$\boldsymbol{P}=[\boldsymbol{p}_1\quad \boldsymbol{p}_2\quad \boldsymbol{p}_m\quad \vdots\quad \boldsymbol{p}_{m+1}\quad \cdots\quad \boldsymbol{p}_n]$$

式中：$\boldsymbol{p}_1$、$\boldsymbol{p}_{m+1}$、$\boldsymbol{p}_{m+2}$、…、$\boldsymbol{p}_n$ 分别是互异实数特征根 λ_1、λ_{m+1}、λ_{m+2}、…、λ_n 对应的特征矢量，而 $\boldsymbol{p}_2$、$\boldsymbol{p}_3$、…、$\boldsymbol{p}_m$ 是广义特征矢量，满足

$$[\boldsymbol{p}_1 \quad \boldsymbol{p}_2 \quad \cdots \quad \boldsymbol{p}_m]\begin{bmatrix}\lambda_1 & 1 & & \\ & \lambda_1 & \ddots & \\ & & \ddots & 1 \\ & & & \lambda_1\end{bmatrix} = \boldsymbol{A}[\boldsymbol{p}_1 \quad \boldsymbol{p}_2 \quad \cdots \quad \boldsymbol{p}_m]$$

例 9-13　试将状态方程

$$\begin{bmatrix}\dot{x}_1 \\ \dot{x}_2 \\ \dot{x}_3\end{bmatrix} = \begin{bmatrix}4 & 1 & -2 \\ 1 & 0 & 2 \\ 1 & -1 & 3\end{bmatrix}\begin{bmatrix}x_1 \\ x_2 \\ x_3\end{bmatrix} + \begin{bmatrix}3 & 1 \\ 2 & 7 \\ 5 & 3\end{bmatrix}\begin{bmatrix}u_1 \\ u_2\end{bmatrix}$$

化为约当标准型。

解　求 $\boldsymbol{A}$ 矩阵的特征值，即

$$|\lambda\boldsymbol{I} - \boldsymbol{A}| = \begin{vmatrix}\lambda-4 & -1 & 2 \\ -1 & \lambda & -3 \\ -1 & 1 & \lambda-3\end{vmatrix} = (\lambda-1)(\lambda-3)^2 = 0$$

解得

$$\lambda_1 = 1, \lambda_2 = \lambda_3 = 3$$

求各特征值对应的特征矢量：

对于 $\lambda=1$，有

$$(\lambda_i\boldsymbol{I} - \boldsymbol{A})\boldsymbol{v}_i = \boldsymbol{0}$$

即

$$\begin{bmatrix}-3 & -1 & 2 \\ -1 & 1 & -2 \\ -1 & 1 & -2\end{bmatrix}\begin{bmatrix}v_{11} \\ v_{12} \\ v_{13}\end{bmatrix} = \begin{bmatrix}0 \\ 0 \\ 0\end{bmatrix} \Rightarrow \begin{bmatrix}v_{11} \\ v_{12} \\ v_{13}\end{bmatrix} = \begin{bmatrix}0 \\ 2 \\ 1\end{bmatrix}$$

对于 $\lambda=3$，有

$$(\lambda_i\boldsymbol{I} - \boldsymbol{A})\boldsymbol{v}_i' = \boldsymbol{0}$$

即

$$\begin{bmatrix}-1 & -1 & 2 \\ -1 & 3 & -2 \\ -1 & 1 & 0\end{bmatrix}\begin{bmatrix}v_{21}' \\ v_{22}' \\ v_{23}'\end{bmatrix} = \begin{bmatrix}0 \\ 0 \\ 0\end{bmatrix} \Rightarrow \begin{bmatrix}v_{21}' \\ v_{22}' \\ v_{23}'\end{bmatrix} = \begin{bmatrix}1 \\ 1 \\ 1\end{bmatrix}$$

$$(\lambda_i\boldsymbol{I} - \boldsymbol{A})\boldsymbol{v}_i'' = -\boldsymbol{v}_i'$$

即

$$\begin{bmatrix}-1 & -1 & 2 \\ -1 & 3 & -2 \\ -1 & 1 & 0\end{bmatrix}\begin{bmatrix}v_{21}' \\ v_{22}' \\ v_{23}'\end{bmatrix} = \begin{bmatrix}-1 \\ -1 \\ -1\end{bmatrix} \Rightarrow \begin{bmatrix}v_{21}' \\ v_{22}' \\ v_{23}'\end{bmatrix} = \begin{bmatrix}1 \\ 0 \\ 0\end{bmatrix}$$

构造非奇异变换阵 $\boldsymbol{P}$，即

$$\boldsymbol{P} = \begin{bmatrix}0 & 1 & 1 \\ 2 & 1 & 0 \\ 1 & 1 & 0\end{bmatrix}, \boldsymbol{P}^{-1} = \begin{bmatrix}0 & 1 & -1 \\ 0 & -1 & 2 \\ 1 & 1 & -2\end{bmatrix}$$

则

$$\bar{\boldsymbol{A}} = \boldsymbol{P}^{-1}\boldsymbol{A}\boldsymbol{P} = \begin{bmatrix}1 & 0 & 0 \\ 0 & 3 & 1 \\ 0 & 0 & 3\end{bmatrix}$$

$$\bar{\boldsymbol{B}} = \boldsymbol{P}^{-1}\boldsymbol{B} = \begin{bmatrix}0 & 1 & -1 \\ 0 & -1 & 2 \\ 1 & 1 & -2\end{bmatrix}\begin{bmatrix}3 & 1 \\ 2 & 7 \\ 5 & 3\end{bmatrix} = \begin{bmatrix}-3 & 4 \\ 8 & -1 \\ -5 & 2\end{bmatrix}$$

可得约当标准型为

$$\dot{\bar{x}} = \begin{bmatrix} 1 & 0 & 0 \\ 0 & 3 & 1 \\ 0 & 0 & 3 \end{bmatrix} \boldsymbol{x} + \begin{bmatrix} -3 & 4 \\ 8 & -1 \\ -5 & 2 \end{bmatrix} \boldsymbol{u}$$

9.1.7　线性离散系统的状态空间模型

和连续系统一样，离散系统也可以用状态空间法描述。在经典控制理论中，离散系统通常用差分方程或脉冲传递函数来描述。线性离散系统的动态方程可以利用系统的差分方程建立，通过将线性连续系统动态方程离散化得到。

1. 由差分方程或传递函数建立动态方程

设单输入单输出线性定常离散系统的差分方程的一般形式为

$$\begin{aligned} & y(k+n) + a_{n-1}y(k+n-1) + \cdots + a_1 y(k+1) + a_0 y(k) \\ = & b_n u(k+n) - b_{n-1}u(k+n-1) + \cdots + b_1 u(k+1) + b_0 u(k) \end{aligned}$$

对上式两端取 Z 变换并整理，可得脉冲传递函数为

$$G(z) = \frac{Y(z)}{U(z)} = \frac{b_n z^n + b_{n-1}z^{n-1} + \cdots + b_1 z + b_0}{z_n + a_{n-1}z^{n-1} + \cdots + a_1 z + a_0} = b_n + \frac{\beta_{n-1}z^{n-1} + \cdots + \beta_1 z + \beta_0}{z_n + a_{n-1}z^{n-1} + \cdots + a_1 z + a_0}$$

上式与式(9-18)在形式上相同，故可将连续系统动态方程的建立方法用于离散系统。

考虑零初始条件，利用 Z 反变换关系 $Z^{-1}[\boldsymbol{X}_i(z)] = x_i(k)$ 和 $Z^{-1}[z\boldsymbol{X}_i(z)] = x_i(k+1)$，可以得到动态方程的矩阵-矢量形式为

$$\begin{bmatrix} x_1(k+1) \\ x_2(k+1) \\ \vdots \\ x_{n-1}(k+1) \\ x_n(k+1) \end{bmatrix} = \begin{bmatrix} 0 & 1 & 0 & \cdots & 0 \\ 0 & 0 & 1 & \cdots & 0 \\ \vdots & \vdots & \vdots & \ddots & \vdots \\ 0 & 0 & 0 & \cdots & 1 \\ -a_0 & -a_1 & -a_2 & \cdots & -a_{n-1} \end{bmatrix} \begin{bmatrix} x_1(k) \\ x_2(k) \\ \vdots \\ x_{n-1}(k) \\ x_n(k) \end{bmatrix} + \begin{bmatrix} 0 \\ 0 \\ \vdots \\ 0 \\ 1 \end{bmatrix} \boldsymbol{u}(k)$$

$$\boldsymbol{y}(k) = [\beta_0 \quad \beta_1 \quad \cdots \quad \beta_{n-1}]\boldsymbol{x}(k) + \boldsymbol{b}_n\boldsymbol{u}(k)$$

并简记为

$$\begin{aligned} \boldsymbol{X}(k+1) &= \boldsymbol{Gx}(k) + \boldsymbol{hu}(k) \\ \boldsymbol{y}(k) &= \boldsymbol{cx}(k) + \boldsymbol{du}(k) \end{aligned}$$

2. 由连续系统离散化建立动态方程

已知线性定常连续系统状态方程 $\dot{\boldsymbol{x}} = \boldsymbol{Ax} + \boldsymbol{Bu}$ 在 $\boldsymbol{x}(t_0)$ 及 $\boldsymbol{u}(t)$ 作用下的解为

$$\boldsymbol{x}(t) = \boldsymbol{\Phi}(t-t_0)\boldsymbol{x}(t_0) + \int_{t_0}^{t} \boldsymbol{\Phi}(t-\tau)\boldsymbol{Bu}(\tau)\mathrm{d}\tau$$

令 $t_0 = kT$，则 $\boldsymbol{x}(t_0) = \boldsymbol{x}(kT) = \boldsymbol{x}(k)$；令 $t = (k+1)T$，则 $\boldsymbol{x}(t) = \boldsymbol{x}[(k+1)T] = \boldsymbol{x}(k+1)$；并假定在 $t \in [k, k+1]$ 区间内，$\boldsymbol{u}(t) = \boldsymbol{u}(kT) =$ 常数，且采样时间间隔相等，则其解化为

$$\boldsymbol{x}(k+1) = \boldsymbol{\Phi}[(k+1)T - kT]\boldsymbol{x}(k) + \int_{kT}^{(k+1)T} \boldsymbol{\Phi}[(k+1)T - \tau]\boldsymbol{B}\mathrm{d}\tau\boldsymbol{u}(k)$$

记

$$\boldsymbol{G}(T) = \int_{kT}^{(k+1)T} \boldsymbol{\Phi}[(k+1)T - \tau]\boldsymbol{B}\mathrm{d}\tau$$

采用变量代换可以得到

$$G(T)=\int_0^T \boldsymbol{\Phi}(\tau)\boldsymbol{B}\mathrm{d}\tau$$

故离散化状态方程为

$$\boldsymbol{x}(k+1)=\boldsymbol{\Phi}(T)\boldsymbol{x}(k)+\boldsymbol{G}(T)\boldsymbol{u}(k) \tag{9-19}$$

式中：$\boldsymbol{\Phi}(T)$与连续状态转移矩阵$\boldsymbol{\Phi}(t)$的关系为

$$\boldsymbol{\Phi}(T)=\boldsymbol{\Phi}(t)\big|_{t=T}$$

离散化输出方程仍为

$$\boldsymbol{y}(k)=\boldsymbol{Cx}(k)+\boldsymbol{Du}(k)$$

例 9-14 设线性定常连续时间系统的状态方程为

$$\begin{bmatrix}\dot{x}_1\\ \dot{x}_2\end{bmatrix}=\begin{bmatrix}0 & 1\\ 0 & -2\end{bmatrix}\begin{bmatrix}x_1\\ x_2\end{bmatrix}+\begin{bmatrix}0\\ 1\end{bmatrix}\boldsymbol{u},\quad t\geqslant 0$$

试将该连续系统的状态方程离散化(采样周期 $T=0.1$ s)。

解 计算系统的状态转移矩阵，即

$$\mathrm{e}^{\boldsymbol{A}t}=\mathscr{L}^{-1}[(s\boldsymbol{I}-\boldsymbol{A})^{-1}]=\mathscr{L}^{-1}\left\{\begin{bmatrix}s & -1\\ 0 & s+2\end{bmatrix}\right\}=\mathscr{L}^{-1}\begin{bmatrix}\dfrac{1}{s} & \dfrac{1}{s(s+2)}\\ 0 & \dfrac{1}{s+2}\end{bmatrix}=\begin{bmatrix}1 & 0.5(1-\mathrm{e}^{-2t})\\ 0 & \mathrm{e}^{-2t}\end{bmatrix}$$

可得离散时间系统的系数矩阵，即

$$\boldsymbol{G}=\mathrm{e}^{\boldsymbol{A}T}=\begin{bmatrix}0 & 0.5(1-\mathrm{e}^{-2T})\\ 0 & \mathrm{e}^{-2T}\end{bmatrix}$$

将 $T=0.1$ s 代入系数矩阵，得

$$\boldsymbol{G}=\mathrm{e}^{\boldsymbol{A}T}=\begin{bmatrix}1 & 0.091\\ 0 & 0.819\end{bmatrix}$$

$$\begin{aligned}\boldsymbol{H}&=\left(\int_0^T \mathrm{e}^{\boldsymbol{A}t}\mathrm{d}t\right)\boldsymbol{B}=\left\{\int_0^T\begin{bmatrix}0 & 0.5(1-\mathrm{e}^{-2t})\\ 0 & \mathrm{e}^{-2t}\end{bmatrix}\mathrm{d}t\right\}\begin{bmatrix}0\\ 1\end{bmatrix}\\ &=\begin{bmatrix}T & 0.5T+0.25\mathrm{e}^{-2T}-0.25\\ 0 & -0.5\mathrm{e}^{-2T}+0.5\end{bmatrix}\begin{bmatrix}0\\ 1\end{bmatrix}\\ &=\begin{bmatrix}0.5T+0.25\mathrm{e}^{-2T}-0.25\\ -0.5\mathrm{e}^{-2T}+0.5\end{bmatrix}=\begin{bmatrix}0.005\\ 0.091\end{bmatrix}\end{aligned}$$

故系统的离散化状态方程为

$$\begin{bmatrix}x_1(k+1)\\ x_2(k+1)\end{bmatrix}=\begin{bmatrix}1 & 0.091\\ 0 & 0.819\end{bmatrix}\begin{bmatrix}x_1(k)\\ x_2(k)\end{bmatrix}+\begin{bmatrix}0.005\\ 0.091\end{bmatrix}\boldsymbol{u}(k)$$

3. 线性定常离散动态方程的解

求解离散系统动态方程的方法主要有两种：Z 变换法和递推法，由于后者特别适合于计算机计算，且对非线性系统、时变系统都适用，因此，这里用递推法求解系统响应。

令状态方程式(9-19)中的$k=0, 1, \cdots, k-1$，可得到 $T, 2T, \cdots, kT$ 时刻的状态，即

$$k=0:\ \boldsymbol{x}(1)=\boldsymbol{\Phi}(T)\boldsymbol{x}(0)+\boldsymbol{G}(T)\boldsymbol{u}(0)$$

$$k=1:\ \boldsymbol{x}(2)=\boldsymbol{\Phi}(T)\boldsymbol{x}(1)+\boldsymbol{G}(T)\boldsymbol{u}(1)=\boldsymbol{\Phi}^2(T)\boldsymbol{x}(0)+\boldsymbol{\Phi}(T)\boldsymbol{G}(T)\boldsymbol{u}(0)+\boldsymbol{G}(T)\boldsymbol{u}(1)$$

$$k=2:\ \boldsymbol{x}(3)=\boldsymbol{\Phi}(T)\boldsymbol{x}(2)+\boldsymbol{G}(T)\boldsymbol{u}(2)=\boldsymbol{\Phi}^2(T)\boldsymbol{x}(0)+\boldsymbol{\Phi}^2(T)\boldsymbol{G}(T)\boldsymbol{u}(0)+\boldsymbol{\Phi}(T)\boldsymbol{G}(T)\boldsymbol{u}(1)+\boldsymbol{G}(T)\boldsymbol{u}(2)$$

$$\vdots$$

$$k=k-1:\ \boldsymbol{x}(k)=\boldsymbol{\Phi}(T)\boldsymbol{x}(k-1)+\boldsymbol{G}(t)\boldsymbol{u}(k-1)=\boldsymbol{\Phi}^k(T)\boldsymbol{x}(0)+\sum_{i=0}^{k-1}\boldsymbol{\Phi}^{k-1-i}(T)\boldsymbol{G}(T)\boldsymbol{u}(i)$$

输出方程为

$$\boldsymbol{y}(k)=\boldsymbol{C}\boldsymbol{u}(k)+\boldsymbol{D}\boldsymbol{u}(k)=\boldsymbol{C}\boldsymbol{\Phi}^k(T)\boldsymbol{x}(0)+\boldsymbol{C}\sum_{i=0}^{k-1}\boldsymbol{\Phi}^{k-1-i}(T)\boldsymbol{G}(T)\boldsymbol{u}(i)+\boldsymbol{D}\boldsymbol{u}(k)$$

于是，线性定常离散系统的解为

$$\boldsymbol{x}(k)=\boldsymbol{\Phi}^k\boldsymbol{x}(0)+\sum_{i=0}^{k-1}\boldsymbol{\Phi}^{k-1-i}\boldsymbol{G}\boldsymbol{u}(i)$$

$$\boldsymbol{y}(k)=\boldsymbol{C}\boldsymbol{\Phi}^k\boldsymbol{x}(0)+\boldsymbol{C}\sum_{i=0}^{k-1}\boldsymbol{G}\boldsymbol{u}(i)+\boldsymbol{D}\boldsymbol{u}(k)$$

9.2　线性定常系统的可控性与可观测性

可控性(controllability)和可观测性(observability)深刻地揭示了系统的内部结构关系，是由 R. E. Kalman 于 20 世纪 60 年代初首先提出并研究的两个重要概念。粗略地说，所谓系统的可控性问题是指：对于一个系统，控制作用能否对系统的所有状态产生影响，从而对系统的状态实现控制。所谓系统的可观性问题是指：一个系统，能否在有限的时间内通过观测输出量，识别出系统的所有状态。

经典控制理论应用传递函数来研究系统的输入—输出关系，输出量就是被控量，只要系统稳定，输出量就可以控制。而输出量又总是可以量测的，所以在理论上和实践上都不存在能否控制和能否观测的问题。而在现代控制理论中，着眼于对状态的控制，状态向量 $\boldsymbol{x}(t)$的每个分量能否一定被控制作用 $\boldsymbol{u}(t)$控制呢？每个状态变量的分量能否一定可用 $\boldsymbol{y}(t)$来量测呢？回答是不一定。这两个问题的答案完全取决于受控系统本身的特性。

在现代控制理论的研究与实践中，可控性和可观测性具有极其重要的意义。事实上，可控性与可观测性通常决定了最优控制问题的解的存在性。例如，在极点配置问题中，状态反馈的存在性将由系统的可控性决定；在观测器设计和最优估计中，则涉及系统的可观测性条件。

9.2.1　线性连续系统的可控性

1. 可控性的定义

考虑线性连续时间系统

$$\dot{\boldsymbol{x}}(t)=\boldsymbol{A}\boldsymbol{x}(t)+\boldsymbol{B}\boldsymbol{u}(t) \tag{9-20}$$

其中，$\boldsymbol{x}(t)\in\mathbf{R}^n$，$\boldsymbol{u}(t)\in\mathbf{R}^1$，$\boldsymbol{A}\in\mathbf{R}^{n\times n}$，$\boldsymbol{B}\in\mathbf{R}^{n\times 1}$(单输入)，且初始条件为 $\boldsymbol{x}(t)|_{t=0}=\boldsymbol{x}(0)$。

如果施加一个无约束的控制信号，在有限的时间间隔 $0\leqslant t_0\leqslant t_1$ 内，能够使初始状态转移到任一终止状态，则称由式(9-20)描述的系统在 $t=t_0$ 时为状态(完全)可控的。如果每一个状态都可控，则称该系统为状态(完全)可控的。

2. 定常系统状态可控性的代数判据

下面推导状态可控的条件。不失一般性，设终止状态为状态空间原点，并设初始时刻为零，$t=0$。

由上一节的内容可知，式(9-20)的解为

$$\boldsymbol{x}(t)=\mathrm{e}^{\boldsymbol{A}t}\boldsymbol{x}(0)+\int_0^t \mathrm{e}^{\boldsymbol{A}(t-\tau)}\boldsymbol{Bu}(\tau)\mathrm{d}\tau$$

利用状态可控性的定义，可得

$$\boldsymbol{x}(t_1)=0=\mathrm{e}^{\boldsymbol{A}t_1}\boldsymbol{x}(0)+\int_0^{t_1} \mathrm{e}^{\boldsymbol{A}(t_1-\tau)}\boldsymbol{Bu}(\tau)\mathrm{d}\tau$$

或

$$\boldsymbol{x}(0)=-\int_0^{t_1} \mathrm{e}^{-\boldsymbol{A}\tau}\boldsymbol{Bu}(\tau)\mathrm{d}\tau \tag{9-21}$$

将 $\mathrm{e}^{-\boldsymbol{A}\tau}$ 写为 $\boldsymbol{A}$ 的有限项的形式，即

$$\mathrm{e}^{-\boldsymbol{A}\tau}=\sum_{k=0}^{n-1}\alpha_k(\tau)\boldsymbol{A}^k \tag{9-22}$$

将式(9-22)代入式(9-21)，可得

$$\boldsymbol{x}(0)=-\sum_{k=0}^{n-1}\boldsymbol{A}^k\boldsymbol{B}\int_0^{t_1}\alpha_k(\tau)\boldsymbol{u}(\tau)\mathrm{d}\tau \tag{9-23}$$

记

$$\int_0^{t_1}\alpha_k(\tau)\boldsymbol{u}(\tau)\mathrm{d}\tau=\boldsymbol{\beta}_k$$

则式(9-23)成为

$$\boldsymbol{x}(0)=-\sum_{k=0}^{n-1}\boldsymbol{A}^k\boldsymbol{B}\boldsymbol{\beta}_k=-\begin{bmatrix}\boldsymbol{B} & \boldsymbol{AB} & \cdots & \boldsymbol{A}^{n-1} & \boldsymbol{B}\end{bmatrix}\begin{bmatrix}\beta_0\\ \beta_1\\ \vdots\\ \beta_{n-1}\end{bmatrix} \tag{9-24}$$

如果系统是状态可控的，那么给定任一初始状态 $\boldsymbol{x}(0)$，都应满足式(9-24)。这就要求 $n\times n$ 维矩阵

$$\boldsymbol{Q}=\begin{bmatrix}\boldsymbol{B} & \boldsymbol{AB} & \cdots & \boldsymbol{A}^{n-1} & \boldsymbol{B}\end{bmatrix}$$

的秩为 n。

由此分析，可将状态可控性的代数判据归纳为：当且仅当 $n\times n$ 维矩阵 $\boldsymbol{Q}$ 满秩，即

$$\mathrm{rank}\boldsymbol{Q}=\mathrm{rank}\begin{bmatrix}\boldsymbol{B} & \boldsymbol{AB} & \cdots & \boldsymbol{A}^{n-1} & \boldsymbol{B}\end{bmatrix}$$

时，由式(9-20)确定的系统才是状态可控的。

上述结论也可推广到控制向量 $\boldsymbol{u}$ 为 r 维的情况。此时，如果系统的状态方程为

$$\dot{\boldsymbol{x}}=\boldsymbol{Ax}+\boldsymbol{Bu}$$

式中，$\boldsymbol{x}(t)\in\mathbf{R}^n$，$\boldsymbol{u}(t)\in\mathbf{R}^r$，$\mathbf{A}\in\mathbf{R}^{n\times n}$，$\boldsymbol{B}\in\mathbf{R}^{n\times r}$，那么可以证明，状态可控性的条件为 $n\times nr$ 维矩阵

$$\boldsymbol{Q}=\begin{bmatrix}\boldsymbol{B} & \boldsymbol{AB} & \cdots & \boldsymbol{A}^{n-1} & \boldsymbol{B}\end{bmatrix}$$

的秩为 n，或者说其中的 n 个列向量是线性无关的。通常，称矩阵

$$\boldsymbol{Q}=\begin{bmatrix}\boldsymbol{B} & \boldsymbol{AB} & \cdots & \boldsymbol{A}^{n-1} & \boldsymbol{B}\end{bmatrix}$$

为可控性矩阵。

例 9-15 考虑由下式确定的系统

$$\begin{bmatrix}\dot{x}_1\\\dot{x}_2\end{bmatrix}=\begin{bmatrix}1 & 1\\0 & -1\end{bmatrix}\begin{bmatrix}x_1\\x_2\end{bmatrix}+\begin{bmatrix}1\\0\end{bmatrix}\boldsymbol{u}$$

由于

$$\det \boldsymbol{Q}=\det[\boldsymbol{B}\quad \boldsymbol{AB}]=\begin{vmatrix}1 & 1\\0 & 0\end{vmatrix}=0$$

即 $\boldsymbol{Q}$ 为奇异阵，所以该系统是状态不可控的。

例 9-16　考虑由下式确定的系统

$$\begin{bmatrix}\dot{x}_1\\\dot{x}_2\end{bmatrix}=\begin{bmatrix}1 & 1\\2 & -1\end{bmatrix}\begin{bmatrix}x_1\\x_2\end{bmatrix}+\begin{bmatrix}1\\0\end{bmatrix}\boldsymbol{u}$$

由于

$$\det \boldsymbol{Q}=\det[\boldsymbol{B}\quad \boldsymbol{AB}]=\begin{vmatrix}0 & 1\\1 & -1\end{vmatrix}\neq 0$$

即 $\boldsymbol{Q}$ 为非奇异阵，因此系统是状态可控的。

3. 用传递函数矩阵表达的状态可控性条件

状态可控的条件也可用传递函数或传递矩阵描述。状态可控性的充要条件是在传递函数或传递函数矩阵中不出现相约现象。如果发生相约，那么在被约去的模态中，系统不可控。

例 9-17　考虑下列传递函数

$$\frac{X(s)}{U(s)}=\frac{s+2.5}{(s+2.5)(s-1)}$$

显然，在此传递函数的分子和分母中存在可约的因子$(s+2.5)$(因此少了一阶)。由于有相约因子，所以该系统状态不可控。

当然，将该传递函数写为状态方程，可得到同样的结论。状态方程为

$$\begin{bmatrix}\dot{x}_1\\\dot{x}_2\end{bmatrix}=\begin{bmatrix}0 & 1\\2.5 & -1.5\end{bmatrix}\begin{bmatrix}x_1\\x_2\end{bmatrix}+\begin{bmatrix}1\\1\end{bmatrix}\boldsymbol{u}$$

由于$[\boldsymbol{B}\quad \boldsymbol{AB}]=\begin{bmatrix}1 & 1\\1 & 1\end{bmatrix}$，即可控性矩阵$[\boldsymbol{B}\quad \boldsymbol{AB}]$的秩为 1，所以同样可得到状态不可控的结论。

关于利用状态空间标准型判别系统状态是否完全可控的问题，将在介绍系统标准型之后予以讨论。

4. 输出可控性

在实际的控制系统设计中，需要控制的是输出，而不是系统的状态。对于控制系统的输出，状态可控性既不是必要的，也不是充分的。因此，有必要再定义输出可控性。

考虑下列状态空间表达式所描述的线性定常系统

$$\dot{\boldsymbol{x}}=\boldsymbol{Ax}+\boldsymbol{Bu} \tag{9-25}$$

$$\boldsymbol{y}=\boldsymbol{Cx}+\boldsymbol{Du} \tag{9-26}$$

式中，$\boldsymbol{x}\in\mathbf{R}^n$，$\boldsymbol{u}\in\mathbf{R}^r$，$\boldsymbol{y}\in\mathbf{R}^m$，$\boldsymbol{A}\in\mathbf{R}^{n\times n}$，$\boldsymbol{B}\in\mathbf{R}^{n\times r}$，$\boldsymbol{C}\in\mathbf{R}^{m\times n}$，$\boldsymbol{D}\in\mathbf{R}^{m\times r}$。

如果能找到一个无约束的控制向量 $\boldsymbol{u}(t)$，在有限的时间间隔 $t_0\leqslant t\leqslant t_1$ 内，使任一给定

的初始输出 $\boldsymbol{y}(t_0)$转移到任一最终输出 $\boldsymbol{y}(t_1)$，那么称由式(9-25)和式(9-26)所描述的系统为输出可控的。

可以证明，系统输出可控的充要条件为：当且仅当 $m\times(n+1)r$ 维输出可控性矩阵

$$\boldsymbol{Q}'=[\boldsymbol{CB}\quad \boldsymbol{CAB}\quad \boldsymbol{CA}^2\boldsymbol{B}\quad \cdots\quad \boldsymbol{CA}^{n-1}\boldsymbol{B}\quad \boldsymbol{D}]$$

的秩为 m 时，由式(9-25)和式(9-26)所描述的系统为输出可控的。注意，式(9-26)中存在 $\boldsymbol{Du}$ 项，对确定输出可控性是有帮助的。

9.2.2 线性定常连续系统的可观测性

1. 可观测性的定义

现在讨论线性系统的可观测性。考虑零输入时的状态空间表达式为

$$\dot{\boldsymbol{x}}=\boldsymbol{Ax} \tag{9-27}$$

$$\boldsymbol{y}=\boldsymbol{Cx} \tag{9-28}$$

式中，$\boldsymbol{x}\in\mathbf{R}^n$，$\boldsymbol{y}\in\mathbf{R}^m$，$\boldsymbol{A}\in\mathbf{R}^{n\times n}$，$\boldsymbol{C}\in\mathbf{R}^{m\times n}$。

如果每一个状态 $\boldsymbol{x}(t_0)$在有限时间间隔 $t_0\leqslant t\leqslant t_1$ 内，都可通过 $\boldsymbol{y}(t)$观测值确定，则称系统为(完全)可观测的。

可观测性的概念非常重要，这是由于在实际问题中，状态反馈控制遇到的困难是一些状态变量不易直接量测。因而在构造控制器时，必须首先估计出不可量测的状态变量。在“系统综合”部分将指出，当且仅当系统可观测时，才能对系统状态变量进行观测或估计。

在下面讨论可观测性条件时，将只考虑由式(9-27)和式(9-28)给定的零输入系统。这是因为，若采用如下状态空间表达式

$$\dot{\boldsymbol{x}}=\boldsymbol{Ax}+\boldsymbol{Bu}$$

$$\boldsymbol{y}=\boldsymbol{Cx}+\boldsymbol{Du}$$

则

$$\boldsymbol{x}(t)=\mathrm{e}^{\boldsymbol{A}t}\boldsymbol{x}(0)+\int_0^t \mathrm{e}^{\boldsymbol{A}(t-\tau)}\boldsymbol{Bu}(\tau)\mathrm{d}\tau$$

从而

$$\boldsymbol{y}(t)=\boldsymbol{C}\mathrm{e}^{\boldsymbol{A}t}\boldsymbol{x}(0)+\boldsymbol{C}\int_0^t \mathrm{e}^{\boldsymbol{A}(t-\tau)}\boldsymbol{Bu}(\tau)\mathrm{d}\tau+\boldsymbol{Du}(t)$$

由于矩阵 $\boldsymbol{A}$，$\boldsymbol{B}$，$\boldsymbol{C}$ 和 $\boldsymbol{D}$ 均为已知，$\boldsymbol{u}(t)$也已知，所以上式右端的最后两项为已知，因而它们可以从被量测值 $\boldsymbol{y}(t)$中消去。因此，为研究可观测性的充要条件，只考虑式(9-27)和式(9-28)所描述的零输入系统就可以了。

2. 定常系统状态可观测性的代数判据

考虑由式(9-27)和式(9-28)所描述的线性定常系统。将其重写为

$$\dot{\boldsymbol{x}}=\boldsymbol{Ax}$$

$$\boldsymbol{y}=\boldsymbol{Cx}$$

易知其输出向量为

$$\boldsymbol{y}(t)=\boldsymbol{C}\mathrm{e}^{\boldsymbol{A}t}\boldsymbol{x}(0)$$

将 $\mathrm{e}^{\boldsymbol{A}t}$ 写为 $\boldsymbol{A}$ 的有限项的形式，即

$$\mathrm{e}^{\boldsymbol{A}t}=\sum_{k=0}^{n-1}\alpha_k(t)\boldsymbol{A}^k$$

因而

$$\boldsymbol{y}(t)=\sum_{k=0}^{n-1}\alpha_k(t)\boldsymbol{CA}^k\boldsymbol{x}(0)$$

或
$$\boldsymbol{y}(t)=\alpha_0(t)\boldsymbol{Cx}(0)+\alpha_1(t)\boldsymbol{CAx}(0)+\cdots+\alpha^{n-1}(t)\boldsymbol{CA}^{n-1}\boldsymbol{x}(0)\tag{9-29}$$

显然，如果系统是可观测的，那么在 $0\leqslant t\leqslant t_1$ 时间间隔内，给定输出 $\boldsymbol{y}(t)$，就可由式(9－29)唯一地确定出 $\boldsymbol{x}(0)$。可以证明，这就要求 $nm\times n$ 维可观测性矩阵

$$\boldsymbol{R}=\begin{bmatrix}\boldsymbol{C}\\ \boldsymbol{CA}\\ \vdots\\ \boldsymbol{CA}^{n-1}\end{bmatrix}$$

的秩为 n。

由上述分析，可将可观测的充要条件表述为：由式(9－25)和式(9－26)所描述的线性定常系统，当且仅当 $n\times nm$ 维可观测性矩阵

$$\boldsymbol{R}^{\mathrm{T}}=[\boldsymbol{C}^{\mathrm{T}}\quad \boldsymbol{A}^{\mathrm{T}}\boldsymbol{C}^{\mathrm{T}}\quad \cdots\quad (\boldsymbol{A}^{\mathrm{T}})^{n-1}\boldsymbol{C}^{\mathrm{T}}]$$

的秩为 n，即 $\operatorname{rank}\boldsymbol{R}^{\mathrm{T}}=n$ 时，该系统才是可观测的。

例 9－18　试判断由式

$$\begin{bmatrix}\dot{x}_1\\ \dot{x}_2\end{bmatrix}=\begin{bmatrix}1 & 1\\ -2 & -1\end{bmatrix}\begin{bmatrix}x_1\\ x_2\end{bmatrix}+\begin{bmatrix}0\\ 1\end{bmatrix}\boldsymbol{u}$$

$$\boldsymbol{y}=[1\quad 0]\begin{bmatrix}x_1\\ x_2\end{bmatrix}$$

所描述的系统是否为可控和可观测的。

解　由于可控性矩阵

$$\boldsymbol{Q}=[\boldsymbol{B}\quad \boldsymbol{AB}]=\begin{bmatrix}0 & 1\\ 1 & -1\end{bmatrix}$$

的秩为 2，即 $\operatorname{rank}\boldsymbol{Q}=2=n$，故该系统是状态可控的。

对于输出可控性，可由系统输出可控性矩阵的秩确定。由于

$$\boldsymbol{Q}'=[\boldsymbol{CB}\quad \boldsymbol{CAB}]=[0\quad 1]$$

的秩为 1，即 $\operatorname{rank}\boldsymbol{Q}'=2=m$，故该系统是输出可控的。

为了检验可观测性条件，先来验算可观测性矩阵的秩。由于

$$\boldsymbol{R}^{\mathrm{T}}=[\boldsymbol{C}^{\mathrm{T}}\quad \boldsymbol{A}^{\mathrm{T}}\boldsymbol{C}^{\mathrm{T}}]=\begin{bmatrix}1 & 1\\ 0 & 1\end{bmatrix}$$

的秩为 2，$\operatorname{rank}\boldsymbol{R}^{\mathrm{T}}=2=n$，故此系统是可观测的。

3. 用传递函数矩阵表达的可观测性条件

类似地，可观测性条件也可用传递函数或传递函数矩阵表达。此时可观测性的充要条件是：在传递函数或传递函数矩阵中不发生可约现象。如果存在可约因子，则约去的模态其输出就不可观测了。

例 9－19　证明下列系统是不可观测的。

$$\dot{\boldsymbol{x}}=\boldsymbol{Ax}+\boldsymbol{Bu}$$

$$\boldsymbol{y}=\boldsymbol{Cx}$$

式中

$$\boldsymbol{x}=\begin{bmatrix}x_1\\x_2\\x_3\end{bmatrix},\ \boldsymbol{A}=\begin{bmatrix}0&1&0\\0&0&0\\-6&-11&-6\end{bmatrix},\ \boldsymbol{B}=\begin{bmatrix}0\\0\\1\end{bmatrix},\ \boldsymbol{C}=[4\quad 5\quad 1]$$

解 由于可观测性矩阵

$$\boldsymbol{R}^{\mathrm{T}}=[\boldsymbol{C}^{\mathrm{T}}\quad \boldsymbol{A}^{\mathrm{T}}\boldsymbol{C}^{\mathrm{T}}\quad (\boldsymbol{A}^{\mathrm{T}})^2\boldsymbol{C}^{\mathrm{T}}]=\begin{bmatrix}4&-6&-6\\5&-7&5\\1&-1&-1\end{bmatrix}$$

注意到

$$\begin{vmatrix}4&-6&6\\5&-7&5\\1&-1&-1\end{vmatrix}=0$$

即 $\mathrm{rank}\boldsymbol{R}^{\mathrm{T}}<3=n$，故该系统是不可观测的。

事实上，在该系统的传递函数中存在相约因子。由于 $X_1(s)$和$U(s)$之间的传递函数为

$$\frac{X_1(s)}{U(s)}=\frac{1}{(s+1)(s+2)(s+3)}$$

又 $Y(s)$和 $X_1(s)$之间的传递函数为

$$\frac{Y(s)}{X_1(s)}=(s+1)(s+4)$$

故 $Y(s)$与$U(s)$之间的传递函数为

$$\frac{Y(s)}{U(s)}=\frac{(s+1)(s+4)}{(s+1)(s+2)(s+3)}$$

显然，分子、分母多项式中的因子$(s+1)$可以约去。这意味着，该系统是不可观测的，或者说一些不为零的初始状态 $\boldsymbol{x}(0)$不能由 $\boldsymbol{y}(t)$的量测值确定。

当且仅当系统是状态可控和可观测时，其传递函数才没有相约因子。这意味着，可相约的传递函数不具有表征动态系统的所有信息。

9.2.3 对偶原理

下面讨论可控性和可观测性之间的关系。为了阐明可控性和可观测性之间明显的相似性，这里将介绍由 R. E. Kalman 提出的对偶原理。

考虑由下述状态空间表达式描述的系统 S_1：

$$\dot{\boldsymbol{x}}=\boldsymbol{A}\boldsymbol{x}+\boldsymbol{B}\boldsymbol{u}$$
$$\boldsymbol{y}=\boldsymbol{C}\boldsymbol{x}$$

式中，$\boldsymbol{x}\in\mathbf{R}^n$，$\boldsymbol{u}\in\mathbf{R}^r$，$\boldsymbol{y}\in\mathbf{R}^m$，$\boldsymbol{A}\in\mathbf{R}^{n\times n}$，$\boldsymbol{B}\in\mathbf{R}^{n\times r}$，$\boldsymbol{C}\in\mathbf{R}^{m\times n}$。

以及由下述状态空间表达式定义的对偶系统 S_2：

$$\dot{\boldsymbol{z}}=\boldsymbol{A}^{\mathrm{T}}\boldsymbol{z}+\boldsymbol{C}^{\mathrm{T}}\boldsymbol{v}$$
$$\boldsymbol{w}=\boldsymbol{B}^{\mathrm{T}}\boldsymbol{z}$$

式中，$\boldsymbol{z}\in\mathbf{R}^n$，$\boldsymbol{v}\in\mathbf{R}^m$，$\boldsymbol{w}\in\mathbf{R}^r$，$\boldsymbol{A}^{\mathrm{T}}\in\mathbf{R}^{n\times n}$，$\boldsymbol{C}^{\mathrm{T}}\in\mathbf{R}^{n\times m}$，$\boldsymbol{B}^{\mathrm{T}}\in\mathbf{R}^{r\times n}$。

对偶原理：当且仅当系统 S_2 状态可观测(状态可控)时，系统 S_1 才是状态可控(状态可

观测)的。为了验证这个原理，下面写出系统 S_1 和 S_2 的状态可控和可观测的充要条件。

对于系统 S_1：

① 状态可控的充要条件是 $n\times nr$ 维可控性矩阵

$$[\boldsymbol{B}\quad \boldsymbol{AB}\quad \boldsymbol{A}^{n-1}\boldsymbol{B}]$$

的秩为 n；

② 状态可观测的充要条件是 $n\times nm$ 维可观测性矩阵

$$[\boldsymbol{C}^{\mathrm{T}}\quad \boldsymbol{A}^{\mathrm{T}}\boldsymbol{C}^{\mathrm{T}}\quad \cdots\quad (\boldsymbol{A}^{\mathrm{T}})^{n-1}\boldsymbol{C}^{\mathrm{T}}]$$

的秩为 n。

对于系统 S_2：

① 状态可控的充要条件是 $n\times nm$ 维可控性矩阵

$$[\boldsymbol{C}^{\mathrm{T}}\quad \boldsymbol{A}^{\mathrm{T}}\boldsymbol{C}^{\mathrm{T}}\quad \cdots\quad (\boldsymbol{A}^{\mathrm{T}})^{n-1}\boldsymbol{C}^{\mathrm{T}}]$$

的秩为 n；

② 状态可观测的充要条件是 $n\times nr$ 维可观测性矩阵

$$[\boldsymbol{B}\quad \boldsymbol{AB}\quad \boldsymbol{A}^{n-1}\boldsymbol{B}]$$

的秩为 n。

对比这些条件，可以很明显地看出对偶原理的正确性。利用此原理，一个给定系统的可观测性可用其对偶系统的状态可控性来检验和判断。

简单地说，对偶原理可表示为如下关系：

$$\boldsymbol{A}\Rightarrow\boldsymbol{A}^{\mathrm{T}},\ \boldsymbol{B}\Rightarrow\boldsymbol{C}^{\mathrm{T}},\ \boldsymbol{C}\Rightarrow\boldsymbol{B}^{\mathrm{T}}$$

9.2.4　单输入—单输出系统状态空间描述的标准型

设单输入—单输出系统的传递函数由下式表示

$$\frac{Y(s)}{U(s)}=\frac{b_0 s^n+b_1 s^{n-1}+\cdots+b_{n-1}s+b_n}{s^n+a_1 s^{n-1}+\cdots+a_{n-1}s+a_n}\tag{9-30}$$

下面给出式(9－30)对应的系统状态空间表达式的可控标准型、可观测标准型、对角线标准型和约当(Jordan)标准型。

1. 可控标准型

下列状态空间表达式为可控标准型：

$$\begin{bmatrix}\dot{x}_1\\ \dot{x}_2\\ \vdots\\ \dot{x}_{n-1}\\ \dot{x}_n\end{bmatrix}=\begin{bmatrix}0 & 1 & 0 & \cdots & 0\\ 0 & 0 & 1 & \cdots & 0\\ \vdots & \vdots & \vdots & & \vdots\\ 0 & 0 & 0 & \cdots & 1\\ -a_n & -a_{n-1} & -a_{n-2} & \cdots & -a_1\end{bmatrix}\begin{bmatrix}x_1\\ x_2\\ \vdots\\ x_{n-1}\\ x_n\end{bmatrix}+\begin{bmatrix}0\\ 0\\ \vdots\\ 0\\ 1\end{bmatrix}\boldsymbol{u}\tag{9-31}$$

$$\boldsymbol{y}=[b_n-a_nb_0\quad b_{n-1}-a_{n-1}b_0\quad \cdots\quad b_1-a_1b_0]\begin{bmatrix}x_1\\ x_2\\ \vdots\\ x_n\end{bmatrix}+b_0\boldsymbol{u}\tag{9-32}$$

在讨论控制系统设计的极点配置方法时，这种可控标准型是非常重要的。

2. 可观测标准型

下列状态空间表达式为可观测标准型：

$$\begin{bmatrix}\dot{x}_1\\ \dot{x}_2\\ \vdots\\ \dot{x}_n\end{bmatrix}=\begin{bmatrix}0 & 0 & \cdots & 0 & -a_n\\ 1 & 0 & \cdots & 0 & -a_{n-1}\\ \vdots & \vdots & & \vdots & \vdots\\ 0 & 0 & \cdots & 1 & -a_1\end{bmatrix}\begin{bmatrix}x_1\\ x_2\\ \vdots\\ x_n\end{bmatrix}+\begin{bmatrix}b_n-a_nb_0\\ b_{n-1}-a_{n-1}b_0\\ \cdots\\ b_1-a_1b_0\end{bmatrix}\boldsymbol{u} \tag{9-33}$$

$$\boldsymbol{y}=[0\quad 0\quad \cdots\quad 0\quad 1]\begin{bmatrix}x_1\\ x_2\\ \vdots\\ x_{n-1}\\ x_n\end{bmatrix}+b_0\boldsymbol{u} \tag{9-34}$$

注意：式(9－33)给出的状态方程中 $n\times n$ 维系统矩阵是式(9－31)所给出的相应矩阵的转置。

3. 对角线标准型

参考由式(9－30)定义的传递函数。这里，考虑分母多项式中只含相异根的情况。因此，式(9－30)可写成：

$$\frac{Y(s)}{U(s)}=\frac{b_0s_n+b_1s^{n-1}+\cdots+b_{n-1}s+b_n}{(s+p_1)(s+p_2)\cdots(s+p_n)}=b_0+\frac{c_1}{s+p_1}+\frac{c_2}{s+p_2}+\cdots+\frac{c_n}{s+p_n} \tag{9-35}$$

该系统的状态空间表达式的对角线标准型由下式确定：

$$\begin{bmatrix}\dot{x}_1\\ \dot{x}_2\\ \vdots\\ \dot{x}_n\end{bmatrix}=\begin{bmatrix}-p_1 & & & 0\\ & -p_2 & & \\ & & \ddots & \\ 0 & & & -p_n\end{bmatrix}\begin{bmatrix}x_1\\ x_2\\ \vdots\\ x_n\end{bmatrix}+\begin{bmatrix}1\\ 1\\ \vdots\\ 1\end{bmatrix}\boldsymbol{u} \tag{9-36}$$

$$\boldsymbol{y}=[c_1\quad c_2\quad \cdots\quad c_n]\begin{bmatrix}x_1\\ x_2\\ \vdots\\ x_n\end{bmatrix}+b_0\boldsymbol{u} \tag{9-37}$$

4. 约当标准型

下面考虑式(9－30)的分母多项式中含有重根的情况。对此，必须将前面的对角线标准型修改为约当标准型。例如，假设除了前 3 个 p_i 相等，即 $p_1=p_2=p_3$ 外，其余极点相异。于是，$Y(s)/U(s)$因式分解后为

$$\frac{Y(s)}{U(s)}=\frac{b_0s_n+b_1s^{n-1}+\cdots+b_{n-1}s+b_n}{(s+p_1)^3(s+p_4)(s+p_5)\cdots(s+p_n)}$$

该式的部分分式展开式为

$$\frac{Y(s)}{U(s)}=b_0+\frac{c_1}{(s+p_1)^3}+\frac{c_2}{(s+p_1)^2}+\frac{c_3}{s+p_1}+\frac{c_4}{s+p_4}\cdots+\frac{c_n}{s+p_n}$$

该系统状态空间表达式的约当标准型由下式确定：

$$\begin{bmatrix}\dot{x}_1\\\dot{x}_2\\\dot{x}_3\\\dot{x}_4\\\vdots\\\dot{x}_n\end{bmatrix}=\begin{bmatrix}-p_1 & 1 & 0 & 0 & \cdots & 0\\0 & -p_1 & 1 & \vdots & \vdots & \\0 & 0 & -p_1 & 0 & \cdots & 0\\0 & \cdots & 0 & -p_4 & & 0\\\vdots & & \vdots & & \ddots & \\0 & \cdots & 0 & 0 & \cdots & -p_n\end{bmatrix}\begin{bmatrix}x_1\\x_2\\x_3\\x_4\\\vdots\\x_n\end{bmatrix}+\begin{bmatrix}0\\0\\1\\1\\\vdots\\1\end{bmatrix}\boldsymbol{u} \tag{9-38}$$

$$\boldsymbol{y}=[c_1\quad c_2\quad\cdots\quad c_n]\begin{bmatrix}x_1\\x_2\\\vdots\\x_n\end{bmatrix}+b_0\boldsymbol{u} \tag{9-39}$$

例 9-20　考虑下式确定的系统

$$\frac{Y(s)}{U(s)}=\frac{s+3}{s^2+3s+2}$$

试求其状态空间表达式之可控标准型、可观测标准型和对角线标准型。

解　可控标准型为

$$\begin{bmatrix}\dot{x}_1(t)\\\dot{x}_2(t)\end{bmatrix}=\begin{bmatrix}0 & 1\\-2 & -3\end{bmatrix}\begin{bmatrix}x_1(t)\\x_2(t)\end{bmatrix}+\begin{bmatrix}0\\1\end{bmatrix}\boldsymbol{u}(t)$$

$$y(t)=[3\quad 1]\begin{bmatrix}x_1(t)\\x_2(t)\end{bmatrix}$$

可观测标准型为

$$\begin{bmatrix}\dot{x}_1(t)\\\dot{x}_2(t)\end{bmatrix}=\begin{bmatrix}0 & -2\\1 & -3\end{bmatrix}\begin{bmatrix}x_1(t)\\x_2(t)\end{bmatrix}+\begin{bmatrix}3\\1\end{bmatrix}\boldsymbol{u}(t)$$

$$y(t)=[0\quad 1]\begin{bmatrix}x_1(t)\\x_2(t)\end{bmatrix}$$

对角线标准型为

$$\begin{bmatrix}\dot{x}_1(t)\\\dot{x}_2(t)\end{bmatrix}=\begin{bmatrix}-1 & 0\\0 & -2\end{bmatrix}\begin{bmatrix}x_1(t)\\x_2(t)\end{bmatrix}+\begin{bmatrix}1\\1\end{bmatrix}\boldsymbol{u}(t)$$

$$\boldsymbol{y}(t)=[2\quad -1]\begin{bmatrix}x_1(t)\\x_2(t)\end{bmatrix}$$

9.2.5　基于系统标准型的可控可观判据

1. 状态可控性条件的标准型判据

关于定常系统可控性的判据很多。除了上述的代数判据外，本小节将给出一种相当直观的方法，这就是从标准型的角度给出的判据。

考虑如下的线性系统：

$$\dot{\boldsymbol{x}}(t)=\boldsymbol{A}\boldsymbol{x}(t)+\boldsymbol{B}\boldsymbol{u}(t) \tag{9-40}$$

式中，$\boldsymbol{x}(t)\in\mathbf{R}^n$，$\boldsymbol{u}(t)\in\mathbf{R}^r$，$\boldsymbol{A}\in\mathbf{R}^{n\times n}$，$\boldsymbol{B}\in\mathbf{R}^{n\times r}$。

如果 $\boldsymbol{A}$ 的特征向量互不相同，则可找到一个非奇异线性变换矩阵 $\boldsymbol{P}$，使得

$$P^{-1}AP = \Lambda = \text{diag}\{\lambda_1, \lambda_2, \cdots, \lambda_n\}$$

注意，如果 A 的特征值相异，那么 A 的特征向量也互不相同；然而，反过来则不成立。例如，具有相同特征值的 $n\times n$ 维实对称矩阵也有可能有 n 个互不相同的特征向量。还应注意，矩阵 P 的每一列是与 $\lambda_i(i=1, 2, \cdots, n)$有联系的 A 的一个特征向量。

设

$$x = Pz \tag{9-41}$$

将式(9-41)代入式(9-40)，可得

$$\dot{z} = P^{-1}APz + P^{-1}Bu \tag{9-42}$$

定义

$$P^{-1}B = \Gamma = [f_{ij}]$$

则可将式(9-42)写为

$$\begin{aligned} \dot{z}_1 &= \lambda_1 z_1 + f_{11}u_1 + f_{12}u_2 + \cdots + f_{1r}u_r \\ \dot{z}_2 &= \lambda_2 z_2 + f_{21}u_1 + f_{22}u_2 + \cdots + f_{2r}u_r \\ &\vdots \\ \dot{z}_n &= \lambda_n z_n + f_{n1}u_1 + f_{n2}u_2 + \cdots + f_{nr}u_r \end{aligned}$$

如果 $n\times r$ 维矩阵 Γ 的任一行元素全为零，那么对应的状态变量就不能由任一 u_i 来控制。由于状态可控的条件是 A 的特征向量互异，因此当且仅当输入矩阵 $\Gamma=P^{-1}B$ 没有一行的所有元素均为零时，系统才是状态可控的。在应用状态可控性的这一条件时，应特别注意，必须将式(9-42)的矩阵 $P^{-1}AP$ 转换成对角线形式。

如果式(9-40)中的矩阵 A 不具有互异的特征向量，则不能将其化为对角线形式。在这种情况下，可将 A 化为约当标准型。例如，若 A 的特征值分别 λ_1、λ_1、λ_1、λ_4、λ_4、λ_6、…、λ_n，并且有 $n-3$ 个互异的特征向量，那么 A 的约当标准型为

$$J = \begin{bmatrix} \lambda_1 & 1 & 0 & & & & & \\ 0 & \lambda_1 & 1 & & & & & \\ & 0 & \lambda_1 & 1 & & & & \\ & & 0 & \lambda_4 & & & & \\ & & & & \lambda_4 & & & \\ & & & & & \lambda_6 & & \\ & & & & & & \ddots & \\ 0 & & & & & & & \lambda_n \end{bmatrix}$$

其中，在主对角线上的 3×3 和 2×2 子矩阵称为约当块。

假设能找到一个变换矩阵 S，使得

$$S^{-1}AS = J \tag{9-43}$$

如果利用 $x=Sz$ 定义一个新的状态向量 z，将式(9-43)代入式(9-40)中，可得到

$$\dot{z} = S^{-1}ASz + S^{-1}Bu = Jz + \Gamma u \tag{9-44}$$

从而式(9-41)确定的系统的状态可控性条件可表述如下：

当且仅当：

① 式(9-44)中的矩阵 J 中没有两个约当块与同一特征值有关；

② 与每个约当块最后一行相对应的 $\Gamma=S^{-1}B$ 任一行元素不全为零；

③ 对应于不同特征值的 $\boldsymbol{\Gamma}=\boldsymbol{S}^{-1}\boldsymbol{B}$ 的每一行的元素不全为零时；

则系统是状态可控的。

例如，下列系统是状态可控的

$$\begin{bmatrix}\dot{x}_1\\ \dot{x}_2\end{bmatrix}=\begin{bmatrix}-1 & 0\\ 0 & -2\end{bmatrix}\begin{bmatrix}x_1\\ x_2\end{bmatrix}+\begin{bmatrix}2\\ 5\end{bmatrix}\boldsymbol{u}$$

$$\begin{bmatrix}\dot{x}_1\\ \dot{x}_2\\ \dot{x}_3\end{bmatrix}=\begin{bmatrix}-1 & 1 & 0\\ 0 & -1 & 0\\ 0 & 0 & -2\end{bmatrix}\begin{bmatrix}x_1\\ x_2\\ x_3\end{bmatrix}+\begin{bmatrix}0\\ 4\\ 3\end{bmatrix}\boldsymbol{u}$$

$$\begin{bmatrix}\dot{x}_1\\ \dot{x}_2\\ \dot{x}_3\\ \dot{x}_4\\ \dot{x}_5\end{bmatrix}=\left[\begin{array}{ccc:cc}-2 & 1 & 0 & & \\ 0 & -2 & 1 & & 0\\ 0 & 0 & -2 & & \\ \hdashline & & & -5 & 1\\ & 0 & & 0 & -5\end{array}\right]\begin{bmatrix}x_1\\ x_2\\ x_3\\ x_4\\ x_5\end{bmatrix}+\left[\begin{array}{cc}0 & 1\\ 0 & 0\\ 3 & 0\\ \hdashline 0 & 0\\ 2 & 1\end{array}\right]\begin{bmatrix}u_1\\ u_2\end{bmatrix}$$

而下列系统是状态不可控的

$$\begin{bmatrix}\dot{x}_1\\ \dot{x}_2\end{bmatrix}=\begin{bmatrix}-1 & 0\\ 0 & -2\end{bmatrix}\begin{bmatrix}x_1\\ x_2\end{bmatrix}+\begin{bmatrix}2\\ 5\end{bmatrix}\boldsymbol{u}$$

$$\begin{bmatrix}\dot{x}_1\\ \dot{x}_2\\ \dot{x}_3\end{bmatrix}=\begin{bmatrix}-1 & 1 & 0\\ 0 & -1 & 0\\ 0 & 0 & -2\end{bmatrix}\begin{bmatrix}x_1\\ x_2\\ x_3\end{bmatrix}+\begin{bmatrix}4 & 2\\ 0 & 0\\ 3 & 0\end{bmatrix}\begin{bmatrix}u_1\\ u_2\end{bmatrix}$$

$$\begin{bmatrix}\dot{x}_1\\ \dot{x}_2\\ \dot{x}_3\\ \dot{x}_4\\ \dot{x}_5\end{bmatrix}=\left[\begin{array}{ccc:cc}-2 & 1 & 0 & & \\ 0 & -2 & 1 & & 0\\ 0 & 0 & -2 & & \\ \hdashline & & & -5 & 1\\ & 0 & & 0 & -5\end{array}\right]\begin{bmatrix}x_1\\ x_2\\ x_3\\ x_4\\ x_5\end{bmatrix}+\begin{bmatrix}4\\ 2\\ 1\\ 3\\ 0\end{bmatrix}u$$

2. 状态可观测性条件的标准型判据

考虑如下线性定常系统：

$$\dot{\boldsymbol{x}}=\boldsymbol{A}\boldsymbol{x}\tag{9-45}$$

$$\boldsymbol{y}=\boldsymbol{C}\boldsymbol{x}\tag{9-46}$$

设非奇异线性变换矩阵 $\boldsymbol{P}$ 可将 $\boldsymbol{A}$ 化为对角线矩阵

$$\boldsymbol{P}^{-1}\boldsymbol{A}\boldsymbol{P}=\boldsymbol{\Lambda}$$

式中，$\boldsymbol{\Lambda}=\mathrm{diag}\{\lambda_1, \lambda_2, \cdots, \lambda_n)$为对角线矩阵。定义

$$\boldsymbol{x}=\boldsymbol{P}\boldsymbol{z}$$

式(9-45)和式(9-46)可写为如下对角线标准型：

$$\dot{\boldsymbol{z}}=\boldsymbol{P}^{-1}\boldsymbol{A}\boldsymbol{P}\boldsymbol{z}=\boldsymbol{\Lambda}\boldsymbol{z}$$

$$\boldsymbol{y}=\boldsymbol{C}\boldsymbol{P}\boldsymbol{z}$$

$$\boldsymbol{y}(t)=\boldsymbol{C}\boldsymbol{P}\mathrm{e}^{\boldsymbol{\Lambda}t}\boldsymbol{z}(0)$$

或

$$\boldsymbol{y}(t)=\boldsymbol{CP}\begin{bmatrix} e^{\lambda_1 t} & & & 0 \\ & e^{\lambda_2 t} & & \\ & & \ddots & \\ 0 & & & e^{\lambda_n t} \end{bmatrix}\boldsymbol{z}(0)=\boldsymbol{CP}\begin{bmatrix} e^{\lambda_1 t}z_1(0) \\ e^{\lambda_2 t}z_2(0) \\ \vdots \\ e^{\lambda_n t}z_n(0) \end{bmatrix}$$

如果 $m\times n$ 维矩阵 $\boldsymbol{CP}$ 的任一列中的元素都不全为零，那么系统是可观测的。这是因为，如果 $\boldsymbol{CP}$ 的第 i 列的元素全为零，则在输出方程中将不出现状态变量 $z_i(0)$，因而不能由 $\boldsymbol{y}(t)$的观测值确定。因此，$\boldsymbol{x}(0)$不可能通过非奇异矩阵和与其相关的 $\boldsymbol{z}(0)$来确定。

上述判断方法只适用于能将系统的状态空间表达式(9-45)和式(9-46)化为对角线标准型的情况。

如果不能将式(9-45)和式(9-46)变换为对角线标准型，则可利用一个合适的线性变换矩阵 $\boldsymbol{S}$，将其中的系统矩阵 $\boldsymbol{A}$ 变换为约当标准型：

$$\boldsymbol{S}^{-1}\boldsymbol{AS}=\boldsymbol{J}$$

式中，$\boldsymbol{J}$ 为约当标准型矩阵。

定义

$$\boldsymbol{x}=\boldsymbol{Sz}$$

则式(9-45)和式(9-46)可写为如下约当标准型：

$$\dot{\boldsymbol{z}}=\boldsymbol{S}^{-1}\boldsymbol{ASz}=\boldsymbol{Jz}$$

$$\boldsymbol{y}=\boldsymbol{CSz}$$

因此

$$\boldsymbol{y}(t)=\boldsymbol{CS}e^{\boldsymbol{J}t}\boldsymbol{z}(0)$$

系统可观测的充要条件为：① $\boldsymbol{J}$ 中没有两个约当块与同一特征值有关；② 与每个约当块的第一行相对应的矩阵 $\boldsymbol{CS}$ 的各列中，没有一列元素全为零；③ 与相异特征值对应的矩阵各列中，没有一列包含的元素全为零。

例如，下列系统是可观测的

$$\begin{bmatrix}\dot{x}_1\\ \dot{x}_2\end{bmatrix}=\begin{bmatrix}-1 & 0\\ 0 & -2\end{bmatrix}\begin{bmatrix}x_1\\ x_2\end{bmatrix},\ \boldsymbol{y}=\begin{bmatrix}1 & 3\end{bmatrix}\begin{bmatrix}x_1\\ x_2\end{bmatrix}$$

$$\begin{bmatrix}\dot{x}_1\\ \dot{x}_2\\ \dot{x}_3\end{bmatrix}=\begin{bmatrix}2 & 1 & 0\\ 0 & 2 & 1\\ 0 & 0 & 2\end{bmatrix}\begin{bmatrix}x_1\\ x_2\\ x_3\end{bmatrix},\ \begin{bmatrix}y_1\\ y_2\end{bmatrix}=\begin{bmatrix}3 & 0 & 0\\ 4 & 0 & 0\end{bmatrix}\begin{bmatrix}x_1\\ x_2\\ x_3\end{bmatrix}$$

$$\begin{bmatrix}\dot{x}_1\\ \dot{x}_2\\ \dot{x}_3\\ \dot{x}_4\\ \dot{x}_5\end{bmatrix}=\begin{bmatrix}2 & 1 & 0 & 0\\ 0 & 2 & 1 & 0\\ 0 & 0 & 2 & 0\\ 0 & -3 & 1 & 0\\ 0 & 0 & 0 & -3\end{bmatrix}\begin{bmatrix}x_1\\ x_2\\ x_3\\ x_4\\ x_5\end{bmatrix},\ \begin{bmatrix}y_1\\ y_2\end{bmatrix}=\begin{bmatrix}1 & 1 & 1 & 0 & 0\\ 0 & 1 & 1 & 1 & 0\end{bmatrix}\begin{bmatrix}x_1\\ x_2\\ x_3\\ x_4\\ x_5\end{bmatrix}$$

显然，下列系统是不可观测的

$$\begin{bmatrix}\dot{x}_1\\ \dot{x}_2\end{bmatrix}=\begin{bmatrix}-1 & 0\\ 0 & -2\end{bmatrix}\begin{bmatrix}x_1\\ x_2\end{bmatrix},\ \boldsymbol{y}=\begin{bmatrix}0 & 1\end{bmatrix}\begin{bmatrix}x_1\\ x_2\end{bmatrix}$$

$$\begin{bmatrix}\dot{x}_1\\\dot{x}_2\\\dot{x}_3\end{bmatrix}=\begin{bmatrix}2&1&0\\0&2&1\\0&0&2\end{bmatrix}\begin{bmatrix}x_1\\x_2\\x_3\end{bmatrix},\ \begin{bmatrix}y_1\\y_2\end{bmatrix}=\begin{bmatrix}1&1&1&0&0\\0&1&1&1&0\end{bmatrix}\begin{bmatrix}x_1\\x_2\\x_3\\x_4\\x_5\end{bmatrix}$$

$$\begin{bmatrix}\dot{x}_1\\\dot{x}_2\\\dot{x}_3\\\dot{x}_4\\\dot{x}_5\end{bmatrix}=\begin{bmatrix}2&1&0&0\\0&2&1&0\\0&0&2&0\\0&-3&1&0\\0&0&0&-3\end{bmatrix},\ \begin{bmatrix}y_1\\y_2\end{bmatrix}=\begin{bmatrix}1&1&1&0&0\\0&1&1&1&0\end{bmatrix}\begin{bmatrix}x_1\\x_2\\x_3\\x_4\\x_5\end{bmatrix}$$

9.2.6　离散系统的可控性和可观测性判据

当离散系统用状态空间表达式(9-47)和式(9-48)描述时：

$$\boldsymbol{x}(k+1)=\boldsymbol{Gx}(k)+\boldsymbol{Hu}(k)\ ; \tag{9-47}$$

$$\boldsymbol{y}(k)=\boldsymbol{Cx}(k)+\boldsymbol{Du}(k) \tag{9-48}$$

其可控性和可观测性判据与连续系统具有完全类似的形式，即

状态完全可控性判据为

$$\text{rank}\boldsymbol{Q}_{\text{d}}=\text{rank}[\boldsymbol{H}\quad \boldsymbol{GH}\quad \cdots\quad \boldsymbol{G}^{n-1}\boldsymbol{H}]=n \tag{9-49}$$

输出完全可控性判据为

$$\text{ran}\boldsymbol{Q}_{\text{d}}^{0}=\text{rank}[\boldsymbol{CH}\quad \boldsymbol{CGH}\quad \cdots\quad \boldsymbol{CG}^{n-1}\boldsymbol{H}\quad \vdots\quad \boldsymbol{D}]=m \tag{9-50}$$

状态可观测性判据为

$$\text{ran}\boldsymbol{Q}_{\text{d}}^{\text{T}}=\text{rank}[\boldsymbol{R}^{\text{T}}\quad \boldsymbol{G}^{\text{T}}\boldsymbol{C}^{\text{T}}\quad \cdots\quad (\boldsymbol{G}_{\text{T}})^{n-1}\boldsymbol{C}^{\text{T}}]=n \tag{9-51}$$

9.3　线性定常系统的反馈结构及状态观测器

反馈是控制系统设计中应用的主要技术手段之一。但由于经典控制理论是用传递函数来描述的，因此只能用输出量作为反馈量。而现代控制理论由于采用系统内部的状态变量来描述系统的物理特性，因而除了采用输出反馈外，还经常采用状态反馈。在进行系统的分析综合时，状态反馈能提供更多的校正信息，因而在形成最优控制规律、抑制或消除扰动影响、实现系统解耦控制等方面，状态反馈均获得了广泛应用。

为了利用状态进行反馈，必须用传感器来测量状态变量，但并不是所有状态变量在物理上都可测量，于是就提出了用状态观测器给出状态估值的方法。因此，状态反馈与状态观测器的设计便构成了用状态空间法综合设计系统的主要内容。

9.3.1　线性定常系统常用反馈结构及其对系统特性的影响

1. 两种常用的反馈结构

在系统的综合设计中，两种常用的反馈形式是线性直接状态反馈和线性非动态输出反馈，简称为状态反馈和输出反馈。

1）状态反馈

设有 n 维线性定常系统

$$\dot{\boldsymbol{x}} = \boldsymbol{A}\boldsymbol{x} + \boldsymbol{B}\boldsymbol{u},\ \boldsymbol{y} = \boldsymbol{C}\boldsymbol{x} \tag{9-52}$$

式中，$\boldsymbol{x}$、$\boldsymbol{u}$、$\boldsymbol{y}$ 分别为 n 维、p 维和 q 维向量；$\boldsymbol{A}$、$\boldsymbol{B}$、$\boldsymbol{C}$ 分别为 $n\times n$、$n\times p$、$q\times n$ 阶实数矩阵。

当将系统的控制量 $\boldsymbol{u}$ 取为状态变量的线性函数

$$\boldsymbol{u} = \boldsymbol{v} - \boldsymbol{K}\boldsymbol{x} \tag{9-53}$$

时，称之为线性直接状态反馈，简称为状态反馈，其中 $\boldsymbol{v}$ 为 p 维参考输入向量，$\boldsymbol{K}$ 为 $p\times n$ 维实反馈增益矩阵。在研究状态反馈时，假定所有的状态变量都是可以用来反馈的。

将式(9-53)代入式(9-52)可得状态反馈系统动态方程为

$$\dot{\boldsymbol{x}} = (\boldsymbol{A} - \boldsymbol{B}\boldsymbol{K})\boldsymbol{x} + \boldsymbol{B}\boldsymbol{v},\ \boldsymbol{y} = \boldsymbol{C}\boldsymbol{x} \tag{9-54}$$

其传递函数矩阵为

$$\boldsymbol{G}_K(s) = \boldsymbol{C}(s\boldsymbol{I} - \boldsymbol{A} + \boldsymbol{B}\boldsymbol{K})^{-1}\boldsymbol{B} \tag{9-55}$$

因此可用$\{\boldsymbol{A}-\boldsymbol{B}\boldsymbol{K}, \boldsymbol{B}, \boldsymbol{C}\}$来表示引入状态反馈后的闭环系统。由式(9-54)可以看出，引入状态反馈后系统的输出方程没有变化。

加入状态反馈后的系统结构图如图 9-7 所示。

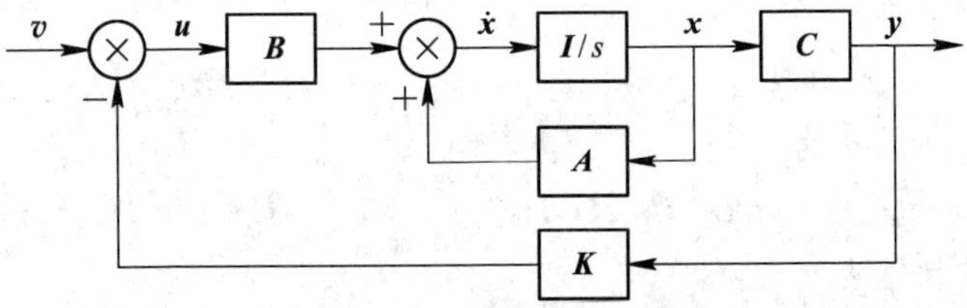

图 9-7　加入状态反馈后的系统结构图

2）输出反馈

系统的状态常常不能全部测量到，因而状态反馈的应用受到了限制。在此情况下，人们常常采用输出反馈。输出反馈的目的首先是使系统闭环，成为稳定系统，然后在此基础上进一步改善闭环系统性能。

输出反馈有两种形式：一种是将输出量反馈至状态微分，另一种是将输出量反馈至参考输入。

输出量反馈至状态微分的系统结构图如图 9-8 所示。输出反馈系统的动态方程为

$$\dot{\boldsymbol{x}} = \boldsymbol{A}\boldsymbol{x} + \boldsymbol{B}\boldsymbol{u} - \boldsymbol{H}\boldsymbol{y} = (\boldsymbol{A} - \boldsymbol{H}\boldsymbol{C})\boldsymbol{x} + \boldsymbol{B}\boldsymbol{u},\ \boldsymbol{y} = \boldsymbol{C}\boldsymbol{x} \tag{9-56}$$

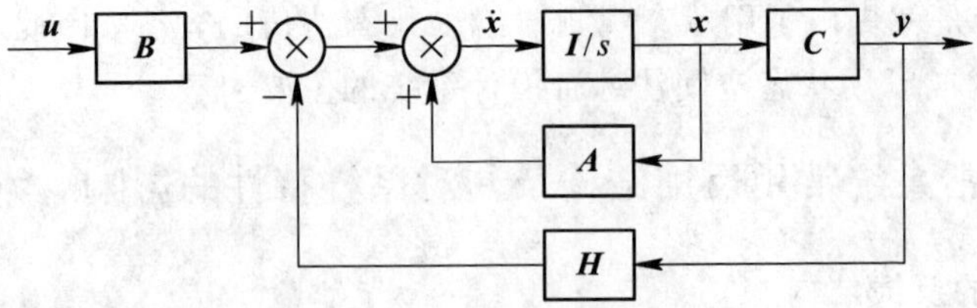

图 9-8　输出量反馈至状态微分的系统结构图

其传递函数矩阵为

$$G_H(s) = C(sI - A + HK)^{-1}B \tag{9-57}$$

将输出量反馈至参考输入系统结构图如图 9-9 所示。当将系统的控制量 $\boldsymbol{u}$ 取为输出 $\boldsymbol{y}$ 的线性函数

$$\boldsymbol{u} = \boldsymbol{v} - \boldsymbol{F}\boldsymbol{y} \tag{9-58}$$

时，称之为线性非动态输出反馈，常简称为输出反馈，其中 $\boldsymbol{v}$ 为 p 维参考输入向量，$\boldsymbol{F}$ 为 $p\times q$ 维实反馈增益矩阵。这是一种最常用的输出反馈。

将式(9-58)代入式(9-52)可得输出反馈系统动态方程为

$$\dot{x} = (A - BFC)x + Bv,\ y = Cx \tag{9-59}$$

其传递函数矩阵为

$$G_F(s) = C(sI - A + BFC)^{-1}B \tag{9-60}$$

不难看出，不管是状态反馈还是输出反馈，都可以改变状态函数矩阵，但这并不表示二者具有同等的功能。由于状态反馈能完整地表征系统的动态行为，因而利用状态反馈时，其信息量大而完整，当系统完全可控时，可以在不增加系统维数的情况下，自由地支配响应特性。而输出反馈仅利用了状态变量的线性组合进行反馈，其信息量较小，所引入的补偿装置将使系统维数增加，且难以得到任意的所期望的响应特性。一个输出反馈的系统，一定有对应的状态反馈系统与之等价，例如对于图 9-9 所示输出反馈系统，只要令 $\boldsymbol{FC}=\boldsymbol{K}$ 便可确定状态反馈增益矩阵。但是，对于一个状态反馈系统，却不一定有对应的输出反馈系统与之等价，这是由于令 $\boldsymbol{K}=\boldsymbol{FC}$ 来求解矩阵 $\boldsymbol{F}$ 时，有可能因 $\boldsymbol{F}$ 含有高阶导数而无法实现。对于非最小相位被控对象，如果含有在复平面右半平面上的极点，并且选择在复平面右半平面上的校正零点来加以对消时，便会潜藏有不稳定的隐患。但是，由于输出反馈所用的输出变量总是容易测量的，实现起来比较方便，因而获得了较广泛的应用。对于状态反馈系统中不便测量或不能测量的状态变量，需要利用状态观测器进行重构。

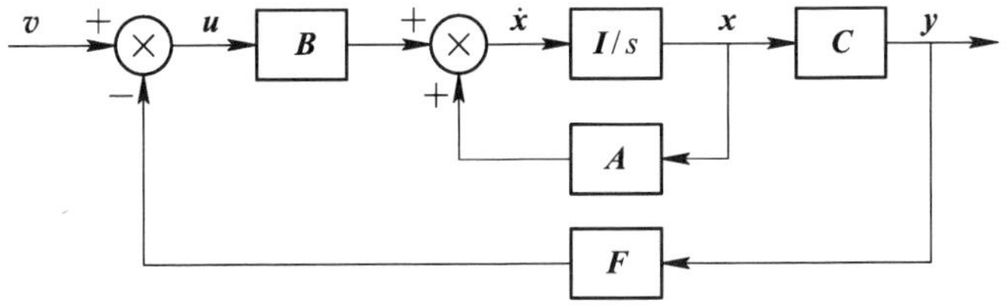

图 9-9　输出反馈至参考输入的系统结构图

2. 反馈结构对系统性能的影响

由于引入反馈后，系统的系数矩阵发生了变化，这对系统的可控性、可观测性、响应特性等均有影响。

定理 9.3.1　对于式(9-52)的系统，状态反馈的引入不改变系统的可控性。

证明　设被控系统 Σ_0 的动态方程为

$$\dot{x} = Ax + Bu,\ y = Cx$$

加入状态反馈后系统 Σ_k 的动态方程为

$$\dot{x} = (A - BK)x + Bv,\ y = Cx$$

首先证明状态反馈系统 Σ_K 可控的充分必要条件是被控系统 Σ_0 可控。

系统 Σ_0 的可控性矩阵为

$$\boldsymbol{S}_c=[\boldsymbol{B}\quad \boldsymbol{AB}\quad \cdots\quad \boldsymbol{A}^{n-1}\boldsymbol{B}]$$

系统 Σ_K 的可控性矩阵为

$$\boldsymbol{S}_{cK}=[\boldsymbol{B}\quad (\boldsymbol{A}-\boldsymbol{BK})\boldsymbol{B}\quad \cdots\quad (\boldsymbol{A}-\boldsymbol{BK})^{n-1}\boldsymbol{B}]$$

由于 $$\boldsymbol{B}=[\boldsymbol{b}_1\quad \boldsymbol{b}_2\quad \cdots\quad \boldsymbol{b}_p],\ \boldsymbol{AB}=[\boldsymbol{Ab}_1\quad \boldsymbol{Ab}_2\quad \cdots\quad \boldsymbol{Ab}_p]$$

$$(\boldsymbol{A}-\boldsymbol{BK})\boldsymbol{B}=[(\boldsymbol{A}-\boldsymbol{BK})\boldsymbol{b}_1\quad (\boldsymbol{A}-\boldsymbol{BK})\boldsymbol{b}_2\quad \cdots\quad (\boldsymbol{A}-\boldsymbol{BK})\boldsymbol{b}_p]$$

式中，$\boldsymbol{b}_i(i=1, 2, \cdots, p)$为列向量。将 $\boldsymbol{K}$ 表示为行向量组

$$\boldsymbol{K}=\begin{bmatrix}\boldsymbol{k}_1\\ \boldsymbol{k}_2\\ \vdots\\ \boldsymbol{k}_p\end{bmatrix}$$

则 $$(\boldsymbol{A}-\boldsymbol{BK})\boldsymbol{b}_i=\boldsymbol{Ab}_i-[\boldsymbol{b}_1\quad \boldsymbol{b}_2\quad \cdots\quad \boldsymbol{b}_p]\begin{bmatrix}\boldsymbol{k}_1\boldsymbol{b}_i\\ \boldsymbol{k}_2\boldsymbol{b}_i\\ \vdots\\ \boldsymbol{k}_p\boldsymbol{b}_i\end{bmatrix}$$

令 $$c_{1i}=\boldsymbol{k}_1\boldsymbol{b}_i,\ c_{2i}=\boldsymbol{k}_2\boldsymbol{b}_i,\ \cdots,\ c_{pi}=\boldsymbol{k}_p\boldsymbol{b}_i$$

式中，$c_{ji}(j=1, 2, \cdots, p)$均为标量。故

$$(\boldsymbol{A}-\boldsymbol{BK})\boldsymbol{b}_i=\boldsymbol{Ab}_i-(c_{1i}\boldsymbol{b}_1+c_{2i}\boldsymbol{b}_2+\cdots+c_{pi}\boldsymbol{b}_p)$$

这说明$(\boldsymbol{AB}-\boldsymbol{BK})\boldsymbol{B}$的列是$[\boldsymbol{B}\quad \boldsymbol{AB}]$列的线性组合。同理有$(\boldsymbol{A}-\boldsymbol{BK})^2\boldsymbol{B}$的列是$[\boldsymbol{B}\quad \boldsymbol{AB}\quad \boldsymbol{A}^2\boldsymbol{B}]$列的线性组合，以此类推，故 $\boldsymbol{S}_{cK}$ 的每一列均可表示为 $\boldsymbol{S}_c$ 的列的线性组合。由此可得

$$\mathrm{rank}\boldsymbol{S}_{cK}\leqslant \mathrm{rank}\boldsymbol{S}_c \tag{9-61}$$

另一方面，Σ_0 又可看成为 Σ_K 的状态反馈系统，即

$$\dot{\boldsymbol{x}}=\boldsymbol{Ax}+\boldsymbol{Bu}=[(\boldsymbol{A}-\boldsymbol{BK})+\boldsymbol{BK}]\boldsymbol{x}+\boldsymbol{Bu}$$

同理可得

$$\mathrm{rank}\boldsymbol{S}_c\leqslant \mathrm{rank}\boldsymbol{S}_{cK} \tag{9-62}$$

由式(9-61)和式(9-62)可得

$$\mathrm{rank}\boldsymbol{S}_{cK}=\mathrm{rank}\boldsymbol{S}_c \tag{9-63}$$

从而当且仅当 Σ_0 可控时，Σ_K 可控。证毕。

应当指出，状态反馈系统不一定能保持可观测性，对此只需举一反例说明。例如，考察

$$\dot{\boldsymbol{x}}=\begin{bmatrix}1 & 2\\ 0 & 3\end{bmatrix}\boldsymbol{x}+\begin{bmatrix}0\\ 1\end{bmatrix}\boldsymbol{u},\ \boldsymbol{y}=[1\quad 1]\boldsymbol{x}$$

其可观测性判别阵为

$$\boldsymbol{V}_o=\begin{bmatrix}\boldsymbol{c}\\ \boldsymbol{cA}\end{bmatrix}=\begin{bmatrix}1 & 1\\ 1 & 5\end{bmatrix},\ \mathrm{rank}\boldsymbol{V}_o=n=2$$

故该系统可观测。现引入状态反馈，取 $\boldsymbol{k}=[0\quad 4]$，则状态反馈系统 Σ_K 为

$$\dot{\boldsymbol{x}}=(\boldsymbol{A}-\boldsymbol{bk})\boldsymbol{x}+\boldsymbol{bv}=\begin{bmatrix}1 & 2\\ 0 & -1\end{bmatrix}\boldsymbol{x}+\begin{bmatrix}0\\ 1\end{bmatrix}\boldsymbol{v},\ \boldsymbol{y}=[1\quad 1]\boldsymbol{x}$$

其可观测性判别阵为

$$\boldsymbol{V}_{\mathrm{o}K} = \begin{bmatrix} \boldsymbol{c} \\ \boldsymbol{c}(\boldsymbol{A}-\boldsymbol{b}\boldsymbol{k}) \end{bmatrix} = \begin{bmatrix} 1 & 1 \\ 1 & 1 \end{bmatrix}, \ \mathrm{rank}\boldsymbol{V}_{\mathrm{o}K} = 1 < n = 2$$

故该状态反馈系统为不可观测的。若取 $\boldsymbol{k}=[0 \quad 5]$，则通过计算可知，此时它是可观测的。这表明状态反馈可能改变系统的可观测性，其原因是状态反馈造成了所配置的极点与零点相对消。

定理 9.3.2 对于式(9-52)的系统，引入输出至状态微分的反馈不改变系统的可观测性。

证明 用对偶原理证明。设被控对象 Σ_0 为$(\boldsymbol{A}, \boldsymbol{B}, \boldsymbol{C})$，输出至状态微分的反馈系统 Σ_H 为$((\boldsymbol{A}-\boldsymbol{CH}), \boldsymbol{B}, \boldsymbol{C})$，若$(\boldsymbol{A}, \boldsymbol{B}, \boldsymbol{C})$可观测，则对偶系统$(\boldsymbol{A}^{\mathrm{T}}, \boldsymbol{C}^{\mathrm{T}}, \boldsymbol{B}^{\mathrm{T}})$可控，由定理 9.3.1 可知，系统$(\boldsymbol{A}^{\mathrm{T}}, \boldsymbol{C}^{\mathrm{T}}, \boldsymbol{B}^{\mathrm{T}})$加入状态反馈后的系统$((\boldsymbol{A}^{\mathrm{T}}-\boldsymbol{C}^{\mathrm{T}}\boldsymbol{H}^{\mathrm{T}}), \boldsymbol{C}^{\mathrm{T}}, \boldsymbol{B}^{\mathrm{T}})$的可控性不变，因而有

$$\begin{aligned} &\mathrm{rank}[\boldsymbol{C}^{\mathrm{T}} \quad \boldsymbol{A}^{\mathrm{T}}\boldsymbol{C}^{\mathrm{T}} \quad \cdots \quad (\boldsymbol{A}^{\mathrm{T}})^{n-1}\boldsymbol{C}^{\mathrm{T}}] \\ &= \mathrm{rank}[\boldsymbol{C}^{\mathrm{T}} \quad (\boldsymbol{A}^{\mathrm{T}}-\boldsymbol{C}^{\mathrm{T}}\boldsymbol{H}^{\mathrm{T}})\boldsymbol{C}^{\mathrm{T}} \quad \cdots \quad (\boldsymbol{A}^{\mathrm{T}}-\boldsymbol{C}^{\mathrm{T}}\boldsymbol{H}^{\mathrm{T}})^{n-1}\boldsymbol{C}^{\mathrm{T}}] \\ &= \mathrm{rank}[\boldsymbol{C}^{\mathrm{T}} \quad (\boldsymbol{A}-\boldsymbol{HC})^{\mathrm{T}}\boldsymbol{C}^{\mathrm{T}} \quad \cdots \quad ((\boldsymbol{A}-\boldsymbol{CH})^{\mathrm{T}})^{n-1}\boldsymbol{C}^{\mathrm{T}}] \end{aligned} \tag{9-64}$$

上式表明，原系统 Σ_0 与系统 Σ_H 的可观测性判别阵的秩相等，这意味着若 Σ_0 可观测，则 Σ_H 也是可观测的，表明引入输出至状态微分的反馈不改变系统的可观测性。证毕。

显然，由于对偶系统$(\boldsymbol{A}^{\mathrm{T}}, \boldsymbol{C}^{\mathrm{T}}, \boldsymbol{B}^{\mathrm{T}})$的可观测性判别阵为

$$\begin{aligned} \bar{\boldsymbol{V}}_{\mathrm{o}} &= [(\boldsymbol{B}^{\mathrm{T}} \quad (\boldsymbol{A}^{\mathrm{T}})^{\mathrm{T}}(\boldsymbol{B}^{\mathrm{T}})^{\mathrm{T}} \quad \cdots \quad ((\boldsymbol{A}^{\mathrm{T}})^{\mathrm{T}})^{n-1}(\boldsymbol{B}^{\mathrm{T}})^{\mathrm{T}}] \\ &= [\boldsymbol{B} \quad \boldsymbol{AB} \quad \cdots \quad \boldsymbol{A}^{n-1}\boldsymbol{B}] \end{aligned}$$

加入状态反馈后的对偶系统$((\boldsymbol{A}^{\mathrm{T}}-\boldsymbol{C}^{\mathrm{T}}\boldsymbol{H}^{\mathrm{T}}), \boldsymbol{C}^{\mathrm{T}}, \boldsymbol{B}^{\mathrm{T}})$的可观测性判别阵为

$$\begin{aligned} \bar{\boldsymbol{V}}_{\mathrm{o}H} &= [(\boldsymbol{B}^{\mathrm{T}})^{\mathrm{T}} \quad (\boldsymbol{A}^{\mathrm{T}}-\boldsymbol{C}^{\mathrm{T}}\boldsymbol{H}^{\mathrm{T}})^{\mathrm{T}}(\boldsymbol{B}^{\mathrm{T}})^{\mathrm{T}} \quad \cdots \quad ((\boldsymbol{A}^{\mathrm{T}}-\boldsymbol{C}^{\mathrm{T}}\boldsymbol{H}^{\mathrm{T}})^{\mathrm{T}})^{n-1}(\boldsymbol{B}^{\mathrm{T}})^{\mathrm{T}}] \\ &= [\boldsymbol{B} \quad (\boldsymbol{A}-\boldsymbol{HC})\boldsymbol{B} \quad \cdots \quad (\boldsymbol{A}-\boldsymbol{HC})^{n-1}\boldsymbol{B}] \end{aligned}$$

系统加入状态反馈后有可能使得

$$\mathrm{rank}\bar{\boldsymbol{V}} \neq \mathrm{rank}\bar{\boldsymbol{V}}_{\mathrm{o}H} \tag{9-65}$$

因为 $\bar{\boldsymbol{V}}_{\mathrm{o}}$ 也是系统 Σ_0 的可控性判别阵，$\bar{\boldsymbol{V}}_{\mathrm{o}H}$ 又是系统 Σ_H 的可控性判别阵，式(9-65)表明，输出至状态微分的反馈有可能改变系统的可控性。

定理 9.3.3 对于式(9-52)的系统，引入输出至参考输入的反馈能同时不改变系统的可控性和可观测性，即输出反馈系统 Σ_F 为可控(可观测)的充分必要条件是被控系统 Σ_0 为可控(可观测)的。

证明 首先，由于对任一输出至参考输入的反馈都能找到一个与之等价的状态反馈系统，由定理 9.3.1 知状态反馈可保持可控性，因而引入输出至参考输入的反馈不改变系统的可控性。

由于 Σ_0 和 Σ_F 的可观测性判别阵分别为

$$\boldsymbol{V}_{\mathrm{o}} = \begin{bmatrix} \boldsymbol{C} \\ \boldsymbol{CA} \\ \vdots \\ \boldsymbol{CA}^{n-1} \end{bmatrix}, \ \boldsymbol{V}_{\mathrm{o}F} = \begin{bmatrix} \boldsymbol{C} \\ \boldsymbol{C}(\boldsymbol{A}-\boldsymbol{BFC}) \\ \vdots \\ \boldsymbol{C}(\boldsymbol{A}-\boldsymbol{BFC})^{n-1} \end{bmatrix}$$

并且

$$\boldsymbol{C}=\begin{bmatrix}\boldsymbol{c}_1\\ \boldsymbol{c}_2\\ \vdots\\ \boldsymbol{c}_q\end{bmatrix},\ \boldsymbol{CA}=\begin{bmatrix}\boldsymbol{c}_1\boldsymbol{A}\\ \boldsymbol{c}_2\boldsymbol{A}\\ \vdots\\ \boldsymbol{c}_q\boldsymbol{A}\end{bmatrix},\ \boldsymbol{C}(\boldsymbol{A}-\boldsymbol{BFC})=\begin{bmatrix}\boldsymbol{c}_1(\boldsymbol{A}-\boldsymbol{BFC})\\ \boldsymbol{c}_2(\boldsymbol{A}-\boldsymbol{BFC})\\ \vdots\\ \boldsymbol{c}_q(\boldsymbol{A}-\boldsymbol{BFC})\end{bmatrix}$$

式中，$\boldsymbol{c}_i(i=1, 2, \cdots, q)$为行向量，将 $\boldsymbol{F}$ 表示为列向量组$\{\boldsymbol{f}_j\}$，即 $\boldsymbol{F}=[\boldsymbol{f}_1 \quad \boldsymbol{f}_2 \quad \cdots \quad \boldsymbol{f}_q]$，则

$$\begin{aligned}\boldsymbol{c}_i(\boldsymbol{A}-\boldsymbol{BFC}) &= \boldsymbol{c}_i\boldsymbol{A}-\boldsymbol{c}_i\boldsymbol{B}(\boldsymbol{f}_1\boldsymbol{c}_1+\boldsymbol{f}_2\boldsymbol{c}_2+\cdots+\boldsymbol{f}_q\boldsymbol{c}_q)\\ &= \boldsymbol{c}_i\boldsymbol{A}-[(\boldsymbol{c}_i\boldsymbol{B}\boldsymbol{f}_1)\boldsymbol{c}_1+(\boldsymbol{c}_i\boldsymbol{B}\boldsymbol{f}_2)\boldsymbol{c}_2+\cdots+(\boldsymbol{c}_i\boldsymbol{B}\boldsymbol{f}_q)\boldsymbol{c}_q]\end{aligned}$$

令式中 $\boldsymbol{c}_i\boldsymbol{B}\boldsymbol{f}_j=\alpha_j$，$\alpha_j$ 为标量，$j=1, 2, \cdots, q$，则有

$$\boldsymbol{c}_i(\boldsymbol{A}-\boldsymbol{BFC})=\boldsymbol{c}_i\boldsymbol{A}-(\alpha_1\boldsymbol{c}_1+\alpha_2\boldsymbol{c}_2+\cdots+\alpha_q\boldsymbol{c}_q)$$

该式表明 $\boldsymbol{C}(\boldsymbol{A}-\boldsymbol{BFC})$的行是$[\boldsymbol{C}^{\mathrm{T}} \quad \boldsymbol{A}^{\mathrm{T}}\boldsymbol{C}^{\mathrm{T}}]^{\mathrm{T}}$ 的行的线性组合。同理有 $\boldsymbol{C}(\boldsymbol{A}-\boldsymbol{BFC})^2$ 的行是$[\boldsymbol{C}^{\mathrm{T}} \quad \boldsymbol{A}^{\mathrm{T}}\boldsymbol{C}^{\mathrm{T}} \quad (\boldsymbol{A}^{\mathrm{T}})^2\boldsymbol{C}^{\mathrm{T}}]^{\mathrm{T}}$ 的行的线性组合，以此类推。故 $\boldsymbol{V}_{oF}$ 的每一行均可表示为 $\boldsymbol{V}_o$ 的行的线性组合，由此可得

$$\mathrm{rank}\boldsymbol{V}_{oF} \leqslant \mathrm{rank}\boldsymbol{V}_o \tag{9-66}$$

由于 Σ_0 又可看成为 Σ_F 的输出反馈系统，因而有

$$\mathrm{rank}\boldsymbol{V}_o \leqslant \mathrm{rank}\boldsymbol{V}_{oF} \tag{9-67}$$

由式(9-66)和式(9-67)可得

$$\mathrm{rank}\boldsymbol{V}_o = \mathrm{rank}\boldsymbol{V}_{oF} \tag{9-68}$$

这表明引入输出至参考输入的反馈可保持系统的可观测性。证毕。

9.3.2　系统的极点配置

状态反馈和输出反馈都能改变闭环系统的极点位置。所谓极点配置，就是利用状态反馈或输出反馈使闭环系统的极点位于所希望的位置。由于系统的性能和它的极点位置密切相关，因而极点配置问题在系统设计中是很重要的。这里需要解决两个问题：一是建立极点可配置的条件，二是确定极点配置所需要的反馈增益矩阵。

1. 极点可配置条件

这里给出的极点可配置条件既适合于单输入—单输出系统，也适合于多输入—多输出系统。

1) 利用状态反馈的极点可配置条件

定理 9.3.4　利用状态反馈任意配置闭环极点的充分必要条件是式(9-52)表示的被控系统可控。

证明　下面就单输入—多输出系统来证明本定理。这时被控系统$(\boldsymbol{A}, \boldsymbol{B}, \boldsymbol{C})$中的 $\boldsymbol{B}$ 为一列向量，记为 $\boldsymbol{b}$。

先证充分性。若系统$(\boldsymbol{A}, \boldsymbol{b})$可控，则通过非奇异线性变换 $\boldsymbol{x}=\boldsymbol{P}^{-1}\bar{\boldsymbol{x}}$ 将其变换为可控标准型：

$$\dot{\bar{\boldsymbol{x}}} = \bar{\boldsymbol{A}}\bar{\boldsymbol{x}}+\bar{\boldsymbol{b}}u \tag{9-69}$$

式中 $\bar{A}=PAP^{-1}=\begin{bmatrix}0 & 1 & 0 & \cdots & 0\\0 & 0 & 1 & \cdots & 0\\\vdots & \vdots & \vdots & & \vdots\\0 & 0 & 0 & \cdots & 1\\-a_0 & -a_1 & -a_2 & \cdots & -a_{n-1}\end{bmatrix}$，$\bar{b}=Pb=\begin{bmatrix}0\\0\\\vdots\\0\\1\end{bmatrix}$

在单输入情况下，引入状态反馈：

$$u=v-kx=v-kP^{-1}\bar{x}=v-\bar{k}\bar{x} \tag{9-70}$$

其中 $\bar{k}=kP^{-1}=[\bar{k}_1 \quad \bar{k}_1 \quad \cdots \quad \bar{k}_{n-1}]$

则引入状态反馈后闭环系统的状态阵为

$$\bar{A}-\overline{bk}=\begin{bmatrix}0 & 1 & 0 & \cdots & 0\\0 & 0 & 1 & \cdots & 0\\\vdots & \vdots & \vdots & & \vdots\\0 & 0 & 0 & \cdots & 1\\(-a_0-\bar{k}_0) & (-a_1-\bar{k}_1) & (-a_2-\bar{k}_2) & \cdots & (-a_{n-1}-\bar{k}_{n-1})\end{bmatrix} \tag{9-71}$$

对于式(9-71)这种特殊形式的矩阵，容易写出其闭环特征方程：

$$\det\left[sI-(\bar{A}-\overline{bk})\right]=s^n+(a_{n-1}+\bar{k}_{n-1})s^{n-1}+(a_{n-2}+\bar{k}_{n-2})s^{n-2}+\cdots+(a_1+\bar{k}_1)s+(a_0+\bar{k}_0)=0 \tag{9-72}$$

显然，该 n 阶特征方程中的 n 个系数，可通过 $\bar{k}_0$，$\bar{k}_1$，…，$\bar{k}_{n-1}$ 来独立设置，也就是说 $(\bar{A}-\overline{bk})$ 的特征值可以任意选择，即系统的极点可以任意配置。

再证必要性。如果系统 (A, b) 不可控，就说明系统的有些状态将不受 u 的控制，则引入状态反馈时就不可能通过控制来影响不可控的极点。证毕。

2）利用输出反馈的极点可配置条件

定理 9.3.5　用输出至状态微分的反馈任意配置闭环极点的充分必要条件是式(9-52)表示的被控系统可观测。

证明　下面以多输入—单输出系统为例给出定理的证明。根据对偶原理可知，若被控系统 (A, B, c) 可观测，则对偶系统 (A^T, c^T, B^T) 可控，由状态反馈极点配置定理知 $(A^T-c^Th^T)$ 的特征值可任意配置，其中 h 为 $n\times 1$ 维输出反馈向量。由于 $(A^T-c^Th^T)$ 的特征值与 $(A^T-c^Th^T)^T=A-hc$ 的特征值相同，故当且仅当系统 (A, B, c) 可观测时，可以任意配置 $(A-hc)$ 的特征值。证毕。

为了根据期望闭环极点来设计输出反馈向量的参数，只需将期望的系统特征多项式与该输出反馈系统的特征多项式 $|\lambda I-(A-hc)|$ 相比较即可。

对于多输入—单输出被控系统来说，当采用输出至参考输入的反馈时，反馈增益矩阵 F 为 $p\times 1$ 维，记为向量 f，则

$$u=v-fy \tag{9-73}$$

输出反馈系统的动态方程为

$$\dot{x}=(A-Bfc)x+Bv,\ y=cx \tag{9-74}$$

若令 $fc=K$，该输出反馈便等价为状态反馈。适当选择 f，可实现特征值的任意配置。但是，当比例的状态反馈变换为输出反馈时，输出反馈中必定含有输出量的各阶导数，于是

f 向量不是常数向量，这会给物理实现带来困难，因而其应用受限。由此可知，当 f 是常数向量时，便不能任意配置极点。

2. 单输入—单输出系统的极点配置算法

对于具体的可控单输入—单输出系统，求解实现期望极点配置的状态反馈向量 $\boldsymbol{k}$ 时，不必像定理 9.3.4 中证明那样去进行可控标准型变换，只需要进行如下的简单计算。

第 1 步：列写系统状态方程及状态反馈控制律

$$\dot{\boldsymbol{x}} = \boldsymbol{A}\boldsymbol{x} + \boldsymbol{b}\boldsymbol{u},\ \boldsymbol{u} = \boldsymbol{v} - \boldsymbol{k}\boldsymbol{x}$$

式中，$\boldsymbol{k} = [k_0 \quad k_1 \quad \cdots \quad k_{n-1}]$。

第 2 步：检验($\boldsymbol{A}$, $\boldsymbol{b}$)的可控性。若 $\text{rank}[\boldsymbol{b} \quad \boldsymbol{A}\boldsymbol{b} \quad \cdots \quad \boldsymbol{A}^{n-1}\boldsymbol{b}] = n$，则进行下一步。

第 3 步：由期望配置的闭环极点 λ_1，λ_1，…，λ_n，求出期望的特征多项式 $a_0^*(s) = \prod_{i=1}^{n}(s-\lambda_i)$。

第 4 步：计算状态反馈系统的特征多项式 $a_0(s) = \det[s\boldsymbol{I} - \boldsymbol{A} + \boldsymbol{b}\boldsymbol{k}]$。

第 5 步：比较多项式以 $a_0^*(s)$与 $a_0(s)$，令其对应项系数相等，可确定状态反馈增益向量 $\boldsymbol{k}$。

应当指出，应用极点配置方法来改善系统性能，需要注意以下方面：

(1) 配置极点时并非离虚轴越远越好，以免造成系统带宽过大使抗扰性降低；

(2) 状态反馈向量中的元素不宜过大，否则物理实现不易；

(3) 闭环零点对系统动态性能有影响，在规定期望配置的闭环极点时，需要充分考虑闭环零点的影响；

(4) 状态反馈对系统的零点和可观测性没有影响，只有当任意配置的极点与系统零点存在对消时，状态反馈系统的零点和可观测性将会改变。

以上性质适用于单输入—多输出或单输出系统，但不适用于多输入—多输出系统。

例 9-21 已知单输入线性定常系统的状态方程为

$$\dot{\boldsymbol{x}} = \begin{bmatrix} 0 & 0 & 0 \\ 1 & -6 & 0 \\ 0 & 1 & -12 \end{bmatrix}\boldsymbol{x} + \begin{bmatrix} 1 \\ 0 \\ 0 \end{bmatrix}\boldsymbol{u}$$

求状态反馈向量 $\boldsymbol{k}$，使系统的闭环特征值为

$$\lambda_1 = -2,\ \lambda_2 = -1 + \mathrm{j},\ \lambda_3 = -1 - \mathrm{j}$$

解 系统的可控矩阵为

$$\boldsymbol{S}_{\mathrm{c}} = [\boldsymbol{b} \quad \boldsymbol{A}\boldsymbol{b} \quad \boldsymbol{A}^2\boldsymbol{b}] = \begin{bmatrix} 1 & 0 & 0 \\ 0 & 1 & -6 \\ 0 & 0 & 1 \end{bmatrix}$$

$$\text{rank}\boldsymbol{S}_{\mathrm{c}} = 3 = n$$

故系统可控，满足极点可配置条件。系统的期望特征多项式为

$$\begin{aligned} a_0^*(s) &= (s-\lambda_1)(s-\lambda_2)(s-\lambda_3) \\ &= (s+2)(s+1-\mathrm{j})(s+1+\mathrm{j}) \\ &= s^3 + 4s^2 + 6s + 4 \end{aligned}$$

令

$$a_0^*(s)=\det(s\boldsymbol{I}-\boldsymbol{A}+\boldsymbol{bk})=\det\begin{bmatrix} s+k_1 & k_2 & k_3 \\ -1 & s+6 & 0 \\ 0 & -1 & s+12 \end{bmatrix}$$

$$=s^3+(k_1+18)s^2+(18k_1+k_2+72)s+(72k_1+12k_2+k_3)$$

于是有

$$k_1+18=4$$

$$18k_1+k_2+72=6$$

$$72k_1+12k_2+k_3=4$$

可求得

$$k_1=-14,\ k_2=186,\ k_3=-1220$$

$$\boldsymbol{k}=[k_1\quad k_2\quad k_3]=[-14\quad 186\quad -1220]$$

3. 全维状态观测器及其设计

当利用状态反馈配置系统极点时，需要用传感器测量状态变量以便实现反馈。但在许多情况下，通常只有被控对象的输入量和输出量能够用传感器测量，而多数状态变量不易测得或不可能测得，于是提出了利用被控对象的输入量和输出量建立状态观测器(又称为状态估计器、状态重构器)来重构状态的方法。当重构状态向量的维数等于被控对象状态向量的维数时，称为全维状态观测器。

1) 全维状态观测器构成方案

设被控对象动态方程为

$$\dot{\boldsymbol{x}}=\boldsymbol{Ax}+\boldsymbol{Bu},\ \boldsymbol{y}=\boldsymbol{Cx} \tag{9-75}$$

可构造一个动态方程与式(9－75)相同但用计算机实现的模拟被控系统

$$\dot{\hat{\boldsymbol{x}}}=\boldsymbol{A}\hat{\boldsymbol{x}}+\boldsymbol{Bu},\ \hat{\boldsymbol{y}}=\boldsymbol{C}\hat{\boldsymbol{x}} \tag{9-76}$$

式中，$\hat{\boldsymbol{x}}$、$\hat{\boldsymbol{y}}$ 分别为模拟系统的状态向量和输出向量，是被控对象状态向量和输出向量的估计值。当模拟系统与被控对象的初始状态向量相同时，在同一输入作用下，有 $\hat{\boldsymbol{x}}=\boldsymbol{x}$，可用 $\hat{\boldsymbol{x}}$ 提供状态反馈所需用的信息。但是，被控对象的初始状态与设定值之间可能很不相同，模拟系统中积分器初始条件的设置又只能预估，因而两个系统的初始状态总有差异，即使两个系统的 $\boldsymbol{A}$、$\boldsymbol{B}$、$\boldsymbol{C}$ 阵完全一样，也必定存在估计状态与被控对象实际状态的误差 $(\hat{\boldsymbol{x}}-\boldsymbol{x})$，难以实现所需要的状态反馈。但是，$(\hat{\boldsymbol{x}}-\boldsymbol{x})$ 的存在必定导致 $(\hat{\boldsymbol{y}}-\boldsymbol{y})$ 的存在，而被控系统的输出量总是可以用传感器测量的，于是可根据一般反馈控制原理，将 $(\hat{\boldsymbol{y}}-\boldsymbol{y})$ 负反馈至 $\dot{\hat{\boldsymbol{x}}}$ 处，控制 $(\hat{\boldsymbol{y}}-\boldsymbol{y})$ 尽快逼近于零，从而使 $(\hat{\boldsymbol{x}}-\boldsymbol{x})$ 尽快逼近于零，便可以利用 $\hat{\boldsymbol{x}}$ 来形成状态反馈。按以上原理构成的状态观测器及其实现状态反馈的结构图如图 9－10 所示。状态观测器有两个输入，即 $\boldsymbol{u}$ 和 $\boldsymbol{y}$，输出为 $\hat{\boldsymbol{x}}$。观测器含 n 个积分器并对全部状态变量作出估计。$\boldsymbol{H}$ 为观测器输出反馈阵，它把 $(\hat{\boldsymbol{y}}-\boldsymbol{y})$ 负反馈至 $\dot{\hat{\boldsymbol{x}}}$ 处，是为配置观测器极点，提高其动态性能，即尽快使 $(\hat{\boldsymbol{x}}-\boldsymbol{x})$ 逼近于零而引入的，它是前面所介绍过的一种输出反馈。

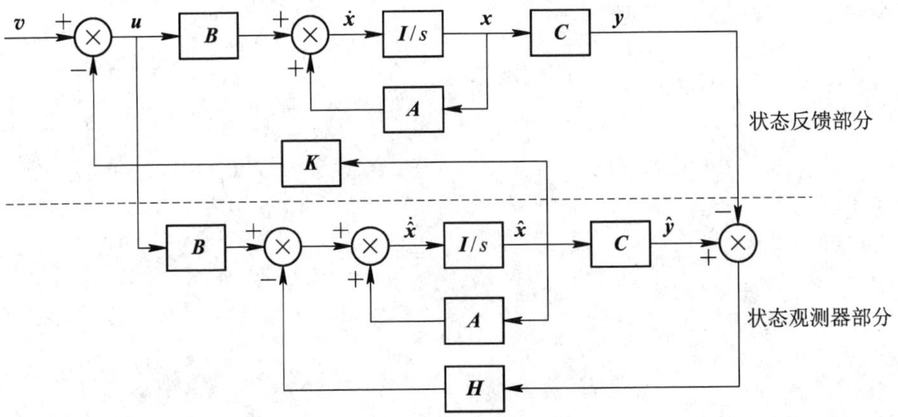

图 9-10　状态观测器及其实现状态反馈的系统结构图

2）全维状态观测器分析设计

由图 9-10 可列出全维状态观测器动态方程：

$$\dot{\hat{\boldsymbol{x}}} = \boldsymbol{A}\hat{\boldsymbol{x}} + \boldsymbol{B}\boldsymbol{u} - \boldsymbol{H}(\hat{\boldsymbol{y}} - \boldsymbol{y}),\ \hat{\boldsymbol{y}} = \boldsymbol{C}\hat{\boldsymbol{x}} \tag{9-77}$$

故有

$$\dot{\hat{\boldsymbol{x}}} = \boldsymbol{A}\hat{\boldsymbol{x}} + \boldsymbol{B}\boldsymbol{u} - \boldsymbol{HC}(\hat{\boldsymbol{x}} - \boldsymbol{x}) = (\boldsymbol{A} - \boldsymbol{HC})\hat{\boldsymbol{x}} + \boldsymbol{B}\boldsymbol{u} + \boldsymbol{H}\boldsymbol{y} \tag{9-78}$$

式中，$(\boldsymbol{A}-\boldsymbol{HC})$称为观测器系统矩阵。观测器分析设计的关键问题是能否在任何初始条件下，即尽管 $\hat{\boldsymbol{x}}(t_0)$与 $\boldsymbol{x}(t_0)$不同，但总能保证

$$\lim_{t\to\infty}(\hat{\boldsymbol{x}}(t) - \boldsymbol{x}(t)) = 0 \tag{9-79}$$

成立。只有满足式(9-79)，状态反馈系统才能正常工作，式(9-77)所示系统才能作为实际的状态观测器，故式(9-79)称为观测器存在条件。

由式(9-78)与式(9-75)可得

$$\dot{\boldsymbol{x}} - \dot{\hat{\boldsymbol{x}}} = (\boldsymbol{A} - \boldsymbol{HC})(\boldsymbol{x} - \hat{\boldsymbol{x}}) \tag{9-80}$$

其解为

$$\boldsymbol{x}(t) - \hat{\boldsymbol{x}}(t) = \mathrm{e}^{(\boldsymbol{A}-\boldsymbol{HC})(t-t_0)}[\boldsymbol{x}(t_0) - \hat{\boldsymbol{x}}(t_0)] \tag{9-81}$$

显见，当 $\hat{\boldsymbol{x}}(t_0)=\boldsymbol{x}(t_0)$时，恒有 $\boldsymbol{x}(t)=\hat{\boldsymbol{x}}(t)$，此时所引入的输出反馈并不起作用。当 $\hat{\boldsymbol{x}}(t_0)\neq\boldsymbol{x}(t_0)$时，有 $\hat{\boldsymbol{x}}(t)\neq\boldsymbol{x}(t)$，输出反馈便起作用了，这时只要$(\boldsymbol{A}-\boldsymbol{HC})$的全部特征值具有负实部，初始状态向量误差总会按指数衰减规律满足式(9-79)，其衰减速率取决于观测器的极点配置。由前面的输出反馈定理可知，若被控对象可观测，则$(\boldsymbol{A}-\boldsymbol{HC})$的极点可任意配置，以满足 $\hat{\boldsymbol{x}}$ 逼近 $\boldsymbol{x}$ 的速率要求，因而保证了状态观测器的存在性。

定理 9.3.6　若被控系统$(\boldsymbol{A}, \boldsymbol{B}, \boldsymbol{C})$可观测，则其状态可用形如：

$$\dot{\hat{\boldsymbol{x}}} = \boldsymbol{A}\hat{\boldsymbol{x}} + \boldsymbol{B}\boldsymbol{u} - \boldsymbol{HC}(\hat{\boldsymbol{x}} - \boldsymbol{x}) = (\boldsymbol{A} - \boldsymbol{HC})\hat{\boldsymbol{x}} + \boldsymbol{B}\boldsymbol{u} + \boldsymbol{H}\boldsymbol{y} \tag{9-82}$$

的全维状态观测器给出估值，其中矩阵 $\boldsymbol{H}$ 按任意极点配置的需要来选择，以决定状态误差衰减的速率。

选择 $\boldsymbol{H}$ 阵的参数时，应注意防止数值过大带来的饱和效应、噪声加剧等，通常希望观

测器响应速度比状态反馈系统的响应速度要快些。

例 9－22　设被控对象传递函数为

$$\frac{Y(s)}{U(s)}=\frac{2}{(s+1)(s+2)}$$

试设计全维状态观测器，将极点配置在－10，－10。

解　被控对象的传递函数为

$$\frac{Y(s)}{U(s)}=\frac{2}{(s+1)(s+2)}=\frac{2}{s^2+3s+2}$$

根据传递函数可直接写出系统的可控标准型

$$\dot{\boldsymbol{x}}=\boldsymbol{A}\boldsymbol{x}+\boldsymbol{b}u,\ y=\boldsymbol{c}\boldsymbol{x}$$

其中

$$\boldsymbol{A}=\begin{bmatrix}0 & 1\\ -2 & 03\end{bmatrix},\ \boldsymbol{b}=\begin{bmatrix}0\\1\end{bmatrix},\ \boldsymbol{c}=\begin{bmatrix}2 & 0\end{bmatrix}$$

显然，系统可控可观测。$n=2$，$q=1$，输出反馈向量 $\boldsymbol{h}$ 为 2×1 维向量。全维状态观测器系统矩阵为

$$\boldsymbol{A}-\boldsymbol{h}\boldsymbol{c}=\begin{bmatrix}0 & 1\\ -2 & -3\end{bmatrix}-\begin{bmatrix}h_0\\h_1\end{bmatrix}\begin{bmatrix}2 & 0\end{bmatrix}=\begin{bmatrix}-2h_0 & 1\\ -2-2h_1 & -3\end{bmatrix}$$

观测器特征方程为

$$|\lambda\boldsymbol{I}-(\boldsymbol{A}-\boldsymbol{h}\boldsymbol{c})|=\lambda^2+(2h_0+3)\lambda+(6h_0+2h_1+2)=0$$

期望特征方程为

$$(\lambda+10)^2=\lambda^2+20\lambda+100=0$$

令两个特征方程同次项系数相等可得

$$2h_0+3=20,\ 6h_0+2h_1+2=100$$

因而有

$$h_0=8.5,\ h_1=23.5$$

h_0、h_1 分别为由 $(\hat{y}-y)$ 引至 $\dot{\hat{x}}_1$ 和 $\dot{\hat{x}}_2$ 的反馈系数。

9.4　李雅普诺夫稳定性分析

在经典控制理论中一般应用劳斯-赫尔维茨等判据对用传递函数描述的线性系统进行稳定性分析。应用于线性定常系统的稳定性分析方法很多。然而，实际系统总是非线性的，有的还具有时变特性。非线性系统和线性系统在稳定性方面有很大的不同。例如，线性系统的稳定性与系统的初始状态和外部扰动大小无关，而非线性系统的稳定性却与之相关。对于非线性系统和线性时变系统，这些稳定性分析方法实现起来可能非常困难，甚至是不可能的。李雅普诺夫稳定性分析是解决非线性系统稳定性问题的一般方法。

虽然在非线性系统的稳定性问题中，李雅普诺夫稳定性分析方法具有基础性的地位，但在具体确定许多非线性系统的稳定性时，却并不是十分直接，技巧和经验在解决非线性问题时显得非常重要。在本节中，对于实际非线性系统的稳定性分析仅限于几种简单的情况。

9.4.1　李雅普诺夫意义下的稳定性问题

对于一个给定的控制系统，稳定性分析通常是最重要的。如果系统是线性定常的，那

么有许多稳定性判据，如劳斯-赫尔维茨稳定性判据和奈奎斯特稳定性判据等都可以利用。然而，如果系统是非线性的，或是线性时变的，则上述稳定性判据就不再适用。

李雅普诺夫于1892年首先研究了一般微分方程的稳定性问题，提出了两种方法，称为李雅普诺夫第一法(间接法)和李雅普诺夫第二法(直接法)，用于确定由常微分方程描述的动力学系统的稳定性。其中，第二法是确定非线性系统和线性时变系统稳定性的最一般的方法。当然，这种方法也可用于线性定常系统的稳定性分析。

1. 平衡状态、给定运动与扰动方程的原点

考虑如下非线性系统：

$$\dot{\boldsymbol{x}} = f(\boldsymbol{x}, t) \tag{9-83}$$

式中，$\boldsymbol{x}$ 为 n 维状态向量，$f(\boldsymbol{x}, t)$是变量 $x_1, x_2, \cdots, x_n$ 和 t 的 n 维向量函数。假设在给定的初始条件下，式(9-83)有唯一解 $\Phi(t; \boldsymbol{x}_0, t_0)$，当 $t=t_0$ 时，$\boldsymbol{x}=\boldsymbol{x}_0$，$\Phi(t; \boldsymbol{x}_0, t_0)=\boldsymbol{x}_0$。在式(9-83)的系统中，若对所有 t 总存在

$$f(\boldsymbol{x}_e, t) = 0, \tag{9-84}$$

则称 $\boldsymbol{x}_e$ 为系统的平衡状态或平衡点。如果系统是线性定常的，也就是说 $f(\boldsymbol{x}, t)=\boldsymbol{A}\boldsymbol{x}$，则当 $\boldsymbol{A}$ 为非奇异矩阵时，系统存在一个唯一的平衡状态；当 $\boldsymbol{A}$ 为奇异矩阵时，系统将存在无穷多个平衡状态。对于非线性系统，可有一个或多个平衡状态，这些状态对应于系统的常值解(对所有 t，总存在 $\boldsymbol{x}=\boldsymbol{x}_e$)。平衡状态的确定不涉及式(9-83)的系统微分方程的解，只涉及式(9-84)的解。

任意一个孤立的平衡状态(即彼此孤立的平衡状态)或给定的运动 $\boldsymbol{x}=g(t)$都可通过坐标变换，统一化为扰动方程 $\dot{\tilde{\boldsymbol{x}}}=f(\tilde{\boldsymbol{x}}, t)$之坐标原点，即 $f(0, t)=0$ 或 $\boldsymbol{x}_e=0$。在本节中，除非特别说明，将仅讨论扰动方程关于原点($\boldsymbol{x}_e=0$)处之平衡状态的稳定性问题。这种“原点稳定性”使问题得到极大简化，且不会丧失一般性，从而为稳定性理论的建立奠定了坚实的基础，这是李雅普诺夫的一个重要贡献。

2. 李雅普诺夫意义下的稳定性定义

下面首先给出李雅普诺夫意义下的稳定性定义，然后回顾某些必要的数学基础知识，以便在下一小节具体给出李雅普诺夫稳定性定理。

设如下系统：

$$\dot{\boldsymbol{x}} = f(\boldsymbol{x}, t), \ f(\boldsymbol{x}_e, t) = 0$$

的平衡状态 $\boldsymbol{x}_e=0$ 的 H 邻域为

$$\| \boldsymbol{x} - \boldsymbol{x}_e \| \leqslant H$$

其中，$H>0$，$\| \cdot \|$ 为向量的 L_2 范数或欧几里得范数，即

$$\| \boldsymbol{x} - \boldsymbol{x}_e \| = [(x_1 - x_{1e})^2 + (x_2 - x_{2e})^2 + \cdots + (x_n - x_{ne})^2]^{1/2}$$

类似地，也可以相应定义球域 $S(\varepsilon)$和 $S(\delta)$。

在 H 邻域内，对于任意给定的 $0<\varepsilon<H$，均有如下几点结论。

(1) 如果对应于每一个 $S(\varepsilon)$，都存在一个 $S(\delta)$，使得当 t 趋于无穷时，始于 $S(\delta)$的轨迹不脱离 $S(\varepsilon)$，则式(9-83)系统之平衡状态 $\boldsymbol{x}_e=0$ 称为在李雅普诺夫意义下是稳定的。一般地，实数 δ 与 ε 有关，通常也与 t_0 有关。如果 δ 与 t_0 无关，则此时平衡状态 $\boldsymbol{x}_e=0$ 称为一致稳定的平衡状态。

以上定义意味着：首先选择一个域 $S(\varepsilon)$，对应于每一个 $S(\varepsilon)$，必存在一个域 $S(\delta)$，使得当 t 趋于无穷时，始于 $S(\delta)$ 的轨迹总不脱离域 $S(\varepsilon)$。

(2) 如果平衡状态 $\boldsymbol{x}_e=0$ 在李雅普诺夫意义下是稳定的，并且始于域 $S(\delta)$ 的任一条轨迹，当时间 t 趋于无穷时，都不脱离 $S(\varepsilon)$，且收敛于 $\boldsymbol{x}_e=0$，则称式(9-83)系统之平衡状态 $\boldsymbol{x}_e=0$ 为渐近稳定的，其中球域 $S(\delta)$ 被称为平衡状态 $\boldsymbol{x}_e=0$ 的吸引域。

实际上，渐近稳定性比纯稳定性更重要。考虑到非线性系统的渐近稳定性是一个局部概念，所以简单地确定渐近稳定性并不意味着系统能正常工作，通常有必要确定渐近稳定性的最大范围或吸引域，即产生渐近稳定轨迹的那部分状态空间。换句话说，发生于吸引域内的每一个轨迹都是渐近稳定的。

(3) 对所有的状态(状态空间中的所有点)，如果由这些状态出发的轨迹都保持渐近稳定性，则平衡状态 $\boldsymbol{x}_e=0$ 称为大范围渐近稳定。或者说，如果式(9-83)系统的平衡状态 $\boldsymbol{x}_e=0$ 渐近稳定的吸引域为整个状态空间，则称此时系统的平衡状态 $\boldsymbol{x}_e=0$ 为大范围渐近稳定的。显然，大范围渐近稳定的必要条件是在整个状态空间中只有一个平衡状态。

在控制工程问题中，总希望系统具有大范围渐近稳定的特性。如果平衡状态不是大范围渐近稳定的，那么问题就转化为确定渐近稳定的最大范围或吸引域，这通常非常困难。然而，对所有的实际问题，只要确定一个足够大的渐近稳定的吸引域，使扰动不会超过它就可以了。

(4) 如果对于实数 $\varepsilon>0$ 和任一个实数 $\delta>0$，不管这两个实数多么小，在 $S(\delta)$ 内总存在一个状态 $\boldsymbol{x}_0$，使得始于这一状态的轨迹最终会脱离开 $S(\varepsilon)$，那么平衡状态 $\boldsymbol{x}_e=0$ 称为不稳定的。

图 9-11 中各图分别表示平衡状态及对应于稳定、渐近稳定和不稳定的典型轨迹。在图 9-11 中，域 $S(\delta)$ 制约着初始状态 $\boldsymbol{x}_0$，而域 $S(\varepsilon)$ 是起始于 $\boldsymbol{x}_0$ 的轨迹的边界。

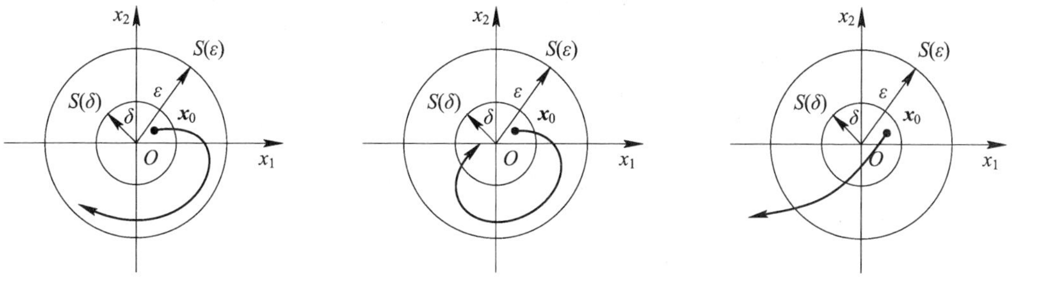

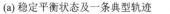

(a) 稳定平衡状态及一条典型轨迹　(b) 渐近稳定平衡状态及一条典型轨迹　(c) 不稳定平衡状态及一条典型轨迹

图 9-11　平衡状态的稳定性分析

注意：由于上述定义不能详细地说明可容许初始条件的精确吸引域，因而除非 $S(\varepsilon)$ 对应于整个状态平面，否则这些定义只能应用于平衡状态的邻域。

此外，在图 9-11(c)中，轨迹离开了 $S(\varepsilon)$，这说明平衡状态是不稳定的。然而却不能说明轨迹将趋于无穷远处，这是因为轨迹还可能趋于在 $S(\varepsilon)$ 外的某个极限环(如果线性定常系统是不稳定的，则在不稳定平衡状态附近出发的轨迹将趋于无穷远。但在非线性系统中，这一结论并不一定正确)。

对于线性系统，渐近稳定等价于大范围渐近稳定。但对于非线性系统，一般只考虑吸引域为有限的一定范围的渐近稳定。

最后必须指出，在经典控制理论中已经学过的稳定性概念，与李雅普诺夫意义下的稳定性概念有一定的区别，例如，在经典控制理论中只有渐近稳定的系统才称为稳定的系统。在李雅普诺夫意义下是稳定的但却不是渐近稳定的系统，则叫做不稳定系统。两者的区别与联系如表 9-1 所示。

表 9-1　经典控制理论中与李雅普诺夫意义下的稳定性对比

经典控制理论(线性系统)中	不稳定 ($Re(s)>0$)	临界情况 ($Re(s)=0$)	稳定 ($Re(s)<0$)
李雅普诺夫意义下	不稳定	稳定	渐近稳定

3. 预备知识

在李雅普诺夫稳定性理论中，能量函数是一个重要的基本概念。该概念在数学上可以采用一类二次型函数来描述，下面简要介绍其基本知识。

1) 纯量函数的正定性

如果对所有在域 Ω 中的非零状态 $x\neq0$，有 $V(\boldsymbol{x})>0$，且在 $x=0$ 处有 $V(0)=0$，则在域 Ω(域 Ω 包含状态空间的原点)内的纯量函数 $V(\boldsymbol{x})$ 称为正定函数。例如 $V(x)=x_1^2+2x_2^2$ 是正定的。

如果时变函数 $V(\boldsymbol{x}, t)$有一个定常的正定函数作为下限，即存在一个正定函数 $V(\boldsymbol{x})$，使得

$$V(\boldsymbol{x}, t) > V(\boldsymbol{x}) \quad (\text{对所有 } t \geqslant t_0)$$

$$V(0, t) = 0 \quad (\text{对所有 } t \geqslant t_0)$$

则称时变函数 $V(\boldsymbol{x}, t)$在域 Ω(Ω 包含状态空间原点)内是正定的。

2) 纯量函数的负定性

如果$-V(\boldsymbol{x})$是正定函数，则纯量函数 $V(\boldsymbol{x})$称为负定函数。例如 $V(x)=-(x_1^2+2x_2^2)$ 是负定的。

3) 纯量函数的正半定性

如果纯量函数 $V(\boldsymbol{x})$除了原点以及某些状态等于零外，在域 Ω 内的所有状态都是正定的，则 $V(\boldsymbol{x})$称为正半定纯量函数。例如 $V(\boldsymbol{x})=(x_1+x_2)^2$ 是正半定的。

4) 纯量函数的负半定性

如果$-V(\boldsymbol{x})$是正半定函数，则纯量函数 $V(\boldsymbol{x})$称为负半定函数。例如 $V(\boldsymbol{x})=-(x_1+2x_2)^2$ 是负半定的。

5) 纯量函数的不定性

如果在域 Ω 内，不论域 Ω 多么小，$V(\boldsymbol{x})$既可为正值，也可为负值时，纯量函数 $V(\boldsymbol{x})$称为不定的纯量函数。例如 $V(\boldsymbol{x})=x_1x_2+x_2^2$ 是不定的。

6) 二次型

建立在李雅普诺夫第二法基础上的稳定性分析中，有一类纯量函数起着很重要的作用，即二次型函数。例如

$$V(\boldsymbol{x}) = \boldsymbol{x}^{\mathrm{T}}\boldsymbol{P}\boldsymbol{x} \geqslant [x_1 \quad x_2 \quad \cdots \quad x_n]\begin{bmatrix} p_{11} & p_{12} & \cdots & p_{1n} \\ p_{12} & p_{22} & \cdots & p_{2n} \\ \vdots & \vdots & & \vdots \\ p_{1n} & p_{2n} & \cdots & p_{nn} \end{bmatrix}\begin{bmatrix} x_1 \\ x_2 \\ \vdots \\ x_n \end{bmatrix}$$

注意，这里的 $\boldsymbol{x}$ 为实向量，$\boldsymbol{P}$ 为实对称矩阵。二次型 $V(\boldsymbol{x})$ 的正定性可用赛尔维斯特准则判断。该准则指出，二次型 $V(\boldsymbol{x})$ 为正定的充要条件是矩阵 $\boldsymbol{P}$ 的所有主子行列式均为正值，即

$$p_{11} > 0,\ \begin{vmatrix} p_{11} & p_{12} \\ p_{12} & p_{22} \end{vmatrix},\ \cdots,\ \begin{bmatrix} p_{11} & p_{12} & \cdots & p_{1n} \\ p_{12} & p_{22} & \cdots & p_{2n} \\ \vdots & \vdots & & \vdots \\ p_{1n} & p_{2n} & \cdots & p_{nn} \end{bmatrix} > 0$$

如果 $\boldsymbol{P}$ 是奇异矩阵，且它的所有主子行列式均非负，则 $V(\boldsymbol{x})=\boldsymbol{x}^{\mathrm{T}}\boldsymbol{P}\boldsymbol{x}$ 是正半定的。

如果 $-V(\boldsymbol{x})$ 是正定的，则 $V(\boldsymbol{x})$ 是负定的。同样，如果 $-V(\boldsymbol{x})$ 是正半定的，则 $V(\boldsymbol{x})$ 是负半定的。

例 9-23　试证明下列二次型是正定的。

$$V(\boldsymbol{x}) = 10x_1^2 + 4x_2^2 + x_3^2 + 2x_1x_2 - 2x_2x_3 - 4x_1x_3$$

证明　二次型 $V(\boldsymbol{x})$ 可写为

$$V(\boldsymbol{x}) = \boldsymbol{x}^{\mathrm{T}}\boldsymbol{P}\boldsymbol{x} = [x_1 \quad x_2 \quad x_3]\begin{bmatrix} 10 & 1 & -2 \\ 1 & 4 & -1 \\ -2 & -1 & 1 \end{bmatrix}\begin{bmatrix} x_1 \\ x_2 \\ x_3 \end{bmatrix}$$

利用赛尔维斯特准则，可得

$$10 > 0,\ \begin{vmatrix} 10 & 1 \\ 1 & 4 \end{vmatrix} > 0,\ \begin{vmatrix} 10 & 1 & -2 \\ 1 & 4 & -1 \\ -2 & -1 & 1 \end{vmatrix} > 0$$

因为矩阵 $\boldsymbol{P}$ 的所有主子行列式均为正值，所以 $V(\boldsymbol{x})$ 是正定的。

9.4.2　李雅普诺夫稳定性理论

1. 李雅普诺夫第一法

第一法包括了利用微分方程显式解进行系统分析的所有步骤。基本思路是：首先将非线性系统线性化，然后计算线性化方程的特征值，最后则是判定原非线性系统的稳定性。其结论如下：

(1) 若线性化系统的系数矩阵 $\boldsymbol{A}$ 的特征值全部具有负实部，则实际系统就是渐近稳定的。线性化过程被忽略的高阶导数项对系统的稳定性没有影响。

(2) 若线性化系统的系数矩阵 $\boldsymbol{A}$ 只要有一个实部为正的特征值，则实际系统就是不稳定的，与线性化过程被忽略的高阶导数项无关。

(3) 若线性化系统的系数矩阵 $\boldsymbol{A}$ 的特征值中，只有一个实部为零，其余的都具有负实部，此时实际系统不能依靠线性化的数学模型判别其稳定性。这时系统稳定与否，与被忽略的高阶导数项有关，必须分析原始的非线性数学模型才能确定其稳定性。

2. 李雅普诺夫第二法

第二法不需求出微分方程的解，也就是说，采用李雅普诺夫第二法，可以在不求出状态方程解的条件下，确定系统的稳定性。由于求解非线性系统和线性时变系统的状态方程通常十分困难，所以这种方法显示出极大的优越性。

尽管采用李雅普诺夫第二法分析非线性系统的稳定性时，需要相当成熟的经验和技巧，然而当其他方法无效时，这种方法却能解决非线性系统的稳定性问题。

由经典力学理论可知，对于一个振动系统，当系统总能量(正定函数)连续减小(这意味着总能量对时间的导数必然是负定的)，直到平衡状态时为止，则振动系统是稳定的。

李雅普诺夫第二法是建立在更为普遍的情况之上的，即如果系统有一个渐近稳定的平衡状态，则当其运动到平衡状态的吸引域内时，系统存储的能量随着时间的增长而衰减，直到在平稳状态达到极小值为止。然而对于一些纯数学系统，毕竟还没有一个定义"能量函数"的简便方法。为了克服这个困难，李雅普诺夫引入了一个虚构的能量函数，称为李雅普诺夫函数。当然，这个函数无疑比能量函数更具一般性，并且其应用也更广泛。实际上，任一纯量函数只要满足李雅普诺夫稳定性定理(见定理 9.4.1 和定理 9.4.2)的假设条件，都可作为李雅普诺夫函数。

李雅普诺夫函数与 x_1，x_2，…，x_n 和 t 有关，这里用 $V(x_1, x_2, \cdots, x_n, t)$ 或者 $V(\boldsymbol{x}, t)$ 来表示李雅普诺夫函数。如果李雅普诺夫函数中不含 t，则用 $V(x_1, x_2, \cdots, x_n)$ 或 $V(\boldsymbol{x})$ 表示。在李雅普诺夫第二法中，$V(\boldsymbol{x}, t)$ 和其对时间的导数 $\dot{V}(\boldsymbol{x}, t)=\mathrm{d}V(\boldsymbol{x}, t)/\mathrm{d}t$ 的符号特征，提供了判断平衡状态处的稳定性、渐近稳定性或不稳定性的准则，而不必直接求出方程的解(这种方法既适用于线性系统，也适用于非线性系统)。

1) 关于渐近稳定性

可以证明，如果 $\boldsymbol{x}$ 为 n 维向量，且其纯量函数 $V(\boldsymbol{x})$ 正定，则满足

$$V(\boldsymbol{x})=C$$

的状态 $\boldsymbol{x}$ 处于 n 维状态空间的封闭超曲面上，且至少处于原点附近，式中 C 是正常数。随着 $\|\boldsymbol{x}\|\to\infty$，上述封闭曲面可扩展为整个状态空间。如果 $C_1<C_2$，则超曲面 $V(\boldsymbol{x})=C_1$ 完全处于超曲面 $V(\boldsymbol{x})=C_2$ 的内部。

对于给定的系统，若可求得正定的纯量函数 $V(\boldsymbol{x})$，并使其沿轨迹对时间的导数总为负值，则随着时间的增加，$V(\boldsymbol{x})$ 将取越来越小的 C 值。随着时间的进一步增长，最终 $V(\boldsymbol{x})$ 变为零，而 $\boldsymbol{x}$ 也趋于零。这意味着，状态空间的原点是渐近稳定的。李雅普诺夫主稳定性定理就是前述事实的普遍化，它给出了渐近稳定的充要条件。该定理的具体阐述如下。

定理 9.4.1 (定常系统大范围渐近稳定判别定理)　考虑如下非线性系统：

$$\dot{x}(t) = f(x(t), t)$$

式中，$f(0, t)\equiv 0$，对所有 $t\geqslant t_0$。如果存在一个具有连续一阶偏导数的纯量函数 $V(\boldsymbol{x}, t)$，且满足以下条件：

① $V(\boldsymbol{x}, t)$ 正定；

② $\dot{V}(\boldsymbol{x}, t)$ 负定。

则系统在原点处的平衡状态是(一致)渐近稳定的。

进一步地，若 $\|\boldsymbol{x}\|\to\infty$，$V(\boldsymbol{x}, t)\to\infty$，则系统在原点处的平衡状态是大范围一致渐近稳定的。

例 9-24　考虑如下非线性系统：

$$\dot{x}_1 = x_2 - x_1(x_1^2 + x_2^2)$$
$$\dot{x}_2 = -x_1 - x_2(x_1^2 + x_2^2)$$

显然原点($x_1=0$，$x_2=0$)是唯一的平衡状态。试确定其稳定性。

解　如果定义一个正定纯量函数 $V(\boldsymbol{x})=x_1^2+x_2^2$，则沿任一轨迹，有

$$\dot{V}(\boldsymbol{x}) = 2x_1\dot{x}_1 + 2x_2\dot{x}_2 = -2(x_1^2 + x_2^2)^2$$

是负定的，这说明 $V(\boldsymbol{x})$沿任一轨迹连续地减小，因此 $V(\boldsymbol{x})$是一个李雅普诺夫函数。由于 $V(\boldsymbol{x})$随 $\boldsymbol{x}$ 偏离平衡状态趋于无穷而变为无穷，则该系统在原点处的平衡状态是大范围渐近稳定的。

注意，若使 $V(\boldsymbol{x})$取一系列的常值 0，C_1，C_2，…($0<C_1<C_2<\cdots$)，则 $V(\boldsymbol{x})=0$ 对应于状态平面的原点，而 $V(\boldsymbol{x}_1)=C_1$，$V(\boldsymbol{x}_2)=C_2$，…则描述了包围状态平面原点的互不相交的一簇圆，如图 9-12 所示。还应注意，由于 $V(\boldsymbol{x})$在径向是无界的，即随着 $\|\boldsymbol{x}\|\to\infty$，$V(\boldsymbol{x},t)\to\infty$，所以这一簇圆可扩展到整个状态平面。

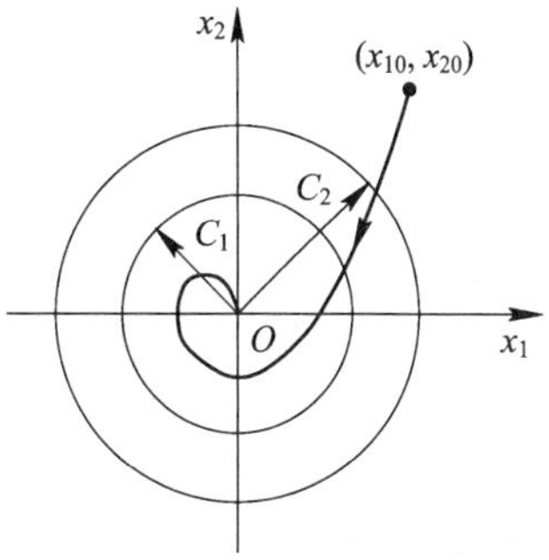

图 9-12　常数 V 圆和典型轨迹

由于圆 $V(\boldsymbol{x})=C_k$ 完全处在 $V(\boldsymbol{x})=C_{k+1}$ 的内部，所以典型轨迹从外向里通过 V 圆的边界。因此李雅普诺夫函数的几何意义可阐述为：$V(\boldsymbol{x})$表示状态 $\boldsymbol{x}$ 到状态空间原点距离的一种度量。如果原点与瞬时状态 $\boldsymbol{x}(t)$之间的距离随 t 的增加而连续地减小[即 $\dot{V}(\boldsymbol{x}(t))<0$]，则 $x(t)\to 0$。

定理 9.4.1 是李雅普诺夫第二法的基本定理，下面对这一重要定理作几点说明。

(1) 这里仅给出了充分条件，也就是说，如果构造出了李雅普诺夫函数 $V(\boldsymbol{x},t)$，那么系统是渐近稳定的。但如果找不到这样的李雅普诺夫函数，则不能给出任何结论，例如不能据此说该系统是不稳定的。

(2) 对于渐近稳定的平衡状态，李雅普诺夫函数必存在。

(3) 对于非线性系统，通过构造某个具体的李雅普诺夫函数，可以证明系统在某个稳定域内是渐近稳定的，但这并不意味着稳定域外的运动是不稳定的。对于线性系统，如果存在渐近稳定的平衡状态，则它必定是大范围渐近稳定的。

(4) 这里给出的稳定性定理，既适用于线性系统、非线性系统，也适用于定常系统、时变系统，具有极其一般的普遍意义。

显然，定理 9.4.1 仍有一些限制条件，比如 $\dot{V}(\boldsymbol{x},t)$必须是负定函数。如果在 $\dot{V}(\boldsymbol{x},t)$上附加一个限制条件，即除了原点以外，沿任一轨迹 $\dot{V}(\boldsymbol{x},t)$均不恒等于零，则要求 $\dot{V}(\boldsymbol{x},t)$负定的条件可用 $\dot{V}(\boldsymbol{x},t)$取负半定的条件来代替。

定理 9.4.2　考虑如下非线性系统：

$$\dot{\boldsymbol{x}}(t) = f(\boldsymbol{x}(t),t)$$

式中，$f(0,t)\equiv 0$，对所有 $t\geqslant t_0$。

若存在具有连续一阶偏导数的纯量函数 $V(\boldsymbol{x},t)$，且满足以下条件：

① $V(\boldsymbol{x},t)$是正定的；

② $\dot{V}(\boldsymbol{x},t)$是负半定的；

③ $\dot{V}[\Phi(t;\ \boldsymbol{x}_0,\ t_0),\ t]$对于任意 t_0 和任意 $\boldsymbol{x}_0 \neq 0$，在 $t \geqslant t_0$ 时，不恒等于零，其中的 $\Phi(t;\ \boldsymbol{x}_0,\ t_0)$表示在 t_0 时从 x_0 出发的轨迹或解。

则在系统原点处的平衡状态是大范围渐近稳定的。

注意：若 $\dot{V}(\boldsymbol{x},\ t)$不是负定的，而只是负半定的，则典型点的轨迹可能与某个特定曲面 $V(\boldsymbol{x},\ t)=C$ 相切，然而由于 $\dot{V}[\Phi(t;\ \boldsymbol{x}_0,\ t_0),\ t]$对任意 t_0 和任意 $\boldsymbol{x}_0 \neq 0$，在 $t \geqslant t_0$ 时不恒等于零，所以典型点就不可能保持在切点处，[在这点上，$\dot{V}(\boldsymbol{x},\ t)=0$]，因而必然要运动到原点。

2) 关于稳定性

然而，如果存在两个正定的纯量函数 $V(\boldsymbol{x},\ t)$，使得 $\dot{V}(\boldsymbol{x},\ t)$始终为零，则系统可以保持在一个极限环上。在这种情况下，原点处的平衡状态称为在李雅普诺夫意义下是稳定的。

定理 9.4.3 考虑如下非线性系统：

$$\dot{\boldsymbol{x}}(t) = f(\boldsymbol{x}(t),\ t)$$

式中，$f(0,\ t)\equiv 0$，对所有 $t \geqslant t_0$。

若存在具有连续一阶偏导数的纯量函数 $V(\boldsymbol{x},\ t)$，且满足以下条件：

① $V(\boldsymbol{x},\ t)$是正定的；

② $\dot{V}(\boldsymbol{x},\ t)$是负半定的；

③ $\dot{V}[\Phi(t;\ \boldsymbol{x}_0,\ t_0),\ t]$对于任意 t_0 和任意 $x_0 \neq 0$，在 $t \geqslant t_0$ 时，均恒等于零，其中的 $\Phi(t;\ \boldsymbol{x}_0,\ t_0)$，表示在 t_0 时从 x_0 出发的轨迹或解。

则在系统原点处的平衡状态是李雅普诺夫意义下稳定的。

3) 关于不稳定性

如果系统平衡状态 $\boldsymbol{x}=0$ 是不稳定的，则存在纯量函数 $W(\boldsymbol{x},\ t)$可用于确定平衡状态的不稳定性。下面介绍不稳定性定理。

定理 9.4.4 考虑如下非线性系统：

$$\dot{\boldsymbol{x}}(t) = f(\boldsymbol{x}(t),\ t)$$

式中，$f(0,\ t)\equiv 0$，对所有 $t \geqslant t_0$。

若存在一个纯量函数 $W(\boldsymbol{x},\ t)$，具有连续的一阶偏导数，且满足下列条件：

① $W(\boldsymbol{x},\ t)$在原点附近的某一邻域内是正定的；

② $\dot{W}(\boldsymbol{x},\ t)$在同样的邻域内是正定的。

则原点处的平衡状态是不稳定的。

3. 线性系统的稳定性与非线性系统的稳定性比较

在线性定常系统中，若平衡状态是局部渐近稳定的，则它是大范围渐近稳定的，然而在非线性系统中，不是大范围渐近稳定的平衡状态也可能是局部渐近稳定的。因此，线性定常系统平衡状态的渐近稳定性的含义和非线性系统的含义完全不同。

如果要检验非线性系统平衡状态的渐近稳定性，则非线性系统的线性化模型稳定性分析远远不够，必须研究没有线性化的非线性系统。有几种基于李雅普诺夫第二法的方法可达到这一目的，包括用于判断非线性系统渐近稳定性充分条件的克拉索夫斯基方法，用于构成非线性系统李雅普诺夫函数的阿塞尔曼法、Schultz-Gibson 变量梯度法，用于某些非线性控制系统稳定性分析的鲁里叶(Lure′)法，以及用于构成吸引域的波波夫方法等。下面介绍几种常用的方法。

1）阿塞尔曼法

设系统的状态方程为

$$\dot{x} = \boldsymbol{A}x + \boldsymbol{b}f(x_i) \tag{9-85}$$

式中，$\boldsymbol{b}=[1 \quad 0 \quad \cdots \quad 0 \quad 0]^{\mathrm{T}}$，$f(x_i)$为单值非线性函数，$f(0)=0$，$x_i$ 为 x_1，x_2，…，x_n 中的任意一个变量，展开式(9-85)有

$$\begin{aligned} \dot{x}_1 &= a_{11}x_1 + a_{12}x_2 + \cdots + a_{1n}x_n + f(x_i) \\ \dot{x}_2 &= a_{21}x_1 + a_{22}x_2 + \cdots + a_{2n}x_n \\ &\vdots \\ \dot{x}_n &= a_{n1}x_1 + a_{n2}x_2 + \cdots + a_{nn}x_n \end{aligned}$$

由于 $x=0$ 时 $\dot{x}=0$，说明状态空间的原点是平衡点。阿塞尔曼法的思想是用线性函数代替非线性函数，即令 $f(x_i)=kx_i$，将系统线性化以后，就可比较容易地构造李雅普诺夫函数 $V(\boldsymbol{x})$，然后将此函数当作非线性系统的备选李雅普诺夫函数。如果其导数 $\dot{V}(\boldsymbol{x})$在区间 $k_1 \leqslant k \leqslant k_2$ 是负定的，则可以得出结论：当非线性系统中的非线性元件满足条件 $k_1x_i \leqslant kx_i \leqslant k_2x_i$ 时，非线性系统在 $x=0$ 处其平衡状态是大范围渐近稳定的，如图 9-13 所示。

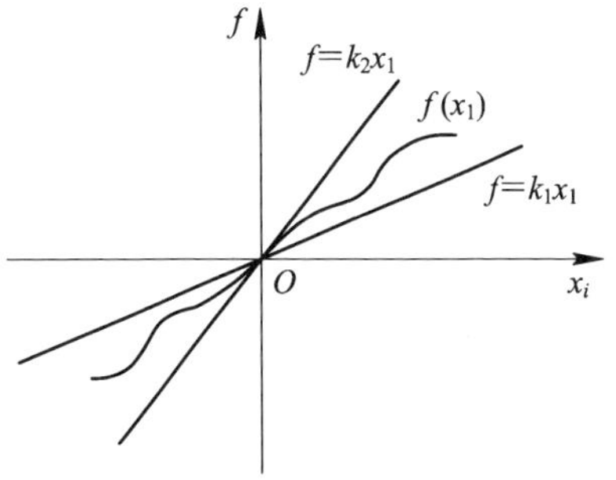

图 9-13　非线性系统的大范围渐近稳定

例 9-25　设非线性系统的动态方程为

$$\begin{cases} \ddot{x} + 2\dot{x} + u = 0 \\ u = f(x) \end{cases}$$

其中，$f(x)$为非线性函数，试分析其稳定性。

解　令 $x_1=\dot{x}$，则系统的状态方程为

$$\begin{cases} \dot{x}_1 = x_2 \\ \dot{x}_2 = -2x_2 - f(x_1) \end{cases} \tag{9-86}$$

其结构图如图 9-14 所示。

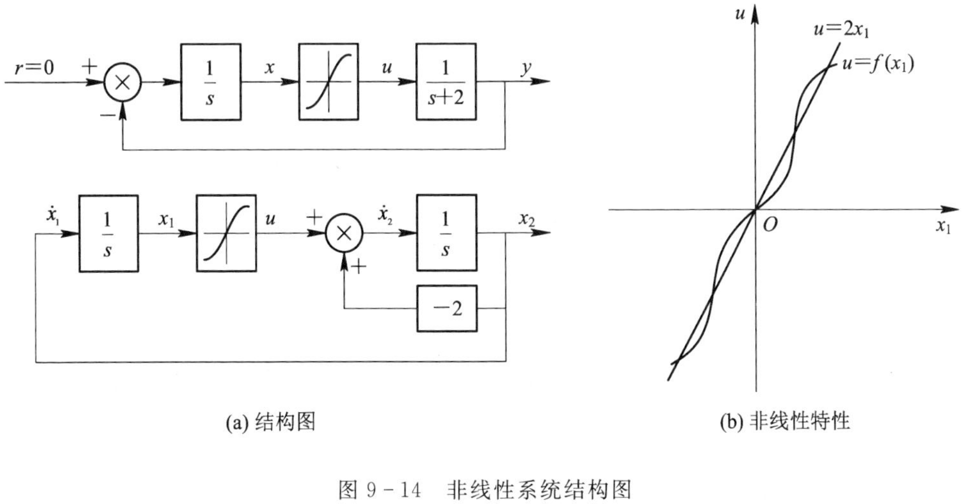

(a) 结构图　　(b) 非线性特性

图 9-14　非线性系统结构图

① 假设非线性元件的输入—输出特性如图 9-15 所示，它可以用一条斜率为 $k=2$ 的直线来近似，即

$$u = f(x_1) \approx 2x_1$$

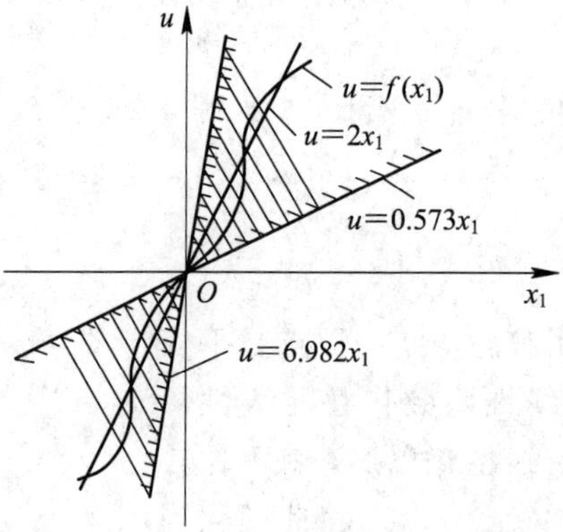

图 9-15　非线性元件的输入—输出特性

于是，线性化以后的系统状态方程为

$$\begin{cases} \dot{x}_1 = x_2 \\ \dot{x}_2 = -2x_2 - 2x_1 \end{cases} \tag{9-87}$$

② 构造李雅普诺夫函数。取二次型李雅普诺夫备选函数，即

$$V(\boldsymbol{x}) = [x_1 \quad x_2]\begin{bmatrix} p_{11} & p_{12} \\ p_{12} & p_{22} \end{bmatrix}\begin{bmatrix} x_1 \\ x_2 \end{bmatrix} = p_{11}x_1^2 + 2p_{12}x_1x_2 + p_{22}x_2^2 \tag{9-88}$$

③ 对线性化系统求 $\dot{V}(\boldsymbol{x})$：

$$\begin{aligned} \dot{V}(\boldsymbol{x}) &= 2p_{11}x_1\dot{x}_1 + 2p_{12}x_1\dot{x}_2 + 2p_{12}x_2\dot{x}_1 + 2p_{22}x_2\dot{x}_2 \\ &= -4p_{11}x_1^2 + (2p_{11} - 4p_{12} - 4p_{22})x_1x_2 + (2p_{12} - 4p_{22})x_2^2 \end{aligned} \tag{9-89}$$

设 $\dot{V}(\boldsymbol{x})$有如下的简单形式：

$$\dot{V}(\boldsymbol{x}) = -x_1^2 - x_2^2$$

则比较式(9-89)和式(9-88)可得

$$-4p_{11} = -1$$

$$2p_{11} - 4p_{12} - 4p_{22} = 0$$

$$2p_{12} - 4P_{12} = -1$$

由此解得，$p_{11}=5/4$，$p_{12}=1/4$，$p_{22}=3/8$。

④ 将上述结果代入式(9-88)，得

$$V(\boldsymbol{x}) = \frac{5}{4}x_1^2 + \frac{1}{2}x_1x_2 + \frac{3}{8}x_2^2 \tag{9-90}$$

可证明它是正定的，这说明线性化系统(9-87)在平衡点是渐近稳定的。

⑤ 将式(9-90)看成非线性系统(9-86)的李雅普诺夫备选函数，则

$$\dot{V}(\boldsymbol{x}) = \frac{5}{2}x_1\dot{x}_1 + \frac{1}{2}(x_1\dot{x}_2 + x_2\dot{x}_1) + \frac{3}{4}x_2\dot{x}_2 \tag{9-91}$$

将式(9-86)代入式(9-91)，可得

$$\dot{V}(\boldsymbol{x}) = \frac{5}{2}x_1x_2 + \frac{1}{2}x_2^2 - x_1x_2 - \frac{1}{2}x_1f(x_1) - \frac{3}{2}x_2^2 - \frac{3}{4}x_2f(x_1)$$

$$= -\frac{1}{2}\frac{f(x_1)}{x_1}x_1^2 - 2\left[\frac{3}{8}\frac{f(x_1)}{x_1} - \frac{3}{4}\right]x_1x_2 - x_2^2$$

$$= [x_1 \quad x_2]\begin{bmatrix} -\frac{1}{2}\frac{f(x_1)}{x_1} & \frac{3}{4} - \frac{3}{8}\frac{f(x_1)}{x_1} \\ \frac{3}{4} - \frac{3}{8}\frac{f(x_1)}{x_1} & -1 \end{bmatrix}\begin{bmatrix} x_1 \\ x_2 \end{bmatrix}$$

根据 $\dot{V}(\boldsymbol{x})$负定的要求，应有

$$\frac{f(x_1)}{x_1} > 0, \quad \begin{bmatrix} -\frac{1}{2}\frac{f(x_1)}{x_1} & \frac{3}{4} - \frac{3}{8}\frac{f(x_1)}{x_1} \\ \frac{3}{4} - \frac{3}{8}\frac{f(x_1)}{x_1} & -1 \end{bmatrix} > 0$$

由此解出

$$0.573 < \frac{f(x_1)}{x_1} < 6.982$$

这就是说，式(9 - 89)是非线性系统式(9 - 87)的李雅普诺夫函数。只要非线性特性 $u=f(x_1)$在图的阴影区内，非线性系统的 $V(\boldsymbol{x})$正定，$\dot{V}(\boldsymbol{x})$负定，系统在平衡点处就是大范围渐近稳定的。

阿塞尔曼方法简单实用，但是必须指出，在有些场合，即使线性化之后的系统在所有的 k 下都是稳定的，非线性系统也不一定是大范围渐近稳定的。

2) 克拉索夫斯基方法

克拉索夫斯基方法给出了非线性系统平衡状态渐近稳定的充分条件。克拉索夫斯基方法的基本思想是不用状态变量，而是用其导数 $\dot{\boldsymbol{x}}$ 来构造李雅普诺夫函数。不失一般性，可认为状态空间的原点是系统的平衡状态。

定理 9.4.5(克拉索夫斯基定理)　考虑如下非线性系统：

$$\dot{\boldsymbol{x}} = f(\boldsymbol{x})$$

式中，$\boldsymbol{x}$ 为 n 维状态向量，$f(\boldsymbol{x})$为 x_1，x_2，…，x_n 的非线性 n 维向量函数，假定 $f(0)=0$，且 $f(x)$对 $x_i(i=1, 2, \cdots, n)$可微。

该系统的雅可比矩阵定义为

$$F(\boldsymbol{x}) = \left[\frac{\partial(f_1, \cdots, f_n)}{\partial(x_1, \cdots, x_n)}\right] = \begin{bmatrix} \frac{\partial f_1}{\partial x_1} & \frac{\partial f_1}{\partial x_2} & \cdots & \frac{\partial f_1}{\partial x_n} \\ \frac{\partial f_2}{\partial x_1} & \frac{\partial f_2}{\partial x_2} & \cdots & \frac{\partial f_2}{\partial x_n} \\ \vdots & \vdots & & \vdots \\ \frac{\partial f_n}{\partial x_1} & \frac{\partial f_n}{\partial x_2} & \cdots & \frac{\partial f_n}{\partial x_n} \end{bmatrix}$$

又定义

$$\hat{F}(\boldsymbol{x}) = F^{\mathrm{T}}(\boldsymbol{x}) + F(\boldsymbol{x})$$

式中，$F(x)$是雅可比矩阵，$F^{\mathrm{T}}(\boldsymbol{x})$是 $F(\boldsymbol{x})$的转置矩阵，$\hat{F}(\boldsymbol{x})$为实对称矩阵。如果 $\hat{F}(\boldsymbol{x})$是

负定的，则平衡状态 $\boldsymbol{x}=0$ 是渐近稳定的。该系统的李雅普诺夫函数为

$$V(\boldsymbol{x}) = F^{\mathrm{T}}(\boldsymbol{x})f(\boldsymbol{x})$$

此外，若随着 $\|\boldsymbol{x}\|\to\infty$，$f^{\mathrm{T}}(\boldsymbol{x})f(\boldsymbol{x})\to\infty$，则平衡状态是大范围渐近稳定的。

证明 由于 $\hat{F}(\boldsymbol{x})$是负定的，所以除 $\boldsymbol{x}=0$ 外，$\hat{F}(\boldsymbol{x})$的行列式处处不为零。因而，在整个状态空间中，除 $\boldsymbol{x}=0$ 这一点外，没有其他平衡状态，即在 $\boldsymbol{x}\neq 0$ 时，$f(\boldsymbol{x})\neq 0$。因为 $f(0)=0$，在 $\boldsymbol{x}\neq 0$ 时，$f(\boldsymbol{x})\neq 0$，且 $V(\boldsymbol{x})=f^{\mathrm{T}}(\boldsymbol{x})f(\boldsymbol{x})$，所以 $V(\boldsymbol{x})$是正定的。

可以注意到 $\dot{f}(\boldsymbol{x})=F(\boldsymbol{x})\dot{x}=F(\boldsymbol{x})f(\boldsymbol{x})$，从而

$$\begin{aligned}\dot{V}(\boldsymbol{x}) &= \dot{f}^{\mathrm{T}}(\boldsymbol{x})f(\boldsymbol{x})+f^{\mathrm{T}}(\boldsymbol{x})\dot{f}(\boldsymbol{x}) = [F(\boldsymbol{x})f(\boldsymbol{x})]^{\mathrm{T}}f(\boldsymbol{x})+f^{\mathrm{T}}(\boldsymbol{x})F(\boldsymbol{x})f(\boldsymbol{x})\\ &= f^{\mathrm{T}}(\boldsymbol{x})[F^{\mathrm{T}}(\boldsymbol{x})+F(\boldsymbol{x})]f(\boldsymbol{x}) = f^{\mathrm{T}}(\boldsymbol{x})\hat{F}(\boldsymbol{x})f(\boldsymbol{x})\end{aligned}$$

因为 $\hat{F}(\boldsymbol{x})$是负定的，所以 $\dot{V}(\boldsymbol{x})$也是负定的。因此，$V(\boldsymbol{x})$是一个李雅普诺夫函数，所以原点是渐近稳定的。如果随着 $\|\boldsymbol{x}\|\to\infty$，$V(\boldsymbol{x})=f^{\mathrm{T}}(\boldsymbol{x})f(\boldsymbol{x})\to\infty$，则根据定理 9.4.1 可知，平衡状态是大范围渐近稳定的。

注意，克拉索夫斯基定理与通常的线性方法不同，它不局限于稍稍偏离平衡状态的情况，$V(\boldsymbol{x})$和 $\dot{V}(\boldsymbol{x})$以 $f(\boldsymbol{x})$或 $\dot{\boldsymbol{x}}$ 的形式而不是以 $\boldsymbol{x}$ 的形式表示。

前面所述的定理对于非线性系统给出了大范围渐近稳定的充分条件，对线性系统则给出了充要条件。非线性系统的平衡状态即使不满足上述定理所要求的条件，也可能是稳定的。因此，在应用克拉索夫斯基定理时，必须十分小心，以防止对给定的非线性系统平衡状态的稳定性分析得出错误的结论。

例 9-26 考虑具有如下两个非线性因素的二阶系统：

$$\dot{x}_1 = f_1(x_1)f_2(x_2)$$
$$\dot{x}_2 = x_1+ax_2$$

假设 $f_1(0)=f_2(0)=0$，$f_1(x_1)$和 $f_2(x_2)$是实函数且可微。又假定当 $\|\boldsymbol{x}\|\to\infty$时，$[f_1(x_1)+f_2(x_2)]^2+(x_1+ax_2)^2\to\infty$。试确定使平衡状态 $\boldsymbol{x}=0$ 渐近稳定的充分条件。

解 在该系统中，$F(\boldsymbol{x})$为

$$F(\boldsymbol{x}) = \begin{bmatrix} f_1'(x_1) & f_2'(x_2) \\ 1 & a \end{bmatrix}$$

式中

$$f_1'(x_1) = \frac{\partial f_1}{\partial x_1},\ f_2'(x_2) = \frac{\partial f_2}{\partial x_2}$$

于是 $\hat{F}(\boldsymbol{x})$为

$$\hat{F}(\boldsymbol{x}) = F^{\mathrm{T}}(\boldsymbol{x})+F(\boldsymbol{x}) = \begin{bmatrix} 2f_1'(x_1) & 1+f_2'(x_2) \\ 1+f_2'(x_2) & 2a \end{bmatrix}$$

由克拉索夫斯基定理可知，如果 $\hat{F}(\boldsymbol{x})$是负定的，则所考虑系统的平衡状态是大范围渐近稳定的。因此，若

$$f_1'(x_1) < 0\text{，对所有 } x_1 \neq 0$$
$$4af_1'(x_1)-[1+f_2'(x_2)^2] > 0\text{，对所有 } x_1\neq 0,\ x_2\neq 0$$

则平衡状态 $\boldsymbol{x}_e=0$ 是大范围渐近稳定的。

这两个条件是渐近稳定性的充分条件。显然，由于稳定性条件完全与非线性的 $f_1(x)$

和 $f_2(x)$的实际形式无关，所以上述限制条件是不适用的。

4. 线性定常系统的李雅普诺夫稳定性分析

前文已指出，李雅普诺夫第二法不仅对非线性系统，而且对线性定常系统、线性时变系统，以及线性离散系统等均完全适用。

利用李雅普诺夫第二法对线性系统进行分析，有如下几个特点：

① 对于给定的正定矩阵 $\boldsymbol{Q}$，都存在一个正定矩阵 $\boldsymbol{P}$ 为李雅普诺夫方程 $\boldsymbol{A}^{\mathrm{T}}\boldsymbol{P}+\boldsymbol{P}\boldsymbol{A}=-\boldsymbol{Q}$ 的解，这是线性定常系统渐近稳定的充要条件，而非仅是充分条件；

② 渐近稳定性等价于李雅普诺夫方程的存在性；

③ 线性系统渐近稳定时，必存在二次型李雅普诺夫函数 $V(\boldsymbol{x})=\boldsymbol{x}^{\mathrm{T}}\boldsymbol{P}\boldsymbol{x}$ 及 $\dot{V}(\boldsymbol{x})=-\boldsymbol{x}^{\mathrm{T}}\boldsymbol{Q}\boldsymbol{x}$；

④ 对于线性自治系统，当系统矩阵 $\boldsymbol{A}$ 非奇异时，仅有唯一平衡点，即原点 $\boldsymbol{x}_e=0$；

⑤ 渐近稳定就是大范围渐近稳定，两者完全等价。

众所周知，对于线性定常系统，其渐近稳定性的判别方法很多。例如，对于连续时间定常系统 $\dot{\boldsymbol{x}}=\boldsymbol{A}\boldsymbol{x}$，渐近稳定的充要条件是：$\boldsymbol{A}$ 的所有特征值均有负实部，或者相应的特征方程 $|s\boldsymbol{I}-\boldsymbol{A}|=s^n+a_1s^{n-1}+\cdots+a_{n-1}s+a_n=0$ 的根具有负实部。但为了避开较困难的特征值计算，如劳斯-赫尔维茨稳定性判据通过判断特征多项式的系数来直接判定稳定性，奈奎斯特稳定性判据根据开环频率特性来判断闭环系统的稳定性。这里将介绍的线性系统的李雅普诺夫稳定性判定方法，这是一种代数方法，不要求把特征多项式进行因式分解，而且可进一步应用于求解某些最优控制问题。

考虑如下线性定常自治系统：

$$\dot{\boldsymbol{x}}=\boldsymbol{A}\boldsymbol{x} \tag{9-92}$$

式中，$\boldsymbol{x}\in\mathbf{R}^n$，$\boldsymbol{A}\in\mathbf{R}^{n\times n}$。假设 $\boldsymbol{A}$ 为非奇异矩阵，则有唯一的平衡状态 $\boldsymbol{x}_e=0$，其平衡状态的稳定性很容易通过李雅普诺夫第二法进行研究。

对于式(9-92)的系统，选取如下二次型李雅普诺夫函数，即

$$V(\boldsymbol{x})=\boldsymbol{x}^{\mathrm{T}}\boldsymbol{P}\boldsymbol{x}$$

式中，$\boldsymbol{P}$ 为正定的实对称矩阵。$V(\boldsymbol{x})$沿任一轨迹的时间导数为

$$\begin{aligned}\dot{V}(\boldsymbol{x})&=\dot{\boldsymbol{x}}^{\mathrm{T}}\boldsymbol{P}\boldsymbol{x}+\boldsymbol{x}^{\mathrm{T}}\dot{\boldsymbol{P}}\boldsymbol{x}=(\boldsymbol{A}\boldsymbol{x})^{\mathrm{T}}\boldsymbol{P}\boldsymbol{x}+\boldsymbol{x}^{\mathrm{T}}\boldsymbol{P}\boldsymbol{A}\boldsymbol{x}\\&=\boldsymbol{x}^{\mathrm{T}}\boldsymbol{A}^{\mathrm{T}}\boldsymbol{P}\boldsymbol{x}+\boldsymbol{x}^{\mathrm{T}}\boldsymbol{P}\boldsymbol{A}\boldsymbol{x}=\boldsymbol{x}^{\mathrm{T}}(\boldsymbol{A}^{\mathrm{T}}\boldsymbol{P}+\boldsymbol{P}\boldsymbol{A})\boldsymbol{x}\end{aligned}$$

$V(\boldsymbol{x})$取为正定，对于渐近稳定性，要求 $\dot{V}(\boldsymbol{x})$为负定的，因此必须有

$$\dot{V}(\boldsymbol{x})=-\boldsymbol{x}^{\mathrm{T}}\boldsymbol{Q}\boldsymbol{x}$$

式中$-\boldsymbol{Q}=\boldsymbol{A}^{\mathrm{T}}\boldsymbol{P}+\boldsymbol{P}\boldsymbol{A}$ 为正定矩阵。因此，对于式(9-92)的系统，其渐近稳定的充要条件是 $\boldsymbol{Q}$ 正定。为了判断 $n\times n$ 维矩阵的正定性，可采用赛尔维斯特准则，即矩阵为正定的充要条件是矩阵的所有主、子行列式均为正值。

在判别 $\dot{V}(\boldsymbol{x})$时，较方便的方法不是先指定一个正定矩阵 $\boldsymbol{P}$，然后检查 $\boldsymbol{Q}$ 是否也是正定的，而是先指定一个正定的矩阵 $\boldsymbol{Q}$，然后检查由 $\boldsymbol{A}^{\mathrm{T}}\boldsymbol{P}+\boldsymbol{P}\boldsymbol{A}=-\boldsymbol{Q}$ 确定的 $\boldsymbol{P}$ 是否也是正定的。这可归纳为如下定理。

定理 9.4.6　线性定常系统 $\dot{\boldsymbol{x}}=\boldsymbol{A}\boldsymbol{x}$ 在平衡点 $\boldsymbol{x}_e=0$ 处渐近稳定的充要条件是：对于任意 $\boldsymbol{Q}>0$，存在 $\boldsymbol{P}>0$ 满足如下李雅普诺夫方程：

$$\boldsymbol{A}^{\mathrm{T}}\boldsymbol{P}+\boldsymbol{P}\boldsymbol{A}=-\boldsymbol{Q}$$

这里 $\boldsymbol{P}$、$\boldsymbol{Q}$ 均为实对称矩阵。此时，李雅普诺夫函数为

$$V(\boldsymbol{x}) = \boldsymbol{x}^{\mathrm{T}}\boldsymbol{P}\boldsymbol{x},\ \dot{V}(\boldsymbol{x}) = -\boldsymbol{x}^{\mathrm{T}}\boldsymbol{Q}\boldsymbol{x}$$

现对该定理作以下几点说明。

① 如果 $\dot{V}(\boldsymbol{x}) = -\boldsymbol{x}^{\mathrm{T}}\boldsymbol{Q}\boldsymbol{x}$ 沿任一条轨迹不恒等于零，则 $\boldsymbol{Q}$ 可取正半定矩阵；

② 如果取任意的正定矩阵 $\boldsymbol{Q}$，或者如果 $\dot{V}(\boldsymbol{x})$ 沿任一轨迹不恒等于零时取任意的正半定矩阵 $\boldsymbol{Q}$，并求解矩阵方程 $\boldsymbol{A}^{\mathrm{T}}\boldsymbol{P}+\boldsymbol{P}\boldsymbol{A}=-\boldsymbol{Q}$ 以确定 $\boldsymbol{P}$，则对于在平衡点 $\boldsymbol{x}_e=0$ 处的渐近稳定性，$\boldsymbol{P}$ 为正定是充要条件；

③ 只要选择的矩阵 $\boldsymbol{Q}$ 为正定的(或根据情况选为正半定的)，则最终的判定结果将与矩阵 $\boldsymbol{Q}$ 的不同选择无关。通常取 $\boldsymbol{Q}=\boldsymbol{I}$。

例 9-27 设二阶线性定常系统的状态方程为

$$\begin{bmatrix}\dot{x}_1\\ \dot{x}_2\end{bmatrix} = \begin{bmatrix}0 & 1\\ -1 & -1\end{bmatrix}\begin{bmatrix}x_1\\ x_2\end{bmatrix}$$

显然，平衡状态是原点。试确定该系统的稳定性。

解 不妨取李雅普诺夫函数为

$$V(\boldsymbol{x}) = \boldsymbol{x}^{\mathrm{T}}\boldsymbol{P}\boldsymbol{x}$$

此时实对称矩阵 $\boldsymbol{P}$ 可由下式确定

$$\boldsymbol{A}^{\mathrm{T}}\boldsymbol{P} + \boldsymbol{P}\boldsymbol{A} = -\boldsymbol{I}$$

上式可写为

$$\begin{bmatrix}0 & -1\\ 1 & -1\end{bmatrix}\begin{bmatrix}p_{11} & p_{12}\\ p_{12} & p_{22}\end{bmatrix} + \begin{bmatrix}p_{11} & p_{12}\\ p_{12} & p_{22}\end{bmatrix}\begin{bmatrix}0 & -1\\ -1 & -1\end{bmatrix} = \begin{bmatrix}-1 & 0\\ 0 & -1\end{bmatrix}$$

将矩阵方程展开，可得联立方程组为

$$-2p_{12} = -1$$

$$p_{11} - p_{12} - p_{22} = 0$$

$$p_{11} - p_{12} - p_{22} = 0$$

从方程组中解出 p_{11}、p_{12}、p_{22}，可得

$$\begin{bmatrix}p_{11} & p_{12}\\ p_{12} & p_{22}\end{bmatrix} = \begin{bmatrix}\frac{3}{2} & \frac{1}{2}\\ \frac{1}{2} & 1\end{bmatrix}$$

显然，$\boldsymbol{P}$ 是正定的。因此，在原点处的平衡状态是大范围渐近稳定的，且李雅普诺夫函数为

$$V(\boldsymbol{x}) = \boldsymbol{x}^{\mathrm{T}}\boldsymbol{P}\boldsymbol{x} = \frac{1}{2}(3x_1^2 + 2x_1x_2 + 2x_2^2)$$

且

$$\dot{V}(\boldsymbol{x}) = -(x_1^2 + x_2^2)$$

例 9-28 试确定如图 9-16 所示系统的增益 K 的稳定范围。

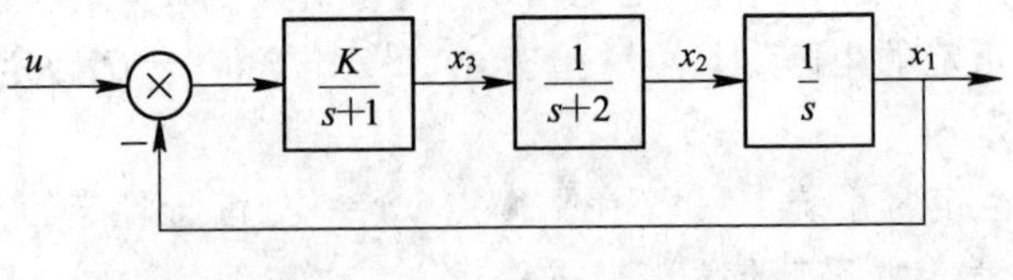

图 9-16 控制系统框图

解 容易推得系统的状态方程为

$$\begin{bmatrix}\dot{x}_1\\ \dot{x}_2\\ \dot{x}_3\end{bmatrix}=\begin{bmatrix}0 & 1 & 0\\ 0 & -2 & 1\\ -K & 0 & -1\end{bmatrix}\begin{bmatrix}x_1\\ x_2\\ x_3\end{bmatrix}+\begin{bmatrix}0\\ 0\\ K\end{bmatrix}u$$

在确定 K 的稳定范围时，假设输入 u 为零。于是上式可写为

$$\dot{x}_1=x_2 \tag{9-93}$$

$$\dot{x}_2=-2x_2+x_3 \tag{9-94}$$

$$\dot{x}_3=-Kx_1-x_3 \tag{9-95}$$

由式(9-93)～式(9-95)可发现，原点是平衡状态。假设取正半定的实对称矩阵 $\boldsymbol{Q}$ 为

$$\boldsymbol{Q}=\begin{bmatrix}0 & 0 & 0\\ 0 & 0 & 0\\ 0 & 0 & 1\end{bmatrix}$$

由于除原点外 $\dot{V}(\boldsymbol{x})=-\boldsymbol{x}^{\mathrm{T}}\boldsymbol{Q}\boldsymbol{x}$ 不恒等于零，因此可选上式的 $\boldsymbol{Q}$。为了证实这一点，注意取 $\dot{V}(\boldsymbol{x})$ 恒等于零，这意味着 x_3 也恒等于零。如果 x_3 恒等于零，x_1 也必恒等于零，因为由式(9-95)可得

$$-Kx_1=0$$

如果 x_1 恒等于零，x_2 也恒等于零。因为由式(9-93)可得

$$0=x_2$$

于是 $\dot{V}(\boldsymbol{x})$ 只在原点处才恒等于零。因此，为了分析稳定性，可采用前面定义的矩阵 $\boldsymbol{Q}$。

现在求解如下李雅普诺夫方程：

$$\boldsymbol{A}^{\mathrm{T}}\boldsymbol{P}+\boldsymbol{P}\boldsymbol{A}=-\boldsymbol{Q}$$

它可重写为

$$\begin{bmatrix}0 & 0 & -K\\ 0 & -2 & 0\\ 0 & 1 & -1\end{bmatrix}\begin{bmatrix}p_{11} & p_{12} & p_{13}\\ p_{12} & p_{22} & p_{23}\\ p_{13} & p_{23} & p_{33}\end{bmatrix}+\begin{bmatrix}p_{11} & p_{12} & p_{13}\\ p_{12} & p_{22} & p_{23}\\ p_{13} & p_{23} & p_{33}\end{bmatrix}\begin{bmatrix}0 & 1 & 0\\ 0 & -2 & 1\\ -K & 0 & 01\end{bmatrix}=\begin{bmatrix}0 & 0 & 0\\ 0 & 0 & 0\\ 0 & 0 & -1\end{bmatrix}$$

对 $\boldsymbol{P}$ 的各元素求解，可得

$$\boldsymbol{P}=\begin{bmatrix}\dfrac{K^2+12K}{12-2K} & \dfrac{6K}{12-2K} & 0\\ \dfrac{6K}{12-2K} & \dfrac{3K}{12-2K} & \dfrac{K}{12-2K}\\ 0 & \dfrac{K}{12-2K} & \dfrac{6K}{12-2K}\end{bmatrix}$$

为使 $\boldsymbol{P}$ 成为正定矩阵，其充要条件为

$$12-2K>0,\quad K>0$$

即

$$0<K<6$$

因此，当 $0<K<6$ 时，系统在李雅普诺夫意义下是稳定的，也就是说，原点是大范围渐近稳定的。

5. 线性定常离散系统渐近稳定的判别

设系统状态方程为

$$x(k+1)=Gx(k) \tag{9-96}$$

式中，G 为非奇异矩阵，原点是平衡状态。设取如下正定二次型函数

$$V[x(k)]=x^{T}(k)Px(k) \tag{9-97}$$

以代替 $\dot{V}(x)$，计算 $\Delta V[x(k)]$有：

$$\begin{aligned}\Delta V[x(k)]&=x^{T}(k+1)Px(k+1)-x^{T}(k)Px(k)=[Gx(k)]^{T}P[Gx(k)]-x^{T}(k)Px(k)\\&=x^{T}(k)[G^{T}PG-P]x(k)\end{aligned} \tag{9-98}$$

令

$$G^{T}PG-P=-Q \tag{9-99}$$

式(9-99)称为离散的李雅普诺夫代数方程，于是

$$\Delta[x(k)]=-x^{T}(k)Qx(k)$$

于是得到如下定理。

定理 9.4.6 离散系统 $x(k+1)=Gx(k)$渐近稳定的充要条件是，给定任一正定实对称矩阵 Q，存在一个正定实对称矩阵 P，使式(9-99)成立。$x^{T}(k)Px(k)$是系统的一个李雅普诺夫函数。通常可取 $Q=I$。

如果 $\Delta V[x(k)]$任意一个解的序列不恒为零，Q 也可以取为半正定矩阵。

习 题

9-1 设系统微分方程为

$$\ddot{x}+3\dot{x}+2x=u$$

式中，u 为输入量，x 为输出量。

(1) 设状态变量 $x_1=x$，$x_2=\dot{x}$，试列写动态方程；

(2) 进行状态变换 $x_1=\bar{x}_1+\bar{x}_2$，$x_2=-\bar{x}_1-2\bar{x}_2$，试确定变换矩阵 T 及变换后的动态方程。

9-2 设系统微分方程为

$$\dddot{y}+6\ddot{y}+11\dot{y}+6y=6u$$

式中，u、y 分别为系统的输入、输出量。试列写可控标准型(即 A 为友矩阵)及可观测标准型(即 A 为友矩阵转置)状态空间表达式，并画出状态变量图。

9-3 已知双输入—双输出系统状态方程和输出方程如下：

$$\begin{aligned}\dot{x}_1&=x_2+u_1\\\dot{x}_2&=x_3+2u_1-u_2\\\dot{x}_3&=-6x_1-11x_2-6x_3+2u_2\\y_1&=x_1-x_2\\y_2&=2x_1+x_2-x_3\end{aligned}$$

写出其向量-矩阵形式并画出状态变量图。

9-4 已知系统传递函数为

$$G(s)=\frac{s^2+6s+8}{s^2+4s+3}$$

试求可控标准型(A 为友矩阵)、可观测标准型(A 为友矩阵转置)、对角线型(A 为对角阵)

的动态方程。

9-5　已知系统传递函数

$$G(s)=\frac{5}{(s+1)^2(s+2)}$$

试求约当型($\boldsymbol{A}$ 为约当阵)动态方程。

9-6　已知矩阵：

$$\boldsymbol{A}=\begin{bmatrix}-1 & 0\\ 0 & 1\end{bmatrix}$$

试用幂级数及拉普拉斯变换法求出矩阵指数(即状态转移矩阵)。

9-7　已知系统动态方程：

$$\dot{\boldsymbol{x}}=\begin{bmatrix}0 & 1 & 0\\ -2 & -3 & 0\\ -1 & 1 & 3\end{bmatrix}\boldsymbol{x}+\begin{bmatrix}0\\ 1\\ 2\end{bmatrix}\boldsymbol{u}$$

$$\boldsymbol{y}=\begin{bmatrix}0 & 0 & 1\end{bmatrix}\boldsymbol{x}$$

试求传递函数 $G(s)$。

9-8　试判断下列系统的状态可控性：

(1) $\dot{\boldsymbol{x}}=\begin{bmatrix}-2 & 2 & -1\\ 0 & -2 & 0\\ 1 & -4 & 0\end{bmatrix}\boldsymbol{x}+\begin{bmatrix}0\\ 0\\ 1\end{bmatrix}\boldsymbol{u}$；　　(2) $\dot{\boldsymbol{x}}=\begin{bmatrix}1 & 1 & 0\\ 0 & 1 & 0\\ 0 & 1 & 1\end{bmatrix}\boldsymbol{x}+\begin{bmatrix}0\\ 1\\ 0\end{bmatrix}\boldsymbol{u}$；

(3) $\dot{\boldsymbol{x}}=\begin{bmatrix}1 & 1 & 0\\ 0 & 1 & 0\\ 0 & 1 & 1\end{bmatrix}\boldsymbol{x}+\begin{bmatrix}0 & 0\\ 0 & 1\\ 1 & 0\end{bmatrix}\begin{bmatrix}u_1\\ u_2\end{bmatrix}$；　　(4) $\dot{\boldsymbol{x}}=\begin{bmatrix}-4 & & 0\\ & -4 & \\ 0 & & 1\end{bmatrix}\boldsymbol{x}+\begin{bmatrix}1\\ 2\\ 1\end{bmatrix}\boldsymbol{u}$。

9-9　已知 $\boldsymbol{ad}=\boldsymbol{bc}$，试计算 $\begin{bmatrix}\boldsymbol{a} & \boldsymbol{b}\\ \boldsymbol{c} & \boldsymbol{d}\end{bmatrix}^{100}=?$

9-10　设系统状态方程为

$$\dot{\boldsymbol{x}}=\begin{bmatrix}0 & 1\\ -1 & a\end{bmatrix}\boldsymbol{x}+\begin{bmatrix}1\\ b\end{bmatrix}\boldsymbol{u}$$

9-11　判断下列系统的输出可控性：

(1) $\dot{\boldsymbol{x}}=\begin{bmatrix}0 & 1 & 0\\ 0 & 0 & 1\\ -6 & -11 & -6\end{bmatrix}\boldsymbol{x}+\begin{bmatrix}0\\ 0\\ 1\end{bmatrix}\boldsymbol{u}$，$\boldsymbol{y}=\begin{bmatrix}1 & 0 & 0\end{bmatrix}\boldsymbol{x}$；

(2) $\dot{\boldsymbol{x}}=\begin{bmatrix}-a & & & 0\\ & -b & & \\ 0 & & -c & \\ & & & -d\end{bmatrix}\boldsymbol{x}+\begin{bmatrix}0\\ 0\\ 1\\ 1\end{bmatrix}\boldsymbol{u}$，$\boldsymbol{y}=\begin{bmatrix}1 & 0 & 0 & 0\end{bmatrix}\boldsymbol{x}$。

9-12　试判断下列系统的可观测性：

(1) $\dot{\boldsymbol{x}}=\begin{bmatrix}-1 & -2 & -2\\ 0 & -1 & 1\\ 1 & 0 & -1\end{bmatrix}\boldsymbol{x}+\begin{bmatrix}2\\ 0\\ 1\end{bmatrix}\boldsymbol{u}$，$\boldsymbol{y}=\begin{bmatrix}1 & 1 & 0\end{bmatrix}\boldsymbol{x}$；

(2) $\dot{\boldsymbol{x}}=\begin{bmatrix}2 & 0 & 0\\0 & 2 & 0\\0 & 3 & 1\end{bmatrix}\boldsymbol{x}$，$\boldsymbol{y}=[1\quad 1\quad 1]\boldsymbol{x}$；

(3) $\dot{\boldsymbol{x}}=\begin{bmatrix}-1 & 1 & & 0\\ & -1 & & \\0 & & -2 & 1\\ & & & -2\end{bmatrix}\boldsymbol{x}$，$\boldsymbol{y}=\begin{bmatrix}1 & 0 & 0 & 0\\0 & 0 & -1 & 0\end{bmatrix}\boldsymbol{x}$；

(4) $\dot{\boldsymbol{x}}=\begin{bmatrix}2 & 1 & 0\\0 & 2 & 0\\0 & 3 & -3\end{bmatrix}\boldsymbol{x}$，$\boldsymbol{y}=[0\quad 1\quad 1]\boldsymbol{x}$。

9-13　将下列状态方程化为能控标准型；

$$\dot{\boldsymbol{x}}=\begin{bmatrix}1 & -2\\3 & 4\end{bmatrix}\boldsymbol{x}+\begin{bmatrix}1\\1\end{bmatrix}\boldsymbol{u}$$

9-14　设被控系统状态方程为

$$\dot{\boldsymbol{x}}=\begin{bmatrix}0 & 1 & 0\\0 & -1 & 1\\0 & -1 & 10\end{bmatrix}\boldsymbol{x}+\begin{bmatrix}0\\0\\10\end{bmatrix}\boldsymbol{u}$$

可否用状态反馈任意配置闭环极点？求状态反馈阵，使闭环极点位于-10，$-1\pm j\sqrt{3}$，并画出状态变量图。

9-15　设被控系统状态方程为

$$\dot{\boldsymbol{x}}=\begin{bmatrix}0 & 1\\0 & 0\end{bmatrix}\boldsymbol{x}+\begin{bmatrix}0\\1\end{bmatrix}\boldsymbol{u},\ \boldsymbol{y}=[1\quad 0]\boldsymbol{x}$$

试设计全维状态观测器，使闭环极点位于$-r$，$-2r(r>0)$，并画出状态变量图。

9-16　试用李雅普诺夫第二法判断下列线性系统平衡状态的稳定性：

$$\dot{x}_1=-x_1+x_2,\ \dot{x}_2=2x_1-3x_2$$

参考文献

[1] 陈鹏. 自动控制原理[M]. 2版. 北京：高等教育出版社，2010.
[2] 陈复扬. 自动控制原理[M]. 2版. 北京：国防工业出版社，2013.
[3] 陈来好，彭康拥. 自动控制原理学习指导与精选题型详解[M]. 广州：华南理工大学出版社，2004.
[4] 高国燊，余文杰，彭康拥，等. 自动控制原理[M]. 4版. 广州：华南理工大学出版社，2013.
[5] 胡寿松. 自动控制原理[M]. 7版. 北京：科学出版社，2021.
[6] 刘勤贤. 自动控制原理[M]. 杭州：浙江大学出版社，2009.
[7] 刘文定，谢克明. 自动控制原理[M]. 北京：电子工业出版社，2013.
[8] 楼顺天，于卫. 基于MATLAB的系统分析与设计：控制系统[M]. 西安：西安电子科技大学出版社，2000.
[9] 孙亮. 自动控制原理[M]. 3版. 北京：高等教育出版社，2011.
[10] 王万良. 现代控制工程[M]. 北京：高等教育出版社，2011.
[11] 夏德钤，翁贻方. 自动控制理论[M]. 2版. 北京：机械工业出版社，2004.
[12] 张平. MATIAB基础与应用简明教程[M]. 北京：北京航空航天大学出版社，2006.
[13] 邹伯敏. 自动控制理论[M]. 2版. 北京：机械工业出版社，2002.
[14] 樊兆峰. 自动控制原理[M]. 西安：西安电子科技大学出版社，2020.